21世纪高等学校计算机类课程创新规划教材 · 微课版

3ds Max 三维动画制作基础与上机指导（第2版）

微课版

◎ 缪亮 付凡成 范芸 主编

清华大学出版社
北京

内容简介

本书以 Discreet 公司出品的 3ds Max 2016 简体中文版为基础，由浅入深、循序渐进地介绍 3ds Max 的使用方法和操作技巧。全书包括 12 章，详尽地介绍了 3ds Max 的工作环境及对象的基本操作、各种设计概念、三维和二维物体的创建、多边形的编辑、布置场景灯光效果、为动画添加摄影机、空间扭曲与环境效果、编辑与应用材质、对象贴图以及动画的渲染与输出等内容。每章都设计了大量的课堂实例和上机练习，通过实例让读者更加深入地掌握 3ds Max。

本书可作为各类大专院校的 3ds Max 建模和动画设计与制作教材、各层次职业培训教材，同时也是广大三维动画制作爱好者的参考用书。

图书在版编目(CIP)数据

3ds Max 三维动画制作基础与上机指导：微课版/缪亮，付凡成，范芸主编. —2 版. —北京：清华大学出版社，2018 (2024.1 重印)
(21 世纪高等学校计算机类课程创新规划教材・微课版)
ISBN 978-7-302-48135-5

Ⅰ. ①3… Ⅱ. ①缪… ②付… ③范… Ⅲ. ①三维动画软件—高等学校—教材 Ⅳ. ①TP391.414

中国版本图书馆 CIP 数据核字(2017)第 208471 号

责任编辑：魏江江 王冰飞
封面设计：刘 键
责任校对：徐俊伟
责任印制：宋 林

出版发行：清华大学出版社
网　　址：https://www.tup.com.cn，https://www.wqxuetang.com
地　　址：北京清华大学学研大厦 A 座　　**邮　　编**：100084
社 总 机：010-83470000　　**邮　　购**：010-62786544
投稿与读者服务：010-62776969，c-service@tup.tsinghua.edu.cn
质量反馈：010-62772015，zhiliang@tup.tsinghua.edu.cn
课件下载：https://www.tup.com.cn，010-62795954
印 装 者：三河市龙大印装有限公司
经　　销：全国新华书店
开　　本：185mm×260mm　　**印　　张**：24.75　　**字　　数**：618 千字
版　　次：2009 年 12 月第 1 版　2018 年 1 月第 2 版　　**印　　次**：2024 年 1 月第 5 次印刷
印　　数：18001～18800
定　　价：59.00 元

产品编号：075669-01

前　　言

3ds Max 是美国 Discreet 公司出品的三维建模和动画制作软件，作为世界上最优秀的专业级三维建模和动画制作软件之一，它具有强大的建模、材质编辑、动画制作、环境设置、渲染输出等功能。

本书按照教学规律精心设计内容和结构。根据各类院校教学实际的课时安排，结合多位任课教师多年的教学经验进行教材内容的设计，力争教材结构合理、难易适中，突出体现多媒体设计与制作教材的理论结合实际、系统全面、实用性强等特点。

本书可作为各类大专院校的 3ds Max 建模和动画设计与制作教材、各层次职业培训教材，同时也是广大三维动画制作爱好者的参考用书。

主要内容

本书涉及 3ds Max 的工作环境及基本操作、三维对象的创建、二维物体的创建、编辑修改器的使用、多边形的编辑、材质编辑器的使用、贴图材质的创建、灯光、特效、动画等内容。全书共分 12 章，各章的内容如下所示：

第 1 章介绍 3ds Max 的基础知识，包括 3ds Max 简介、3ds Max 的工作环境和自定义用户界面等。

第 2 章介绍 3ds Max 的基本操作，包括文件的操作、对象的选择和对象的变换等。

第 3 章介绍几何体的创建，包括标准几何体的创建和扩展基本体的创建。

第 4 章介绍二维图形建模，包括创建二维图形、编辑二维图形和二维建模等。

第 5 章介绍修改器，包括编辑修改器、扭曲修改器和多边形建模等。

第 6 章介绍复合对象建模，包括图形合并、一致、变形、散布、地形、连接、ProBoolean 和 ProCutter 等。

第 7 章介绍材质编辑器，包括材质编辑器的使用、材质编辑器的基本参数和基本材质类型等。

第 8 章介绍材质和贴图，包括材质的贴图分类、贴图通道和贴图坐标等内容。

第 9 章介绍灯光和摄影机，包括灯光的类型、灯光的应用、阴影的类型和摄影机的类型及参数等。

第 10 章介绍渲染，包括“渲染设置”对话框的基本参数设置和 mental ray 渲染器等。

第 11 章介绍环境与特效，包括背景的设置、“环境和效果”对话框的使用以及雾、体积光等特效的使用。

第 12 章介绍基本动画技术，包括动画的基本原理和概念、关键帧动画、曲线编辑器、动画控制器和动画的渲染。

为了方便读者学习,本书还设计了一个附录,提供每章习题的参考答案。

本书特点

1. 紧扣教学规律,合理设计图书结构

本书的编者是长期从事 3ds Max 动画设计与制作教学工作的资深教师,具有丰富的教学经验和实际应用经验,紧扣教师的教授规律和学生的学习规律,全力打造难易适中、结构合理、实用性强的教材。

本书采取"知识要点—基础知识讲解—典型应用讲解—上机指导—习题"的内容结构。在每章的开始处给出本章的主要内容简介,读者可以了解本章所要学习的知识点。在具体的教学内容中既注重基本知识点的系统讲解,又注重学习目标的实用性。每章都设计了"本章习题",既可以让教师合理安排教学内容,又可以让学习者加强实践,快速掌握本章知识。

2. 注重教学实验,加强上机指导内容的设计

3ds Max 动画设计与制作是一门实践性很强的课程,学习者只有亲自动手上机练习才能更好地掌握教材内容。本书将上机练习的内容设计成"上机指导"教学单元,穿插在每章的基础知识中间,教师可以根据课程要求灵活授课和安排上机实践。读者可以根据上机指导中介绍的方法、步骤进行上机实践,然后根据自己的情况对实例进行修改和扩展,以加深对其中所包含的概念、原理和方法的理解。

3. 专设图书服务网站,打造知名图书品牌

立体出版计划为读者建构全方位的学习环境。最先进的建构主义学习理论告诉我们建构一个真正意义上的学习环境是学习成功的关键。学习环境中有真情实境、有协商和对话、有共享资源的支持才能使读者高效率地学习,并且学有所成。因此,为了帮助读者建构真正意义上的学习环境,作者以图书为基础,为读者专门设置了一个图书服务网站。

该网站提供相关图书资讯,以及相关资料的下载和读者俱乐部。在这里读者可以得到更多、更新的共享资源,还可以交到志同道合的朋友,相互交流,共同进步。

资源网站网址:http://www.cai8.net

微信公众号:itstudy

本书作者

本书主编为缪亮(编写第 1~5 章)、付凡成(编写第 6~10 章)、范芸(编写第 11、12 章)。郭刚、张爱文、陈凯、胡伟华、李敏、张海、丁文珂、李鸿雁、董亚卓、姜彬彬、何红玉等参与了本书的创作和编写工作,在此表示感谢。另外,感谢开封文化艺术职业学院、南昌理工学院对本书的创作给予的支持和帮助。

由于编写时间有限,加之作者水平有限,疏漏和不足之处在所难免,恳请广大读者批评指正。

编 者

2017 年 10 月

目　录

第1章 初识 3ds Max

本章从认识 3ds Max 的用户界面开始，让读者先对 3ds Max 有个感性的认识，能在短时间内尽快熟悉 3ds Max 的工作界面，并初步掌握一些基本工具的应用。

本章的主要内容：

- 3ds Max 简介；
- 3ds Max 的基本功能；
- 3ds Max 的工作环境。

1.1 3ds Max 简介

3ds Max 是应用于 PC 平台的三维建模、动画、渲染软件，由美国 Discreet 公司出品（后被 Autodesk 公司合并），本书介绍的是 3ds Max 2016 简体中文版。相较于以前的版本，3ds Max 2016 在许多方面都有所完善和提高，其最显著的特点是顺应计算机软/硬件的发展，推出了适用于 64 位微机的版本（同时也保留了传统的 32 位版本）。借助于 64 位计算机强大的运算能力，3ds Max 的工作效率得到了不小的提升。

1.1.1 3ds Max 的应用领域

如今，三维动画已逐步渗入人们生活的每一个角落，并呈现出多元化的趋势，涉及的范围也越来越广，已广泛应用于影视广告、工业设计、建筑设计、多媒体制作、游戏、辅助教学以及工程可视化等领域。

1. 影视广告制作

在国内/外计算机三维动画目前广泛应用于影视广告制作行业，不论是科幻影片、电视片头还是行业广告都可以看到三维动画的踪影，在各个电视台的片头大多都可以看到计算机三维动画的踪迹，如图 1-1 所示。其制作软件多为 XSI 和一些非线性编辑软件等。

图 1-1 三维影视片头

2. 建筑效果图制作

建筑业也大量使用三维动画来设计展示建筑结构和装潢，使用大一统动画工具绘制的效果图更精确，效果也更理想、更令人满意，如图 1-2 所示。

3. 计算机游戏制作

计算机游戏在国外比较盛行,有很多著名的计算机游戏中的三维场景和角色都是利用一些三维软件制作而成的。例如“魔兽争霸Ⅲ”就是利用著名的三维动画制作软件 3ds Max 4 来完成人物角色的设计、三维场景的制作,如图 1-3 所示。

图 1-2 建筑效果图

图 1-3 利用三维动画软件进行计算机游戏的辅助制作

4. 其他方面

除以上几个方面外,三维动画还应用于国防军事方面,例如用三维动画来模拟火箭的发射、进行飞行模拟训练等非常直观有效、节省资金。此外它在工业制造、医疗卫生、司法(例如事故分析)、娱乐、教育等方面也有一定的应用。

1.1.2 3ds Max 2016 的新增功能

3ds Max 2016 与以前推出的 3ds Max 的各个版本相比,无论是易用性、界面友好性还是渲染质量、速度和运行稳定性都有了本质的提高。该软件提供了更为强大的多样化工具集,引入了一些全新的功能,让用户能够创建自定义工具。3ds Max 2016 的新增功能主要体现在以下几个方面。

1. 新的设计工作区

3ds Max 2016 使用了新的设计工作区,能够带来更为高效的工作体验。设计工作区采用基于任务的逻辑系统,用户可以方便地访问 3ds Max 中的对象放置、照明、渲染、建模和纹理等工具,通过导入设计数据能够快速创建高质量的静态图像和动画。

2. 新的模板系统

3ds Max 2016 的模板系统提供了标准化的启动配置,能够加速场景创建的流程,借助于简单的导入和导出选项用户可以方便地实现不同团队对模板的共享,如图 1-4 所示。用户能够根据需要创建新的模板,对现有的模板进行修改,针对具体的工作流自定义模板。通过对渲染、环境、照明和单位的内置设置进行设定,可以更快速、更方便、更精确地获得一致的项目结果。

3. 新的物理摄像机

Autodesk 与 VRay 的开发商 Chaos Group 为 3ds Max 共同开发了全新的物理摄像机,其为美工提供了全新的选项,帮助美工模拟熟悉的、真实的摄像机设置,例如快门速度、光

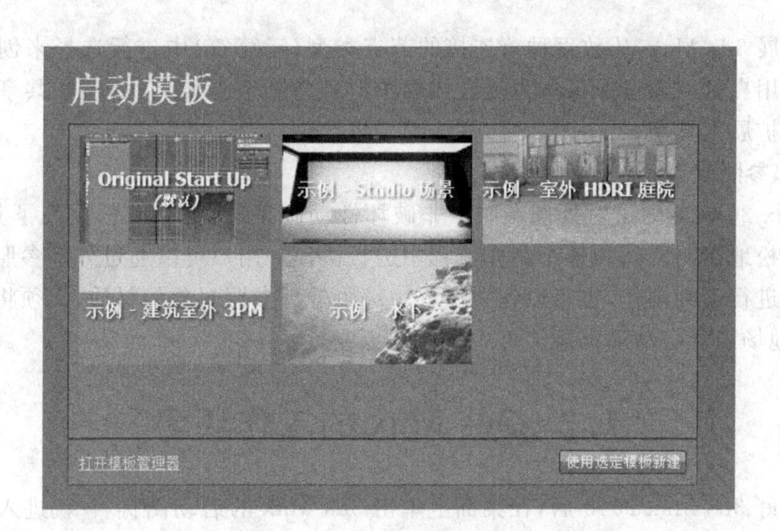

图 1-4　新的模板系统

圈、景深和曝光等。通过使用增强的控件和视口内反馈让创建逼真的静态图像和动画变得更加简单。

4. 摄像机序列

3ds Max 2016 通过更轻松地创建高质量的动画可视化、动画和影片并更自如地控制摄影机讲述精彩故事，以非破坏性方式让摄影机裁切、修剪和重新排序动画片段。

5. 双四元数蒙皮

为了避免当变形器扭曲或旋转时网格丢失体积，3ds Max 2016 添加了具有“蝴蝶结”或“糖果包裹纸”效果的双四元数，从而使平滑蒙皮得到了改善。这种平滑蒙皮的方法在制作动画角色的肩部或腕部时十分有用，能够有效地减少不必要的变形瑕疵。双四元数允许用户绘制蒙皮将对曲面产生的影响量，以便他们可以在需要时使用它，在不需要时将其逐渐减少为线性蒙皮权重。

6. 对 Autodesk A360 渲染的支持

3ds Max 2016 增加了对 Autodesk A360 渲染的支持，其使用的是与 Autodesk Revit 和 AutoCAD 相同的技术，使熟悉这两个软件的用户在 3ds Max 2016 中也能使用 Autodesk Maintenance Subscription 维护合约和 Desktop Subscription 合约。用户可以从 3ds Max 2016 直接访问 A360 中的云渲染，借助于 A360 强大的云计算功能，用户无须占用桌面资源，也无须使用专门的渲染软件，即可创建出高清图像。同时，对于 Subscription 合约客户，还可以创建日光研究渲染、交互式全景和照度模拟，使用以前上传的文件重新对图像进行渲染，方便地实现团队成员间的文件共享。

7. 增强的 ShaderFx

3ds Max 2016 的 ShaderFx 得到了增强，其具有更丰富的着色选项，改善了 3ds Max、Maya 和 Maya LT 之间的明暗器互操作性，能够利用新的节点图案(如波形线、泰森多边形、单一噪波和砖形)创建范围更广的程序材质，使用新的凹凸工具节点依据二维灰度图像创建法线贴图。

8. 基于节点的工具创建环境

3ds Max 2016 通过类似于“板岩材质编辑器”的直观环境来创建图形，利用几何对象和修改器来扩展 3ds Max,从数百种可连接的节点类型(运算符)中进行选择来创建新工具和视觉特效。用户可以通过保存称为复合体的图形创建新节点类型,打包和共享新工具并帮助其他用户扩展工具集。

9. 外部参照改造

3ds Max 2016 新增了对外部参照中非破坏性动画工作流的支持,提高了其稳定性,用户可以更轻松地在团队间和整个制作流程中进行协作。用户可以通过外部参照将对象引入场景并对其进行动画制作,也可以在源文件中编辑外部参照对象的材质,无须将对象合并到场景中,本地场景会自动继承源文件中所做的更改。

1.2 3ds Max 的工作环境

在安装好 3ds Max 2016 后,在桌面上单击 3ds Max 的启动图标就进入了它的主界面,如图 1-5 所示。

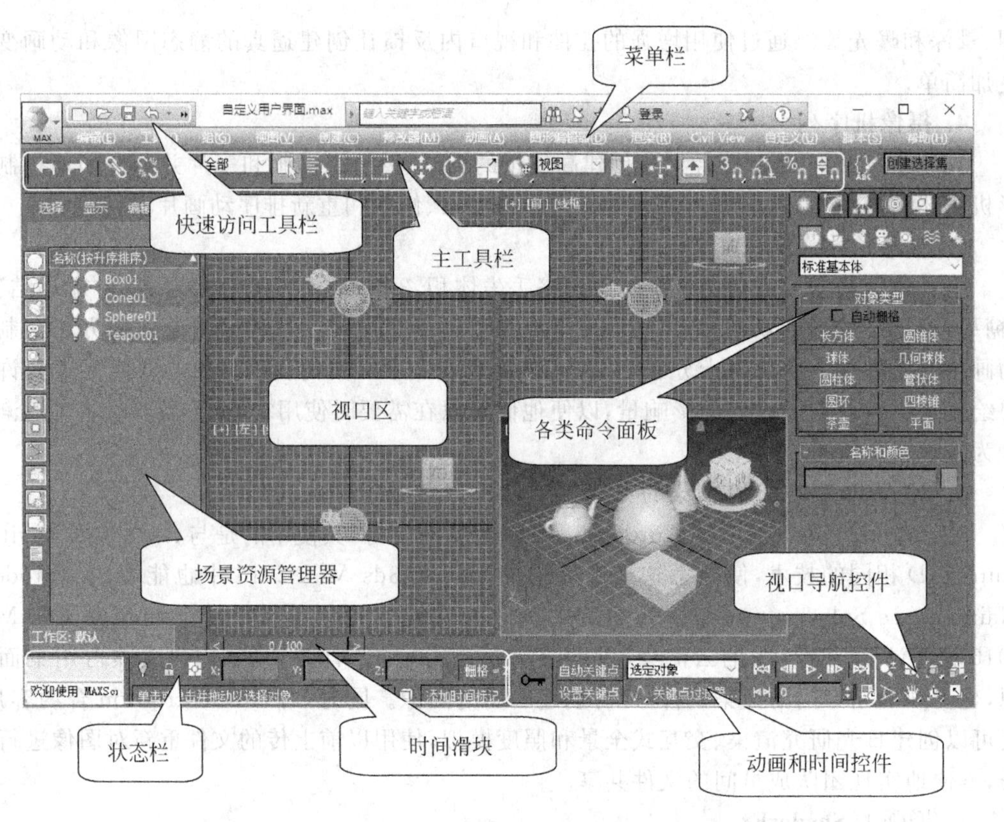

图 1-5　3ds Max 的主界面

初看起来,大量的菜单和图标着实令人不知从何处着手。但随着本书对界面各个部分的深入讨论,用户将可以通过实际操作逐步熟悉各个部分。

3ds Max 的主界面包括以下几个部分。

1. 快速访问工具栏

快速访问工具栏位于主界面的左上方,提供文件处理功能、“撤销”和“重做”命令以及一个下拉列表。3ds Max 2016 的快速访问工具栏的作用和 Office 软件中的快速访问工具栏一样，用于放置常用的命令按钮，使这些常用命令能够快速执行。

2. 菜单栏

菜单栏位于标题栏的下方，每个菜单中包含若干个菜单项，使用菜单命令可以完成很多操作，而且有些命令只有菜单中才有。

3. 主工具栏

菜单栏的下面是主工具栏，包含了在 3ds Max 中使用频率最高的各种调节工具。

4. 视口区

界面中间最大的区域是视口区，也叫视图区或视窗区，3ds Max 的主要操作都在这里进行。

5. 命令面板

界面的右边是命令面板，其所处的位置表明它在 3ds Max 的操作中起着举足轻重的作用，它里面的很多命令按钮与菜单中的命令是一一对应的，在以后的学习中会重点讲解控制面板。

6. 视口导航控件

视口控件用于对中间的视图区域进行调节，比如视图的平移、旋转和缩放操作。

7. 动画和时间控件

动画和时间控件用来控制动画的节奏，还可以对其时间进行设置。

8. 时间滑块

时间滑块和轨迹栏主要用于动画的制作，比如拖动时间滑块可以在视图中观看设置好的动画效果。在设置好动画后关键帧就排列在时间线上。

9. 状态栏

状态栏位于主界面的最下方，用于显示出当前所选物体的坐标值及相关的提示信息。

10. 场景资源管理器

场景资源管理器用于在 3ds Max 中查看、排序、过滤和选择对象，可以进行对象的重命名、删除、隐藏和冻结等操作，可以创建和修改对象层次，对对象的属性进行编辑。

1.2.1 菜单栏

菜单栏提供了 3ds Max 中所有操作命令的选择，它的形状和 Windows 菜单相似，如图 1-6 所示。

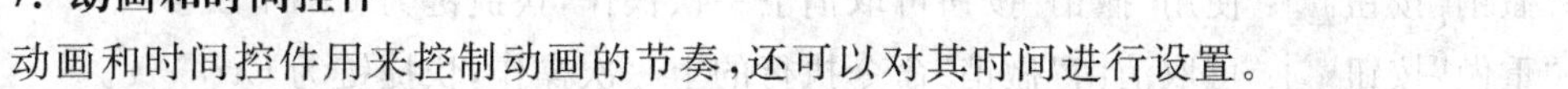

编辑(E) 工具(T) 组(G) 视图(V) 创建(C) 修改器(M) 动画(A) 图形编辑器(D) 渲染(R) Civil View 自定义(U) 脚本(S) 帮助(H)

图 1-6 菜单栏

3ds Max 的菜单包含了该软件的所有操作，其名称和功能如下所述。

“编辑”菜单：用于对象的复制、删除、选定、临时保存等功能。

“工具”菜单：包括常用的各种制作工具。

“组”菜单：将多个物体组成一个组，或分解一个组为多个物体。

“视图”菜单：对视图进行操作，但对对象不起作用。

“创建”菜单：主要用于创建各种对象。

"修改器"菜单：用于对对象进行参数的修改，包含了所有修改对象的命令。

"动画"菜单：主要用于IK系统的动画设计、约束控制和属性等动画设置，预览动画的生成和浏览等操作。

"图形编辑器"菜单：主要用于轨迹视图和概要视图的打开、新建、保存和删除等操作。

"渲染"菜单：通过某种算法体现场景的灯光、材质和贴图等效果。

Civil View菜单：该菜单只有一个"初始化Civil View"菜单命令，用于初始化Civil View。

"自定义"菜单：方便用户按照自己的爱好设置操作界面。

"脚本"菜单：这是有关编程的东西，将编好的程序放入3ds Max中来运行。

"帮助"菜单：关于该软件的帮助，包括在线帮助、插件信息等。

1.2.2 主工具栏

主工具栏中放置了3ds Max中很多常见任务的工具和对话框按钮，如图1-7所示。

图1-7 主工具栏

"撤销"按钮：使用"撤销"按钮可取消上一次操作，快捷键为Ctrl+Z。

"重做"按钮：可取消由"撤销"命令执行的上一次操作，快捷键为Ctrl+Y。

"选择并链接"按钮：将两个对象作为父和子链接起来，定义它们之间的层次关系，使之可以进行连接运动操作。

"取消链接"按钮：移除两个对象之间的层次关系，从而将子对象与其父对象分离开来。

"绑定到空间扭曲"按钮：单击一次把当前选择的对象附加到空间扭曲，使之受到空间扭曲的影响，再次单击则取消绑定。

"选择过滤器"列表 全部：限制可供选择工具选择的对象的特定类型和组合。

"选择对象"按钮：选择对象或子对象。

"按名称选择"按钮：单击后弹出"选择对象"对话框，可以从当前场景中所有对象的列表中选择对象。

"选择区域"按钮：选择矩形区域，它下面有一个小三角形，用鼠标按住它后其扩展按钮中还包含了"圆形"选择区域、"围栏"选择区域和"套索"选择区域等区域选择方式。

"窗口/交叉选择"按钮：窗口选择和交叉选择的切换按钮。

"选择并移动"按钮：选择并移动对象。

"选择并旋转"按钮：选择并旋转对象。

"选择并缩放"按钮：选择并均匀地缩放对象。它下面还有两个缩放工具，一个是"选择并非均匀缩放"，一个是"选择并挤压"，按住小三角一秒就可以看到这两个缩放工具的图标。

“参考坐标系”列表视图：单击右边的下拉列表按钮出现如图 1-8 所示的列表，在列表中可以指定变换（移动、旋转和缩放）所用的坐标系，其选项包括“视图”“屏幕”“世界”“父对象”“局部”“万向”“栅格”“工作”和“拾取”。

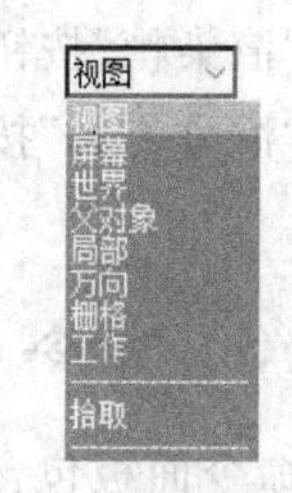

图 1-8 参考坐标系

“使用轴点中心”按钮：即把物体的轴心点作为变换中心，它也有两个选择，一个是“使用选择中心”（把选择物体的公共轴心作为变换中心），一个是“使用变换坐标中心”（把当前坐标系轴心作为变换中心），同样按住它后可以见到另两个轴心变换图标。

“选择并操纵”按钮：可以通过在视口中拖动“操纵器”编辑某些对象、修改器和控制器的参数。

“键盘快捷键覆盖切换”按钮：可在只使用“主用户界面”快捷键和同时使用主快捷键与组（如编辑/可编辑网格、轨迹视口、NURBS 等）快捷键之间进行切换。

“捕捉开关”按钮：用于捕捉现有几何体的特定部分，也可以捕捉栅格，捕捉切换、中点、轴点、面中心和其他选项分别有“2D 捕捉”、“2.5D 捕捉”、“3D 捕捉”三种捕捉方式。

“角度捕捉切换”按钮：使对象以设置的增量围绕指定轴旋转。

“百分比捕捉切换”按钮：使对象按指定的百分比增量进行缩放。

“微调器捕捉切换”按钮：用于设置 3ds Max 中的所有微调器。

“编辑命名选择集”按钮：单击该按钮后会显示出“命名选择集”对话框，在此对话框中可命名选择集。

“命名选择集”列表创建选择集：可以命名选择集，并重新调用选择以便以后使用。其支持对象层级和子对象层级上的选择集。

“镜像”按钮：单击“镜像”按钮，将显示“镜像”对话框，如图 1-9 所示。使用该对话框可以在镜像一个或多个对象的方向时移动或复制这些对象。

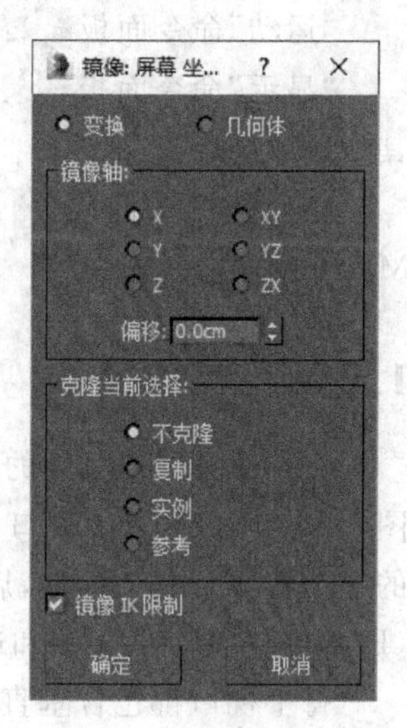

图 1-9 “镜像”对话框

“对齐”按钮：工具栏上的“对齐”按钮提供了对用于对齐对象的 6 种不同工具的访问，按从上到下的顺序这些工具依次为“对齐”、“快速对齐”、“法线对齐”、“放置高光”、“对齐摄影机”和“对齐到视图”。

“切换层资源管理器”按钮：单击后打开“层资源管理器”。

“切换场景资源管理器”按钮：单击后打开“场景资源管理器”。

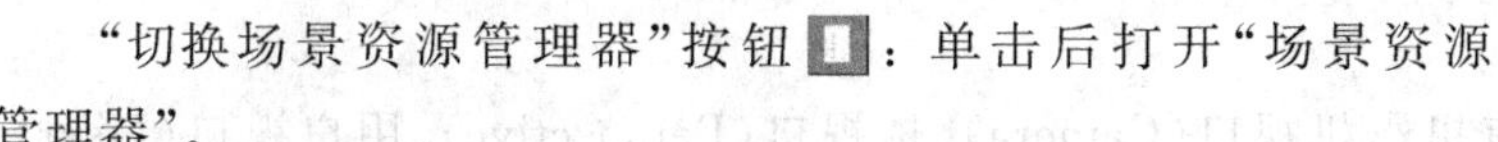

“切换功能区”按钮：单击该按钮使其处于按下状态将打开功能区，再次单击该按钮将关闭功能区。

“曲线编辑器”按钮：单击后打开动画曲线轨迹编辑器。

“图解视图（打开）”按钮：单击后打开图解视图。

“材质编辑器”按钮：单击后打开“Select 材质编辑器”对话框，使用该对话框可以创建和编辑材质以及贴图。

"渲染设置"按钮：单击后打开"渲染设置"对话框，可以使用所设置的灯光、所应用的材质及环境设置(如背景和大气)为场景的几何体着色。

"渲染帧"按钮：单击后打开"渲染帧"窗口，在该窗口中可以查看逐帧渲染的情况。

"渲染产品"按钮：对当前产品进行渲染，渲染完成后将打开"渲染帧"窗口预览渲染效果。

1.2.3 命令面板

命令面板包含创建对象、处理几何体和创建动画需要的所有命令，如图 1-10 所示。每个面板都有自己的选项集。命令面板由 6 个用户界面面板组成，每次只有一个面板可见。如果要显示不同的面板，单击"命令"面板顶部的选项卡图标即可。

命令面板中所包含的 6 个面板如下所述。

"创建"命令面板：包含用于创建对象的控件，如几何体、摄影机、灯光等。

"修改"命令面板：包含用于将修改器应用于对象以及编辑可编辑对象(如网格、面片)的控件。

"层次"命令面板：包含用于管理层次、关节和反向运动学中链接的控件。

"运动"命令面板：包含动画控制器和轨迹的控件。

"显示"命令面板：包含用于隐藏和显示对象的控件，以及其他显示选项。

"工具"命令面板：包含其他工具程序，其中大多数是 3ds Max 的插件。

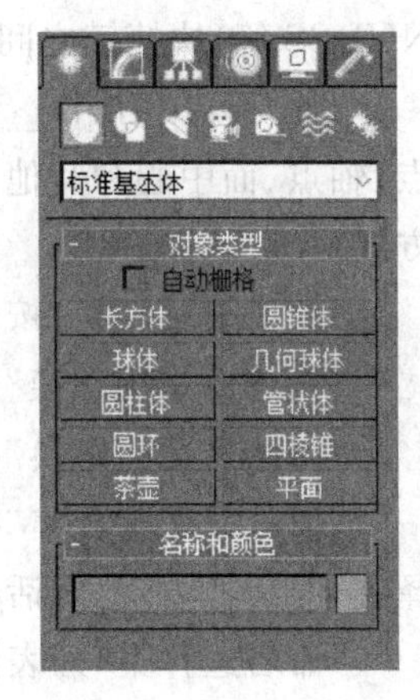

图 1-10 命令面板

1.2.4 视口区

3ds Max 用户界面的最大区域是"视口区"，该区域被分割成 4 个相等的矩形区域，如图 1-11 所示，称之为视口(Viewports)或视图(Views)。视口是主要的工作区域，每个视口的左上角都有一个标签，启动 3ds Max 后默认的 4 个视口的标签是顶视口(Top)、前视口(Front)、左视口(Left)和透视视口(Perspective)。

每个视口都包含垂直和水平线，这些线组成了 3ds Max 的主栅格。主栅格包含黑色垂直线和黑色水平线，这两条线在三维空间的中心相交，交点的坐标是"X=0，Y=0，Z=0"。其余栅格都以灰色显示。

另外，常用的视口还有摄影机视口(Camera)、透视口(Perspective)、用户视口(User)、前视口(Front)、后视口(Back)、顶视口(Top)、底视口(Bottom)、左视口(Left)、右视口(Right)，各视口可根据操作的需要进行切换。

1. 切换视口

一次只能有一个带有高亮显示边框的视口处于活动状态，其他视口设置为仅供观察；除非禁用，否则这些视口会同步跟踪活动视口中进行的操作。

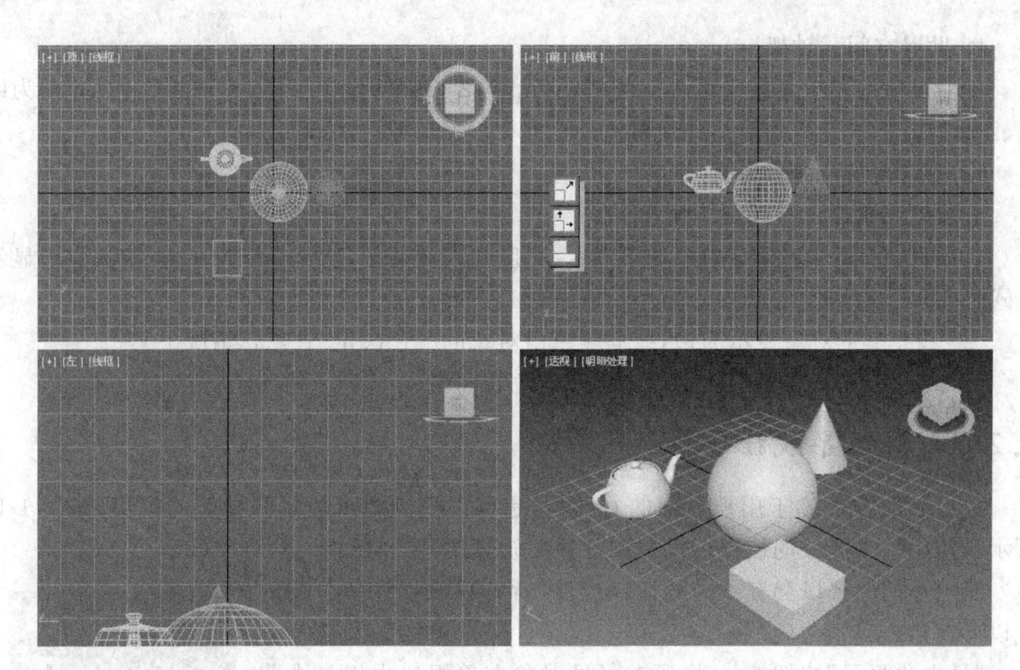

图 1-11　视口

专家点拨：*启用“自动关键点”按钮后，活动视口的边框从黄色变为红色。*

切换活动视口有以下方法。

(1) 单击任一视口：如果单击视口中的对象，那么将选中该对象。如果单击没有对象的空间，则将取消任何选中的对象。

(2) 右击任一视口：无须更改对象的选择状态，右击即可激活视口(也可以通过单击视口标签实现同样的功能)。

(3) 使用快捷键：先在要改变的视口上右击激活它，然后再按快捷键设定。

各视口常用的快捷键如下：摄影机视口(C)、透视口(P)、用户视口(U)、前视口(F)、后视口(K)、顶视口(T)、底视口(Bo)、左视口(Le)、右视口(R)。

2. 视口标签

视口在左上角显示标签。右击视口标签，会显示“视口”快捷菜单，如图 1-12 所示，可以方便地控制视口的各方面设置。

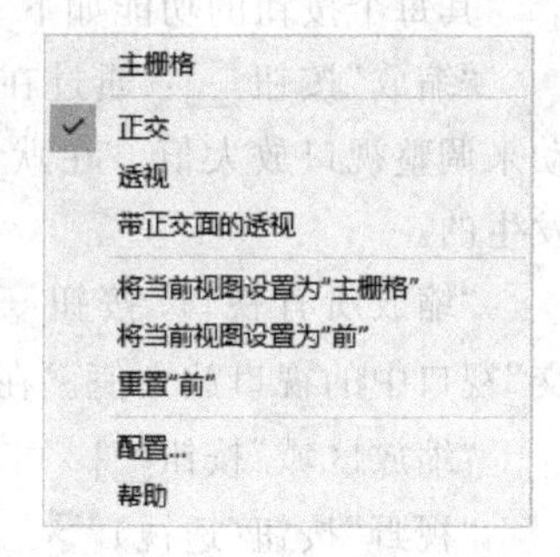

图 1-12　“视口”快捷菜单

3. 动态调整视口的大小

在 3ds Max 的视口区中可以调整 4 个视口的大小，这样它们可以采用不同的比例。调整视口的操作方法如下所述。

(1) 调整视口大小：把鼠标指针放到视口之间的分隔条上，当鼠标指针变成双向箭头时拖动鼠标到合适的位置，释放鼠标。

(2) 恢复到原始布局：右击分隔线的交叉点，并在弹出的快捷菜单中选择“重置布局”命令。

4. 世界空间三轴架

每个视口的左下角有个世界空间三轴架，3 个轴的颜色不同，X 轴为红色、Y 轴为绿色、Z 轴为蓝色。无论当前是什么参考坐标系，三轴架通常指“世界空间”。

5. 视口的明暗显示方式

常用的明暗显示方式如下所述。

(1) 平滑+高光：显示对象的平滑度、亮度和表面贴图，这是 3ds Max 的默认明暗显示方式。

(2) 线框：把对象显示为边，线框颜色由对象的颜色决定(在默认情况下)。

(3) 边面：显示对象的线框边缘以及着色表面。

1.2.5 视口导航控件

视口导航控件位于用户界面的右下角，是可以控制视口显示和导航的按钮，如图 1-13 所示。使用这个区域的按钮可以调整各种缩放选项，控制视口中的对象显示。

使用不同的视口会有不同的视口控件，所有视口控件中公用的是以下 3 个。

图 1-13 视口控件

“最大化显示”按钮：将所有可见对象在单视口中以最大化形式显示。其下还有一个“最大化显示选定对象”按钮，对选定的对象在单视口中以最大化显示。

“所有视图最大化显示”按钮：将所有对象或对象集在所有视口中最大化显示。其下还有一个“所有视图最大化显示选定对象”按钮，将选定对象或对象集在所有视口中最大化显示。

“最大化视口切换”按钮：使用“最大化视口切换”按钮可在正常大小和全屏大小之间进行切换。

1. 透视和正交视口控件

透视、正交、用户、栅格和形状视口共享相同的视口控件，如图 1-14 所示。

其每个按钮的功能如下。

图 1-14 透视和正交视口控件

“缩放”按钮：通过在“透视”视口或“正交”视口中拖动来调整视口放大值。在默认情况下，缩放是在视口的中心发生的。

“缩放所有视口”按钮：同时调整所有“透视”和“正交”视口中的视口放大值。在默认情况下，“缩放所有视口”按钮将放大或缩小视口的中心。

“缩放区域”按钮：可放大在视口内拖动的矩形区域。

“视野”按钮(透视)：调整视口中可见的场景数量和透视张角量。其下有一个“缩放区域”按钮，可放大在视口内拖动的矩形区域。

“平移视图”按钮：在与当前视口平面平行的方向移动视口。其下有一个“穿行导航”按钮，用于在视口中移动。在进入穿行导航模式之后光标将变为中空圆环，并在按下某个方向键(前、后、左或右)时显示方向箭头。

“环绕”按钮：使用该按钮可以使视口围绕中心自由自旋。其下还有可供使用的“选定的环绕”按钮和“环绕子对象”按钮。

2. 摄影机视口控件

“摄影机”视口显示摄影机的视角，注视其目标方向。摄影机视口控件如图 1-15 所示。

图 1-15 摄影机视口控件

“推拉摄影机”按钮：摄影机沿着其深度轴朝着镜头所指的方向移动。

“透视”按钮：视角和推位的组合，在保持场景构图的同时增加了透视张角量。

“平移摄影机”按钮：沿着平行于视口平面的方向移动摄影机。

“侧滚摄影机”按钮：围绕摄影机的局部 Z 轴旋转摄影机。

“环游摄影机”按钮：围绕目标旋转摄影机。其下有一个“摇移摄影机”按钮，用于围绕摄影机旋转目标。

3. 灯光视口控件

“灯光”视口显示聚光灯或平行光的视口，并注视其目标。灯光视口控件如图 1-16 所示。

图 1-16 灯光视口控件

“推拉灯光”按钮：沿着灯光主轴向朝向或移离指向的灯光的方向移动灯光或目标。

“灯光聚光区”按钮：调整灯光聚光区的角度。

“侧滚灯光”按钮：可围绕其灯光自身的视线（灯光的局部 Z 轴）旋转灯光。

“灯光衰减区”按钮：调整灯光衰减区的角度。

“平移灯光”按钮：沿着平行于灯光视口的方向移动目标灯光及其目标，并沿着 XY 轴移动灯光。

“环游灯光”按钮：围绕目标旋转灯光。其下有一个“摇移灯光”按钮，用于围绕灯光旋转目标。

1.2.6 动画和时间控件

视口导航控件按钮的左边是时间控制按钮及动画控制按钮，如图 1-17 所示。这些按钮的功能和外形类似于媒体播放机里的按钮。

图 1-17 动画和时间控件

1. 动画控制按钮

“自动关键点”按钮：启用或禁用称为“自动关键点”的关键帧模式。当“自动关键点”按钮处于启用状态时，所有运动、旋转和缩放的更改都设置成关键帧；当处于禁用状态时，这些更改将应用到第 0 帧。

“设置关键点”按钮：使用这个按钮，可以有选择地添加关键帧。

“新建关键点的默认入/出切线”按钮：可以为新的动画关键点提供快速设置默认切线类型的方法，这些新的关键点是用设置关键点模式或自动关键点模式创建的，它下面有一个小三角形，用鼠标按住它后可在其扩展按钮中选择不同的模式。

“转至开头”按钮：把时间滑块移动到活动时间段的第一帧。可以在“时间配置”对话框的“开始时间”和“结束时间”字段中设置活动时间段。

“上一帧”按钮：把时间滑块向后移动一帧。

“上一关键点”按钮：在关键点模式中把时间滑块移动到上一个关键帧。在“时间配置”对话框的“关键点步幅”组中设置“关键帧”选项。

“播放/停止”按钮：在活动视口中播放或停止动画。

“下一帧”按钮：把时间滑块向前移动一帧。

“下一关键点”按钮：在关键点模式中把时间滑块移动到下一个关键帧。

“转至结尾用”按钮：把时间滑块移动到活动时间段的最后一个帧。

“当前帧(转到帧)”按钮：显示当前的帧编号，指出时间滑块的位置，也可以在此字段中输入帧编号转到该帧。

2. 时间控制按钮

“关键点模式”按钮：单击后打开关键点模式，“上一帧”按钮和“下一帧”按钮变为“上一关键点”按钮和“下一关键点”按钮。

“时间配置”按钮：单击该按钮后，会打开“时间配置”对话框，如图 1-18 所示，在这个对话框中提供了帧速率、时间显示、播放和动画的设置。使用此对话框可以更改动画的长度或拉伸、重缩放，还可以设置活动时间段或动画的开始帧和结束帧。

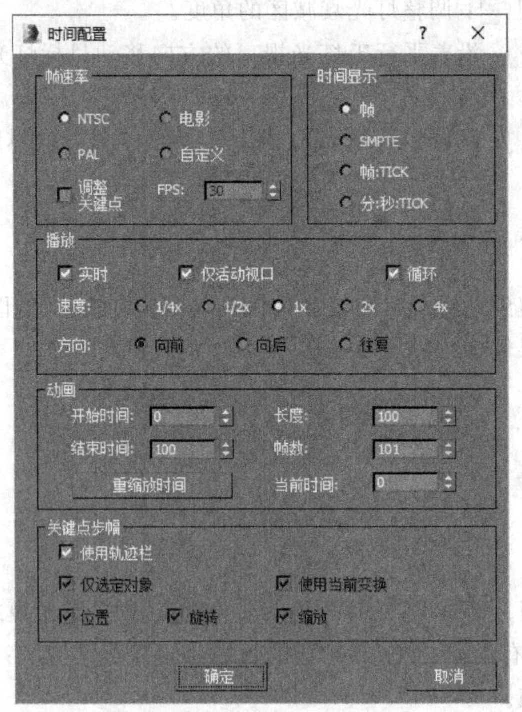

图 1-18 “时间配置”对话框

1.2.7 时间滑块和轨迹栏

时间滑块和轨迹栏位于视口区的下方，如图 1-19 所示。

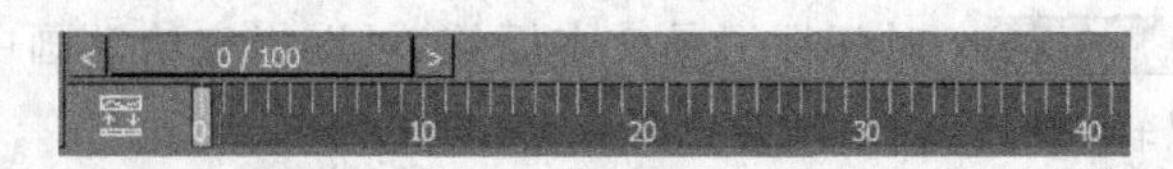

图 1-19 时间滑块和轨迹栏

"时间"滑块 < 0 / 100 > 显示当前帧并可以通过它移动到活动时间段中的任何帧上。单击"时间"滑块左侧或右侧的箭头可以前移或后移一帧。在关键点模式下单击箭头时会跳到相邻的关键点。

"轨迹视图关键点"窗口也显示时间滑块。这两个时间滑块的移动是同步的。

"时间"滑块下面的"轨迹栏"提供了显示帧数(或相应的显示单位)的时间线。

1.2.8 状态栏

状态栏位于时间滑块和轨迹栏的下方，如图 1-20 所示。

图 1-20 状态栏

状态栏的最左边是"MAXScript 迷你侦听器"，它分为两个窗格，一个是粉红色，一个是白色。粉红色的窗格是"宏录制器"窗格；白色窗格是"脚本"窗口，用户可以在这里创建脚本。

侦听器的右边则显示了当前对象的一些相关信息，具体情况如下所述。

"状态行" 未选定任何对象 ：显示选定对象的类型和数量。

"选择锁定切换"按钮：单击锁定选择，则不会在复杂场景中意外选择其他内容。再次左键单击则取消锁定选择。

"偏移/绝对模式变换输入"按钮 / ：如果要使用状态栏上的"变换输入"框，只需在该框中输入适当的值，然后按 Enter 键应用变换。单击变换框左侧的"偏移/绝对变换输入"按钮可以在输入绝对变换值或偏移值之间进行切换。

"坐标显示" X: 12.603 Y: 467.158 Z: 0.0 ：显示光标的位置或变换的状态，并且可以输入新的变换值。

专家点拨：坐标显示中的信息因所做的操作而异。当只在视口中移动鼠标时，这些字段在绝对世界坐标中显示当前光标的位置。在创建对象时，这些字段在绝对世界坐标中也显示当前光标的位置。在视口中拖动变换对象时，则在启动变换之前，这些字段始终显示与对象坐标相对的坐标。在变换对象时，这些字段将更改为微调器，用户可以在其中直接输入值。这是使用"变换输入"对话框的一种替代方法。当变换按钮处于活动状态且选定了一个单个的对象，而且没有拖动该对象时，这些字段显示当前变换的绝对坐标。当变换按钮处于活动状态且选定了多个对象时，这些字段为空白。当没有选定对象且光标不在活动视口上时，这些字段也为空白。

“栅格设置”：显示格设置显示将显示栅格方格的大小。

“提示行”：基于当前光标位置和当前程序活动来提供动态反馈。根据用户的操作，提示行将显示不同的说明，指出程序的进展程度或下一步的具体操作。

“时间标记”：时间标记是文本标签，可以指定给动画中的任何时间点。通过选择标记名称可以轻松跳转到动画中的任何点。

1.3 自定义用户界面

在 3ds Max 用户界面中的组件(如菜单栏、工具栏和命令面板)都可以重新排列，视口窗口的大小也可以动态调整，还可以指定哪些工具栏应该显示，哪些工具栏应该隐藏，并且可以创建自己的键盘快捷键、自定义工具栏和四元菜单，也可以自定义用户界面中使用的颜色。

1.3.1 自定义用户界面概述

1. 在单视口布局和多视口布局之间切换

(1) 打开配套光盘上的“自定义用户界面. max”文件(文件路径：素材和源文件\part1\)。单击透视口窗口，然后单击视口导航栏上的“最大化视口切换”按钮，此时效果如图 1-21 所示。

图 1-21 最大化显示

(2) 再次单击视口导航栏上的“最大化视口切换”按钮恢复多视口显示。

2. 调整多视口布局中窗口的大小

(1) 单击任意两个视口间的分隔条或所有视口的相交处，然后拖动到新位置并释放鼠标，如图 1-22 所示。

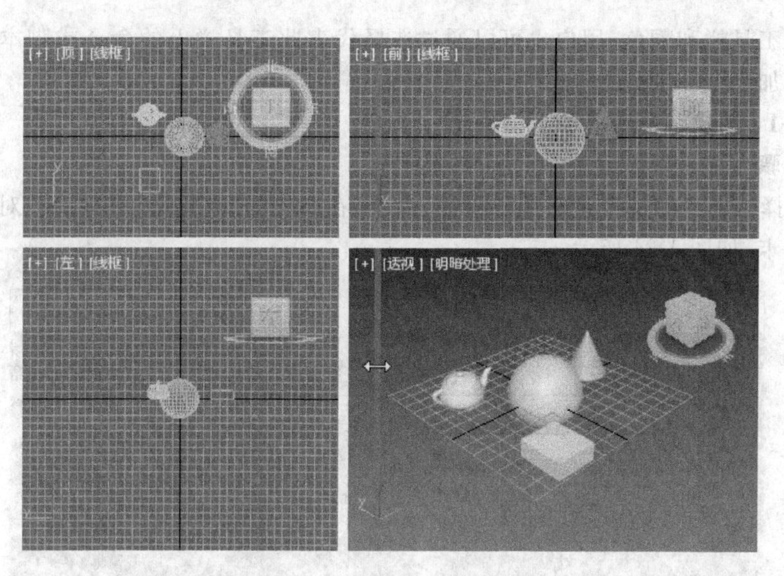

图 1-22 调整后的窗口大小

(2) 右击视口之间的分隔条，显示“重置布局”命令，选择此命令将视口还原为默认的多视口布局。

3. 重新排列命令面板中卷展栏的次序

单击命令面板上的“层次”标签按钮，单击“调整轴”卷展栏，然后将其拖动到命令面板上的“调整变换”卷展栏下的一条宽线指示放置卷展栏的位置后释放鼠标，“调整轴”卷展栏移动到“调整变换”卷展栏下，其他卷展栏将相应移动，如图 1-23 所示。

4. 使工具栏处于浮动状态

单击停靠工具栏的标记栏(当工具栏停靠时所显示的一条窄线)并将它拖离其位置，释放鼠标，工具栏就处于浮动状态。

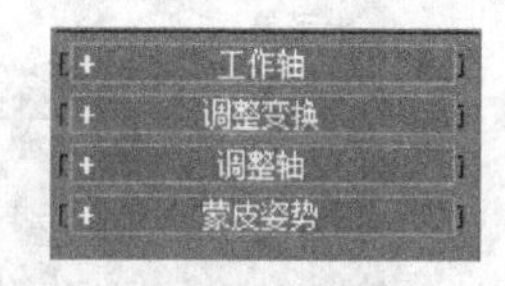

图 1-23 调整卷展栏的位置

5. 使命令面板处于浮动状态

右击命令面板右上角的空白区域，在弹出的菜单中选择“浮动”命令。

6. 调整命令面板水平方向的大小

把鼠标指针放到命令面板的边缘上，鼠标指针将变成双箭头，拖动鼠标来增大或缩小命令面板的宽度。

7. 调整浮动命令面板垂直方向的大小

将鼠标指针移动到浮动命令面板的顶部边缘或底部边缘上拖动。

8. 停靠浮动的 UI 元素

(1) 右击命令面板的标题栏，从弹出的菜单中选择“停靠”命令，然后选择“右侧”命令，命令面板重新停靠在右侧。

(2) 双击主工具栏的标题栏，主工具栏重新停靠在上方。

1.3.2 使用“自定义用户界面”对话框设置界面

使用“自定义用户界面”对话框可以创建一个完全自定义的用户界面，包括快捷键、四元菜单、菜单、工具栏和颜色,用户也可以通过选择代表此工具栏上的命令或脚本的文本或图标按钮来添加命令和宏脚本。

实例 1-1:创建一个新菜单

操作步骤

(1) 选择"自定义"|"自定义用户界面"命令,在弹出的"自定义用户界面"对话框中选择"菜单"选项卡,如图 1-24 所示。

图 1-24 "自定义用户界面"对话框(菜单界面)

(2) 在该对话框中单击"新建"按钮,弹出"新建菜单"对话框,如图 1-25 所示。

(3) 在"名称"文本框中输入菜单名称"我的菜单",单击"确定"按钮,此时在菜单列表中就会显示新菜单,如图 1-26 所示。

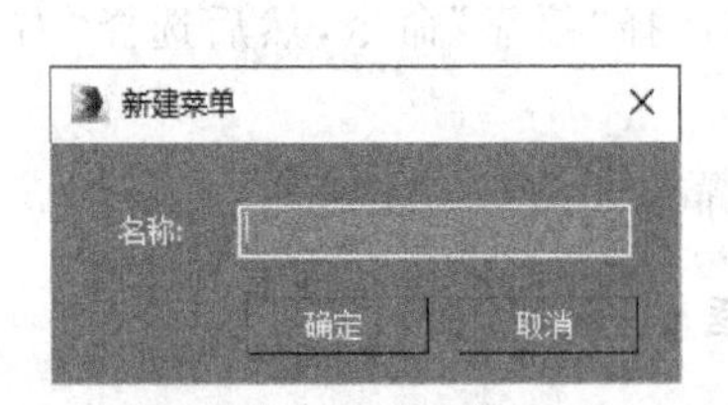

图 1-25 "新建菜单"对话框

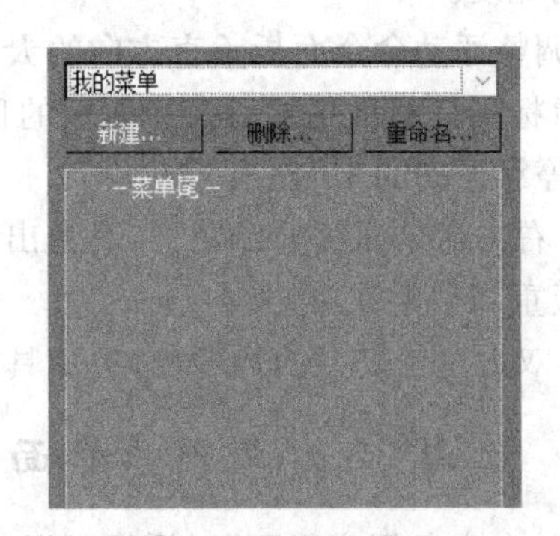

图 1-26 显示新菜单

实例 1-2：更改界面元素颜色

操作步骤

（1）选择“自定义”|“自定义用户界面”命令，在弹出的“自定义用户界面”对话框中选择“颜色”选项卡，如图 1-27 所示。

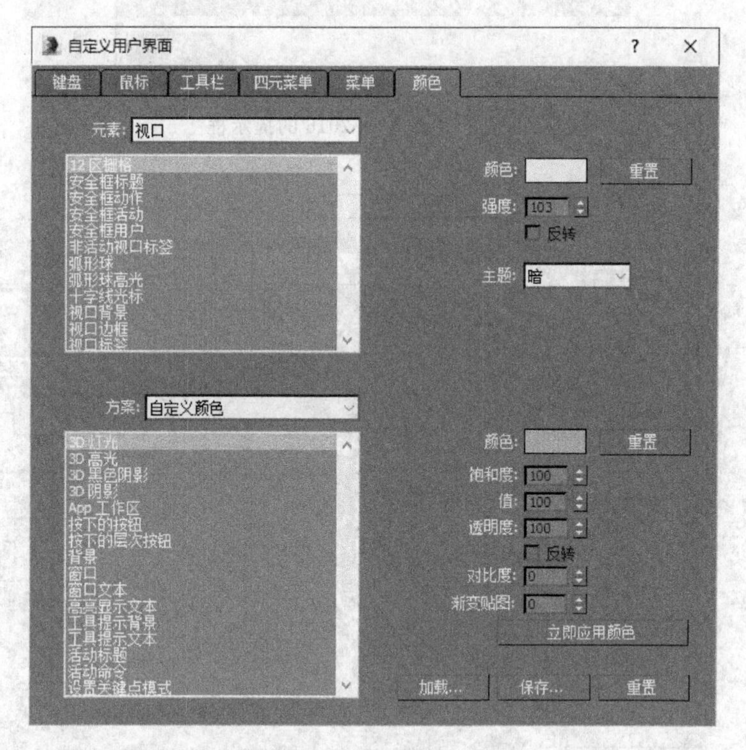

图 1-27 “颜色”选项卡

（2）从“元素”下拉列表中选择要更改其颜色的界面“视口”元素类别。

（3）在“元素”字段下面的列表中选择“视口背景”选项。

（4）单击右边的“颜色”色样，在弹出的“颜色选择器”对话框中选择蓝色，然后单击“关闭”按钮设置颜色。

（5）单击“立即应用颜色”按钮，视口背景变为蓝色。

（6）单击“保存”按钮右边的“重置”按钮，在弹出的“还原颜色文件”提示框中单击“是”按钮将恢复系统颜色。

1.3.3 保存和加载自定义用户界面

1. 加载自定义 UI 方案

选择“自定义”|“加载自定义 UI 方案”命令，在弹出的“加载自定义 UI 方案”对话框的“文件类型”下拉列表中选择 UI 文件，打开配套光盘上的 myUI001. ui 文件（文件路径：素材和源文件\part1\），3ds Max 2016 将给出提示，提示界面更改将在下一次重启时生效，如图 1-28 所示。应用 myUI001. ui 文件后的界面效果如图 1-29 所示。

2. 保存单个的 UI 方案文件

（1）选择“自定义”|“保存自定义 UI 方案”命令。

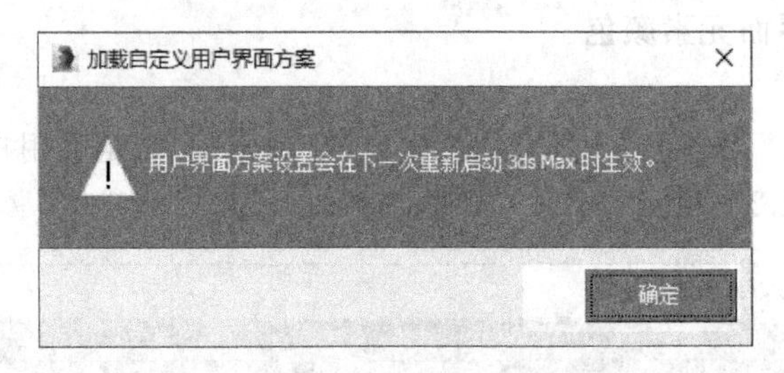

图 1-28 3ds Max 2016 的提示框

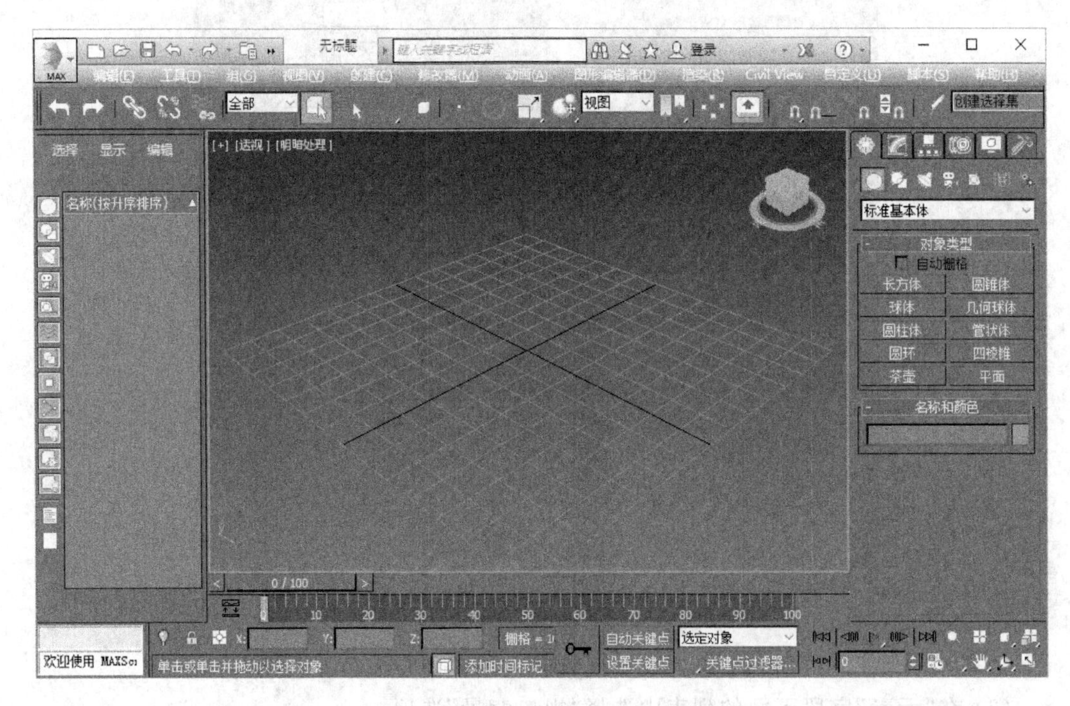

图 1-29 自定义用户界面(UI 文件)

(2) 在弹出的“保存自定义 UI 方案”对话框的文件名输入框中输入 myUI002,单击“保存”按钮。

3. 还原为启动布局

选择“自定义”|“还原为启动布局”命令,UI 元素将按照原来的顺序重新排列。

1.3.4 设置系统参数

不同的用户服务对 3ds Max 2016 的工作环境会有不同的要求,用户可以按照自己的操作习惯和爱好对软件的界面进行调整,使其既易于操作又富有个性。

选择“自定义”|“首选项”命令,在弹出的“首选项设置”对话框中可以设置工作环境的参数,如图 1-30 所示。

3ds Max 2016 的预先设置包括 13 个选项卡,分别为常规、文件、视口、交互模式、Gamma 和 LUT、渲染、光能传递、动画、反向运动学、Gizmos、MAXScript、容器、帮助。

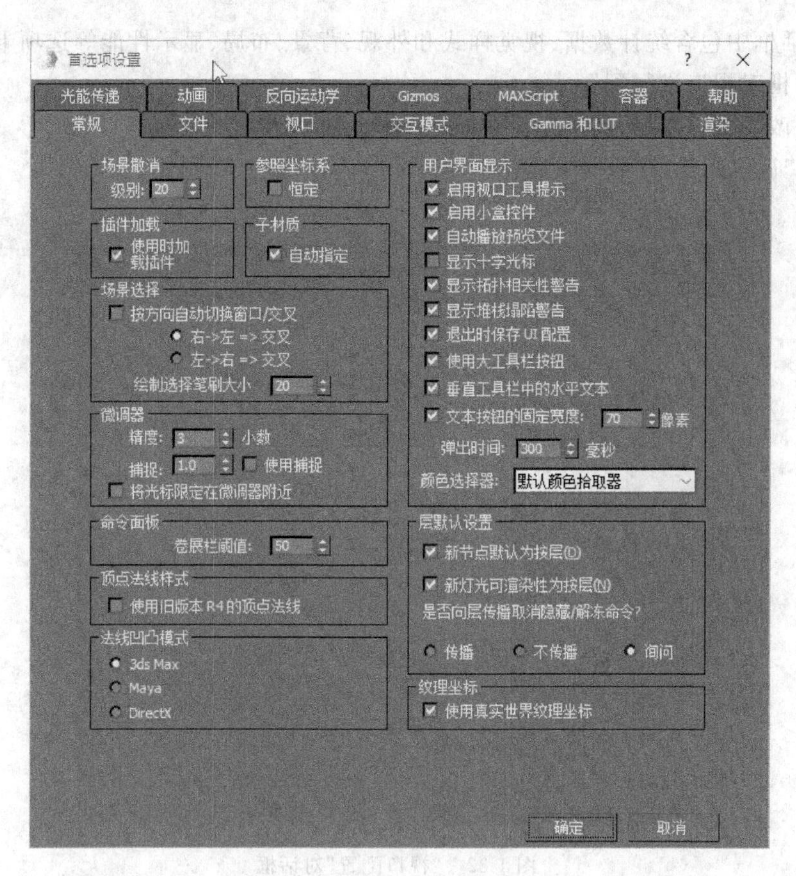

图 1-30 “首选项设置”对话框

1.3.5 单位设置

“单位设置”用于设置场景的数量单位，在确定了场景的单位后可以按实际尺寸精确地创建对象。选择“自定义”|“单位设置”命令，弹出“单位设置”对话框，如图 1-31 所示。用户可在此对话框中对场景的数量单位进行设定。

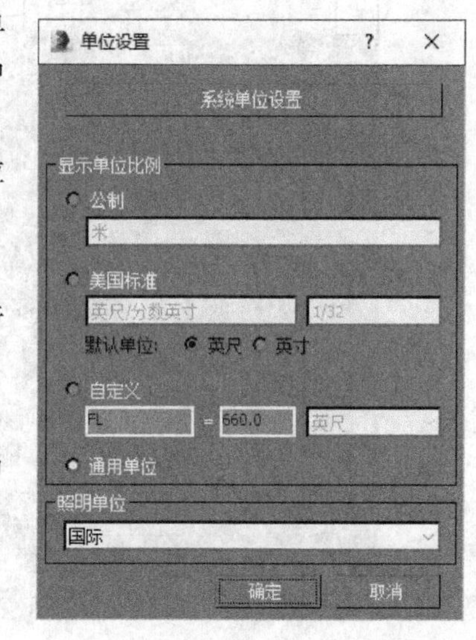

图 1-31 “单位设置”对话框

公制：当这一选项被选择时，这个选项下面的下拉菜单会被激活，菜单中包括毫米、厘米、米、千米。

美国标准：其中包括英寸等计量单位。

自定义：在这一选项中可以对一个常规单位进行成比例设定。

通用单位：即用通用单位进行设置。

专家点拨：“显示单位”只影响几何体在视口中的显示方式，而“系统单位”决定几何体实际的比例。

1.3.6 视口配置

选择“视图”|“视口配置”命令，弹出“视口配置”对

话框,该对话框中包含统计数据、视觉样式和外观、背景、布局、显示性能等选项卡,用户可以利用该对话框对视口进行配置。

如果要改变视口布局,其操作步骤如下。

(1) 在"视口配置"对话框中选择"布局"选项卡,如图 1-32 所示。

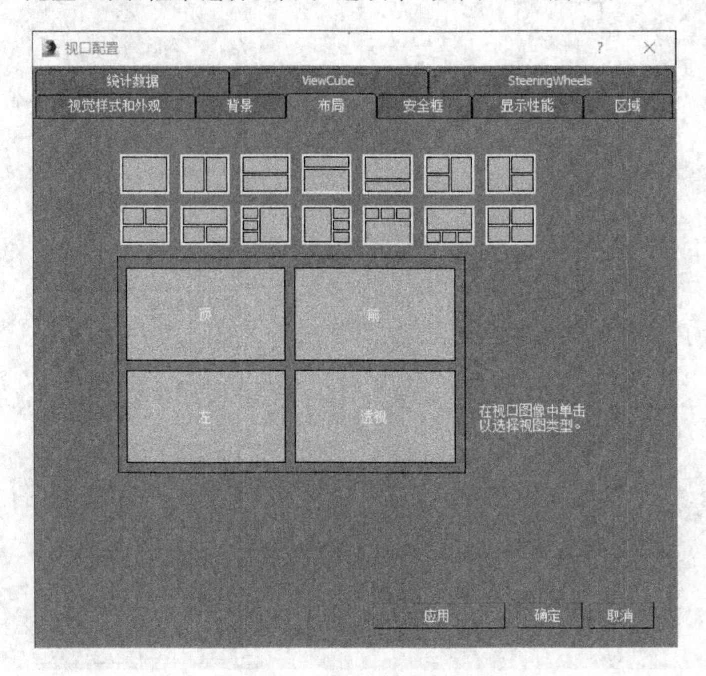

图 1-32 "视口配置"对话框

(2) 在视口图像中单击第一行的第二个图像,单击"确定"按钮,此时场景界面如图 1-33 所示。

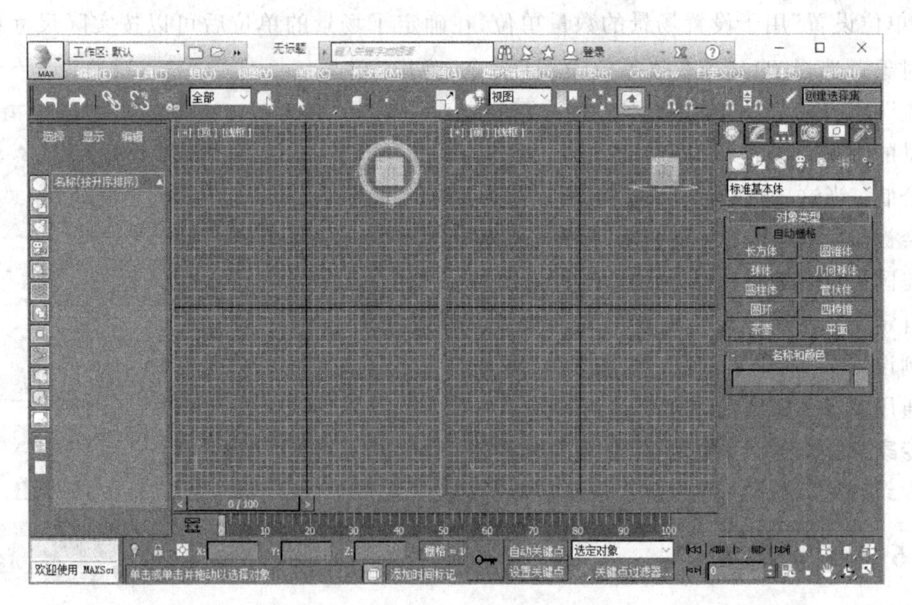

图 1-33 改变视口布局后的界面

1.3.7 栅格和捕捉设置

1. 设定栅格

栅格是3ds Max工作区中不可缺少的尺度工具，需要借助栅格来构建模型，在3ds Max中每一个视口都可以有栅格显示，每一个栅格的默认设定为10个单位。在任何一个视口中右击，都可以在扩展菜单中找到“显示栅格”的命令，可以通过它来确定是否在这一视口中显示栅格。

栅格单位可以根据用户的不同需要进行设定，它的设定是通过“栅格和捕捉设置”来完成的。选择“工具”|“栅格和捕捉”|“栅格和捕捉设置”命令，在弹出的“栅格和捕捉设置”对话框的“主栅格”选项卡中设定参数，如图1-34所示。

2. 设定捕捉

选择“工具”|“栅格和捕捉”|“栅格和捕捉设置”命令，在弹出的“栅格和捕捉设置”对话框的“捕捉”选项卡中设定捕捉，如图1-35所示。

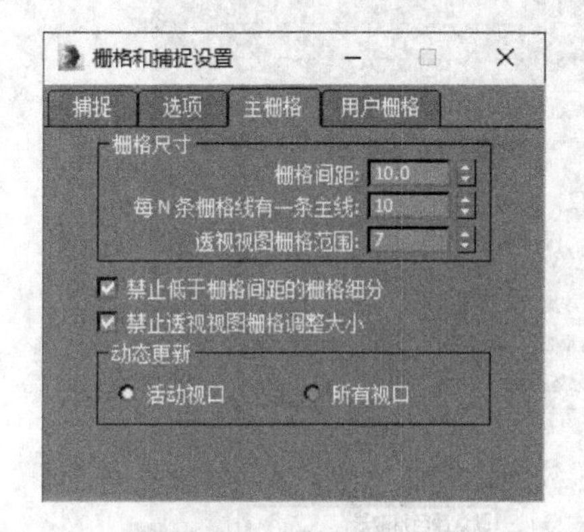

图1-34　主栅格设置

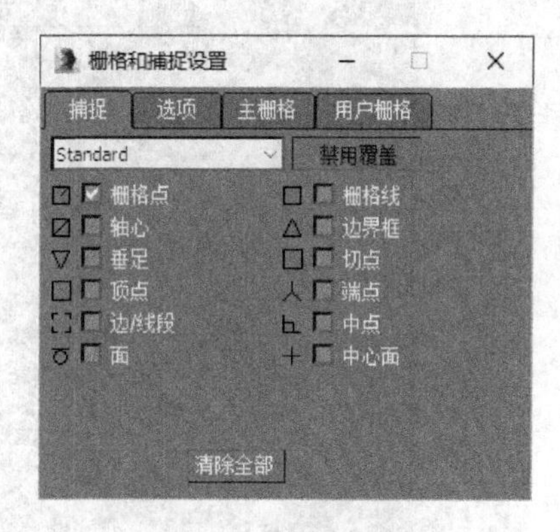

图1-35　捕捉设置

在完成所有设置后将鼠标指针移至物体上，这时鼠标具有指示作用，可对以上几种捕捉类型进行显示和捕捉。当鼠标指针移至不同位置时会自动出现该位置物体类型的图标，如图1-36所示。

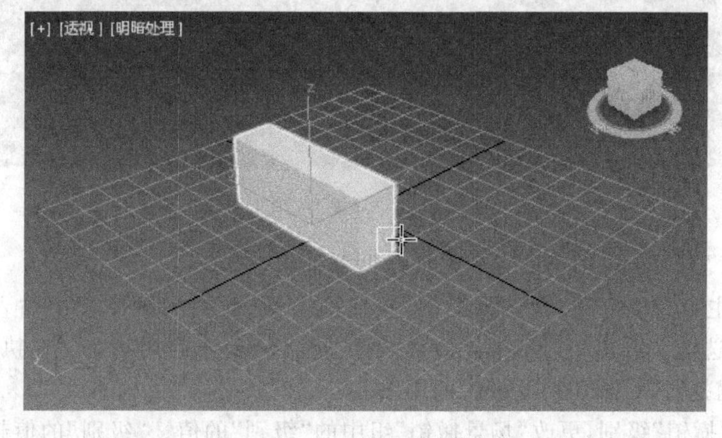

图1-36　“捕捉”物体

1.4 上机练习与指导

1.4.1 系统设置练习

视频讲解

1. 练习目标

(1) 熟练系统选项内容。

(2) 熟悉常用设置方法。

2. 练习指导

(1) 选择“自定义”|“首选项”命令，弹出“首选项设置”对话框，如图 1-37 所示。在该对话框中可以设置工作环境的参数，其中包括常规、文件、视口、交互模式、Gamma 和 LUT、渲染、光能传递、动画、反向运动学、Gizmos、MAXScript、容器、帮助选项卡。

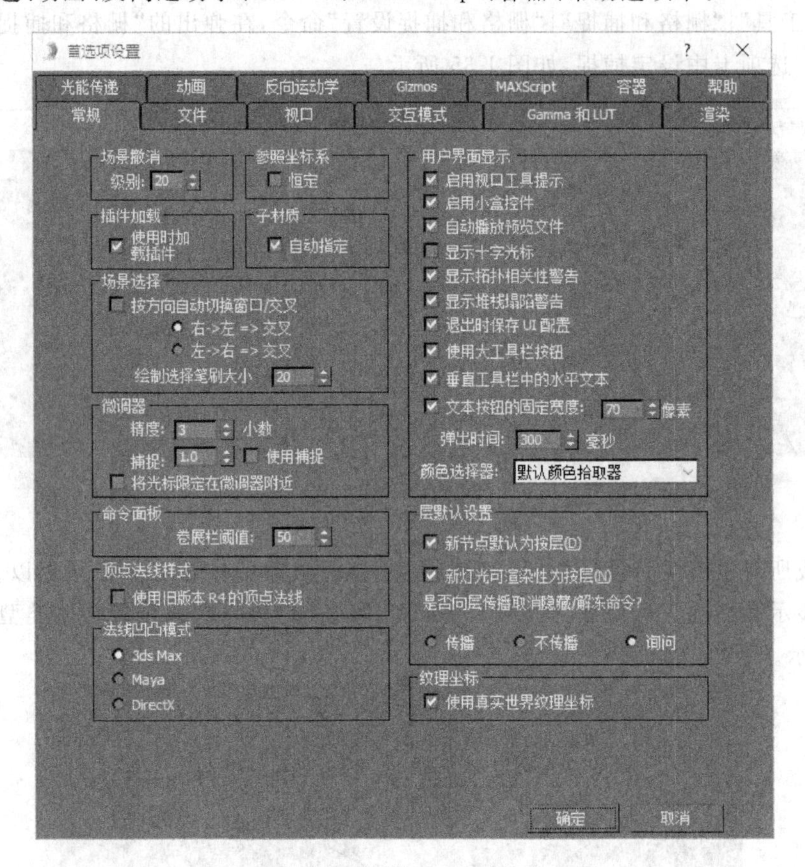

图 1-37 “常规”选项卡

(2) “常规”选项卡可用于设置和切换微调器捕捉。

(3) 右击主工具栏上的“微调器捕捉”按钮，在“微调器捕捉”字段中输入一个值，启用“使用捕捉”复选框。退出该对话框之后，“微调器捕捉”处于启用状态。在执行操作时可以使用“微调器捕捉”按钮来切换此设置的用法。

(4) 设置“撤销”级别，更改“场景撤销”组中的“级别”的值。“级别”的值越大，需要的系统资源越多，默认值为 20。

(5)“文件”选项卡可以设置与文件处理相关的选项，也可以选择用于存档的程序。在此处可以控制维护日志文件的选项。用户可以在此对话框中启用“自动备份”功能，按指定的时间间隔对所做的工作进行自动备份。

(6)“视口”选项卡可以设置视口显示和行为的选项以及当前的显示驱动程序。

(7)“Gamma 和 LUT”选项卡可以通过设置选项来调整用于输入/输出图像和监视器显示的 Gamma 值。

(8)“渲染”选项卡可以设置用于渲染的选项，如渲染场景中环境光的默认颜色。有很多选择可以重新指定用于产品级渲染和草图级渲染的渲染器。

(9)“动画”选项卡可以更改默认变换中心，选择禁用“动画”组中的“动画期间使用局部坐标中心”。更改默认值并激活所有的变换中心按钮就可以移动选择、坐标中心或局部轴，如图 1-38 所示。

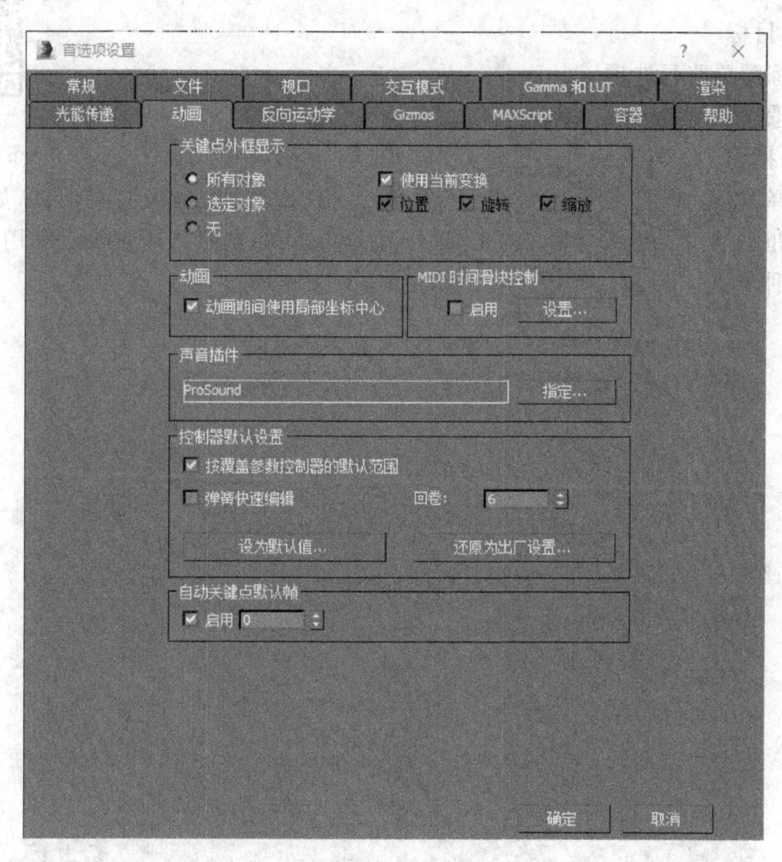

图 1-38 “动画”选项卡

(10) 如果要设置关键点外框显示，用“关键点外框显示”组中的控制器指定关键点外框在线框视口中显示的方式。

(11) 如果要指定控制器默认设置，单击“控制器默认设置”组中的“设置默认值”按钮，弹出“设置控制器默认值”对话框，在可用控制器列表中选择控制器类型，然后单击“设置”按钮。

(12) 选择“反向运动学”选项卡，启用标签为“始终变换世界坐标系的子对象”的选项，可防止使用 IK 模式时变换未链接对象。

专家点拨：单个未链接对象是一个对象的层次。未链接对象是自己的根对象，也是世界的子对象，因此禁用“始终变换世界坐标系的子对象”可以防止在 IK 模式中变换单个对象。

(13) 选择 Gizmos 选项卡，可以设置变换 Gizmo 的显示和行为方式。

(14) 选择 MAXScript 选项卡，可以设置 MAXScript 和“宏录制器”首选项，启用或禁用“自动加载脚本”设置初始堆大小，更改 MAXScript 编辑器使用的字体样式和字体大小，并管理“宏录制器”的所有设置。

(15) 选择“光能传递”选项卡，可以设置光能传递解决方案的选项。

1.4.2 配置路径练习

视频讲解

1. 练习目标

(1) 熟练配置路径选项。

(2) 熟悉路径设置方法。

2. 练习指导

(1) 选择“自定义”|“配置用户路径”命令，弹出“配置用户路径”对话框，如图 1-39 所示。该对话框包含 3 个选择卡(文件 I/O、外部文件、外部参照)，用户可以利用该对话框对路径进行各种配置。

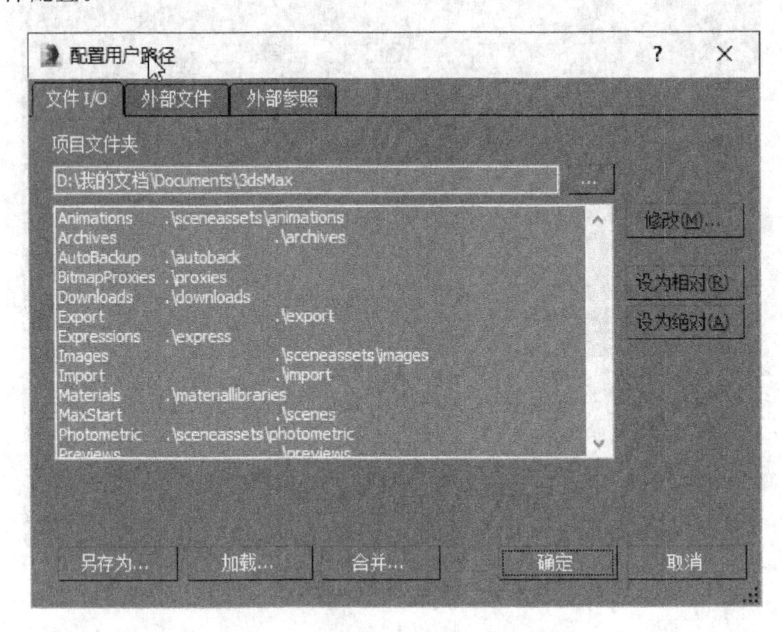

图 1-39 “配置用户路径”对话框

(2) 单击对话框上的某一选项卡的标签将高亮显示目录名称，然后单击“修改”按钮，此时将弹出“选择目录”对话框。

(3) 在“选择目录”对话框中导航至某一目录，然后单击“使用路径”按钮。

(4) 在“配置用户路径”对话框中单击“确定”按钮。

1.5 本章习题

1. 选择题

(1) 3ds Max 这个功能强大的三维动画软件的出品公司为(　　)。

A. Discreet　　B. Adobe　　C. Macromedia　　D. Corel

(2) 3ds Max 在默认情况下是以(　　)视图方式显示的。

A. 1　　B. 2　　C. 3　　D. 4

(3) 能实现放大和缩小一个视图的视图工具是(　　)。

A.　　B.　　C.　　D.

(4) 在默认情况下视口的快捷键是(　　)。

A. Alt+M　　B. N　　C. 1　　D. Alt+W

(5) 显示/隐藏主工具栏的快捷键是(　　)。

A. 3　　B. 1　　C. 4　　D. Alt+6

2. 思考题

(1) 动画控制按钮有哪些?如何设置动画时间的长短?

(2) 用户是否可以定制用户界面,如何定制?

第2章 基本操作

文件和对象操作是3ds Max中最基本的操作，要想创作出专业的三维作品，首先必须熟练掌握这些基本操作，对于学习3ds Max的入门者来说，熟练掌握文件和对象操作可以使以后的设计创作工作事半功倍。

本章的主要内容：

- 文件操作；
- 对象的选择；
- 对象的变换；
- 常用辅助工具。

2.1 文件操作

“文件”在计算机术语里的含义可以解释为计算机里按一定方式存储和读/写的数据格式。用户使用3ds Max设计或修改的场景内容都必须以文件的形式存储起来，而操作之前也必须先打开已有文件或空白文件才能进行操作。

2.1.1 新建文件

每次打开3ds Max软件时默认新建了一个场景文件。如果想在制作了一个场景后再新建一个场景则可以进行如下操作。

1. 新建场景

单击“文件”按钮，在打开的“文件”菜单中选择“新建”命令，或按快捷键Ctrl+N，此时会弹出“新建场景”对话框，如图2-1所示。在该对话框中选择相应的选项后单击“确定”按钮。

专家点拨： 新建场景可以在保留原系统设置(视口配置、捕捉设置、材质编辑器、背景图像等)的同时保留在新场景中有用的对象和层次。

2. 重置场景

单击“文件”按钮，在打开的“文件”菜单中选择“重置”命令，此时会弹出一个信息提示框，确认是否要重置场景，如图2-2所示。重置场景可以清除所有原来的数据并重新进行系统设置。

2.1.2 打开文件

在3ds Max中打开已经存储在磁盘上的文件的方法有以下两种。

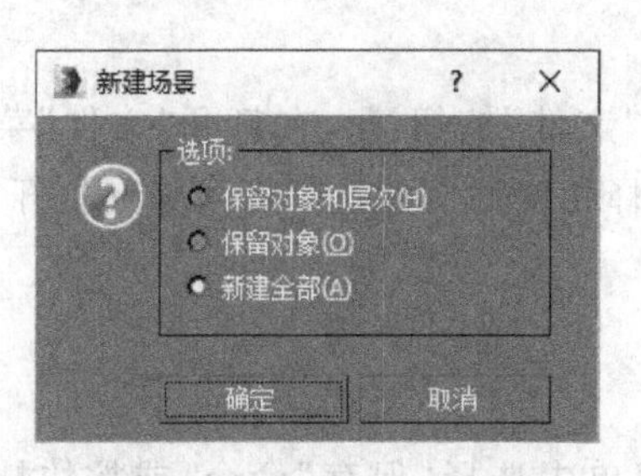

图 2-1 “新建场景”对话框

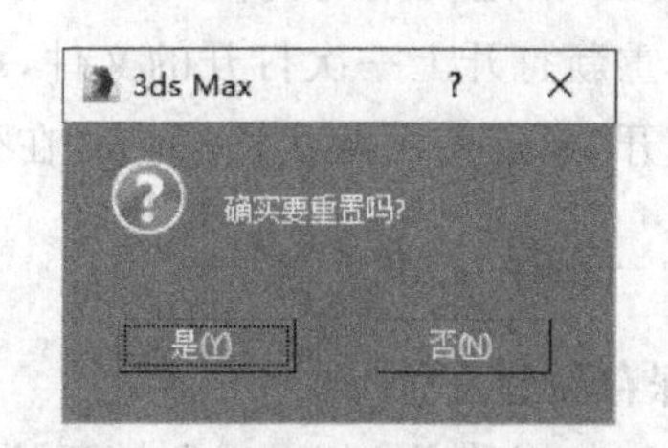

图 2-2 确认“重置场景”信息框

1. 使用“打开文件”对话框

(1) 单击“文件”按钮，在打开的“文件”菜单中选择“打开”命令，或按快捷键 Ctrl+O，此时会弹出“打开文件”对话框，如图 2-3 所示。

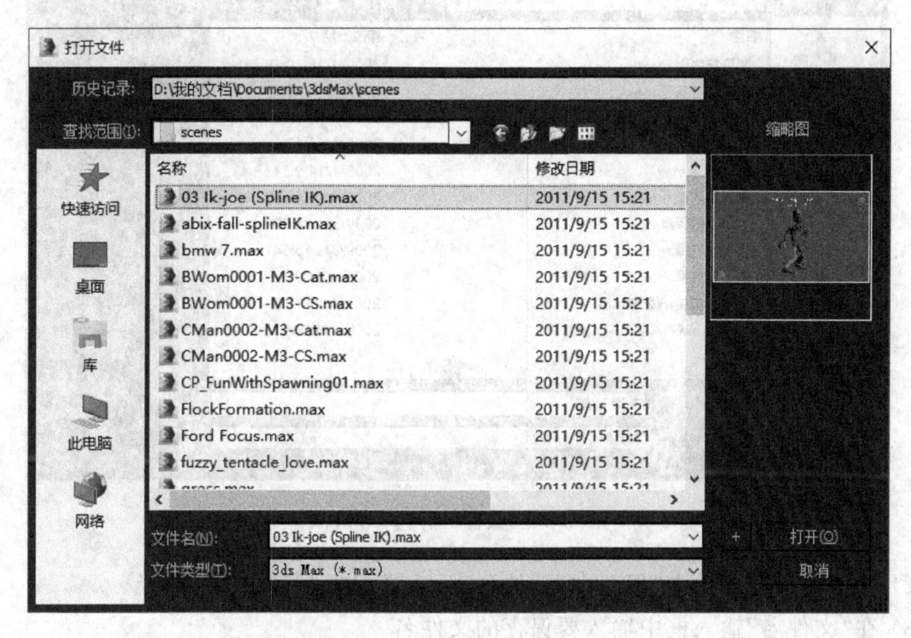

图 2-3 “打开文件”对话框

(2) 在“查找范围”下拉列表中选择文件存在的路径，该文件夹中的文件就会在文件列表中显示。如需限定所需文件的格式，可以在“文件类型”下拉列表中选择所需的文件格式(如选中 *.max 格式)。

(3) 在文件列表中选择需要的文件或在“文件名”输入框中输入要打开的文件的名称，单击“打开”按钮即可打开相应文件。

在 3ds Max 中使用“打开”命令还可以加载场景文件(MAX 文件)、角色文件(CHR 文件)或 VIZ 渲染文件(DRF 文件)，注意一次只能打开一个文件。

专家点拨：单击“加号”按钮 + 可以为输入的文件名附加序列号，即如果输入的文件名已经存在，单击“加号”按钮可以在该文件名上增加序列号后再打开。例如已选择文件名为 test00.max 的文件，单击“加号”按钮可将文件名改为 test01.max，然后打开 test01.max 文件。

2. 使用"最近使用的文档"列表

如要重新打开上一次打开的文件,可以单击"文件"按钮,在打开"文件"菜单的同时右侧会打开"最近使用的文档"列表,在列表中选择相应的文件选项即可将其打开。

2.1.3 保存文件

1. 保存新建文件

(1) 单击"文件"按钮,在打开的"文件"菜单中选择"保存"命令,或按快捷键 Ctrl+S,弹出"文件另存为"对话框,如图 2-4 所示。

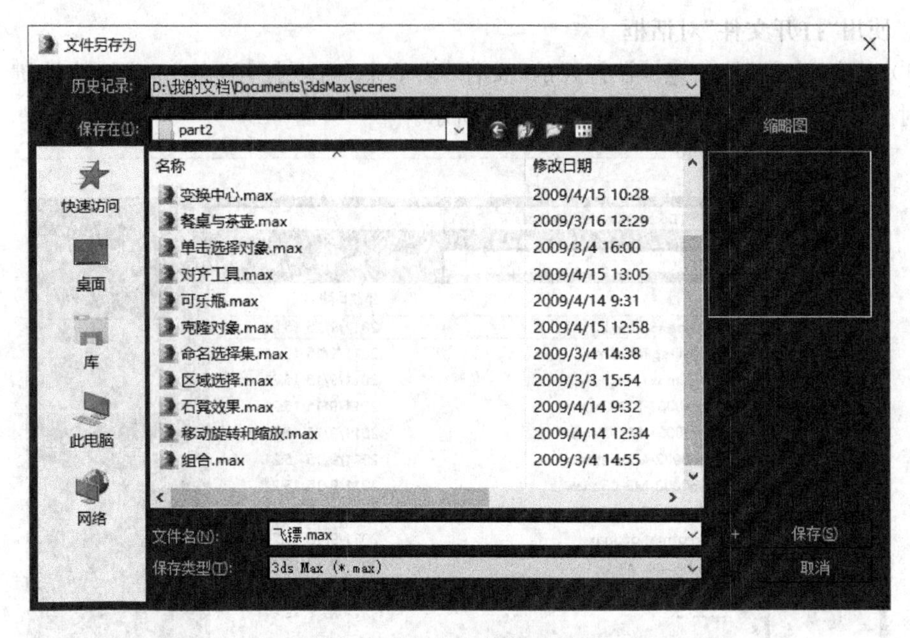

图 2-4 "文件另存为"对话框

(2) 在该对话框中单击"保存在"下拉列表,选择需要保存文件的路径。

(3) 在"文件名"输入框中输入要保存的文件名。

(4) 在"保存类型"下拉列表中选择相应的文件格式,单击"保存"按钮即可。

2. 非新建文件的保存

非新建文件(即以前曾打开或操作过的文件)之前被保存过,已经有了文件名和存储路径,所以在保存时直接选择"文件"菜单中的"保存"命令或按快捷键 Ctrl+S 即可。

3. 另存文件

如果当前文件曾以一种格式保存过,需要另存为其他格式、文件名或路径,可以通过"另存为"命令保存,同时将改动前后的文件都保留下来。选择"文件"菜单中的"另存为"命令,打开"文件另存为"对话框进行操作即可,其操作方法与"保存文件"相同。

2.1.4 暂存场景和取回场景

在工作中有一些操作可能不会按预期的效果进行,或有一些不熟悉的操作导致错误,又或有一些无法撤销的操作,这时可以将场景暂存起来,在进行相关操作之前选择"编辑"|"暂

存”命令或按快捷键 Alt＋Ctrl＋H 将文件临时保存在磁盘上。

如果没有获得预期效果，则选择“编辑”|“取回”命令或按快捷键 Alt＋Ctrl＋F 返回到先前保存的“暂存”状态。使用“暂存”只能保存一个场景。

2.1.5　合并文件

合并文件可以将其他场景文件中的对象放入到当前场景中，使用该文件可以把整个场景与其他场景组合。

实例 2-1：合并文件的应用

操作步骤

(1) 打开“文件”菜单，选择“重置”命令，重新设置 3ds Max 系统。

(2) 在“文件”菜单中选择“打开”命令，打开配套光盘上的“石凳效果. max”文件（文件路径：素材和源文件\part2\），如图 2-5 所示。

(3) 在“文件”菜单中选择“导入”|“合并”命令，弹出“合并文件”对话框，选择打开配套光盘上的“可乐瓶. max”文件（文件路径：素材和源文件\part2\），弹出“合并”对话框，如图 2-6 所示。

图 2-5　石凳效果

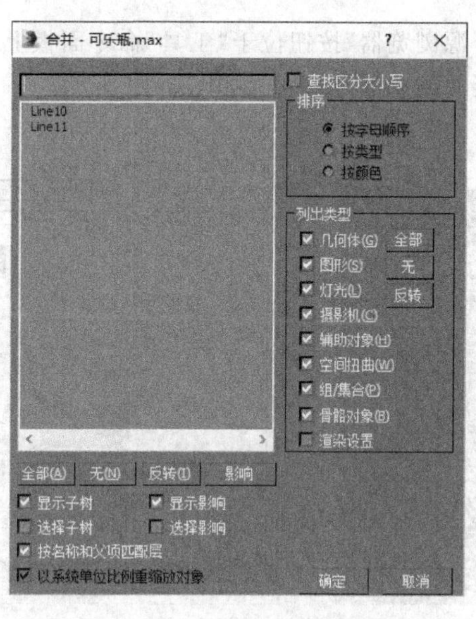

图 2-6　“合并”对话框

(4) 在“合并”对话框中单击“全部”按钮选中全部对象，然后单击“确定”按钮，弹出“重复材质名称”对话框，如图 2-7 所示。

(5) 在“重复材质名称”对话框中单击“自动重命名合并材质”按钮，两个文件合并完成，最终合并效果如图 2-8 所示。

2.1.6　外部参考对象和场景

3ds Max 支持工作小组通过网络使用一个场景文件工作。通过选择“文件”菜单中的“参考”|“外部参照对象”命令和“参考”|“外部参照场景”命令，可以实现该工作流程。

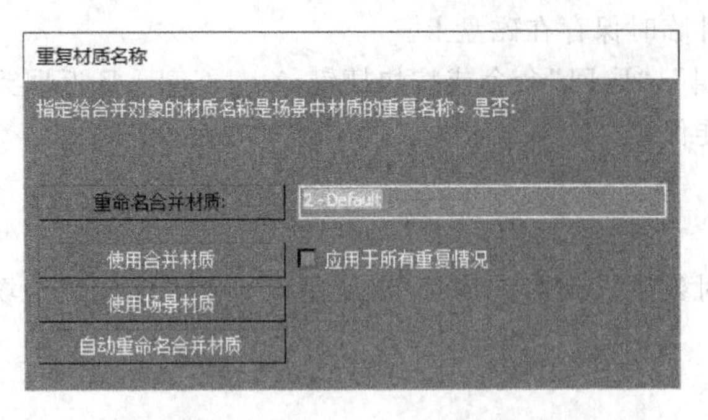

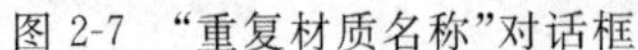

图 2-7 “重复材质名称”对话框

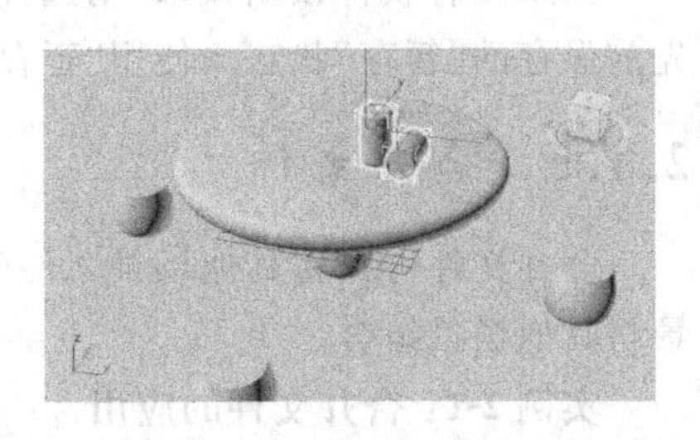

图 2-8 合并场景后的效果

如果制作者正在设计一个场景的环境,而另外一个制作者正在设计同一个场景中角色的动画,这时可以使用“参考”|“外部参照对象”命令将角色以只读的方式在三维环境中打开,以便观察两者是否协调。用户可以周期性地更新参考对象,以便观察角色动画工作的最新进展。

2.1.7 资源浏览器

“资源浏览器”按钮位于“工具”命令面板上,如图 2-9 所示。单击“资源浏览器”按钮,会弹出“资源浏览器”对话框,如图 2-10 所示。

图 2-9 工具命令面板

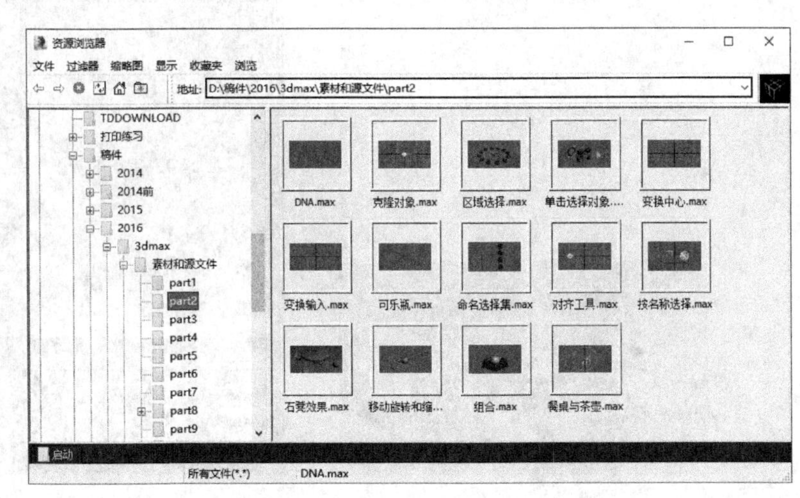

图 2-10 “资源浏览器”对话框

使用“资源浏览器”可以在硬盘或共享网络驱动器上浏览位图纹理和几何体文件的缩略图显示,也可以浏览 Internet 查找纹理示例和产品模型,然后可以查看它们或将其拖动到场景中,或拖动到有效贴图按钮或示例窗中。在“资源浏览器”对话框中有 3 种拖动的基本方法,具体介绍如下。

(1) 本地拖放:可以将缩略图拖动到目录树中,而且可以将文件从一个目录复制或移动到另一个目录。

(2) 位图拖放:可以将代表位图文件的缩略图拖动到任何位图或界面中的贴图示例窗中,也可以将其拖动到视口中的任何对象上,而且可以将缩略图拖动到视口背景中。

(3) 场景拖放：可以直接将代表场景文件(*.max)的缩略图拖动到活动视口中，这样就可以将该场景与当前场景合并。

2.2 对象的选择

3ds Max中的大多数操作都是针对场景中的选定对象进行的，所以必须先在视口中选择对象才能应用命令，因此选择操作是3ds Max最基础的操作。

2.2.1 单击选择物体

通过鼠标单击来选择物体是选择物体的最简单的方式，只需在工具栏上的“选择对象”按钮组中选择一个按钮，然后通过在物体上单击来选择物体即可。

实例2-2：单击选择物体的应用

操作步骤

(1) 打开配套光盘上的“单击选择对象.max”文件(文件路径：素材和源文件\part2\)，场景如图2-11所示。

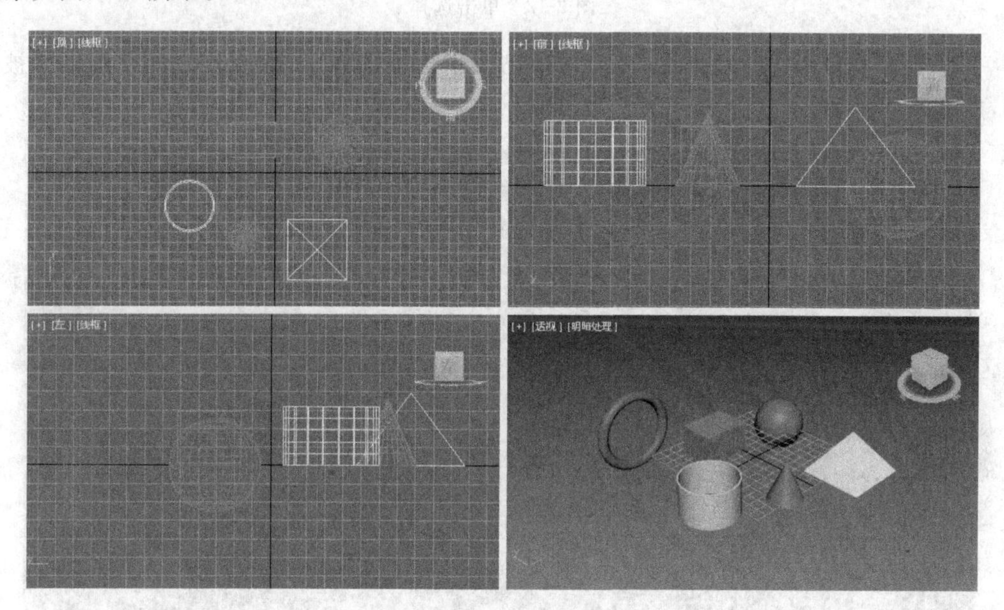

图2-11 单击选择对象的场景

(2) 单击工具栏上的“选择对象”按钮，然后在任一视口中将光标移动到球体上，当光标变成小十字形时单击。此时球体在顶视口、前视口、左视口中均以白色显示，在透视视口中被一个白色的矩形边框框住，这表明当前球体正处于被选择的状态，如图2-12所示。

专家点拨：对象的有效选择区域取决于对象的类型以及视口中的显示模式。在着色模式中，对象的任一可见曲面都有效。在线框模式中，对象的任一边或分段都有效，包括隐藏的线。另外，用户也可使用“按名称选择”按钮(或“选择并移动”按钮、“选择并旋转”按钮、“选择并缩放”按钮、“选择并操纵”按钮)进行对象的选择。

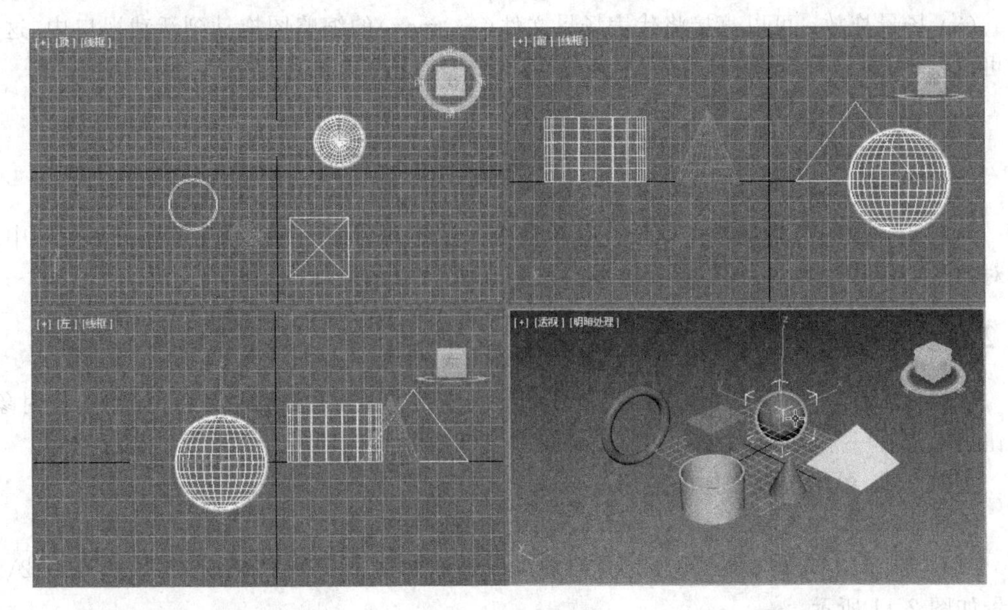

图 2-12 单击选择

(3) 在左视口中选择圆锥体,此时球体已经不再被选取了,取而代之的是圆锥体被选中,如图 2-13 所示。

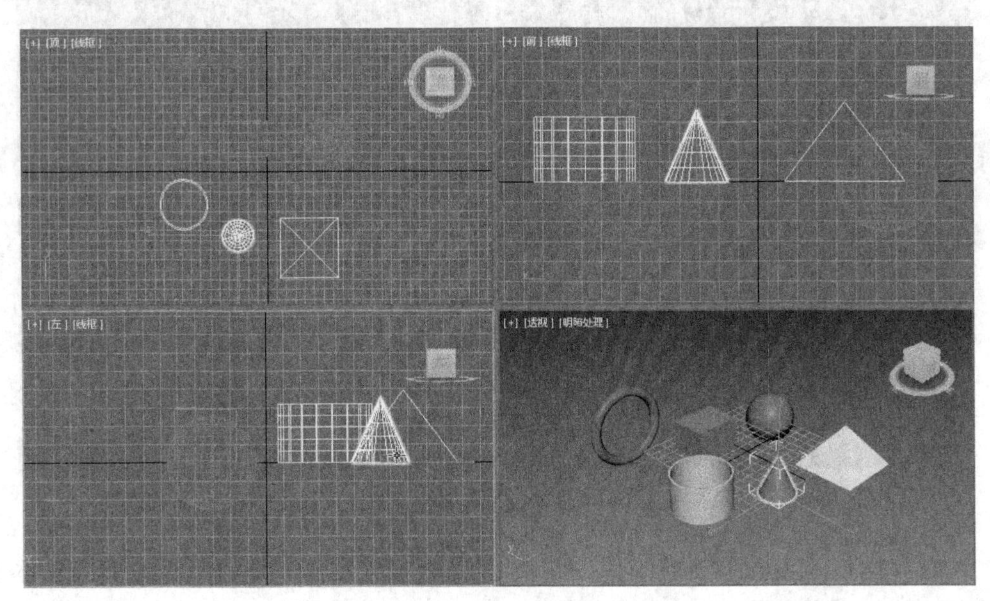

图 2-13 取消选择

(4) 在按住 Ctrl 键的同时单击圆环,此时圆锥体和圆环同时被选取,如图 2-14 所示。即按住 Ctrl 键的同时单击对象可以将多个物体同时选中。

(5) 在按住 Alt 键的同时单击锥体,此时圆锥体的选定被取消了,如图 2-15 所示。即当多个物体被选中时如果想要取消其中某个物体的选择,可在按住 Ctrl 或 Alt 键的同时单击该物体。

图 2-14 选择多个对象

图 2-15 减少选择对象

2.2.2 按区域选择物体

除了可以单击鼠标选择物体外,用户还可以使用“区域选择”按钮来选择物体,单击该按钮后,从多个对象的左上角按住鼠标左键并拖动,可以看到一个矩形的选取框,用此选取框可以选择一个或多个对象。在按住 Ctrl 键的同时使用“区域选择”按钮,还可以在原有选区的基础上添加或减少选择的对象。“区域选择”按钮共有 5 种区域类型可以选择,介绍如下。

- 矩形选择区域：拖动鼠标以选择矩形区域。
- 圆形选择区域：拖动鼠标以选择圆形区域。
- 围栏选择区域：通过交替使用鼠标移动和单击(从拖动鼠标开始)操作可以画出一个不规则的选择区域轮廓。
- 套索选择区域：拖动鼠标将创建一个不规则区域的轮廓。
- 绘制选择区域：在对象或子对象之上拖动鼠标以便将其纳入到所选范围之内。各选择区域的效果如图 2-16 所示。

实例 2-3：按区域选择物体的应用

操作步骤

(1) 打开配套光盘上的“区域选择.max”文件(文件路径：素材和源文件\part2\)。

(2) 单击“区域选择”按钮,拖动鼠标定义区域,此时显示出一个白色的虚线矩形框(在默认情况下,拖动鼠标时创建的是矩形区域),如图 2-17 所示。

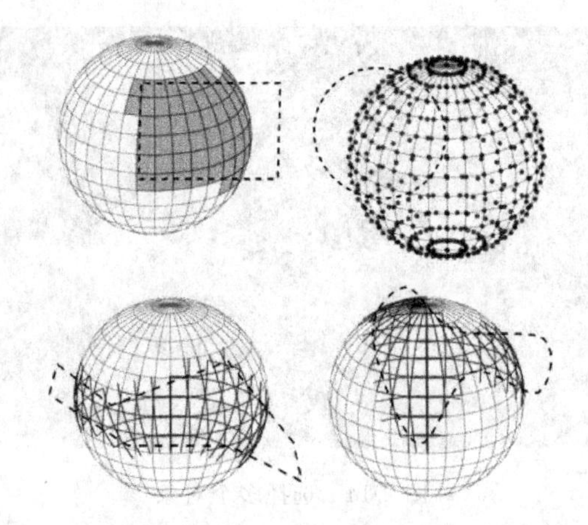

图 2-16　按区域选择

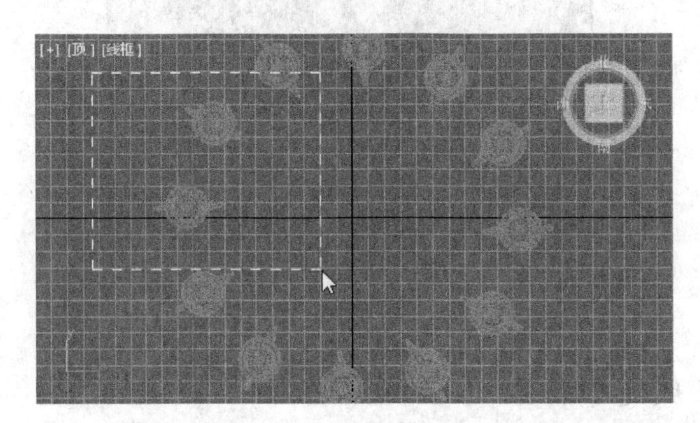

图 2-17　区域选择物体

(3) 释放鼠标按钮,将该区域内或区域触及的所有对象全部选中,如图 2-18 所示。

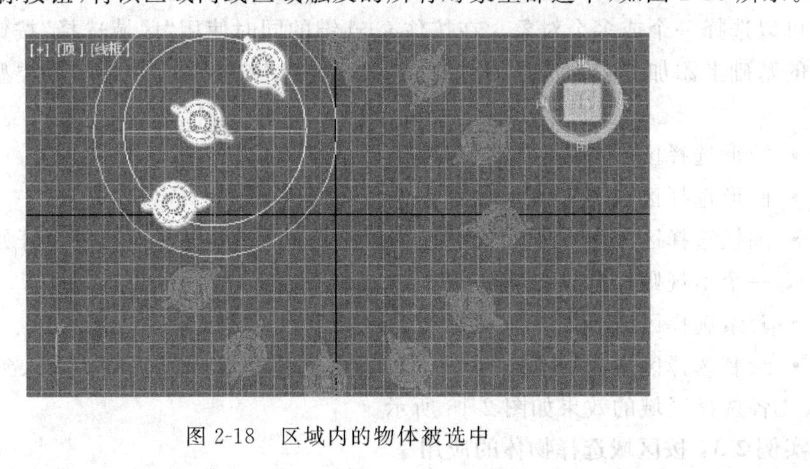

图 2-18　区域内的物体被选中

专家点拨:在使用区域选择工具的时候要注意窗口选择和交叉选择的不同。在主工具栏中有一个"窗口/交叉切换选择"按钮。"窗口"只选择完全位于区域之内的对象,而"交叉"选择位于区域内并与区域边界交叉的所有对象(这是默认区域)。

2.2.3 选择过滤器

在一个场景中通常有许多不同的对象类型，在选择时很容易混淆。在 3ds Max 中可以使用主工具栏上的“选择过滤器”列表分别对某一类别对象进行选择。通常系统默认为全部(All)方式。

单击“选择过滤器”的下拉箭头，然后从“选择过滤器”列表中单击“类别”，选择就被限定于该类别中定义的对象，如图 2-19 所示。

全部：可以选择所有类别。这是默认设置。

几何体：只能选择几何对象。

图形：只能选择图形。

灯光：只能选择灯光(及其目标)。

摄影机：只能选择摄影机(及其目标)。

辅助对象：只能选择辅助对象。

扭曲：只能选择空间扭曲。

组合：显示用于创建自定义过滤器的“过滤器组合”对话框。

骨骼：只能选择骨骼对象。

IK 链对象：只能选择 IK 链中的对象。

点：只能选择点对象。

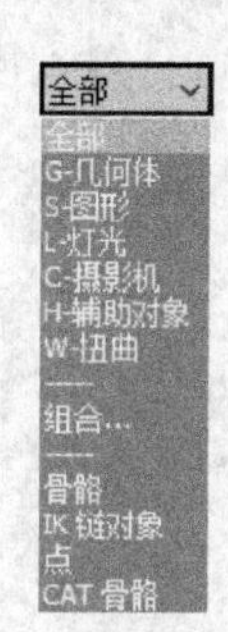

图 2-19 选择过滤器

2.2.4 按名称选择物体

3ds Max 中的对象都会被系统或使用者命名一个名称，在使用中可以通过对象的名称进行选择，以选择特定的对象。

实例 2-4：按名称选择物体的应用

操作步骤

(1) 打开配套光盘上的“按名称选择物体.max”文件(文件路径：素材和源文件\part2\)。

(2) 在主工具栏上单击“按名称选择”按钮，将显示“从场景选择”对话框，如图 2-20 所示。

(3) 在列表中选择 Sphere01，按住 Ctrl 键再单击 Box01 对象，可见 Sphere01 和 Box01 会在列表中以高亮显示。

(4) 单击“确定”按钮，此时 Sphere01 和 Box01 被选择，如图 2-21 所示。

专家点拨：在列表中按住 Shift 键单击两个对象的名称，可以选择两个对象之间连续的对象。在列表中按住 Ctrl 键单击要选择对象的名称，可以选择多个对象。

2.2.5 使用命名选择集

一般的选择操作都是暂时性的，经常在操作中取消了选择后又需要再次去选择，这时要给一组选择对象的集合指定一个名字，也就是创建一个选择集。在定义了一个选择集之后就可以通过使用命名选择集一次操作选择一个对象集。

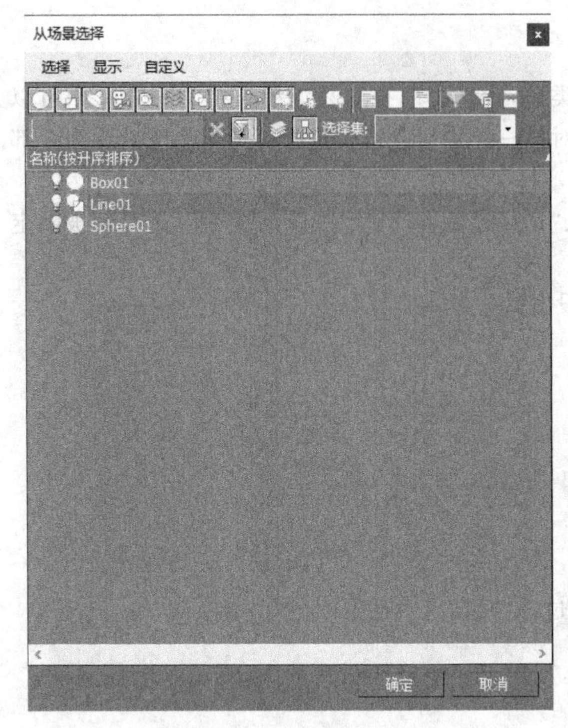

图 2-20 “从场景选择”对话框

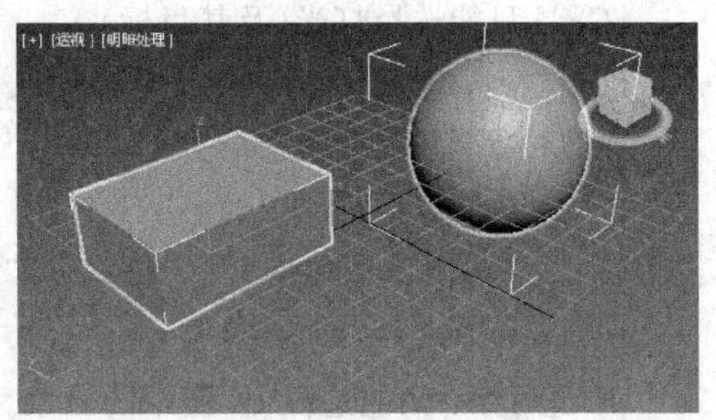

图 2-21 Sphere01 和 Box01 被选择

实例 2-5：使用命名选择集的应用

操作步骤

(1) 打开配套光盘上的“命名选择集.max”文件(文件路径：素材和源文件\part2\)。

(2) 选择所有的球体对象。

(3) 单击主工具栏上的“命名选择”输入框，输入 Spheres，然后按 Enter 键完成选择集。在场景的空白处单击，取消对球体的选择。

(4) 单击“命名选择”输入框右边的下拉列表按钮，在列表中单击 Spheres，此时视口中的球体都被选择，如图 2-22 所示。

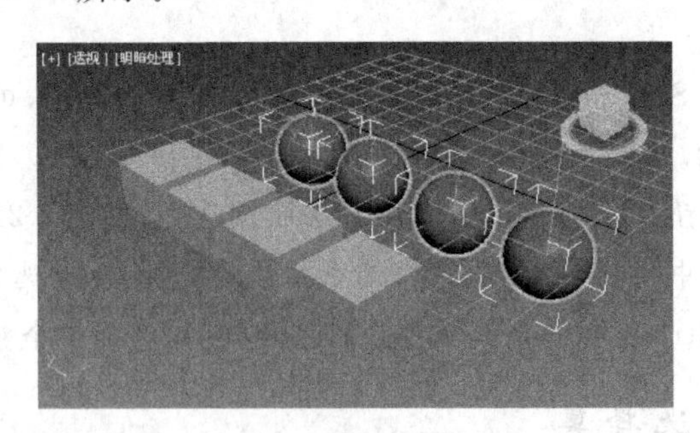

图 2-22 球体被选择

专家点拨：名称可以包含任意标准的 ASCII 字符，其中包括字母、数字、符号、标点和空格。另外，名称区分大小写。

2.2.6 组合

组合也是由多个物体组成的一个选择集，但是组合的概念比选择集的概念要更深一些。组合后的多个对象可以视为一个单个的对象进行处理，对组合中的对象进行操作要打开组合进行，组合是可以嵌套的。

实例 2-6：茶壶与茶杯的组合

操作步骤

(1) 打开配套光盘上的"组合.max"文件（文件路径：素材和源文件\part2\）。

(2) 选择场景中的所有杯子。

(3) 选择"组"|"组"命令，打开"组"对话框，如图 2-23 所示。

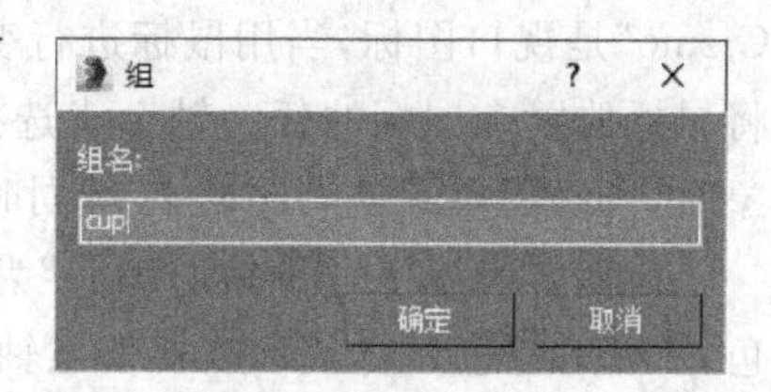

图 2-23 "组"对话框

(4) 在该对话框中输入 cup 作为组合的名字，单击"确定"按钮，此时可见场景中所有的杯子被一个白色矩形选择框框住，如图 2-24 所示。

(5) 选择"组"|"解组"命令，此时可见场景中的杯子各自被白色矩形选择框框住，如图 2-25 所示。

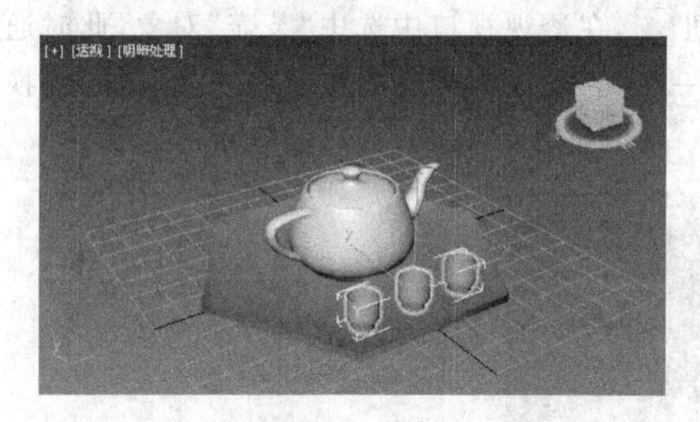

图 2-24 组合

图 2-25 解组

2.2.7 锁定选择对象

在工作中经常因为选择了多个对象或误操作使得已选定的对象被取消选取，这时可以单击状态栏上的"选择锁定切换"按钮启用锁定选择模式。在锁定选择时可以在屏幕上任意拖动鼠标而不会丢失该选择。如果要取消锁定选择，可以再次单击该按钮取消锁定选择模式。

2.3 对象的变换

在 3ds Max 中利用工具栏上的"选择并移动"按钮、"选择并旋转"按钮以及"选择并均匀缩放"按钮可以更改对象的位置、方向及比例，这种操作称为"变换"。3ds Max 中几乎所有的场景工作都要使用这样的变换操作。

2.3.1 对象的移动、旋转、缩放

在 3ds Max 中对象的移动、旋转和缩放是使用频率最高的操作,在场景的设计过程中,将鼠标放在要变换的对象上,如果已选定对象,则光标会发生变化以指示变换;如果未选定对象,则光标会变为十字线图标,表示可以选择此对象。选定对象后拖动鼠标即可实现变换,如果在未选定的对象上拖动鼠标,则会选定并变换该对象。

另外,用户还可以使用"变换 Gizmo"将变换轻松地限制到一个或两个轴。"变换 Gizmo"是视口图标,当用鼠标进行变换操作时,使用它可以快速选择一个或两个轴。通过将鼠标放置在图标的任一轴上来选择轴,然后拖动鼠标沿该轴变换选择。当移动或缩放对象时,可以使用其他 Gizmo 区域同时执行沿任何两个轴的变换操作。

在默认情况下,"变换 Gizmo"为每个轴指定 3 种颜色中的一种:X 轴为红色,Y 轴为绿色,Z 轴为蓝色。将鼠标放在任意轴上时,该轴变为黄色,表示处于活动状态。类似的,将鼠标放在一个平面控制柄上,两个相关轴将变为黄色。此时可以沿着所指示的一个或多个轴拖动选择。

实例 2-7:使用鼠标移动对象

操作步骤

(1) 打开配套光盘上的"移动旋转和缩放.max"文件(文件路径:素材和源文件\part2\)。

(2) 单击主工具栏上的"选择并放置"按钮,在透视视口中选中"茶壶"对象,此时通过透视视口观察可见在茶壶对象上显示出一个由 3 个轴组成的坐标系图标,即"变换 Gizmo",如图 2-26 所示。

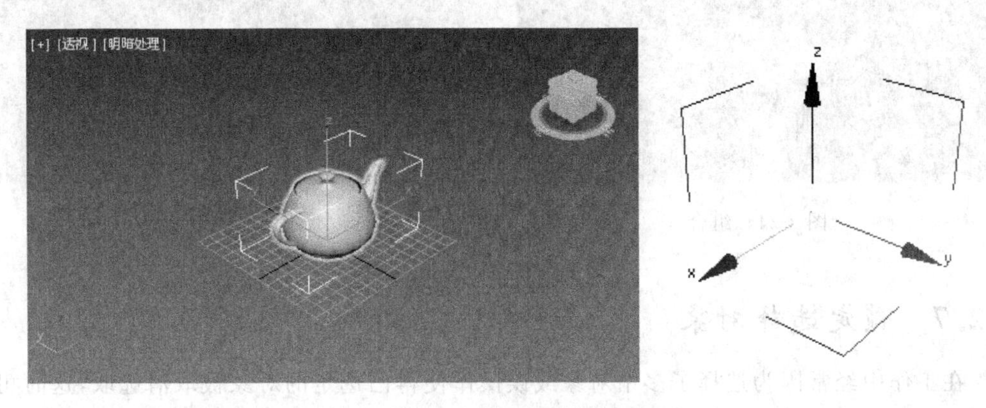

图 2-26 移动工具的变换 Gizmo

(3) 将鼠标放在 Gizmo 坐标中心由红色的 X 轴和绿色的 Y 轴组成的平面控制柄上,此时这个标志会变成黄色,按住鼠标任意拖动茶壶对象,这时茶壶对象的运动被限制在 XY 平面上。

(4) 将鼠标放在 Gizmo 坐标的 X 轴上,此时 X 轴会变成黄色,按住鼠标任意拖动茶壶对象,这时茶壶对象的运动被限制在 X 轴。

实例 2-8:使用鼠标旋转对象

操作步骤

(1) 打开配套光盘上的"移动旋转和缩放.max"文件(文件路径:素材和源文件\part2\)。

（2）单击主工具栏上的“选择并旋转”按钮 ，此时透视视口中茶壶对象上的变换 Gizmo 如图 2-27 所示。

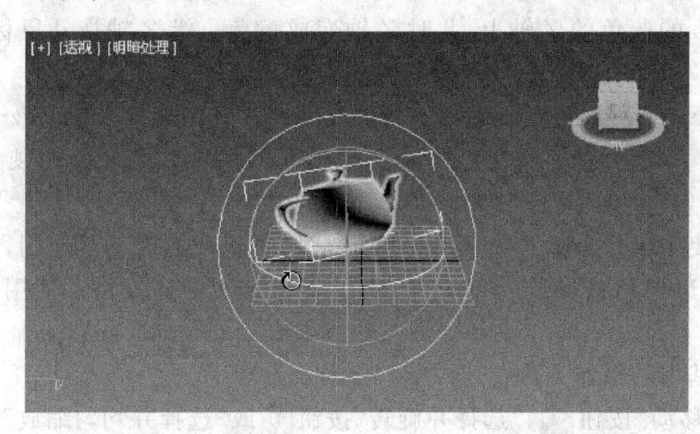

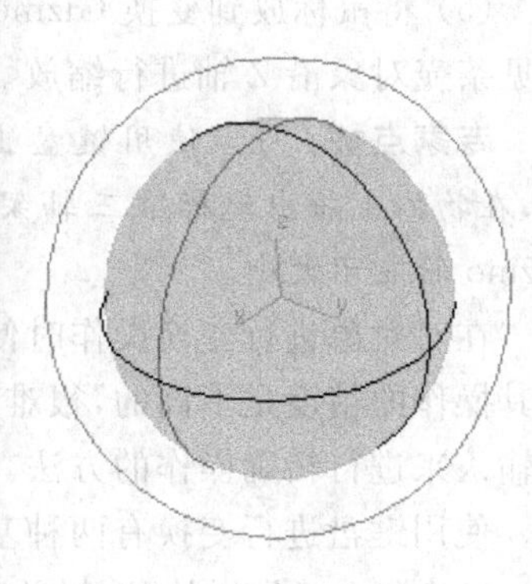

图 2-27　旋转工具的变换 Gizmo

（3）单击透视视口使其成为活动视口，将鼠标放在变换 Gizmo 的蓝色的 Z 轴上，拖动鼠标使茶壶对象旋转，此时发现茶壶对象只围绕 Z 轴进行旋转，释放鼠标。

（4）将鼠标放在变换 Gizmo 的最外层灰色圈上，拖动鼠标使茶壶对象旋转，此时可见茶壶对象只在当前视口的平面上进行旋转。

（5）将鼠标放在变换 Gizmo 的内层灰色圈上，拖动鼠标使茶壶对象进行旋转，此时可发现茶壶对象将在 3 个轴上同时进行旋转。

实例 2-9：使用鼠标缩放对象

操作步骤

（1）打开配套光盘上的“移动旋转和缩放.max”文件（文件路径：素材和源文件\part2\）。

（2）单击主工具栏上的“选择并均匀缩放” 按钮，此时透视视口中茶壶对象上的变换 Gizmo 如图 2-28 所示。

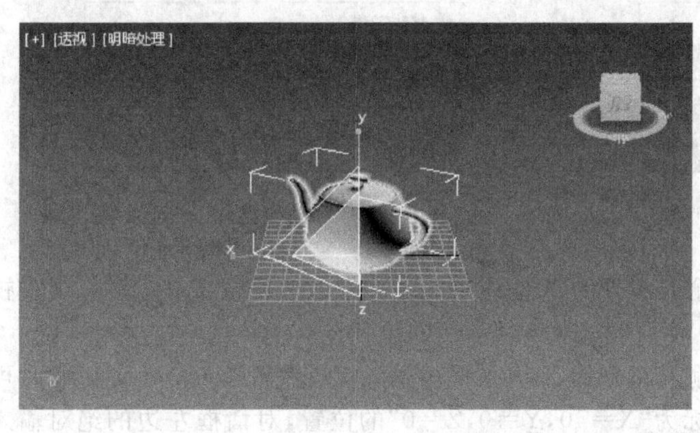

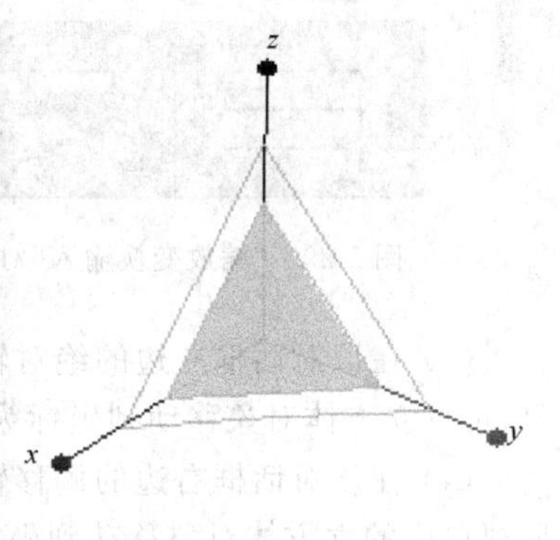

图 2-28　缩放工具的变换 Gizmo

（3）单击透视视口，使其成为活动视口，将鼠标放到变换 Gizmo 中心的三轴组成的小的三角区域，此时中间区域变成了黄色，向上拖动鼠标，可见茶壶对象被等比例缩小了，向下拖动鼠标，可见茶壶对象被等比例放大了。这相当于“选择并均匀缩放”按钮 的作用。

（4）将鼠标放到变换 Gizmo 的外侧由绿色的 Y 轴和蓝色的 Z 轴组成的平面控制柄上，

此时 Y 轴和 Z 轴及外侧的三角形变成黄色。沿 X 轴拖动鼠标,可见茶壶对象沿 YZ 平面进行缩放。这相当于"选择并非均匀缩放"按钮的作用。

(5) 将鼠标放到变换 Gizmo 的蓝色的 Z 轴上,此时 Z 轴变成黄色。沿 Z 轴拖动鼠标,可见茶壶对象沿 Z 轴进行缩放。这相当于"选择并挤压"按钮的作用。

专家点拨:可以使用键盘上的 X 键控制变换 Gizmo 是否出现,当不使用变换 Gizmo 时,在物体上将出现标准三轴架。用户也可以使用键盘上的+和-键来控制视口中变换 Gizmo 的显示大小。

在对对象进行变换操作时使用鼠标自然是简单、直观,但是除非配合捕捉工具使用,否则其操作的精度是不高的,很难达到精确操作的目的,因此在 3ds Max 中还提供了使用键盘输入来进行精确操作的方法。

使用键盘进行变换有两种基本的操作方法:

(1) 在主工具栏的"选择并移动"按钮、"选择并旋转"按钮或"选择并均匀缩放"按钮上右击,弹出"缩放变换输入"对话框,如图 2-29 所示。在"缩放变换输入"对话框中可以输入移动、旋转和缩放变换的精确值。凡是可以显示三轴架或变换 Gizmo 的对象都可以使用"缩放变换输入"框。

(2) 利用状态栏上的"缩放变换输入"框,只需在该框中输入适当的值,然后按 Enter 键实现变换。单击变换框左侧的"相对/绝对变换输入"按钮即可输入绝对变换值。在按下该按钮后按钮变为,则应用输入的变换值作为当前值的相对值,即作为偏移。

实例 2-10:绝对变换值及偏移值的使用

操作步骤

(1) 打开配套光盘上的"变换输入.max"文件(文件路径:素材和源文件\part2\)。

(2) 在顶视口中选择立方体对象,然后右击主工具栏上的"选择并移动"按钮,弹出"移动变换输入"对话框,如图 2-30 所示。

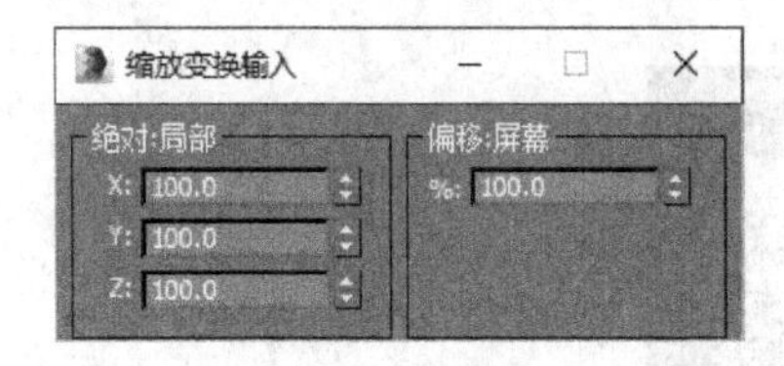

图 2-29 "缩放变换输入"对话框

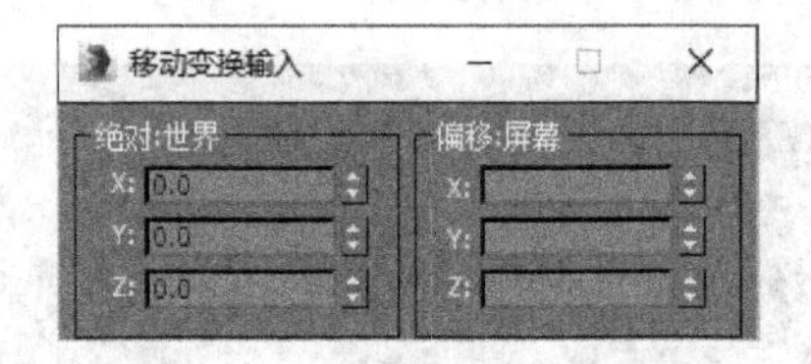

图 2-30 "移动变换输入"对话框

(3) 在该对话框左边的绝对输入部分的 X 输入框内输入 20,然后按 Enter 键。观察视口,可见立方体对象移动到坐标为"X=20,Y=0,Z=0"的位置。

(4) 在该对话框右边的偏移输入部分的 X 输入框内输入 20,然后按 Enter 键。此时可见视口内的立方体对象移动到坐标为"X=40,Y=0,Z=0"的位置,对话框左边的绝对输入部分的 X 输入框内的值也变为 40。

2.3.2 变换坐标系

1. 坐标系

3ds Max 是一个用计算机模拟出来的三维空间,因此其中对象的定位就成为重要的问题。3ds Max 提供了视图、屏幕、世界、父对象、局部、万向、栅格和拾取共 7 个坐标系。通过单击主工具栏上的“参考坐标系”下拉列表按钮 视图 ，出现如图 2-31 所示的列表，在列表中可以指定各种变换操作所用的坐标系。

“视图”坐标系：这是 3ds Max 系统的默认坐标系，是世界坐标系和屏幕坐标系的混合体。在一般情况下，在正交视口中使用“屏幕”坐标系，在三维视口中使用“世界”坐标系。

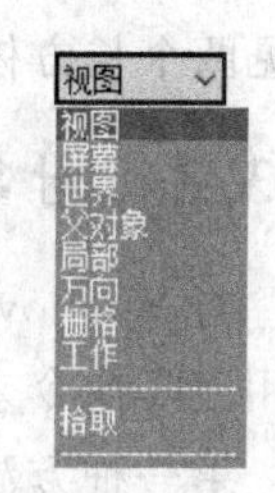

图 2-31 坐标系

“屏幕”坐标系：将活动视口屏幕用作坐标系，始终面对观察点，也就是说 XY 平面总是面向用户。X 轴为水平方向，Y 轴为垂直方向，Z 轴为垂直于屏幕的深度方向。每次激活不同的视口，对象的坐标系就会发生改变。其一般用于顶视口、前视口和左视口一类的正交视口而不用于三维视口。

“世界”坐标系：在每个视口的左下角都有一个小的坐标图标，这个图标就标志了世界坐标系。它是表示三维空间关系的坐标系，三维视口(透视视口、摄像机视口、用户视口和灯光视口)中的所有对象都使用它。X 轴正向朝右，Z 轴正向朝上，Y 轴正向指向背离用户的方向。“世界”坐标系是不变的，始终固定。

“父对象”坐标系：使用选定对象的父对象的坐标系作为变换的中心。

“局部”坐标系：使用选定对象自身的坐标系作为变换的中心。在使用“局部”坐标系时，坐标系的原点位于对象的轴心，对象的轴心可以通过使用“层”命令面板的“轴”部分的“调整轴”卷展栏上的按钮进行调整。

“万向”坐标系：需要与 Euler XYZ 旋转控制器一同使用。它与“局部”坐标系类似，但其 3 个旋转轴不一定互相之间成直角。

“栅格”坐标系：使用活动栅格的坐标系。

“拾取”坐标系：使用场景中另一个对象的坐标系作为变换的中心。

专家点拨：*在使用不同的坐标系时应该先选择变换工具，然后再选择不同的坐标系，这样才能使坐标系发生作用。*

2. 变换中心

3ds Max 的变换中心有 3 个，位于主工具栏上参考坐标系的右边，在“使用轴点中心”按钮上按住鼠标 1 秒钟，下面会弹出 3 个按钮。

“使用轴点中心”按钮：使用对象自身的轴心作为变换中心。

“使用选择中心”按钮：使用选择物体的公共轴心作为变换中心。

“使用变换坐标中心”按钮：使用当前被激活的变换坐标系的原点作为变换的中心。

这 3 个按钮对于旋转操作来说有非常重要的作用，可以用于确定旋转的轴心。

实例 2-11：变换中心的应用

操作步骤

(1) 打开配套光盘上的“变换中心.max”文件(文件路径：素材和源文件\part2\)。

(2) 将两个长方体对象选中，单击主工具栏上的“选择并旋转”按钮，再单击主工具栏上的“使用轴点中心”按钮，在顶视口中拖动鼠标旋转对象，可见两个长方体以各自的轴心为中心进行旋转。

(3) 单击主工具栏上的“使用选择中心”按钮，在顶视口中拖动鼠标旋转对象，可见两个长方体以两个被选中对象的中心进行旋转。

(4) 单击主工具栏上的“使用变换坐标中心”按钮，在顶视口中拖动鼠标旋转对象，可见两个长方体以当前坐标系的原点为中心进行旋转。

2.3.3 对象的复制

与 Windows 系统默认的使用复制、粘贴来复制对象不同，在 3ds Max 中对象的复制是使用克隆命令来实现的，有两种克隆对象的方法。

第一种方法是选择“编辑”|“克隆”命令，弹出“克隆选项”对话框，如图 2-32 所示，在“克隆选项”对话框中设置复制对象的类型和名称。这种方法的特点是一次只复制一个对象，并且复制的对象在原位置上，也就是说源对象和复制对象处在同一个位置上。

除此之外还有一个使用得更多的方法，即在对被选中的对象进行移动、旋转及缩放操作的同时按住 Shift 键不放，这样就可以在对对象进行变换的同时进行复制操作。

在创作中使用的一般都是第二种方法，这是因为在使用变换操作时按住 Shift 键不放，可以在对对象进行移动、旋转及缩放操作后松开鼠标，弹出“克隆选项”对话框(如图 2-33 所示)，如果指定了对象复制的个数，那么复制后的对象会继续变换作用。

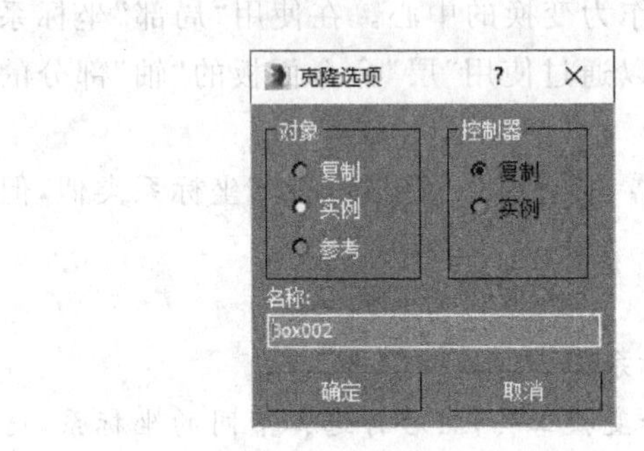

图 2-32 “克隆选项”对话框(1)

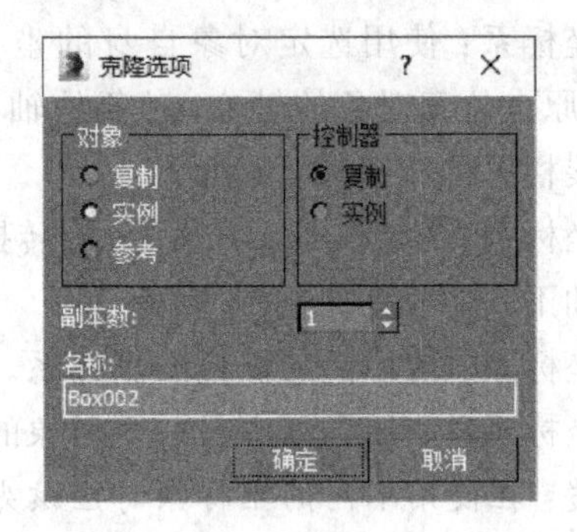

图 2-33 “克隆选项”对话框(2)

3ds Max 中的克隆对象有 3 种类型。

- 复制：复制出的对象与源对象一样，但它们之间没有任何联系。
- 实例：复制出的对象与源对象之间存在“双向”联系，对其中任何一个对象进行变形修改、贴图等操作都会同时作用于另一个对象上。
- 参考：复制出的对象与源对象之间存在“单向”联系，对源对象进行的变形修改、贴图等操作都会同时作用于参考对象上，但对参考对象进行的变形修改、贴图等操作不会作用于源对象上。

专家点拨：“克隆选项”对话框右边的“控制器”区域用于设置对于包含动画的对象，将其动画控制器进行哪种类型的复制。

实例 2-12：克隆对象

操作步骤

(1) 打开配套光盘上的“克隆对象.max”文件(文件路径：素材和源文件\part2\)。

(2) 选中 Teapot01 对象，单击主工具栏上的“选择并移动”按钮，在顶视口中按住

Shift 键的同时向右拖动鼠标，在适当的位置释放鼠标，弹出“克隆选项”对话框，在“对象”区域中选中“复制”单选按钮，在“副本数”输入框中输入 2，单击“确定”按钮，此时可见顶视口上 Teapot01 对象的右边出现了 Teapot02 对象和 Teapot03 对象，并且这两个对象之间的间距和 Teapot01 对象与 Teapot02 对象之间的间距一样。

(3) 选中 Teapot01 对象，单击主工具栏上的“选择并移动”按钮，在顶视口中按住 Shift 键的同时向左拖动鼠标，在适当的位置释放鼠标，弹出“克隆选项”对话框，在“对象”区域中选中“实例”单选按钮，在“副本数”输入框中输入 2，单击“确定”按钮，此时可见顶视口上 Teapot01 对象的右边出现了 Teapot04 对象和 Teapot05 对象，并且这两个对象之间的间距和 Teapot01 对象与 Teapot04 对象之间的间距一样。

(4) 选中 Teapot01 对象，单击主工具栏上的“选择并移动”按钮，在顶视口中按住 Shift 键的同时向下拖动鼠标，在适当的位置释放鼠标，弹出“克隆选项”对话框，在“对象”区域中选中“实例”单选按钮，在“副本数”输入框中输入 2，单击“确定”按钮，此时可见顶视口上 Teapot01 对象的右边出现了 Teapot06 对象和 Teapot07 对象，并且这两个对象之间的间距和 Teapot01 对象与 Teapot06 对象之间的间距一样。

(5) 选中 Teapot01 对象，单击“修改”命令面板图标，打开“修改”命令面板，如图 2-34 所示。

(6) 取消“参数”卷展栏内“茶壶部件”组中的“壶嘴”和“壶盖”前的“√”，观察透视视口，可见除 Teapot02 对象和 Teapot03 对象外，所有对象的壶嘴和壶盖都不见了，如图 2-35 所示。

(7) 选中 Teapot02 对象，打开“修改”命令面板，取消“参数”卷展栏内“茶壶部件”组中的“壶体”前的“√”，观察透视视口，可见 Teapot02 对象的壶体不见了，其他对象不变，如图 2-36 所示。

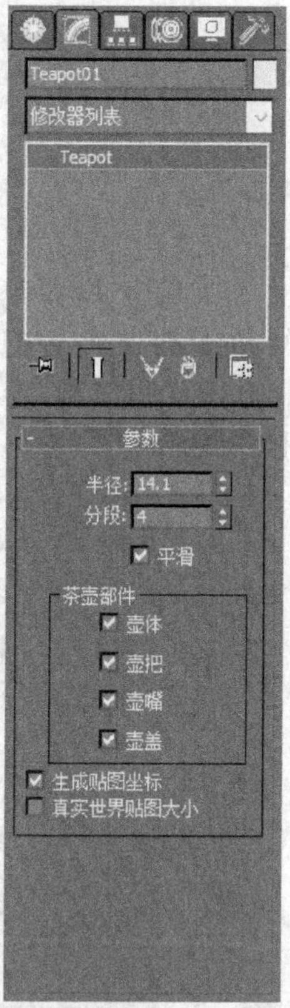

图 2-34 “修改”命令面板

图 2-35 修改 Teapot01 对象参数后的透视图效果

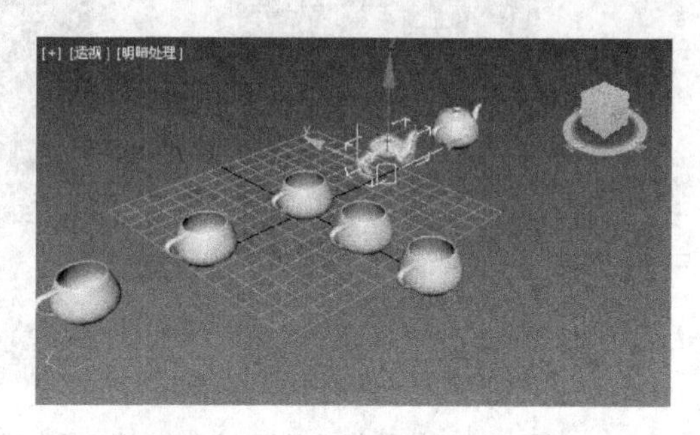
图 2-36 修改 Teapot02 对象参数后的透视图效果

(8) 选中 Teapot04 对象，打开“修改”命令面板，选中“壶嘴”和“壶盖”前的复选框，观察透视视口，可见 Teapot01 对象、Teapot04 对象、Teapot05 对象、Teapot06 对象和 Teapot07 对象都显示为完整的茶壶，如图 2-37 所示。

图 2-37　修改 Teapot04 对象参数后的透视图效果

(9) 选中 Teapot06 对象，打开"修改"命令面板，单击"修改器列表"右边的下拉按钮，在弹出的修改器列表中选择"拉伸"修改器，此时命令面板如图 2-38 所示。

(10) 在"参数"卷展栏内"拉伸"区域的"拉伸"数值框中输入 2.0，此时透视图的效果如图 2-39 所示。

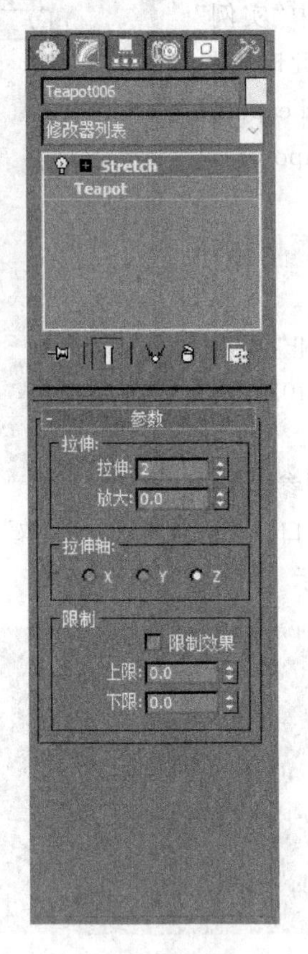

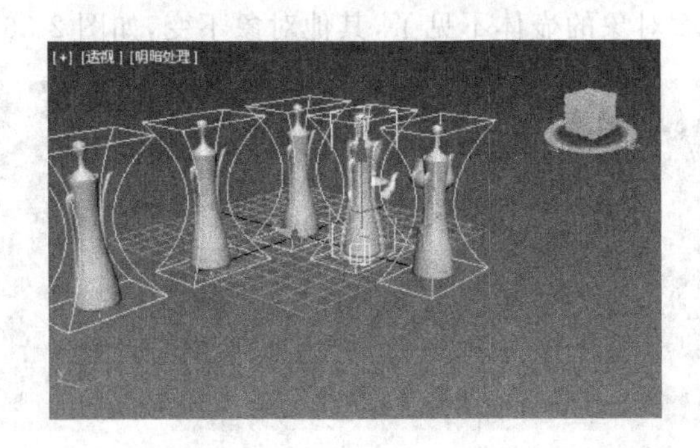

图 2-38　拉伸修改器面板　　　图 2-39　为 Teapot06 添加拉伸修改器后的透视图效果

2.3.4　对齐

利用对齐工具可以精确地调整场景中多个对象之间的位置。3ds Max 工具栏上的"对齐"按钮提供了对用于对齐对象的 6 种不同工具的访问。

实例 2-13：对齐工具的应用

操作步骤

(1) 打开配套光盘上的"对齐工具.max"文件(文件路径：素材和源文件\part2\)。

(2) 在透视视口中选中 Cylinder01 对象，单击主工具栏上的"对齐"按钮，然后在 ChamferBox01 对象上单击，弹出"对齐当前选择"对话框，如图 2-40 所示。

(3) 在"对齐位置(世界)"组中选中"X 位置"和"Y 位置"复选框。

(4) 在"当前对象"组中选中"中心"单选按钮，在"目标对象"选项组中选择"中心"单选按钮。

(5) 单击"应用"按钮，效果如图 2-41 所示。

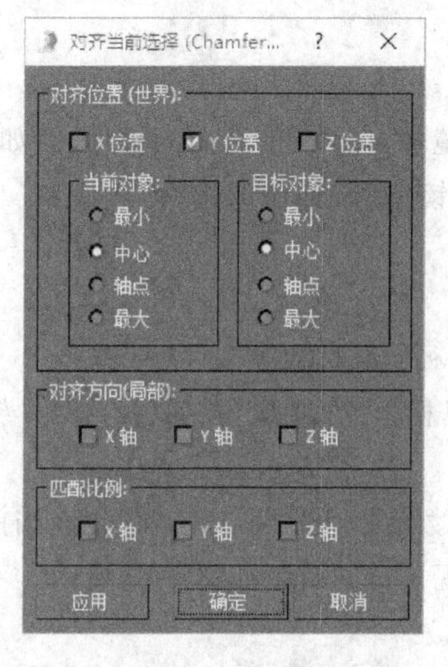

图 2-40 "对齐当前选择"对话框

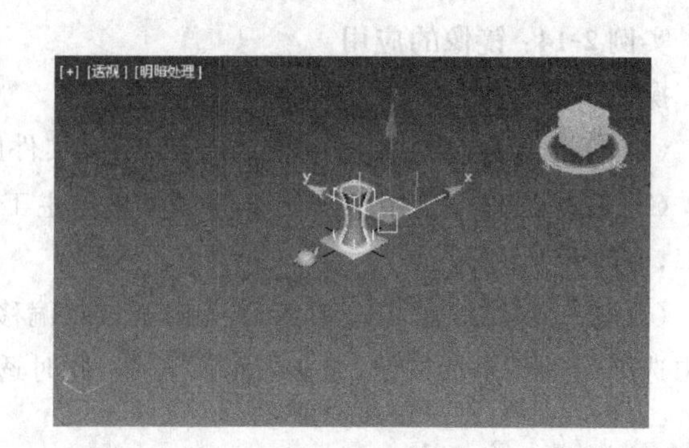

图 2-41 对齐效果

(6) 在"对齐位置(世界)"组中选中"Z 位置"复选框。

(7) 在"当前对象"组中选中"最大"单选按钮，在"目标对象"组中选中"最小"单选按钮。

(8) 单击"确定"按钮，效果如图 2-42 所示。

(9) 在透视视口中选择 Teapot01 对象，单击主工具栏上的"对齐"按钮，然后在 Chamfer-Box01 对象上单击，弹出"对齐当前选择"对话框。

(10) 选中"对齐位置(屏幕)"组中的"X 位置"和"Y 位置"复选框。

(11) 在"当前对象"组中选中"中心"单选按钮，在"目标对象"组中选中"中心"单选按钮，单击"应用"按钮。

(12) 在"对齐位置(屏幕)"组中选中"Z 位置"复选框，在"当前对象"组中选中"最小"单选按钮，在"目标对象"组中选中"最大"单选按钮，单击"确定"按钮，效果如图 2-43 所示。

专家点拨：对齐工具使用的是"屏幕"坐标系，也就是说在不同的视口中操作其 X、Y、Z 轴是不同的。

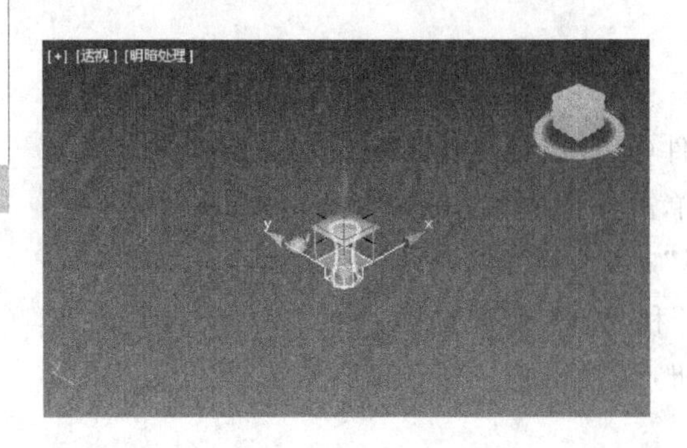

图 2-42　对齐效果

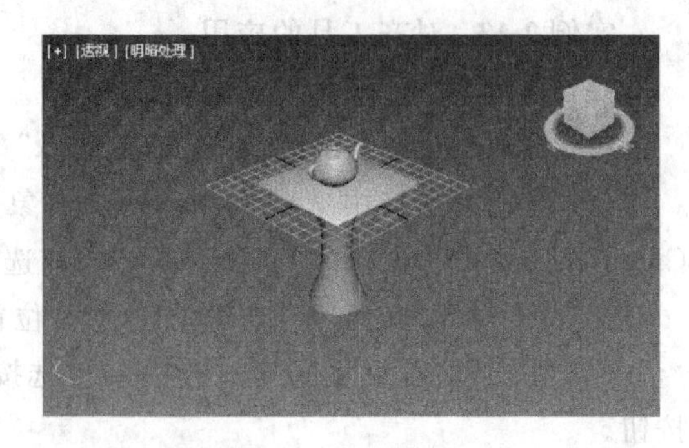

图 2-43　最后对齐效果

2.3.5　镜像

"镜像"是移动一个或多个对象沿着指定坐标轴镜像到另一个方向的操作，就如同从镜子中观察源对象一样。如果镜像分级链接，则可使用镜像 IK 限制的选项。

实例 2-14：镜像的应用

操作步骤

(1) 打开配套光盘上的"镜像.max"文件(文件路径：素材和源文件\part2\)。

(2) 在顶视口中选中 Teapot01 对象，单击主工具栏上的"镜像"按钮，弹出"镜像"对话框，如图 2-44 所示。

(3) 在"镜像轴"组中选中 X 单选按钮，在"偏移"数值框中输入 120，在"克隆当前选中"组中选中"复制"单选按钮，单击"确定"按钮，此时透视视口的效果如图 2-45 所示。

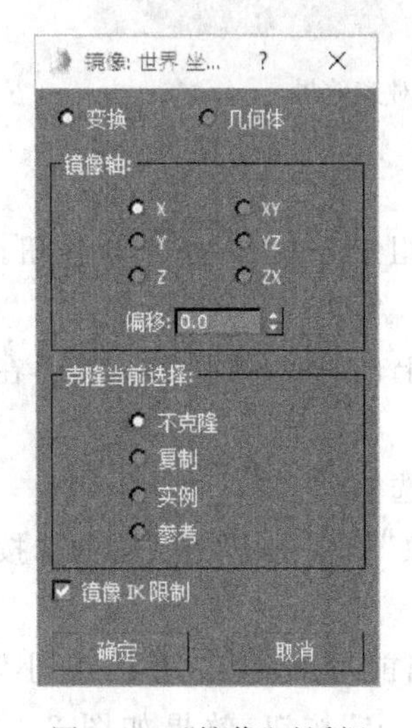

图 2-44　"镜像"对话框

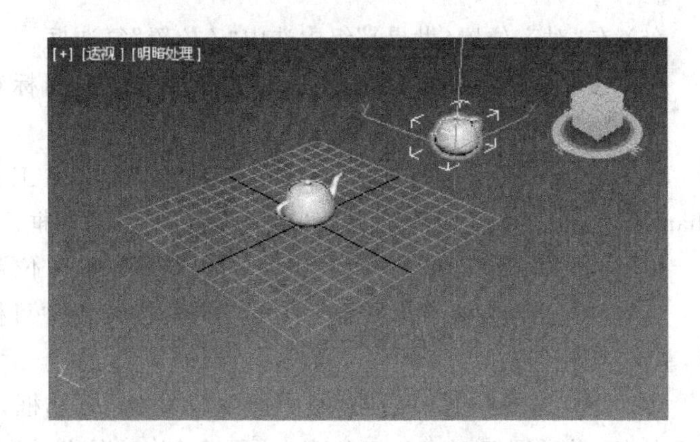

图 2-45　镜像效果

专家点拨：镜像工具在正交视口中使用的是"屏幕"坐标系，在三维视口中使用的是"世界"坐标系。

2.3.6 阵列

“阵列”是专门用于克隆、精确变换和定位很多组对象的一个或多个空间维度的工具。对于 3 种变换(移动、旋转和缩放)的每一种,可以为每个阵列中的对象指定参数或将该阵列作为整体为其指定参数。

实例 2-15:使用阵列生成 DNA 模型

操作步骤

(1) 打开配套光盘上的“DNA. max”文件(文件路径:素材和源文件\part2\)。

(2) 在透视视口中选中“组 01”对象。

(3) 在主工具栏的空白处右击,在弹出的快捷菜单中选择“附加”命令,在屏幕上出现“附加”工具组,如图 2-46 所示。

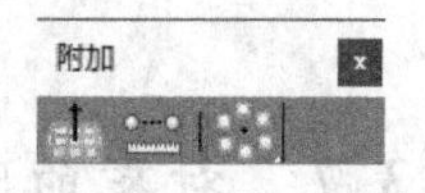

图 2-46 “附加”工具组

(4) 单击“附加”工具组中的“阵列”按钮 ,弹出“阵列”对话框,如图 2-47 所示。

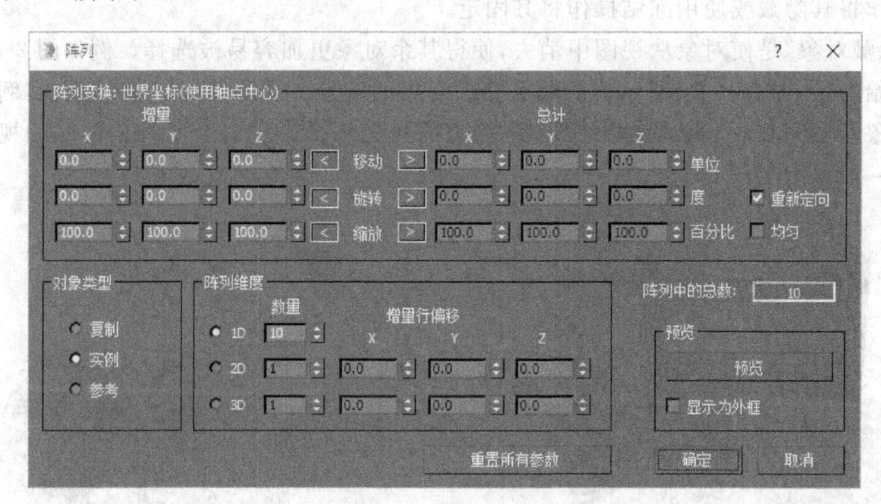

图 2-47 “阵列”对话框

(5) 在该对话框“增量”部分的“移动”和“旋转”操作的 Z 数值框中输入 10。

专家点拨:“阵列”对话框左边的“增量”指的是每个复制对象之间发生变换的数值,而右边的“总计”指的是所有复制的对象发生了变化的总数值,可以通过中间文字两边的左、右箭头按钮进行切换输入。

(6) 在“对象类型”组中选中“实例”单选按钮。

(7) 在“阵列维度”组中选中“1D”单选按钮,在对应的“数量”数值框中输入数值 50。然后选中“2D”单选按钮,在对应的“数量”数值框中输入 5。

(8) 在“增量行偏移”的 X 数值框中输入 100。

(9) 单击“确定”按钮,透视图的效果如图 2-48 所示。

专家点拨:第一,镜像工具在正交视口中使用的是“屏幕”坐标系,在三维视口中使用的是“世界”坐标系;第二,在使用阵列中的旋转前应先确定变换中心。

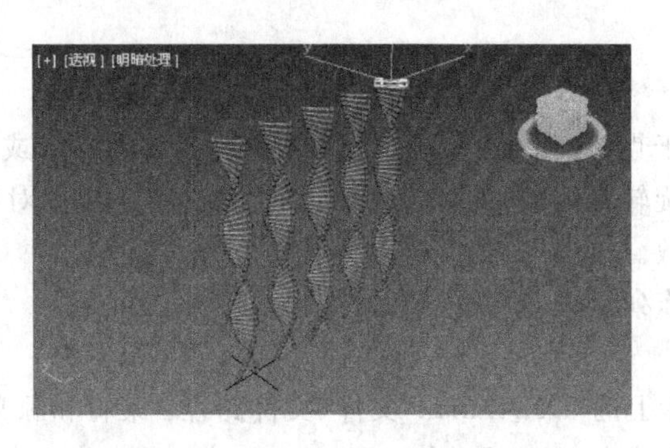

图 2-48　DNA 模型

2.3.7　对象的隐藏与冻结

在创作一些复杂的场景时,对于一些暂时不用、干扰视线而且妨碍操作的对象可以使用隐藏操作将其隐藏或使用冻结操作将其固定。

“隐藏对象”是使对象从视图中消失,使得其余对象更加容易被选择。例如图 2-49(a)所示为原始场景,图 2-49(b)所示为隐藏了“床”对象的场景。在隐藏时链接对象、实例对象和参考对象会如同其取消隐藏时一样表现,隐藏的灯光和摄影机以及所有相关联的视口如正常状态一般继续工作。

(a) 原始场景

(b) 隐藏了“床”对象

图 2-49　隐藏对象

在命令面板中单击“显示”按钮 打开“显示”命令面板即可看到“隐藏”卷展栏,如图 2-50 所示。“隐藏”卷展栏提供了通过选择单独对象将其隐藏和取消隐藏的控件,而无须考虑其类别。

“冻结对象”是将对象固定起来,在默认情况下,无论是线框模式还是渲染模式,冻结对象都会变成深灰色,图 2-51 所示的上图为没有冻结的场景,而下图中的垃圾桶和街灯则被“冻结”,并以灰色显示。被冻结的对象仍保持可见,但无法选择,因此不能直接进行变换或修改。冻结功能可以防止对象被意外编辑,并可以加速重画。

在命令面板中单击“显示”按钮 打开“显示”命令面板即可看到“冻结”卷展栏,如图 2-52 所示。“冻结”卷展栏提供了通过选择单独对象对其进行冻结或解冻的控件,而无须考虑其类别。

隐藏
隐藏选定对象
隐藏未选定对象
按名称隐藏...
按点击隐藏
全部取消隐藏
按名称取消隐藏...
隐藏冻结对象

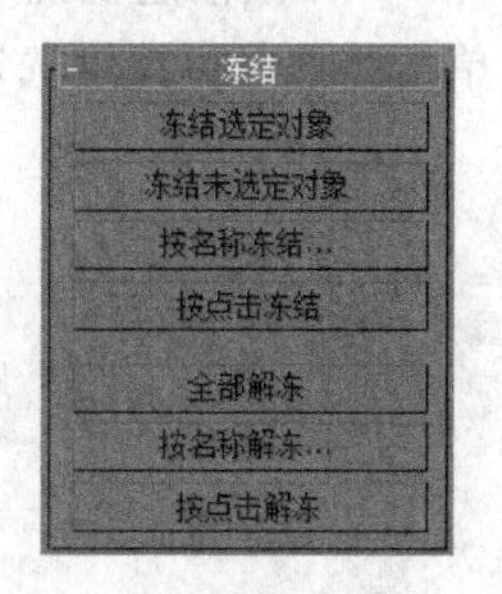

图 2-50 “隐藏”卷展栏　　图 2-51 冻结对象　　图 2-52 “冻结”卷展栏

专家点拨：对象的隐藏与冻结操作可以使用“显示”命令面板进行操作，也可在要隐藏或冻结的对象上右击，在弹出的快捷菜单中选择相应的命令。

2.3.8 捕捉

“捕捉”有助于创建或变换对象时精确地控制对象的尺寸和位置。“捕捉”工具位于主工具栏上，有 2D 捕捉、2.5D 捕捉、3D 捕捉、角度捕捉切换、百分比捕捉切换、微调器捕捉切换 6 个按钮，并且只要在这些按钮上右击就会弹出“捕捉和设置”对话框，在前面的课程中已经详细讲述了该部分内容，这里以一个实例来体会一下捕捉的用处。

实例 2-16：捕捉的应用

操作步骤

(1) 在“文件”菜单中选择“重置”命令，重新设置系统。

(2) 选择“工具”|“栅格和捕捉”|“栅格和捕捉设置”命令，弹出“栅格和捕捉设置”对话框，如图 2-53 所示。

图 2-53 “栅格和捕捉设置”对话框

(3) 在该对话框中选择“捕捉”选项卡，选中“栅格点”复选框，单击“关闭”按钮。

(4) 创建长方体。

(5) 选择长方体并在状态栏中单击“选择锁定切换”按钮。

(6) 单击工具栏上的“3D 捕捉”按钮，再单击工具栏上的“选择并旋转”按钮。

(7) 从主工具栏上的“使用中心”弹出选项中选择“使用变换坐标中心”。

(8) 激活透视视口,并将光标移动到栅格上。当光标通过栅格点上时将显示黄色图标,单击并拖动可围绕选定栅格点旋转长方体,如图 2-54 所示。

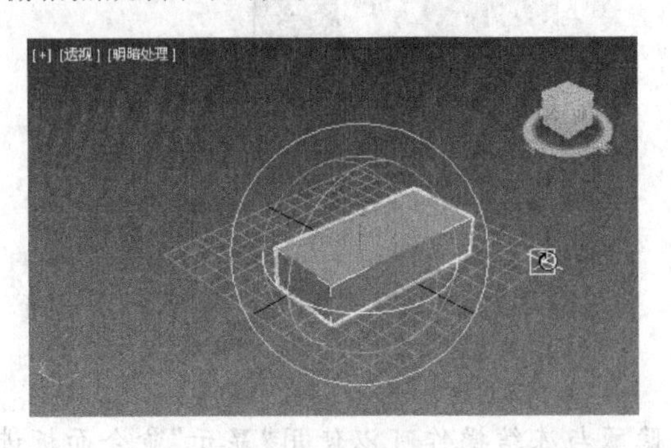

图 2-54　旋转长方体

2.4　上机练习与指导

2.4.1　文件操作练习

视频讲解

1. 练习目标

(1) 熟悉文件的基本操作。

(2) 熟练运用文件的打开、保存、合并。

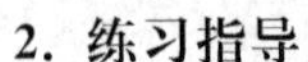

2. 练习指导

(1) 打开配套光盘上的 ch02_1. max 文件(文件路径:素材和源文件\part2\上机练习\)。

(2) 打开配套光盘上的 ch02_2. max 文件(文件路径:素材和源文件\part2\上机练习\)。

(3) 按照 2.1.5 节的相关内容将两个文件进行合并,完成操作后将文件保存。

2.4.2　选择练习

视频讲解

1. 练习目标

(1) 熟练使用多种选择方法。

(2) 熟练各种快捷键的使用。

2. 练习指导

(1) 打开配套光盘上的 ch02_3. max 文件(文件路径:素材和源文件\part2\上机练习\)。

(2) 按照 2.2 节的相关内容对文件进行各种选择操作的练习。

2.5　本 章 习 题

1. 填空题

(1) 打开文件的命令是________、快捷方式是________。

(2) 合并文件的命令是________、快捷方式是________。

(3) 在通过区域选择对象时,区域选择的形状可以是矩形,也可以是________、

________、________、________。

(4) 在使用“按名称选择”选择对象的时候首先要知道对象的________。

(5) 在复制物体时所弹出对话框中的3种复制方式是复制、________和参考复制。

(6) 在3ds Max中,对象的缩放功能有________、________、________3种。

2. 选择题

(1) 在进行对象变换的同时可以实现对象的复制,这时可以配合键盘上的(　　)键来完成。

A. Alt　　B. Shift　　C. Ctrl　　D. Tab

(2) 在做镜像操作时可以沿(　　)进行镜像,(　　)用来设置复制的对象与源对象之间的距离。

A. 某个轴　　B. 某个平面　　C. 参考　　D. 偏移

(3) 如果要向选择集中添加选择对象,可以按住(　　)键,然后在任意视图中逐一单击各个未选择的对象,如果要从选择集中排除某些对象,可以配合(　　)键。

A. Alt　　B. Shift　　C. Ctrl　　D. Tab

(4) 单击主工具栏上的“捕捉开关”按钮可以激活捕捉,也可以用键盘上的(　　)键控制捕捉开关。

A. S　　B. A　　C. W　　D. Z

3. 思考题

(1) 说明选择对象共有几种方法,分析不同方法的使用区别。

(2) 常见的变换有哪几种?使用时有什么不同?

第3章　创建几何体

3ds Max 是一款优秀的三维动画制作软件，但若想灵活地运用该软件做出精彩纷呈的三维动画效果却并不是一项单纯的工作，这个过程其实是各种几何体的综合体现。本章主要介绍了 3ds Max 中基本几何体的创建方法和相关参数的设置，基本几何体是建模工作中的常用元件，需加强训练并掌握。

本章的主要内容：

- 标准几何体的创建；
- 扩展基本体的创建。

3.1　创建标准几何体

3ds Max 中包含有 10 种标准基本体，分别是长方体基本体、圆锥体基本体、球体基本体、几何球体基本体、圆柱体基本体、管状体基本体、环形基本体、四棱锥基本体、茶壶基本体和平面基本体。

大多数基本几何体既可以在视口中通过拖动鼠标创建，也可以通过在"创建"命令面板的"键盘输入"卷展栏的输入框中输入相应数值，并单击"创建"按钮创建。

对象的名称可以在"创建"命令面板上的"名称和颜色"卷展栏上的输入框中进行编辑。对象的颜色可以在"创建"命令面板上的"名称和颜色"卷展栏中右侧的块上单击，在弹出的"对象颜色"对话框中进行设置，如图 3-1 所示。

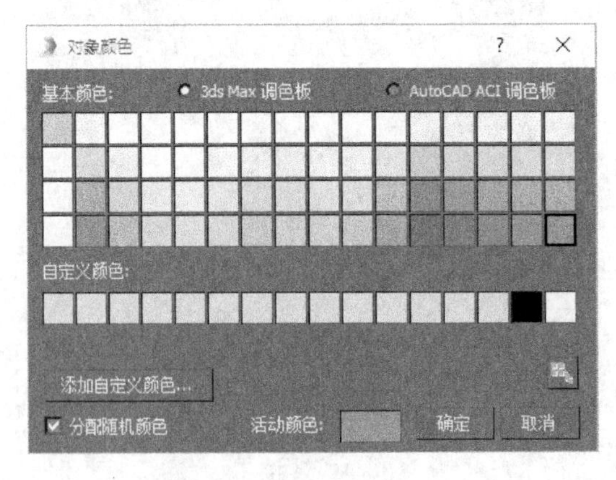

图 3-1　"对象颜色"对话框

3.1.1 长方体的创建

"长方体"是 3ds Max 建模中使用频率较高的基本几何体，也是最基础的三维几何体。使用"创建"命令面板上的"长方体"按钮可以制作出不同类型的矩形对象，类型可以从大而平的面板和板材到高圆柱和小块。长方体的"创建"命令面板上的相关参数如图 3-2 所示。

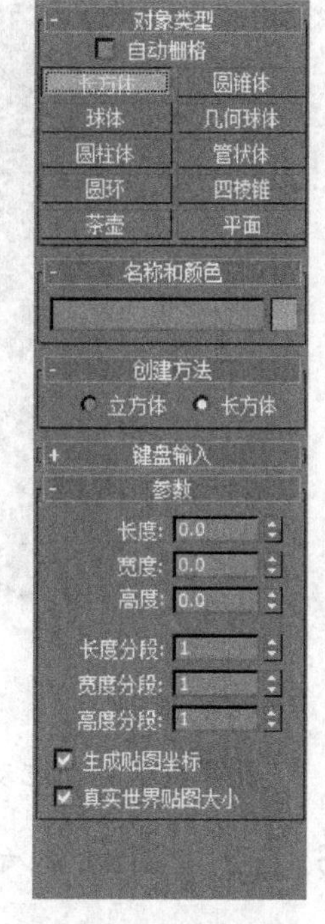

图 3-2 长方体的参数

1. "创建方法"卷展栏

"立方体"单选按钮：创建长度、宽度和高度都相等的立方体。

"长方体"单选按钮：创建标准长方体基本体。

2. "参数"卷展栏

"长度"数值框：设置长方体对象的长度。

"宽度"数值框：设置长方体对象的宽度。

"高度"数值框：设置长方体对象的高度。

"长度分段"数值框：设置沿着对象长度轴的分段数量。

"宽度分段"数值框：设置沿着对象宽度轴的分段数量。

"高度分段"数值框：设置沿着对象高度轴的分段数量。

专家点拨：增加 3 个方向上的分段数可以为编辑修改器(例如弯曲修改器)的使用提供条件。

"生成贴图坐标"复选框：生成将贴图材质应用于长方体的坐标。

"真实世界贴图大小"复选框：控制应用于该对象的纹理贴图材质所使用的缩放方法。

实例 3-1：创建长方体

操作步骤

(1) 在"创建"命令面板中单击"长方体"按钮，以默认参数建立一个长方体造型。

(2) 将鼠标指针移至命令面板左侧的视图区，在其中任一视窗中按下鼠标左键并沿对角线方向拖动鼠标，这时一个矩形出现在视窗中。

(3) 松开鼠标左键后向上拖动拖出一个长方体的厚度，再次单击完成长方体造型的创建，如图 3-3 所示。

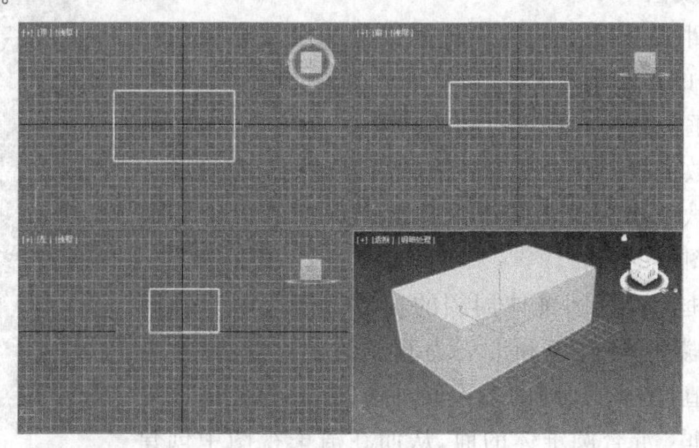
图 3-3 完成的长方体造型

(4) 单击“修改”命令面板上的选项按钮，在“参数”卷展栏下设定长度分段为 5、宽度分段为 8、高度分段为 4，视窗中的立方体如图 3-4 所示。此项调整便于今后对该长方体物体进行弯曲、挤压等变形操作，也可利用它直接渲染生成网格物体。

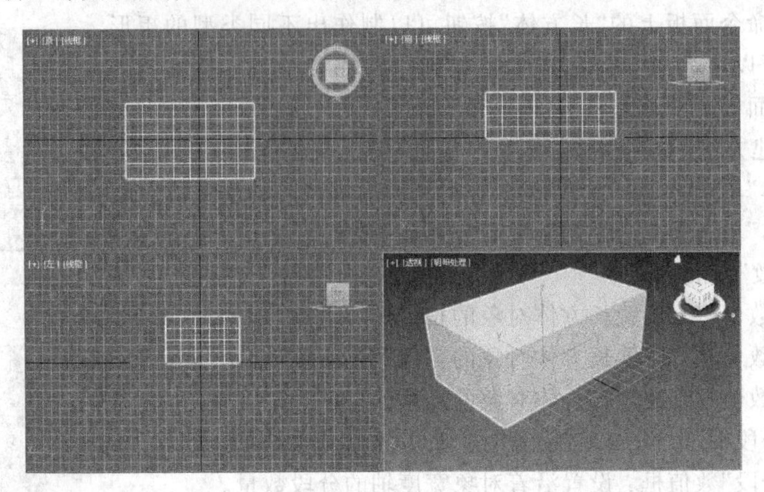

图 3-4　增加细分段数后的长方体物体

专家点拨：在拖动长方体底部时按住 Ctrl 键可以创建正方形的底面，且高度不受影响。

3.1.2　圆锥体的创建

“圆锥体”的制作方法与“几何体”基本相同，可以进行正、反两个方向的操作，创建生成直立或倒立的圆锥体和圆台。圆锥体的“创建”命令面板上的相关参数如图 3-5 所示。

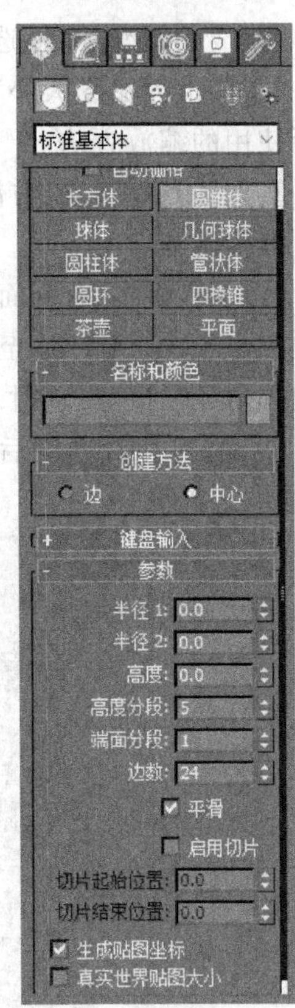

图 3-5　圆锥体的参数

1. “创建方法”卷展栏

“边”单选按钮：从边缘开始绘制圆锥体，其中心会随着鼠标的拖动而改变。

“中心”单选按钮：从中心开始绘制圆锥体。

2. “参数”卷展栏

“半径 1”和“半径 2”数值框：设置圆锥体的底部半径和顶部半径，两个半径的最小值都是 0.0。

“高度”数值框：设置沿着中心轴的高度。

“高度分段”数值框：设置沿着圆锥体高度轴的分段数。

“端面分段”数值框：设置圆锥体顶部和底部的以中心向边缘产生的同心图形的数目。

“边数”数值框：设置圆锥体周围的边数。当选中“平滑”复选框时，较大的数值将着色和渲染为真正的圆；当禁用“平滑”时，较小的数值将创建规则的多边形对象。

“平滑”复选框：混合圆锥体的面，从而在渲染视图中创建平滑的外观。

“启用切片”复选框：启用“切片”功能。在创建切片后如果禁用“启用切片”，将重新显示完整的圆锥体。

“切片起始位置”和“切片结束位置”数值框：设置从局部 X 轴的零点开始围绕局部 Z 轴的度数。

实例 3-2：圆锥体的创建

操作步骤

(1) 单击“创建”命令面板上的“几何体”按钮，在几何体类型的下拉列表框中选择“标准基本体”。

(2) 在“对象类型”卷展栏上单击“圆锥体”按钮，在“参数”卷展栏中设置参数，如图 3-6 所示，建立一个锥体。

(3) 打开“修改”命令面板，在“参数”卷展栏中分别将“边数”设置为 3 和 25，可得到不同效果的圆锥体造型。“边数”为 3 的效果如图 3-7 所示。

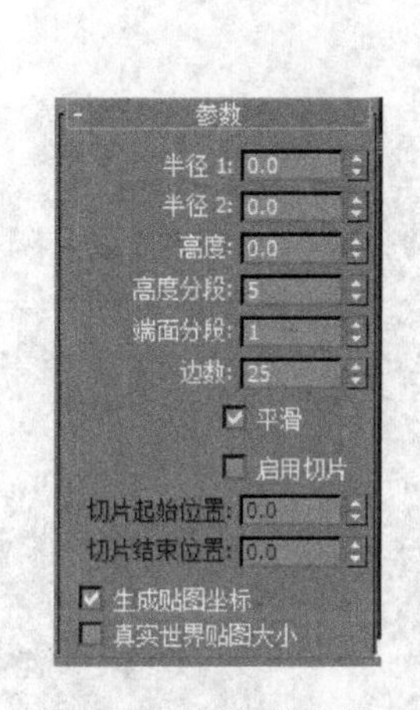

图 3-6　锥体的参数

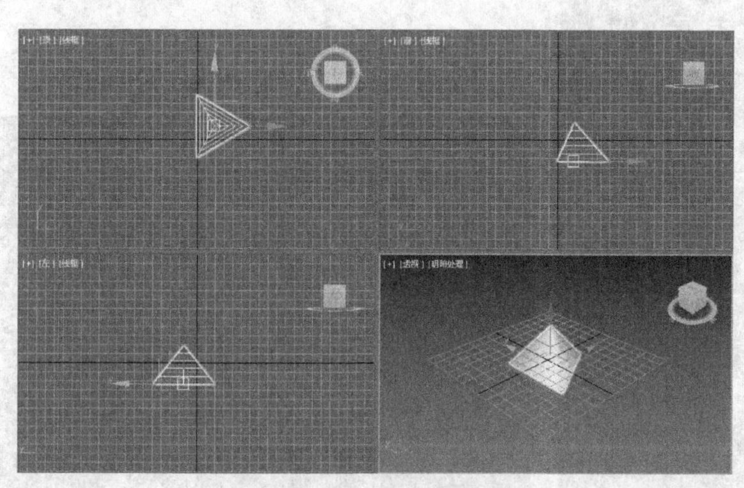

图 3-7　Side(边数)＝3 时的锥体

(4) 将“边数”设置为 25，选中“启用切片”复选框，然后设定“切片起始位置”为－56、“切片结束位置”为 0，得到如图 3-8 所示的锥体造型。

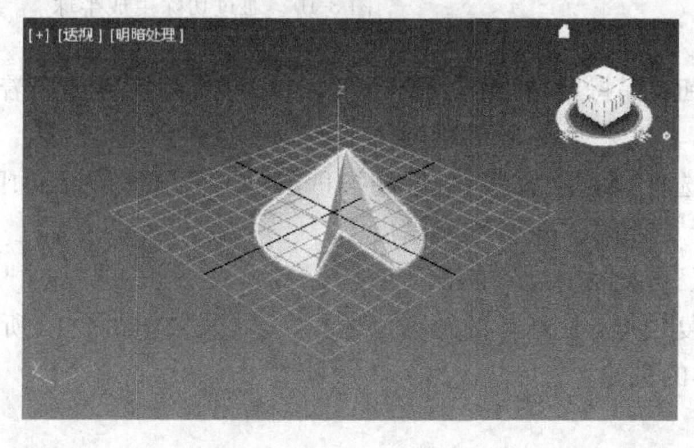

图 3-8　用切片的锥体造型

3.1.3 球体的创建

“球体”是许多光滑的类球体造型的基本体,使用“创建”命令面板上的“球体”按钮可以创建标准球体及半球。球体的“创建”命令面板上的相关参数如图 3-9 所示。

“半径”数值框:指定球体的半径。

“分段”数值框:设置球体多边形分段的数目。

“平滑”复选框:在渲染视图中创建平滑的外观效果。

“半球”数值框:创建部分球体。

“切除”单选按钮:通过在半球断开时将球体中的顶点数和面数“切除”来减少它们的数量,效果如图 3-10 所示。

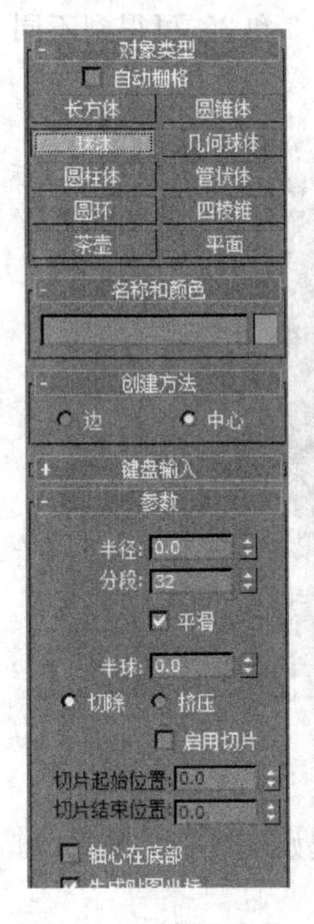

图 3-9 球体的参数

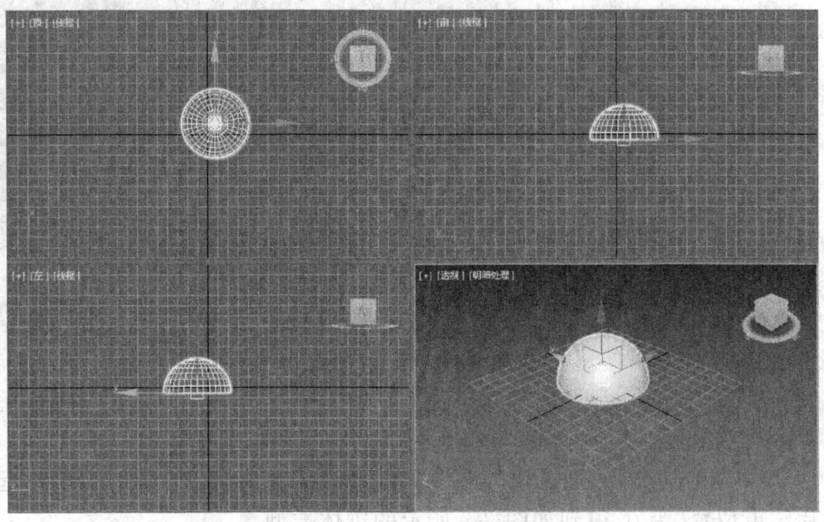

图 3-10 通过切除生成半球

“挤压”单选按钮:保持原始球体中的顶点数和面数,将几何体向着球体的顶部“挤压”为越来越小的体积,其效果如图 3-11 所示。

“启用切片”复选框:使用“从”和“到”切换可创建部分球体,效果如图 3-12 所示。

“切片起始位置”数值框:设置起始角度。

“切片结束位置”数值框:设置停止角度。

“轴心在底部”复选框:使球体的轴点位于其底部,效果如图 3-13 所示。

实例 3-3:球体的创建

操作步骤

(1) 单击“创建”命令面板上的“几何体”按钮,在几何体类型的下拉列表框中选择“标准基本体”。

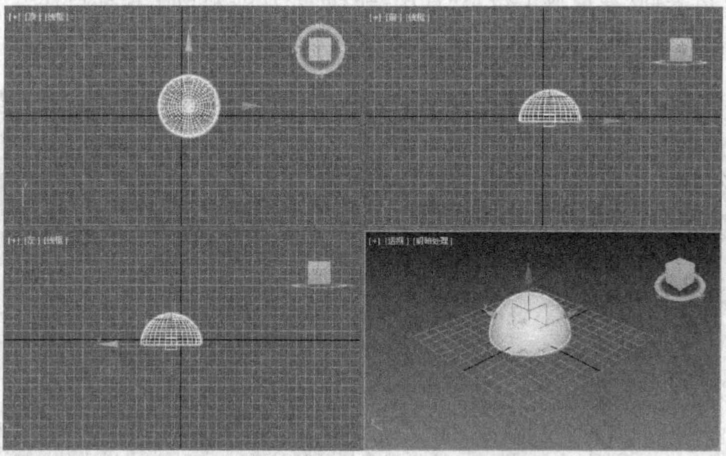

图 3-11　通过挤压生成半球

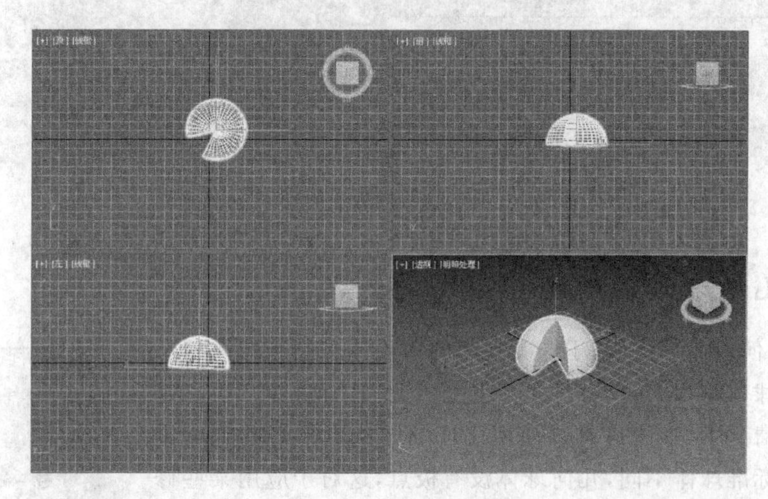

图 3-12　球体切片

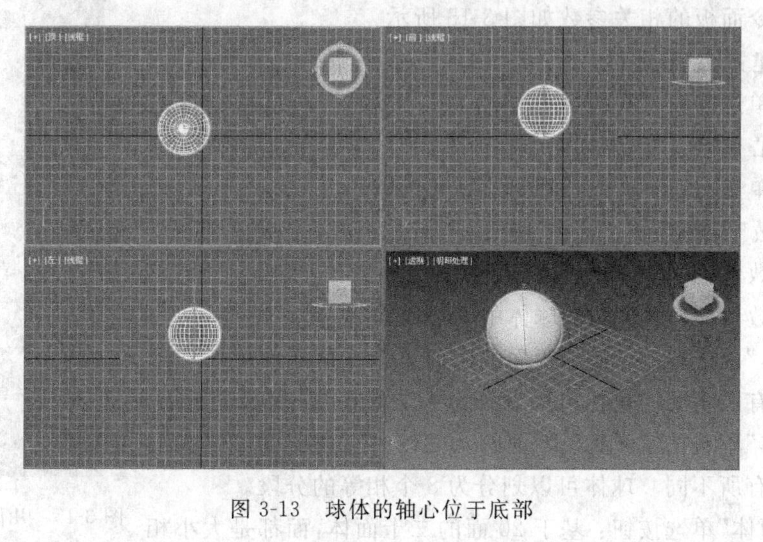

图 3-13　球体的轴心位于底部

(2) 在“对象类型”卷展栏上单击“球体”按钮,在任意视口中拖动鼠标至合适的位置,释放鼠标可完成半径的设置并创建球体,如图 3-14 所示。

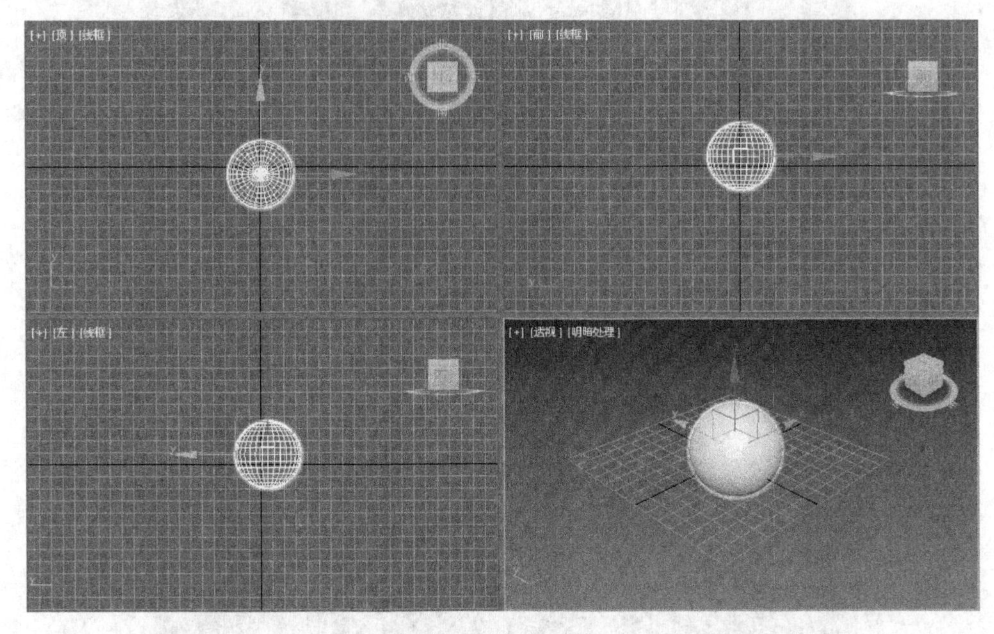

图 3-14　球体的创建

3.1.4　几何球体的创建

使用“几何球体”可以基于 3 类规则的多面体来制作球体和半球。与标准球体相比,几何球体能够生成更规则的曲面。在指定相同面数的情况下,它们也可以使用比标准球体更平滑的剖面进行渲染。与标准球体不同,几何球体没有极点,这对于应用某些修改器(例如自由形式变形(FFD)修改器)来说非常有用。几何球体的“创建”命令面板的相关参数如图 3-15 所示。

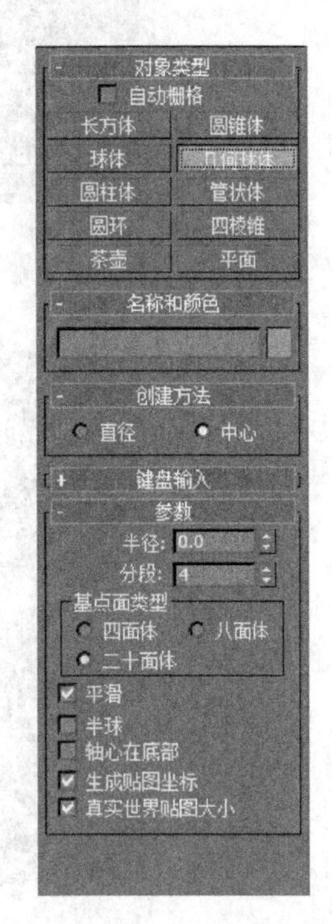

图 3-15　几何球体的参数

1. “创建方法”卷展栏

“直径”单选按钮:从边缘开始绘制几何球体,通过移动鼠标可以更改中心位置。

“中心”单选按钮:从中心开始绘制几何球体。

2. “参数”卷展栏

“半径”数值框:设置几何球体的大小。

“分段”数值框:设置几何球体中的总面数。

“四面体”单选按钮:基于 4 面的四面体。三角形面可以在形状和大小上有所不同。球体可以划分为 4 个相等的分段。

“八面体”单选按钮:基于 8 面的八面体。三角形面可以在形状和大小上有所不同。球体可以划分为 8 个相等的分段。

“二十面体”单选按钮:基于 20 面的二十面体,面都是大小相同的等边三角形。

"平滑"复选框：将平滑组应用于球体的曲面。

"半球"复选框：创建半个球体。

"轴心在底部"复选框：使轴心位于球体的底部。

实例 3-4：几何球体的创建

操作步骤

(1) 单击"创建"命令面板上的"几何体"按钮，在几何体类型的下拉列表框中选择"标准基本体"。

(2) 在"对象类型"卷展栏上单击"几何球体"按钮。

(3) 在任意视口中拖动鼠标至合适的位置，释放鼠标可完成半径的设置并创建球体，如图 3-16 所示。

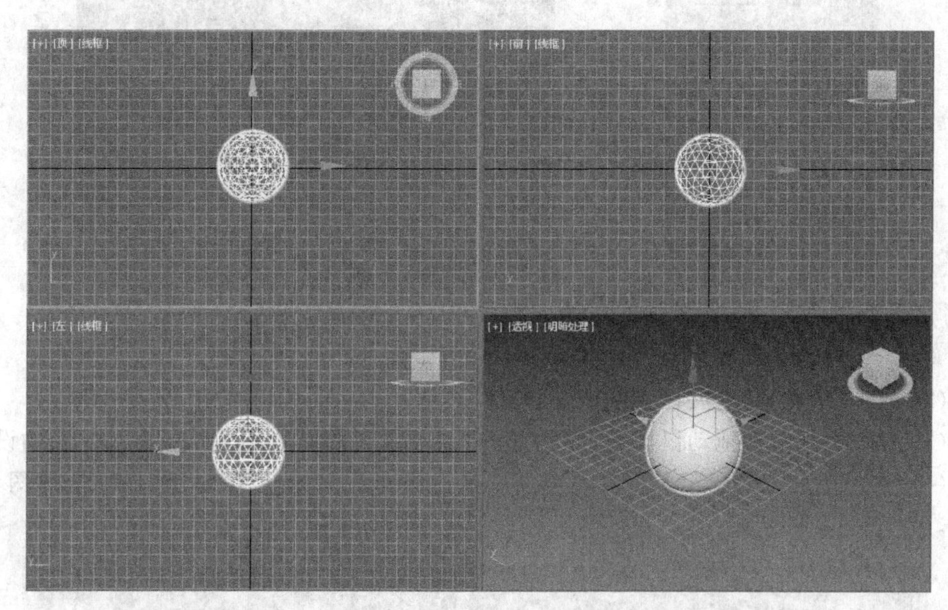

图 3-16　几何球体的创建

3.1.5　圆柱体的创建

使用"创建"命令面板上的"圆柱体"按钮可以创建完整的圆柱体或一部分圆柱体。圆柱体的"创建"命令面板的相关参数如图 3-17 所示。

"高度分段"数值框：设置沿着圆柱体主轴的分段数量。

"端面分段"数值框：设置圆柱体顶部和底部的以中心向边缘产生的同心图形的数目。

"边数"数值框：设置圆柱体周围的边数。

"切片起始位置"和"切片结束位置"数值框：设置从局部 X 轴的零点开始围绕局部 Z 轴的度数。切片效果如图 3-18 所示。

实例 3-5：圆柱体的创建

操作步骤

(1) 单击"创建"命令面板上的"几何体"按钮，在几何体类型下拉列表框中选择"标准基本体”。

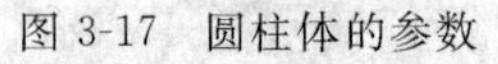

图 3-17　圆柱体的参数

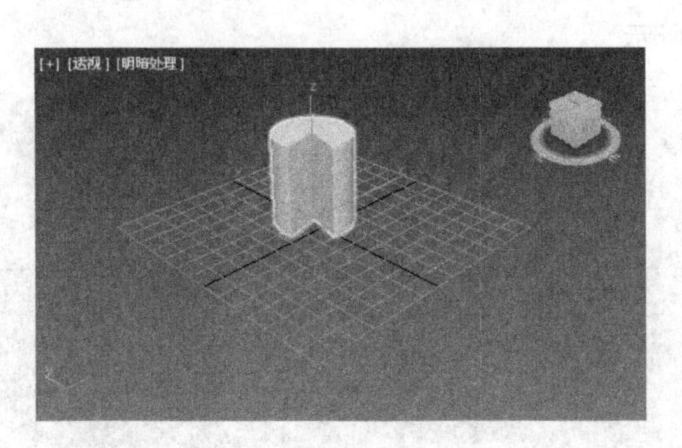

图 3-18　圆柱体的切片

(2) 在“对象类型”卷展栏上单击“圆柱体”按钮。

(3) 在任意视口中拖动鼠标至合适的位置,然后释放鼠标即可完成圆柱体半径的设置。

(4) 上移或下移鼠标至合适的位置后,单击即可设置高度并创建圆柱体,如图 3-19 所示。

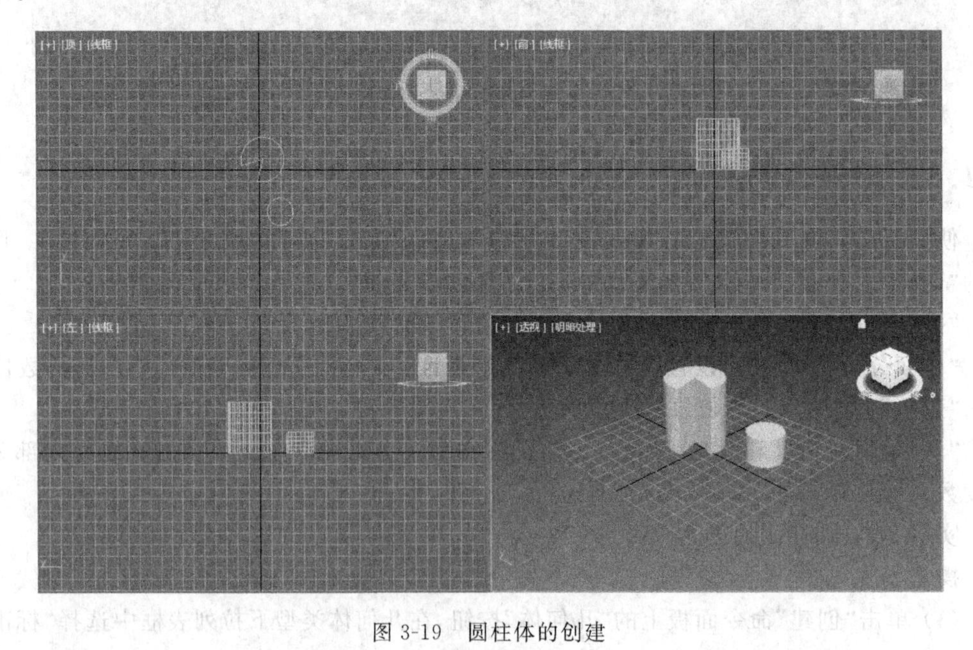

图 3-19　圆柱体的创建

3.1.6 管状体的创建

“管状体”类似于中空的圆柱体，可生成圆形和棱柱管道。管状体的“创建”命令面板的相关参数如图 3-20 所示。

实例 3-6：创建管状体

操作步骤

(1) 单击“创建”命令面板上的“管状体”按钮，然后在顶视口中按下鼠标左键并拖动鼠标，确定管状体的内、外直径。

(2) 松开鼠标后拖动至合适的位置挤出管状体的高度。

(3) 在“参数”卷展栏中设定参数，如图 3-21 所示。建立标准管状体，造型如图 3-22 所示。

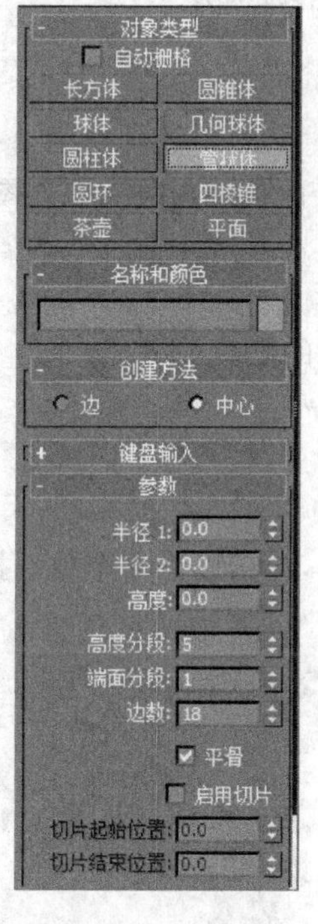

图 3-20 管状体的参数

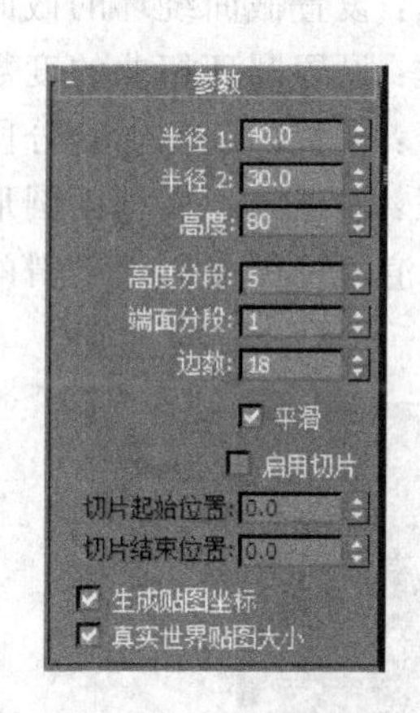

图 3-21 管状体的基本参数

(4) 打开“修改”命令面板，在“参数”卷展栏中将边数设定为 5，构建的管状物体效果如图 3-23 所示。

图 3-22 标准管状体

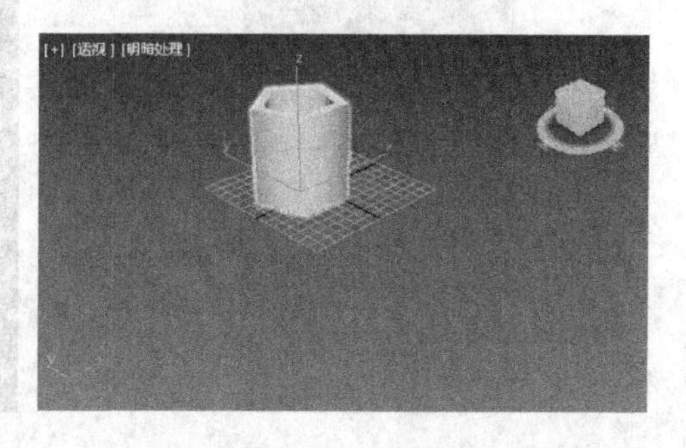

图 3-23 边数为 5 的管状物体

(5) 选中“启用切片”复选框，然后设置“切片起始位置”为 0、“切片结束位置”为 100，构建的管状物体效果如图 3-24 所示。

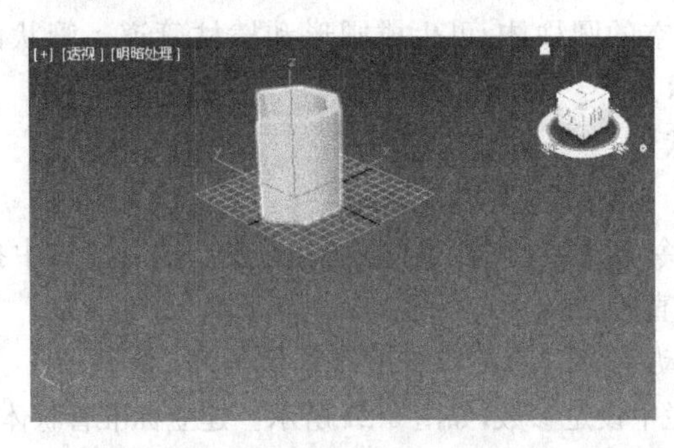

图 3-24　启用切片后的管状物体

3.1.7　圆环的创建

“圆环”用于创建环形物体。圆环的“创建”命令面板的相关参数如图 3-25 所示。

“半径 1”数值框：设置环形的半径。

“半径 2”数值框：设置横截面圆形的半径。

“旋转”数值框：设置截面绕环的截面中心旋转的度数。

“扭曲”数值框：设置圆环扭曲的度数。

“分段”数值框：设置围绕环形的分段数目。

“边数”数值框：设置环形横截面圆形的边数。

“平滑”组：在渲染视图中创建平滑的外观效果，包括以下 4 个单选按钮(效果如图 3-26 所示)。

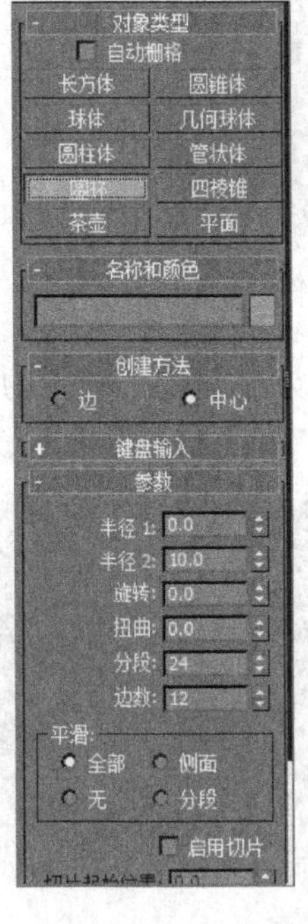

图 3-25　圆环的参数

图 3-26　“平滑”组不同参数的效果

- “全部”单选按钮：在环形的所有曲面上生成完整平滑(左环)。
- “侧面”单选按钮：平滑相邻分段之间的边,从而生成围绕环形运行的平滑带(上环)。
- “无”单选按钮：完全禁用平滑,从而在环形上生成类似棱锥的面(右环)。
- “分段”单选按钮：分别平滑每个分段,从而沿着环形生成类似环的分段(下环)。

实例 3-7：圆环的创建

操作步骤

(1) 单击“创建”命令面板上的“圆环”按钮,以默认参数建立一个圆环物体。

(2) 在顶视口中单击并拖动鼠标确定圆环一侧的大小。

(3) 松开鼠标并拖动至合适的位置以挤出一个圆环的形状。

(4) 单击建立圆环,如图 3-27 所示。

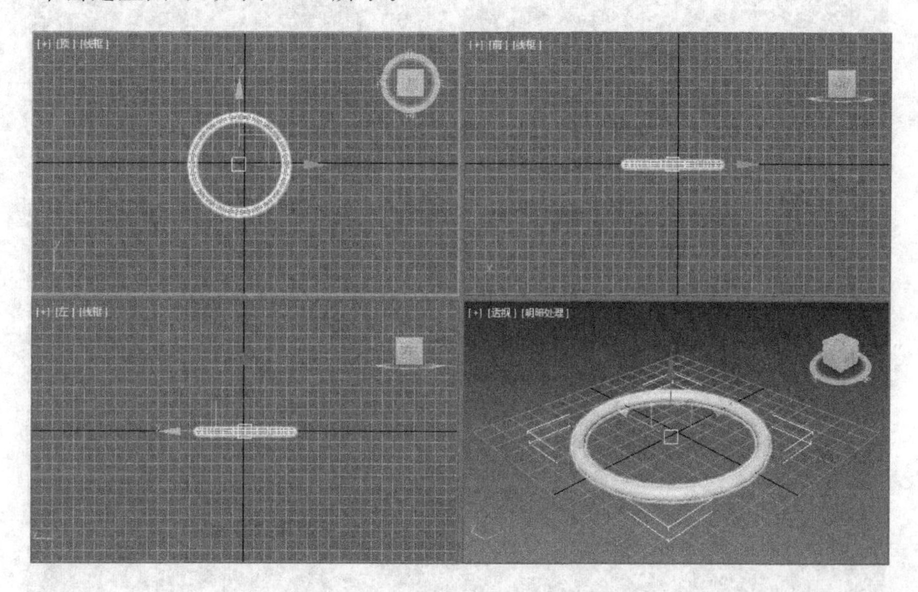

图 3-27　在默认状态下建立的圆环

(5) 打开“修改”命令面板,设置“参数”卷展栏(如图 3-28 所示),所构建的圆环造型如图 3-29 所示。

(6) 在“参数”卷展栏下设定分段为 32、边数为 12,选中“启用切片”复选框,然后设置“切片起始位置”为－65、“切片结束位置”为 0,创建如图 3-30 所示的圆环造型。

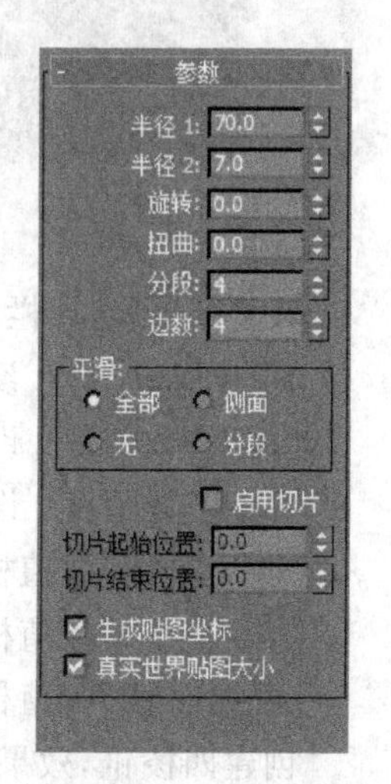

图 3-28　“参数”卷展栏

3.1.8　四棱锥的创建

“四棱锥”可以创建金字塔形的造型对象。四棱锥的“创建”命令面板的相关参数如图 3-31 所示。

1. “创建方法”卷展栏

“基点/顶点”单选按钮：从一个角到斜对角创建四棱锥的底部。

“中心”单选按钮：从中心开始创建四棱锥的底部。

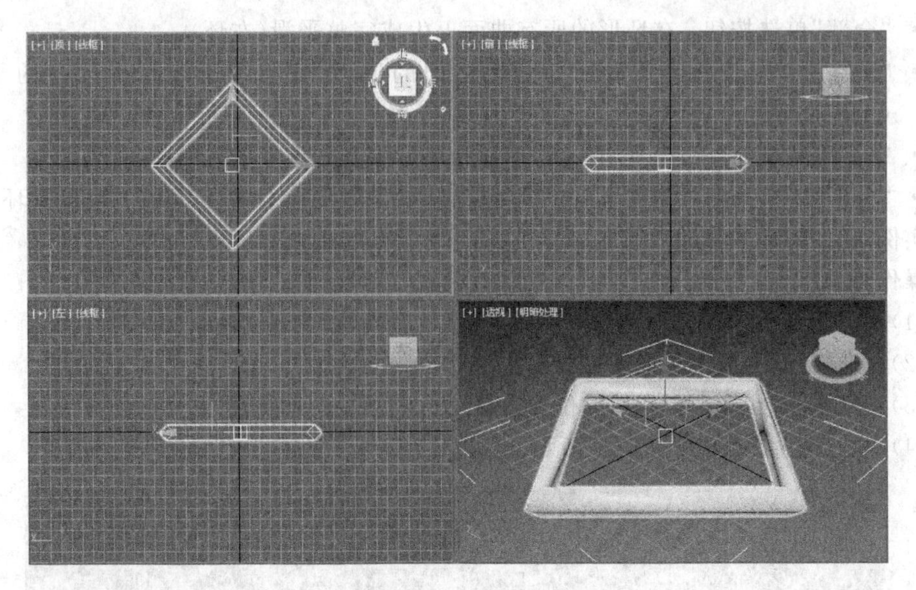

图 3-29　圆环造型

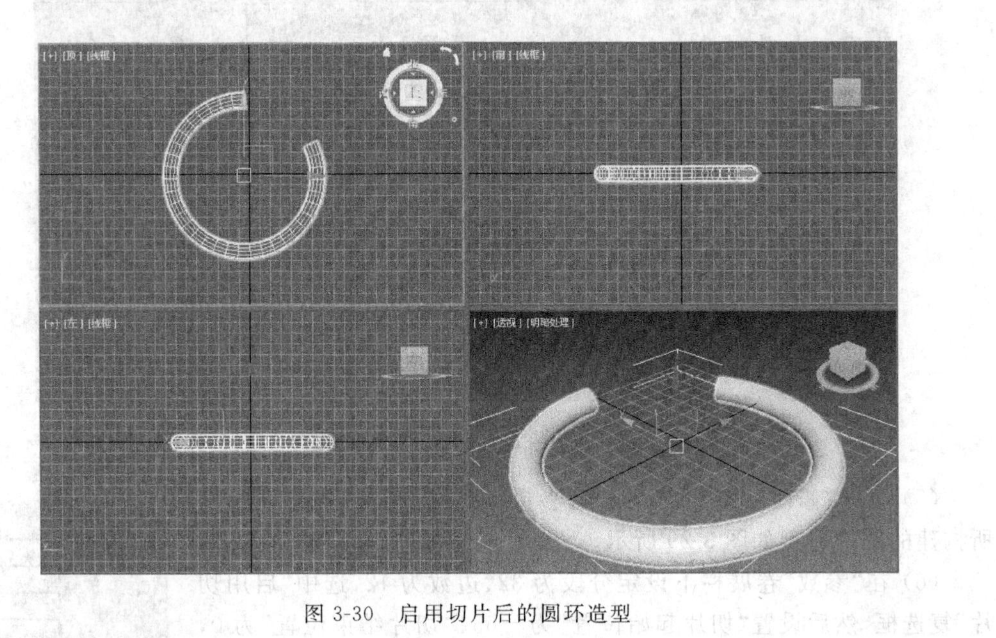

图 3-30　启用切片后的圆环造型

2. “参数”卷展栏

“宽度”数值框：设置四棱锥的宽度。

“深度”数值框：设置四棱锥的深度。

“高度”数值框：设置四棱锥的高度。

“宽度分段”数值框：设置四棱锥宽度方向上的分段数。

“深度分段”数值框：设置四棱锥深度方向上的分段数。

“高度分段”数值框：设置四棱锥高度方向上的分段数。

创建四棱锥，效果如图 3-32 所示。

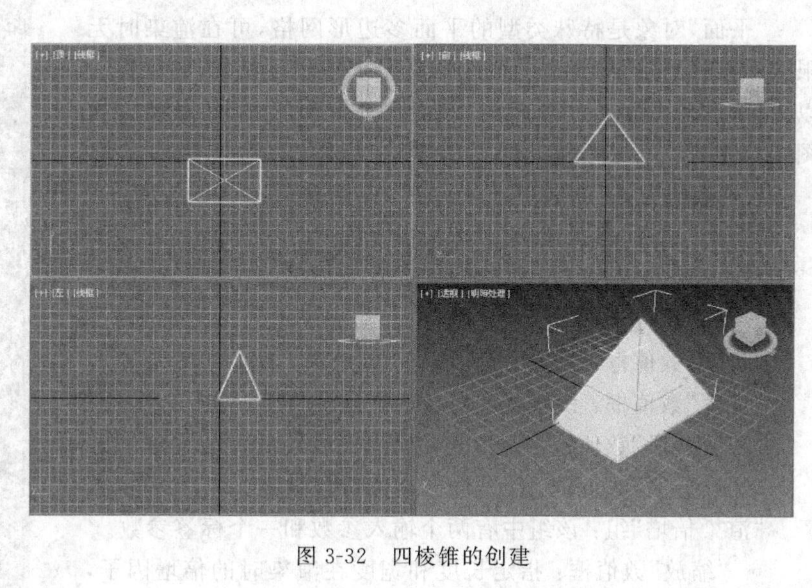

图 3-31　四棱锥的参数　　　　　　　　　　　图 3-32　四棱锥的创建

3.1.9　茶壶的创建

“茶壶”可生成一个茶壶形状。茶壶的“创建”命令面板的相关参数如图 3-33 所示。

“半径”文本框：设置茶壶的半径。

“分段”文本框：设置茶壶或其单独部件的分段数。

“茶壶部件”组：启用或禁用茶壶部件的复选框。

创建茶壶的效果如图 3-34 所示。

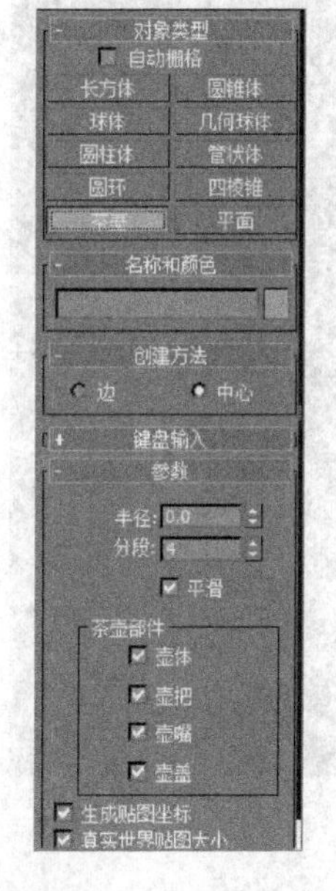

图 3-33　茶壶的参数

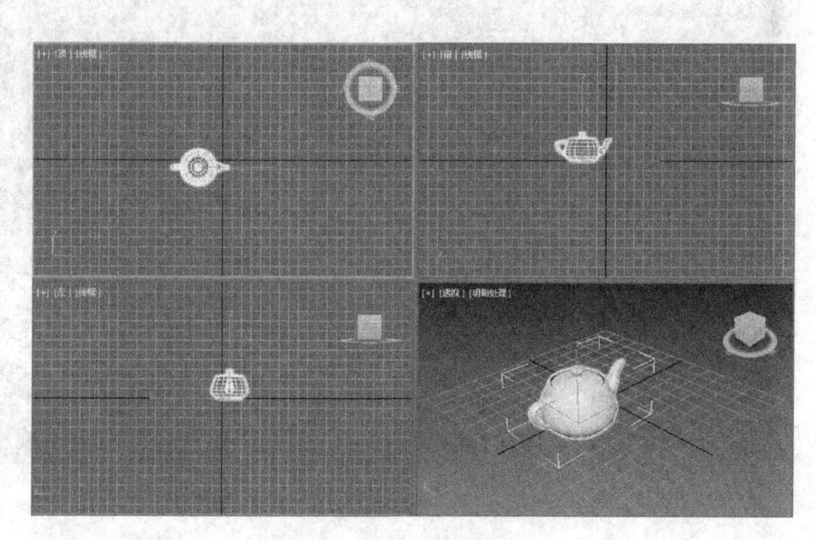

图 3-34　茶壶的创建

3.1.10 平面的创建

"平面"对象是特殊类型的平面多边形网格，可在渲染时无限放大，还可将任何类型的修改器应用于平面对象(例如位移)，以模拟陡峭的地形。平面的"创建"命令面板的相关参数如图 3-35 所示。

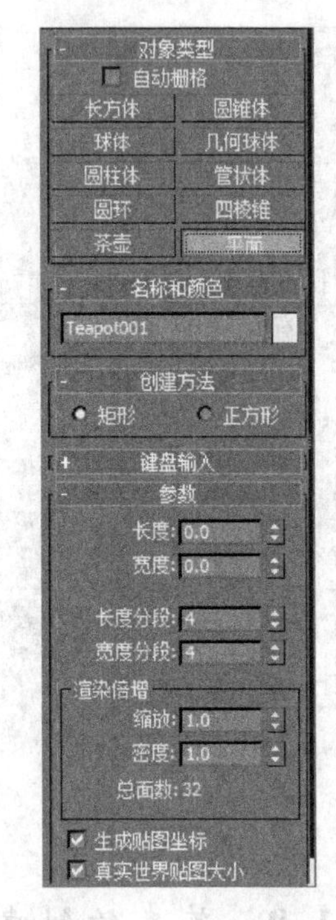

图 3-35 平面的参数

1. "创建方法"卷展栏

"矩形"单选按钮：创建一个矩形平面。

"正方形"单选按钮：创建长度和宽度相等的正方形平面。

2. "参数"卷展栏

"长度"数值框：设置平面对象的长度。

"宽度"数值框：设置平面对象的宽度。

"长度分段"数值框：沿长度方向的分段数量。

"宽度分段"数值框：沿宽度方向的分段数量。

"渲染倍增"组：该组中有两个输入参数和一个标签参数。

- "缩放"数值框：指定长度和宽度在渲染时的倍增因子，将从中心向外执行缩放。
- "密度"数值框：指定长度和宽度分段数在渲染时的倍增因子。
- "总面数"：当前平面上面片的总数。

创建平面的效果如图 3-36 所示。

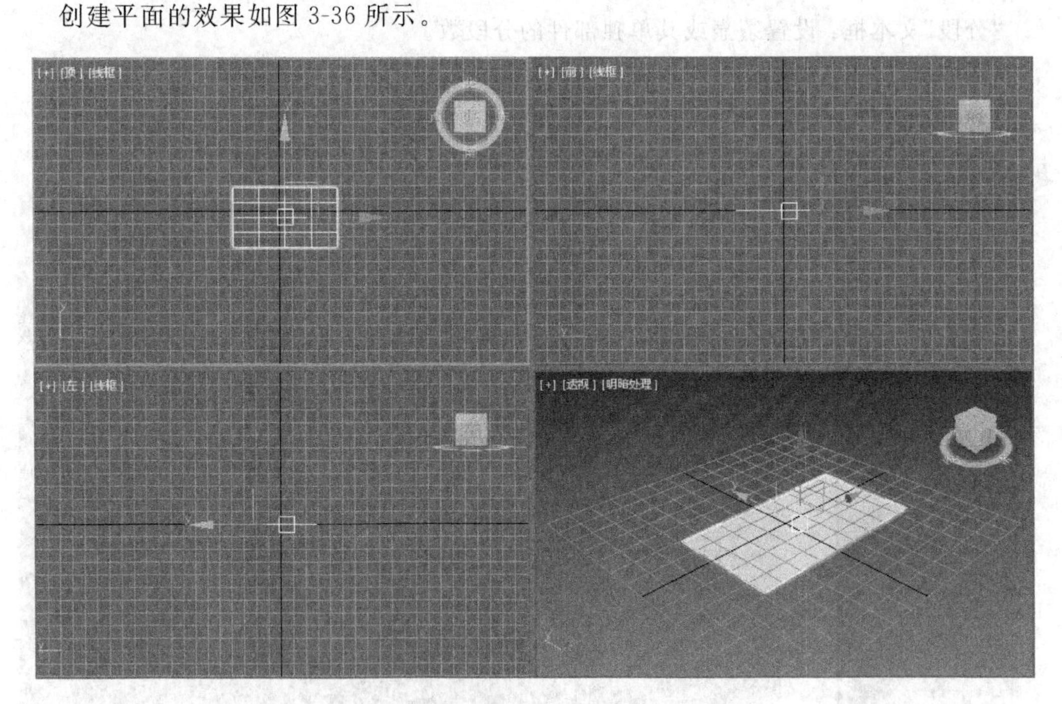

图 3-36 平面的创建

3.2 创建扩展基本体

扩展基本体是 3ds Max 中复杂基本体的集合，在 3ds Max 中有异面体扩展基本体、环形结扩展基本体、倒角长方体扩展基本体、倒角圆柱体扩展基本体、油罐扩展基本体、胶囊扩展基本体、纺锤扩展基本体、L 形挤出扩展基本体、球棱柱扩展基本体、C 形挤出扩展基本体、环形波扩展基本体、软管扩展基本体和棱柱扩展基本体。

3.2.1 异面体的创建

使用“异面体”可以生成多面体对象，“异面体”的相关参数如图 3-37 所示。

(1) “系列”组：使用该组参数可选择要创建的多面体的类型，有以下 5 个单选按钮。

- 四面体：创建一个四面体。
- 立方体/八面体：创建一个立方体或八面体。
- 十二面体/二十面体：创建一个十二面体或二十面体。
- 星形 1、星形 2：创建两个不同的类似星形的多面体。

(2) “系列参数”组：有 P、Q 两个输入项，用于为多面体顶点和面之间提供两种方式变换的关联参数，可能值的范围为 0.0～1.0。

(3) “轴向比率”组：该组参数可使多面体拥有多达 3 种多面体的面，如三角形、方形或五角形。这些面可以是规则的，也可以是不规则的。其中的 P、Q、R 几个输入项用于控制多面体的一个面推进或推出的效果，默认设置为 100。“重置”按钮则可将轴返回为默认设置。

(4) “顶点”组：该组参数决定多面体每个面的内部几何体，有以下 3 个单选按钮。

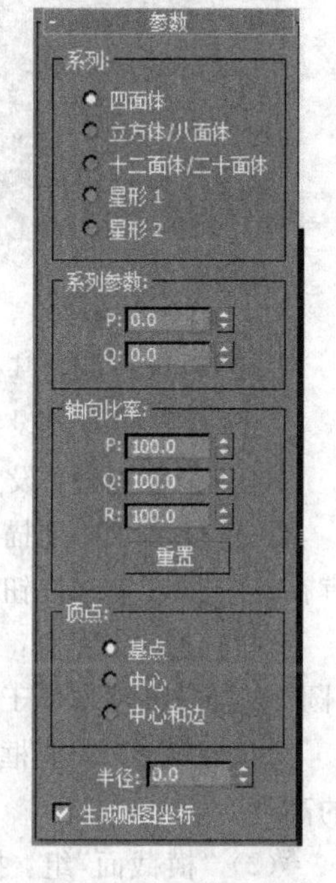

图 3-37 异面体的参数

- 基点：面的细分不能超过最小值。
- 中心：通过在中心放置另一个顶点(其中边是从每个中心点到面角)来细分每个面。
- 中心和边：通过在中心放置另一个顶点(其中边是从每个中心点到面角，以及到每个边的中心)来细分每个面。与“中心”相比，“中心和边”会使多面体中的面数加倍。

(5) “半径”数值框：以当前单位数设置任何多面体的半径。

(6) “生成贴图坐标”复选框：生成将贴图材质用于多面体的坐标。

创建异面体的效果如图 3-38 所示。

3.2.2 环形结的创建

“环形结”用于创建扭曲的环状体，“环形结”的相关参数如图 3-39 所示。

(1) “基础曲线”组：提供影响基础曲线的参数项。

“结”单选按钮：在使用“结”时环形将基于其他各种参数自身交织。

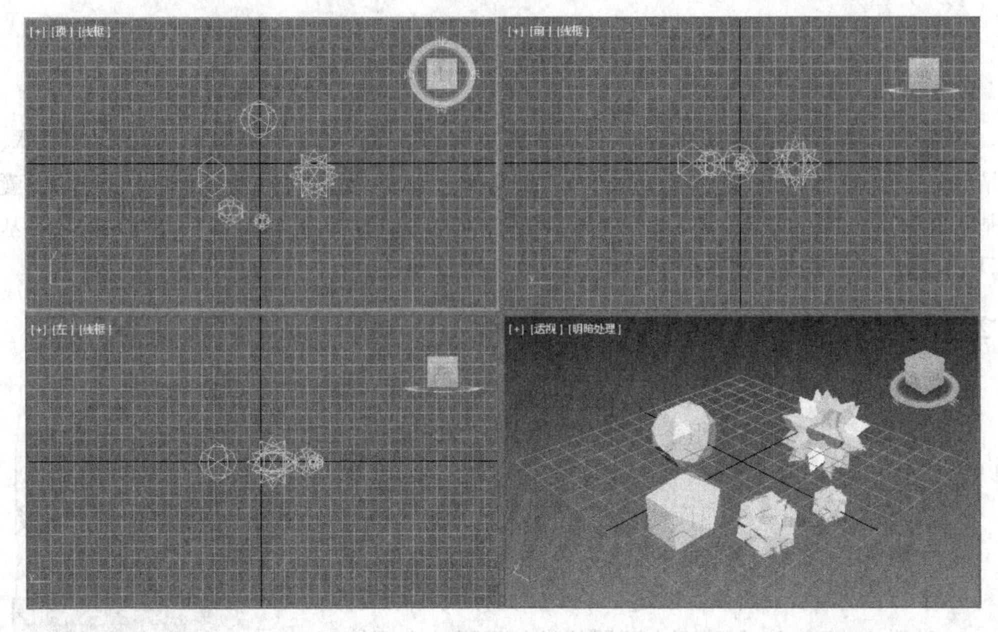

图 3-38　异面体的创建

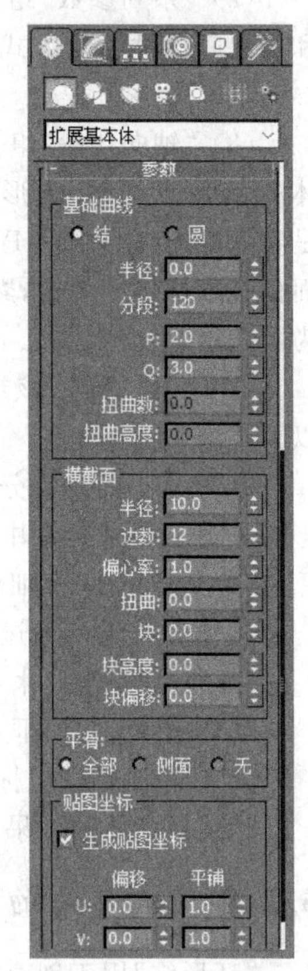

图 3-39　环形结的参数

“圆”单选按钮：基础曲线是圆形。

“半径”数值框：设置基础曲线的半径。

“分段”数值框：设置围绕环形周界的分段数。

P 和 Q 数值框：描述上下(P)和围绕中心(Q)的缠绕数值(只有在选中“结”单选按钮时才处于活动状态)。

“扭曲数”数值框：设置曲线周期星形中的点数(只有在选中“圆”单选按钮时才处于活动状态)。

“扭曲高度”数值框：设置指定为基础曲线半径百分比的“点”的高度。

(2) “横截面”组：提供影响环形结横截面的参数项。

“半径”数值框：设置横截面的半径。

“边数”数值框：设置横截面周围的边数。

“偏心率”数值框：设置横截面主轴与副轴的比率，值为 1 将提供圆形横截面，其他值将创建椭圆形横截面。

“扭曲”数值框：设置横截面围绕基础曲线扭曲的次数。

“块”数值框：设置环形结中的凸出数量。

“块高度”数值框：设置块的高度，作为横截面半径的百分比。

“块偏移”数值框：设置块起点的偏移，以度数来测量。该值的作用是围绕环形设置块的动画。

(3) “平滑”组：提供用于改变环形结平滑显示或渲染的选项。这种平滑不能移动或细分几何体，只能添加“平滑”组信息。

“全部”单选按钮：对整个环形结进行平滑处理。

"侧面"单选按钮：只对环形结的相邻面进行平滑处理。

"无"单选按钮：环形结为面状效果。

(4)"贴图坐标"组：提供指定和调整贴图坐标的方法。

"生成贴图坐标"复选框：基于环形结的几何体指定贴图坐标。

"偏移 U/V"数值框：沿着 U 向和 V 向偏移贴图坐标。

"平铺 U/V"数值框：沿着 U 向和 V 向平铺贴图坐标。

创建环形结的效果如图 3-40 所示。

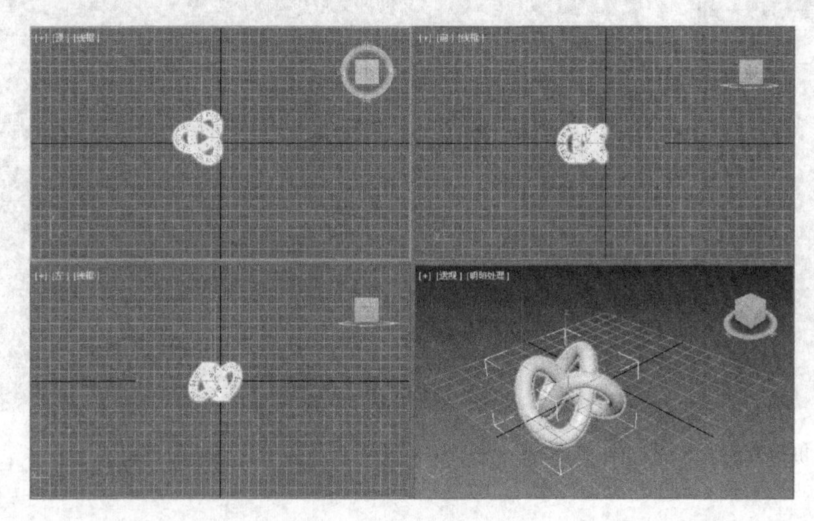

图 3-40 环形结的创建

3.2.3 切角长方体的创建

使用"切角长方体"可以创建具有倒角或圆形边的长方体。"切角长方体"的相关参数如图 3-41 所示。

"长度"数值框：设置倒角长方体的长度。

"宽度"数值框：设置倒角长方体的宽度。

"高度"数值框：设置倒角长方体的高度。

"圆角"数值框：设置倒角长方体的倒角值，值越高倒角长方体边上的圆角更加精细。

"长度分段"数值框：设置沿着长度方向轴的分段数量。

"宽度分段"数值框：设置沿着宽度方向轴的分段数量。

"高度分段"数值框：设置沿着高度方向轴的分段数量。

"圆角分段"数值框：设置长方体圆角边时的分段数，添加圆角分段将增加圆形边。

创建切角长方体的效果如图 3-42 所示。

3.2.4 切角圆柱体的创建

使用"切角圆柱体"可以创建具有倒角或圆形边的圆柱体。"切角圆柱体"的相关参数如图 3-43 所示。

创建切角圆柱体的效果如图 3-44 所示。

图 3-41　切角长方体的参数

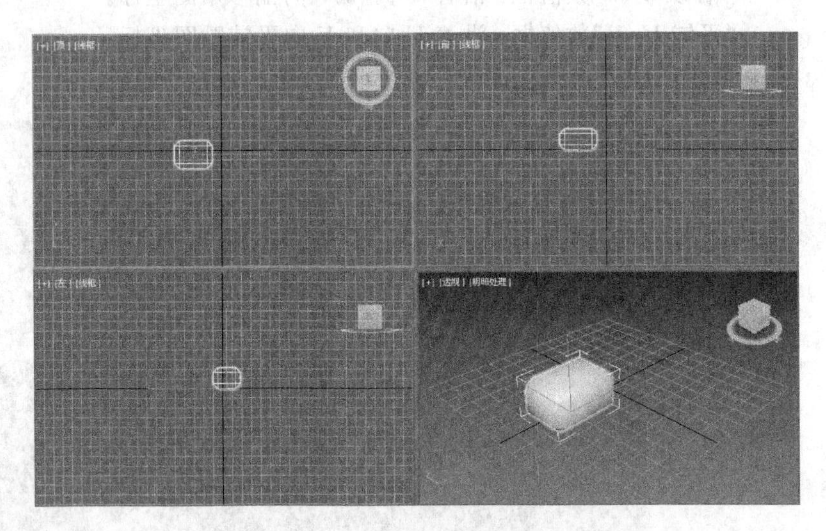

图 3-42　切角长方体的创建

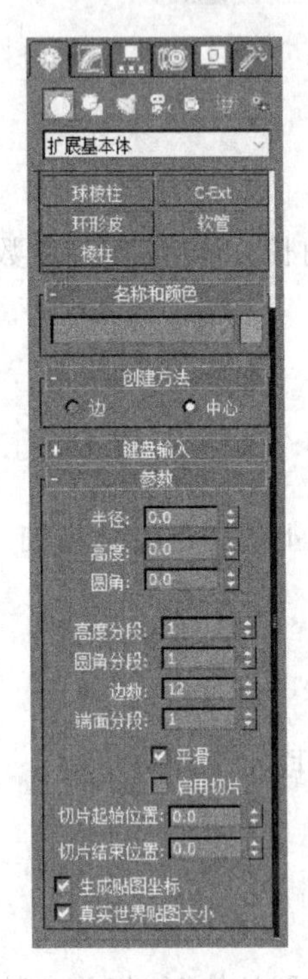

图 3-43　切角圆柱体的参数

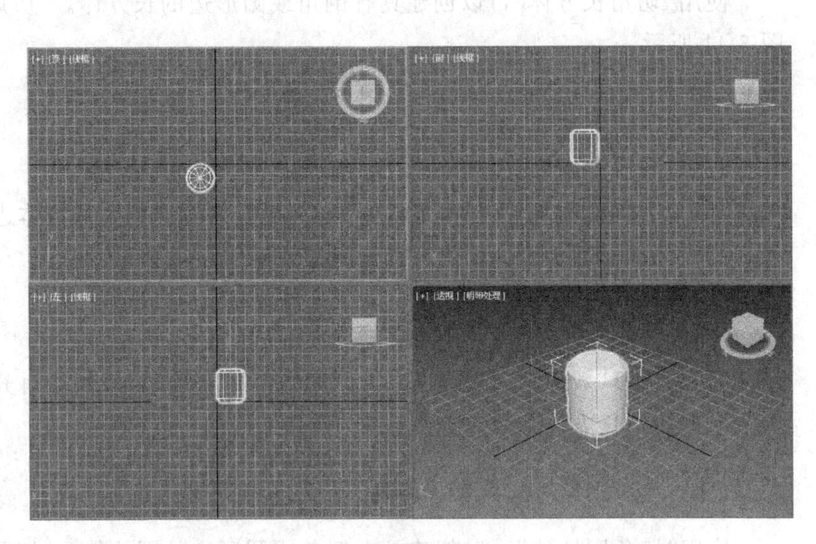

图 3-44　切角圆柱体的创建

3.2.5 油罐体的创建

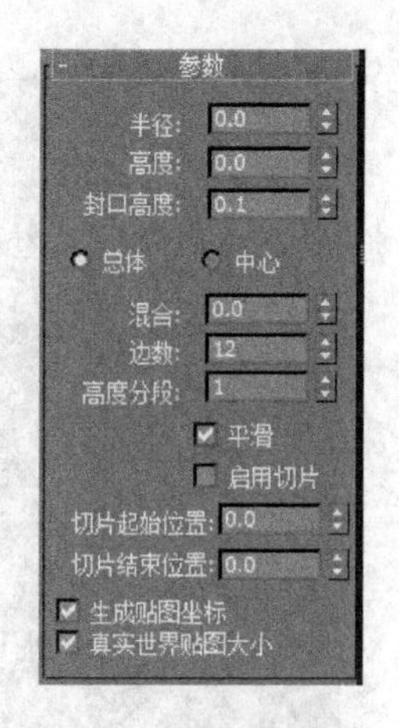

图 3-45 油罐体的参数

"油罐体"可以创建带有凸面封口的类似油罐的圆柱体,"油罐体"的相关参数如图 3-45 所示。

"封口高度"数值框:设置凸面封口的高度。

"总体"单选按钮、"中心"单选按钮:决定"高度"值指定的内容。"总体"是对象的总体高度。"中心"是圆柱体中部的高度,不包括其凸面封口。

"混合"数值框:当大于 0 时将在封口的边缘创建倒角。

"边数"文本框:设置油罐周围的边数。

"高度分段"文本框:设置沿着油罐主轴的分段数量。

创建油罐体的效果如图 3-46 所示。

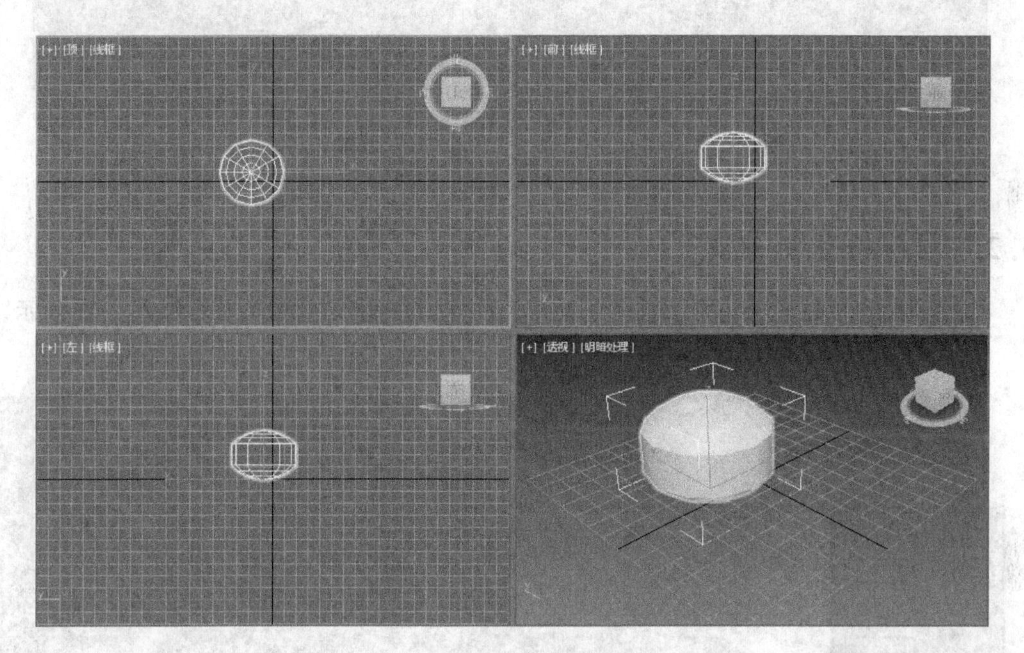
图 3-46 油罐体的创建

3.2.6 胶囊体的创建

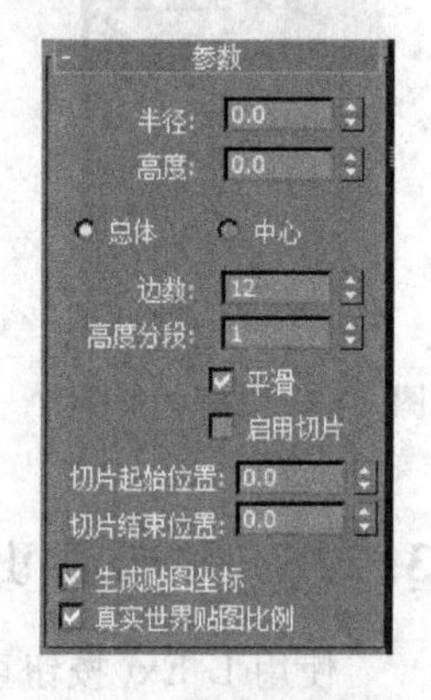

图 3-47 胶囊体的参数

"胶囊体"可以创建两头是半球形的圆柱体,"胶囊体"的相关参数如图 3-47 所示。

"总体"单选按钮、"中心"单选按钮:决定"高度"值指定的内容。"总体"指定对象的总体高度。"中心"指定圆柱体中部的高度,不包括其圆顶封口。

"边数"文本框:设置胶囊周围的边数。

"高度分段"文本框:设置沿着胶囊主轴的分段数量。

胶囊体的创建效果如图 3-48 所示。

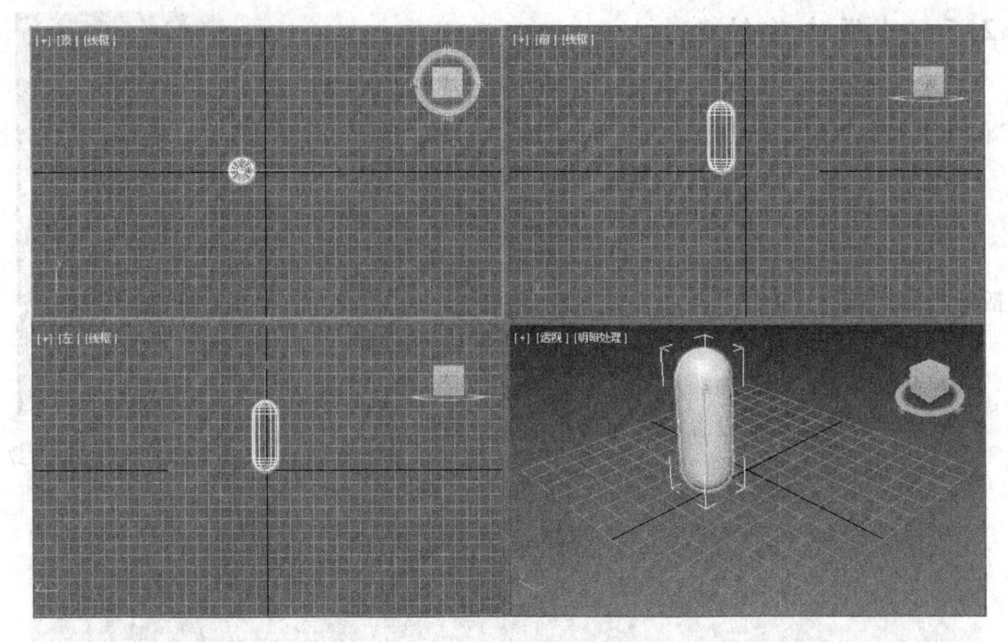

图 3-48　胶囊体的创建

3.2.7　纺锤体的创建

“纺锤体”可以创建两头是圆锥的纺锤形圆柱体,“纺锤体”的相关参数如图 3-49 所示。创建纺锤体的效果如图 3-50 所示。

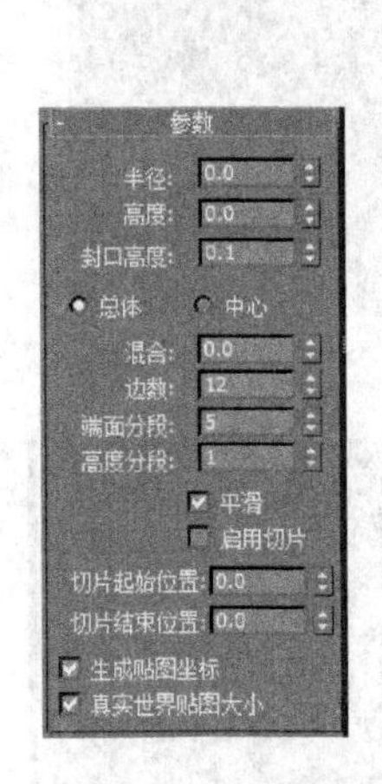

图 3-49　纺锤体的参数

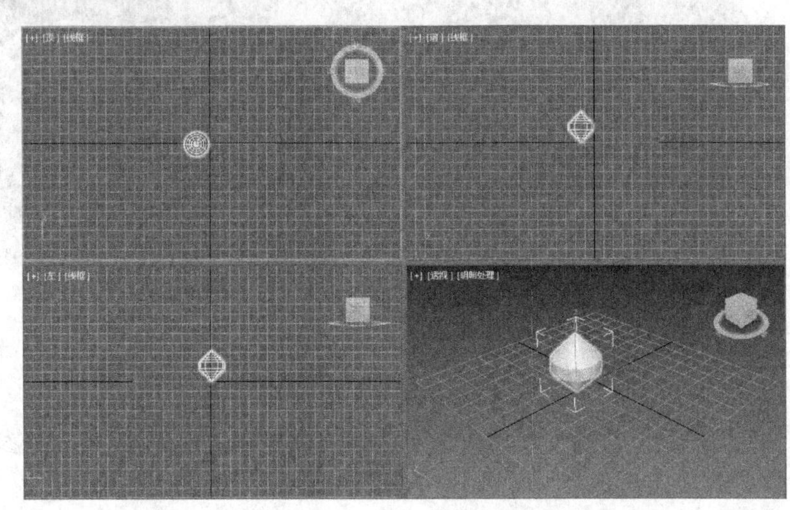

图 3-50　纺锤体的创建

3.2.8　L 形挤出体的创建

使用 L-Ext 按钮可以生成 L 形挤出体的对象。“L 形挤出体”的相关参数如图 3-51 所示。

“侧面长度”数值框：设置 L 侧面的长度。

“前面长度”数值框：设置 L 前面的长度。

“侧面宽度”数值框：设置 L 侧面的宽度。

“前面宽度”数值框：设置 L 前面的宽度。

“高度”数值框：设置对象的高度。

“侧面分段”数值框：设置对象侧面的分段数。

“前面分段”数值框：设置对象前面的分段数。

“宽度分段”数值框：设置对象宽度的分段数。

“高度分段”数值框：设置对象高度的分段数。

创建 L 形挤出体的效果如图 3-52 所示。

图 3-51　L 形挤出体的参数

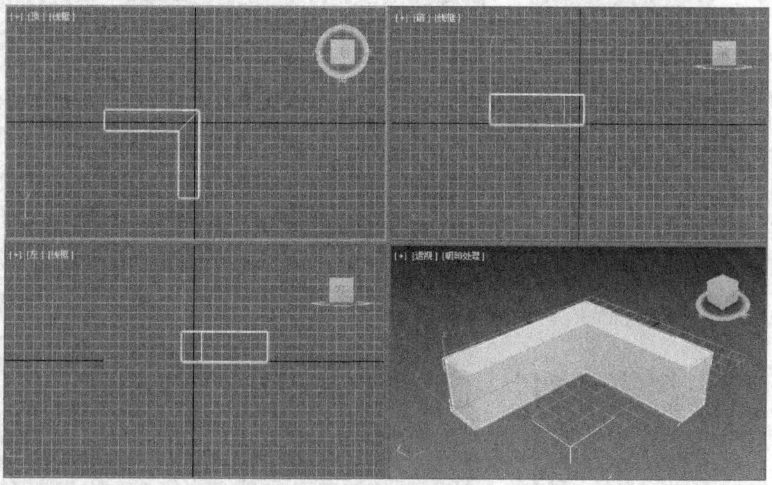

图 3-52　L 形挤出体的创建

3.2.9　C 形挤出体的创建

使用 C-Ext 按钮可以创建 C 形挤出体的立体对象。“C 形挤出体”的相关参数如图 3-53 所示。

“背面长度”数值框：设置对象的背面长度。

“背面宽度”数值框：设置对象的背面宽度。

“背面分段”数值框：指定对象的背面的分段数。

创建 C 形挤出体的效果如图 3-54 所示。

3.2.10　球棱柱的创建

“球棱柱”可以创建具有切角边的棱柱体，“球棱柱”的相关参数如图 3-55 所示。

创建球棱柱的效果如图 3-56 所示。

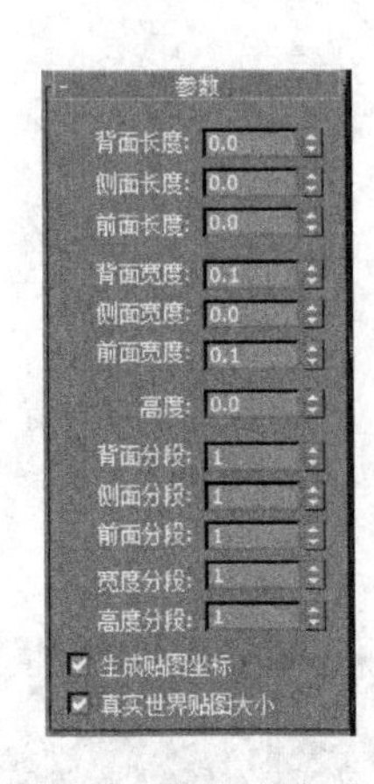

图 3-53　C 形挤出体的参数

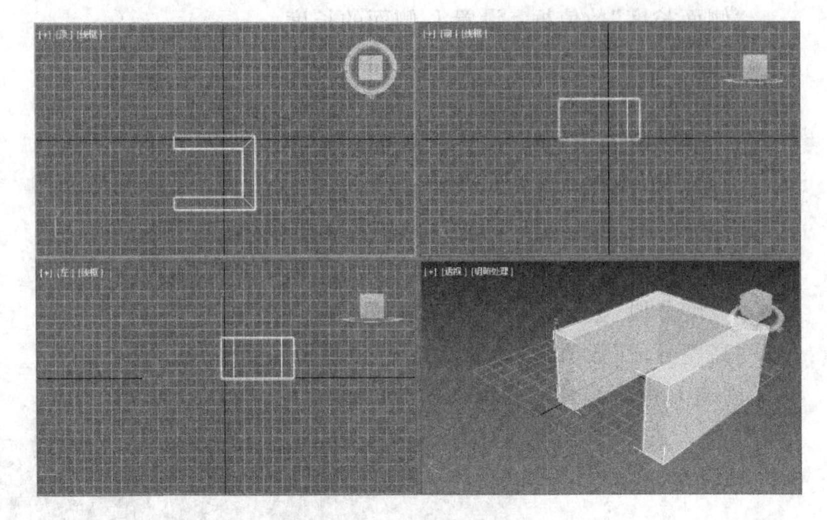

图 3-54　C 形挤出体的创建

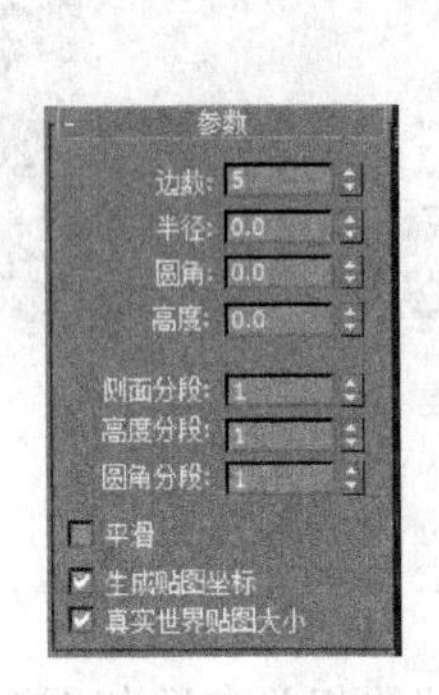

图 3-55　球棱柱的参数

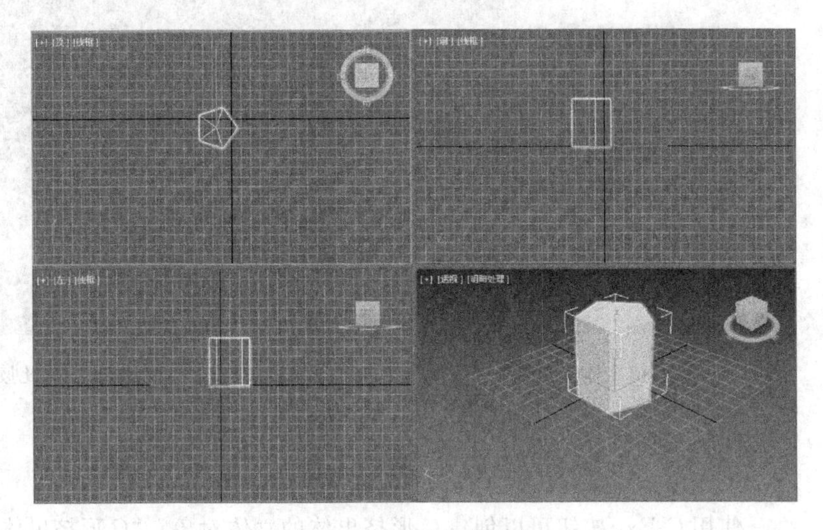

图 3-56　球棱柱的创建

3.2.11　环形波的创建

“环形波”可以创建一个内部和外部不规则的环形,并可以设置为动画。“环形波”的相关参数如图 3-57 所示。

(1)“环形波大小”组:用于设置环形波的大小。

(2)“环形波计时”组:设置环形波动画的变化,有以下参数项。

“无增长”单选按钮:设置一个静态环形波,它在“开始时间”显示,在“结束时间”消失。

“增长并保持”单选按钮:设置单个增长周期。

“循环增长”单选按钮:环形波从“开始时间”到“结束时间”以及“增长时间”重复增长。

“开始时间”数值框:如果选中“增长并保持”或“循环增长”单选按钮,则环形波出现帧数并开始增长。

“增长时间”数值框：从“开始时间”后环形波达到其最大尺寸所需的帧数。“增长时间”仅在选中“增长并保持”或“循环增长”单选按钮时可用。

“结束时间”数值框：环形波消失的帧数。

(3)“外边波折”组：设置环形的外边波折。

“启用”复选框：启用外部边上的波峰。

“主周期数”数值框：设置围绕外部边的主波数目。其“宽度光通量”数值框设置主波的大小，以调整宽度的百分比表示。其“爬行时间”数值框设置每一主波绕“环形波”外周长移动一周所需的帧数。

“次周期数”数值框：在每一主周期中设置随机尺寸小波的数目。其“宽度光通量”数值框设置小波的平均大小，以调整宽度的百分比表示。其“爬行时间”数值框设置每一小波绕其主波移动一周所需的帧数。

(4)“内边波折”组：设置环形的内边的波折。

(5)“曲面参数”组：它有以下参数。

“纹理坐标”复选框：设置将贴图材质应用于对象时所需的坐标。

“平滑”复选框：通过将所有多边形设置为平滑组 1 将平滑应用到对象上。

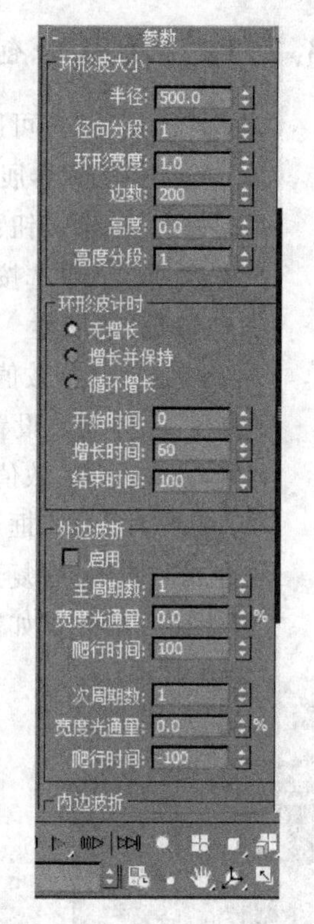

图 3-57　环形波的参数

创建环形波的效果如图 3-58 所示。

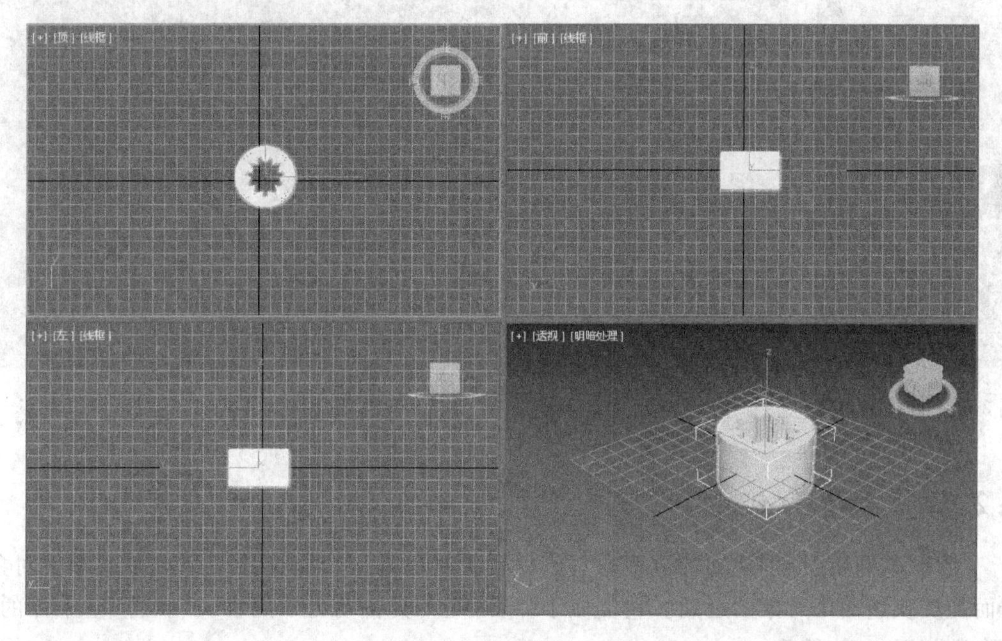

图 3-58　环形波的创建

3.2.12　棱柱的创建

使用“棱柱”按钮可以创建三棱柱。“棱柱”基本体的相关参数如图 3-59 所示。

1. “创建方法”卷展栏

“二等边”单选按钮：绘制将等腰三角形作为底部的棱柱体。

“基点/顶点”单选按钮：绘制底部为不等边三角形或钝角三角形的棱柱体。

2. “参数”卷展栏

“侧面(*n*)长度”数值框：设置三角形对应面的长度(以及三角形的角度)。

“高度”文本框：设置棱柱体中心轴的维度。

“侧面(*n*)分段”数值框：设置棱柱体每个侧面的分段数。

“高度分段”数值框：设置沿着棱柱体主轴的分段数量。

“生成贴图坐标”复选框：设置将贴图材质应用于棱柱体时所需的坐标。

创建棱柱的效果如图 3-60 所示。

图 3-59　棱柱的参数

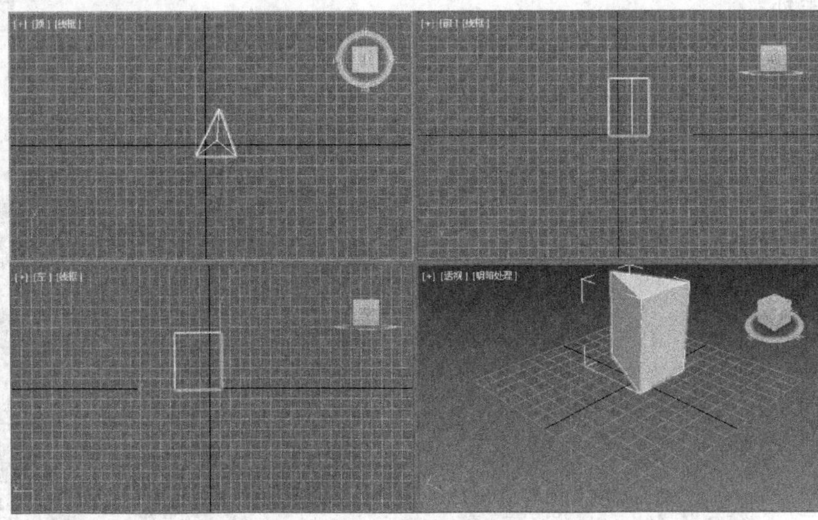

图 3-60　棱柱的创建

3.2.13　软管的创建

使用“软管”可以创建软管造型的对象。软管对象是一个能连接两个对象的弹性对象，因而能反映这两个对象的运动。它类似于弹簧，但不具备动力学属性。“软管”基本体的相关参数如图 3-61 所示。

(1) “端点方法”组：该组有以下两个单选按钮。

• 自由软管：生成的软管用作一个简单的对象。

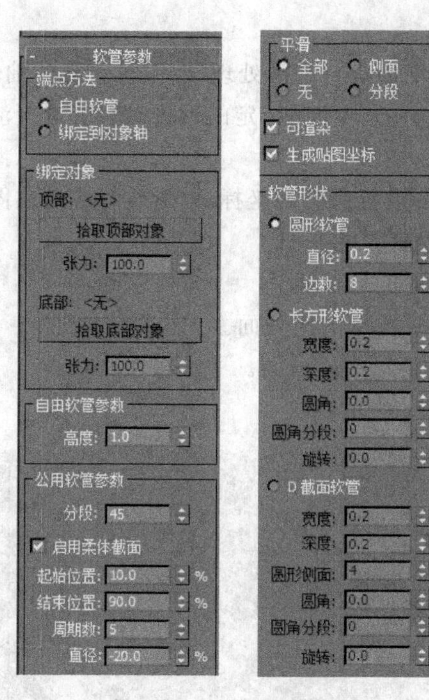

图 3-61　软管的参数

- 绑定到对象轴：将生成的软管绑定到两个对象。

(2)“绑定对象”组：该组参数仅当选中“绑定到对象轴”单选按钮时才可用。

“顶部”标签：显示“顶部”绑定对象的名称。

“拾取顶部对象”按钮：单击该按钮，然后选择拾取软管顶部绑定到的对象。

“张力”数值框：确定当软管靠近底部对象时顶部对象附近的软管曲线的张力。

“底部”标签：显示“底部”绑定对象的名称。

“拾取底部对象”按钮：单击该按钮，然后选择拾取软管底部绑定到的对象。

“张力”数值框：确定当软管靠近顶部对象时底部对象附近的软管曲线的张力。

(3)“自由软管参数”组：用于设置软管未绑定时的垂直高度或长度，不一定等于软管的实际长度，仅当选中“自由软管”单选按钮时才可用。

(4)“公用软管参数”组：该组的参数设置如下。

“分段”数值框：软管长度中的总分段数。

“启用柔体截面”复选框：如果选中，则可以为软管的中心柔体截面设置起始位置、结束位置、周期数、直径 4 个参数。

“起始位置”数值框：从软管的始端到柔体截面开始处占软管长度的百分比。

“结束位置”数值框：从软管的末端到柔体截面结束处占软管长度的百分比。

“周期数”数值框：柔体截面中的起伏数目，可见周期的数目受限于分段的数目。

“直径”数值框：周期“外部”的相对宽度。如果设置为负值，则比总的软管直径要小。

“平滑”：设置软管的平滑效果，有以下几个单选按钮。

- 全部：对整个软管进行平滑处理。
- 侧面：沿软管的轴向而不是截面周长方向进行平滑。

• 无：未应用平滑。

• 分段：仅对软管的内截面进行平滑处理，而不对软管的轴向进行平滑处理。

"可渲染"复选框：如果选中，则使用指定的设置对软管进行渲染。如果禁用，则不对软管进行渲染。

"生成贴图坐标"复选框：设置所需的坐标，以对软管应用贴图材质。

(5) "软管形状"组：设置软管的截面。

• 圆形软管：设置为圆形的横截面。

• 长方形软管：设置为长方形的横截面。

• D 截面软管：设置为 D 形的横截面。

创建软管的效果如图 3-62 所示。

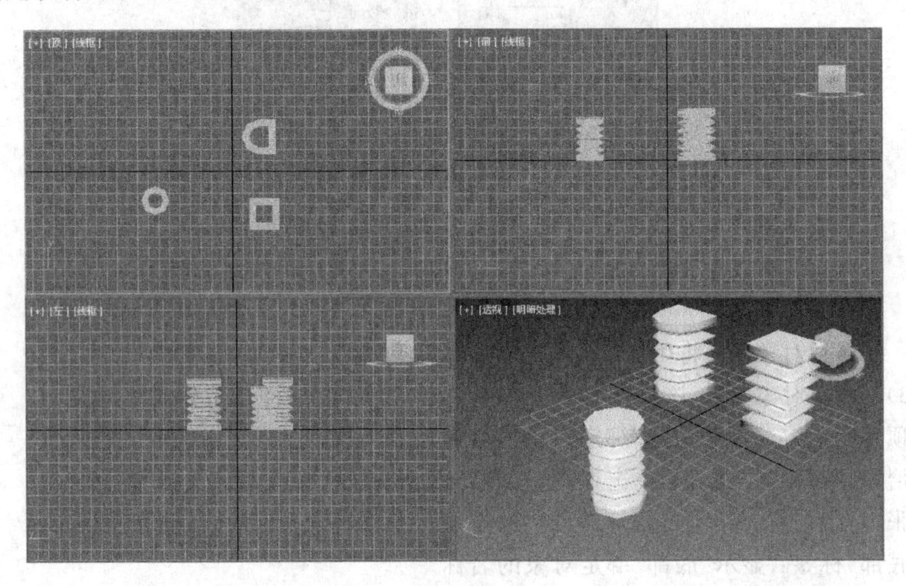

图 3-62　软管的创建

3.2.14　制作餐桌与茶壶

本节内容是制作一张圆桌和桌面上的茶壶、茶杯。本实例的源文件为配套光盘上的"餐桌与茶壶.max"文件(文件路径：素材和源文件\part3\)，效果图如图 3-63 所示。

1. 制作桌面

操作步骤

(1) 选择"文件"|"重置"命令，重新设定系统。

(2) 单击"创建"命令面板上的"标准基本体"列表框 标准基本体 右侧的下拉按钮，在弹出的下拉列表中选择"扩展基本体"选项。

(3) 在"创建"命令面板的对象类型中单击"切角圆柱体"按钮。

(4) 在顶视图中单击并拖动鼠标，至适当的位置后释放鼠标，拉出一个平面。然后沿垂直方向向上移动鼠标至适当的位置单击，拉出高度。再次沿垂直方向向上移动鼠标至适当的位置单击，拉出一个倒角。在"创建"命令面板中修改参数，如图 3-64 所示。

图 3-63　餐桌与茶壶效果图

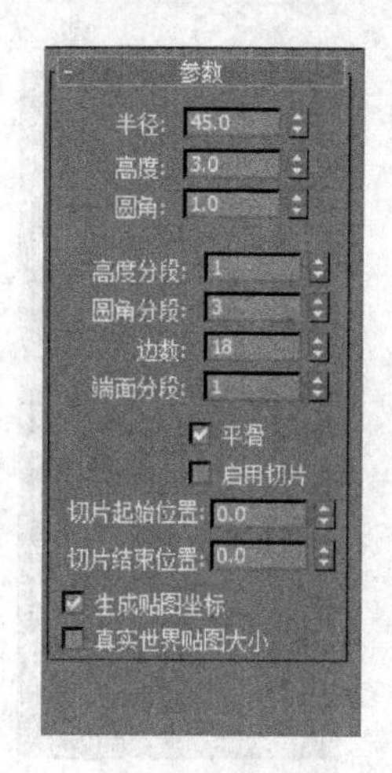

图 3-64　切角圆柱体参数设置

(5) 单击视图控件上的“所有视图最大化显示”按钮，将所有视图中的“切角圆柱”全部显示，其中透视图的状态如图 3-65 所示。

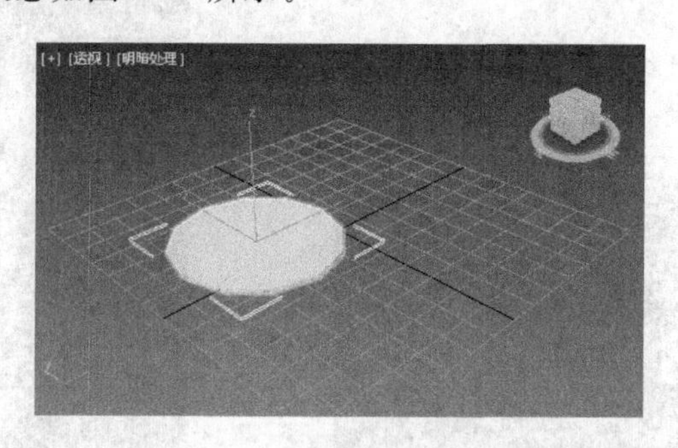

图 3-65　桌面透视图

2. 制作桌面的下支撑板

操作步骤

(1) 单击“创建”命令面板上的“标准基本体”列表框右侧的下拉按钮，在弹出的下拉列表中选择“标准基本体”选项。

(2) 在“创建”命令面板的对象类型中单击“管状体”按钮。

(3) 在顶视图中从坐标原点的位置单击并拖动鼠标，至适当的位置后释放鼠标，然后沿水平方向移动鼠标至适当的位置后单击，再沿垂直方向移动鼠标至适当的位置后单击。

(4) 在“创建”命令面板中修改参数，如图 3-66 所示，此时管状体的状态如图 3-67 所示。

(5) 单击工具栏上的“旋转”按钮，锁定 Z 轴方向，在顶视图中旋转管状体至图 3-68 所示的位置。

(6) 单击工具栏上的“对齐”按钮，在顶视图中用鼠标单击“桌面”，在弹出的“对齐当前选择”对话框中按图 3-69 所示进行设置，单击“确定”按钮，此时桌面与支撑板中心对齐。

(7) 再次单击工具栏上的“对齐”按钮，在顶视图中用鼠标单击“桌面”，在弹出的“对齐当前选择”对话框中按图 3-70 所示进行设置，单击“确定”按钮，此时在前视图中可见管状体的位置如图 3-71 所示。

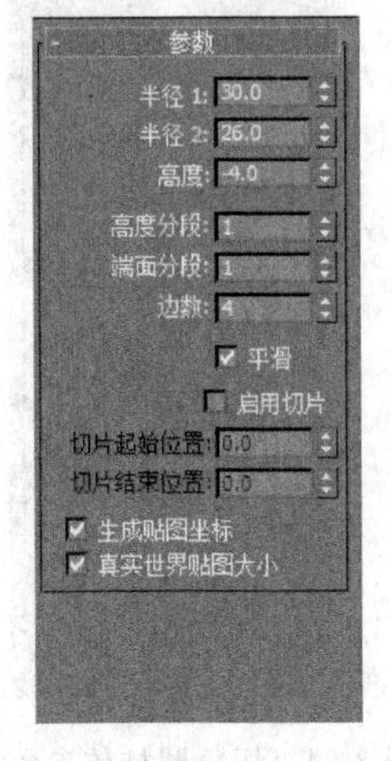

图 3-66　管状体的参数设置

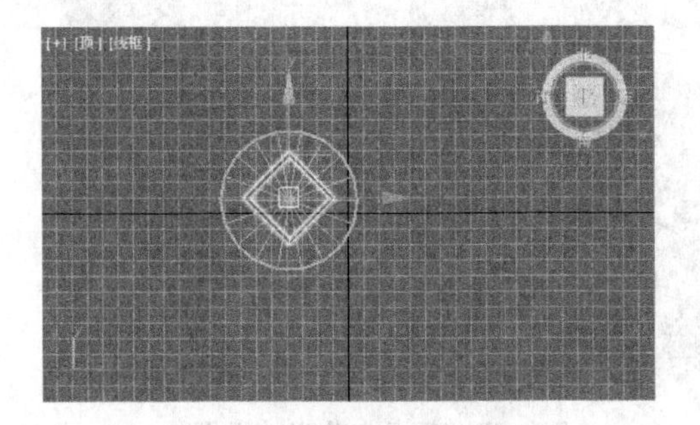

图 3-67　管状体的顶视图

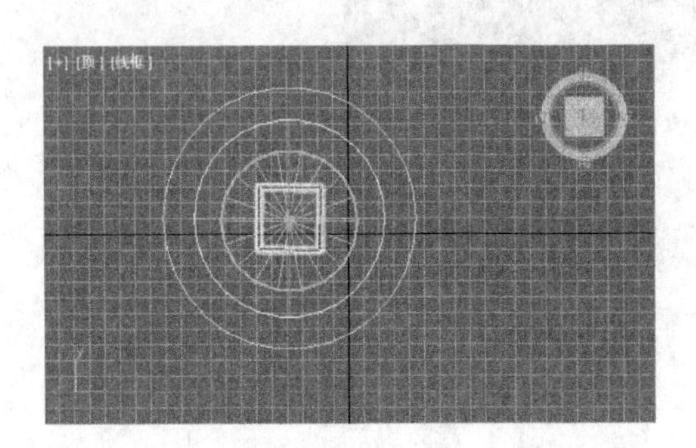

图 3-68　旋转后的管状体顶视图

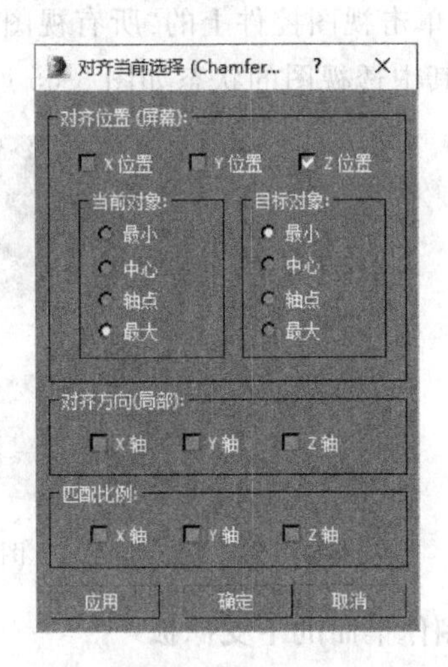

图 3-69　桌面与支撑板中心对齐设置

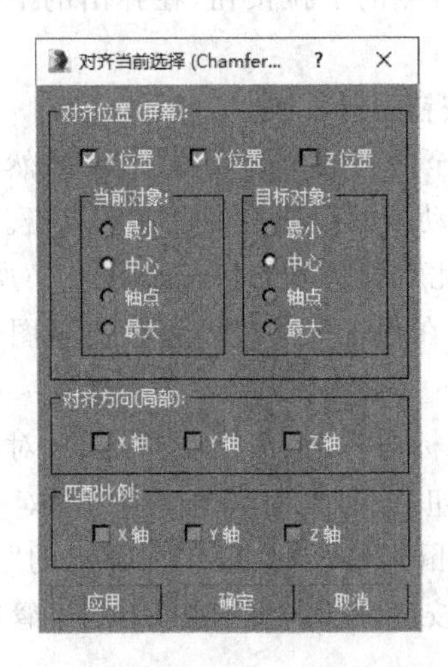

图 3-70　桌面与支撑板的接触面对齐设置

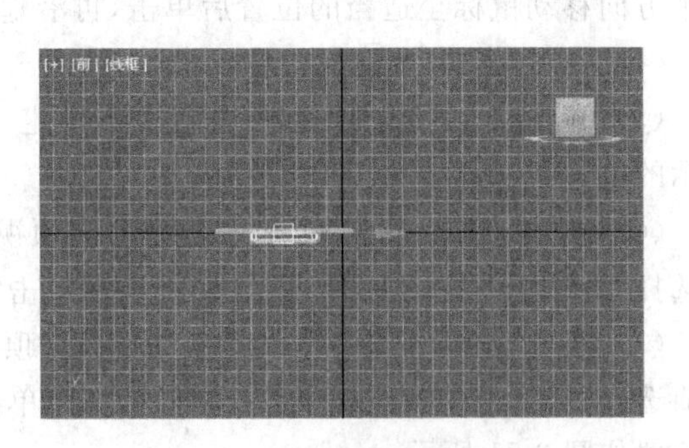

图 3-71　对齐后的前视图效果

3. 制作桌腿

操作步骤

(1) 在“创建”命令面板上单击“标准基本体”列表框右侧的下拉按钮,在弹出的下拉列表中选择“扩展基本体”选项。

(2) 在“创建”命令面板的对象类型中单击“球棱柱”按钮。

(3) 在顶视图中拖动管状体内框中左下角的位置至适当的位置后释放鼠标,然后沿垂直方向向下移动鼠标至适当的位置后单击,再沿垂直方向向上移动鼠标至适当的位置后单击。

(4) 在“创建”命令面板的参数栏中修改球棱柱的参数,如图 3-72 所示。

(5) 选择“工具”|“栅格和捕捉”|“栅格和捕捉设置”命令,打开“栅格和捕捉设置”对话框,选择“选项”选项卡,将“通用”组中的“角度”设为 45°,即场景中的物体以每 45°为单位进行旋转,如图 3-73 所示。

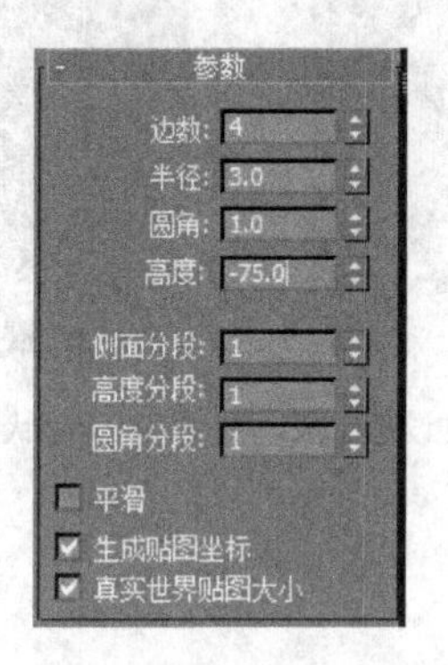

图 3-72 球棱柱的参数设置

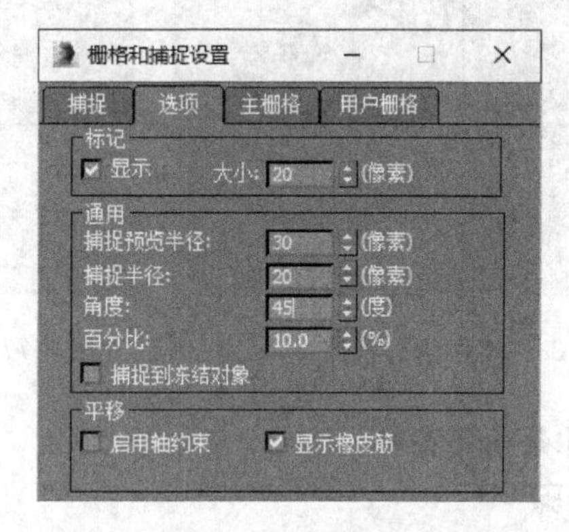

图 3-73 “栅格和捕捉设置”对话框

(6) 单击工具栏上的“选择并旋转”按钮,在顶视图中拖动鼠标将球棱柱绕 Z 轴旋转 45°。

(7) 单击工具栏上的“选择并移动”按钮,按住 Shift 键在顶视图中向上移动球棱柱至管状体内框的左上角。

(8) 释放鼠标,在弹出的“克隆选项”对话框中选中“实例”单选按钮,如图 3-74 所示,单击“确定”按钮。

(9) 以同样的方式再复制两个球棱柱,并调整其位置,如图 3-75 所示。

图 3-74 克隆桌腿的参数设置

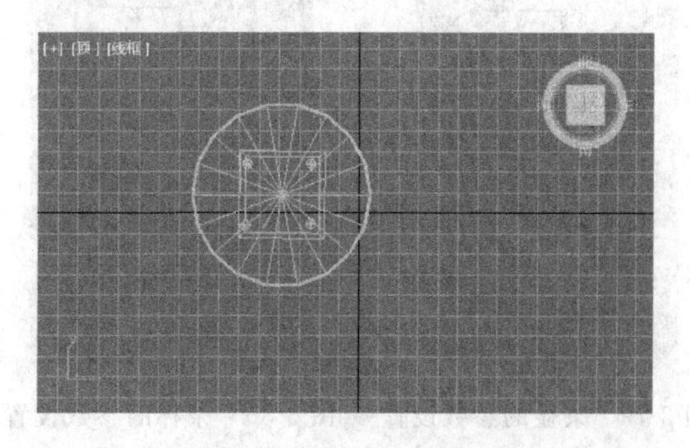

图 3-75 4 条桌腿的顶视图

4. 创建桌腿的连接框

操作步骤

(1) 选择场景中的管状体,按住 Shift 键,在前视图中向下移动管状体至桌腿下面约 2/3 处,如图 3-76 所示。

(2) 在弹出的“克隆选项”对话框中选中“复制”单选按钮,如图 3-77 所示,单击“确定”按钮。

(3) 在“修改”命令面板中修改新管状体的参数,如图 3-78 所示。

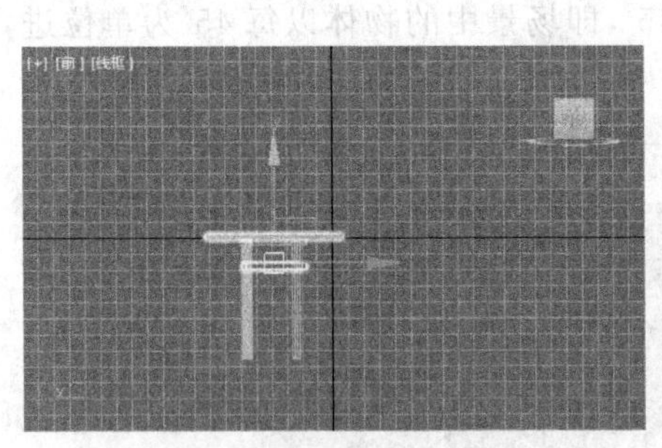

图 3-76 移动管状体

图 3-77 克隆参数设置

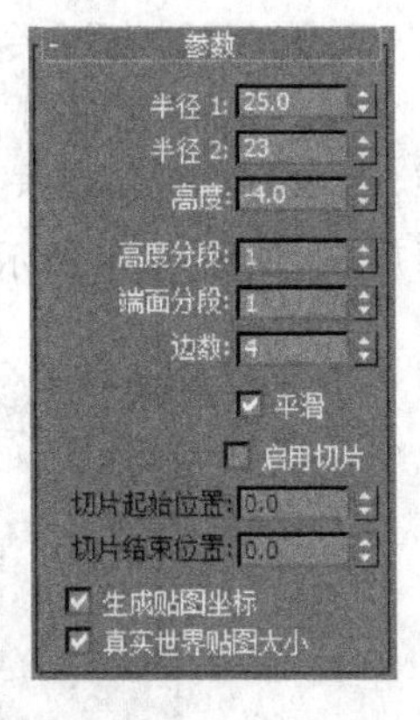

图 3-78 管状体的参数设置

5. 制作茶壶和茶杯

操作步骤

(1) 单击“创建”命令面板上的“标准基本体”列表框右侧的下拉按钮,在弹出的下拉列表中选择“标准基本体”选项。

(2) 在“创建”命令面板的对象类型中单击“茶壶”按钮。

(3) 在顶视图中的“桌面”上单击并拖动鼠标至适当位置后释放鼠标,创建一个茶壶。在“创建”命令面板中按图 3-79 所示修改参数。

(4) 再次单击“茶壶”按钮,在桌面上茶壶的旁边再新建一个大小合适的新茶壶,然后在“创建”命令面板上按图 3-80 所示修改参数,将新茶壶设置成为一个杯子,如图 3-81 所示。

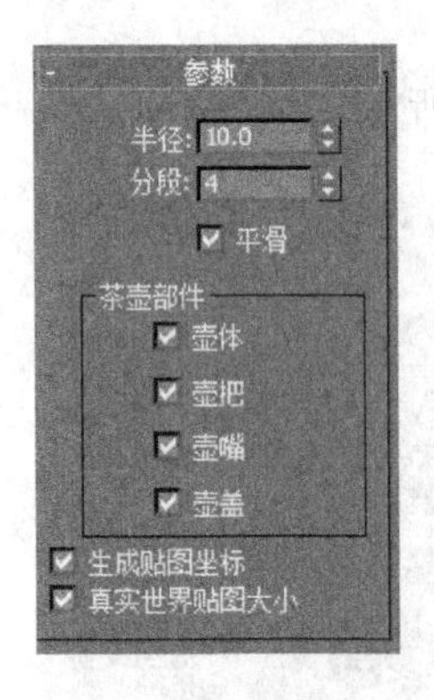

图 3-79 茶壶的参数设置

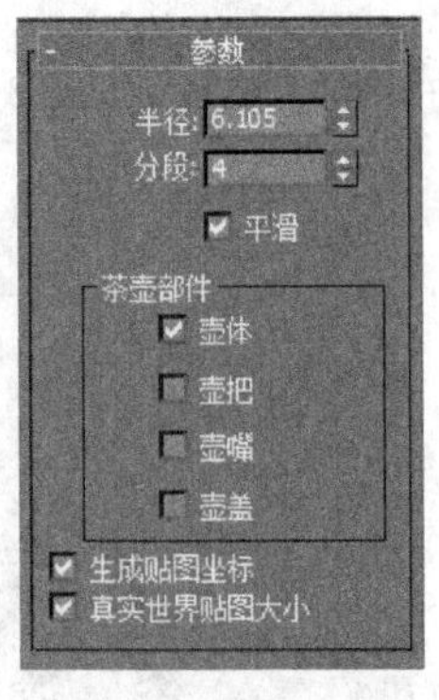

图 3-80 茶杯的参数设置

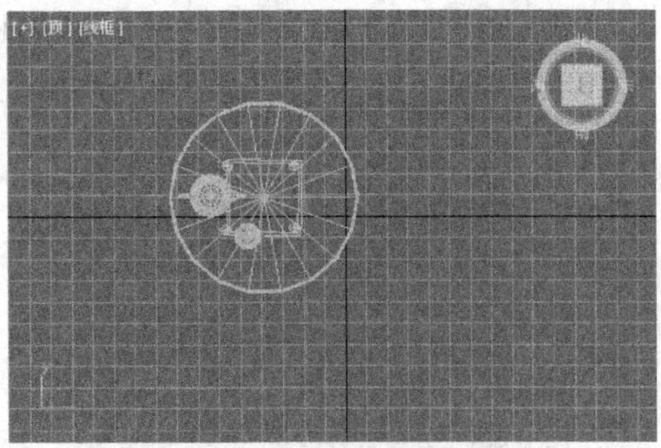

图 3-81 茶杯顶视图

(5) 在前视图中选择茶壶和杯子,单击工具栏上的"对齐"按钮,再用鼠标单击桌面,在弹出的"对齐当前选择"对话框中进行设置,如图 3-82 所示。

(6) 单击工具栏上的"选择并移动"按钮,按住 Shift 键,在顶视图中向右移动杯子至适当位置,释放鼠标,在弹出的"克隆选项"对话框中选中"实例"单选按钮(如图 3-83 所示),单击"确定"按钮。

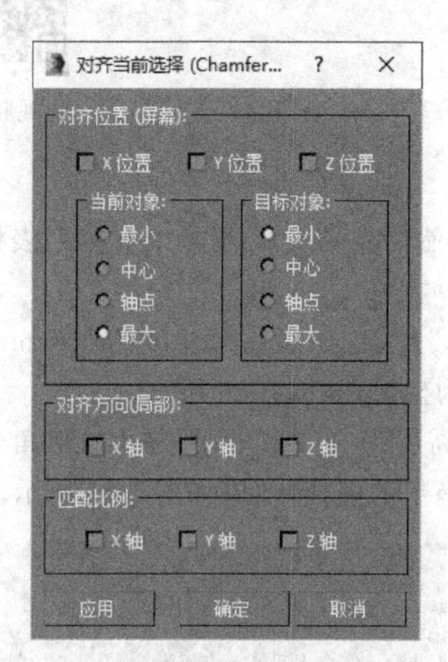

图 3-82 对齐茶壶、茶杯与桌面的设置

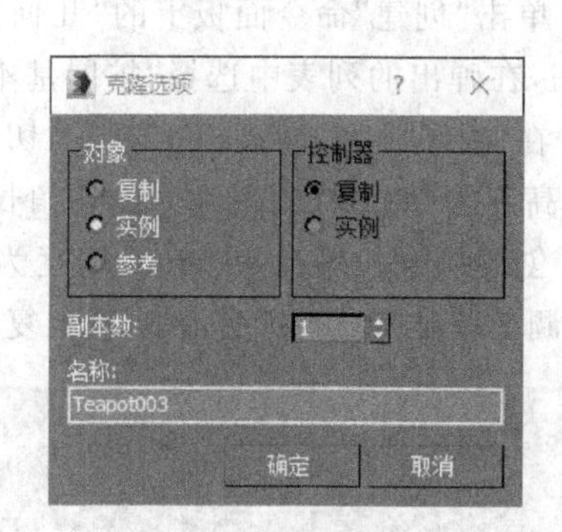

图 3-83 克隆茶杯设置

(7) 以同样的方式再复制一个杯子,并调整其位置如图 3-84 所示。

(8) 选择所有物体,单击视图控件上的"所有视图最大化显示选定对象"按钮,视图结果如图 3-85 所示。

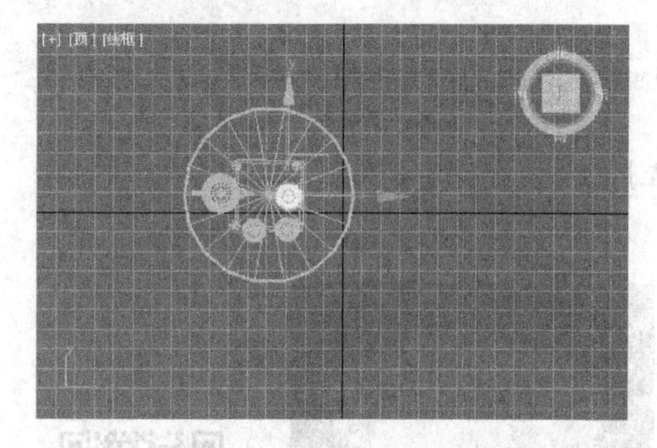

图 3-84 克隆后的茶杯顶视图

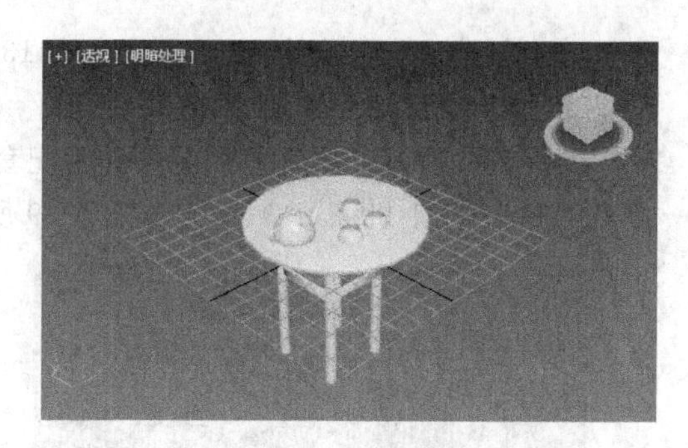

图 3-85 完成透视图

6. 渲染存盘

(1) 单击工具栏上的"渲染产品"按钮,快速渲染透视图。

(2) 在"文件"菜单中选择"保存"命令,在合适的文件夹中将文件保存为"餐桌与茶壶.max"。

3.3 上机练习与指导

3.3.1 沙发的制作

视频讲解

1. 练习目标

(1) 扩展基本体的使用。

(2) 几种常用工具的使用。

2. 练习指导

(1) 选择顶视图为当前视图。

(2) 单击“创建”命令面板上的“几何体”按钮,然后单击几何体类型下拉列表框右侧的下拉按钮,在弹出的列表中选择“扩展基本体”。

(3) 在“对象类型”卷展栏上单击“切角长方体”按钮,创建一个长度为 100mm、宽度为 135mm、高度为 50mm、圆角为 8 的切角长方体作为坐垫,如图 3-86 所示。

(4) 创建一个长度为 110mm、宽度为 30mm、高度为 90mm、圆角为 8 的切角长方体作为扶手,调节段数为 3。然后沿着 X 轴复制,放在坐垫的两侧,效果如图 3-87 所示。

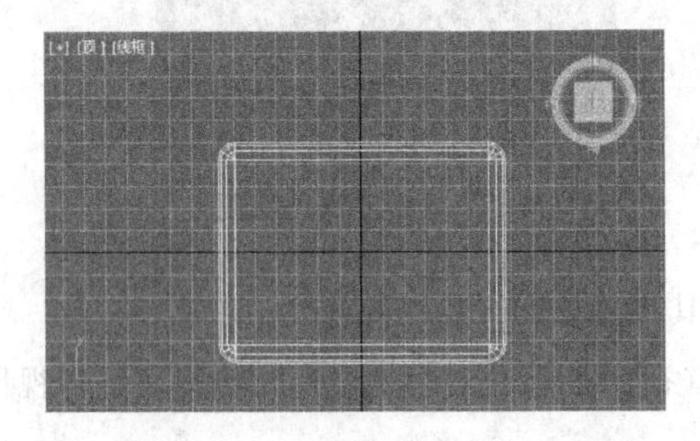

图 3-86 坐垫

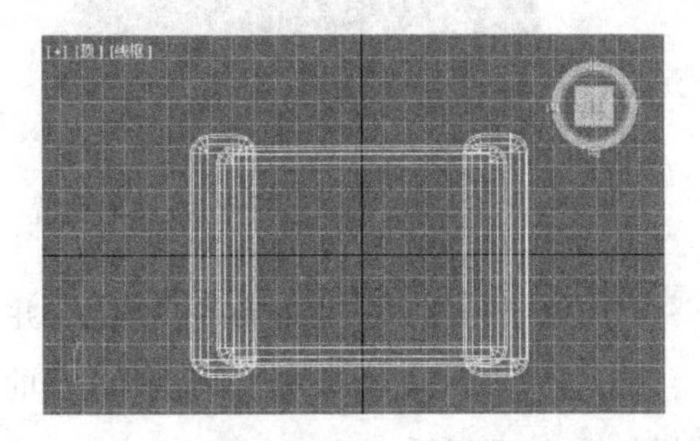

图 3-87 扶手

(5) 创建一个长度为 40mm、宽度为 135mm、高度为 100mm、圆角为 18 的切角长方体作为靠背,调节段数为 3,如图 3-88 所示。

(6) 渲染存盘。本练习的源文件为配套光盘上的 ch03_1.max 文件(文件路径:素材和源文件\part3\上机练习\),效果如图 3-89 所示。

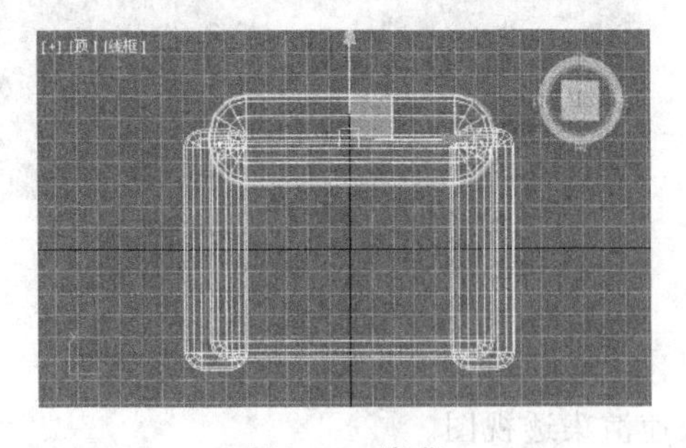

图 3-88 靠背

图 3-89 最终效果

视频讲解

3.3.2 电脑桌的制作

1. 练习目标

(1) 多种几何体的组合使用。

(2) 几种常用工具的使用。

(3) 初步练习场景建模。

视频讲解

2. 练习指导

(1) 选择顶视图为当前视图。

(2) 单击"创建"命令面板上的"几何体"按钮,然后单击几何体类型下拉列表框右侧的下拉按钮,在弹出的列表中选择"扩展基本体"。

(3) 在"对象类型"卷展栏上单击"切角长方体"按钮,创建一个长度为 140mm、宽度为 240mm、高度为 10mm、圆角为 2 的切角长方体作为桌面,调节段数为 1,如图 3-90 所示。

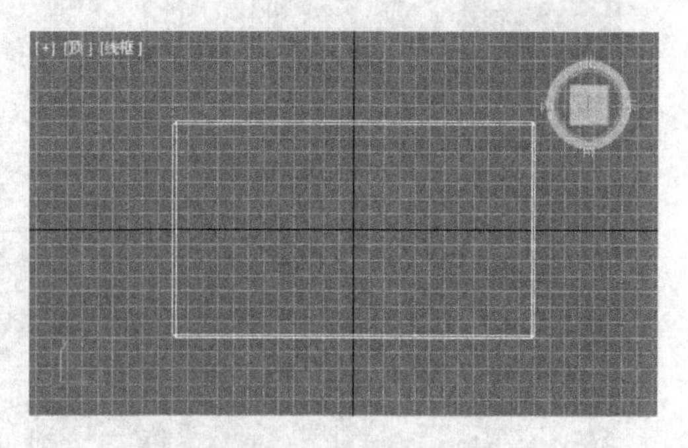
图 3-90 桌面

(4) 单击"创建"命令面板上的"几何体"按钮,单击几何体类型下拉列表框右侧的下拉按钮,在弹出的列表中选择"标准基本体"。在"对象类型"卷展栏上单击"长方体"按钮,创建一个长度为 120mm、宽度为 5mm、高度为 150mm 的长方体作为桌腿,调节段数为 1。然后沿着 X 轴以关联方式复制出两个,并调整位置,如图 3-91 所示。

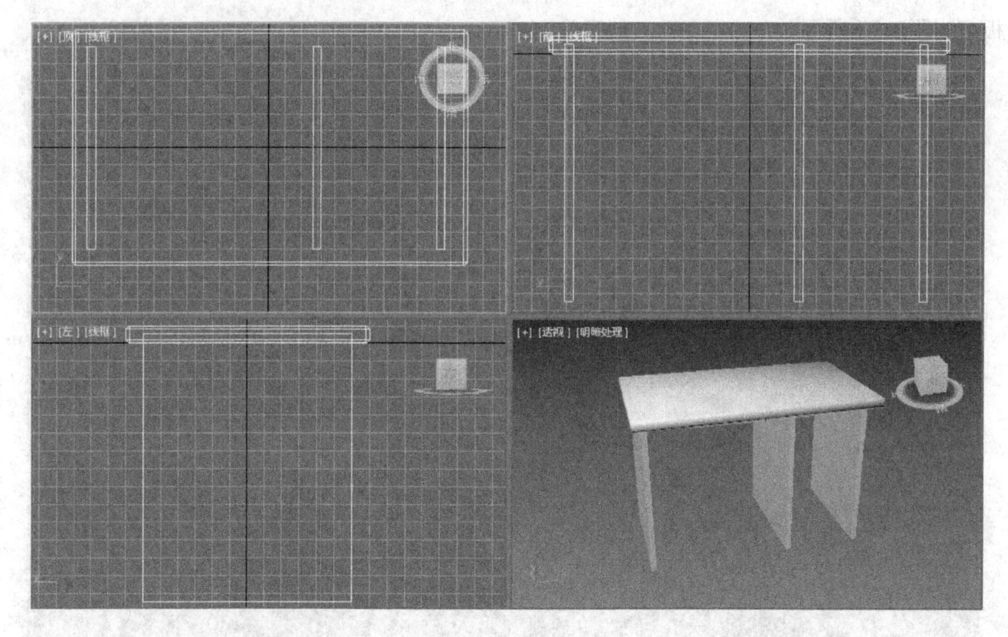
图 3-91 桌体

(5) 创建一个长度为 40mm、宽度为 75mm、高度为 5mm、圆角为 2 的切角长方体作为抽屉的面，调节段数为 3。在顶视图中沿着 Y 轴以关联方式复制出 1 个，并调整位置。在顶视图中创建一个长度为 125mm、宽度为 75mm、高度为 5mm 的长方体作为抽屉的底，如图 3-92 所示。

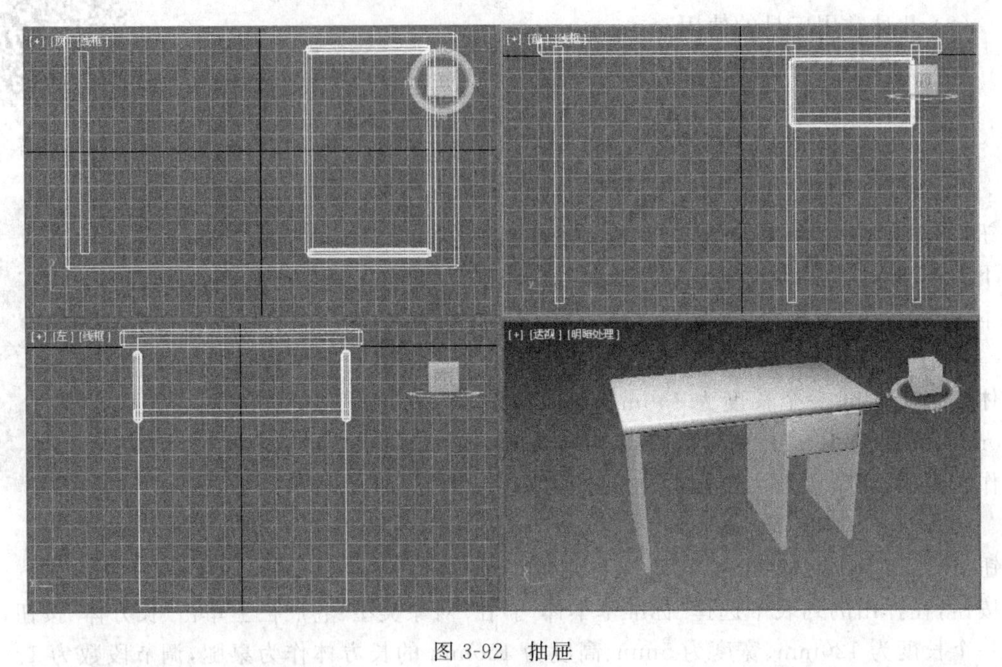

图 3-92 抽屉

(6) 在顶视图中创建一个长度为 120mm、宽度为 140mm、高度为 70mm 的长方体作为滑板，如图 3-93 所示。

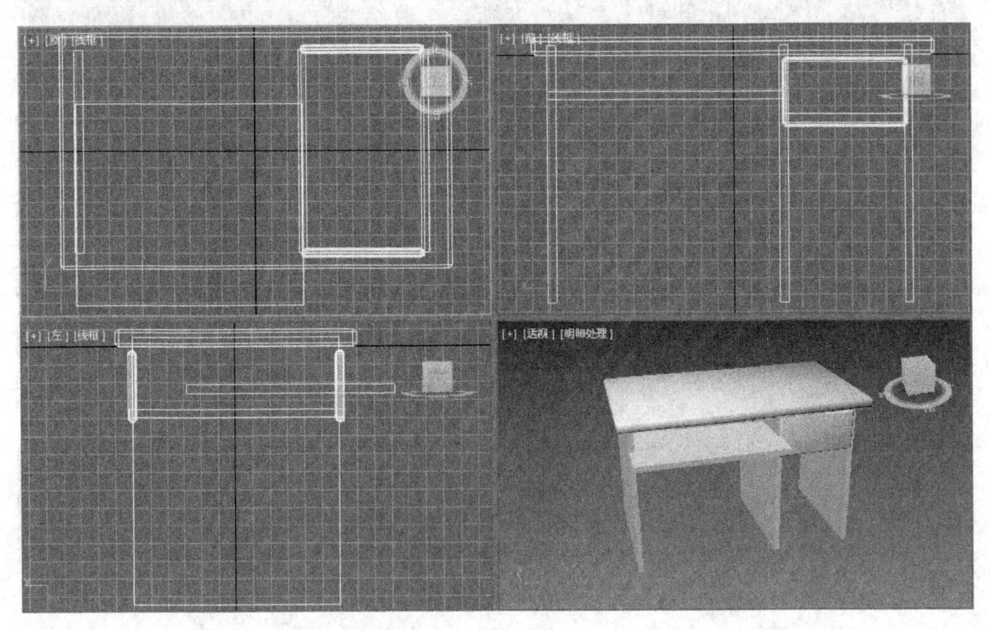

图 3-93 滑板

(7) 在前视图中创建一个长度为 10mm、宽度为 140mm、高度为 5mm 的切角长方体作为挡板，并调整位置，如图 3-94 所示。

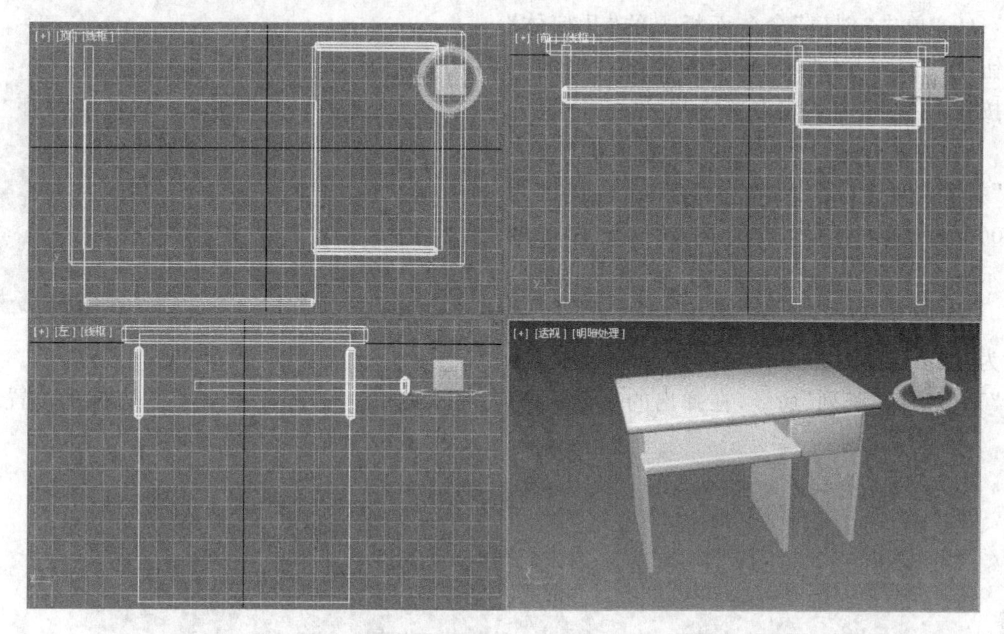

图 3-94　挡板

(8) 渲染存盘。本练习的源文件为配套光盘上的 ch03_2.max 文件(文件路径：素材和源文件\part3\上机练习\)，效果如图 3-95 所示。

图 3-95　最终效果

3.3.3　围棋的制作

视频讲解

1. 练习目标

(1) 多种几何体的组合使用。

(2) 初步练习场景建模。

2. 练习指导

(1) 选择顶视图为当前视图。

(2) 单击“创建”命令面板上的“几何体”按钮,单击几何体类型下拉列表框右侧的下拉按钮,在弹出的列表中选择“标准基本体”。

(3) 在“对象类型”卷展栏上单击“长方体”按钮,创建一个长度为 2000mm、宽度为 2000mm、高度为 30mm 的长方体,如图 3-96 所示。

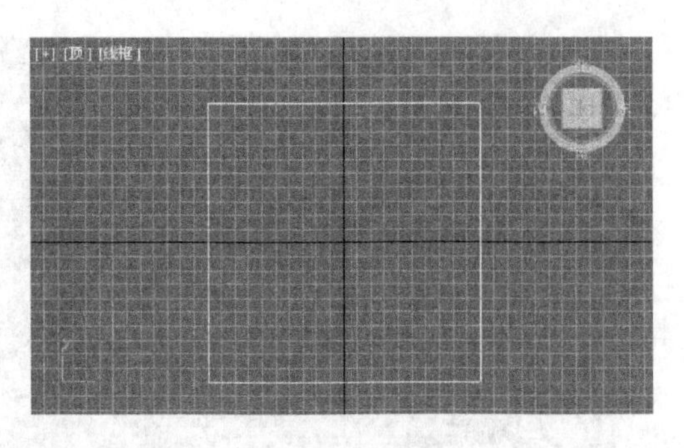

图 3-96　棋盘

(4) 在顶视图中创建长度为 1800mm、宽度为 10mm、高度为 10mm 的长方体,选择“工具”菜单中的“阵列”命令,在弹出的对话框中设置参数如图 3-97 所示,调整长方体的位置。

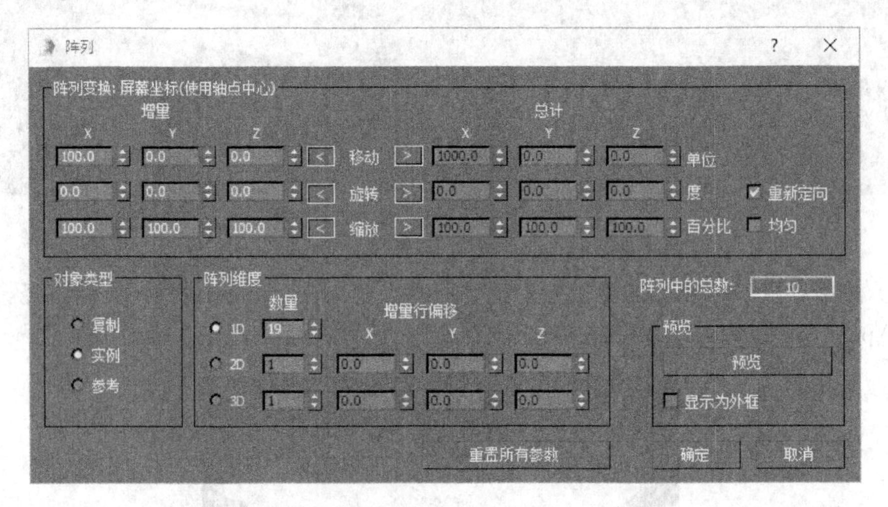

图 3-97　“阵列”对话框

(5) 选择其中一条对象复制出一个长方体,Z 轴旋转 90°再次阵列,效果如图 3-98 所示,完成了棋盘的建模。

(6) 在顶视图中单击“圆柱体”按钮创建一个半径为 20mm、高度为 10mm 的圆柱体,然后选择“工具”菜单中的“阵列”命令进行复制,得到棋盘的 9 个星位,效果如图 3-99 所示。

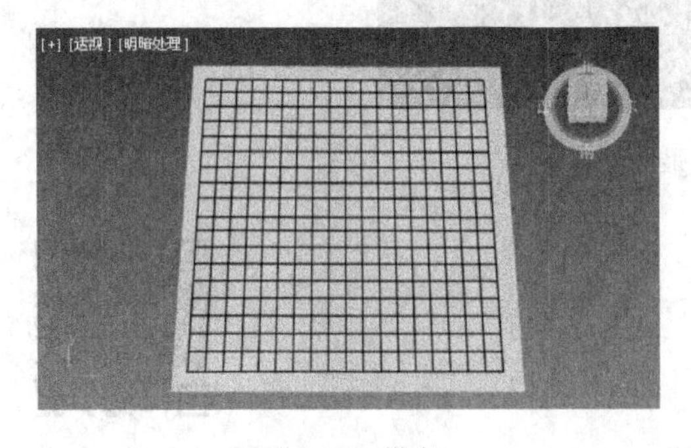

图 3-98　棋盘

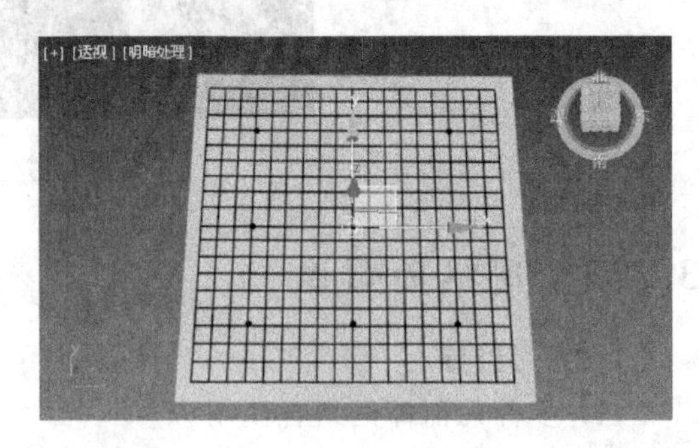

图 3-99　星位

(7) 在顶视图中单击“球体”按钮创建一个半径为 50mm 的球体，然后使用工具栏上的非均匀缩放工具在前视图中沿 Y 轴缩小原来的 20%，得到一颗棋子。复制更多这样的棋子，最后的效果如图 3-100 所示。

(8) 渲染存盘。效果如图 3-101 所示，本练习的源文件为配套光盘上的 ch03_3. max 文件(文件路径：素材和源文件\part3\上机练习\)。

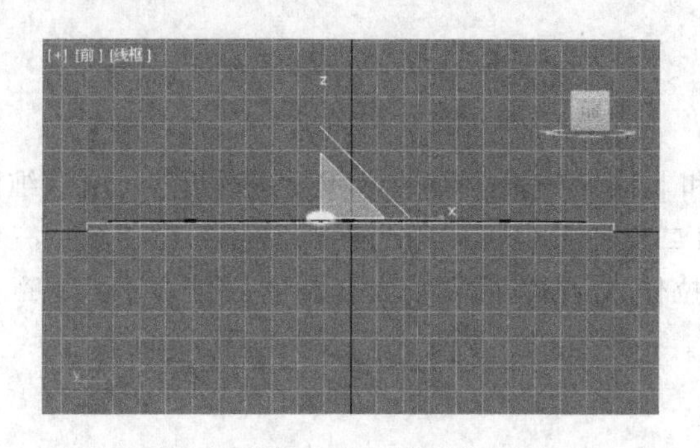

图 3-100　棋子

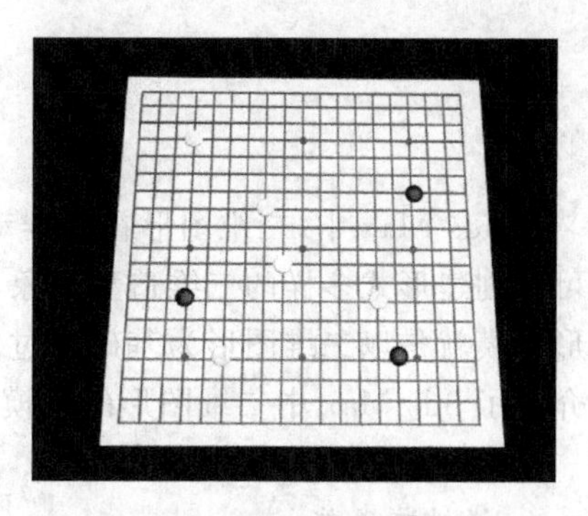

图 3-101　最终效果

3.4　本章习题

1. 填空题

(1) 3ds Max 提供的基本体模型可分为________和________两种。

(2) 3ds Max 中提供了________和________两种球体模型，“球体”模型的表面细分网格是由________组成的。

(3) 在“半球”文本框中，当数值为 0 时球体会________；当数值为 0.5 时球体会________；当数值为 1 时球体会________。

(4) 在“圆柱体”命令面板的“参数”卷展栏中如果设置“边数”为 4，并取消选中“平滑”复选框，则可以将圆柱体变为________。

2. 选择题

(1) 在 3ds Max 中用户可以创建(　　)种标准基本体。

A. 8　　B. 9　　C. 10　　D. 11

(2) 使用“扩展基本体”命令面板上的按钮，用户可以创建(　　)种扩展基本体。

A. 11　　B. 12　　C. 13　　D. 14

(3) 下列(　　)基本体必须由“扩展基本体”命令面板来创建。

A. 管状体　　B. 四棱锥　　C. 圆锥体　　D. 纺锤

(4) 如果想使创建出的圆柱截面更圆滑，可以修改它的(　　)参数。

A. 半径　　B. 高度分段　　C. 端面分段　　D. 边数

第 4 章　二维图形建模

在 3ds Max 中，二维图形在三维动画和非线性编辑中有非常重要的作用，利用二维图形可以创建形式多样的三维造型对象，而且二维图形也可以作为动画路径约束使用。三维图形建模就是以二维图形为基础通过使用拉伸、车削等手段生成复杂的三维造型。本章主要介绍了 3ds Max 中二维图形的建模方法。

本章的主要内容：

- 线性样条线；
- 可编辑样条线；
- 二维建模。

4.1　创建二维图形

二维图形通常作为三维建模的基础。给二维图形应用挤出、倒角、倒角剖面、车削等编辑修改器就可以将它转换成三维模型。二维图形的另外一个用法是作为动画路径控制器的路径。当然，还可以将二维图形直接设置成可渲染的，从而创建诸如霓虹灯一类的效果。

4.1.1　样条线的概念

二维图形是由一条或者多条直线或曲线组成的对象，这些线条称为“样条线”。样条线的作用是辅助生成实体，它是由一系列的点定义的曲线。样条线上的点通常被称为“节点”。每个节点包含定义它的位置坐标的信息以及曲线通过节点方式的信息。样条线中连接两个相邻节点的部分称为“线段”，如图 4-1 所示。

3ds Max 中的节点用来定义二维图形中的样条线，节点有以下 4 种类型，如图 4-2 所示。

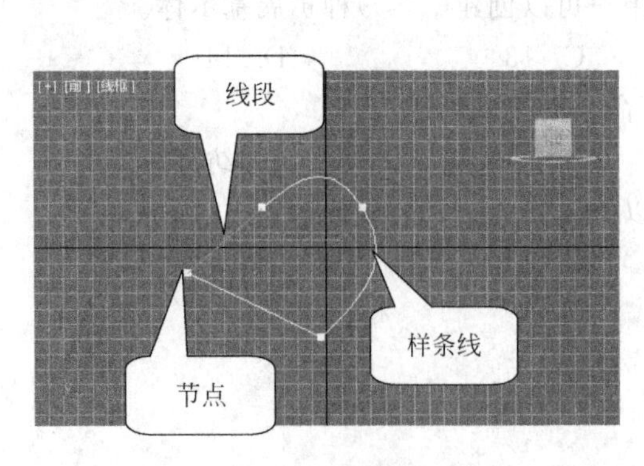

图 4-1　二维图形

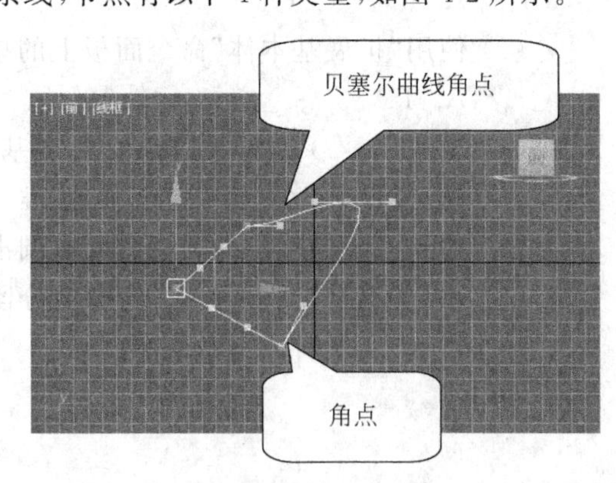

图 4-2　节点的类型

角点：使节点两端的入线段和出线段相互独立，因此两个线段可以有不同的方向。

平滑：使节点两侧的线段的切线在同一条线上，从而使曲线有光滑的外观。

贝塞尔曲线：通过节点的线称为贝塞尔曲线。贝塞尔曲线切线类似于平滑节点类型。不同之处在于贝塞尔曲线类型提供了一个可以调整切线矢量大小的句柄，通过这个句柄可以将样条线段调整到它的最大范围。

贝塞尔曲线角点：与贝塞尔曲线节点相似，但贝塞尔曲线的控制柄是直线，而贝塞尔曲线角点的控制柄是折线，贝塞尔曲线角点分别给节点的入线段和出线段提供了调整句柄，它们是相互独立的。两个线段的切线方向可以单独进行调整，可以是任意角度的夹角。

3ds Max 中的样条线包括下列对象类型：线形样条线、矩形样条线、圆形样条线、椭圆样条线、弧形样条线、圆环样条线、多边形样条线、星形样条线、文本样条线、螺旋线样条线和截面样条线。

4.1.2 线形样条线的创建

使用“线形”可创建由多个分段组成的自由形式的曲线，如图 4-3 所示。

在“创建”命令面板中选择“图形”选项，打开“对象类型”卷展栏，如图 4-4 所示。

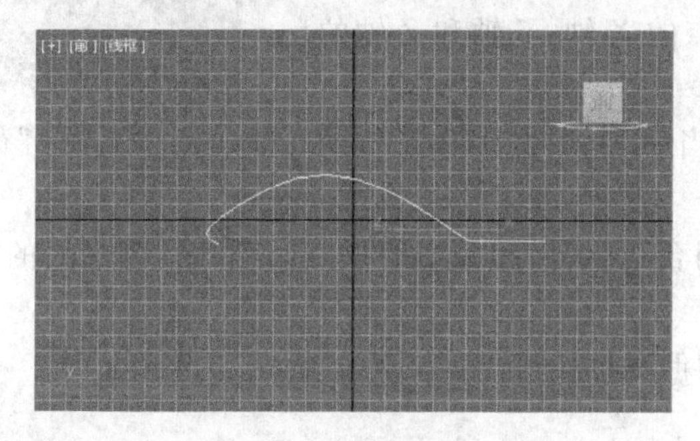

图 4-3　线形样条线

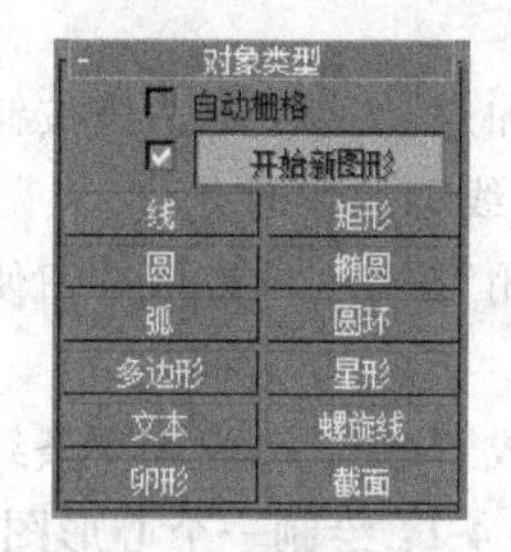

图 4-4　“对象类型”卷展栏

选中“开始新图形”复选框，程序会对创建的每条样条线都创建一个新图形，当禁用该复选框时，样条线会添加到当前图形上，直到单击“开始新图形”按钮。

单击“线”按钮即可开始创建线性样条线，线性样条线的相关参数如下。

1. “创建方法”卷展栏

线性样条线的“创建方法”卷展栏如图 4-5 所示。线的创建方法选项与其他样条线工具不同。在单击或拖动顶点时，选择该卷展栏上的选项可控制创建顶点的类型。在使用这些设置创建线的过程中还可以预设样条线顶点的默认类型。

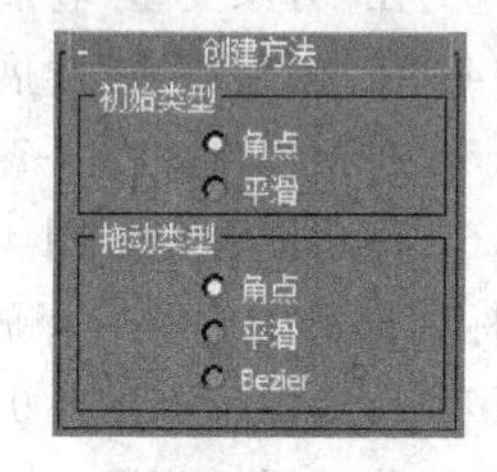

图 4-5　线的“创建方法”卷展栏

(1) “初始类型”组：当单击顶点位置时该组的内容可设置所创建顶点的类型。顶点位于第一次按下鼠标键的光标所在的位置，包括两个单选按钮。

- 角点：产生一个尖端，样条线在顶点的任意一边都是线性的。
- 平滑：通过顶点产生一条平滑且不可调整的曲线，由顶点的间距来设置曲率的数量。

(2)“拖动类型”组：当拖动顶点位置时该组的内容可设置所创建顶点的类型，包括 3 个单选按钮。

- 角点：产生一个尖端，样条线在顶点的任意一边都是线性的。
- 平滑：通过顶点产生一条平滑、不可调整的曲线，由顶点的间距来设置曲率的数量。
- Bezier：通过顶点产生一条平滑、可调整的曲线，通过在每个顶点拖动鼠标来设置曲率的值和曲线的方向。

在用鼠标创建样条线时，按住 Shift 键可将新的点与前一点之间的增量约束在 90°角以内。使用角的默认初始类型设置，然后单击随后所有的点可创建完全直线的图形。按住 Ctrl 键可将新点的增量约束在一个角度，此角度取决于当前的“角度捕捉”设置。

专家点拨：图形的顶点在视口中默认以黄色点显示。

2. “键盘输入”卷展栏

除了可以利用鼠标直接创建线性样条线外，还可以通过键盘输入确定值的方法来创建，“键盘输入”卷展栏如图 4-6 所示。线的键盘输入与其他样条线的键盘输入不同，输入键盘值继续向现有的线添加顶点，直到单击“关闭”或“完成”按钮。

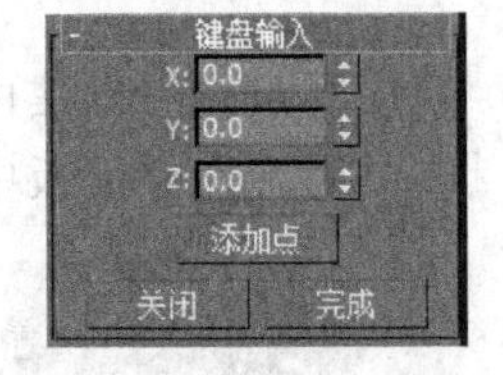

图 4-6 “键盘输入”卷展栏

X、Y、Z 数值框：用于输入新添加点的 X 轴、Y 轴和 Z 轴的坐标。

“添加点”按钮：单击该按钮，可在当前 X 轴、Y 轴和 Z 轴的坐标上对线添加新的点。

“关闭”按钮：单击该按钮使图形闭合，在最后和最初的顶点间添加一条最终的样条线线段。

“完成”按钮：完成该样条线的绘制但不将其闭合。

实例 4-1：绘制一个心形图形

操作步骤

(1) 在“文件”菜单中选择“重置”命令，在弹出的对话框中单击“是”按钮，重新设置系统。

(2) 单击“创建”命令面板上的“图形”按钮，在几何体类型的下拉列表中选择“样条线”。

(3) 在“对象类型”卷展栏上单击“线”按钮。

(4) 在“创建方法”卷展栏上选择“初始类型”为“角点”、“拖动类型”为 Bezier。

(5) 在顶视口如图 4-7 所示的位置上单击鼠标生成心形的起始点。

(6) 移动鼠标到如图 4-8 所示的第二个点的位置，按下鼠标并按如图 4-8 所示的方向拖动鼠标到合适的位置后释放，生成心形的第二个点。

(7) 移动鼠标到图 4-9 所示的心形下面的尖点处单击生成心形下面的尖点。

(8) 移动鼠标到图 4-10 所示的第二个点所示的位置，按下鼠标左键并按如图 4-10 所示的方向拖动到合适的位置后释放，生成心形的第四个点。

(9) 移动鼠标到心形的起始点单击，在弹出的对话框中单击“是”按钮，此时图形如图 4-11 所示。

(10) 在命令面板中单击“修改”按钮，在“选择”卷展栏上单击“顶点”按钮，得到如图 4-12 所示的参数。

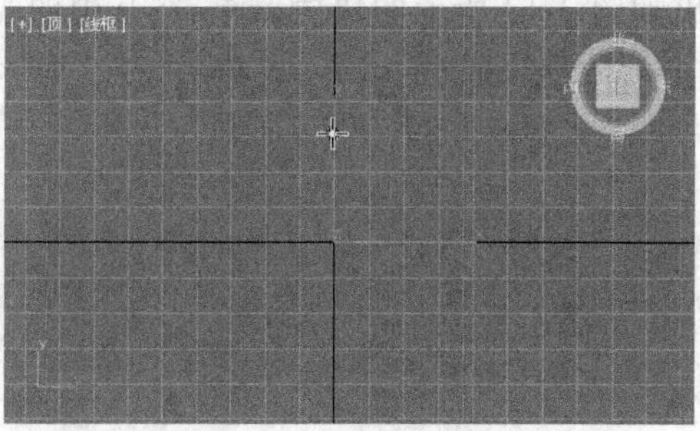

图 4-7　心形的第一个点

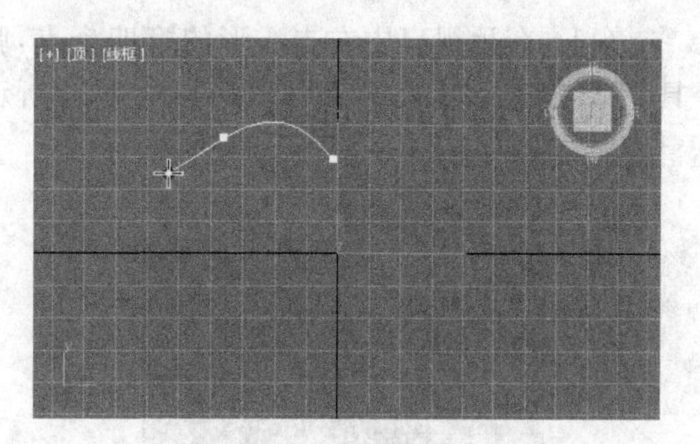

图 4-8　心形的第二个点

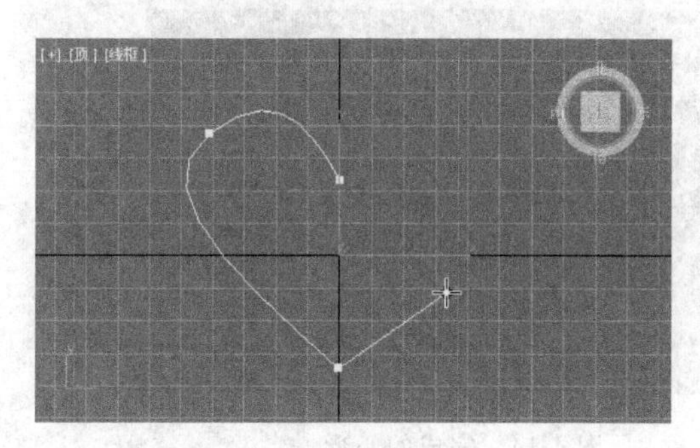

图 4-9　心形的第三个点

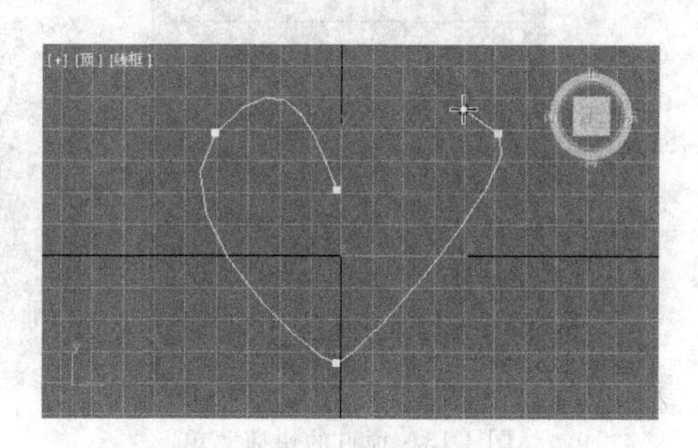

图 4-10　心形的第四个点

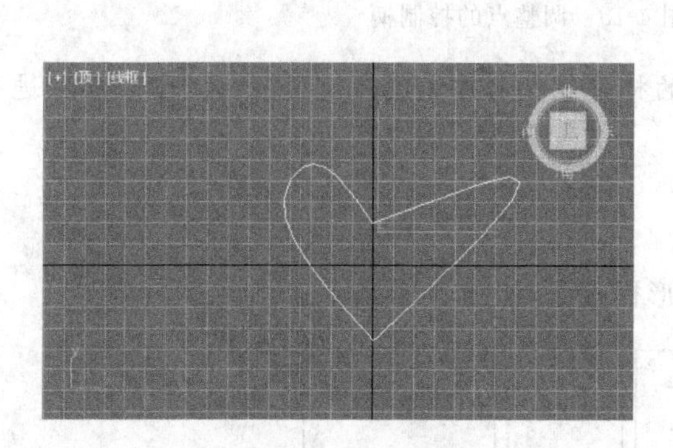

图 4-11　闭合的图形

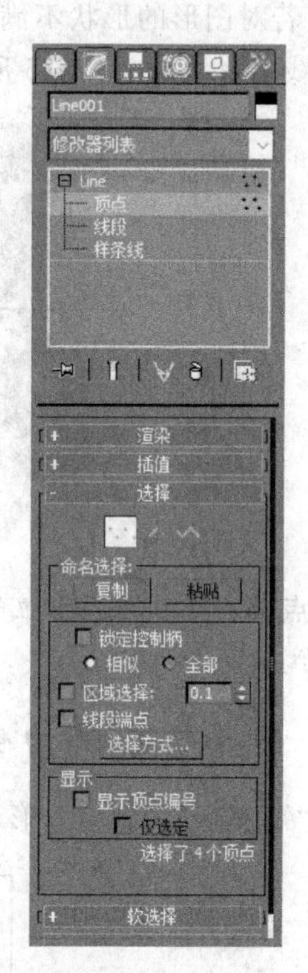

图 4-12　“修改”命令面板

(11) 在顶视口中右击心形的第四个点，弹出如图 4-13 所示的快捷菜单，在其中的“工具 1”部分选择 Bezier，此时图形如图 4-14 所示，心形图形完成。

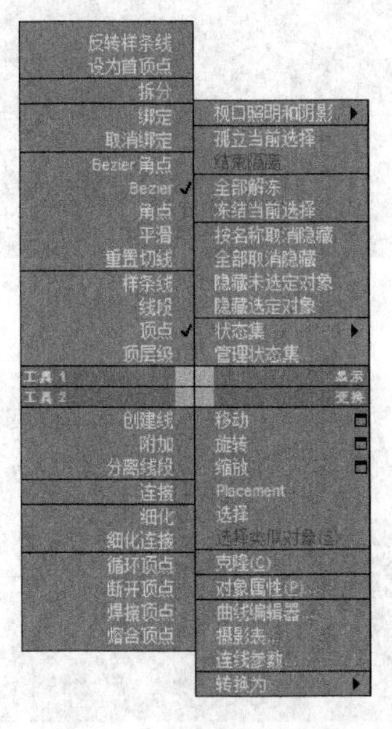

图 4-13　顶点的快捷菜单

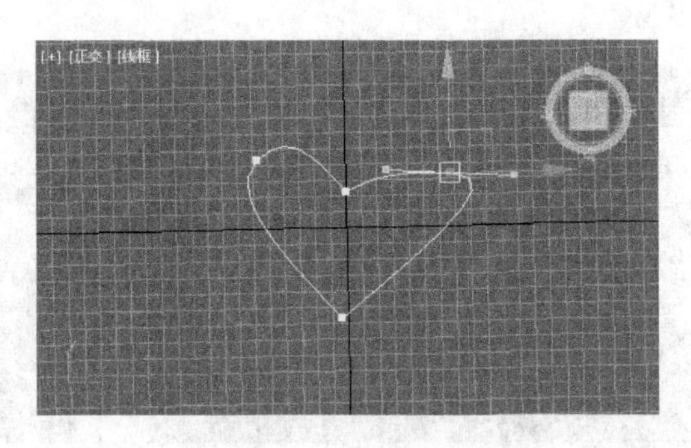

图 4-14　完成的心形

(12) 若对图形的形状不满意，可以单击选择不满意的点，用移动工具拖动点上的控制柄调整曲线的形状，如图 4-15 所示。按 Ctrl+S 快捷键保存场景文件为“心形.max”。

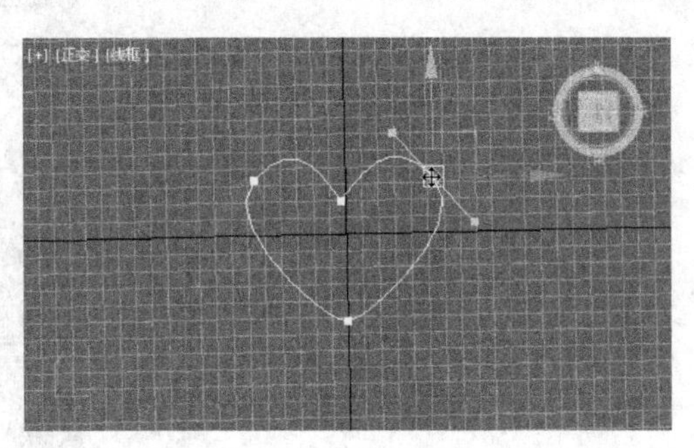

图 4-15　调整点的控制柄

专家点拨：使用“线”按钮创建的样条线在创建完成后使用“修改”命令面板进行修改时会转为可编辑样条线。

4.1.3　矩形样条线的创建

使用“矩形”可以创建方形和矩形样条线，如图 4-16 所示。

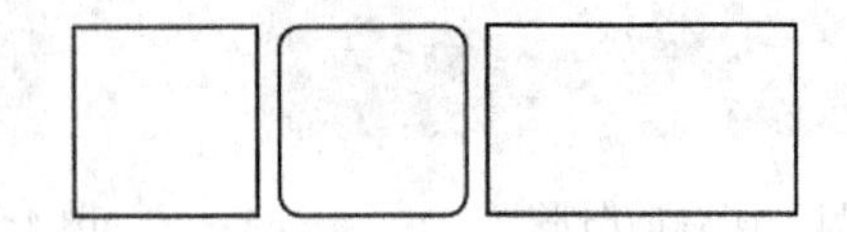

图 4-16　矩形样条线

矩形使用“中心”或“边”的标准创建方法，大多数基于样条线的形状都共享相同的“创建方法”参数。矩形样条线的相关“参数”卷展栏如图 4-17 所示。

“长度”数值框：设置矩形的长度。

“宽度”数值框：设置矩形的宽度。

“角半径”数值框：设置圆角的大小。

实例 4-2：利用矩形样条线创建矩形

操作步骤

(1) 单击“创建”命令面板上的“图形”按钮，在几何体类型的下拉列表中选择“样条线”。

(2) 在“对象类型”卷展栏上单击“矩形”按钮。

(3) 在“创建方法”卷展栏中选择一个创建方法，“边”或“中心”都可以。

(4) 在视口中拖动以创建矩形，如图 4-18 所示。

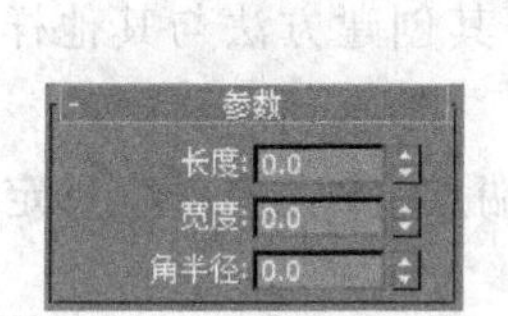

图 4-17　矩形的“参数”卷展栏

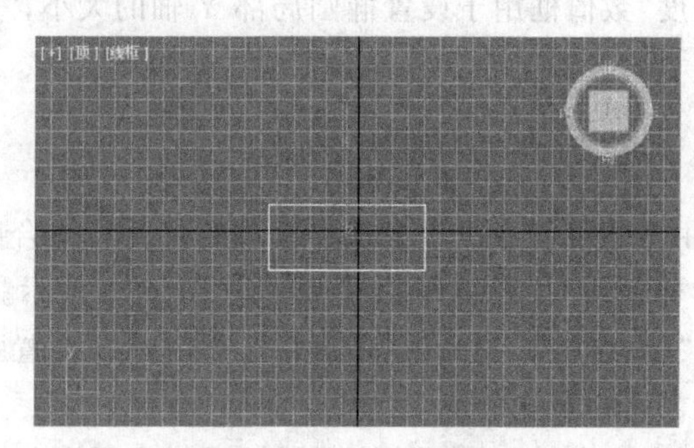

图 4-18　矩形样条线

专家点拨：在按住 Ctrl 键的同时拖动鼠标可以生成正方形。

4.1.4　圆形样条线的创建

使用“圆形”可创建由 4 个顶点组成的闭合圆形样条线，圆形样条线的“参数”卷展栏如图 4-19 所示。在“半径”数值框中输入圆形的半径即可。

实例 4-3：利用圆形样条线绘制圆形

操作步骤

(1) 单击“创建”命令面板上的“图形”按钮，在几何体类型的下拉列表中选择“样条线”。

(2) 在“对象类型”卷展栏上单击“圆形”按钮。

(3) 选择一个创建方法，在视口中拖动以绘制圆形，如图 4-20 所示。

图 4-19　“参数”卷展栏

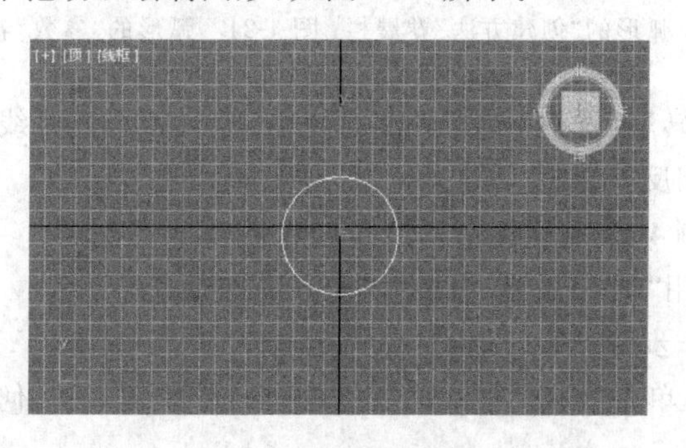

图 4-20　圆形样条线

4.1.5 椭圆样条线的创建

使用“椭圆”可以创建椭圆形或圆形样条线,如图 4-21 所示。

椭圆样条线的“参数”卷展栏如图 4-22 所示。

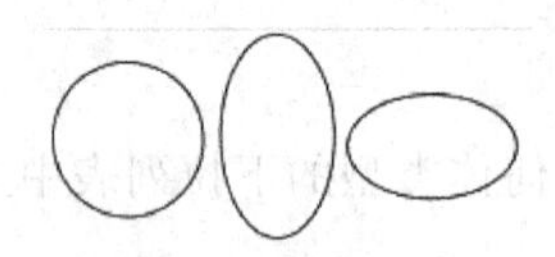

图 4-21 椭圆样条线

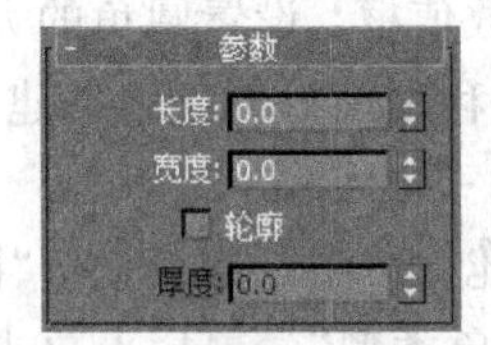

图 4-22 椭圆的“参数”卷展栏

“长度”数值框用于设置椭圆局部 Y 轴的大小,“宽度”数值框用于设置椭圆局部 X 轴的大小。

4.1.6 弧形样条线的创建

使用“弧”可创建由 4 个顶点组成的打开和闭合圆形弧形,其创建方法与其他样条线不同,弧形样条线的“创建方法”卷展栏如图 4-23 所示。

- “端点-端点-中央”:拖动并松开鼠标以设置弧形的两端点,然后单击以指定两端点之间的第三个点。
- “中间-端点-端点”:按下鼠标以指定弧形的中心点,拖动并释放以指定弧形的一个端点,然后单击以指定弧形的其他端点。

弧形样条线的“参数”卷展栏如图 4-24 所示。

“半径”数值框:设置弧形的半径。

“从”和“至”数值框:指定弧的起点位置及终点位置。

“饼形切片”复选框:选中该复选框后,以扇形形式创建闭合样条线,起点和端点将中心与直分段连接起来,如图 4-25 所示。

图 4-23 弧形的“创建方法”卷展栏

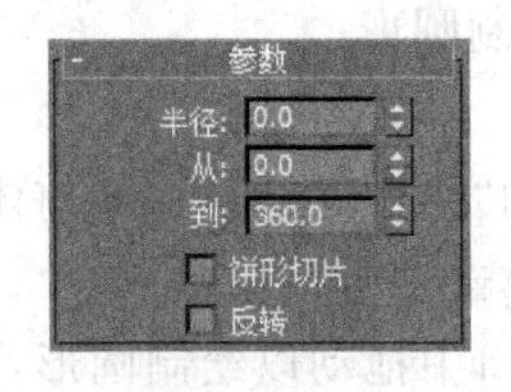

图 4-24 弧形的“参数”卷展栏

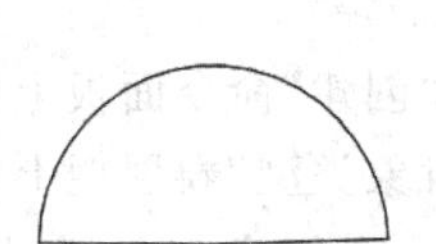

图 4-25 闭合的扇形区弧形

“反转”复选框:选中该复选框后,反转弧形样条线的方向,并将第一个顶点放置在打开弧形的相反末端。

实例 4-4:利用弧形样条线创建弧形

1) 用“端点-端点-中央”创建方法创建弧形

操作步骤

(1) 单击“创建”命令面板上的“图形”按钮,在几何体类型的下拉列表中选择“样条线”。

(2) 在“对象类型”卷展栏上单击“弧”按钮。

(3) 选择“端点-端点-中央”创建方法，在视口中按下鼠标确定弧的一个端点，然后拖动鼠标到合适的位置释放鼠标以设置弧形的另一端。

(4) 移动鼠标到合适的位置并单击以指定两个端点之间弧形上的第三个点，如图 4-26 所示。

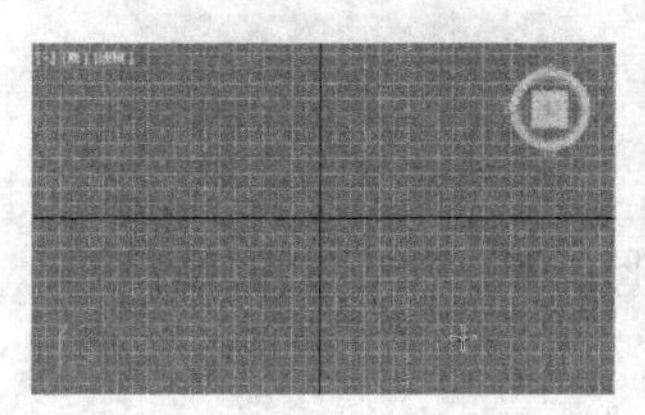
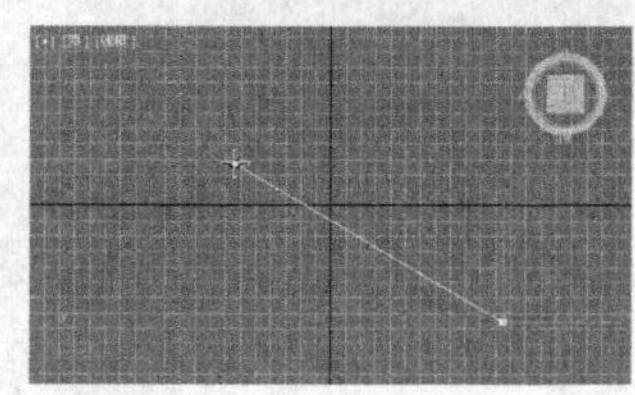
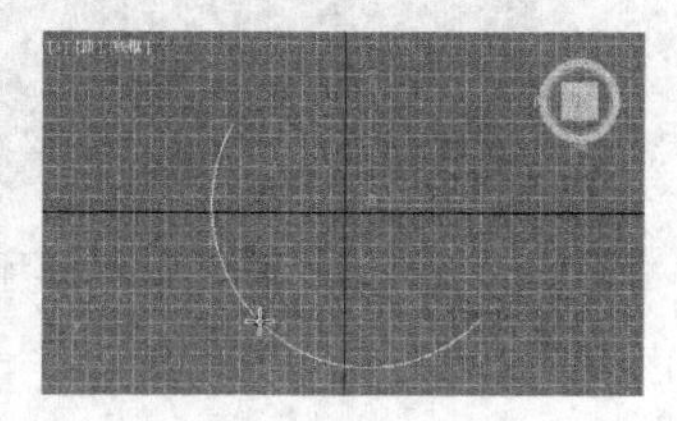

图 4-26　用“端点-端点-中央”方法创建的弧形

2) 用“中间-端点-端点”创建方法创建弧形

操作步骤

(1) 单击“创建”命令面板上的“图形”按钮，在几何体类型的下拉列表中选择“样条线”。

(2) 在“对象类型”卷展栏上单击“弧”按钮。

(3) 在视口中按下鼠标以定义弧形的中心，拖动鼠标到合适的位置定义弧的半径。

(4) 释放鼠标可定义弧形的起点。

(5) 移动鼠标并单击以指定弧形的另一端，效果如图 4-27 所示。

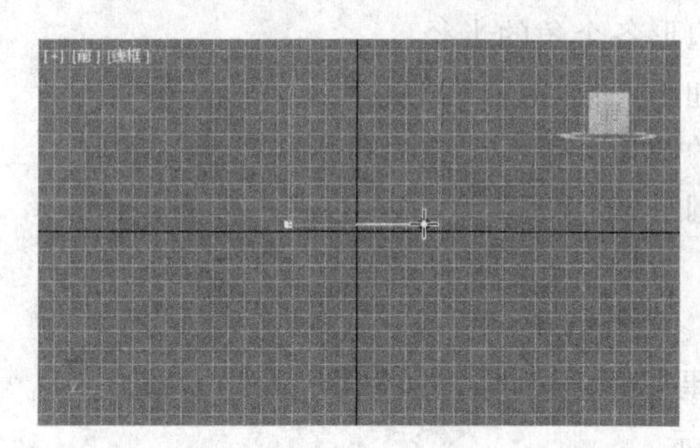
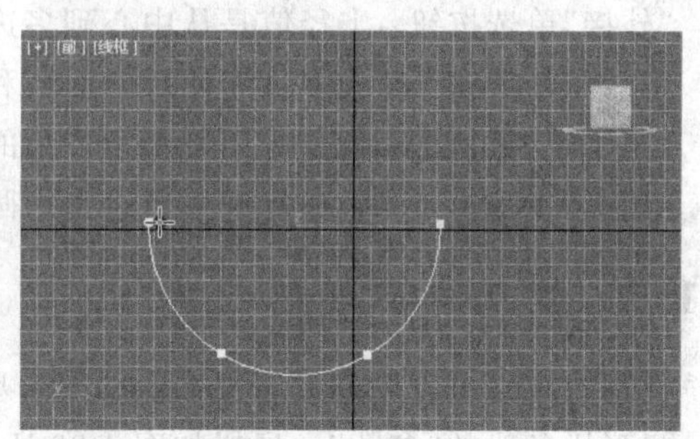

图 4-27　用“中间-端点-端点”方法创建弧形

4.1.7　圆环样条线的创建

使用“圆环”可以通过两个同心圆创建封闭的形状，每个圆都由 4 个顶点组成，如图 4-28 所示。

圆环样条线的创建命令通过两个半径来设置，其“参数”卷展栏如图 4-29 所示。“半径 1”用于设置第一个圆的半径，“半径 2”用于设置第二个圆的半径。

4.1.8　多边形样条线的创建

使用“多边形”可创建具有任意面数或者顶点数(N)的闭合平面或圆形样条线，如图 4-30 所示。

多边形样条线的“参数”卷展栏如图 4-31 所示。

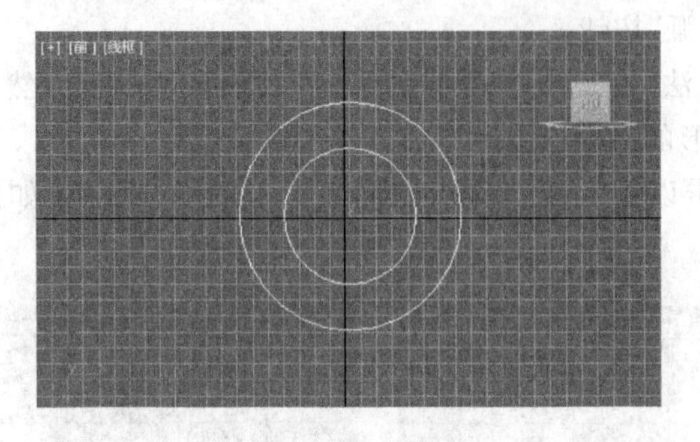

图 4-28 圆环样条线

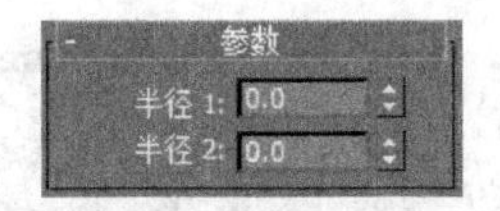

图 4-29 圆环的“参数”卷展栏

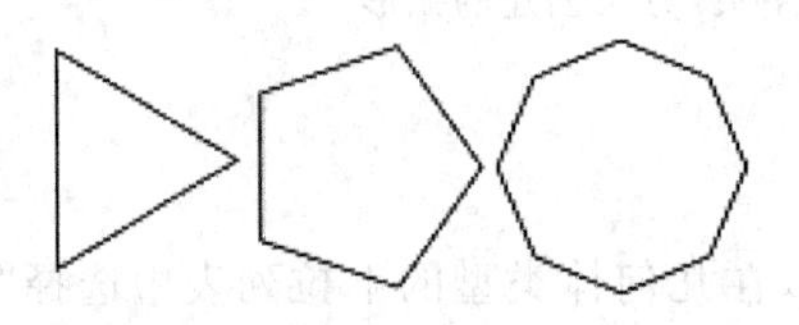

图 4-30 多边形样条线

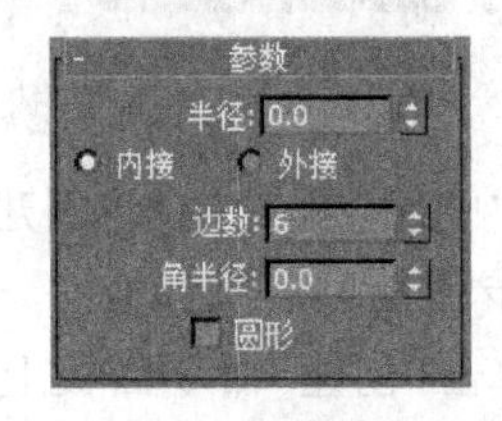

图 4-31 多边形的“参数”卷展栏

“半径”数值框：指定多边形的半径。

“内接”单选按钮：半径值是从中心到多边形各个面的半径。

“外接”单选按钮：半径值是从中心到多边形各个角的半径。

“边数”数值框：设置多边形使用的面数和顶点数(3～100)。

“角半径”数值框：指定应用于多边形角的圆角度数。设置为 0 指定标准非圆角。

“圆形”复选框：选中该复选框后将指定圆形“多边形”。

4.1.9 星形样条线的创建

使用“星形”可以创建具有很多点的闭合星形样条线，如图 4-32 所示。

星形样条线的“参数”卷展栏如图 4-33 所示。

图 4-32 星形样条线

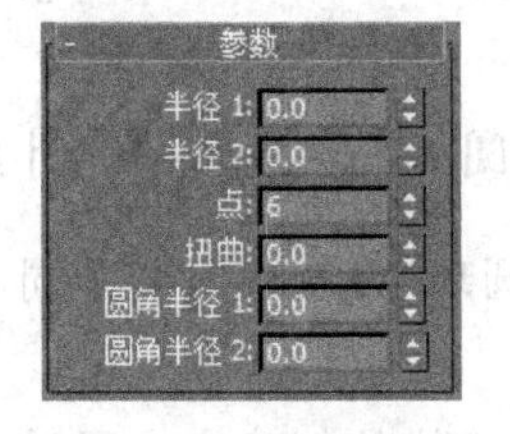

图 4-33 星形的“参数”卷展栏

“半径 1”数值框：设置星形内部顶点的半径。

“半径 2”数值框：设置星形外部顶点的半径。

“点”数值框：设置星形上的点数(3～100)。

“扭曲”数值框：设置顶点围绕星形中心旋转。

“圆角半径 1”数值框：使星形的内部顶点变圆角。

"圆角半径 2"数值框：使星形的外部顶点变圆角。

4.1.10 文本样条线的创建

使用"文本"来创建文本图形的样条线，如图 4-34 所示。

文本样条线的"参数"卷展栏如图 4-35 所示。

图 4-34 文本样条线

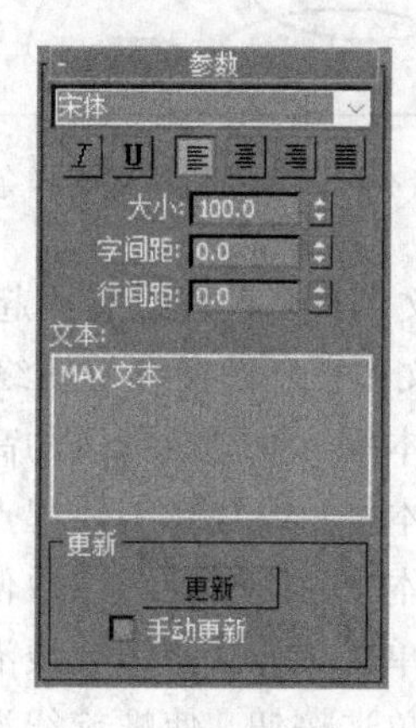

图 4-35 文本的"参数"卷展栏

"字体"列表：可以从所有可用字体的列表中进行选择。

"斜体"按钮：切换斜体文本。

"下画线"按钮：切换下画线文本。

"左侧对齐"按钮：将文本对齐到边界框的左侧。

"居中"按钮：将文本对齐到边界框的中心。

"右侧对齐"按钮：将文本对齐到边界框的右侧。

"对正"按钮：分隔所有文本行以填充边界框的范围。

"大小"文本框：设置文本的高度。

"字间距"文本框：调整字间距。

"行间距"文本框：调整行间距。

"文本"编辑框：可以输入多行文本，不支持自动换行。

"更新"组：包括两个选项。

- "更新"按钮：更新视口中的文本来匹配编辑框中的当前设置。
- "手动更新"复选框：选中该复选框后，输入编辑框中的文本未在视口中显示，直到单击"更新"按钮时才会显示。

4.1.11 螺旋样条线的创建

使用"螺旋线"可创建开口平面或 3D 螺旋形，如图 4-36 所示。螺旋线不同于其他样条线的形状，因为它始终使用"自适应插值"，即由螺旋线圈数决定螺旋线中的顶点数。

螺旋样条线的"参数"卷展栏如图 4-37 所示。

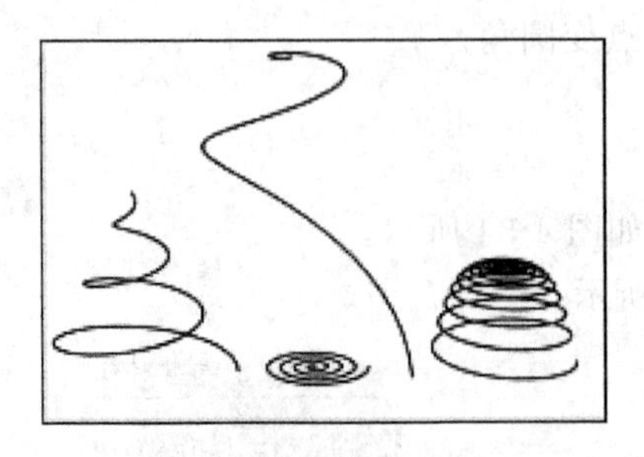

图 4-36　螺旋样条线

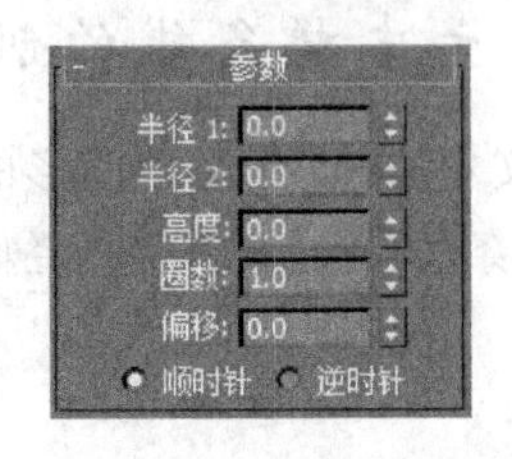

图 4-37　螺旋样条线的"参数"卷展栏

"半径 1"文本框：设置螺旋线起点的半径。

"半径 2"文本框：设置螺旋线终点的半径。

"高度"文本框：设置螺旋线的高度。

"圈数"文本框：设置螺旋线起点和终点之间的圈数。

"偏移"文本框：使螺旋线圈数偏向一端。

"顺时针"单选按钮：使螺旋线沿顺时针方向旋转。

"逆时针"单选按钮：使螺旋线沿逆时针方向旋转。

实例 4-5：制作小茶几

操作步骤

(1) 打开配套光盘上的"小茶几.max"文件(文件路径：素材和源文件\part4\)，如图 4-38 所示。

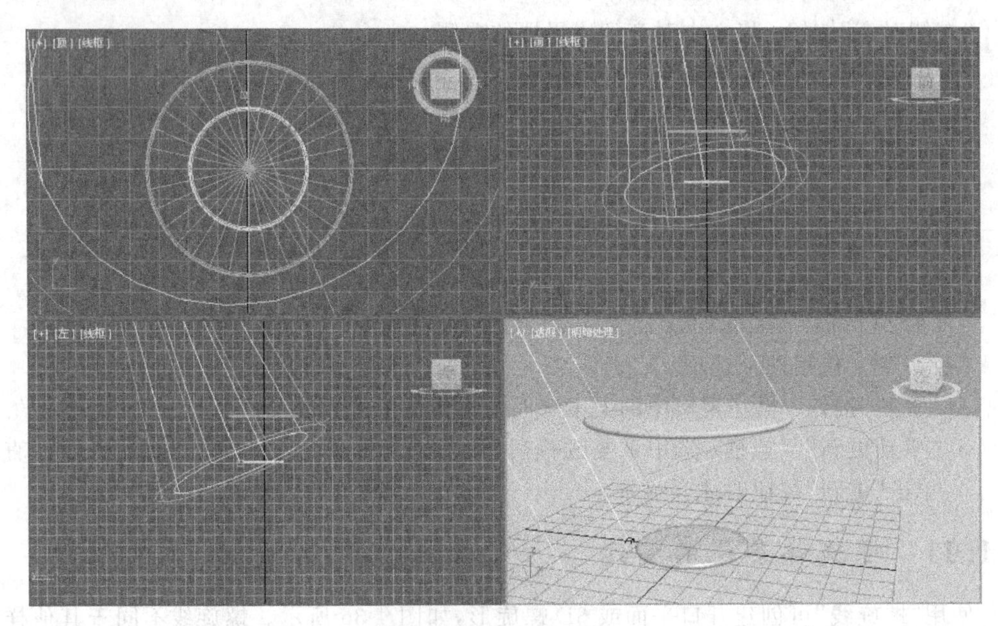

图 4-38　小茶几场景

(2) 单击"创建"命令面板上的"图形"按钮，在几何体类型的下拉列表中选择"样条线"。

(3) 在"对象类型"卷展栏上单击"螺旋线"按钮，再选中"自动栅格"复选框，选择创建方法为"中心"。

(4) 在顶视口中从 ChamferCyl01 的中心开始按下并拖动鼠标到合适的位置释放，然后向上移动鼠标至螺旋线的顶部接触到上面的大的圆柱体并单击定义螺旋线的高度，再将鼠标向下移动到螺旋线的“半径 2”为 0 时单击鼠标。

(5) 在“修改”命令面板的“渲染”卷展栏中按如图 4-39 所示进行设置。

(6) 在“修改”命令面板的“参数”卷展栏中按如图 4-40 所示进行设置。

(7) 单击透视视口，再单击主工具栏上的“渲染产品”按钮，效果图如图 4-41 所示。

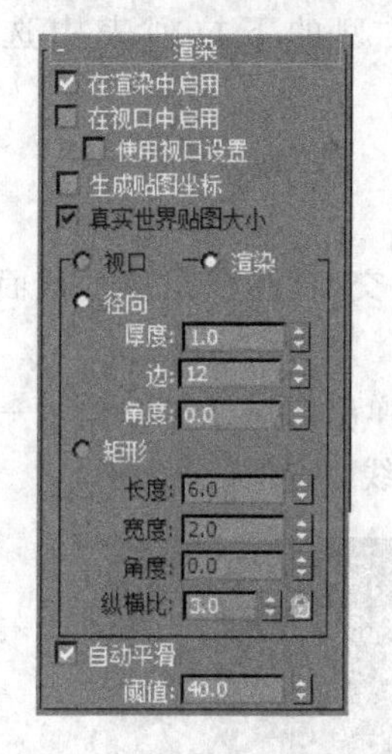

图 4-39 “渲染”卷展栏的设置

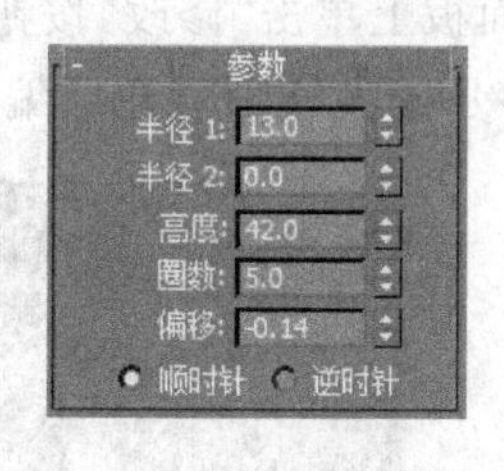

图 4-40 “参数”卷展栏的设置

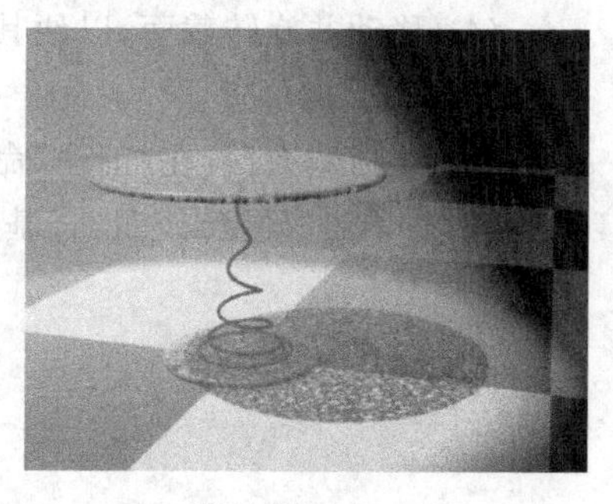

图 4-41 小茶几效果图

4.1.12 截面样条线的创建

截面样条线是一种特殊类型的对象，它可以通过 3D 网格对象基于横截面切片生成其他形状，截面对象显示为相交的矩形。截面样条线的“截面参数”卷展栏如图 4-42 所示。

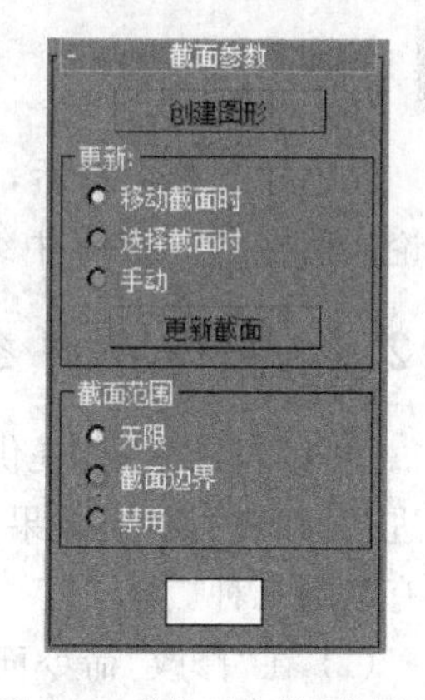

图 4-42 “截面参数”卷展栏

“创建图形”按钮：基于当前显示的相交线创建图形。

“更新”组：提供指定何时更新相交线的选项，有以下几个参数。

- 移动截面时：在移动或调整截面图形时更新相交线。
- 选择截面时：在选择截面图形但是未移动时更新相交线。单击“更新截面”按钮可更新相交线。
- 手动：在单击“更新截面”按钮时更新相交线。
- “更新截面”按钮：在选中“选择截面时”或“手动”单选按钮时更新相交点，以便与截面对象的当前位置匹配。

“截面范围”组：选择以下选项之一可指定截面对象生成的横截面的范围。

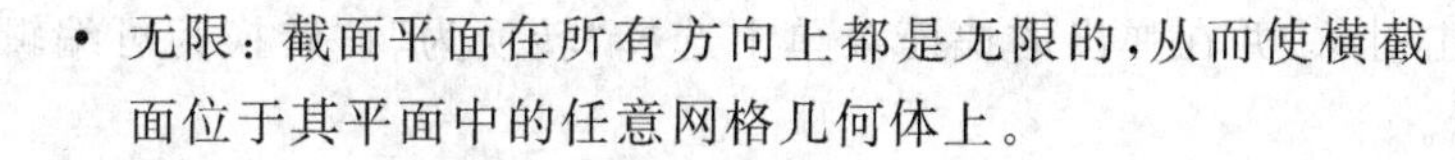

- 无限：截面平面在所有方向上都是无限的，从而使横截面位于其平面中的任意网格几何体上。
- 截面边界：只在截面图形边界内或与其接触的对象中生成横截面。

• 禁用：不显示或生成横截面。禁用“创建图形”按钮。

色样：在单击色块后弹出的对话框中可设置相交的显示颜色。

截面样条线还有一个“截面大小”卷展栏，如图 4-43 所示。“长度”数值框用于调整显示截面矩形的长度，“宽度”数值框用于调整显示截面矩形的宽度。

实例 4-6：利用截面样条线绘制横截面

操作步骤

(1) 单击“创建”命令面板上的“图形”按钮，在几何体类型的下拉列表中选择“样条线”。

(2) 在“对象类型”卷展栏上单击“截面”按钮。

(3) 在视口中拖动生成一个矩形。

(4) 移动并旋转截面，以便其平面与场景中的 3D 网格对象相交，黄色线条显示截面平面与对象相交的位置。

(5) 选择截面后，在“创建”命令面板上单击“修改”按钮，并在弹出的对话框中输入一个名称，然后单击“确定”按钮，将基于显示的横截面创建可编辑样条线，如图 4-44 所示。

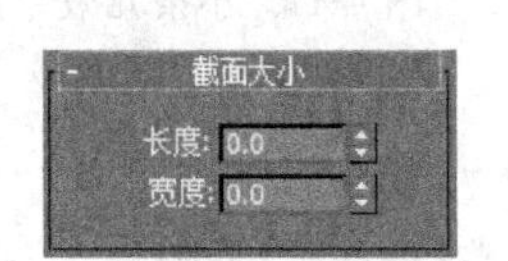

图 4-43 “截面大小”卷展栏

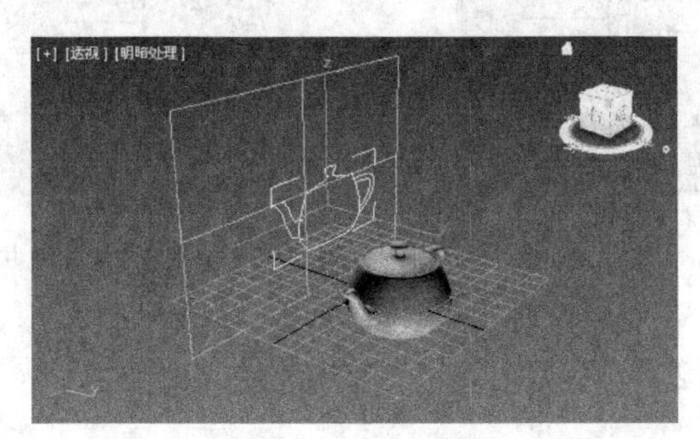

图 4-44 截面样条线

4.2 编辑二维图形

在创建二维图形后，为了达到更好的效果，一般还需要对该图形进行编辑调整，本节将讨论如何在 3ds Max 中编辑二维图形。

4.2.1 可编辑样条线

“可编辑样条线”提供了将对象作为样条线并以“顶点”“线段”和“样条线”3 个子对象层级进行操纵的控件，如果要使用可编辑样条线首先要将图形转换为可编辑样条线，常用的方法有以下几种。

(1) 在“修改”命令面板的“修改器堆叠”列表中右击“堆叠显示”中的形状项，在弹出的快捷菜单中选择“转换为”|“可编辑样条线”命令，如图 4-45 所示。

(2) 在任意视口中右击对象，并在弹出的快捷菜单中选择“转换为”|“转换为可编辑样条线”命令，如图 4-46 所示。

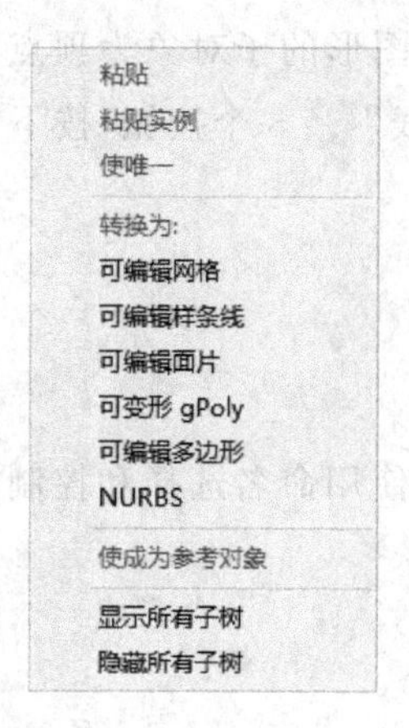

图 4-45　在“修改”命令面板中右击形状项弹出的菜单

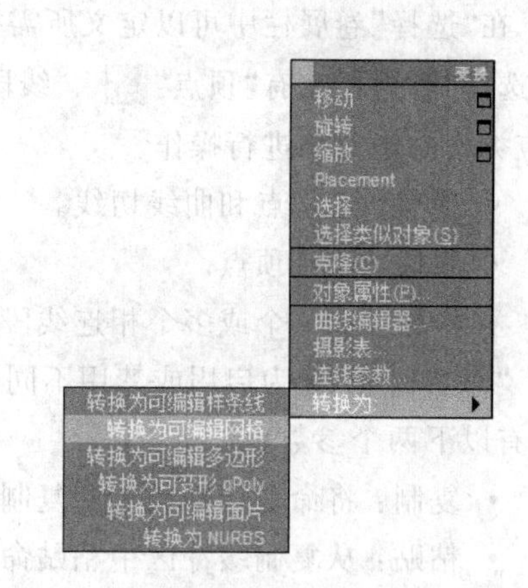

图 4-46　在视口中右击图形弹出的菜单

(3) 在“创建”命令面板上取消选中“开始新图形”复选框，创建一个由多个样条线组成的形状。

(4) 将“可编辑样条线”修改器应用于形状，然后在“修改器堆叠”列表中右击，在弹出的快捷菜单中选择“塌陷到”或“塌陷全部”命令，如图 4-47 所示。

在可编辑样条线的“修改”命令面板上主要有“渲染”卷展栏、“插值”卷展栏、“选择”卷展栏、“软选择”卷展栏、“几何体”卷展栏和“曲面属性”卷展栏几个部分。其中，“渲染”卷展栏和“插值”卷展栏的参数与一般样条线的参数是一样的，在此不再赘述。

1.“选择”卷展栏

“选择”卷展栏如图 4-48 所示。该卷展栏为启用或禁用不同的子对象模式、使用命名选择和控制柄、显示设置以及所选实体的信息提供了相关参数。

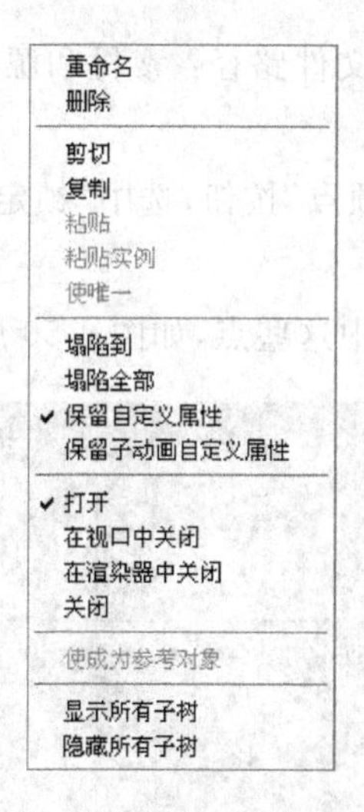

图 4-47　在“修改”命令面板的“修改器堆叠”上右击弹出的菜单

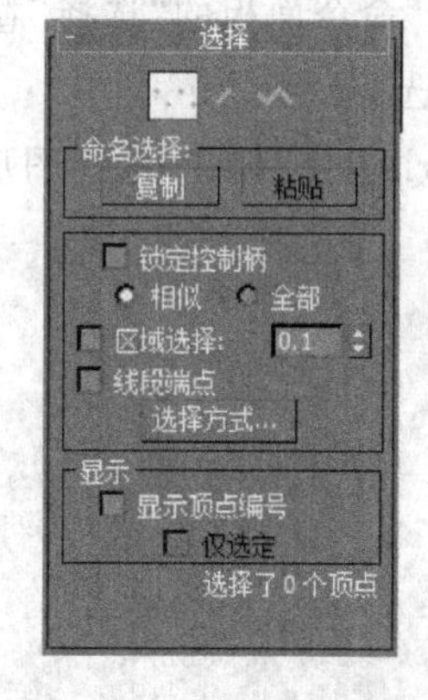

图 4-48　“选择”卷展栏

在“选择”卷展栏中可以定义所需操作的子对象,图形的子对象为顶点、线段和样条线,在“选择”卷展栏上有“顶点”、“线段”和“样条线”3 个按钮,按下它们可以分别对相应类型的子对象进行操作。

- 顶点:定义点和曲线切线。
- 线段:连接顶点。
- 样条线:一个或多个相连线段的组合。

“命名选择”组为启用或禁用不同的子对象模式、使用命名选择和控制柄等操作提供控件,有以下两个参数项。

- 复制:将命名选择放置到复制缓冲区。
- 粘贴:从复制缓冲区中粘贴命名选择。

“锁定控制柄”复选框:可以同时变换多个贝塞尔曲线和贝塞尔曲线角点控制柄。

“相似”单选按钮:在拖动控制柄时所选顶点的控制柄将同时移动。

“全部”单选按钮:移动任何控制柄将影响选中的所有控制柄。

“区域选择”复选框:自动选择所单击顶点的指定半径中的所有顶点。

“线段端点”复选框:单击线段选择顶点。

“选择方式”按钮:选择所选样条线或线段上的顶点。

“显示”组有以下两个选项。

- 显示顶点编号:选中该复选框后,程序将在任何子对象层级的所选样条线的顶点旁边显示顶点编号。
- 仅选定:选中该复选框后,仅在所选顶点旁边显示顶点编号。

实例 4-7:锁定控制柄

操作步骤

(1) 打开配套光盘上的“锁定控制柄.max”文件(文件路径:素材和源文件\part4\),如图 4-49 所示。

(2) 在“修改”命令面板的“选择”卷展栏上单击“顶点”按钮,选中“锁定控制柄”复选框,并选中“相似”单选按钮。

(3) 按住 Ctrl 键分别单击选择图形外围的点,选中这些点,如图 4-50 所示。

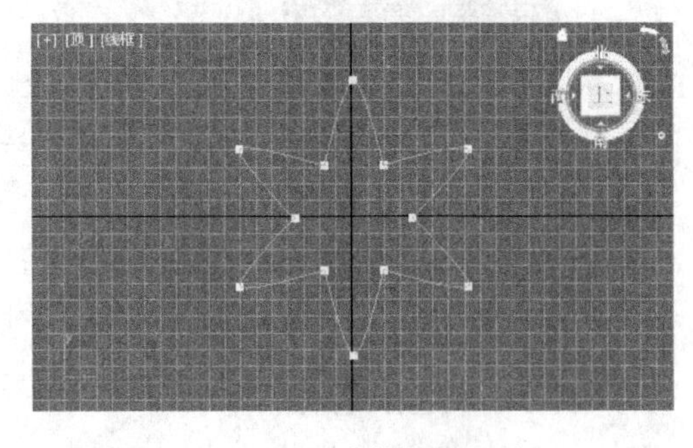

图 4-49 锁定控制柄场景

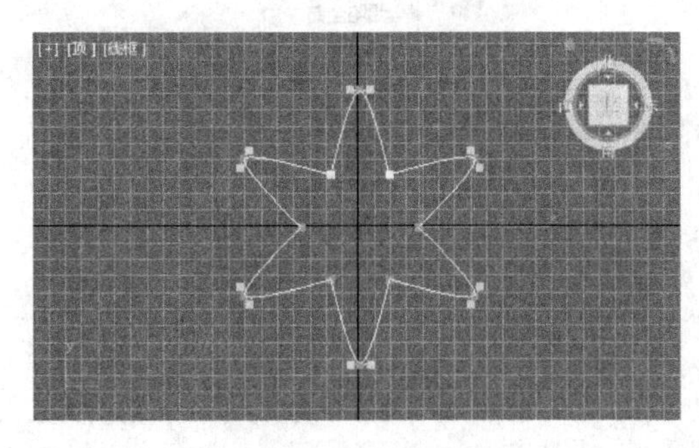

图 4-50 选中点

(4) 单击工具栏上的"选择并移动"按钮，在视口中拖动其中一个点的控制柄，其他所有被选中点的控制柄都会随着变换，且变换样式是相似的，效果如图 4-51 所示。

2. "软选择"卷展栏

"软选择"卷展栏上的工具允许部分地选择"显式选择"邻接处的子对象，这将会使显式选择的行为像被磁场包围了一样。在对子对象选择进行变换时，在场中被部分选定的子对象就会平滑地进行绘制，这种效果随着距离或部分选择的"强度"而衰减。"软选择"卷展栏如图 4-52 所示。

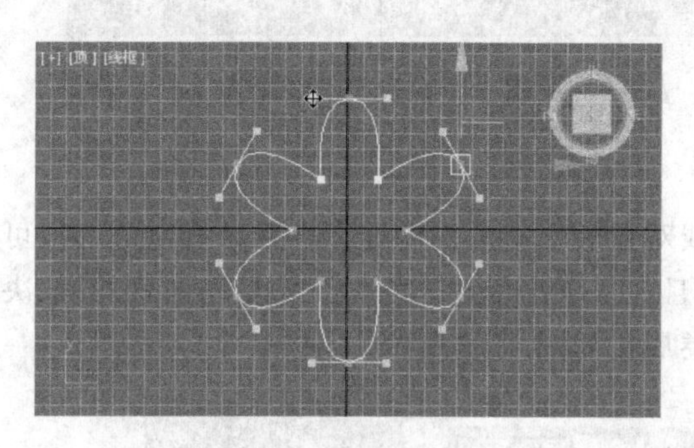

图 4-51　拖动控制柄

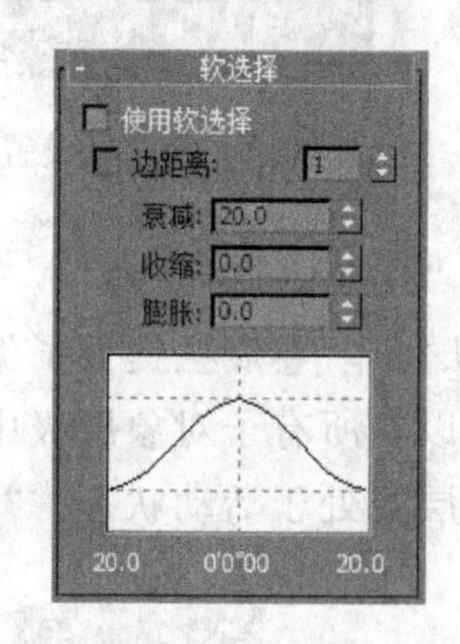

图 4-52　"软选择"卷展栏

"使用软选择"复选框：选中该复选框后，3ds Max 会把变形应用到进行变化的选择周围的未选定子对象上。

"边距离"复选框：选中该复选框后，将软选择限制到右边数值框中指定的边数。

"衰减"数值框：用于定义影响区域的距离。

"收缩"数值框：设置区域的收缩值。

"膨胀"数值框：设置区域的膨胀值。

"软选择曲线"：以图形的方式显示"软选择"将是如何进行工作的。

实例 4-8：软选择

操作步骤

(1) 打开配套光盘上的"软选择.max"文件(文件路径：素材和源文件\part4\)，如图 4-53 所示。

(2) 将对象转换为可编辑样条线，在"修改"命令面板的"选择"卷展栏上单击"顶点"按钮。

(3) 在"修改"命令面板的"软选择"卷展栏上选中"使用软选择"复选框，其他参数按照图 4-54 所示进行设置。

(4) 单击工具栏上的"选择并移动"按钮，在顶视口中框选一部分顶点，然后向右边移动，此时图中除了选中的顶点外还有一些顶点也发生了一点变化，如图 4-55 所示。

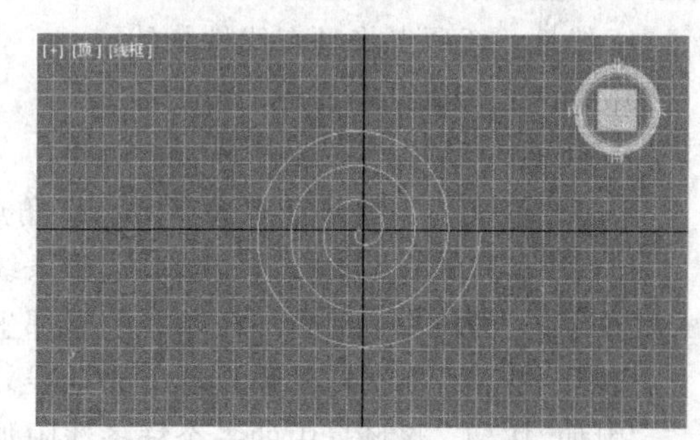

图 4-53　软选择场景

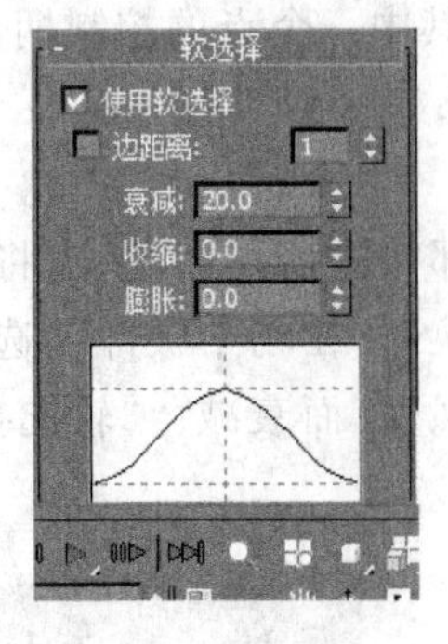

图 4-54　软选择设置

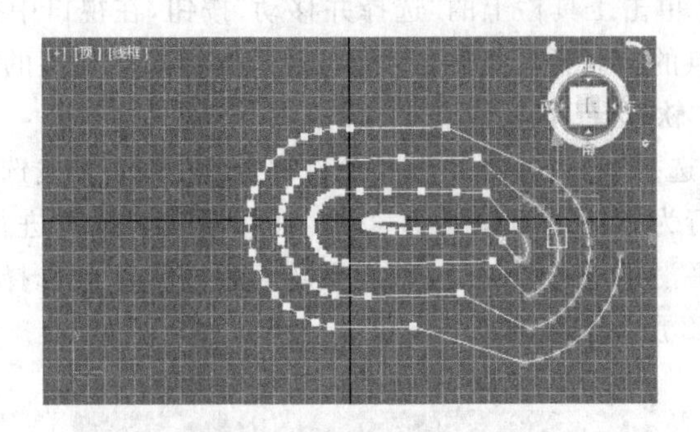

图 4-55　软选择的使用

3. “几何体”卷展栏

“几何体”卷展栏提供了编辑样条线对象和子对象的功能。在样条线对象层级可用的功能也可以在所有子对象层级中使用,并且在每个层级的作用方式完全相同,主要取决于哪个子对象层级处于活动状态。“几何体”卷展栏如图 4-56 所示。

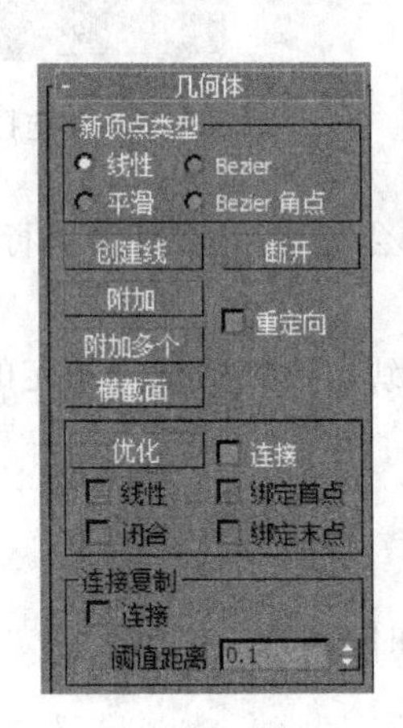

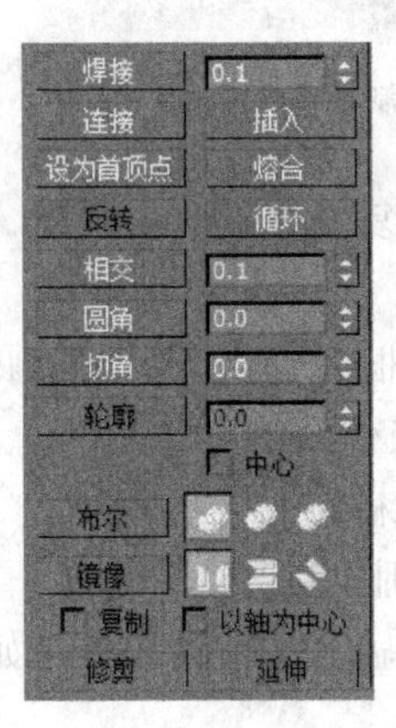

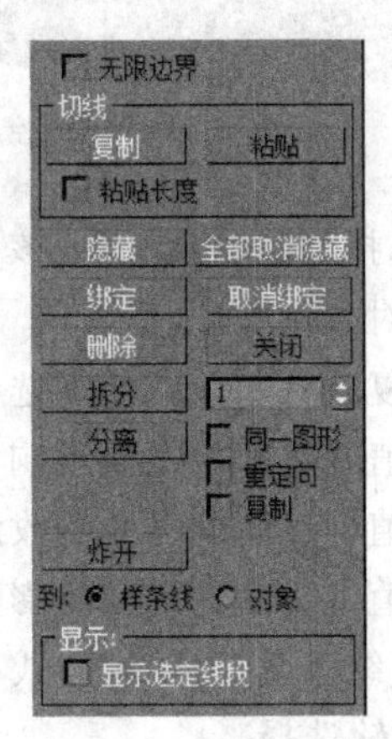

图 4-56　“几何体”卷展栏

“新顶点类型”组:可使用此组中的单选按钮设定复制的线段或样条线的新顶点切线的类型。该组共有 4 个单选按钮。

- 线性:新顶点将具有线性切线。
- 平滑:新顶点将具有平滑切线。
- Bezier:新顶点将具有 Bezier 切线。
- Bezier 角点:新顶点将具有 Bezier 角点切线。

“创建线”按钮:添加样条线到所选样条线。

“重定向”复选框:使附加样条线的局部坐标系与所选样条线的局部坐标系对齐。

“断开”按钮:在选定的顶点拆分样条线。

“附加”按钮:将场景中的一个样条线附加到所选样条线。

“附加多个”按钮:单击该按钮后弹出“附加多个”对话框,在该对话框中选择要附加到当前可编辑样条线的形状,然后单击“确定”按钮。

“横截面”按钮:在横截面形状外面创建样条线框架。

"优化"组：该组包括许多可以与"曲面"修改器一起使用以生成样条线网络的功能，有以下 5 个选项。

- "优化"按钮：该按钮用于为几何体添加新的顶点。
- "连接"复选框：在单击"优化"按钮之前启用"连接"，则通过连接新顶点创建一个新的样条线子对象。
- "线性"复选框：使用时新添加的顶点为角点，禁用时新添加的顶点为平滑点。
- "绑定首点"复选框：使在优化操作中创建的第一个顶点绑定到所选线段的中心。
- "闭合"复选框：使用时连接操作创建一个闭合样条线。如果禁用，将始终创建一个开口样条线。
- "绑定末点"复选框：使在优化操作中创建的最后一个顶点绑定到所选线段的中心。

"连接复制"组有以下两个选项。

- "连接复制"复选框：选中该复选框后，在按住 Shift 键的同时克隆样条线将创建一个新的样条线子对象。
- "阈值"数值框：确定启用"连接复制"后软选择使用的距离。

"端点自动焊接"组：焊接可以将多个顶点合并为一个顶点。

- "自动焊接"复选框：使用后会自动焊接同一条样条线上的指定的阈值内的顶点。
- "阈值"数值框：设置自动焊接的范围。

"焊接"按钮：把两个或多个顶点合并为一个顶点。移近两个端点顶点或两个相邻顶点，选择两个顶点，然后单击"焊接"按钮。如果这两个顶点在"焊接阈值"微调器(按钮的右侧)设置的单位距离内，将转化为一个顶点。

"插入"按钮：插入一个或多个顶点。

"连接"按钮：连接两个端点顶点以生成一个线性线段，而无论端点顶点的切线值是多少。

"设为首顶点"按钮：指定所选样条线中的哪个顶点是第一个顶点。

"熔合"按钮：将所选顶点移至它们的平均中心位置。

"反转"按钮：反转所选样条线的方向。

"循环"按钮：循环选择连续的顶点。

"相交"按钮：在属于同一个样条线对象的两个样条线的相交处添加顶点。

"圆角"按钮：在线段成角连接处设置圆角。

"切角"按钮：在线段成角连接处设置倒角。

"轮廓"按钮：创建样条线的同心图形副本，两个样条线之间的距离由右侧的文本框中的数值决定。如果是一条开放样条线，在使用轮廓后会生成一条闭合的样条线。

"中心"复选框：如果选中了该复选框，原始样条线和轮廓将从一个不可见的中心线向外移动由"轮廓宽度"指定的距离。

"布尔"按钮：利用两个样条线复合生成样条线。

"并集"按钮：将两个重叠样条线组合成一个样条线，保留两个样条线不重叠的部分，重叠的部分将被删除。

"差集"按钮：从第一个样条线中减去与第二个样条线重叠的部分，并删除第二个样条线中剩余的部分。

“相交”按钮：仅保留两个样条线的重叠部分，删除两者的不重叠部分。

“镜像”按钮：沿长、宽或对角方向镜像样条线。

“复制”复选框：在镜像样条线时复制样条线。

“以轴为中心”复选框：以样条线对象的轴点为中心镜像样条线。

“修剪”按钮：清理形状中的重叠部分。

“延伸”按钮：可以清理形状中的开口部分，使端点接合在一个点上。

“无限边界”复选框：将开口样条线视为无穷长。

“切线”组：使用该组中的工具可以将一个顶点的控制柄复制并粘贴到另一个顶点。

- “复制”按钮：将把所选控制柄切线复制到内存。
- “粘贴”按钮：把控制柄切线粘贴到选定的顶点。
- “粘贴长度”复选框：选中该复选框后仅复制控制柄长度。

“隐藏”按钮：隐藏选定的样条线。

“全部取消隐藏”按钮：显示全部子对象。

“删除”按钮：删除选定的样条线。

“闭合”按钮：闭合选定的样条线。

“分离”按钮：将所选图形中的多条样条线分解成独立的样条线对象。

“重定向”复选框：使分离出来的样条线的局部坐标系与所选样条线的局部坐标系对齐。

“复制”复选框：分离样条线时复制样条线。

“炸开”按钮：把所选样条线中的每一个线段分离为独立的样条线对象。

“显示”组：选中“显示选定线段”复选框后，顶点子对象层级的任何所选线段都显示为红色。

4. “曲面属性”卷展栏

“曲面属性”卷展栏如图 4-57 所示。

“设置 ID”数值框：把材质的 ID 编号指定给所选线段。

“选择 ID”按钮：利用材质的 ID 来选择线段或样条线。

“按名称选择”下拉列表：显示材质的名称。

“清除选定内容”复选框：利用材质选择对象后将强制取消选择任何以前已经选定的线段或样条线。

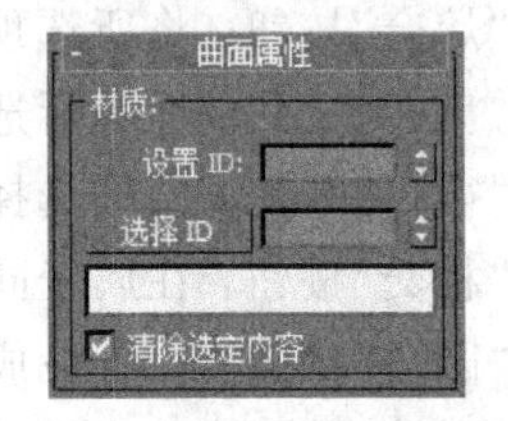

图 4-57 “曲面属性”卷展栏

实例 4-9：休闲桌

操作步骤

(1) 打开配套光盘上的“休闲桌.max”文件(文件路径：素材和源文件\part4\)，如图 4-58 所示。

(2) 选中圆形样条线并右击，在弹出的快捷菜单中选择“转换为”|“转换为可编辑样条线”命令。

(3) 在“修改”命令面板的“选择”卷展栏中单击“顶点”按钮，在“几何体”卷展栏中单击“优化”按钮。在顶视口中用鼠标在如图 4-59 所示的位置单击添加顶点，再次单击“优化”按钮退出添加顶点的操作。

(4) 在“选择”卷展栏中单击“线段”按钮，按住 Ctrl 键分别单击图中的线段，选中所有线

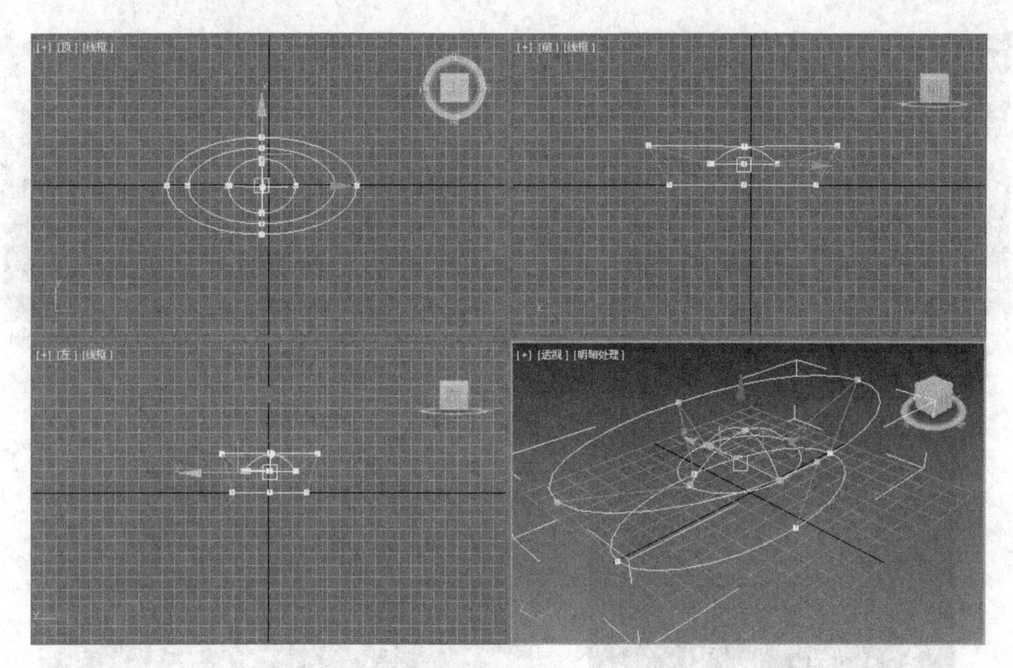

图 4-58　休闲桌场景

段，如图 4-60 所示。

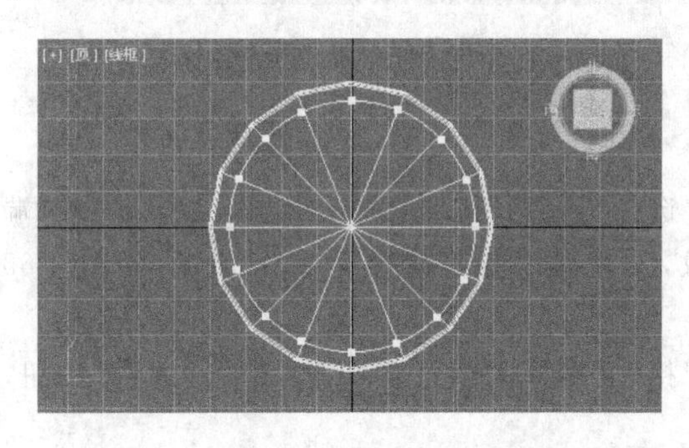

图 4-59　添加顶点

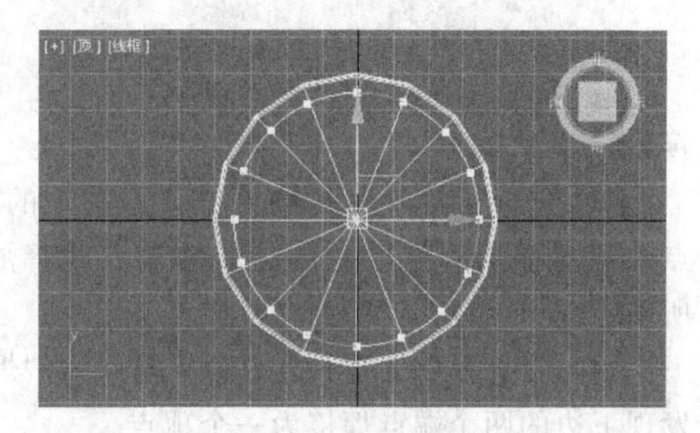

图 4-60　选择线段

（5）在前视口中单击鼠标，切换到前视口。单击工具栏上的“选择并移动”按钮，将所选线段向上移到圆柱的底部，如图 4-61 所示，在状态栏的坐标输入文本框中设置 Z 值为 75。

（6）切换到顶视口，单击工具栏上的“选择并均匀缩放”按钮，按住鼠标向下拖动到合适的位置释放，如图 4-62 所示。

（7）单击透视视口，按 F9 键进行渲染，效果如图 4-63 所示。

实例 4-10：样条线的操作

操作步骤

（1）打开配套光盘上的“样条线的操作.max”文件（文件路径：素材和源文件\part4\），如图 4-64 所示。

（2）在顶视口中选中左边的花形，在“修改”命令面板的“几何体”卷展栏中单击“附加”按钮。在顶视口中选中右边的花形，再次单击“附加”按钮，然后退出附加操作，选中“自动焊

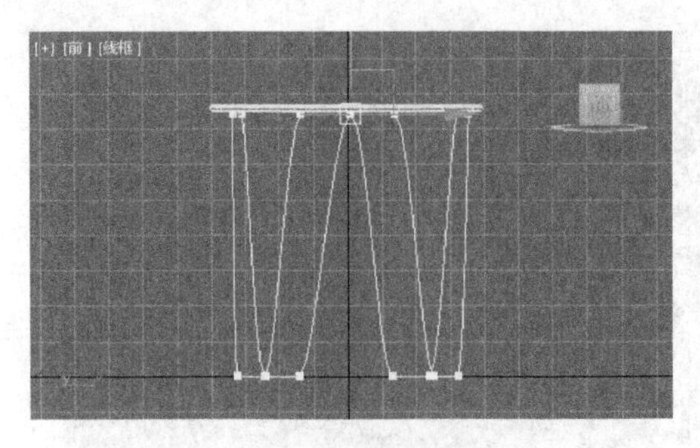

图 4-61　向上移动线段

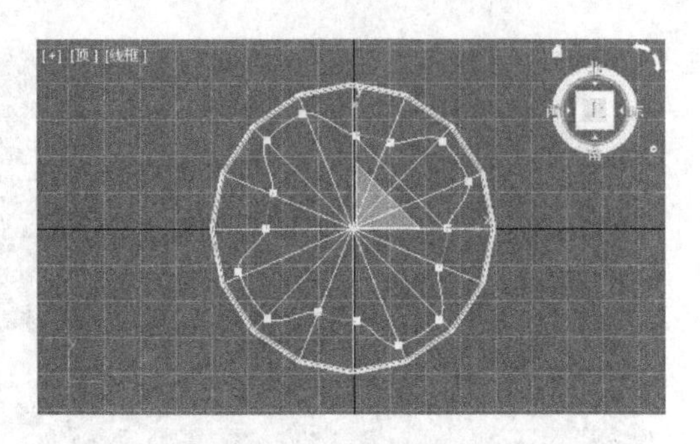

图 4-62　缩放操作

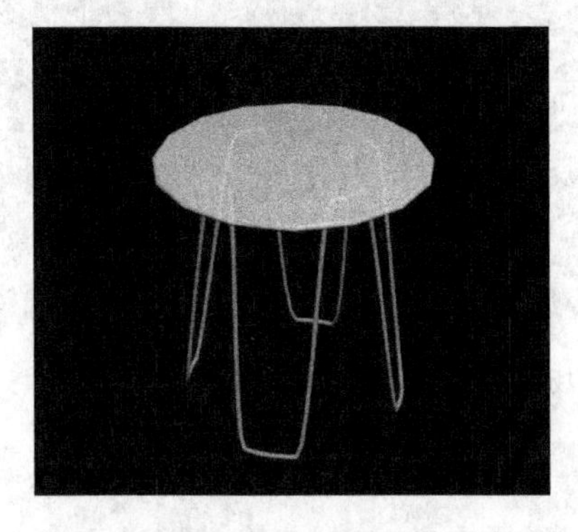

图 4-63　休闲桌

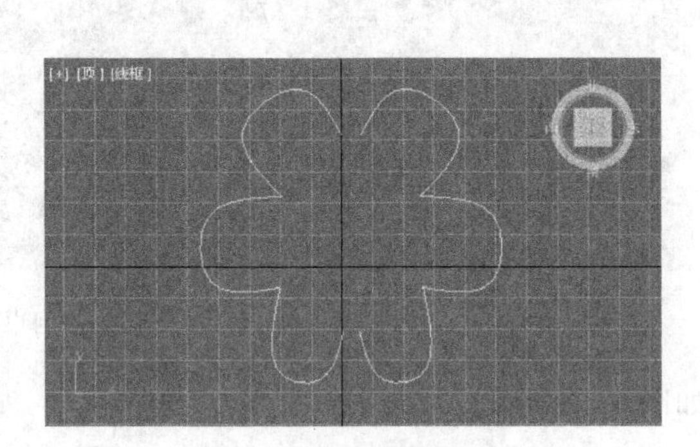

图 4-64　样条线的操作场景

接”复选框。

(3) 选择子对象为顶点，单击工具栏上的“选择并移动”按钮，选中右边样条线上边的端点并向左拖动到靠近左边花形的端点时释放，发现两个顶点焊接为一个顶点，如图 4-65 所示。

(4) 选中两个花形下边的两个端点，将“焊接”文本框的值设置为 10，单击“焊接”按钮，发现下边的两个端点焊接为一个顶点。

(5) 选择子对象为样条线，在“几何体”卷展栏中单击“轮廓”按钮，选中样条线，向外拖动鼠标生成同心图形，如图 4-66 所示。

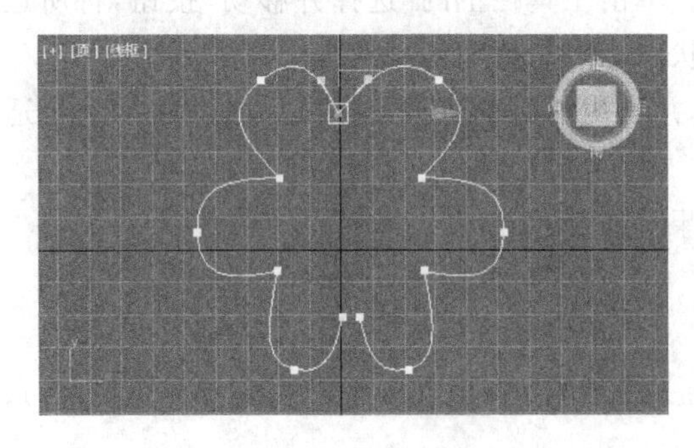

图 4-65　焊接顶点

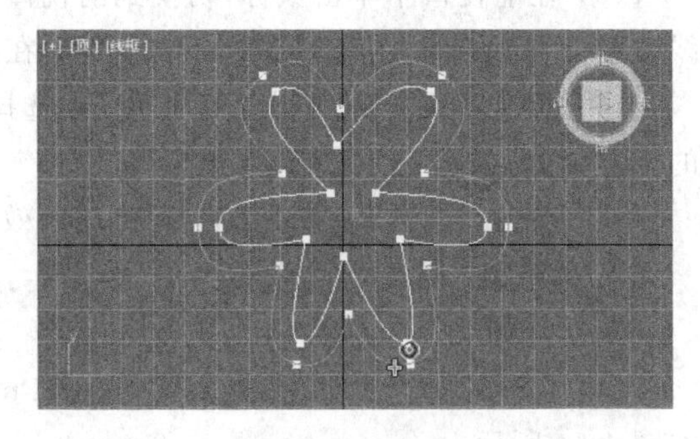

图 4-66　同心花形

(6) 选择中间的小花形，单击“分离”按钮，在弹出“分离”对话框上单击“确定”按钮。此时两个花形分离为“图形 01”和“图形 02”两个独立的图形对象。

实例 4-11：圆角和切角

操作步骤

(1) 打开配套光盘上的“圆角和切角.max”文件(文件路径：素材和源文件\part4\)，如图 4-67 所示。

(2) 选择右边的星形 star02，在“修改”命令面板中选择子对象为顶点，选中 star02 的外部的顶点，在“几何体”卷展栏中单击“圆角”按钮，在顶视口中按住鼠标向上拖动到合适的位置释放生成圆角，如图 4-68 所示。

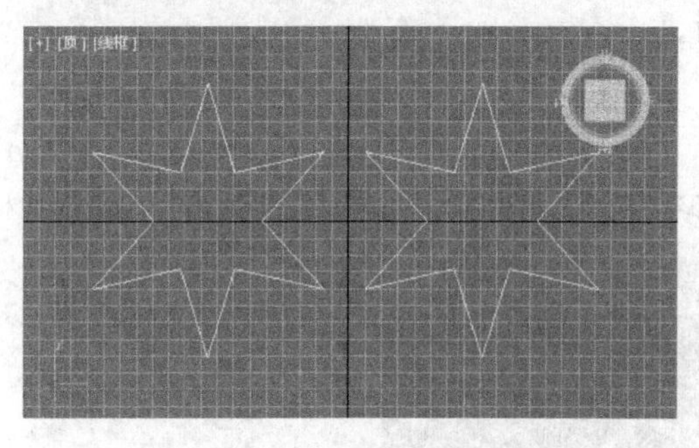

图 4-67　圆角和切角场景

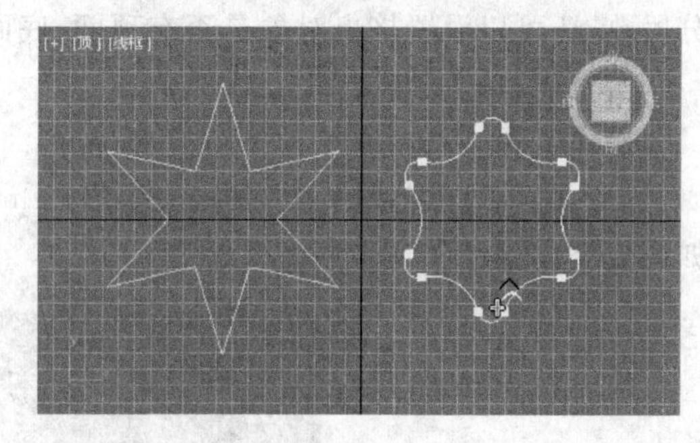

图 4-68　圆角

(3) 选中 star02 内部的顶点，单击“切角”按钮，在顶视口中按住鼠标向上拖动至合适的位置释放生成切角，如图 4-69 所示。

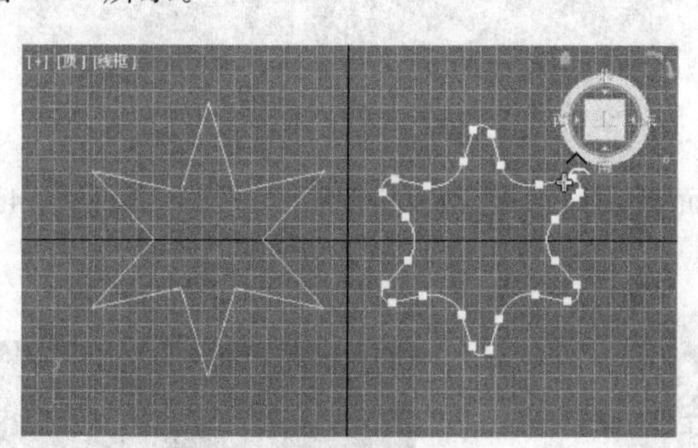

图 4-69　切角

4.2.2　编辑样条线修改器

对二维图形的编辑方法有两种，一是使用可编辑样条线，二是使用编辑样条线修改器。在“修改”命令面板上的修改器下拉列表中单击“编辑样条线”即可在修改器堆叠中添加“编辑样条线”修改器，在修改器堆叠中单击“编辑样条线”即可进行样条线的编辑操作。

“编辑样条线”修改器与“可编辑样条线”对象的功能基本相同，两者的不同点如下所述。

(1) 在“编辑样条线”修改器中没有“渲染”和“插值”卷展栏。

(2) “可编辑样条线”不允许对样条线的创建参数进行操纵，而应用了“编辑样条线”的样条线，创建参数在修改器堆叠中可用。

(3) “编辑样条线”修改器次对象不能直接制作动画。

4.3 二维建模

将二维图形转换成为三维对象是3ds Max的一个强大的功能，在3ds Max中有很多修改器实现这个目的。

4.3.1 挤出修改器的使用

"挤出"操作使二维图形沿着其局部坐标系的Z轴增加一个厚度，可以指定挤出方向的分段数，还可以设置挤出对象是否有顶面、底面。

实例4-12：三维文字

操作步骤

(1) 打开配套光盘上的"三维文字挤出.max"文件(文件路径：素材和源文件\part4\)，如图4-70所示。

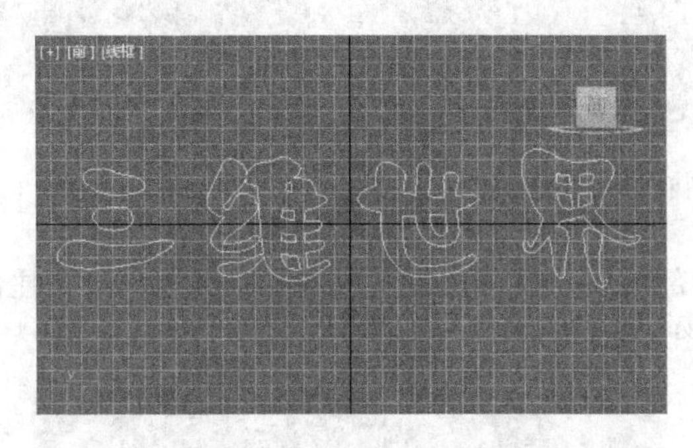

图4-70 三维文字

(2) 在"修改"命令面板的修改器列表中选择"挤出"，按照图4-71所示设置参数，效果如图4-72所示。

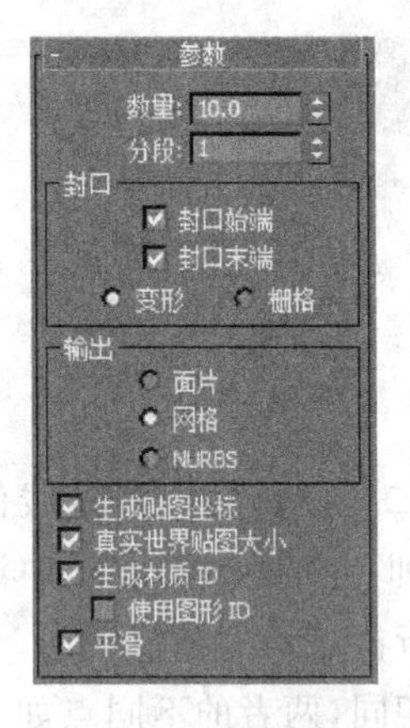

图4-71 挤出修改器参数

图4-72 三维文字效果

4.3.2 倒角修改器的使用

与挤出修改器的作用类似，倒角修改器也可以沿二维图形的局部坐标的Z轴进行拉伸，但它可以进行三级操作，还可以产生平滑的倒角效果。

实例 4-13：小茶杯

操作步骤

(1) 打开配套光盘上的“小茶杯倒角.max”文件(文件路径：素材和源文件\part4\)，如图 4-73 所示。

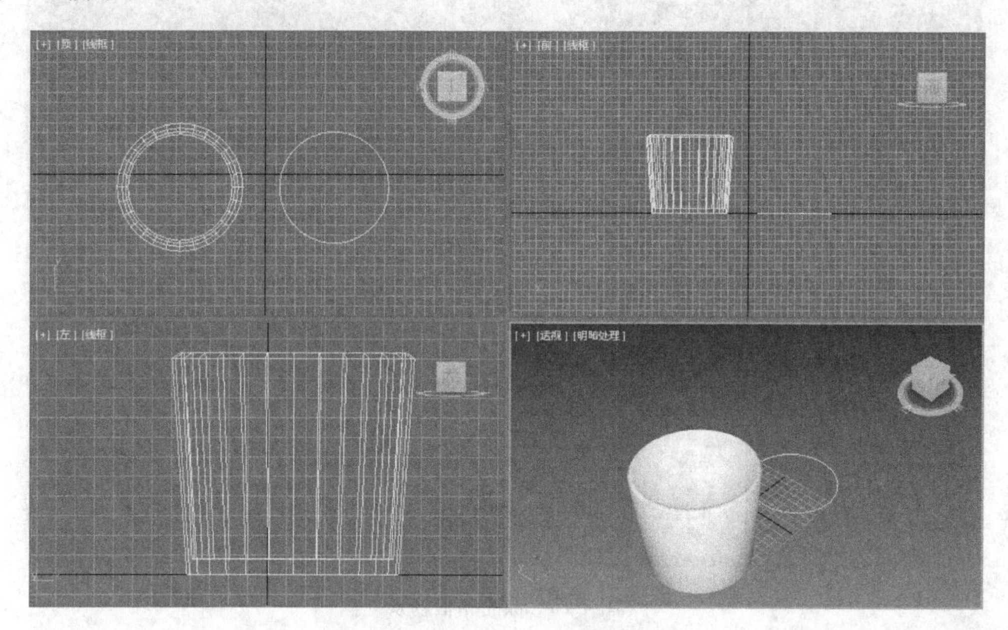

图 4-73　小茶杯场景

(2) 选中右边的圆形，在“修改”命令面板的修改器列表中选择“倒角”，按图 4-74 所示设置参数，效果如图 4-75 所示。

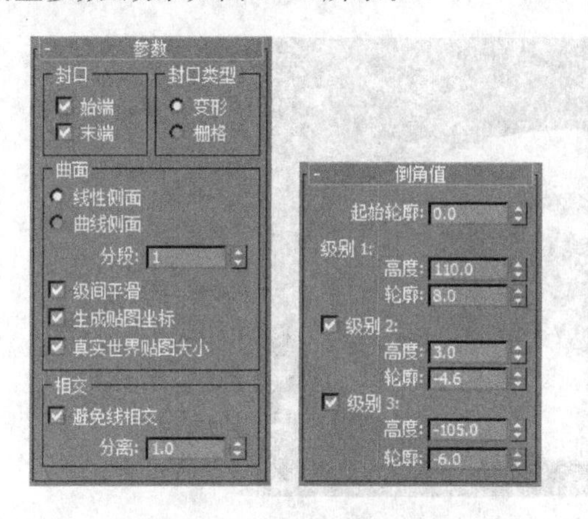

图 4-74　倒角参数设置

图 4-75　两只小茶杯

4.3.3　倒角剖面修改器的使用

倒角剖面修改器使用另一个图形路径作为“倒角截剖面”来挤出一个图形。

实例 4-14：漂亮的相框

操作步骤

(1) 打开配套光盘上的“漂亮的相框倒角剖面.max”文件(文件路径：素材和源文件\part4\)，如图 4-76 所示。

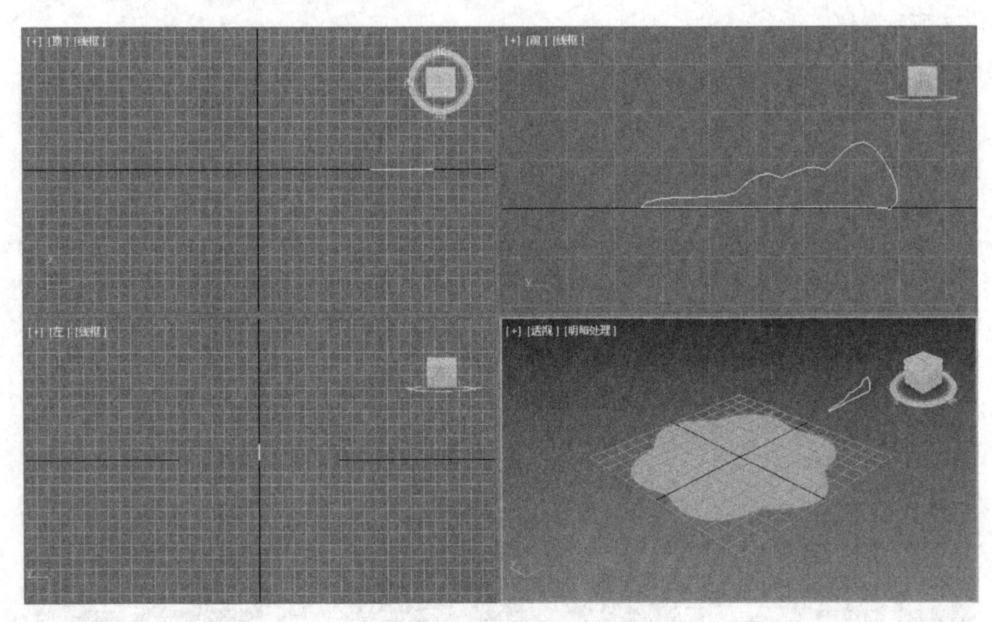

图 4-76　漂亮相框场景

(2) 按下 H 键，在“选择对象”对话框中选择 star01 对象，在“修改”命令面板上的修改器列表中选择“倒角剖面”。单击“拾取剖面”按钮，用鼠标在 line01 对象上单击一下，此时视口中出现了一个花式的边框，如图 4-77 所示。

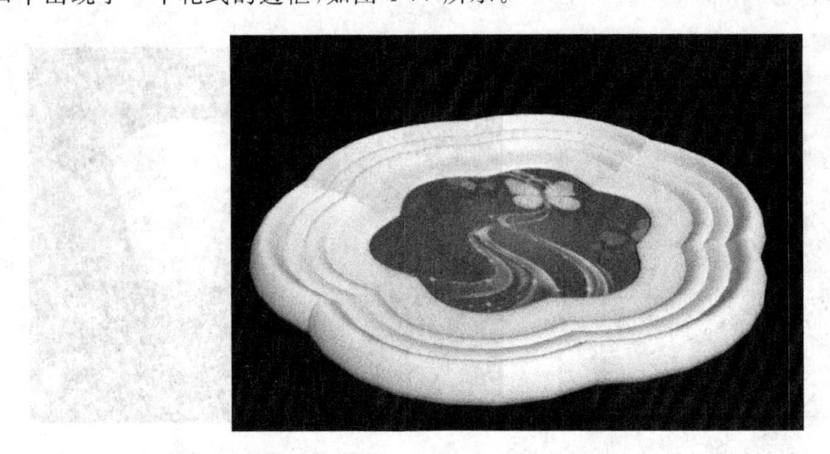

图 4-77　漂亮的相框

4.3.4　车削修改器的使用

车削通过绕轴旋转一个图形来创建 3D 对象。

实例 4-15：酒瓶与酒杯

操作步骤

(1) 打开配套光盘上的“酒瓶与酒杯.max”文件(文件路径：素材和源文件\part4\)。

(2) 在前视口中选择 line01 对象。

(3) 在“修改”命令面板的修改器列表中选择“车削”,按照图 4-78 所示设置参数。

(4) 选择 line02 对象重复第 3 步的操作,最后效果如图 4-79 所示。

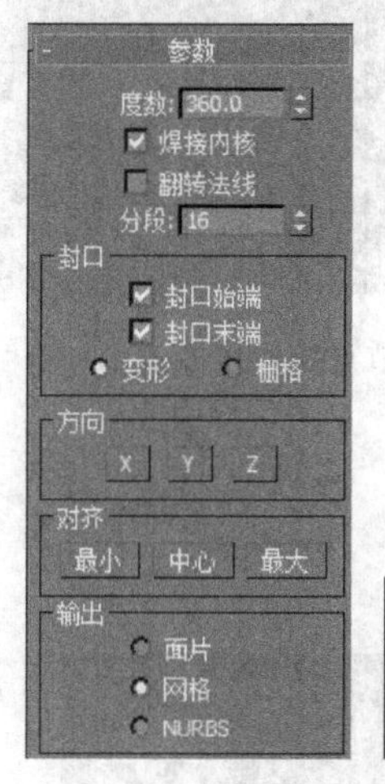

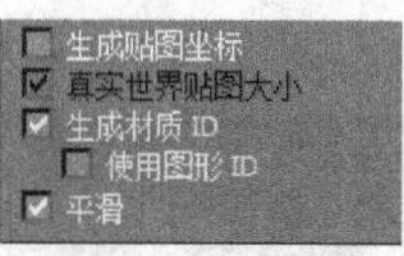

图 4-78　车削参数设置

图 4-79　酒瓶与酒杯

4.4　上机练习与指导

4.4.1　窗帘的制作

视频讲解

1. 练习目标

(1) 练习编辑样条线修改器的使用。

(2) 练习挤出修改器的使用。

(3) 练习网格编辑修改器的使用。

2. 练习指导

(1) 启动 3ds Max 软件,选择顶视口为当前视图。单击“二维创建面板”按钮,在该面板上单击“线”按钮,在顶视口中创建一条直线,如图 4-80 所示。

(2) 进入“修改”命令面板,选择编辑样条线修改器,进入子节点层级编辑状态,然后展开几何体卷展栏,单击“插入”按钮,在直线上插入一些节点,拉成扭曲的效果,如图 4-81 所示。

(3) 选择挤出修改器,设置参数,如图 4-82 所示。在透视视口中得到如图 4-83 所示的效果。

(4) 选择“编辑网格”编辑修改器,展开“选择”卷展栏,进入子节点层级编辑状态。在前视口中选择某个分段处的水平节点,利用比例缩放工具对 6 处分段节点分别进行移动,得到如图 4-84 所示的效果。

(5) 选择前视口,单击镜像工具,按图 4-85 所示设置参数,效果如图 4-86 所示。

(6) 渲染存盘。本实例的源文件为配套光盘上的 ch04_1.max 文件(文件路径:素材和源文件\part4\上机练习\),最终效果如图 4-87 所示。

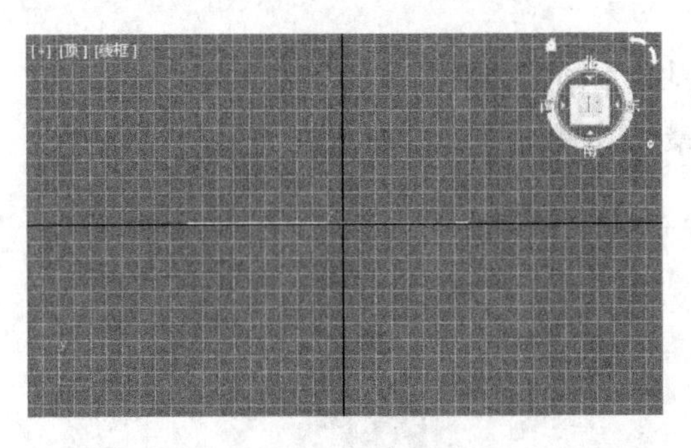

图 4-80 创建一条直线

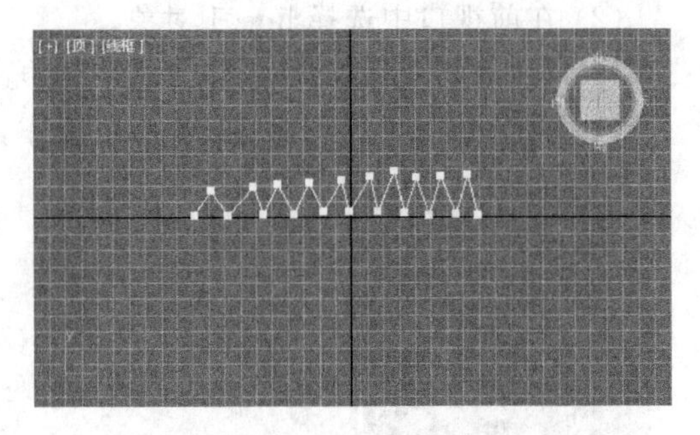

图 4-81 添加节点拉成扭曲效果

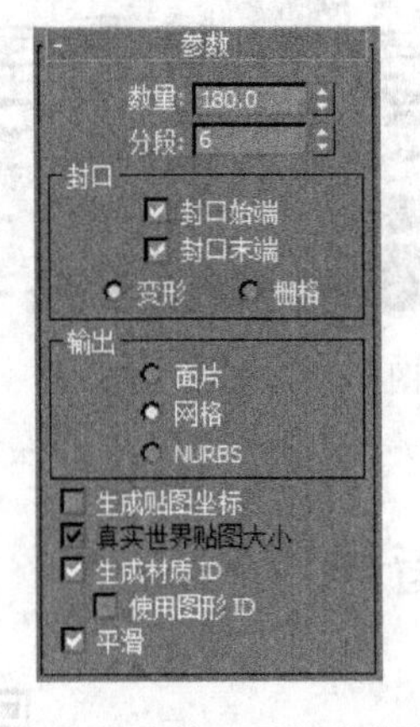

图 4-82 挤出修改器的参数设置

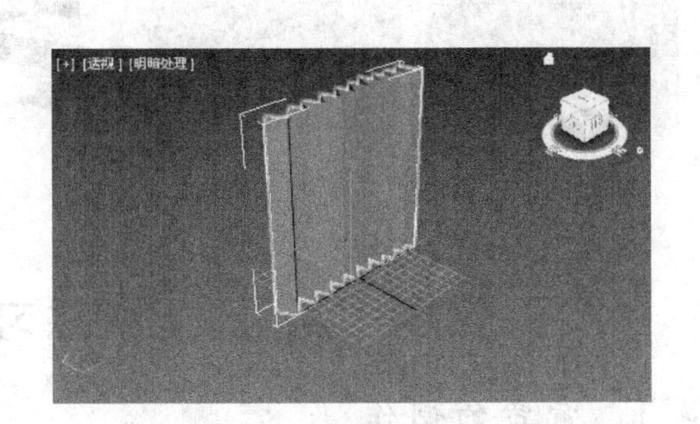

图 4-83 挤出后的效果图

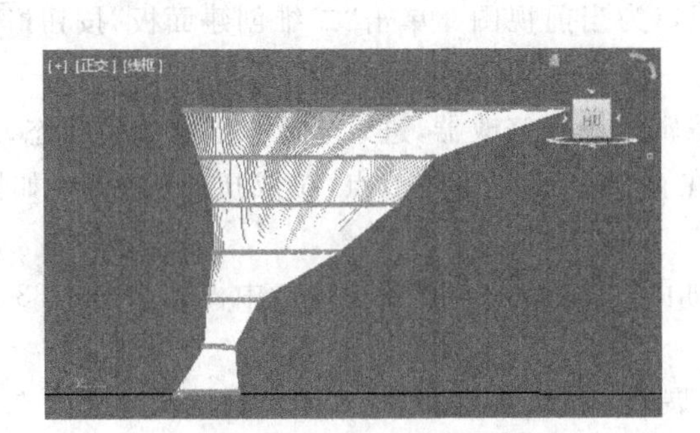

图 4-84 网格编辑效果

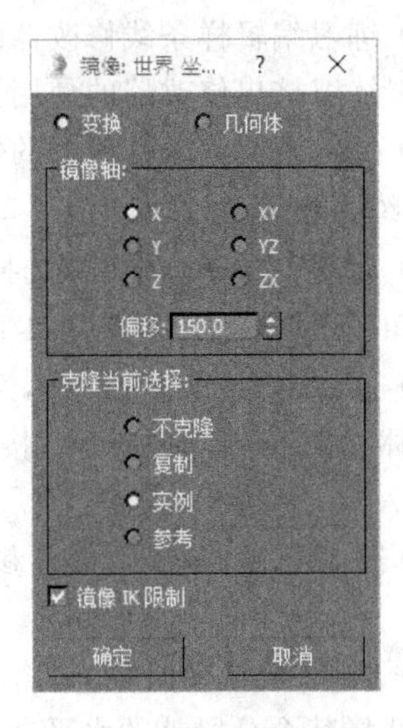

图 4-85 镜像参数设置

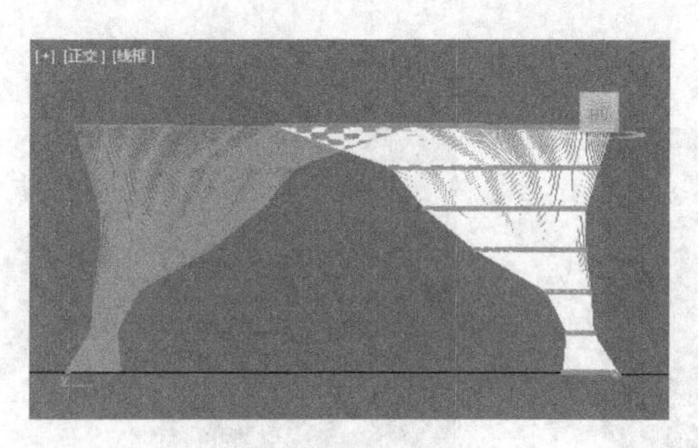

图 4-86　镜像效果

图 4-87　最终效果

4.4.2　放大镜的制作

视频讲解

1. 练习目标

(1) 车削修改器的使用。

(2) 了解由二维到三维的建模过程。

2. 练习指导

(1) 启动 3ds Max 软件,选择前视口为当前视图,进入二维创建面板,创建一条闭合折线。进入"修改"命令面板,然后进入子节点层级编辑状态,对节点进行调整,如图 4-88 所示。

(2) 选择车削修改器,按照图 4-89 所示设置参数,效果如图 4-90 所示。

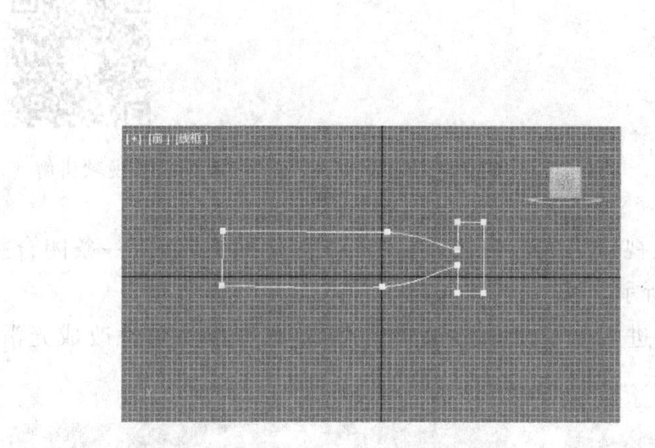

图 4-88　创建一条闭合曲线

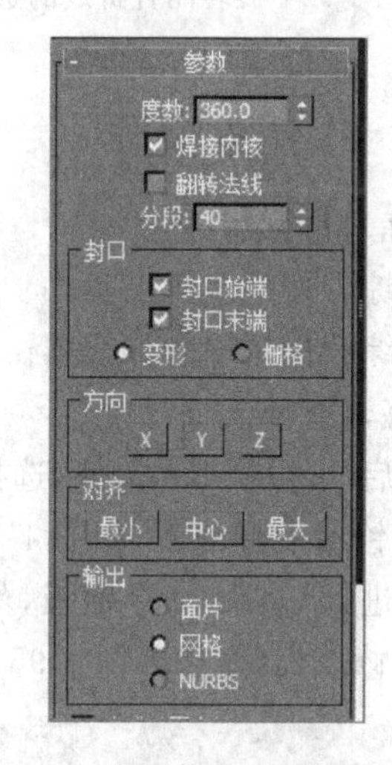

图 4-89　车削修改器的参数设置

(3) 选择顶视口,利用样条线创建如图 4-91 所示的闭合折线,利用车削修改器将其旋转成如图 4-92 所示。

(4) 对两部分进行组合,完成建模工作。

(5) 渲染存盘。本实例的源文件为配套光盘上的 ch04_2.max 文件(文件路径:素材和源文件\part4\上机练习\),最终效果如图 4-93 所示。

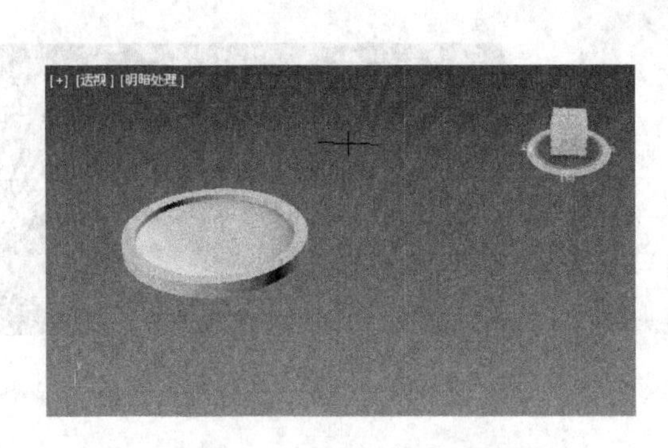

图 4-90　设置参数后的效果

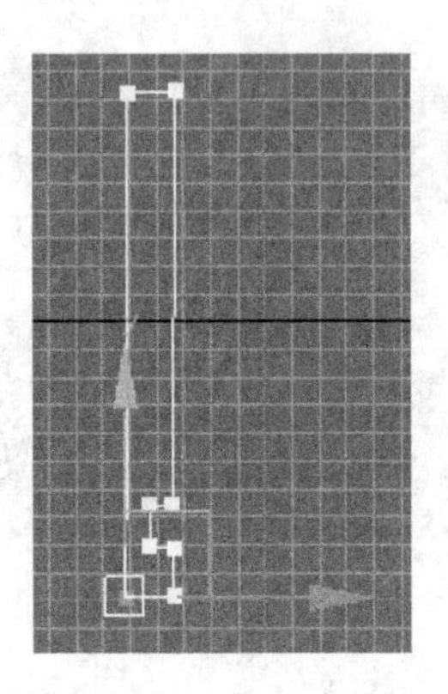

图 4-91　闭合折线

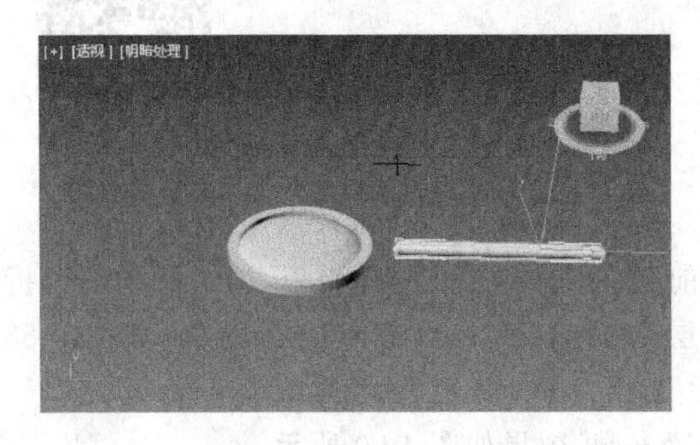

图 4-92　旋转闭合折线的透视图

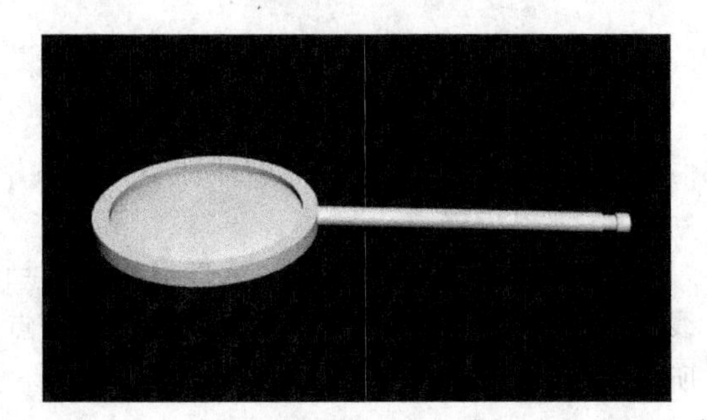

图 4-93　最终效果图

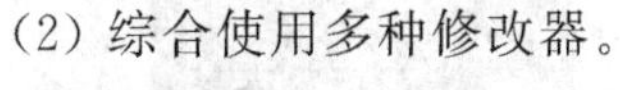

4.4.3　时钟的制作

视频讲解

1. 练习目标

(1) 综合使用多种工具。

(2) 综合使用多种修改器。

2. 练习指导

(1) 启动 3ds Max 软件,选择顶视口为当前视图,进入二维创建面板,创建一条闭合折线作为时钟的旋转截面,如图 4-94 所示。

(2) 进入"修改"命令面板,然后进入子节点层级编辑状态,将部分节点属性改成光滑,选择车削修改器,效果如图 4-95 所示。

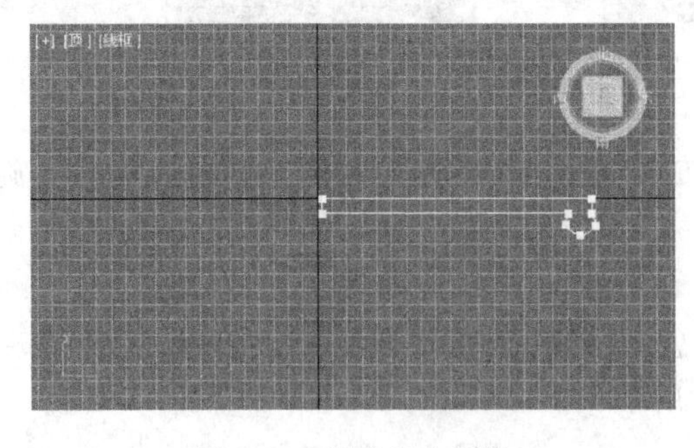

图 4-94　创建闭合折线

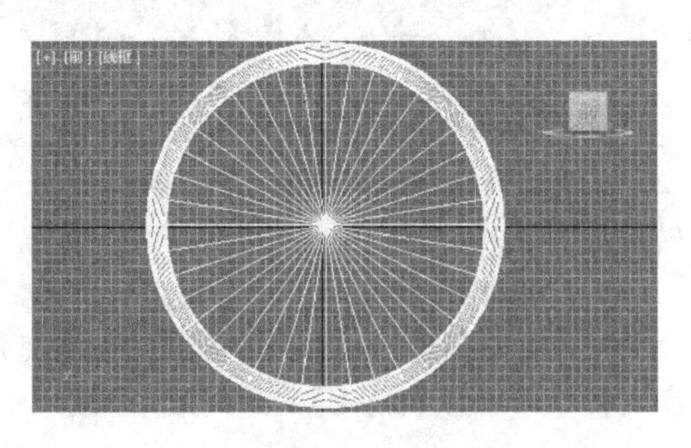

图 4-95　绘制钟面

(3) 选择前视口，进入二维创建面板，利用文字工具创建如图 4-96 所示的文字，然后利用挤出修改器将 12 个文字对象拉伸，数量为 5。

(4) 选择前视口，进入二维创建面板，利用线工具创建如图 4-97 所示的 3 个闭合三角形，利用挤出修改器将三角形对象拉伸，数量为 3。

图 4-96　钟面效果图

图 4-97　绘制钟面的指针

(5) 利用三维创建面板中的圆柱体工具创建合适大小的圆柱体，将其移动到时钟的中心位置，完成建模，如图 4-98 所示。

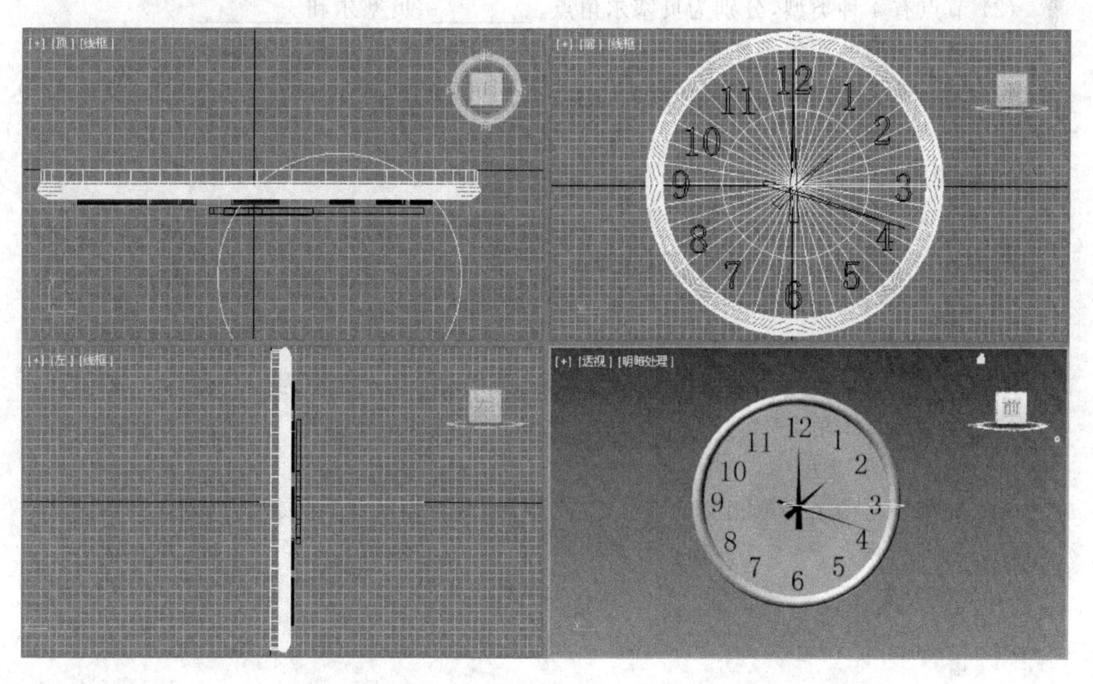

图 4-98　完成后的钟面三视图

(6) 渲染存盘。本实例的源文件为配套光盘上的 ch04_3.max 文件(文件路径：素材和源文件\part4\上机练习\)，最终效果如图 4-99 所示。

图 4-99　最终效果

4.5　本章习题

1. 填空题

(1) 使用"编辑样条线"功能可以修改曲线的 4 个层次,分别是物体层次、________、________及样条线层次。

(2) 节点有 4 种类型,分别为贝塞尔角点、________、贝塞尔和________。

(3) 二维图形的布尔操作包括并集、________和________运算。

(4) 3ds Max 中的圆和椭圆都是由________个顶点设定的,如果设置"步数"文本框中的数值为 0,则图形会为________形。

2. 选择题

(1) 在 3ds Max 中可以直接创建(　　)种二维图形。

A. 10　　B. 11　　C. 12　　D. 13

(2) 在 3ds Max 中可以创建的立体二维线条是(　　)。

A. 星形　　B. 螺旋线　　C. 文本　　D. 多边形

(3) 如果对象顶点两侧的线段为任意角度,则对象的顶点类型为(　　)。

A. "Bezier 角点"类型　　B. Bezier 类型

C. "平滑"类型　　D. "角点"类型

(4) 如果要将两个对象相交的部分消除,应在"编辑样条线"卷展栏中单击(　　)按钮。

A. "分解"　　B. "延伸"　　C. "裁剪"　　D. "相减"

第5章 修 改 器

3ds Max 提供了强大的模型修改功能,使用 3ds Max 中的"修改"命令面板和修改器可以对模型进一步修改,创建出形形色色的 3D 对象,它将基础几何体构建的模型进行加工后修改得精致如真,得到更完善的造型。本章将介绍各种修改器的使用和面片建模以及多边形建模技术。

本章的主要内容:

- 各种修改器及编辑网格的使用;
- 面片建模;
- 多边形建模。

5.1 编辑修改器

编辑修改器是 3ds Max 中用于修改几何体对象的工具。3ds Max 自身带有很多的编辑修改器,它们位于"修改"命令面板的修改器下拉列表中。一个对象可以应用多个编辑修改器,一个编辑修改器也可以应用于多个对象上。

5.1.1 修改器堆栈

堆栈的意思是从下往上堆积,在"修改"命令面板上有一块区域用于显示当前应用在几何体对象上的编辑修改器,这个区域称为"修改器堆栈",如图 5-1 所示,它用来按顺序列出

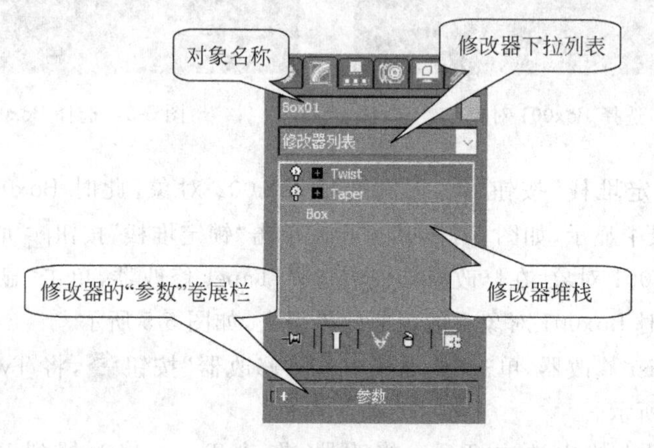

图 5-1 修改器堆栈

一个物体所使用过的修改器,即记录对一个物体所做修改的操作历史。通过堆栈列表可以返回到任何一个修改器以改变其参数。

修改器堆栈下方的图标按钮的作用如下。

"锁定堆栈"按钮：锁定堆栈及修改器的下拉列表框。

"显示最终结果开/关切换"按钮：按下该按钮,将在任何修改层次显示最终修改效果。

"使唯一"按钮：使以实例形式复制的对象独立,可以对其单独调整而不影响其他对象。

- "从堆栈中移除修改器"按钮：从堆栈列表中删除当前的修改器。
- "配置修改器集"按钮：对堆栈中的修改器进行管理。

实例5-1：修改器堆栈的使用

操作步骤

(1) 打开配套光盘上的"修改器堆栈的使用.max"文件(文件路径：素材和源文件\part5\),图中对象从左向右分别为Box001、Box002、Box003。

(2) 选择Box001对象,单击"修改"命令面板按钮,打开"修改"命令面板。在修改器堆栈中可以看见有Twist和Taper两个修改器,如图5-1所示。单击Twist修改器前的小灯泡图标后Box001的扭曲效果消失了,如图5-2所示,再次单击扭曲效果出现。

(3) 单击Twist前面的"+"号图标,在Twist下面出现子树,其中有Gizmo和中心两个子对象,单击Gizmo子对象,Box001对象外围橙色的Gizmo变成了黄色,可以使用移动、旋转等工具对其进行编辑修改。再次单击取消对Gizmo子对象的选择。

(4) 选择Box002对象,此时Box001对象上没有任何的标志,如图5-3所示。

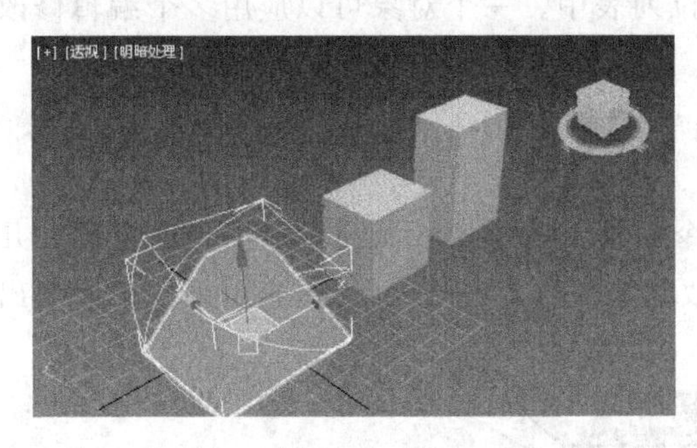

图5-2 选择Box001对象

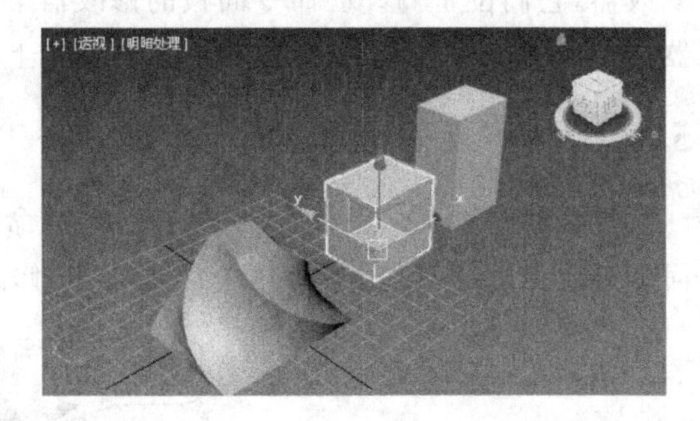

图5-3 选择Box002对象

(5) 单击"锁定堆栈"按钮,再次选择Box002对象,此时Box001对象上的橙色Gizmo依然在场景中显示,如图5-4所示。再次单击"锁定堆栈"按钮取消锁定。

(6) 选择Box001对象,在修改器堆栈中选择Taper修改器,单击"显示最终结果开/关切换"按钮,此时Box001对象上的扭曲效果消失,如图5-5所示。

(7) 选中Twist修改器,单击"从堆栈中移除修改器"按钮,将Twist修改器从堆栈中删除,如图5-6所示。

(8) 在修改器堆栈中选中Taper修改器,拖动Taper修改器到Box002对象上,把Taper修改器复制到了Box002对象上,此时Box002对象也锥化了,如图5-7所示。

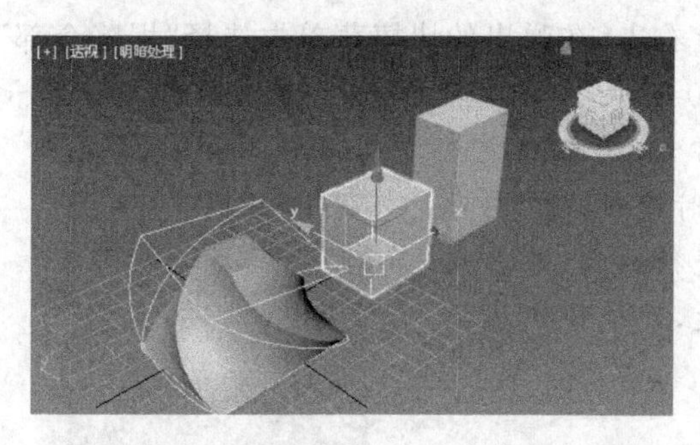

图 5-4　按下了"锁定堆栈"按钮后选择 Box002

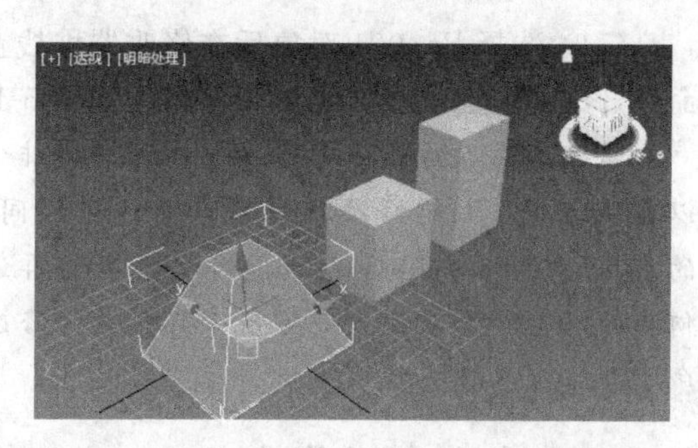

图 5-5　"显示最终结果开/关切换"按钮的作用

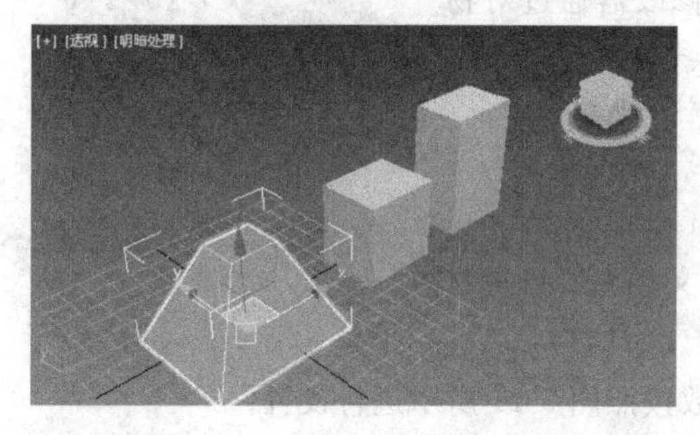

图 5-6　从堆栈中移除 Twist 修改器

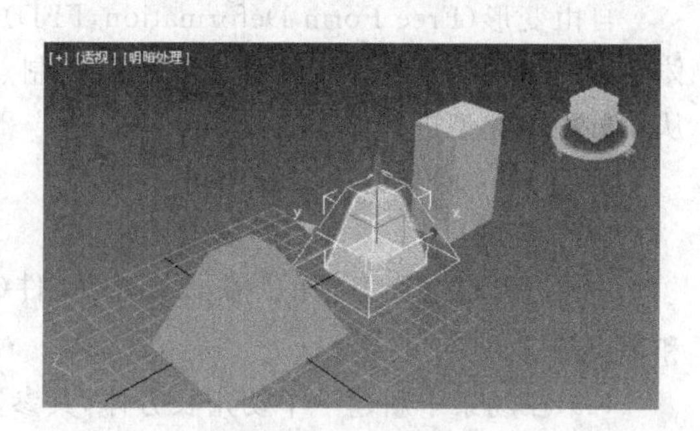

图 5-7　拖动复制修改器

(9) 选择 Box001 对象,在 Taper 修改器上右击,弹出如图 5-8 所示的快捷菜单,选择"复制"命令。

(10) 再选择 Box003 对象,然后在修改器堆栈上右击,在弹出的快捷菜单中选择"粘贴实例"命令。选择 Box001 对象,在 Taper 修改器的"参数"卷展栏中将"数量"值设置为 0.5,此时 Box001 和 Box003 对象都发生了变化,效果如图 5-9 所示。

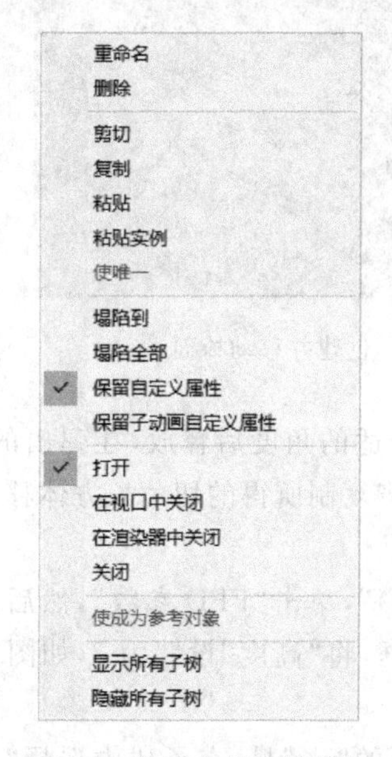

图 5-8　堆栈上的快捷菜单

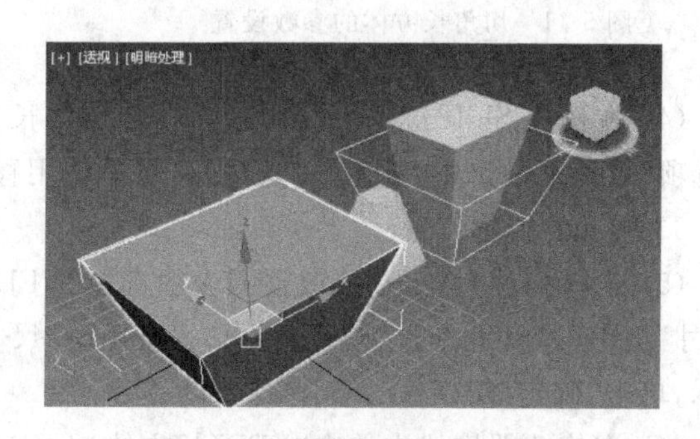

图 5-9　修改器粘贴实例的作用

(11) 选择 Box001 对象后在修改器堆栈上右击，在弹出的快捷菜单中选择“塌陷全部”命令，修改器堆栈变为“可编辑网格”，如图 5-10 所示。

专家点拨：编辑修改器对内存的消耗非常大，塌陷堆栈可以在保留对象编辑修改器对对象的作用的同时有效减少内存的占用。但是，塌陷后的编辑修改器不能再进行编辑，基本几何体的参数也会被删除，从而不能再进行修改，即使使用撤销命令也不容易恢复原状。

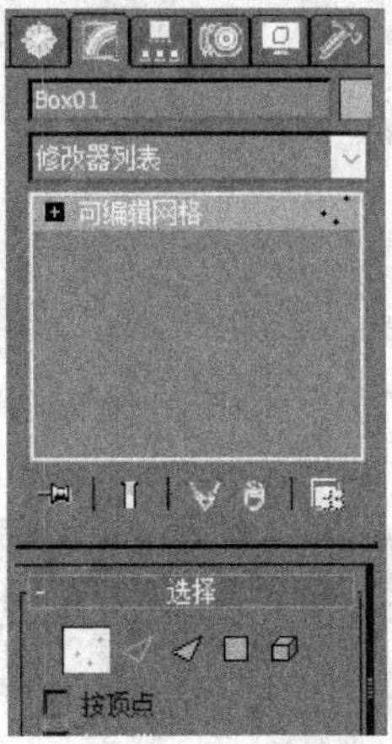

图 5-10　塌陷为可编辑网格

5.1.2　自由变形修改器

自由变形(Free Form Deformation，FFD)修改器通过对物体外围的结构线框或位于结构线框上的控制点进行变换操作，从而对物体造型进行修改。

实例 5-2：FFD 修改器的使用

操作步骤

(1) 打开配套光盘上的“椅子. max”文件(文件路径：素材和源文件\part5\)。

(2) 在场景中新建一个切角长方体，其参数按照图 5-11 所示进行设置。

(3) 使用移动工具将长方体移动到椅面的位置上，如图 5-12 所示。

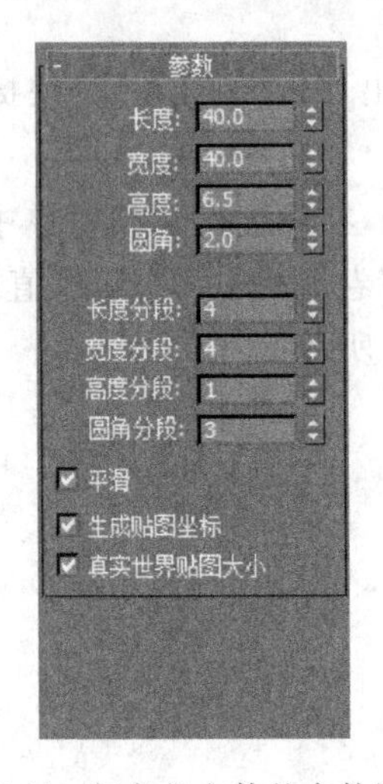

图 5-11　切角长方体的参数设置

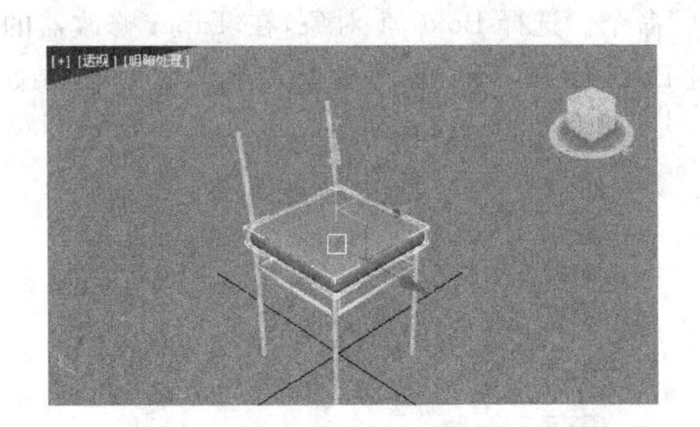

图 5-12　创建并移动椅面

(4) 在按住 Shift 键的同时用鼠标旋转切角长方体到合适的角度后释放，在弹出的“克隆选项”对话框中选中“复制”单选按钮，然后使用移动工具将复制所得的切角长方体移动到图 5-13 所示的椅背位置。

(5) 选择椅面对象，在修改器列表中选择“FFD(长方体)”，单击“FFD 参数”，然后单击“尺寸”组中的“设置点数”按钮，弹出“设置 FFD 尺寸”对话框，将“高度”设置为 2，如图 5-14 所示，单击“确定”按钮。

(6) 在修改器堆栈中单击“FFD(长方体)4×4×2”前面的“+”号，在子树中选择“控制

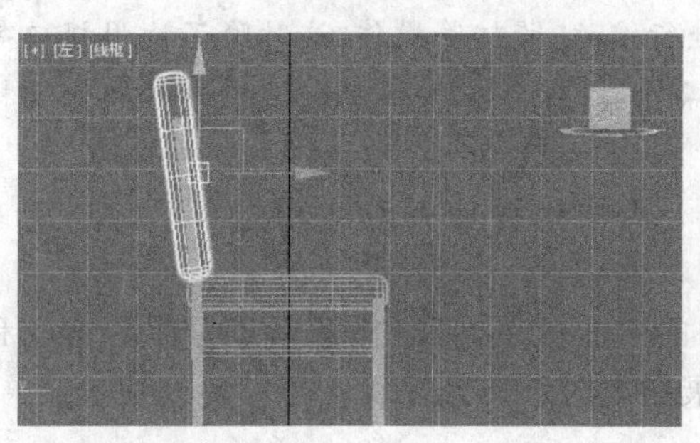

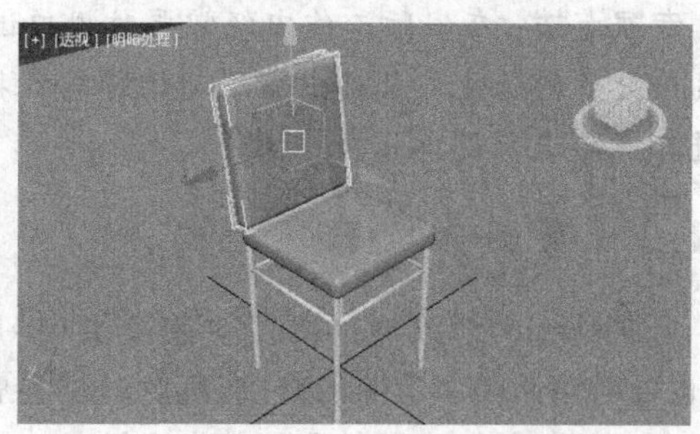

图 5-13　旋转复制得到椅背

点”子对象。

(7) 按住 Ctrl 键，在透视图中用鼠标分别单击椅面上中间的 4 个控制点，然后使用移动工具将其沿 Z 轴向上移动一定的距离，产生一个向上略微凸起弧面的效果，如图 5-15 所示。

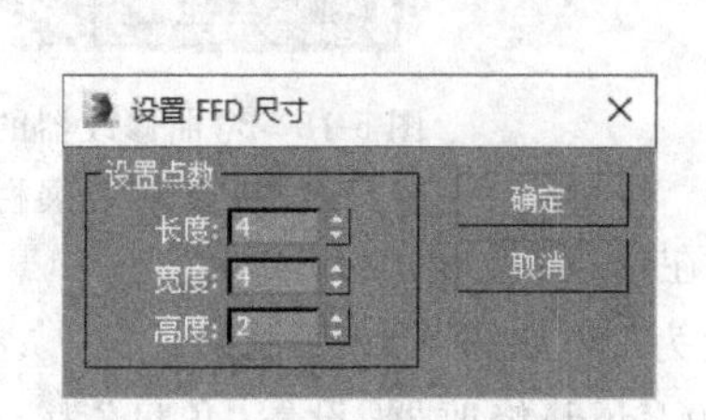

图 5-14　“设置 FFD 尺寸”对话框

图 5-15　隆起的椅面

(8) 选择椅背对象，在修改器列表中选择“FFD(长方体)”，单击“FFD 参数”，然后单击“尺寸”组中的“设置点数”按钮，弹出“设置 FFD 尺寸”对话框，将“高度”设置为 2，单击“确定”按钮。

(9) 在修改器堆栈中单击“FFD(长方体)4×4×2”前面的“+”号，在子树中选择“控制点”子对象。

(10) 按住 Ctrl 键，在透视图中用鼠标分别单击椅背前面中间的 8 个控制点，然后使用移动工具在左视口中将其沿垂直于椅背的方向向左移动适当的距离，产生一个略微凹下的效果，如图 5-16 所示。

(11) 取消选择后，最终效果如图 5-17 所示。

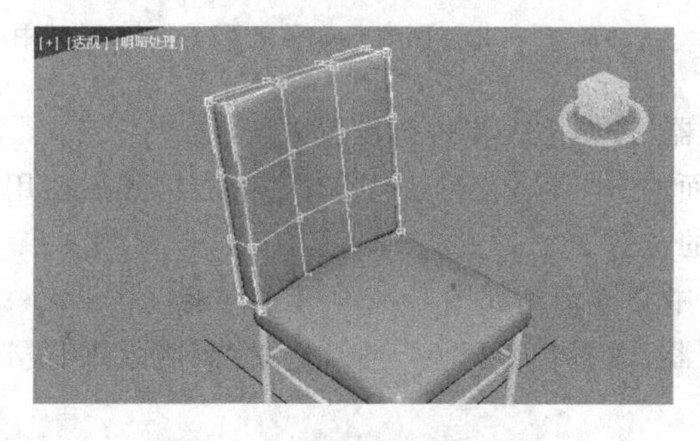

图 5-16　椅背修改后的效果

图 5-17　椅子效果图

专家点拨：在实际工作中经常要对视口进行缩放、旋转等操作，这时除了使用视口导航工具外更多的是使用鼠标中键滚动进行缩放操作，还可以在按住 Alt 键的同时按住鼠标中键进行拖动进行视口旋转的操作。

5.1.3 弯曲修改器

弯曲(Bend)修改器可以使对象产生均匀的弯曲效果，可以任意调节弯曲的角度和方向，也可以控制局部弯曲的修改，其“参数”卷展栏如图 5-18 所示。

“角度”数值框：用于设置弯曲的角度。

“方向”数值框：用于设置弯曲的方向。

“弯曲轴”组：用于设置在哪个轴向上(X 轴、Y 轴、Z 轴)进行弯曲。

“限制”组：用于对弯曲效果的应用区域进行限制，选中“限制效果”复选框后该项设置有效，通过设置“上限”和“下限”的值产生局部弯曲的效果。

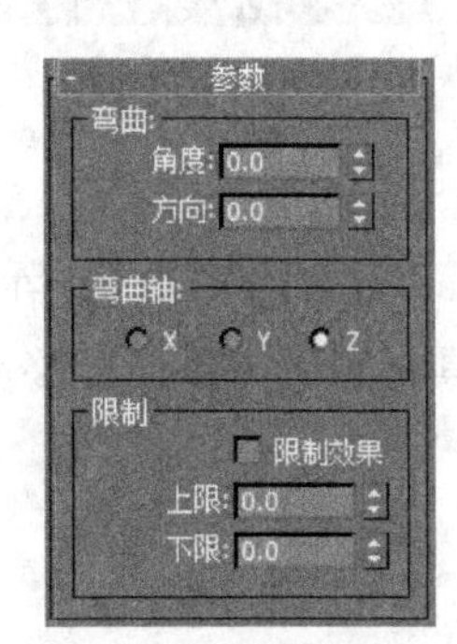

图 5-18 弯曲修改器的“参数”卷展栏

实例 5-3：用圆柱体弯曲成的字

操作步骤

(1) 使用“重置”命令重新设置 3ds Max 系统。

(2) 单击“创建”命令面板上的“圆柱体”按钮，然后在透视视口中创建一个圆柱体，其半径为 2、高度为 80、高度分段为 25，如图 5-19 所示。

(3) 进入“修改”命令面板，给圆柱体增加一个弯曲(Bend)修改器，设置“角度”为－90，选中“限制效果”复选框，设置“上限”为 7。

(4) 在修改器堆栈中单击 Bend 前面的“＋”号，从列表中选择“中心”，然后使用移动工具将中心沿 Z 轴移动到如图 5-20 所示的位置。

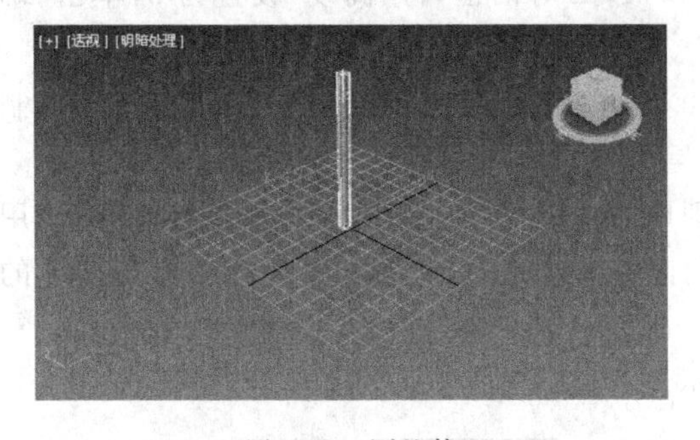

图 5-19 圆柱体

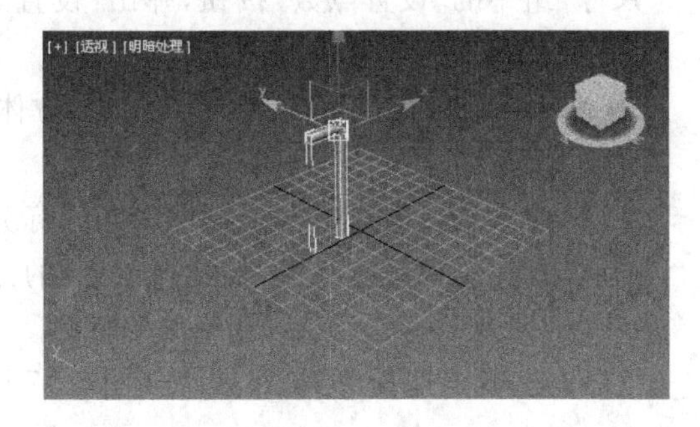

图 5-20 移动第一个 Bend 的中心

(5) 给圆柱再增加一个“弯曲”修改器，按照第 3 步进行设置。

(6) 在修改器堆栈中单击 Bend 前面的“＋”号，在列表中选择“中心”，然后使用移动工具将中心沿 Z 轴移动到如图 5-21 所示的位置。

(7) 重复第 5 步、第 6 步的操作，将中心移动到如图 5-22 所示的位置。

(8) 给圆柱体增加一个“弯曲”修改器，设置“角度”为－90，选中“限制效果”复选框，设置“下限”为－7。

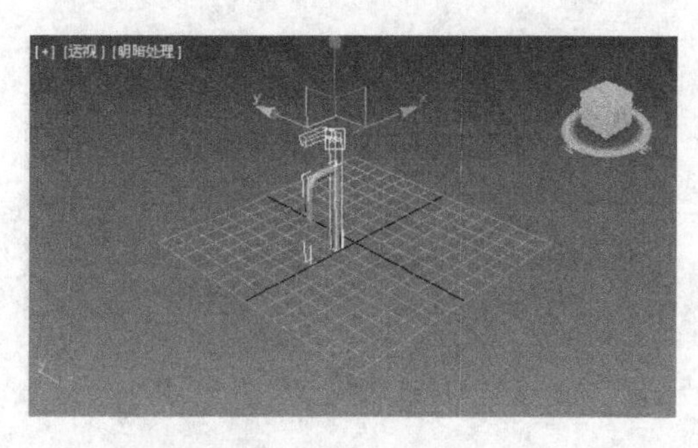

图 5-21　移动第二个 Bend 的中心

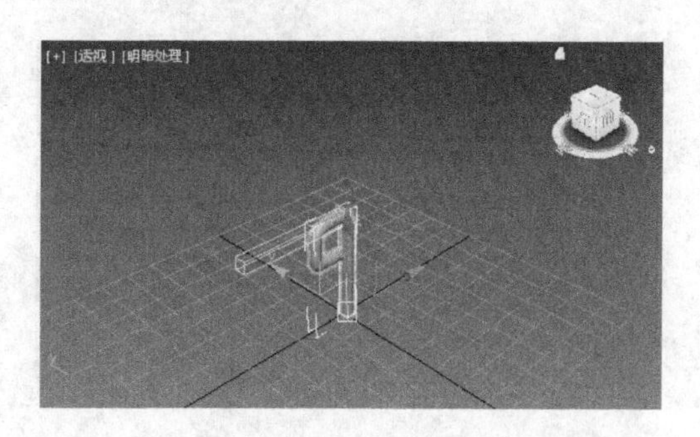

图 5-22　移动第三个 Bend 的中心

(9) 在修改器堆栈中单击 Bend 前面的“+”号，从列表中选择“中心”，然后使用移动工具将中心沿 Z 轴移动到如图 5-23 所示的位置。

(10) 渲染后最终效果如图 5-24 所示。本例的源文件为配套光盘上的“弯曲文字.max”文件(文件路径：素材和源文件\part5\)。

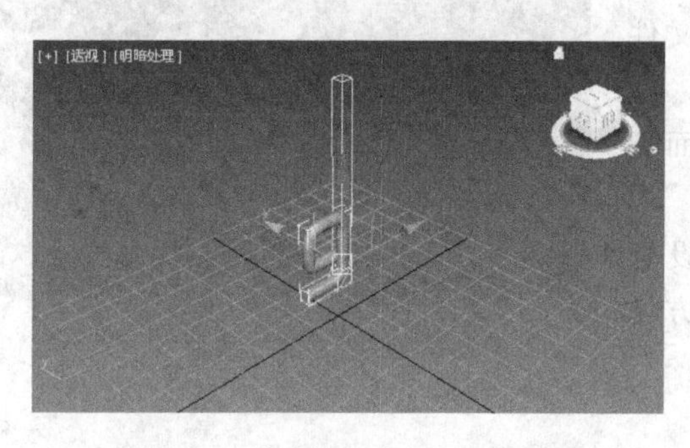

图 5-23　移动第四个 Bend 的中心

图 5-24　最终效果

5.1.4　锥化修改器

锥化(Taper)修改器可以通过缩放物体的一端产生一头大、一头小的效果，从而对物体进行锥化处理，还可以加入光滑的曲线轮廓，使物体产生光滑的倒边，通过设置其参数可以控制锥化的量、曲线轮廓的曲度，还可以使其效果局部作用于对象上。

实例 5-4：圆桌和圆凳

操作步骤

(1) 打开配套光盘上的“圆桌圆凳.max”文件(文件路径：素材和源文件\part5\)。

(2) 选择 Cylinder001 对象，在“修改”命令面板中为其添加“锥化”编辑修改器，设置“数量”为 1、“曲线”为 5，并调整锥化中心的位置，效果如图 5-25 所示。

(3) 选择 Cylinder002 对象，在“修改”命令面板中为其添加“锥化”编辑修改器，设置“数量”为 0、曲线为 0.8，效果如图 5-26 所示。

5.1.5　扭曲修改器

扭曲(Twist)修改器通过在某个轴向上对物体进行扭曲旋转使物体变形，产生类似于

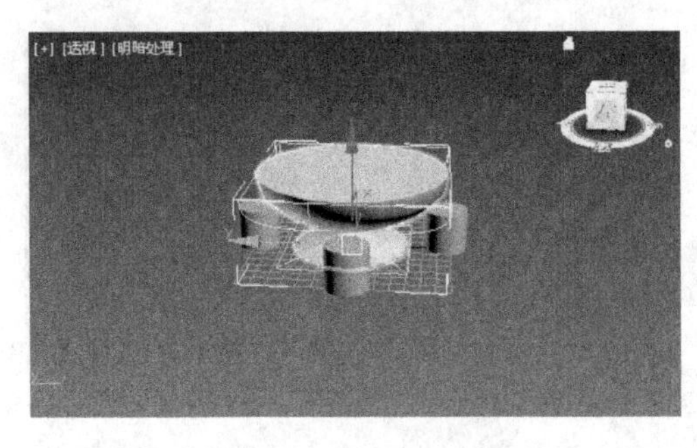

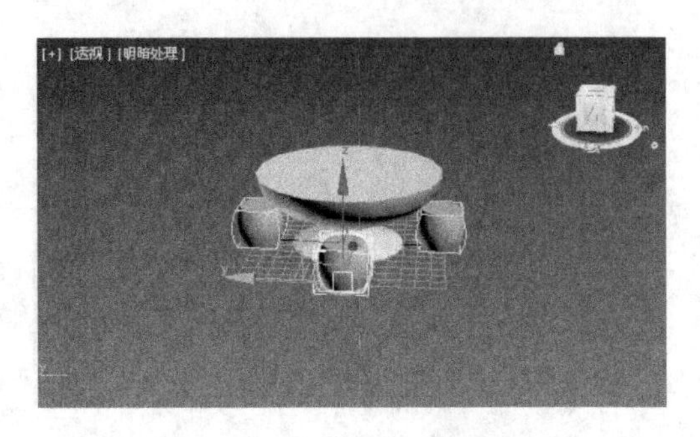

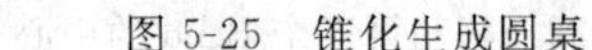

图 5-25　锥化生成圆桌　　　　图 5-26　锥化生成圆凳

拧麻花或螺旋形的效果。其操作方法与上述两种修改器相似,通过设置其参数或扭曲的角度大小、扭曲向上或向下的偏向度等来限制其作用在对象上的范围。

实例 5-5：扭曲

操作步骤

(1) 打开配套光盘上的"扭曲.max"文件(文件路径：素材和源文件\part5\)。

(2) 选中长方体对象,在"修改"命令面板中将"高度分段"设置为 25。

(3) 为长方体添加"扭曲"修改器,设置"角度"为 360°、"偏移"为 60,得到扭曲长方体的效果,如图 5-27 所示。

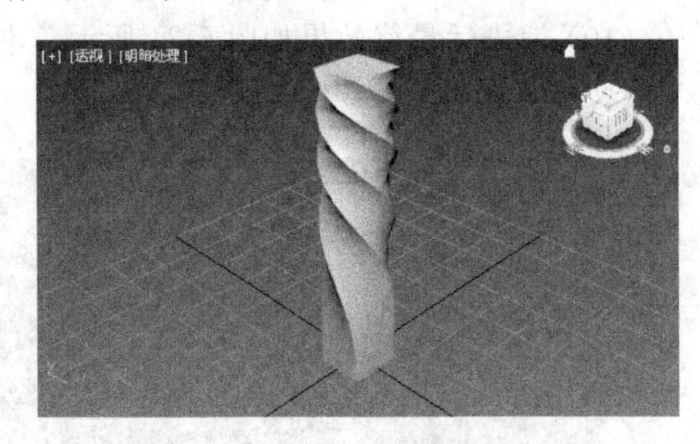

图 5-27　扭曲

实例 5-6：冰淇淋

操作步骤

(1) 打开配套光盘上的"冰淇淋.max"文件(文件路径：素材和源文件\part5\)。

(2) 在顶视口中使用"多边形"样条线按钮绘制一个多边形,在"修改"命令面板中设置其名称为"雪顶"、半径为 40、边数为 6。

(3) 在修改器列表中选择"挤出",设置"数量"值为 60、"分段"值为 10,得到如图 5-28 所示的效果。

(4) 在透视视口中移动雪顶对象,调整视口的显示效果如图 5-29 所示。

(5) 给雪顶对象添加一个"扭曲"修改器,设置"角度"值为 90,如图 5-30 所示,设置完成后得到如图 5-31 所示的效果。

(6) 在"修改"命令面板中为雪顶对象添加一个"锥化"修改器,设置"数量"为－1、"曲线"为 0.5,如图 5-32 所示,设置完成后得到如图 5-33 所示的效果。

(7) 保存文件。单击"快速渲染"按钮渲染透视视口,效果如图 5-34 所示。

5.1.6　噪波修改器

"噪波"修改器是沿着 3 个轴的任意组合来调整对象顶点的位置,它是模拟对象形状随机变化的重要动画工具。它可以使对象表面上的顶点发生随机的起伏变换,使对象表面呈

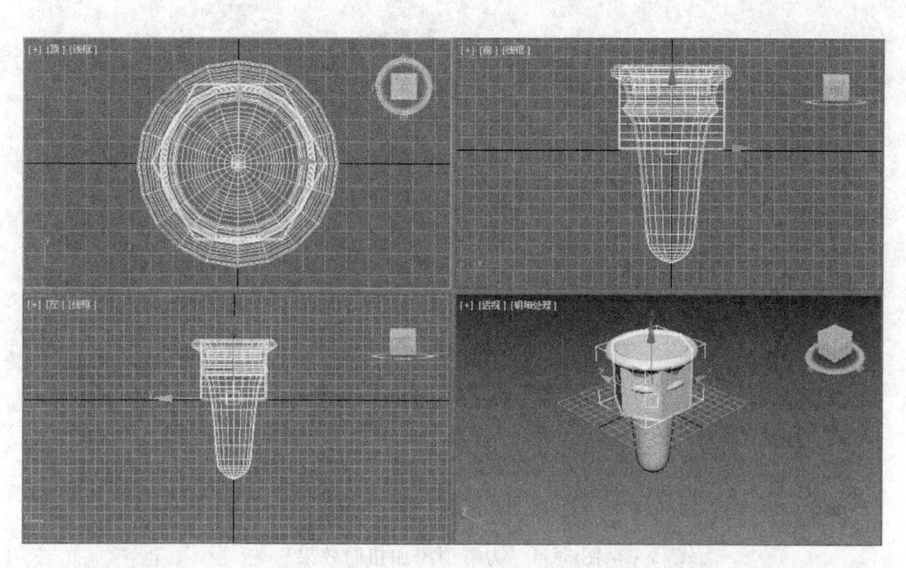

图 5-28　给多边形应用挤出修改器

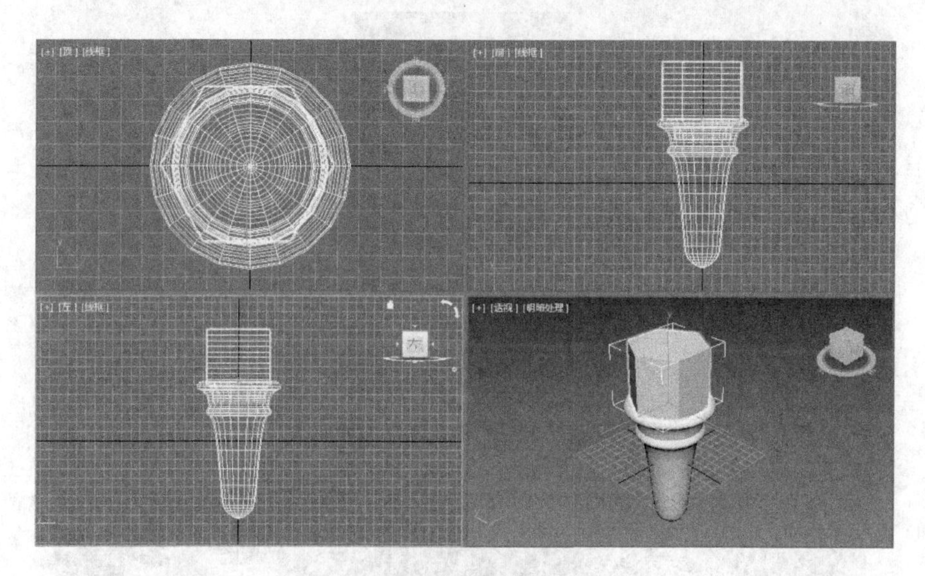

图 5-29　移动雪顶对象的位置

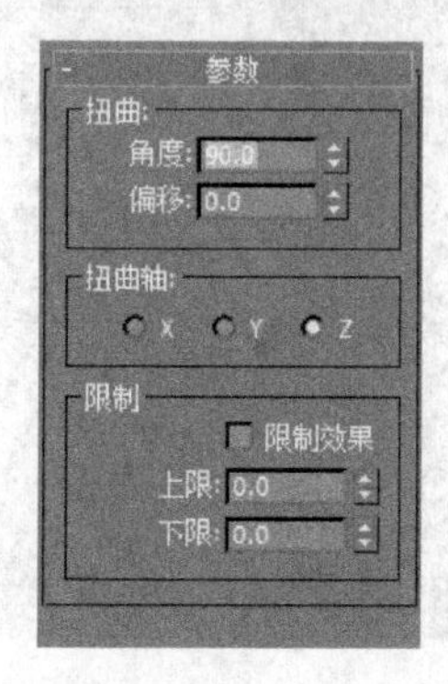

图 5-30　“扭曲”修改器的参数设置

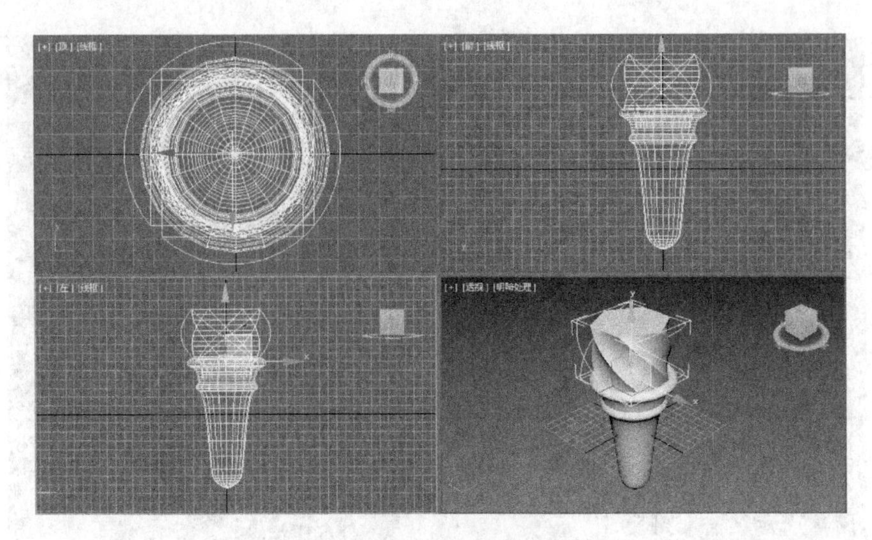

图 5-31　为雪顶添加扭曲效果

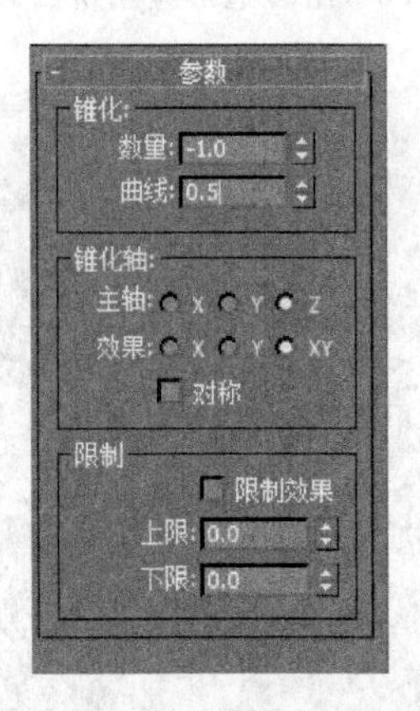

图 5-32　“锥化”修改器的参数设置

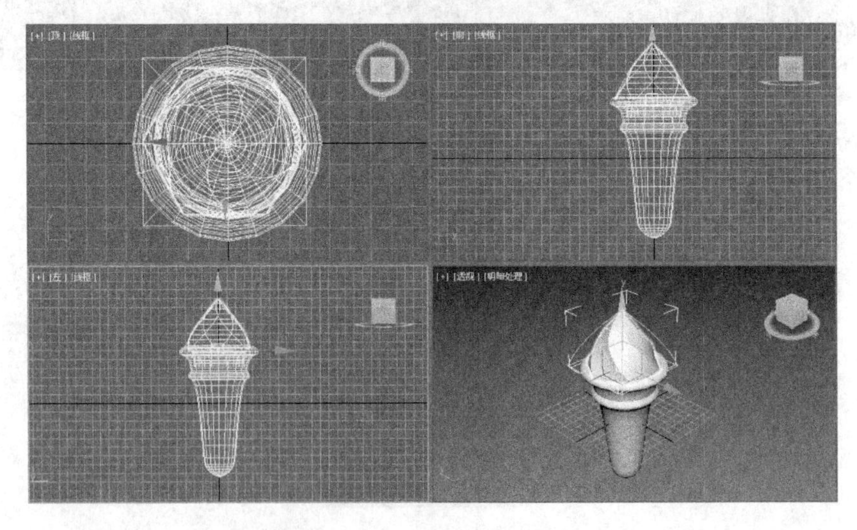

图 5-33　为雪顶添加锥化效果

现出自然的不规则扭曲等效果，被大量用于模拟自然物质的场合，如群山、坡地、石头等表面不平整的物体。另外，噪波修改器还自带“动画噪波”功能，可以产生连续的噪波动画。“噪波”修改器的“参数”卷展栏如图 5-35 所示。

图 5-34　冰淇淋

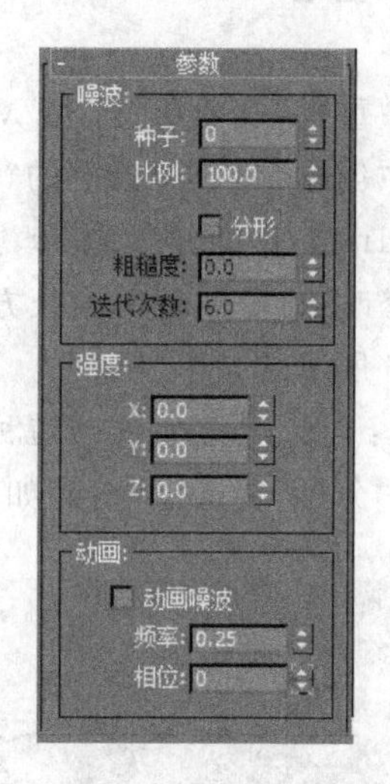

图 5-35　“噪波”修改器的“参数”卷展栏

(1) “噪波”组：用于控制噪波的出现及由此引起的在对象的物理变形上的影响。在默认情况下，该组参数处于非活动状态直到更改设置。

“种子”数值框：用于设置变形的随机效果。

“比例”数值框：用于控制噪波的大小，其值越大越平滑，越小越尖锐。

“分形”复选框：选中该复选框将使噪波变得无序而复杂，并可启用“粗糙度”和“迭代次数”两个选项。

“粗糙度”数值框：决定分形变化的程度，较低的值比较高的值更精细，范围为 0～1.0。其默认值为 0。

“迭代次数”数值框：控制分形功能所使用的迭代(或是八度音阶)的数目，较小的迭代次数使用较少的分形能量并生成更平滑的效果，取值范围为 1.0～10.0。其默认值为 6.0。

(2) “强度”组：用于控制噪波效果的大小，只有在应用了强度后噪波效果才会起作用。其中的“X”“Y”“Z”是用来沿着 3 条轴的每一个设置噪波效果的强度，至少要输入这些轴中的一个值才能产生噪波效果。

(3) “动画”组：通过为噪波图案叠加一个要遵循的正弦波形控制噪波效果的形状。这可使噪波位于边界内，并加上完全随机的阻尼值。在选中“动画噪波”复选框后，这些参数影响整体噪波效果。

“动画噪波”复选框：调节“噪波”和“强度”参数的组合效果。下列参数用于调整基本波形。

“频率”数值框：设置正弦波的周期，调节噪波效果的速度。较高的频率使得噪波振动得更快，较低的频率产生较为平滑、更温和的噪波。

“相位”数值框：移动基本波形的开始和结束点。

在默认情况下,动画关键点设置在活动帧范围的任意一端。通过在“轨迹视图”中编辑这些位置可以更清楚地看到“相位”的效果。选中“动画噪波”复选框以启用动画播放。

实例 5-7:山地

操作步骤

(1) 使用“重置”命令重置 3ds Max 系统。

(2) 单击“创建”命令面板上的“长方体”按钮,在顶视口中创建一个长为 500mm、宽为 500mm、高为 1mm、长度分段为 50、宽度分段为 50 的长方体。

(3) 在“修改”命令面板中为长方体添加一个“噪波”修改器,设置“种子”为 1、Z 值为 90,得到如图 5-36 所示的效果。

专家点拨:“种子”是噪波的随机起始点,换一个种子,产生的凹凸效果也不同。

(4) 选中“分形”复选框,得到如图 5-37 所示的山地效果。

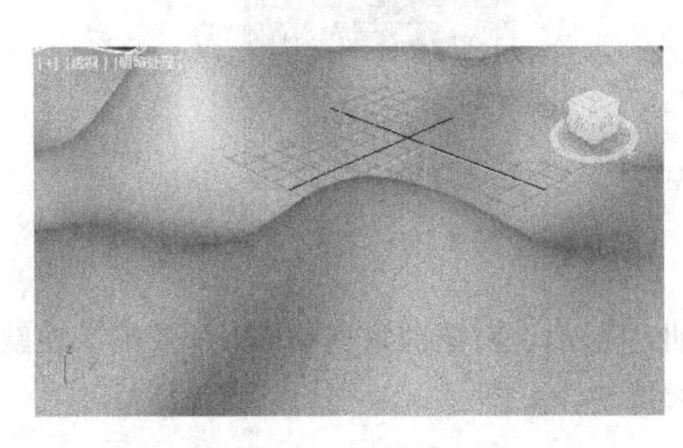

图 5-36 噪波修改器

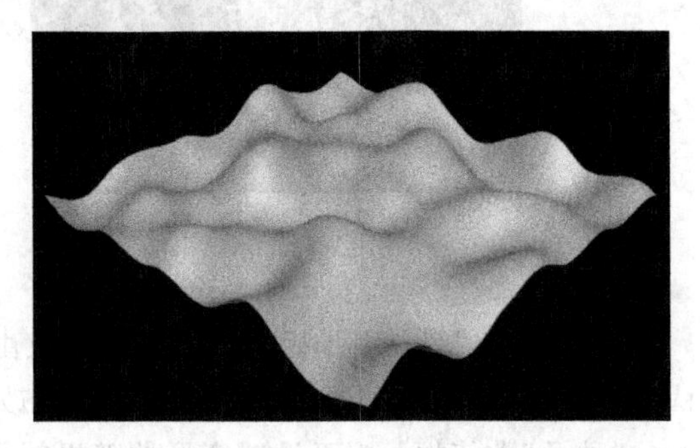

图 5-37 山地效果

专家点拨:“分形”可以提供更加凌乱的更不规则的变换效果。“粗糙度”决定分形变化的强度,较高的值会使对象更加粗糙、尖锐。“迭代次数”用于控制分形功能所使用的迭代次数,迭代次数越少产生的效果越平滑。

5.1.7 编辑面片修改器

3ds Max 模型表面的构成类型主要有 3 种形式,即网格、面片、非均匀有理 B 样条(NURBS)。任何一种类型的表面都以点、线、面为基本构成元素,只不过点、线、面的属性不尽相同。

“面片”也称为贝塞尔(Bezier)面片,是 3ds Max 提供的一种表面建模技术。所谓“面片建模”,就是把几个二维图形结合起来创建三维造型的建模方法。“面片”是通过边界定义的,其边界是 Bezier 曲线,所以它的控制方法类似于 Bezier 曲线的控制。

面片模型的最大优点就是可以生成圆滑的表面,还可以在动画中产生类似于生物体表的褶皱,但面片只支持一种材质。

在 3ds Max 中有“三角形面片”和“四边形面片”两种面片,每个面片的表面都是由 3 条至 4 条“边”所定义,各个角上都有一个点,称为“节点”,每个边的节点必须相交。

在构建面片的架构时,使用“横截面”编辑修改器可以自动根据一系列样条线创建样条线架构,也可以使用“可编辑样条线”的“几何体”卷展栏上的“横截面”按钮进行类似操作。

实例 5-8：金元宝

操作步骤

(1) 使用“重置”命令重新设置 3ds Max 系统。

(2) 在顶视口中创建一个椭圆，如图 5-38 所示。

(3) 右击，在弹出的快捷菜单中选择“转换为可编辑样条线”命令，将椭圆转换为可编辑样条线。

(4) 进入“修改”命令面板，选择子对象为样条线，在“几何体”卷展栏的“连接复制”组中选中“连接”复选框。

(5) 选中椭圆样条线，在前视口中按住 Shift 键向上拖动，复制一个椭圆，如图 5-39 所示，复制后在原来的椭圆形和新复制出的椭圆形之间出现了连接线。然后取消选中“连接”复选框。

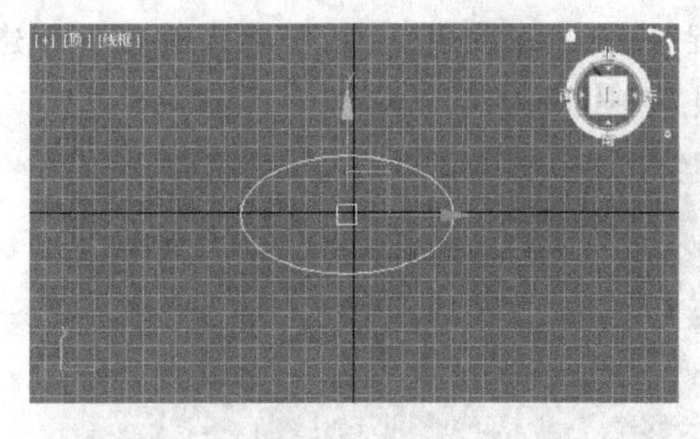

图 5-38　椭圆

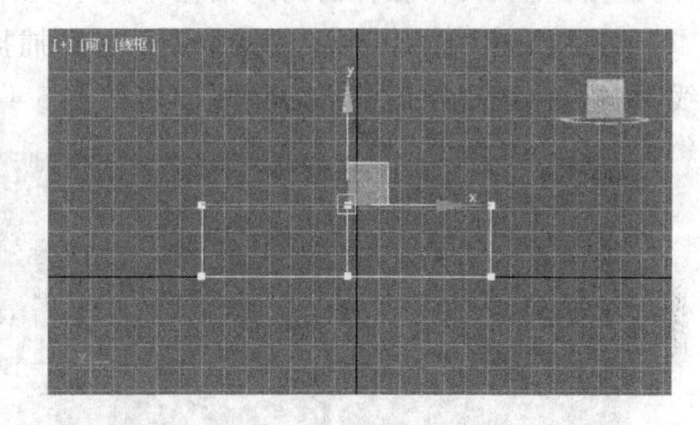

图 5-39　连接复制

(6) 在“软选择”卷展栏选中“使用软选择”复选框，然后在顶视口中使用“选择并缩放”工具将第二个椭圆样条线缩放到如图 5-40 所示的样子。注意连接线也随着一起发生了变换。

(7) 取消选中“使用软选择”复选框，选中第二个椭圆样条线，然后选中“几何体”卷展栏的“连接复制”组中的“连接”复选框，按住 Shift 键使用“选择并缩放”工具复制出如图 5-41 所示的样条线。

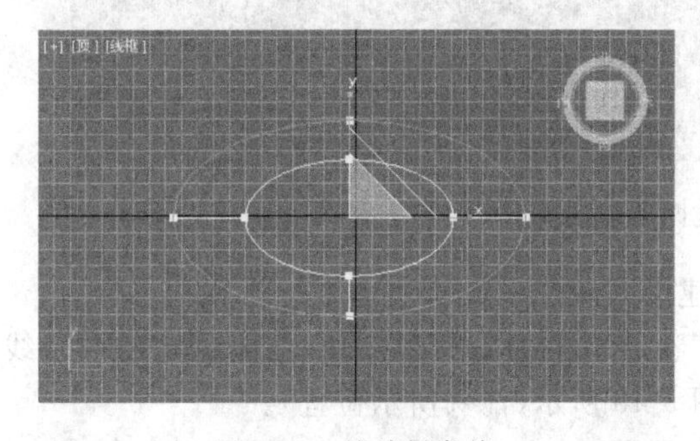

图 5-40　缩放样条线

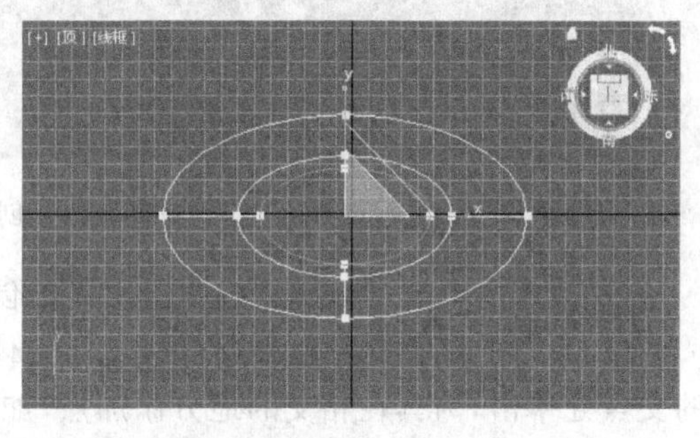

图 5-41　连接复制得到第三个椭圆样条线

(8) 选中“使用软选择”复选框，在顶视口中将第三个椭圆样条线缩放成如图 5-42 所示的形状。

(9) 在前视口中将第三个椭圆样条线移到如图 5-43 所示的位置。

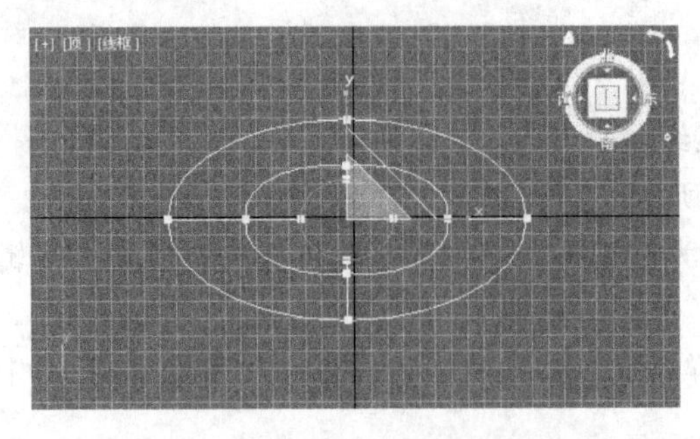

图 5-42　缩放第三个椭圆样条线

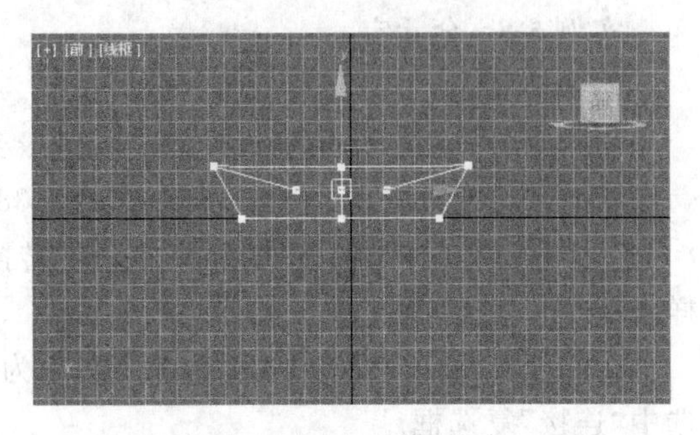

图 5-43　移动第三个椭圆样条线

(10) 取消选中“使用软选择”复选框，然后选中第三个椭圆样条线，在主工具栏的“捕捉开关”按钮上右击，在弹出的对话框中选中“顶点”复选框，确定后关闭对话框。

(11) 单击“捕捉开关”按钮组中的“3D 捕捉”按钮，然后使用“几何体”卷展栏上的“创建线”按钮，在透视视口中沿对角线创建如图 5-44 所示的两条线。

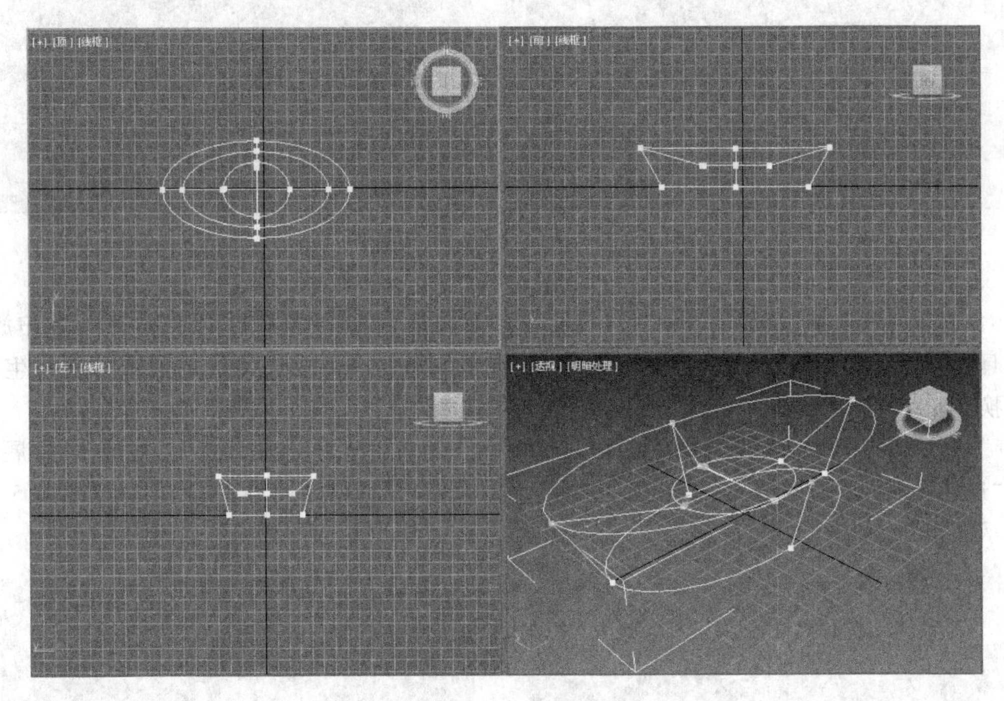

图 5-44　创建两条连接线

(12) 再次单击“创建线”按钮退出线的创建模式。

(13) 将子对象设置为顶点，单击“几何体”卷展栏上的“相交”按钮，在刚创建的两条线的交点处单击，为其在相交的地方添加点，如图 5-45 所示(箭头所示位置)。

(14) 再次单击“相交”按钮退出添加交点的操作。

(15) 单击“捕捉开关”按钮关闭捕捉。

(16) 选中刚添加的交点，在前视口中将其向上移动到如图 5-46 所示的位置。

(17) 右击，在弹出的快捷菜单中选择“平滑”命令，使交点变为平滑点，效果如图 5-47 所示。

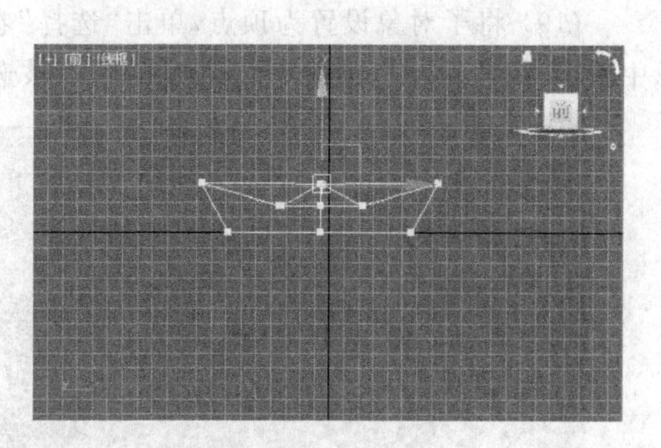

图 5-45　添加交点　　　　图 5-46　移动交点

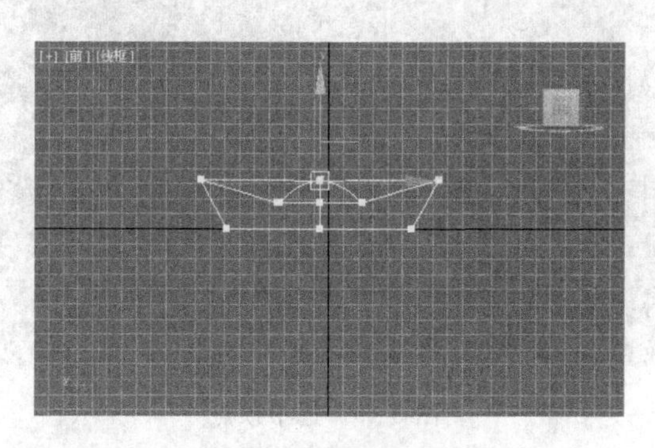

图 5-47　转换为平滑点

(18) 将子对象设置为线段,选择如图 5-48 所示的线段。

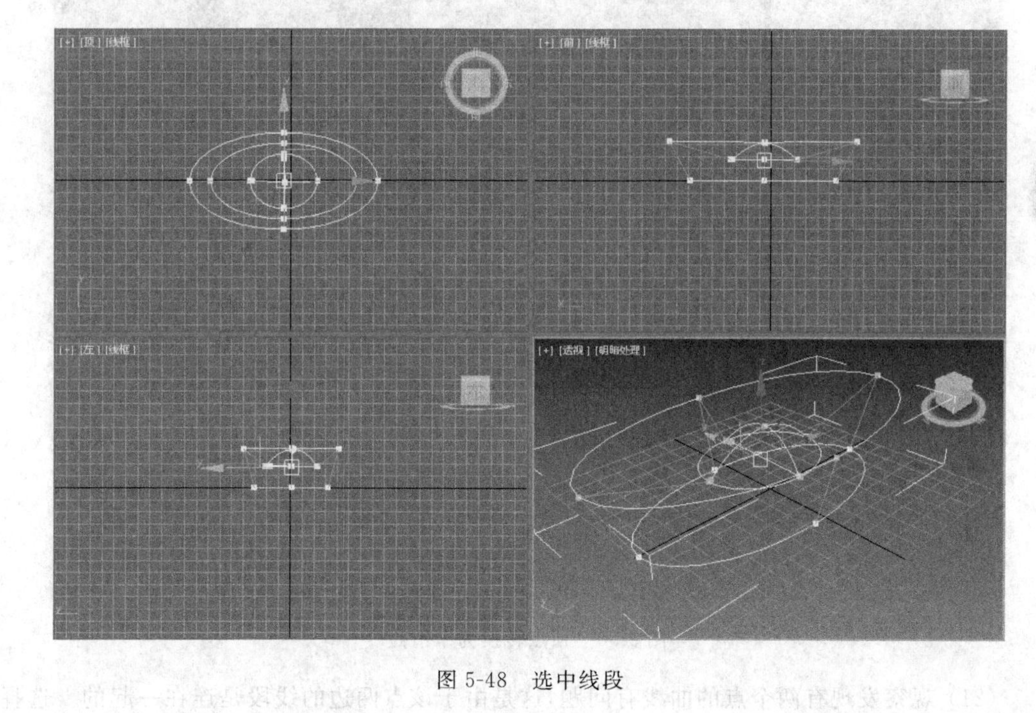

图 5-48　选中线段

(19) 将子对象设置为顶点,单击“选择”卷展栏上的“选择方式”按钮,在弹出的对话框中单击“线段”按钮,则图 5-49 所示的顶点被选中了。

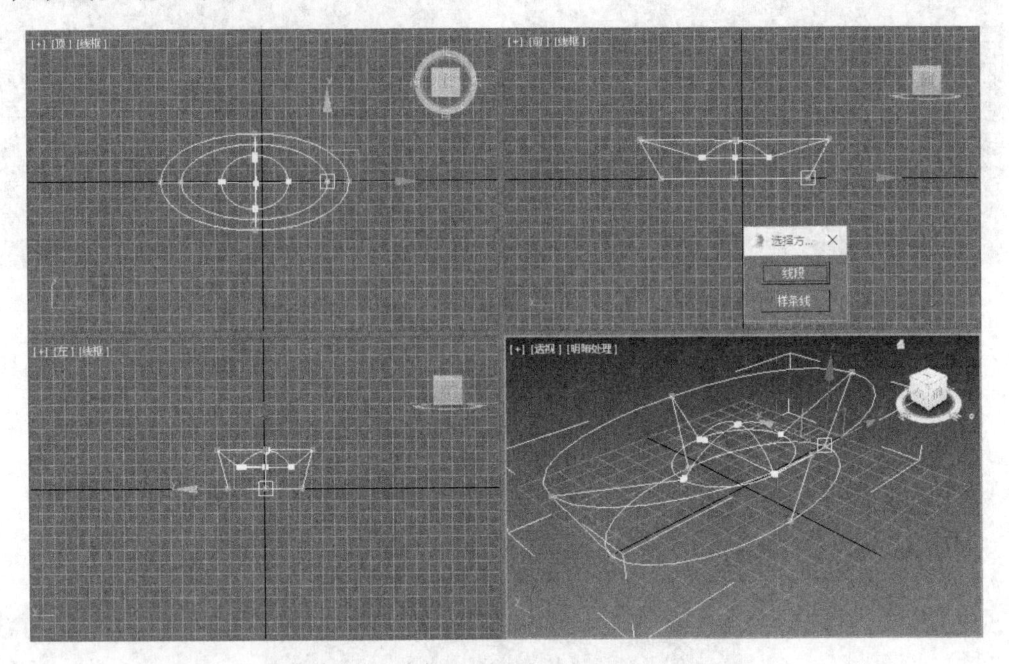

图 5-49　选中顶点

(20) 通过快捷菜单将这些点转换为平滑点,效果如图 5-50 所示。

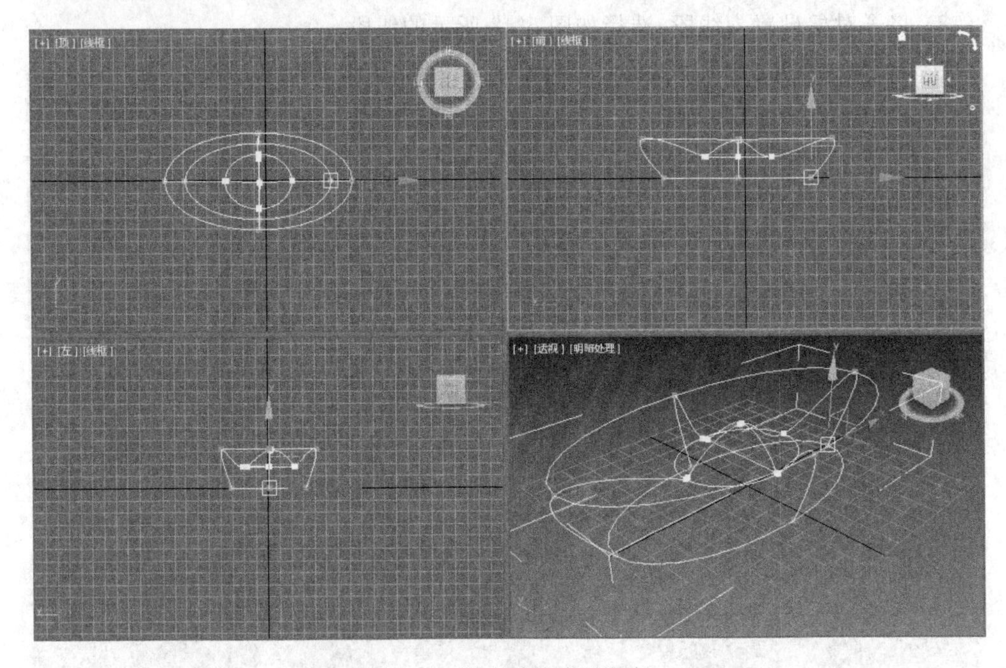

图 5-50　顶点转换为平滑点

(21) 观察发现有两个点的曲线有问题,这是由于该点两边的线段是连在一起的。选择有问题的点,单击“几何体”卷展栏上的“断开”按钮,效果如图 5-51 所示。

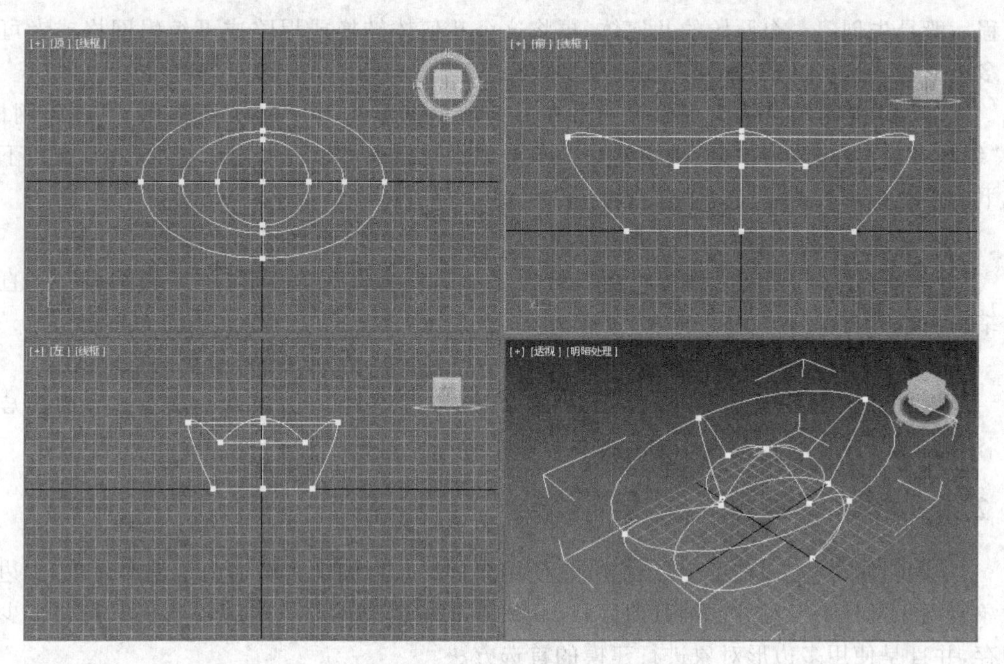

图 5-51　修改后的线框

（22）在修改器列表中选择"曲面"编辑修改器，设置"步数"为 10，如图 5-52 所示。

（23）单击"快速渲染"按钮后渲染效果如图 5-53 所示。本例的源文件是配套光盘上的"金元宝.max"文件（文件路径：素材和源文件\part5\）。

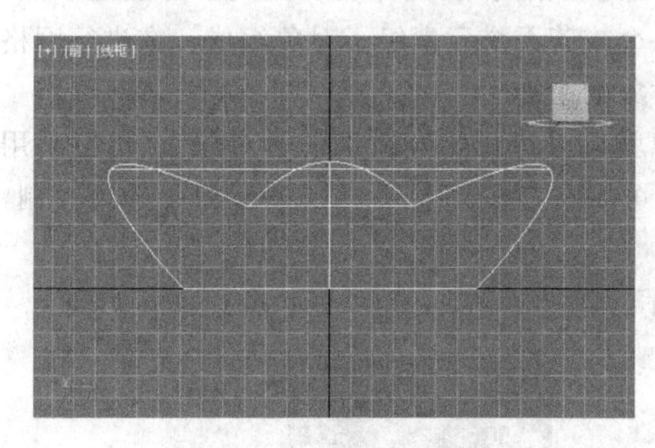

图 5-52　曲面编辑器

图 5-53　金元宝

专家点拨："曲面"编辑修改器在线性框架上生成 Bezier 曲线表面。其参数中的"步数"是一个非常重要的参数，用于调整面片网格的密度。

5.2　多边形建模

多边形建模即 Polygon 建模，是应用最广泛的建模方法之一，用这种方法创建的物体表面由直线组成。该方法在建筑方面用得较多，例如室内设计。

3ds Max 中的多边形建模主要有两个命令，即"可编辑网格"和"可编辑多边形"。建模过程一般是先创建一个原始的几何体,再将这个几何体转换或塌陷成可编辑网格或者可编辑多边形,然后进行修改得到想要的模型效果。

除了可以将对象转换为可编辑网格和可编辑多边形外,3ds Max 还提供了"编辑网格"和"编辑多边形"修改器,它们的主要命令与可编辑网格和可编辑多边形基本相同,在以下情况下应该使用修改器。

(1) 想将参量对象作为网格进行编辑,又要编辑后可以修改其创建参数。

(2) 将编辑永久塌陷为可编辑网格对象之前想将编辑临时存储在"编辑网格"中,直到对结果满意为止。

(3) 需要同时在几个对象间进行编辑,但不想将其转换为单个可编辑网格对象。

专家点拨:"编辑网格"修改器的使用会导致文件大小增大,所以一般在工作的最后都会将对象转换为可编辑网格或可编辑多边形进行存储。

5.2.1 可编辑网格

"可编辑网格"是一种可变形对象,它使用多边形。可编辑网格适用于创建简单、少边的对象或用于网格平滑和分层细分曲面(HSDS)建模的控制网格。可编辑网格只需要很少的内存,并且是使用多边形对象进行建模的首选方法。

在任何一个模型对象上右击,在弹出的快捷菜单中选择"转换为"|"转换为可编辑网格"命令,即可将该物体转换为一个可编辑的网格物体,在修改堆栈中显示为"可编辑网格",如图 5-54 所示。而对象原有的参数以及对它所施加的其他修改编辑将在修改堆栈中完全消失,不能再返回原对象级进行修改。

可编辑网格物体各有 5 个子对象级别,而且完全相同,层次深度从上到下分别是顶点、边、面、多边形和元素。一个网格物体可以由一个或若干个元素级子对象组成。在进行网格编辑建模时应根据不同的编辑深度来选择子对象的级别。

对不同的子对象级别进行选择后在视图中就可以选择相应级别的子对象了,可以采用单击选择、区域选择、按下 Ctrl 键后多选等,还可以在"选择"卷展栏中进行相关选择控制,在视图中被选中的子对象显示为红色。

可编辑网格的"选择"卷展栏如图 5-55 所示。

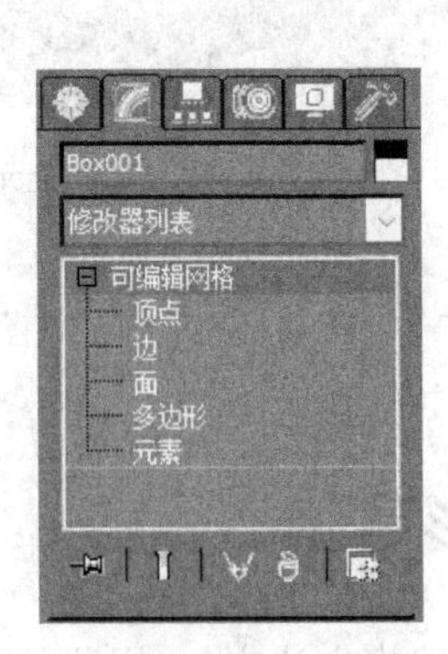

图 5-54 可编辑网格

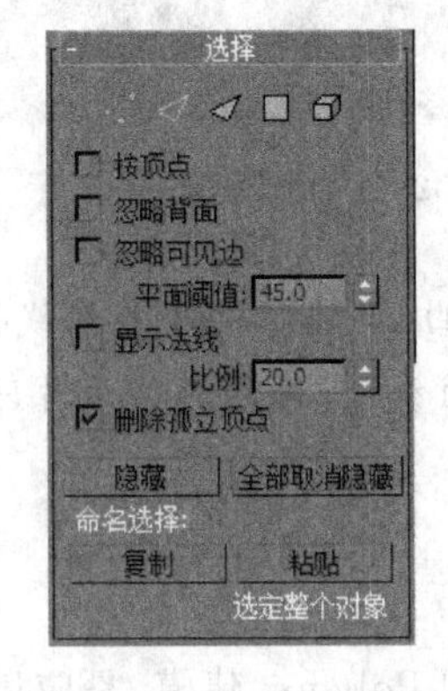

图 5-55 "选择"卷展栏

通过选择功能可以更有效地选择多边形中的子对象。在"选择"卷展栏中包含了选择子对象方面的所有功能,上面的 5 个按钮分别对应于多边形的 5 种子对象,即点 、边 、边界 、多边形 、元素 。

“按顶点”复选框:用于点以上层级的子对象的选择,该复选框被选中后单击某一顶点,则与该顶点相连的所有边或面会被同时选中。

“忽略背面”复选框:用于设置是否选择背面的相应对象。

“忽略可见边”复选框:该复选框只在“多边形面”子对象级处于选中状态时可用,选中该复选框,将根据下面“平面阈值”设定的数值选择多边形对象,在某一多边形上单击,即可将设置范围内的多边形全部选中。

“显示法线”复选框:可根据下面的“比例”数值显示法线,法线在视图中显示为蓝色。

实例 5-9:“选择”卷展栏的使用

操作步骤

(1) 打开配套光盘上的“选择卷展栏. max”文件(文件路径:素材和源文件\part5\)。

(2) 单击“多边形”按钮,将子对象层次设置为多边形,选中“按顶点”复选框,则此时使用这个顶点的多边形都会被选中,如图 5-56 所示。

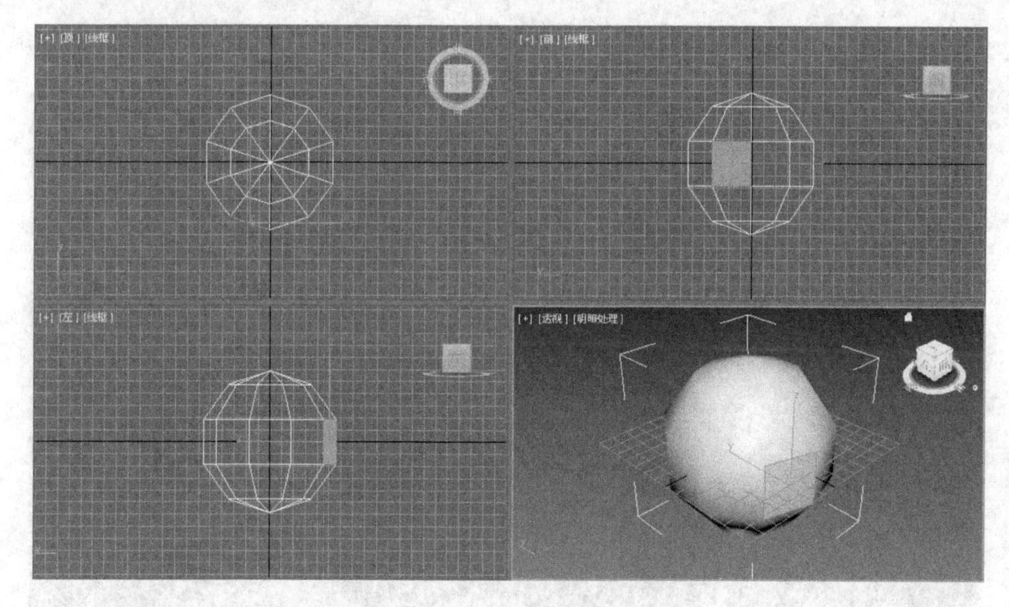

图 5-56　按顶点选择

(3) 取消“按顶点”复选框的选择。在场景的空白处单击一下取消场景中多边形的选择。

(4) 使用选择工具在前视口中框选整个球体,此时所有的多边形都被选中了,如图 5-57 所示。

(5) 取消场景中多边形的选择。在“选择”卷展栏中选中“忽略背面”复选框,使用选择工具在前视口中框选整个球体,如图 5-58 所示。此时只有一半多边形被选中,不可见的背面的多边形都没有被选中。

(6) 取消场景中多边形的选择。取消“选择”卷展栏中“忽略背面”复选框的选择。

(7) 选中“按角度”复选框,在其后的文本输入框中输入 35,在前视口中选择中间的一个

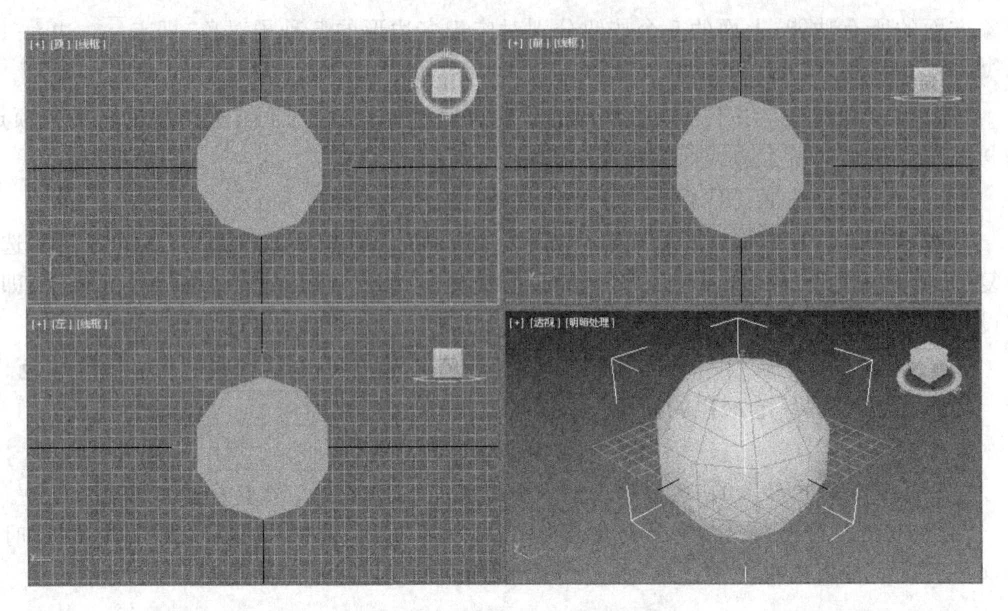

图 5-57　所有的多边形都被选中

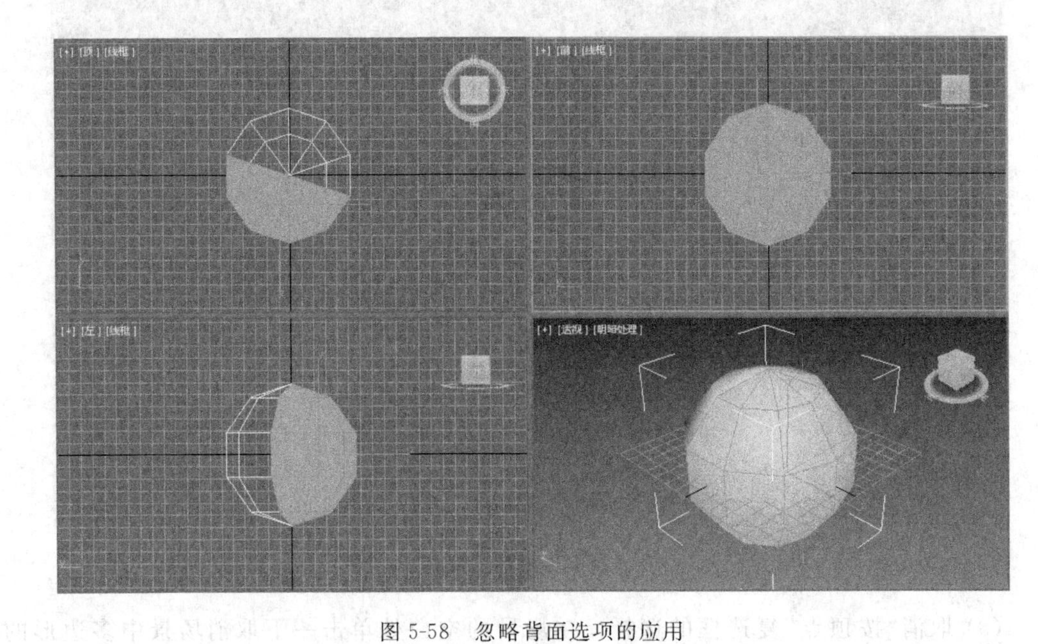

图 5-58　忽略背面选项的应用

多边形,此时与选择的面所成的角度在后面输入框中所设的阈值范围的面同时被选择,如图 5-59 所示。

(8) 取消场景中多边形的选择。取消"选择"卷展栏上的"按角度"复选框的选择。

(9) 在前视口中选中一个面,单击"选择"卷展栏上的"扩大"按钮,发现与这个面相邻的面都被选择,如图 5-60 所示。单击"收缩"按钮,选择的多边形收缩为一个,其效果如图 5-61 所示。

(10) 将子对象层级设置为边。在前视口中选择一条边,单击"选择"卷展栏上的"环形"按钮,此时效果如图 5-62 所示。

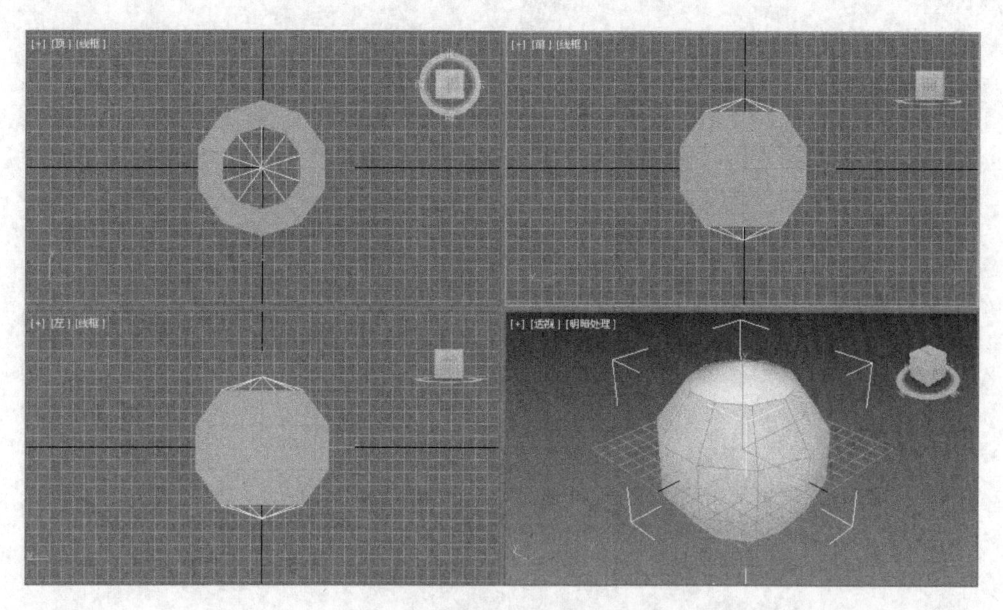

图 5-59 “按角度”复选框的应用

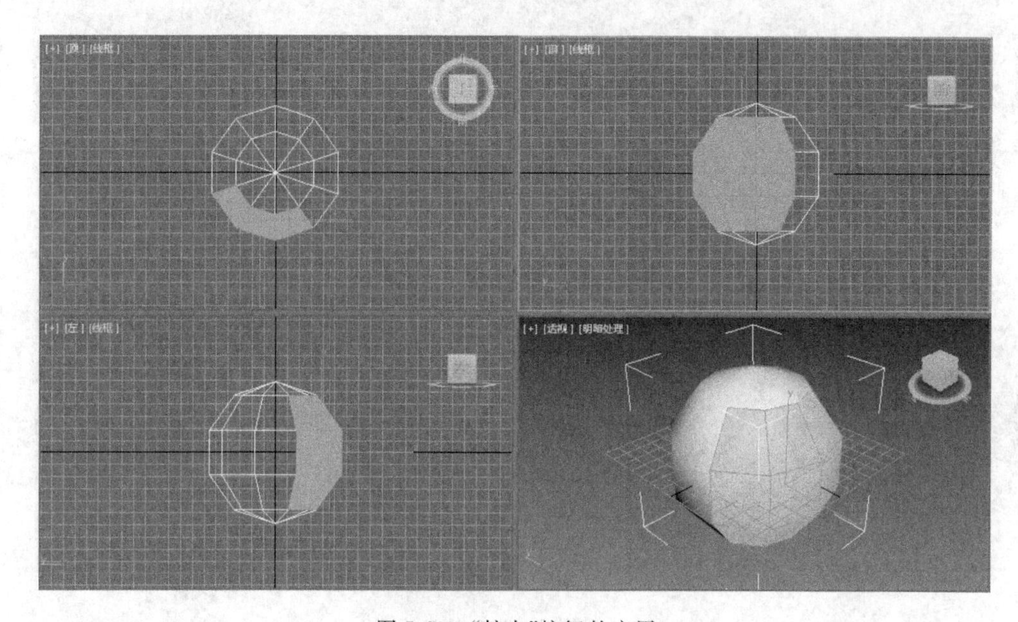

图 5-60 “扩大”按钮的应用

(11) 取消对边的选择。在前视口选中一条边，单击“选择”卷展栏上的“循环”按钮，此时效果如图 5-63 所示。

5.2.2 可编辑多边形

可编辑多边形与可编辑网格非常相似，但比可编辑网格增加了更多功能，使其建模能力有了很大的提升，编辑处理模型更加方便、快捷，有取代编辑网格建模方法之势。

和可编辑网格一样，在任意选中的物体上右击，在弹出的快捷菜单中选择“转换为”|“转换为可编辑多边形”命令，或在修改堆栈中右击，在弹出的快捷菜单中选择“转换为”|“可编

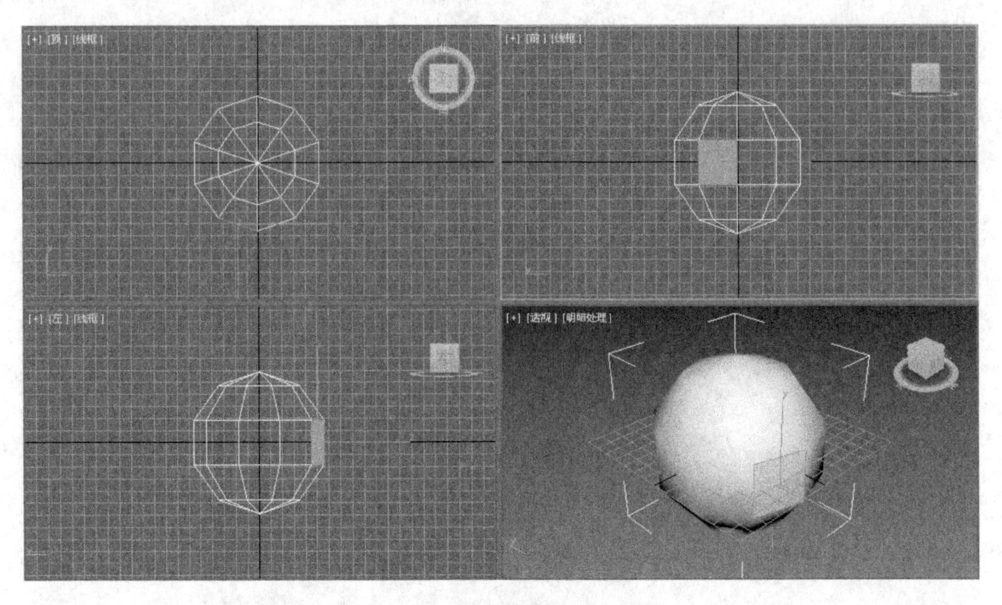

图 5-61 "收缩"按钮的应用

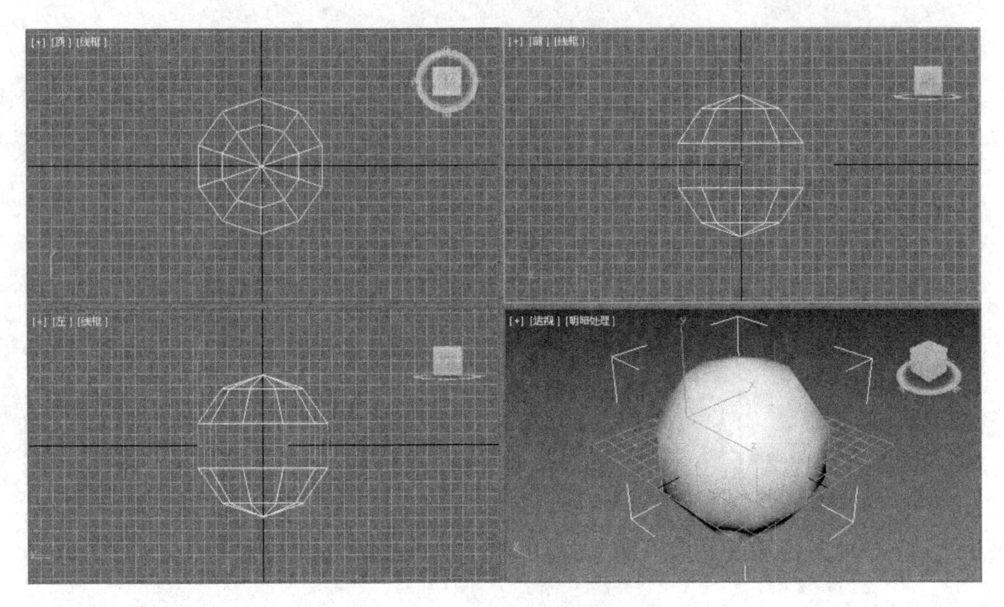

图 5-62 "环形"按钮的应用

辑多边形"命令,即可将选中的物体转换为可编辑多边形,如图 5-64 所示。在模型转换为可编辑多边形后,修改器列表将塌陷,原对象所有的操作历史从堆栈中消失。

"可编辑多边形"与"可编辑网格"的子对象级别大致相同,也包括顶点、边、边界、多边形和元素。其中"边界"用于选择可编辑多边形中开放的边界,单击边界上的任意一条边都会选中整个边界线。"可编辑多边形"的相关卷展栏如下所述。

1. "选择"卷展栏

"选择"卷展栏提供了各种工具,用于访问不同的子对象层级和显示设置以及创建和修改选定内容,还显示了与选定实体有关的信息,如图 5-65 所示。

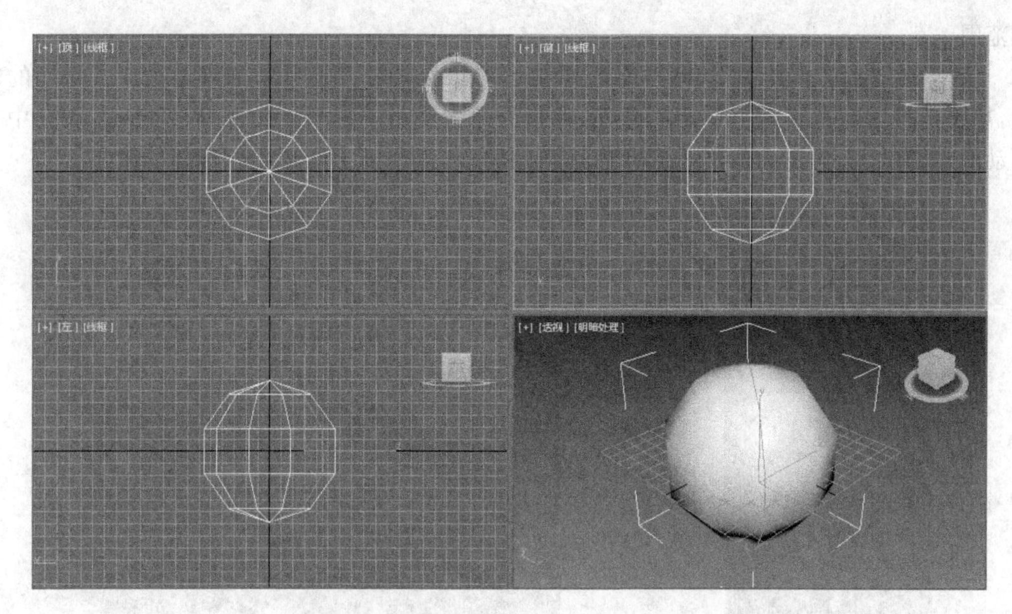

图 5-63 “循环”按钮的应用

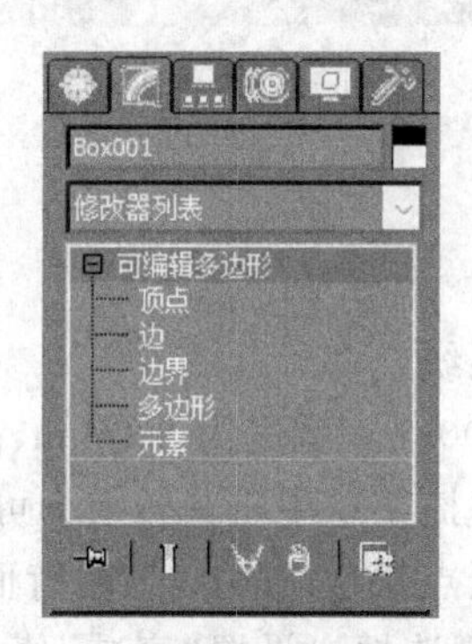

图 5-64 可编辑多边形修改堆栈

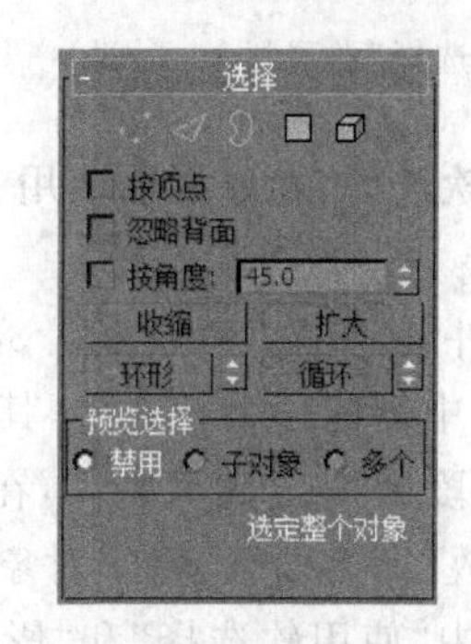

图 5-65 “选择”卷展栏

“收缩”按钮：用于对当前选择的子对象集进行由外向内的收缩选择。

“扩大”按钮：用于对当前选择的子对象进行向外扩展的选择，增加当前选择的子对象的数量。

“环形”按钮：只应用于边子对象级，单击该按钮，与当前选择的边平行的边也会被选择。

“循环”按钮：应用于边界和边子对象级，单击该按钮，可以将与当前选中边方向一致的所有边加入到选择集中。

2. “软选择”卷展栏

“可编辑多边形”的“软选择”卷展栏如图 5-66 所示。“软选择”控件可以在选定子对象和取消选择的子对象之间应用平滑衰减。在启用“使用软选择”时会为所选对象旁边未选择的子对象指定部分选择值，这些值可以按照顶点的颜色渐变方式显示在视口中，也可以选择按照面的颜色渐变方式进行显示。它们会影响大多数类型的子对象变形，如“移动”“旋转”和“缩放”，以及应用于该对象的所有变形修改器，它为生成类似磁体的效果提供了选择的影响范围。

启用“软选择”选项,可以将当前选择的子对象级的作用范围向四周扩散,当变换的时候,离原选择集越近的地方受影响越强,越远的地方受影响越弱。如图 5-67 所示,被选中并移动的点为红色,作用力由红色到蓝色逐渐减弱,从这个图上能看到软选择的效果。

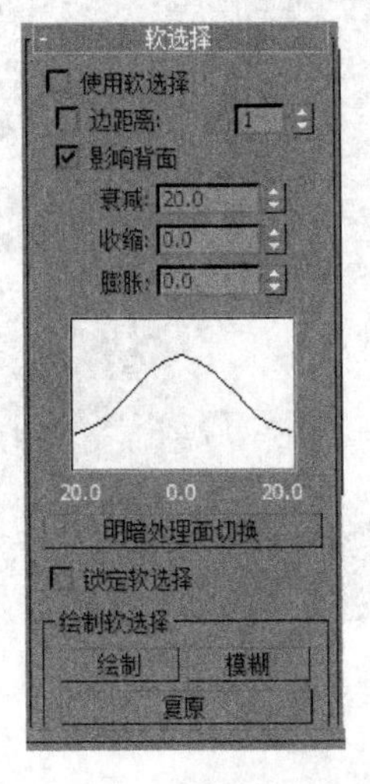

图 5-66 “软选择”卷展栏

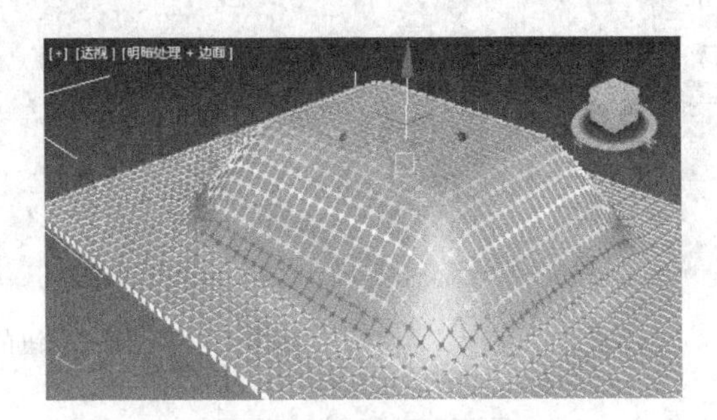

图 5-67 软选择

实例 5-10:“软选择”卷展栏的使用

操作步骤

(1) 使用“文件”|“重置”命令重置 3ds Max 系统。

(2) 在顶视口中创建一个长方体,其长度为 200mm、宽度为 200mm、高度为 2mm、长度分段为 40、宽度分段为 40。然后右击,在弹出的快捷菜单中将其转换为可编辑多边形。

(3) 进入“修改”命令面板,将子对象设置在顶点层次,选中“忽略背面”复选框。在“软选择”卷展栏中选中“使用软选择”和“影响背面”复选框。设置“衰减”值为 20、“收缩”值和“膨胀”值为 0,软选择曲线如图 5-68 所示。

(4) 在透视视口中选中图 5-69 所示的顶点,使用移动工具沿 Z 轴向上移动一段距离,此时透视视口中的效果如图 5-70 所示。

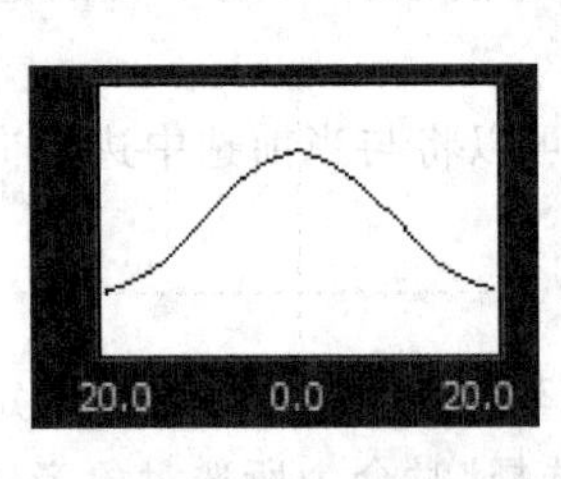

图 5-68 软选择曲线

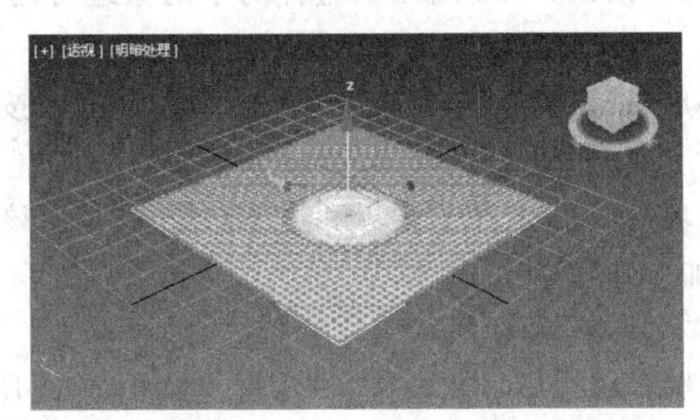

图 5-69 选择顶点

(5) 调整视口至可见长方体的背面,此时背面的点也受了变换操作的影响,产生了移动,如图 5-71 所示。

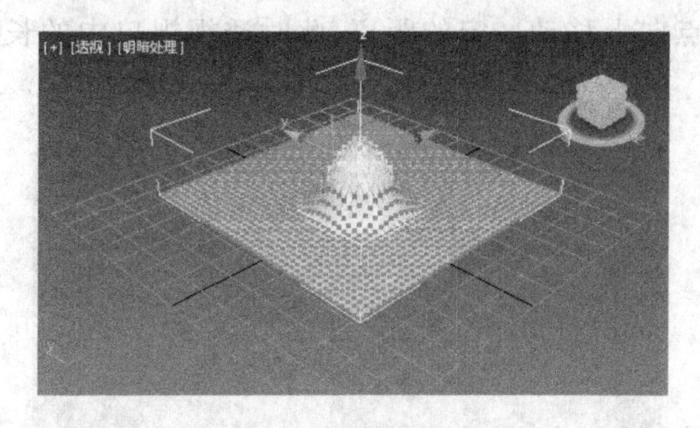

图 5-70　软选择并移动

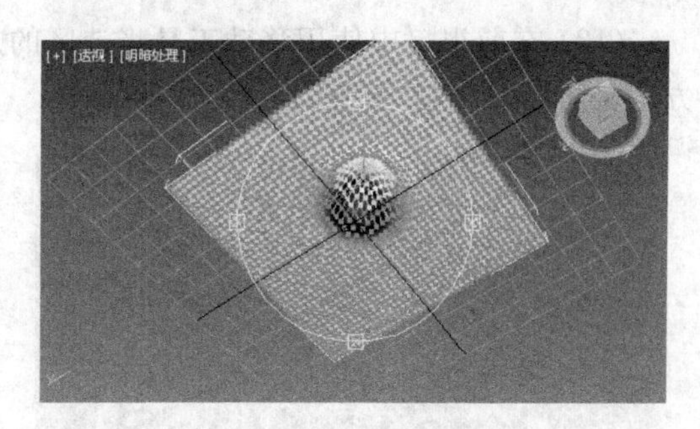

图 5-71　长方体的背面

(6) 重复第(1)步和第(2)步。

(7) 进入"修改"命令面板,将子对象设置在顶点层次。在"软选择"卷展栏中选中"使用软选择"复选框,取消"影响背面"复选框的选择。设置"衰减"值为 40、"收缩"值为 1.6、"膨胀"值为 0.8,软选择曲线如图 5-72 所示。

(8) 在透视视口中选中图 5-73 所示的顶点,使用移动工具沿 Z 轴向上移动一段距离,此时透视视口如图 5-74 所示。

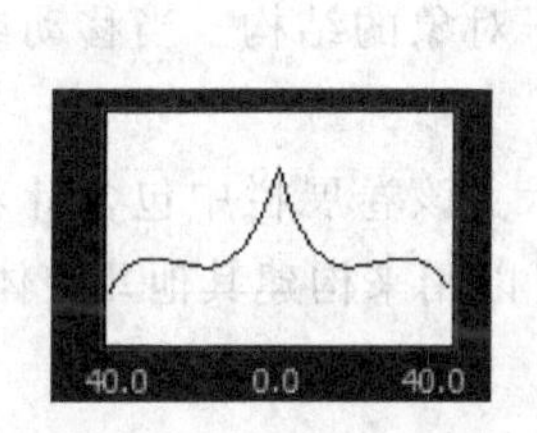

图 5-72　软选择曲线

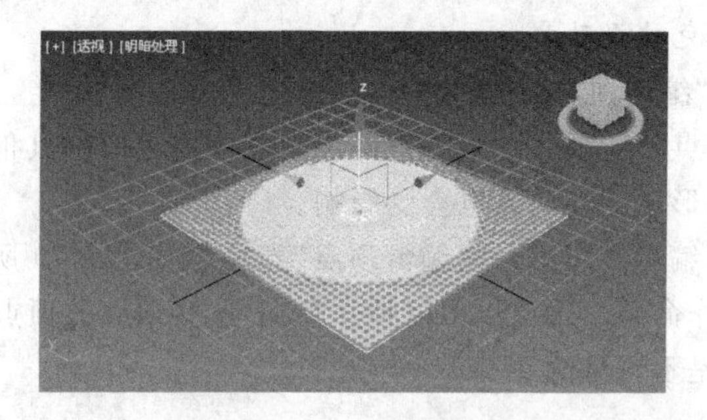

图 5-73　选择顶点

(9) 调整视口至可见长方体的背面,发现背面的点没有受到变换操作的影响,如图 5-75 所示。

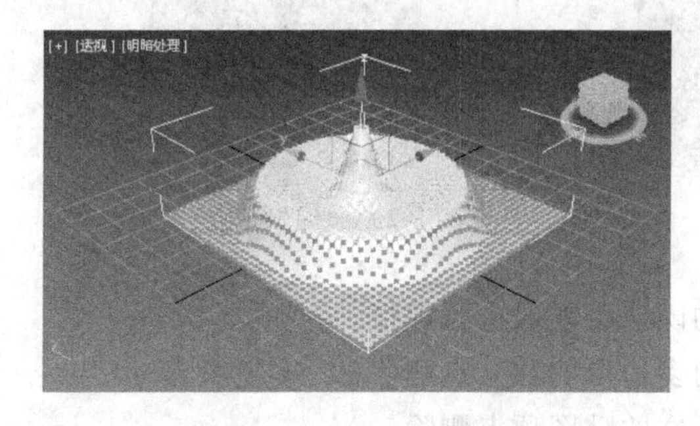

图 5-74　移动顶点

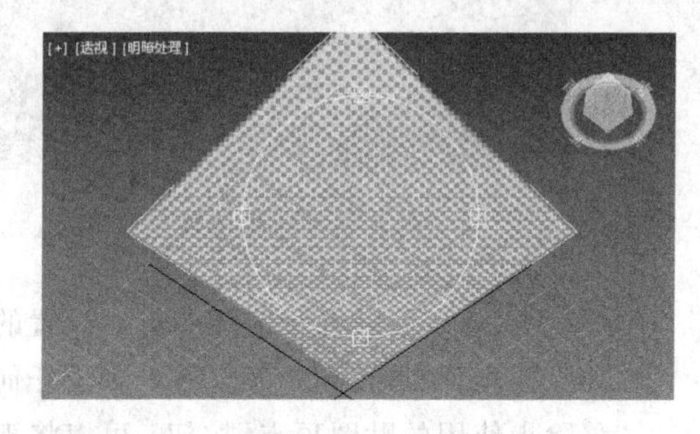

图 5-75　长方体的背面

(10) 重复第(1)步和第(2)步。

(11) 按下"软选择"卷展栏的"绘制软选择"组中的"绘制"按钮,在顶视口中绘制如图 5-76 所示的区域。

(12) 在前视口中使用移动工具将选区的点向上移动一定的距离，此时透视视口中的长方体表面如图 5-77 所示。

图 5-76　绘制软选择

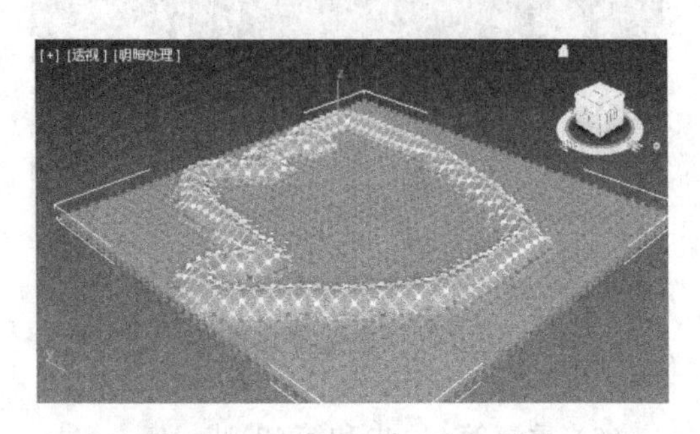

图 5-77　移动选择区域的点

(13) 单击"明暗处理面切换"按钮，此时将使用着色的效果表现面，显示如图 5-78 所示。

专家点拨：选中"边距离"复选框后可以由边的数目来限制作用的范围，具体的值可以在后面的输入框中设定，而且它将使作用范围成方形(一般情况下软选择的作用范围是圆形)。如果用户得到了比较满意的软选择衰减范围，可以通过选中"锁定软选择"复选框将其锁定，以免被误动。

3. "编辑顶点"卷展栏

"顶点"是空间中的点，它们定义组成多边形的其他子对象的结构。当移动或编辑顶点时，它们形成的几何体也会受影响。

"可编辑多边形"的"编辑顶点"卷展栏如图 5-79 所示。该卷展栏中包含针对点编辑的各种操作命令。顶点也可以独立存在，这些孤立的顶点可以用来构建其他几何体，但在渲染时它们是不可见的。

图 5-78　软选择着色效果

图 5-79　"编辑顶点"卷展栏

"焊接"按钮：可以将所选择的点在设置的阈值范围内进行焊接。

"移除孤立顶点"按钮：可以将不属于任何多边形的独立点删除。

"移除未使用的贴图顶点"按钮：可以将孤立的贴图顶点删除。

"权重"输入框：可以调节被选节点的权重。

实例 5-11："编辑顶点"卷展栏的使用

操作步骤

(1) 使用"文件"|"重置"命令重置 3ds Max 系统。

(2) 在透视视口中创建一个半径为 20cm 的球体，在“修改”命令面板中设置其分段为 10，将其转换为可编辑多边形。

(3) 在透视视口的“透视”标识上右击，在弹出的快捷菜单中选择“边面”显示模式，效果如图 5-80 所示。

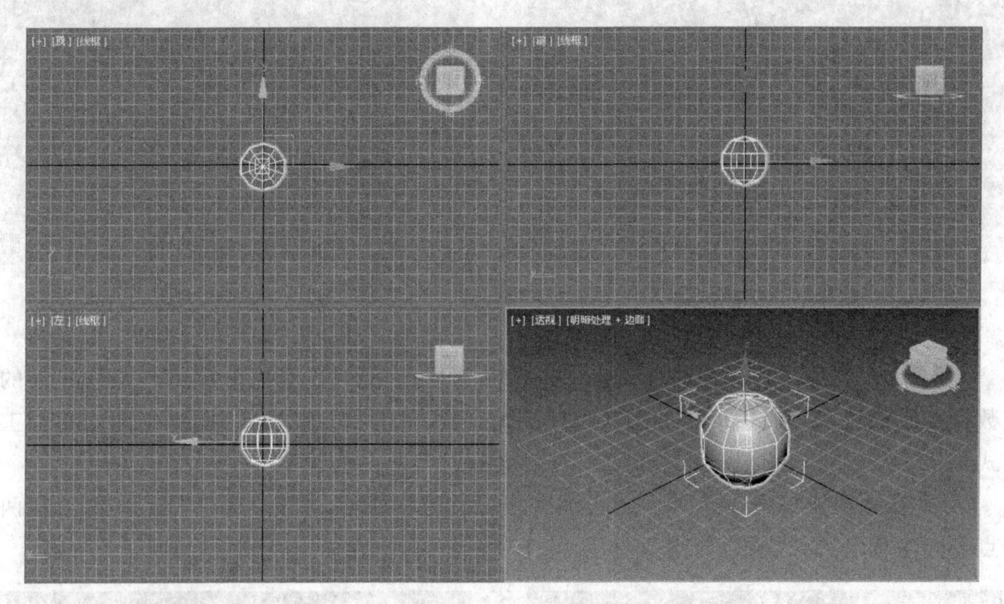

图 5-80　以边面模式显示球体

(4) 在“修改”命令面板中将子对象设置为点层级，选择一个顶点，在“编辑顶点”卷展栏中单击“移除”按钮，发现这个顶点消失了，如图 5-81 所示。

(5) 再选择一个顶点，在“编辑顶点”卷展栏中单击“断开”按钮，使用移动工具移动这个顶点，发现这个顶点被分成了两个顶点，顶点两边的线段不再相连，球面上产生了一个豁口，如图 5-82 所示。

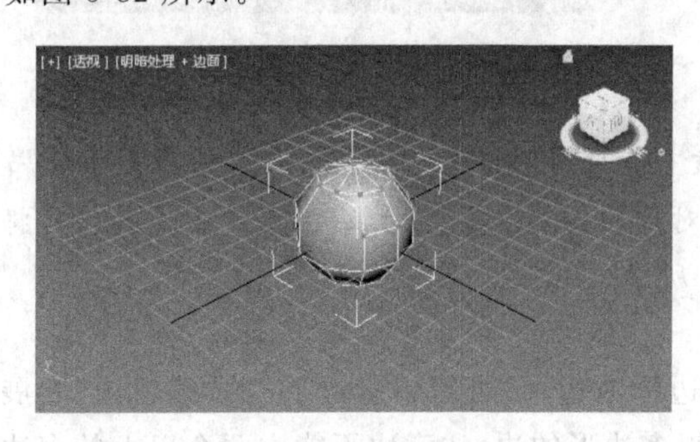

图 5-81　移除一个顶点

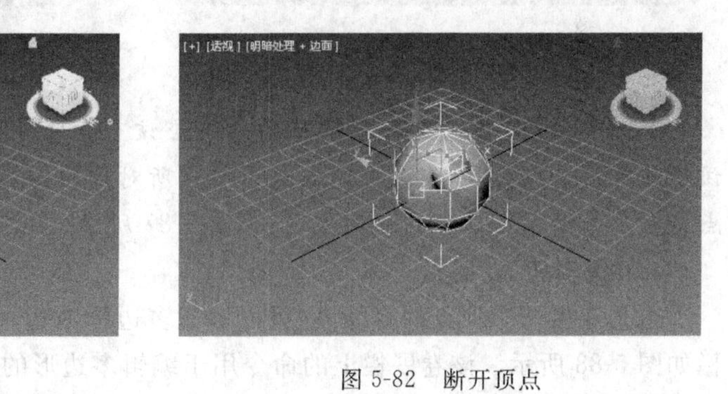

图 5-82　断开顶点

(6) 单击“编辑顶点”卷展栏上的“目标焊接”按钮，右击“捕捉开关”按钮，在“栅格和捕捉”对话框中选中“顶点”选项，打开 3D 捕捉开关。在透视视口中选择上一步中移动的顶点，此时出现一条虚线，如图 5-83 所示。

(7) 将鼠标向末顶点断开前的位置拖动，到达原位置鼠标变为十字形时单击，此时两个顶点焊接为一个顶点，单击“目标焊接”按钮退出目标焊接工作模式。

(8) 单击“挤出”按钮,在透视视口中选择一个顶点,按住鼠标左右拖动,发现此点会分解出与其所连接的边数数目相同的点,再上下移动鼠标会挤压出一个锥体的形状,如图 5-84 所示。再次单击“挤出”按钮退出挤出的工作模式。

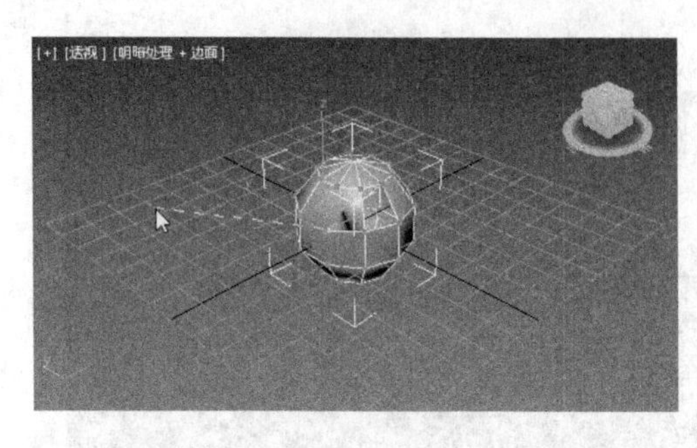

图 5-83 目标焊接

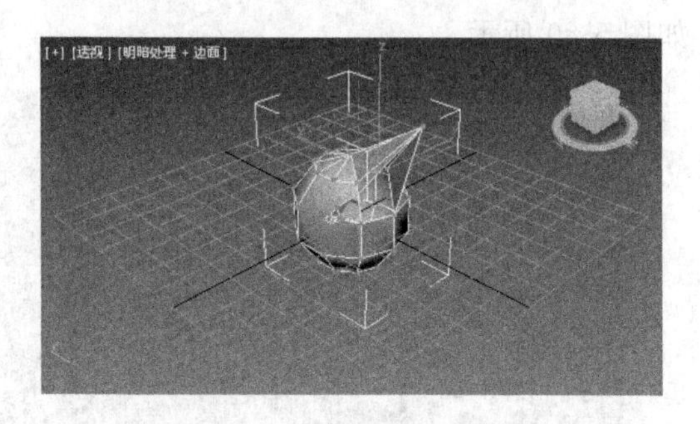

图 5-84 “挤出”按钮的使用

(9) 单击“切角”按钮,在透视视口中选择一个顶点,此时这个点分解出与其所连接的边数数目相同的点,形成一个面,如图 5-85 所示。再次单击“切角”按钮,退出创建切角的工作模式。

(10) 在透视视口中选择两个之间没有线段连接的顶点,单击“连接”按钮,可见在两个顶点之间生成了一条线段,如图 5-86 所示。

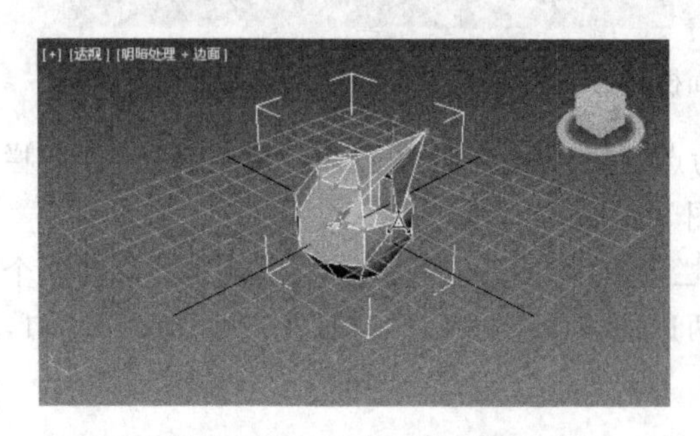

图 5-85 “切角”按钮的使用

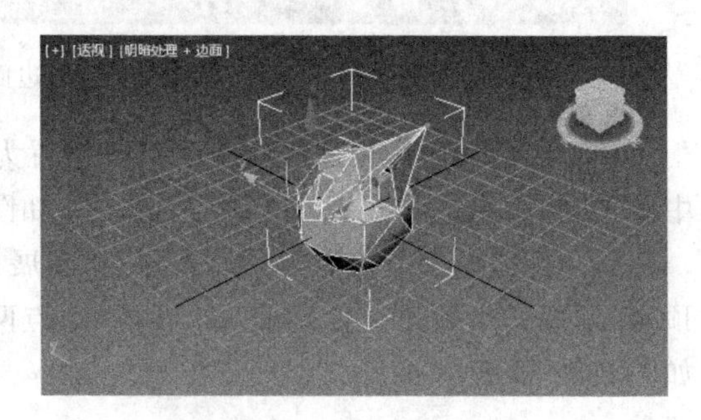

图 5-86 连接顶点

专家点拨:要想看到权重调节的效果应该至少将多边形细分一次,然后选择点并调节该值就可以看到效果,大于 1 的值可以将点所对应的面向点的方向拉近,而小于 1 的值是将点所对应的面向远离点的方向推远,如图 5-87 所示。

4. “编辑边”卷展栏

边是连接两个顶点的直线,它可以形成多边形的边。“可编辑多边形”的“编辑边”卷展栏如图 5-88 所示。该卷展栏上的命令用于编辑多边形的边,注意边不能由两个以上的多边形共享。

“插入顶点”按钮:当按下此按钮后,物体上的点会显示出来,可以在边上任意插入点。

“利用所选内容创建图形”按钮:可以将选择的边复制分离出来(不会影响原来的边)成为新的边,它将脱离当前的多边形变成一条独立的曲线。

“权重”数值框:其作用与“编辑顶点”中的“权重”的作用类似。

“折缝”数值框:产生褶皱效果的量。

图 5-87　权重为 26 时的点与对应面上的点的关系

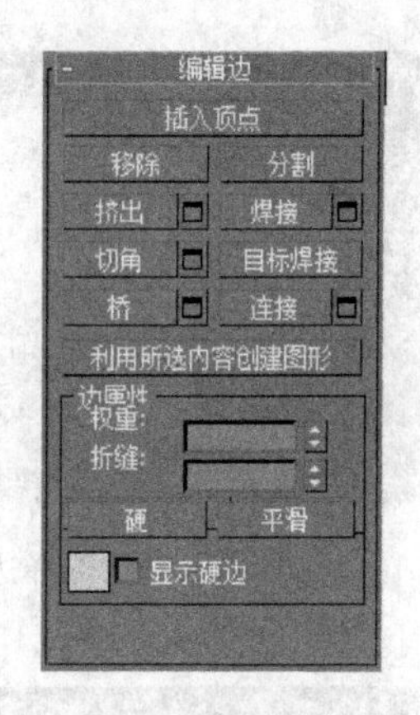

图 5-88　“编辑边”卷展栏

实例 5-12：“编辑边”的使用

操作步骤

(1) 使用“文件”|“重置”命令重置 3ds Max 系统。

(2) 在透视视口中创建一个长方体，在“修改”命令面板中将这个长方体的长度分段、宽度分段和高度分段都设置为 3。在长方体上右击，在弹出的快捷菜单中选择“转换为”|“转换为可编辑多边形”命令将长方体转换为可编辑多边形。

(3) 在透视视口左上角的“透视”标识上右击，在弹出的快捷菜单中选择“边面”命令，将视口的显示模式设置为“边面”。

(4) 选中如图 5-89 所示的边，单击“修改”命令面板上“编辑边”卷展栏上的“移除”按钮，则这条边被移除了，如图 5-90 所示。

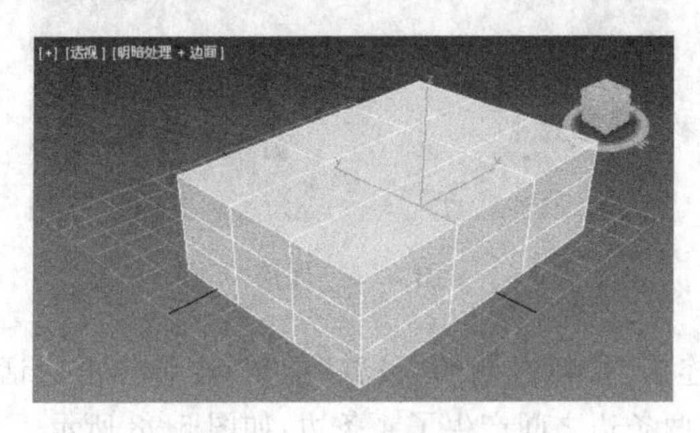

图 5-89　选中边

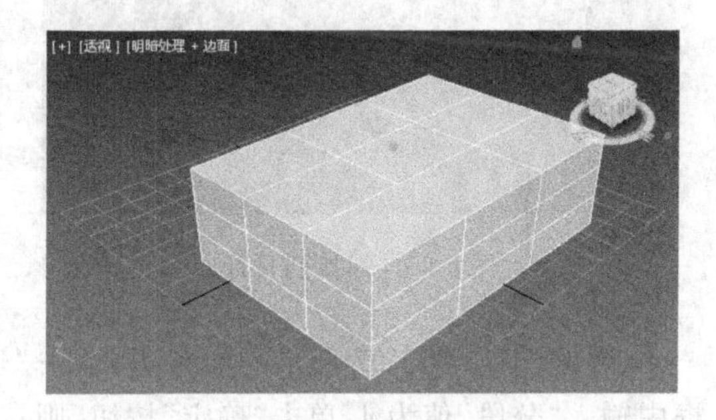

图 5-90　移除边

(5) 选中图 5-91 所示的边，按 Del 键，则与这条边相邻的两个面都被移除，如图 5-92 所示。

(6) 选中图 5-93 所示的两条边，单击“分割”按钮，然后选中图 5-94 所示的边移动，发现这条边与两边分割开了。

(7) 单击“目标焊接”按钮，在上一步选择移动的边上单击一下，鼠标指针上出现了一条虚线，将鼠标指针移动到图 5-95 所示的位置变为十字形时单击一下，两条边被焊接在一起，如图 5-96 所示。右击退出焊接工作模式。

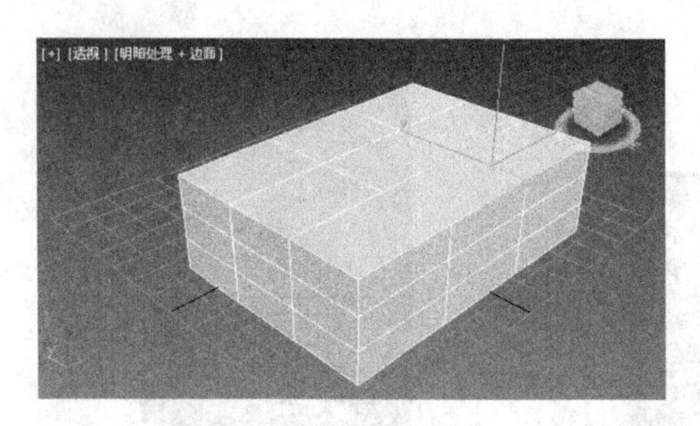

图 5-91　选择边

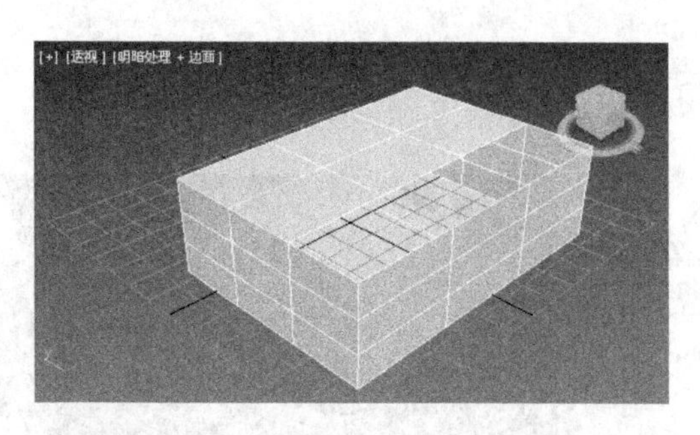

图 5-92　用 Del 键移除边的相邻的两个面

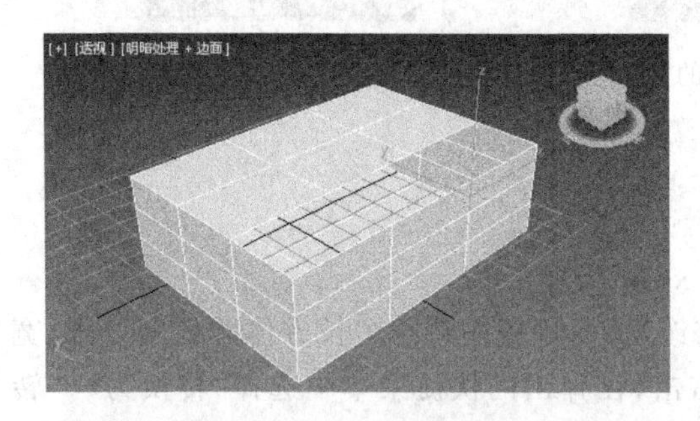

图 5-93　选择两条边

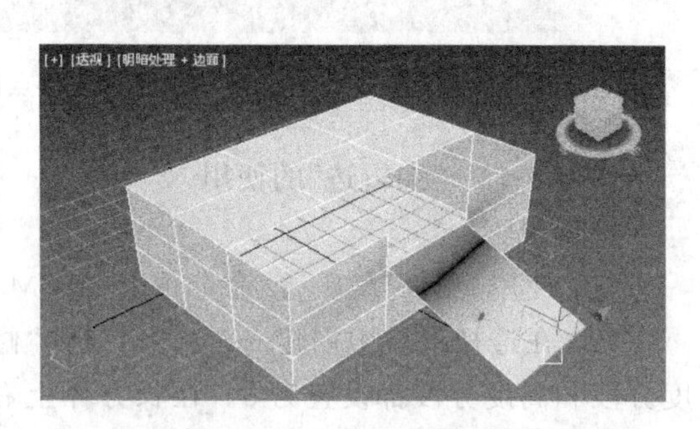

图 5-94　选择并移动边

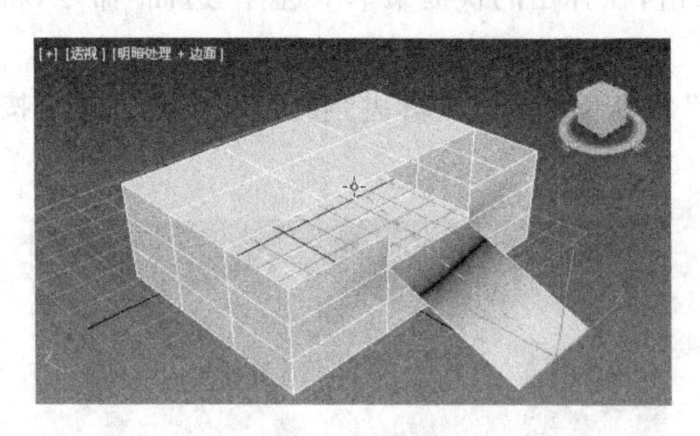

图 5-95　焊接到目标

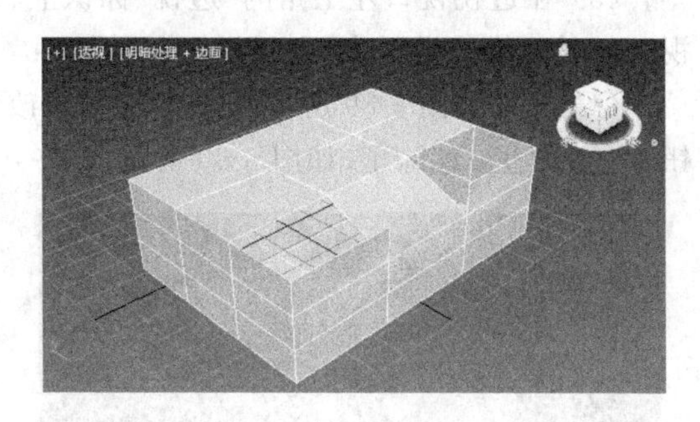

图 5-96　焊接

(8) 选中如图 5-97 所示的两条边,单击“连接”按钮右侧的“设置”按钮,在弹出的对话框中输入“分段”值为 4,单击“确定”按钮,则在两条边之间产生了 4 条边,如图 5-98 所示。

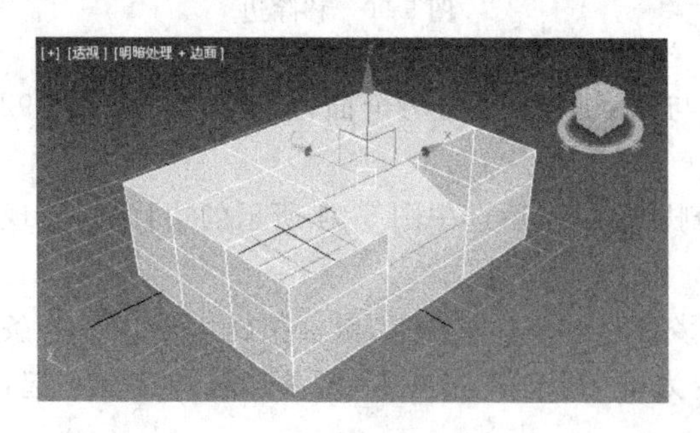

图 5-97　选择两条边

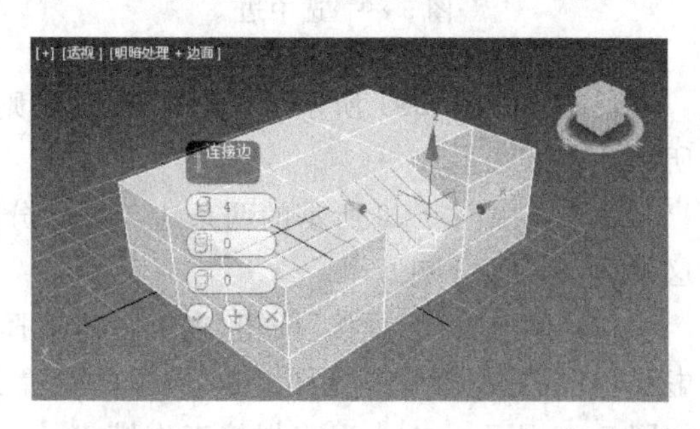

图 5-98　连接两条边

(9) 选择如图 5-99 所示的两条边，单击“桥”按钮，可见两条边之间被面连接了起来，如图 5-100 所示。

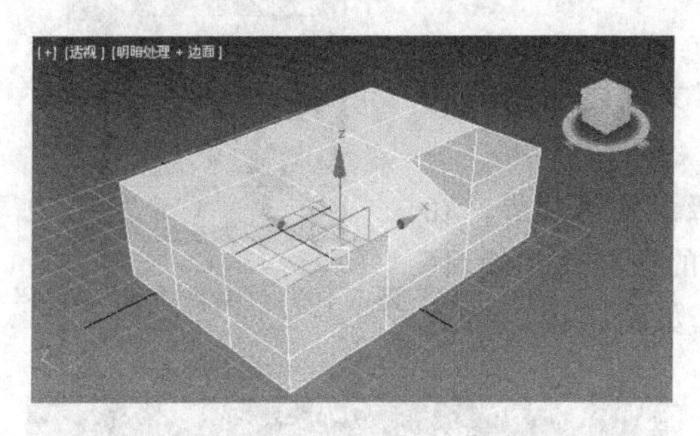

图 5-99　选择边

图 5-100　在两条边之间生成桥面

(10) 选择多边形子对象，在“编辑多边形”卷展栏中单击“编辑三角剖分”按钮，此时的显示如图 5-101 所示。每个面都是由三角形的面片组成的，单击“旋转”按钮，单击一条虚线边发现边的方向发生了转变，如图 5-102 所示。右击，退出三角形编辑模式。

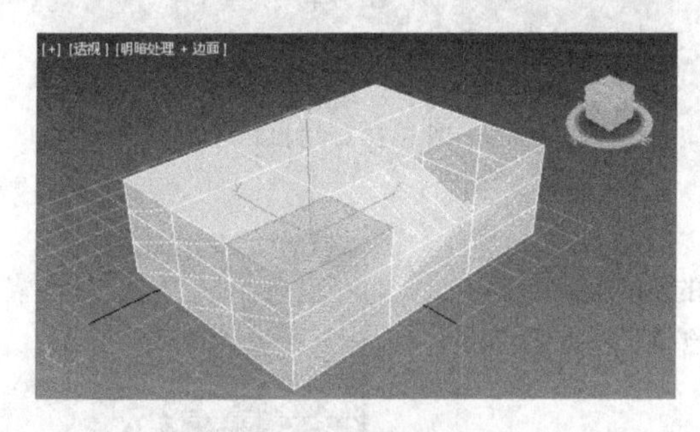

图 5-101　编辑三角形

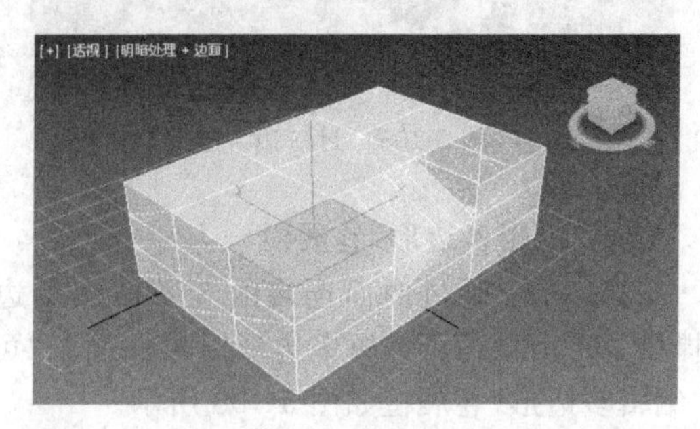

图 5-102　旋转边的方向

(11) 再次回到边子层级，在“编辑边”卷展栏中单击“挤出”按钮，用鼠标在长方体上选择一条边拖动，左右移动鼠标控制挤出的宽度，上下移动鼠标控制挤出的高度，到合适的位置时释放鼠标，如图 5-103 所示。

(12) 单击“切角”按钮，在长方体上选择一条边拖动，发现被选中的边分成两条平行的边，如图 5-104 所示。

图 5-103　挤出

图 5-104　切角

5. “编辑边界”卷展栏

所谓边界，是指只有一边连接着面的边。边界的操作与边的编辑大致相同。“可编辑多边形”的“编辑边界”卷展栏如图 5-105 所示。

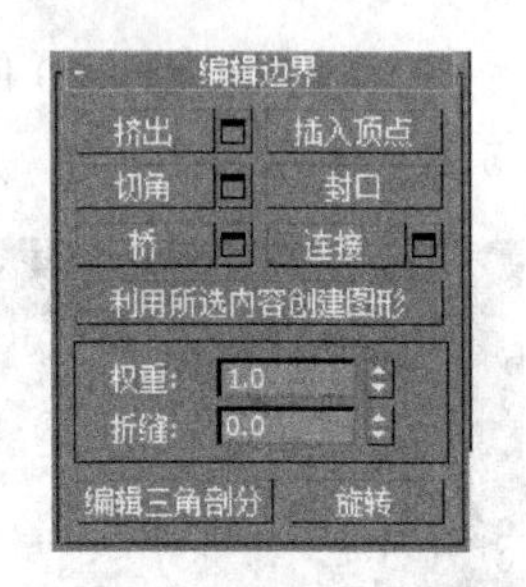

图 5-105 “编辑边界”卷展栏

实例 5-13：封口边界

操作步骤

(1) 打开配套光盘上的“封口边界.max”文件(文件路径：素材和源文件\part5\)，场景如图 5-106 所示。

(2) 在“修改”命令面板中将子对象的层级设置为边界。在透视视口中选择长方体顶面上的空洞，选中洞的边界，在“编辑”卷展栏中单击“封口”按钮，此时空洞被封住了，如图 5-107 所示。

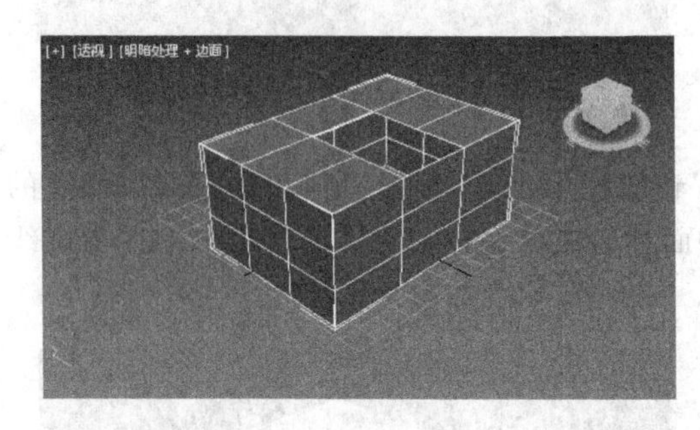
图 5-106 封口边界

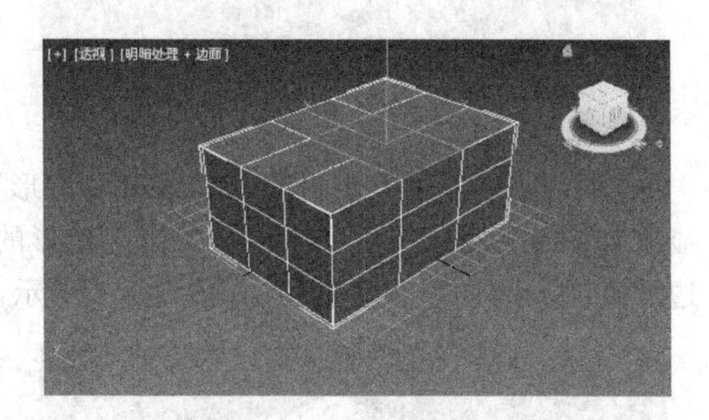
图 5-107 封口

6. “编辑多边形”卷展栏

多边形是通过曲面连接的 3 条或多条边的封闭序列，它提供了可渲染的可编辑多边形对象曲面。“可编辑多边形”的“编辑多边形”卷展栏如图 5-108 所示。

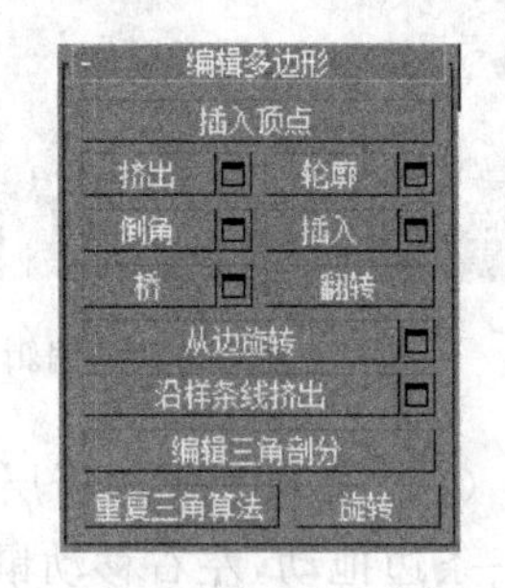

图 5-108 “编辑多边形”卷展栏

实例 5-14：编辑多边形的应用

操作步骤

(1) 打开配套光盘上的“编辑多边形.max”文件(文件路径：素材和源文件\part5\)。

(2) 选择长方体对象，在“修改”命令面板中将子对象设置为多边形层级。在“编辑多边形”卷展栏中单击“轮廓”按钮，用鼠标在透视视口中对长方体顶面拖动，顶面的大小随之发生变化，如图 5-109 所示。

(3) 单击“插入”按钮，在长方体的前侧面拖动，则在这个面上插入了一个新的面，如图 5-110 所示。

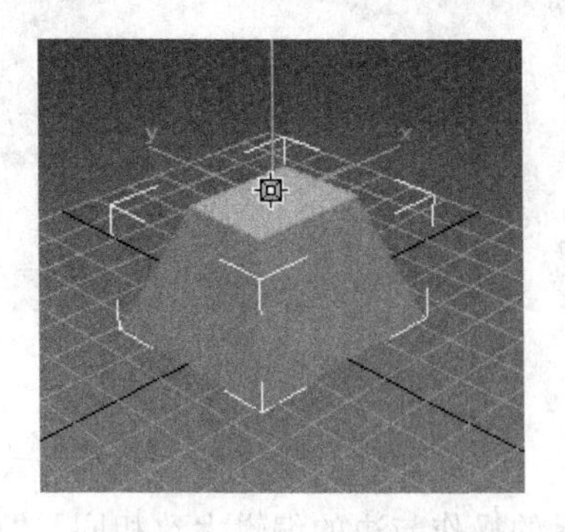
图 5-109 轮廓

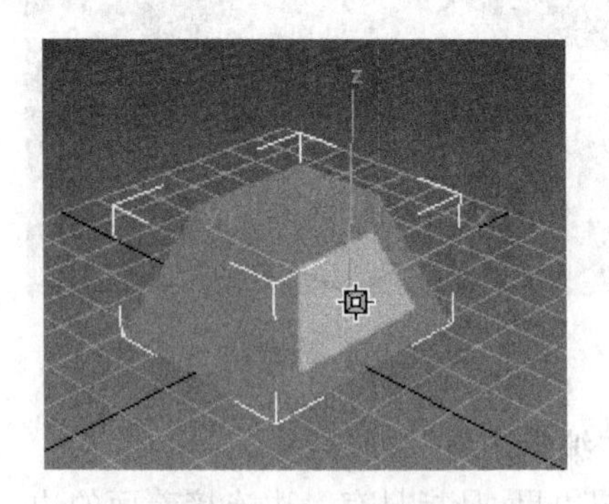
图 5-110 插入多边形

(4) 选中插入的面，单击“翻转”按钮，发现这个面因为法线的翻转而变得不可见，如图 5-111 所示，再次单击“翻转”按钮该面重新可见。

(5) 选择顶面，单击“从边旋转”按钮右侧的设置按钮，在弹出的设置栏中进行设置，单击“拾取转枢”按钮。在透视视口中单击顶面的一条边，此时顶面发生了旋转，如图 5-112 所示。

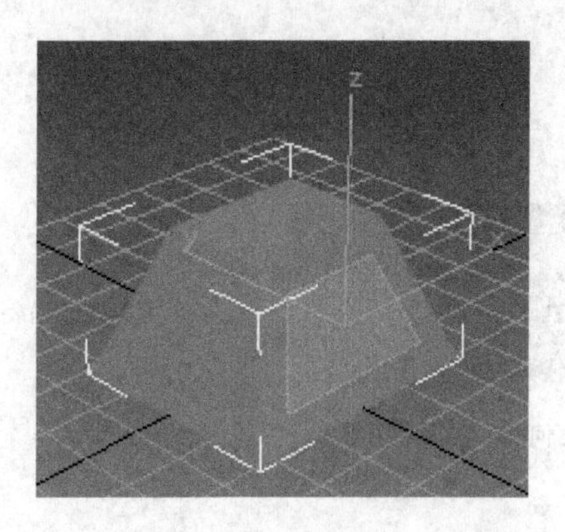

图 5-111　翻转法线

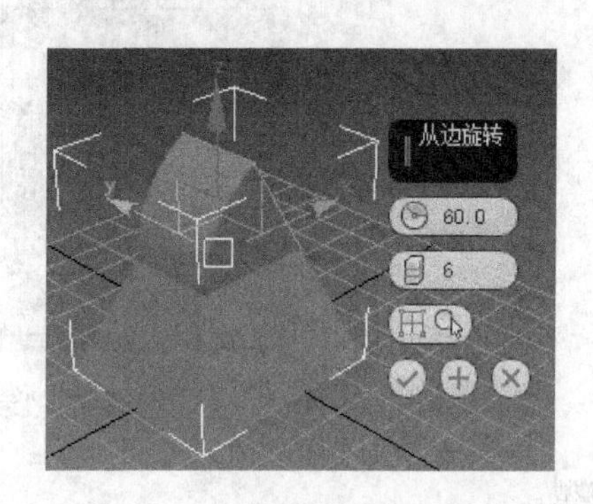

图 5-112　从边旋转多边形

(6) 在前视口中绘制一个样条线，如图 5-113 所示。选择第(3)步插入的面，单击“沿样条线挤出”按钮右侧的设置按钮。在弹出的设置面板中对相关的参数进行设置，完成设置后单击“确定”按钮 确认设置。单击绘制的样条线，选择的面将按样条线形状挤出，如图 5-114 所示。

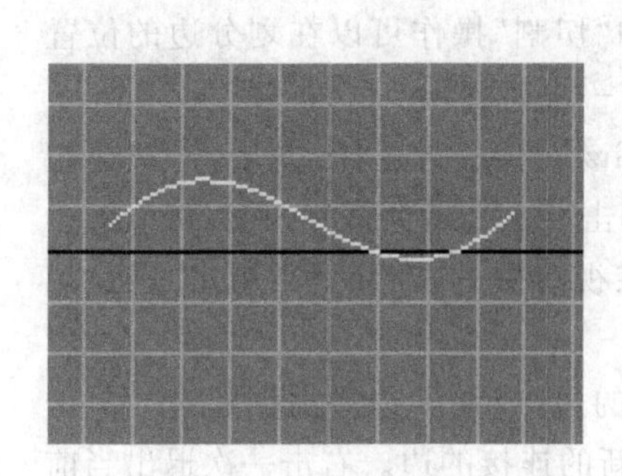

图 5-113　绘制样条线

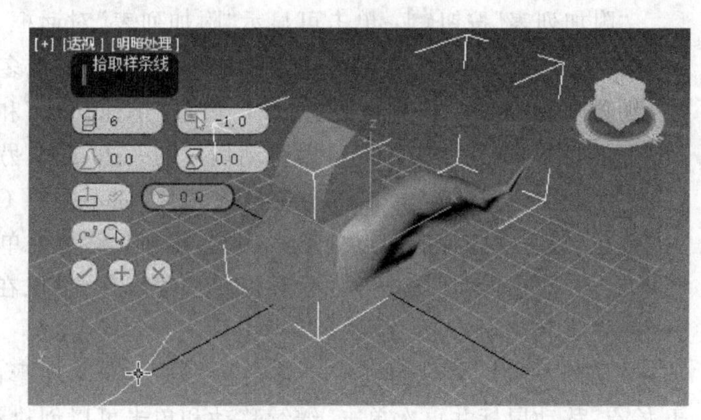

图 5-114　沿样条线挤出多边形

7. “编辑几何体”卷展栏

“编辑几何体”卷展栏上的设置是可用于整个多边形物体的，不过有些命令是有先进入相应子层级限制的。“可编辑多边形”的“编辑几何体”卷展栏如图 5-115 所示。

“重复上一个”按钮：重复最近使用的命令。

专家点拨：“重复上一个”按钮不会重复执行所有操作。例如，它不重复变换。如果要决定当单击按钮时重复哪个命令，请查看按钮的工具提示。如果没有显示工具提示，单击时不会起任何作用。

“约束”列表：可以使用现有的几何体约束子对象的变换。使用下拉列表可以选择以下

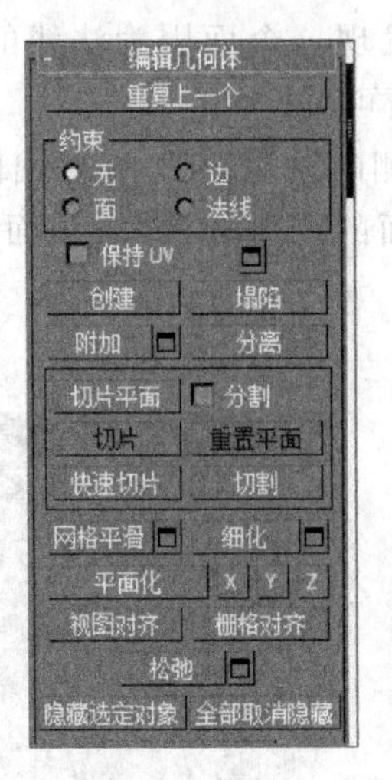

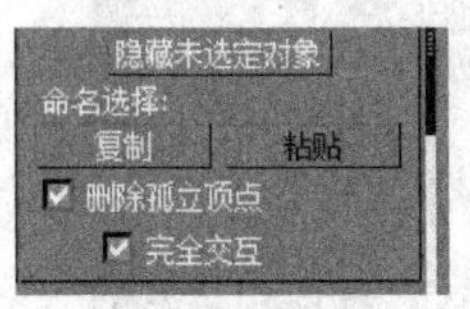

图 5-115 “编辑几何体”卷展栏

约束类型。

- 无:无约束。
- 边:约束顶点到边界的变换。
- 面:约束顶点到曲面的变换。

“创建”按钮:用于从孤立顶点和边界顶点创建多边形,对象的所有顶点都高亮显示。

“附加”按钮:可以将场景中的另一对象附加到选定的“编辑多边形”对象上。

“附加列表”按钮:单击可显示“附加列表”对话框,其中可以按名称选择多个要附加的对象。可以将场景中的另外对象附加到选定的“编辑多边形”对象上。

“分割”复选框:选中该复选框时,通过“迅速切片”和“切割”操作可以在划分边的位置处的点创建两个顶点集。这可以移动切片的一边,或从另一边切割。

“快速切片”按钮:可以将对象快速切片,而不操纵 Gizmo。进行选择,并单击“快速切片”按钮,然后在切片的起点处单击一次,再在其终点处单击一次。激活该按钮时,可以继续对选定内容执行切片操作。如果要停止切片操作,可以在视口中右击,或重新单击“迅速切片”按钮将其关闭。

“切割”按钮:用于创建一个多边形到另一个多边形的边,或在多边形内创建边。单击开始点,移动鼠标并再次单击,继续移动和单击可以创建新的连接的边。右击一次退出当前切割操作,然后可以开始新的切割,或再次右击退出“切割”模式。

“网格平滑”按钮:使用当前设置平滑对象。此按钮使用细分功能,它与“网格平滑”修改器中的“NURMS 细分”类似,与“NURMS 细分”不同的是,它立即将平滑应用到控制网格的选定区域上。

“网格平滑设置”按钮:打开“网格平滑选择”对话框,用它可以指定应用的平滑程度。

“细化”按钮:根据细化设置细分对象中的所有多边形。

“细化设置”按钮:打开“细化选择”对话框,用它可以指定应用的细化程度。

“平面化”按钮:其作用是将选择的子物体变换在同一平面上,后面的 3 个按钮是分别把选择的子物体变换到垂直于 X、Y 和 Z 轴向的平面上。

"视图对齐"按钮：将被选子物体对齐到当前视图平面上。

"栅格对齐"按钮：将被选子物体对齐到当前激活的栅格上。

"松弛"按钮：使用"松弛"对话框设置，可以将"松弛"功能应用于当前的选定内容。"松弛"可以规格化网格空间，方法是朝着邻近对象的平均位置移动每个顶点。其工作方式与"松弛"修改器相同。

"编辑几何体"卷展栏上的一些特别常用的命令已经在前面讲了一些，这里再利用一些实例对它们进行详细的讲解。

实例 5-15：编辑几何体

操作步骤

（1）打开配套光盘上的"编辑几何体.max"文件（文件路径：素材和源文件\part5\）。

（2）选中 Box001 对象，在"修改"命令面板中将子对象层级设置为顶点。

（3）在 Box001 对象的顶面选择一个顶点进行挤出操作。选择另一个顶点，单击"编辑几何体"卷展栏上的"重复上一个"按钮，此时第二个顶点重复了第一个顶点的变换，如图 5-116 所示。

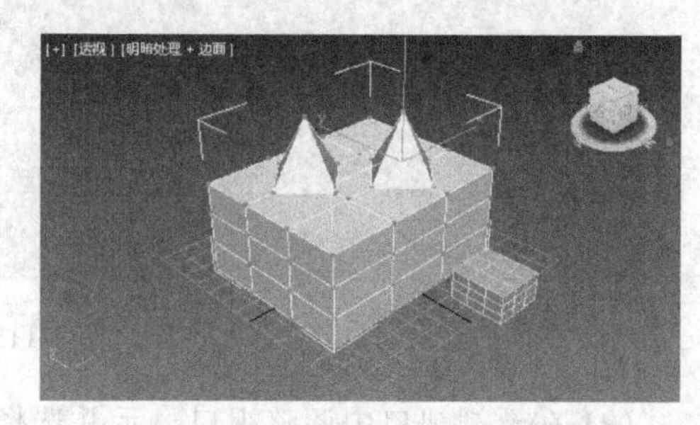

图 5-116 "重复上一个"效果图

（4）在"编辑几何体"卷展栏的"约束"下拉列表中选择边，在 Box001 上选择一个顶点，使用移动工具移动该顶点，此时只能沿着边的方向移动。在"约束"下拉列表中选择面，再移动顶点，此时顶点只能在与其相交的面上移动。

（5）在左视口中选择一列顶点对象，单击"塌陷"按钮，此时所有被选择的顶点塌陷成为一个中间的顶点，如图 5-117 所示。

（6）单击"附加"按钮右侧的设置按钮，在弹出的"附加列表"对话框中选择 Box002 对象，此时 Box002 对象成为这个可编辑多边形的一个元素，如图 5-118 所示。

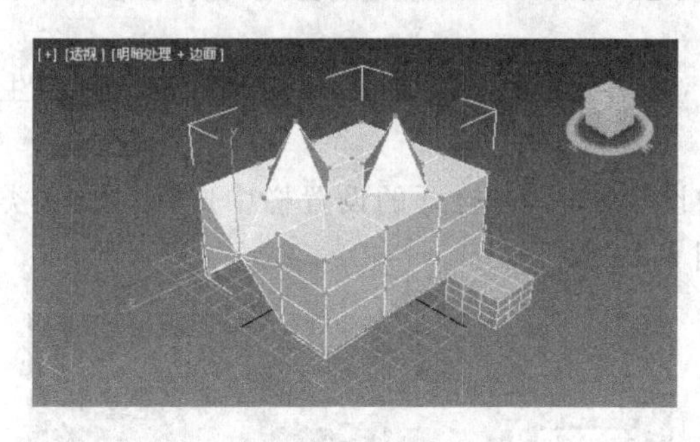

图 5-117 塌陷顶点

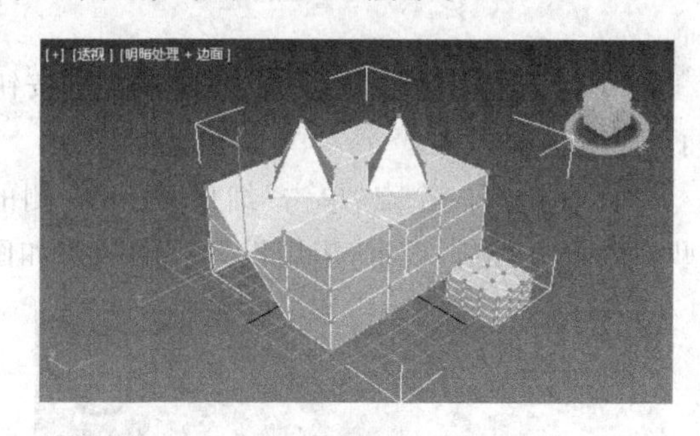

图 5-118 附加

（7）单击"快速切片"按钮，在左视口中的左边单击一下，发现鼠标指针上跟随着一条线，这条线实际上就是切片平面的左侧正交视口，移动鼠标至合适的位置单击，此时切片平面所经过的与原对象相交的地方都插入了新的顶点，如图 5-119 所示。右击退出快速切片。

（8）单击"切割"按钮，发现鼠标的标识变成一把切割刀，在 Box002 对象的顶面拖动鼠标单击进行切割，如图 5-120 所示。右击退出切割。

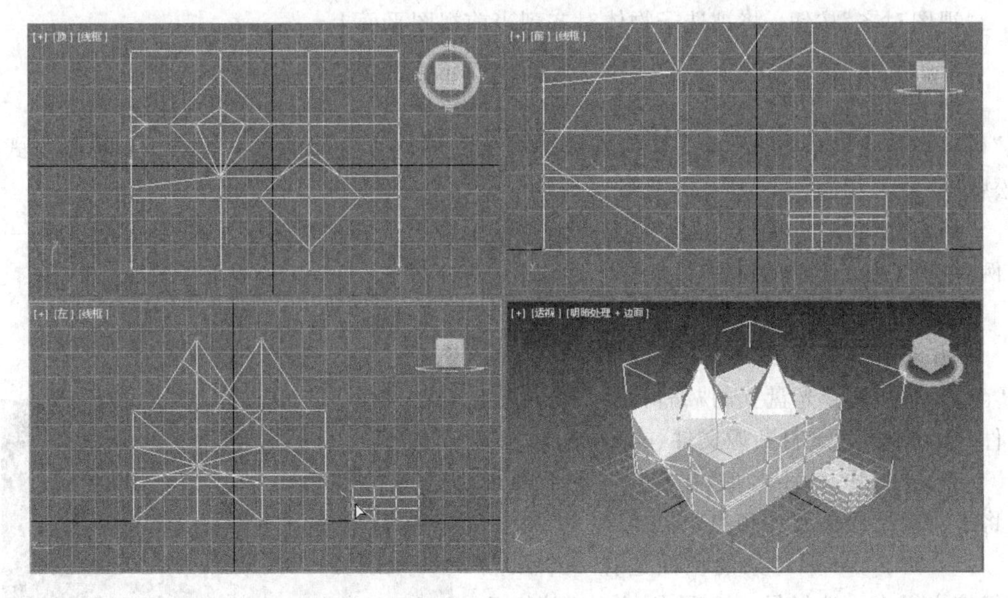

图 5-119　快速切片

(9) 在透视视口中调整视口显示并选择顶点,如图 5-121 所示。

图 5-120　切割

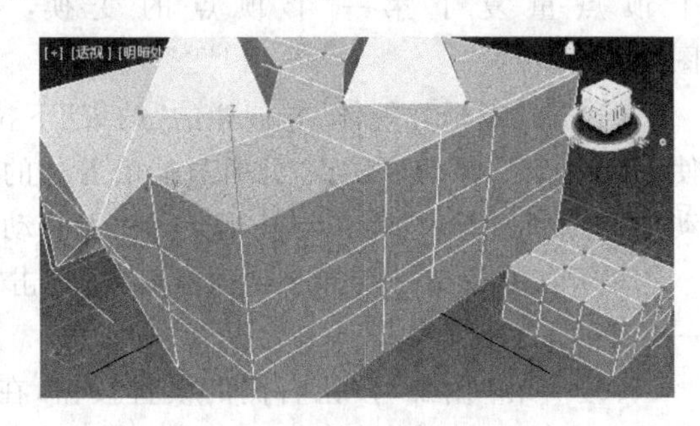

图 5-121　调整透视视口并选择顶点

(10) 选择一个顶点,单击“网格平滑”按钮,效果如图 5-122 所示,在这个点的周围产生了平滑效果。

(11) 选择一个点,单击“细化”按钮右侧的设置按钮,在打开的设置栏中选择“边缘”类型,对“张力”进行设置,应用设置后的效果如图 5-123 所示。

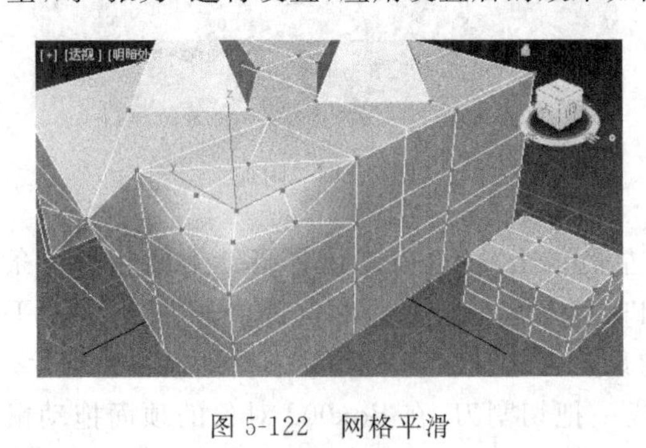

图 5-122　网格平滑

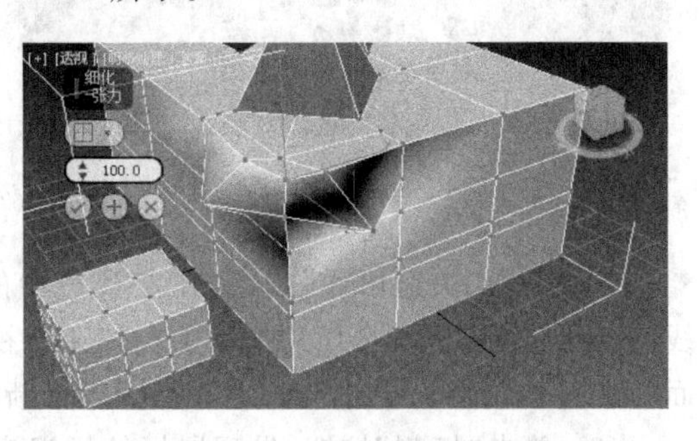

图 5-123　边类型细化

（12）再选择一个点，单击“细化”按钮右侧的设置按钮，在对话框中选择“面”类型。应用设置后的效果如图 5-124 所示。

8. “细分曲面”卷展栏

通过“细分曲面”可以将当前的多边形网格进行网格平滑式的光滑处理，相当于在修改堆栈中加了一个网格平滑修改，“可编辑多边形”的“细分曲面”卷展栏如图 5-125 所示。

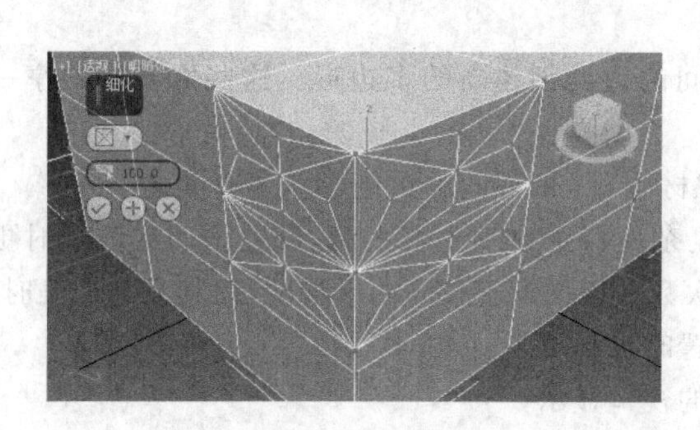

图 5-124　面类型细化

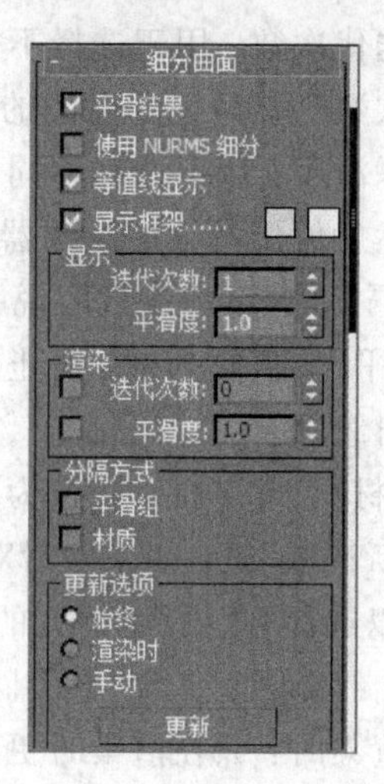

图 5-125　“细分曲面”卷展栏

“平滑结果”复选框：对所有的多边形应用相同的平滑组。

“使用 NURMS 细分”复选框：通过 NURMS 方法应用平滑，NURMS 在“可编辑多边形”和“网格平滑”中的区别在于后者可以有权控制顶点，而前者不能。使用“显示”和“渲染”组中的“迭代次数”控件可以对平滑角度进行控制。

专家点拨：只有选中了“使用 NURMS 细分”复选框，该卷展栏上的其余控件才生效。

“等值线显示”复选框：选中该复选框时，只显示等值线，平滑前对象的原始边。选中该复选框的优点在于显示不会显得杂乱无章。如果不选中该复选框，该软件将会显示使用“NURMS 细分”添加的所有面，如图 5-126 所示。因此“迭代次数”设置越高，生成的行数越多。默认设置为选中。

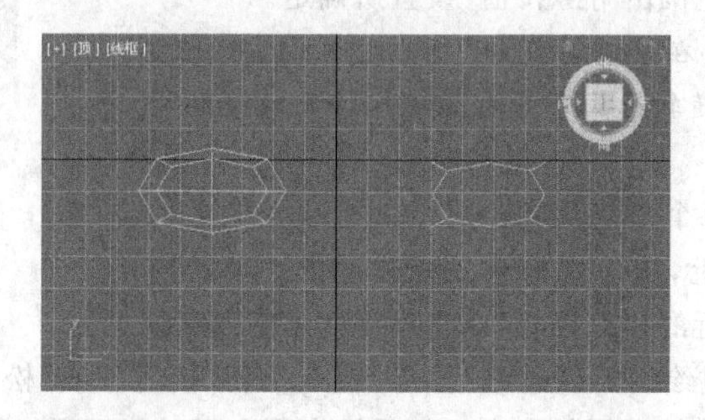

图 5-126　禁用“等值线显示”（左）和启用“等值线显示”（右）的平滑长方体

“显示”组中参数的说明如下。

- 迭代次数：设置平滑多边形对象时所用的迭代次数。每个迭代次数都会使用上一个迭代次数生成的顶点生成所有多边形,范围为 0～10。

- 平滑度：在添加多边形之前确定锐角的平滑度以将其平滑。如果值为 0.0,将不会创建任何多边形；如果值为 1.0,将会向所有顶点中添加多边形,即便位于同一个平面也是如此。

“渲染”组：渲染时将不同数目的平滑迭代次数和不同的“平滑度”值应用于对象。

- 迭代次数：用于选择不同的平滑迭代次数,以便在渲染时应用于对象。启用“迭代次数”,然后使用右侧的微调器设置迭代次数。
- 平滑度：用于选择不同的“平滑度”值,以便在渲染时应用于对象。启用“平滑度”,然后使用右侧的微调器设置平滑度值。

“分隔方式”组中参数的说明如下。

- “平滑组”复选框：防止在面之间的边处创建新的多边形。这些面至少共享一个平滑组。
- “材质”复选框：防止为不共享“材质 ID”的面间的边创建新多边形。

“更新选项”组：如果平滑对象的复杂度对于自动更新太高,设置手动或渲染时更新选项,还可以选择“渲染”组下方的“迭代次数”,以便设置较高的平滑度,使其只在渲染时应用。

- 始终：更改任意“平滑网格”设置时自动更新对象。
- 渲染时：只在渲染时更新对象的视口显示。
- 手动：启用手动更新。选定手动更新时,在单击“更新”按钮之前更改的任何设置都不会生效。
- “更新”按钮：更新视口中的对象,使其与当前的“网格平滑”设置一致。只有在选中“渲染时”或“手动”单选按钮时才能使用该按钮。

9.“绘制变形”卷展栏

“绘制变形”有 3 种操作模式,即“推/拉”“松弛”和“复原”。注意一次只能激活一个模式。剩余的设置用来控制处于活动状态的变形模式的效果。“可编辑多边形”的“绘制变形”卷展栏如图 5-127 所示。

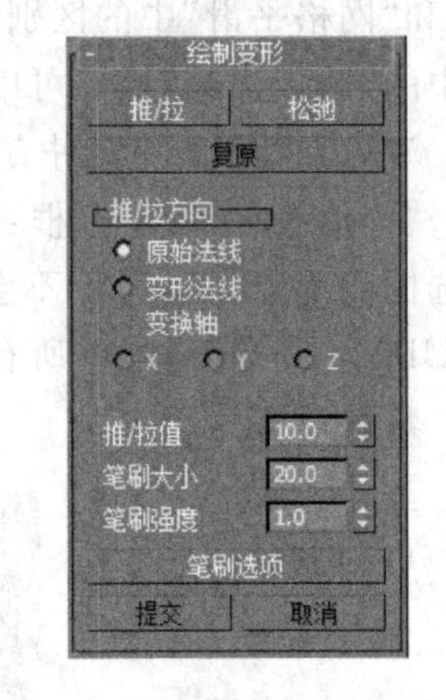

图 5-127 “绘制变形”卷展栏

“推/拉”按钮：将顶点移入对象曲面内(推)或移出曲面外(拉)。推拉的方向和范围由“推/拉值”设置所确定。

专家点拨：如果要在绘制时反转“推/拉”方向,可以按住 Alt 键。“推/拉”支持随软选择子对象的选择值而衰退的有效力量中的软选择。

“松弛”按钮：将每个顶点移到由它的邻近顶点的平均位置所计算出来的位置上,从而规格化顶点之间的距离。使用“松弛”可以将靠得太近的顶点推开,或将离得太远的顶点拉近。

“复原”按钮：通过绘制可以逐渐“擦除”或者反转“推/拉”或“松弛”的效果。它仅影响从最近的“提交”操作开始变形的顶点。如果没有顶点可以复原,“复原”按钮就不可用。

专家点拨：在“推/拉”模式或“松弛”模式中绘制变形时可以按住 Ctrl 键暂时切换到“复原”模式。

“推/拉方向”组：此设置用于指定对顶点的推或拉是根据曲面法线、原始法线或变形法线进行的，还是沿着指定轴进行的。默认设置为“原始法线”。

- 原始法线：选中该单选按钮后，对顶点的推或拉会使顶点以它变形之前的法线方向进行移动。重复应用“绘制变形”总是将每个顶点以它最初移动时的相同方向进行移动。
- 变形法线：选中该单选按钮后，对顶点的推或拉会使顶点以它现在的法线方向进行移动，从而产生推动效果。
- 变换轴 X/Y/Z：选中该单选按钮后，对顶点的推或拉会使顶点沿着指定的轴进行移动，并使用当前的参考坐标系。

“推/拉值”数值框：确定单个推/拉操作应用的方向和最大范围。正值将顶点“拉”出对象曲面，而负值将顶点“推”入曲面，默认为 10.0。

专家点拨：在进行绘制时可以使用 Alt 键在具有相同值的推和拉之间进行切换。例如，如果拉的值为 8.5，按住 Alt 键可以开始值为 −8.5 的推操作。

“笔刷大小”数值框：设置圆形笔刷的半径，只有笔刷圆之内的顶点才可以变形，默认设置为 20.0。

“笔刷强度”数值框：设置笔刷应用“推/拉”值的速率，低的“强度”值应用效果的速率要比高的“强度”值来得慢，范围为 0.0～1.0，默认设置为 1.0。

“笔刷选项”按钮：单击此按钮会打开“绘制选项”对话框，在该对话框中可以设置各种与笔刷相关的参数。

“提交”按钮：使变形的更改永久化，将它们“烘焙”到对象几何体中。在使用“提交”按钮后不可以将“复原”应用到更改上。

“取消”按钮：取消自最初应用“绘制变形”以来的所有更改，或取消最近的“提交”操作。

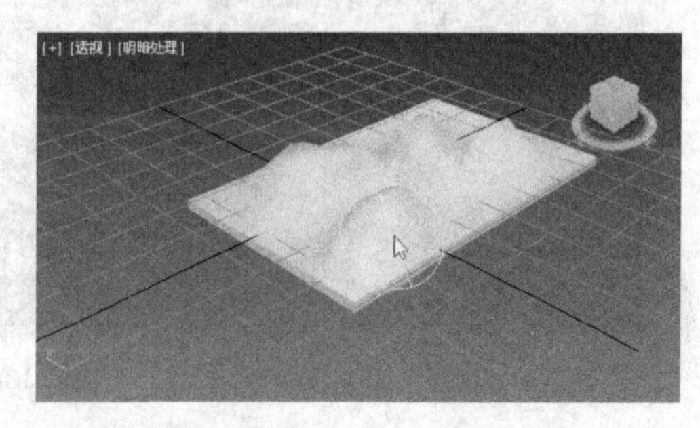

图 5-128　绘制变形

利用“动态笔刷”可以用鼠标通过推/拉面的操作直接在曲面上绘制，类似雕刻的方法。这种方法的操作非常简单，只要单击“推/拉”按钮，然后在多边形上直接绘制就可以了，这时鼠标箭头会变成一个圆圈范围，如图 5-128 所示，这也是它的作用范围；“松弛”命令可以使尖锐的表面在保持大致形态不变的情况下变得光滑一些；“复原”命令可以使推/拉过的面恢复原状，前提是未单击下方的“提交”按钮或“退出”按钮。

5.2.3　多边形属性

多边形属性的命令用来调节多边形的面，对于面的调节主要包括面的材质和面的光滑组。

实例 5-16：奶锅

操作步骤

(1) 打开 3ds Max，在顶视口中创建一个圆柱体，在“修改”命令面板中设置半径为 55mm、高度为 60mm、高度分段为 10、端面分段为 10、边数为 24。

(2) 将圆柱体转换为可编辑多边形。

(3) 将子对象设置为多边形层级,在"选择"卷展栏中选中"忽略背面"复选框。在"软选择"卷展栏中取消对"使用软选择"复选框的选择。使用圆形选区工具选中图 5-129 所示的顶部的部分多边形。

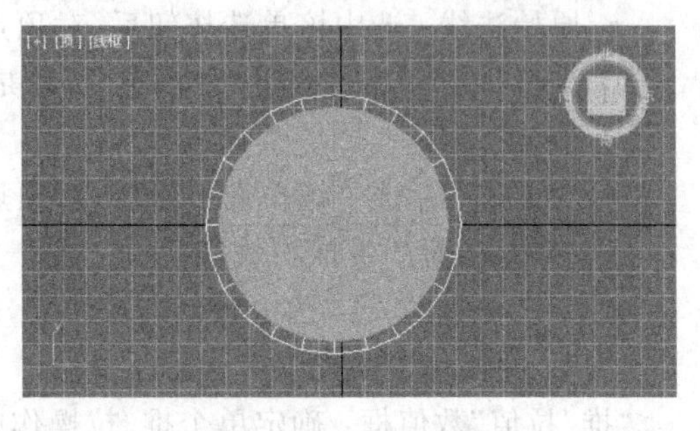

图 5-129 选中顶部部分

(4) 在"编辑多边形"卷展栏中设置挤出效果,这里设置挤出值为－55,如图 5-130 所示。

(5) 在顶视口中选择图 5-131 所示的区域,单击"挤出"按钮,挤出值为 0.001,然后使用缩放工具向外适量扩大环形区域,如图 5-132 所示。

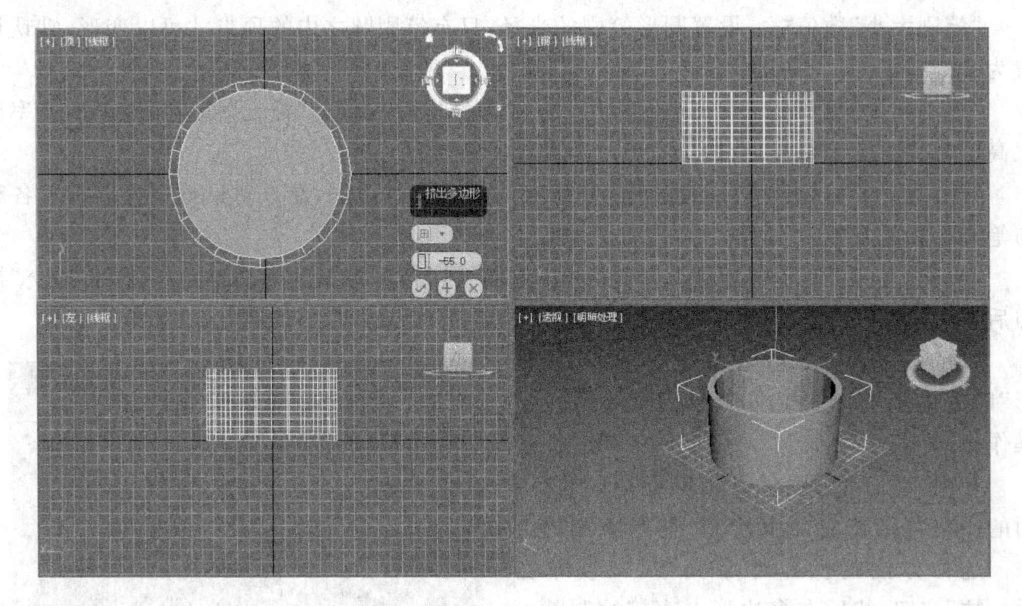

图 5-130 挤出

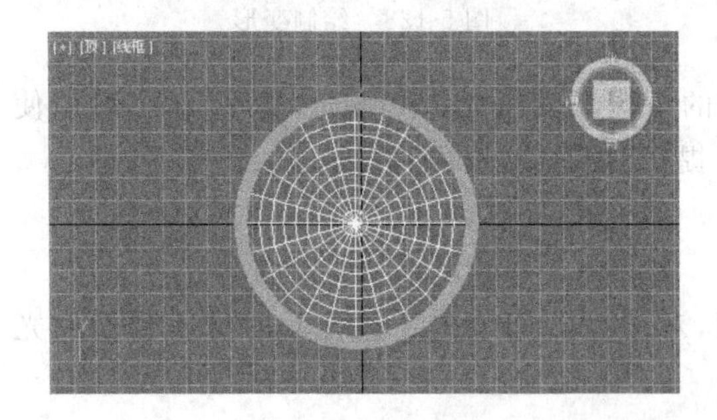

图 5-131 选中的面

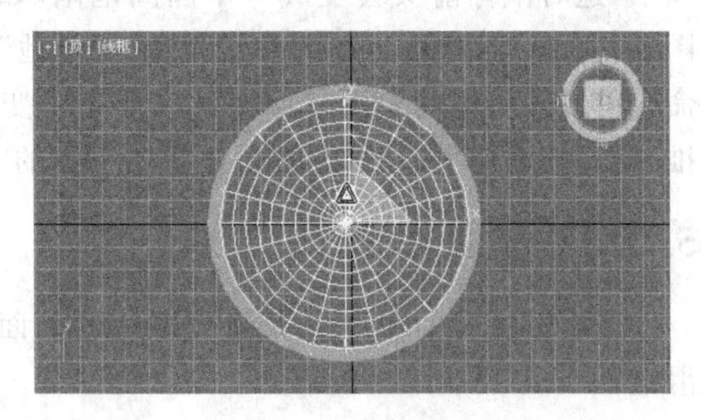

图 5-132 对选择面挤出并缩放

(6) 再次单击"挤出"按钮,挤出值为 3。

(7) 重复第(5)步和第(6)步,得到如图 5-133 所示的效果。

(8) 选择新的多边形子对象，如图 5-134 所示。

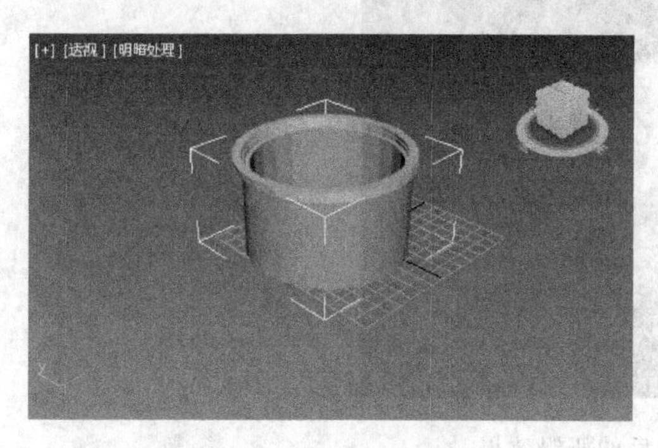

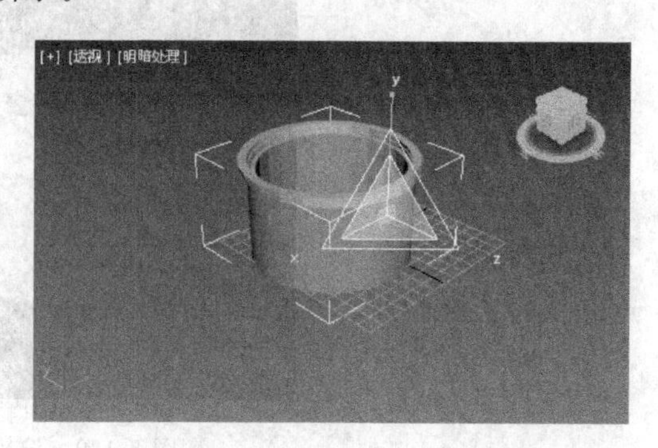

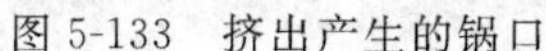
图 5-133　挤出产生的锅口

图 5-134　选择多边形子对象

(9) 使用倒角命令并对参数进行设置，然后沿 Z 轴向上移动多边形到合适的位置，如图 5-135 所示。

(10) 使用“编辑多边形”卷展栏上的“插入”按钮插入一个新的面，按图 5-136 所示设置参数。

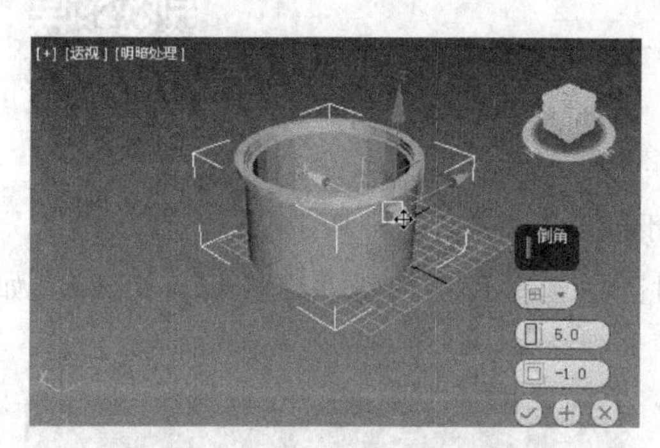

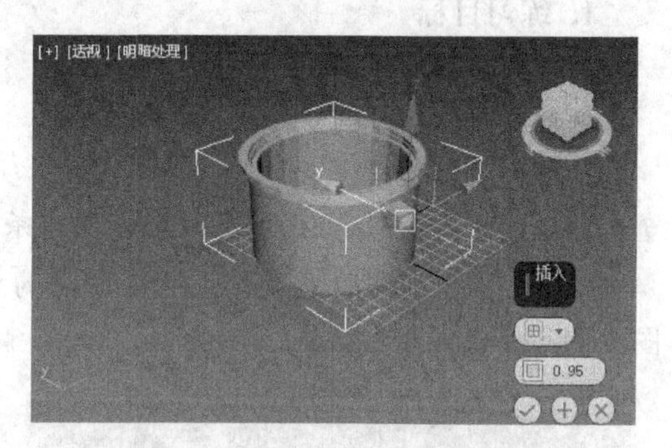

图 5-135　设置倒角并移动多边形

图 5-136　插入多边形的设置

(11) 使用挤出命令拉伸面，拉伸高度为 10mm，重复 10 次，得到如图 5-137 所示的效果。

(12) 添加一个“网格平滑”编辑修改器，得到如图 5-138 所示的效果。

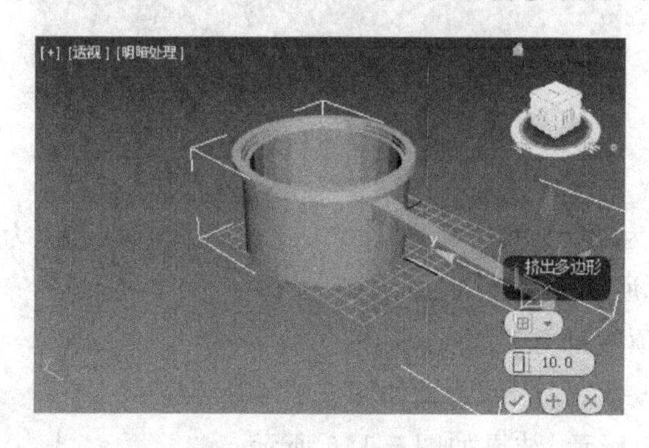

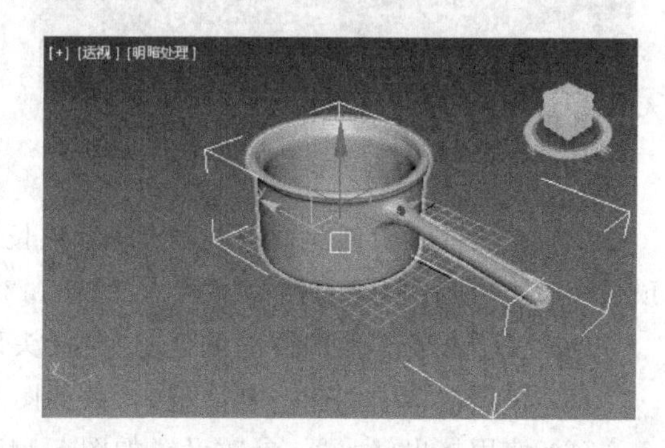

图 5-137　挤出锅柄

图 5-138　奶锅

(13) 保存文件。单击“快速渲染”按钮渲染，效果如图 5-139 所示。

图 5-139　渲染后的奶锅效果

5.3　上机练习与指导

5.3.1　柱子

1. 练习目标

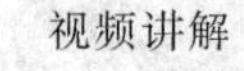

视频讲解

(1) 熟悉 FFD 修改器。

(2) 多种已学过的修改器的混合使用。

2. 练习指导

(1) 打开 3ds Max,在顶视口中创建一条闭合折线,如图 5-140 所示。

(2) 使用车削修改器旋转,在参数栏的对齐中选择最小按钮并选择输出为面片,如图 5-141 所示。

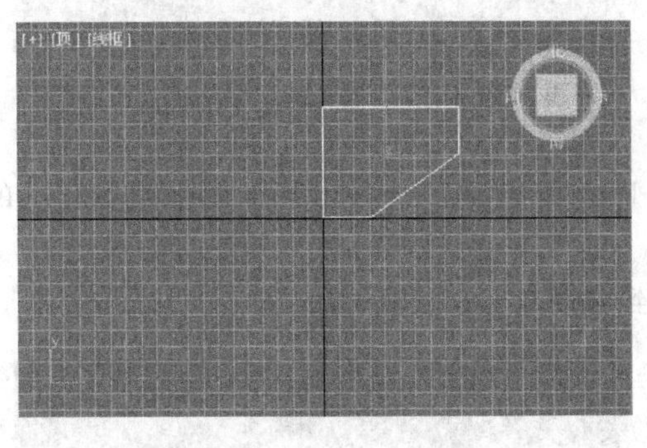

图 5-140　闭合折线

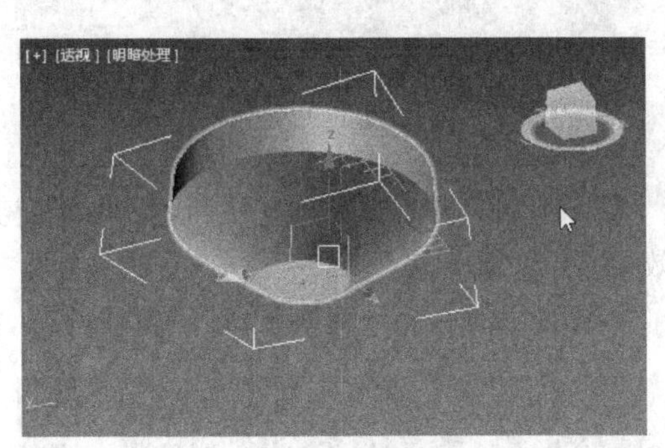

图 5-141　车削效果

(3) 在顶视口中创建一个长方体,参数长为 1500mm、宽为 1500mm、高为 30mm,作为顶板,移动到刚才创建的柱头顶端,如图 5-142 所示。

(4) 为了方便其他部件的创建,隐藏柱头顶端部分。

(5) 在顶视口中创建一个星形,参数如图 5-143 所示,结果如图 5-144 所示。

(6) 使用挤出修改器,参数设置如图 5-145 所示,结果如图 5-146 所示。

(7) 选择挤出对象,使用 FFD 2×2×2 修改器,进入控制点修改层级,选择下部 4 个控制点,使用均匀缩放按钮,选择偏移值为 120,结果如图 5-147 所示。

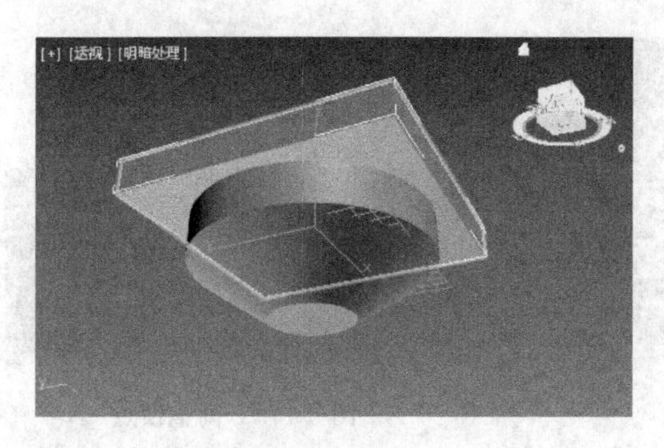

图 5-142　柱头

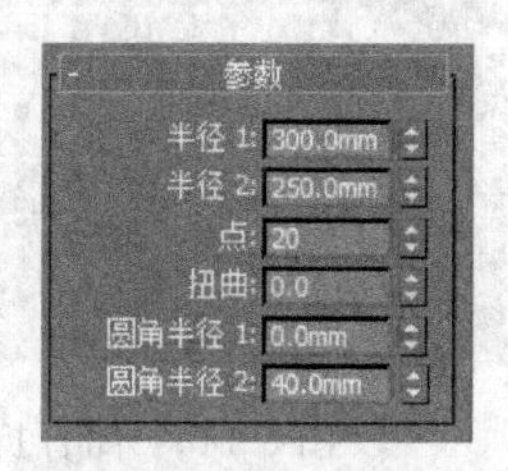

图 5-143　星形参数

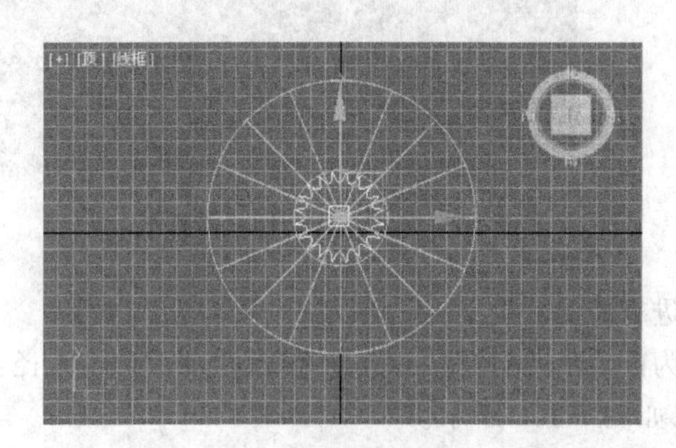

图 5-144　星形

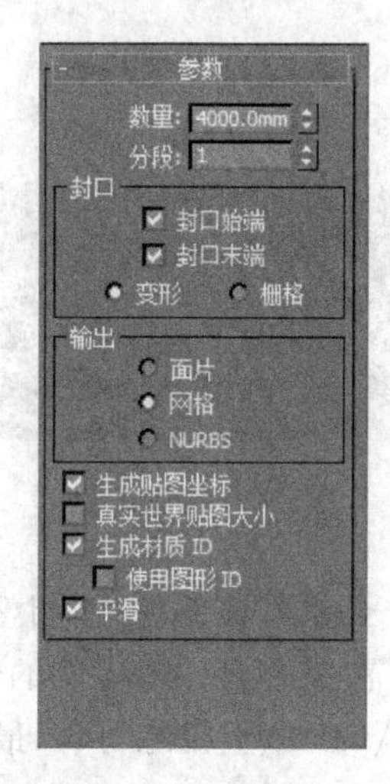

图 5-145　挤出参数

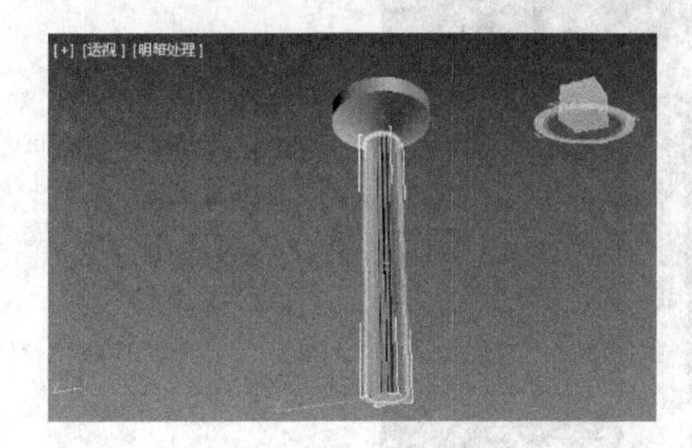

图 5-146　挤出效果

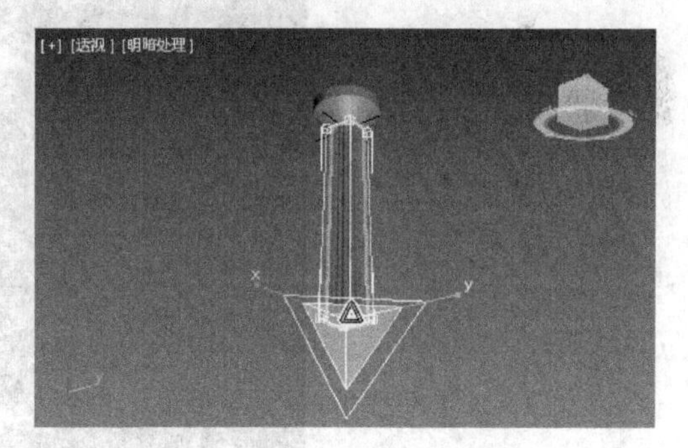

图 5-147　FFD 2×2×2

(8) 在前视口中创建一条闭合曲线,如图 5-148 所示。

(9) 进入顶点编辑层级,修改顶点属性为 Bezier,效果如图 5-149 所示。

(10) 使用车削修改器,对齐方式选择最小,效果如图 5-150 所示。

(11) 在顶视口中创建长方体,长为 1000mm、宽为 1000mm、高为 1000mm。使用编辑网格修改器,进入顶点编辑层级,收缩上面的 4 个顶点,如图 5-151 所示。

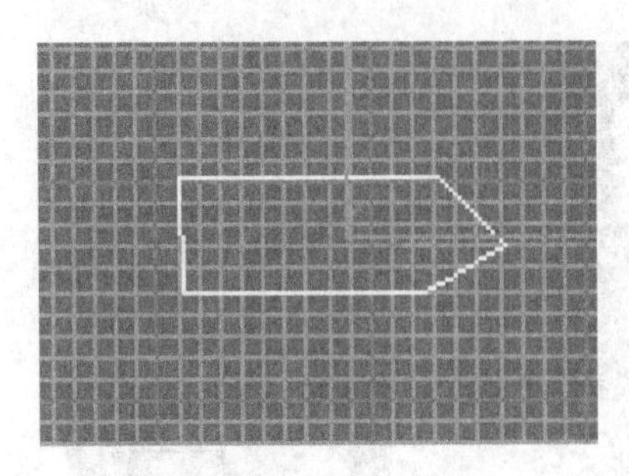

图 5-148 闭合折线

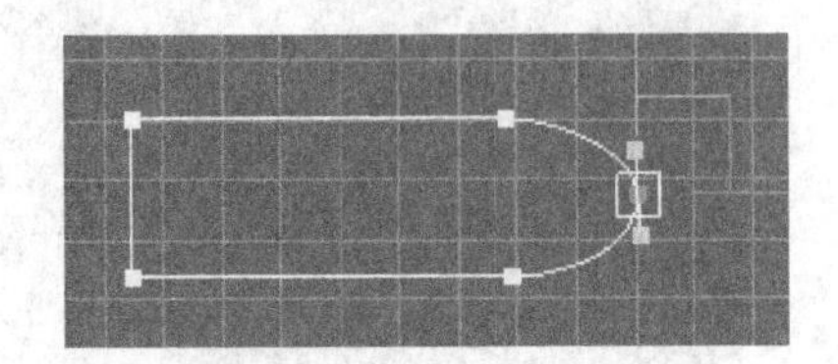

图 5-149 调整顶点

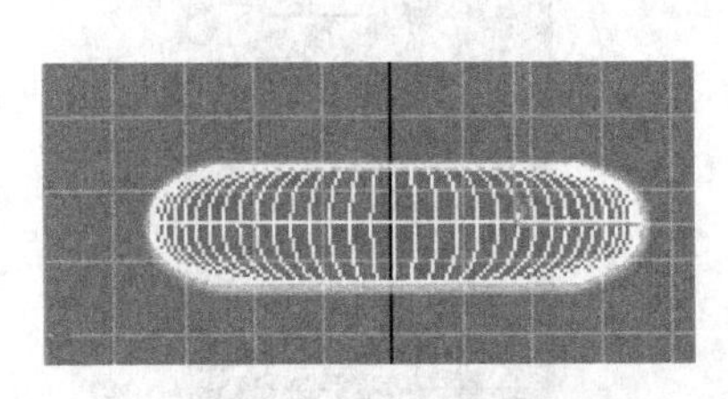

图 5-150 车削效果

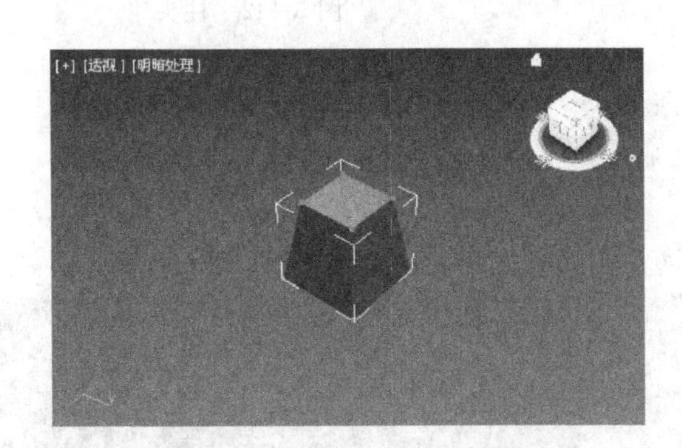

图 5-151 长方体底座

(12) 显示其他部件,并调整位置,进行组合。

(13) 渲染存盘。本实例的源文件为配套光盘上的 ch05_1.max 文件(文件路径:素材和源文件\part5\上机练习\),最终效果如图 5-152 所示。

图 5-152 最终效果

5.3.2 折扇

视频讲解

1. 练习目标

(1) 熟悉弯曲修改器的使用。

(2) 多种修改器及复制工具的综合练习。

2. 练习指导

(1) 打开 3ds Max,在顶视口中创建一个矩形,如图 5-153 所示。

(2) 使用编辑样条线修改器,进入顶点层级,单击“插入”按钮,在矩形的长边上插入节点,并调整位置,如图 5-154 所示。

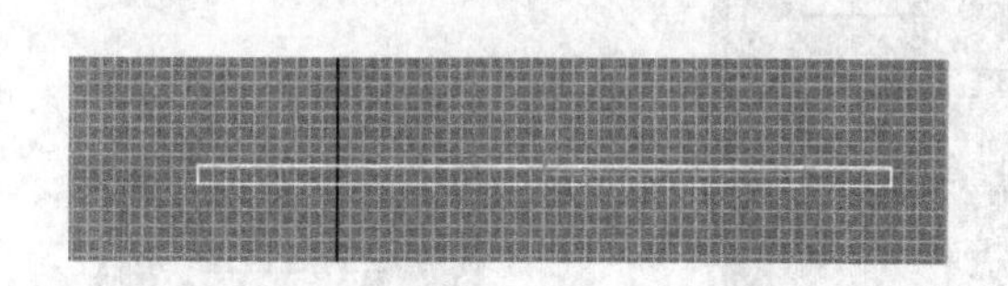

图 5-153 矩形

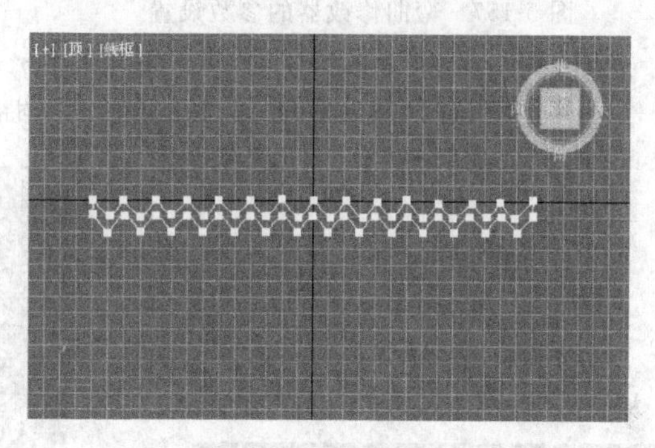

图 5-154 调整顶点

(3) 选择挤出修改器,参数如图 5-155 所示,结果如图 5-156 所示。

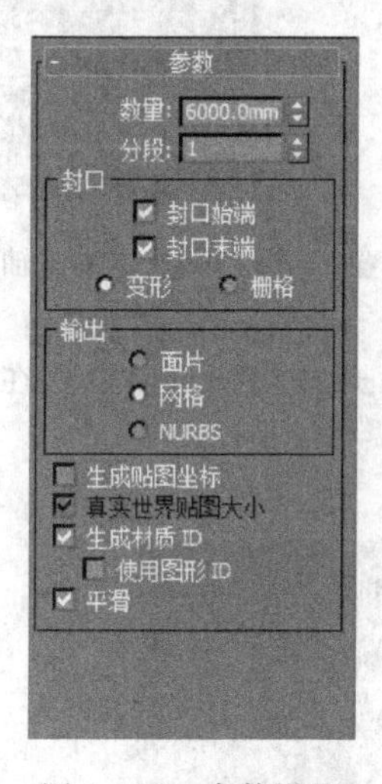

图 5-155 参数设置

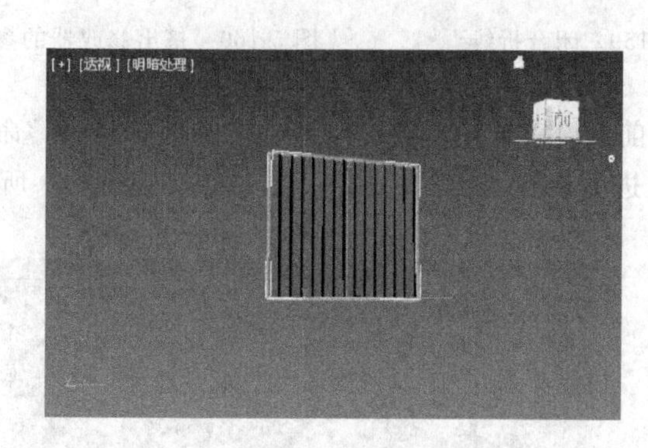

图 5-156 挤出修改器

(4) 在前视口中使用弯曲修改器,设置参数如图 5-157 所示,结果如图 5-158 所示。

(5) 在前视口中创建一条闭合折线,如图 5-159 所示。

(6) 使用挤出修改器,参数如图 5-160 所示,生成伞脉。使用编辑网格修改器,调整顶点位置,保证伞脉和扇子折叠处于同一平面内。

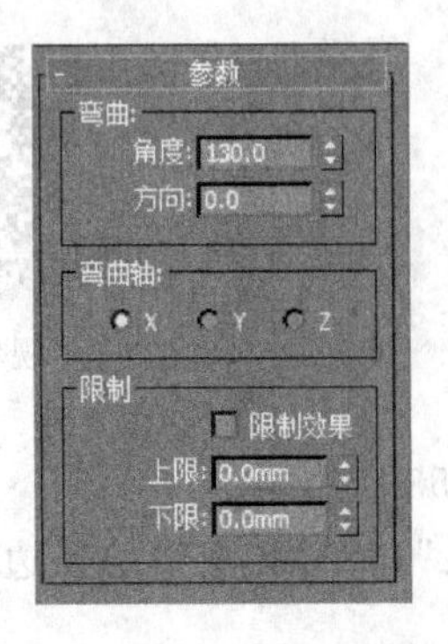

图 5-157　弯曲修改器的参数设置

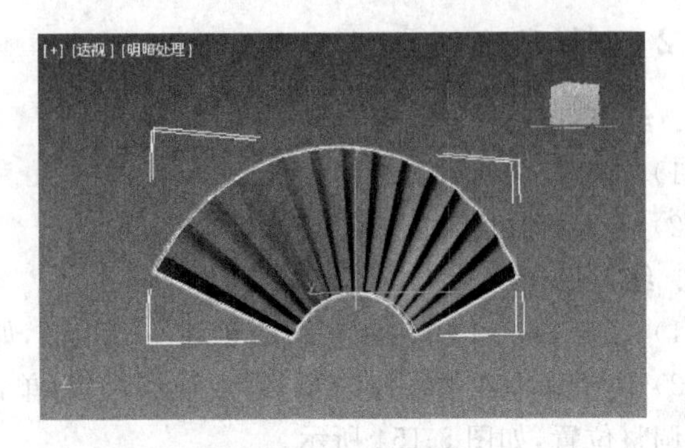

图 5-158　弯曲结果

(7) 单击命令面板上的层级按钮，在“调整轴”卷展栏中设置“仅影响轴”，如图 5-161 所示。

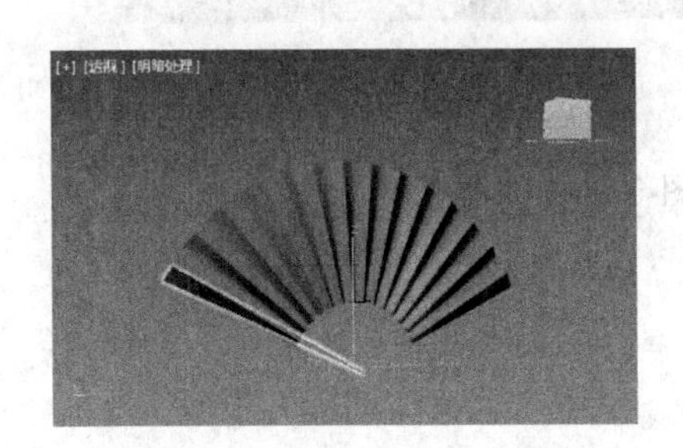

图 5-159　闭合折线

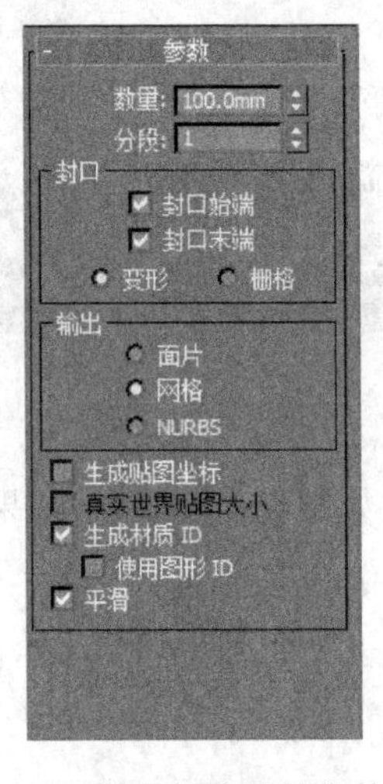

图 5-160　挤出修改器的参数设置

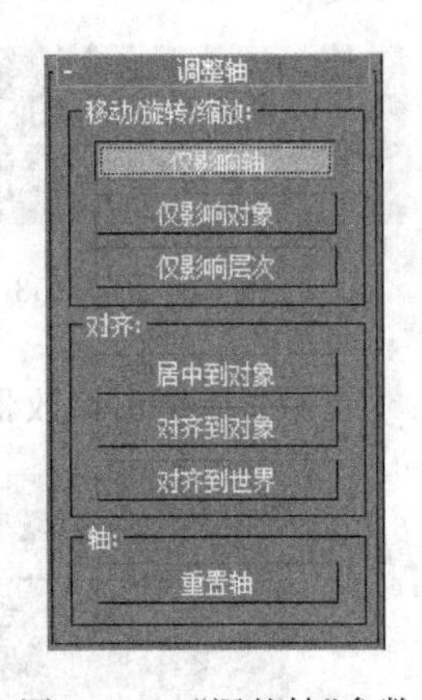

图 5-161　“调整轴”参数

(8) 在前视口中选择伞脉，然后选择“工具”|“阵列”命令打开“阵列”对话框。在该对话框中对参数进行设置，如图 5-162 所示，结果如图 5-163 所示。

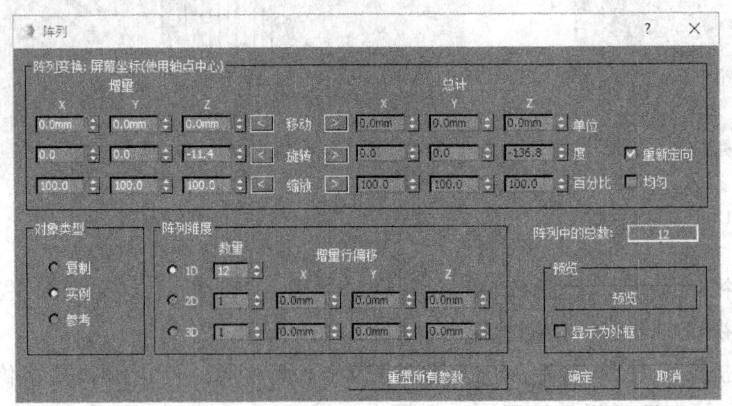

图 5-162　阵列参数设置

(9) 渲染存盘。本实例的源文件为配套光盘上的 ch05_2.max 文件(文件路径：素材和源文件\part5\上机练习\)，最终效果如图 5-164 所示。

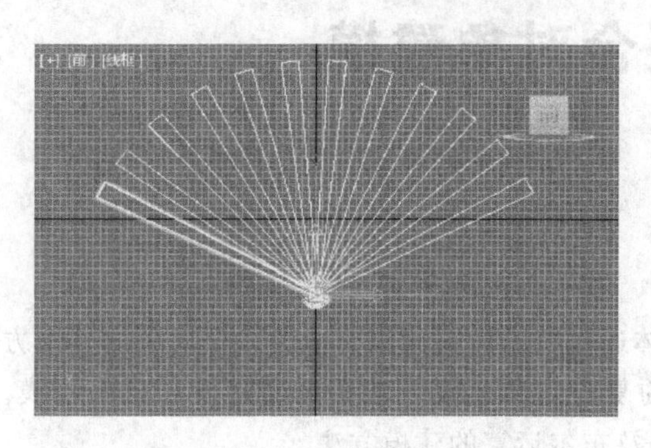
图 5-163 阵列结果

图 5-164 最终效果

5.4 本章习题

1. 填空题

(1) 在进行弯曲修改后，造成立方体造型不发生变化或被弯曲的表面不够光滑的原因是________。

(2)“锥化”修改器通过________对象的两端来产生锥化，对象的其中一端将被________，而另一端会________。

(3) 用户可以使用________命令来细化多边形模型。

(4) 调整修改器顺序的方法是________。

2. 选择题

(1) 在 3ds Max 中 FFD 命令有(　　)种。

A. 4　　B. 5　　C. 6　　D. 7

(2) 在 3ds Max 中要模拟山地的形状，使用(　　)命令比较合适。

A. 波浪　　B. 涟漪　　C. 噪波　　D. 以上都可以

(3) 对一个对象应用两个修改器之后，修改器堆栈中会出现(　　)个层级。

A. 4　　B. 2　　C. 3　　D. 5

(4) 对修改器堆栈的操作有很多，不能用来降低修改器堆栈复杂程度的操作是(　　)。

A. 塌陷到　　B. 塌陷全部　　C. 删除　　D. 复制

第6章 复合对象建模

复合对象建模是用两个或两个以上的物体通过特定的方式结合成为一个对象的建模方法，是创建复杂对象的基本方法。最常使用的复合对象建模方法是放样建模和布尔建模。本章重点介绍放样建模的方法和变形方法，以及布尔运算的建模方法。

本章的主要内容：

- 布尔对象；
- 放样；
- 图形的合并；
- 散布。

6.1 布尔对象和放样

布尔操作是对建模工具箱强有力的补充，而这些操作有时会产生奇怪或异常的结果。"布尔"按钮位于"创建"命令面板上的"复合对象"列表中，该按钮允许对对象执行连接、相减、相交和剪切操作。

放样是创建3D对象最重要的方法之一，可以创建作为路径的图形对象以及任意数量的横截面图形。该路径可以成为一个框架，用于保留形成放样对象的横截面。

6.1.1 布尔对象

3ds Max中的两个对象在重叠时产生的所有可能的计算称为"布尔运算"，由布尔运算产生的对象称为"布尔对象"。3ds Max提供的布尔运算包括并集、交集、差集和切割等运算。

并集：将两个对象合并成为一个对象，并删除两者相交的部分。

交集：若两个对象相交，则取两者的公共部分，删除不相交的部分。

差集：从一个对象中减去另一个对象，可以选择不同的相减顺序，不同的相减顺序产生不同的运算结果。

切割：切割又分为优化、分割、移除内部和移除外部4种运算。

- 优化：在A对象的网格上插入一条B对象与A对象相交区域的轮廓线。
- 分割：将布尔对象的相交部分分离为目标对象的一个元素次对象。
- 移除内部：将运算对象的相交部分删除，并将目标对象创建为一个空心对象。
- 移除外部：将运算对象的相交部分创建为一个空心对象，将其他部分删除。

实例 6-1：并集运算与差集运算

操作步骤

(1) 启动 3ds Max 软件或使用"文件"|"重置"命令重置 3ds Max 系统。

(2) 在顶视口中创建一个半径为 6、高度为 2、高度分段为 1、边数为 6 的圆柱体对象 Cylinder001。

(3) 在顶视口中创建一个半径为 2.5、高度为 8、边数为 24 的圆柱体对象 Cylinder002。

(4) 选择 Cylinder002 对象，单击工具栏上的"对齐"按钮，在顶视口中单击 Cylinder001 对象，在弹出的"对齐当前选择"对话框中先按照图 6-1(a)所示进行设置，单击"应用"按钮后再按照图 6-1(b)所示进行设置。

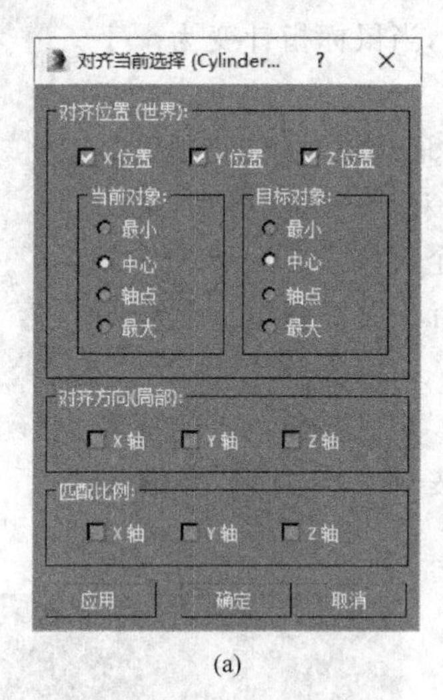

(a)

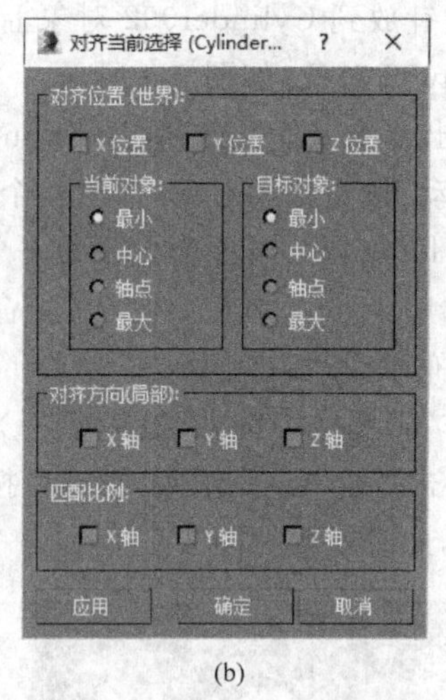

(b)

图 6-1　对齐对象

(5) 单击"确定"按钮后两个圆柱体的状态如图 6-2 所示。

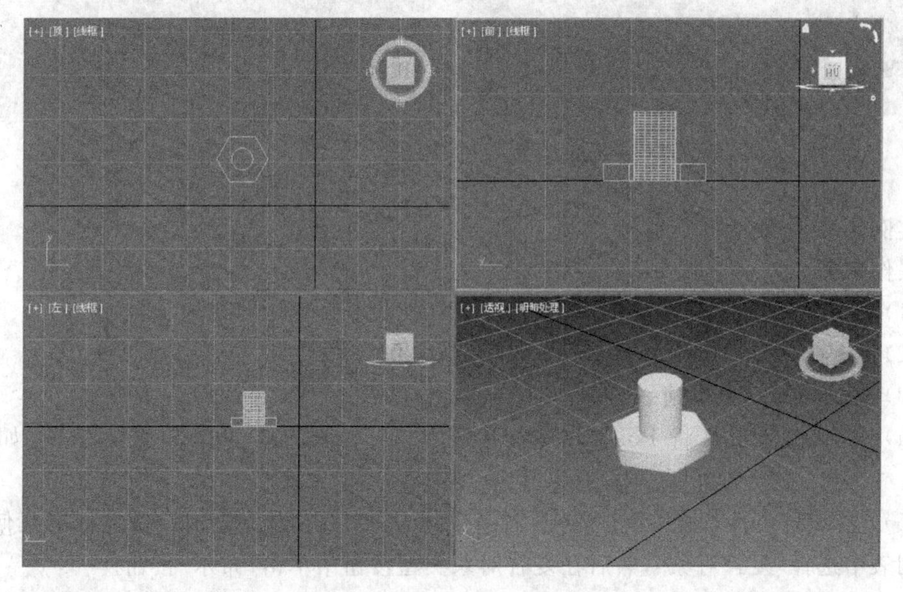

图 6-2　对齐对象后的状态

(6) 同时选择两个对象，单击工具栏上的“选择并移动”按钮，按住 Shift 键拖动两个对象到合适的位置后释放鼠标，在弹出的“克隆选项”对话框中选中“复制”单选按钮，此时场景中有 4 个圆柱体对象。

(7) 选择 Cylinder001 对象，在“创建”命令面板的几何体类型下拉列表中选择“复合对象”，然后在复合对象类型按钮中单击“布尔”按钮。

(8) 在“拾取布尔”卷展栏的“操作”组中选中“并集”单选按钮，单击“拾取布尔”卷展栏上的“拾取操作对象 B”按钮，如图 6-3 所示。

(9) 将鼠标指针放到 Cylinder002 对象上，当鼠标指针变为十字形时单击 Cylinder002 对象，如图 6-4 所示。

(10) 右击退出布尔运算操作，选择 Cylinder001 对象，使用工具栏上的“选择并移动”按钮移动对象，此时整个对象一起被移动，说明 Cylinder001 和 Cylinder002 对象合并成为一个对象。

(11) 选择 Cylinder003 对象，在“创建”命令面板中单击复合对象类型按钮中的“布尔”按钮。

(12) 在“操作”卷展栏中选中“差集(B-A)”单选按钮，在“拾取布尔”卷展栏中单击“拾取操作对象 B”按钮，单击场景中的 Cylinder003 对象，此时效果如图 6-5 所示。

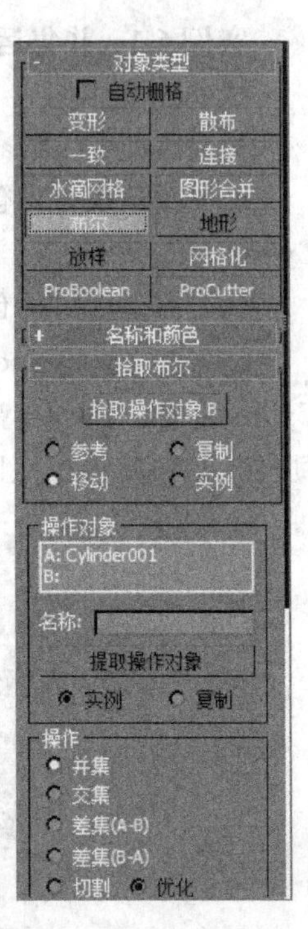

图 6-3　布尔运算面板

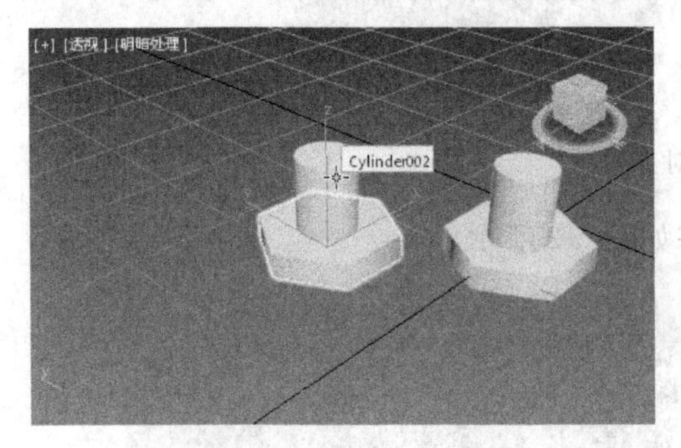

图 6-4　拾取 Cylinder002 对象

图 6-5　差集操作后的效果

实例 6-2：交集运算

操作步骤

(1) 启动 3ds Max 软件或使用“文件”|“重置”命令重置 3ds Max 系统。

(2) 在透视视口中创建一个长方体对象 Box001。

(3) 在透视视口中创建一个球体对象 Sphere001。

(4) 使用移动工具将 Box001 对象移动到与 Sphere001 对象相交的位置，如图 6-6 所示。

(5) 选择 Box001 对象，单击“创建”命令面板上的“几何体”按钮，在“标准几何体”的下拉列表中选择“复合对象”，然后在复合对象类型按钮中单击“布尔”按钮。

(6) 在“操作”卷展栏中选中“交集”单选按钮，在“拾取布尔”卷展栏中单击“拾取操作对象 B”按钮，单击场景中的 Sphere001 对象，此时效果如图 6-7 所示。

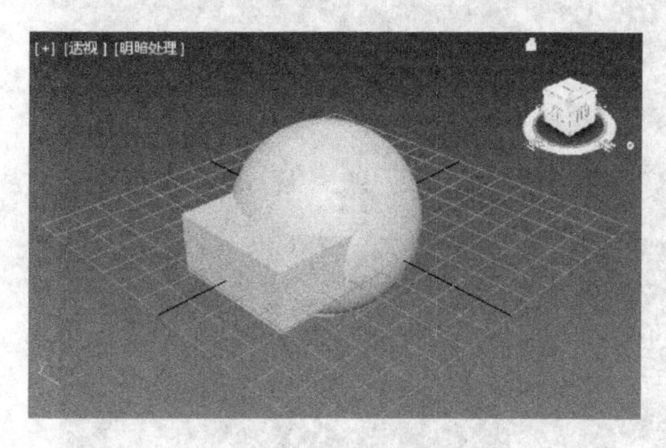

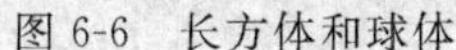
图 6-6　长方体和球体

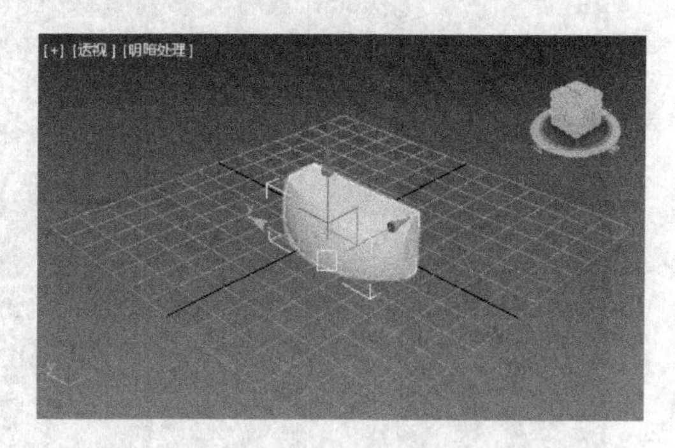

图 6-7　交集运算

实例 6-3：切割运算

操作步骤

(1) 启动 3ds Max 软件或使用“文件”|“重置”命令重置 3ds Max 系统。

(2) 在顶视口中创建一个半径为 50 的球体 Sphere001。

(3) 在顶视口中创建一个半径为 20、高度为 150 的圆柱体 Cylinder001。

(4) 选择 Cylinder001 对象，在工具栏上单击“对齐”按钮，然后单击场景中的 Sphere001 对象，在“对齐当前选择”对话框中将 X、Y、Z 轴 3 个方向都中心对齐，效果如图 6-8 所示。

(5) 选择 Sphere001 对象，单击“创建”命令面板上的“几何体”按钮，在“标准几何体”的下拉列表中选择复合对象，然后在复合对象类型按钮中单击“布尔”按钮。

(6) 在“操作”卷展栏中选择“切割”系列中的“优化”，在“拾取布尔”卷展栏中单击“拾取操作对象 B”按钮，单击场景中的 Cylinder001 对象，此时 Cylinder001 对象消失。

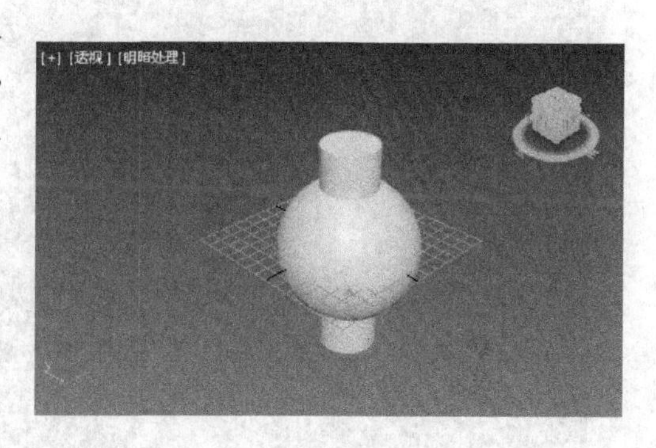

图 6-8　对齐中心

(7) 单击“修改”按钮进入“修改”命令面板，在“修改器列表”中选择“编辑网格”。在“选择”卷展栏中单击“面”按钮，此时在球体的两端出现红色的选择区域，如图 6-9 所示。

(8) 使用移动工具将选择区域沿 Z 轴向上平移适当距离，此时场景中的对象如图 6-10 所示。

专家点拨：(1) 在进行布尔运算时，运算对象的复杂程度要类似，如果在网格密度差别很大的对象之间进行布尔运算，可能会产生细长的面，从而导致不正确的渲染。(2)在运算对象上最好没有重叠或丢失的表面。(3)运算对象的表面法线方向应该一致。

6.1.2　放样

所谓放样，就是由一个或几个二维形体沿着一定的放样路径延伸面产生的复杂的三维

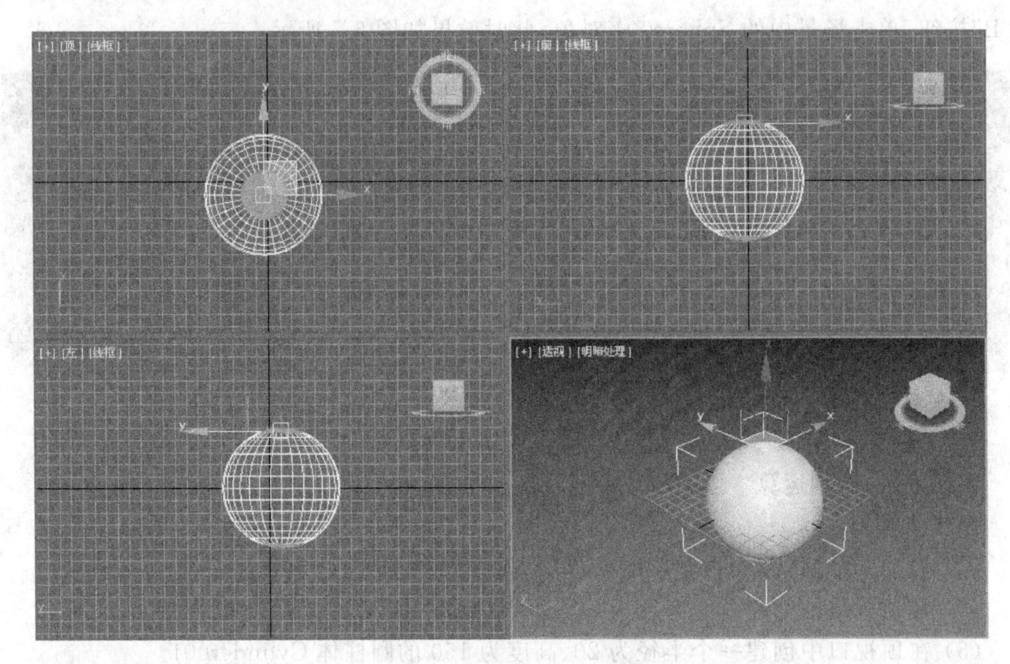

图 6-9 选中的面选择区域

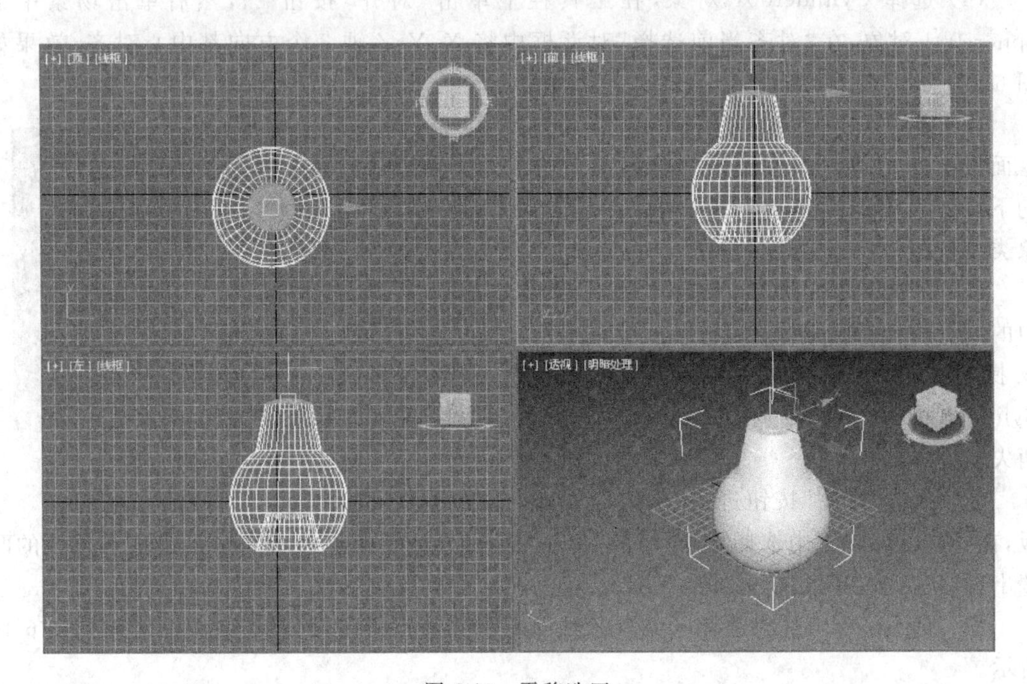

图 6-10 平移选区

对象。一个放样对象由“放样路径”和“放样截面”两部分组成。“放样路径”用于定义物体的深度,“放样截面”用于定义物体的截面形状。

放样路径只能有一个,封闭、不封闭、交叉都可以。放样截面可以有多个,位于放样路径的不同位置,可以是闭合的也可以是开口的。

实例 6-4：花瓶

操作步骤

(1) 启动 3ds Max 软件或使用"文件"|"重置"命令重置 3ds Max 系统。

(2) 在顶视口中创建一个半径为 10 的圆形 Circle001 作为放样的截面。

(3) 在前视口中创建一条垂直直线 Line001 作为放样的路径，如图 6-11 所示。

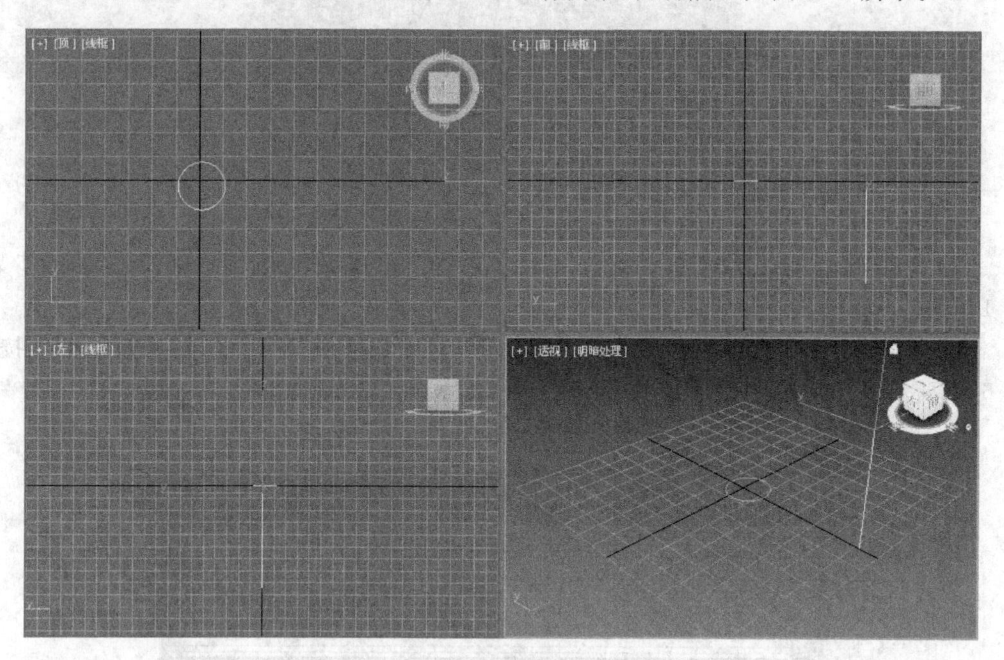

图 6-11 创建圆形和直线路径

(4) 选择 Line001 对象，单击"创建"命令面板上的"几何体"按钮，在"标准几何体"的下拉列表中选择"复合对象"，然后在复合对象类型按钮中单击"放样"按钮。

(5) 在"创建方法"卷展栏中选中"实例"单选按钮，单击"获取图形"按钮，如图 6-12 所示。

(6) 在场景中将鼠标指针移至 Circle001 对象上，当鼠标指针变为如图 6-13 所示的形状时单击。

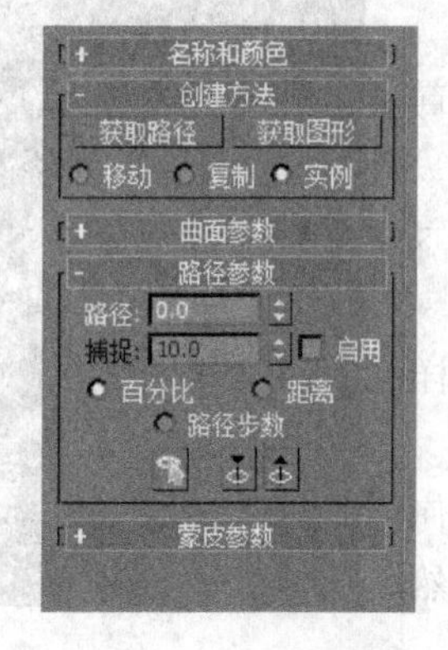

图 6-12 放样操作面板

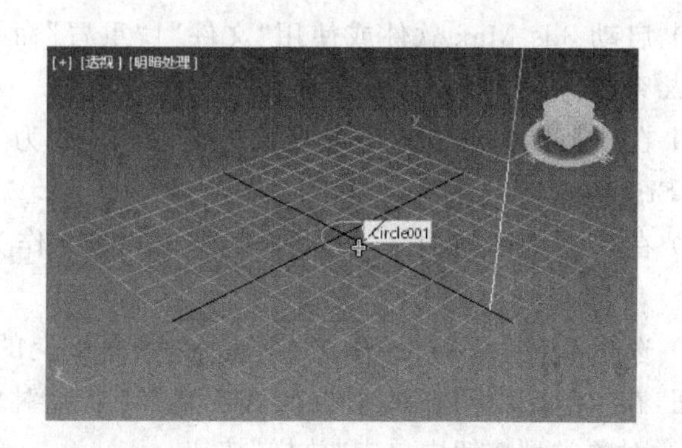

图 6-13 拾取 Circle001 对象

此时生成了一个圆柱体 Loft001,如图 6-14 所示。

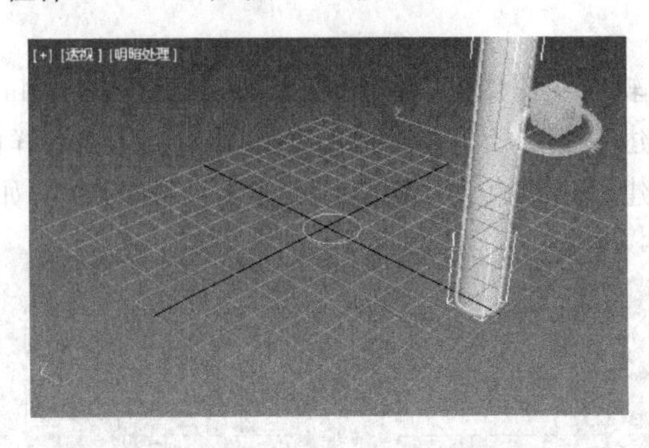

图 6-14　生成 Loft001 对象

(7) 单击"修改"按钮进入"修改"命令面板,在"蒙皮参数"卷展栏中设置"路径步数"为 10。

(8) 单击"变形"卷展栏上的"缩放"按钮,弹出"缩放变形"对话框,在该对话框中按照图 6-15 所示进行设置。

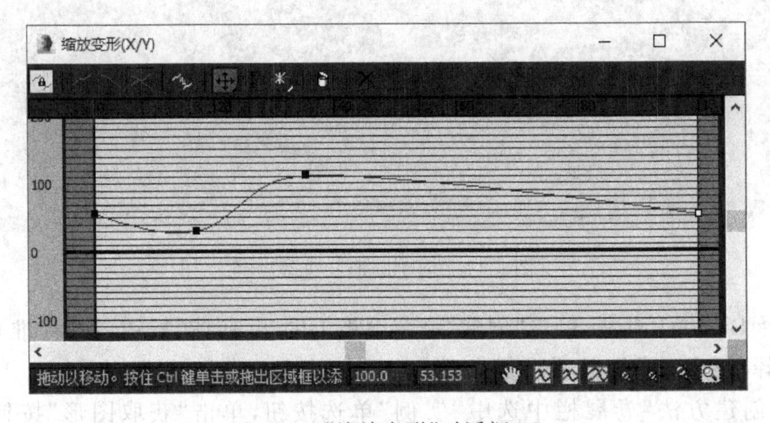

图 6-15　"缩放变形"对话框(1)

(9) 经过渲染后,场景中的 Loft001 对象成为花瓶的形状,如图 6-16 所示。

实例 6-5:钻头

操作步骤

(1) 启动 3ds Max 软件或使用"文件"|"重置"命令重置 3ds Max 系统。

(2) 在顶视口中创建一个半径 1 为 10、半径 2 为 7 的六角星形 Star001。

(3) 在前视口中创建一条水平直线 Line001 作为放样路径。

(4) 选择 Line001 对象,单击"创建"命令面板上的"几何体"按钮,在"标准几何体"的下拉列表中选择"复合对象",然后在复合对象类型按钮中单击"放样"按钮。

图 6-16　花瓶造型

(5) 在"创建方法"卷展栏中选中"实例"单选按钮,单击

“获取图形”按钮，然后在场景中的 Star001 对象上单击一下，生成 Loft001 对象，如图 6-17 所示。

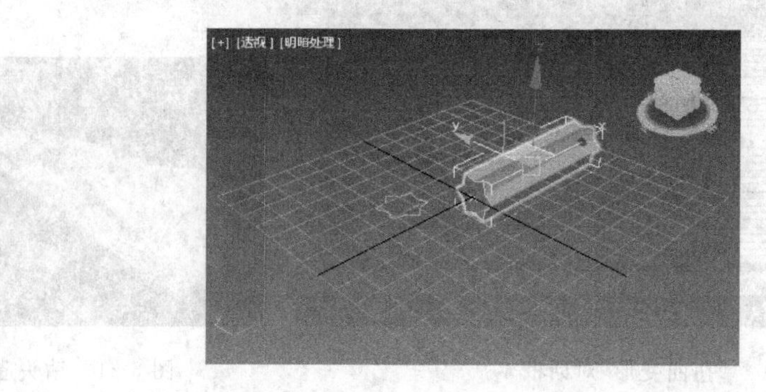

图 6-17　Loft001 对象(1)

(6) 单击“修改”按钮 进入“修改”命令面板，在“蒙皮参数”卷展栏中设置“路径步数”为 10。

(7) 单击“变形”卷展栏上的“缩放”按钮，弹出“缩放变形”对话框，在该对话框中按照图 6-18 所示进行设置，此时场景中的 Loft001 对象如图 6-19 所示。

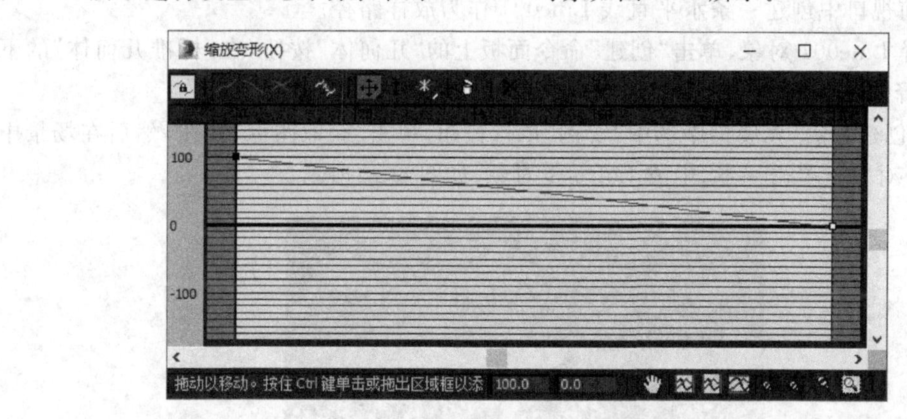

图 6-18　“缩放变形”对话框(2)

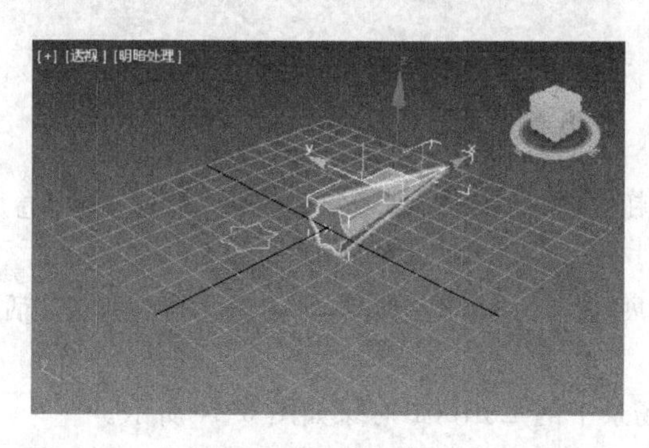

图 6-19　Loft001 对象(2)

(8) 单击“扭曲”按钮，在弹出的“扭曲变形”对话框中按照图 6-20 所示进行设置，Loft001 对象变为如图 6-21 所示的造型。

图 6-20 “扭曲变形”对话框

图 6-21 钻头造型

实例 6-6：压扁的管子

操作步骤

(1) 启动 3ds Max 软件或使用“文件”|“重置”命令重置 3ds Max 系统。

(2) 在顶视口中创建一个半径 1 为 50、半径 2 为 48 的圆环形 Donut001。

(3) 在前视口中创建一条水平直线 Line001 作为放样路径。

(4) 选择 Line001 对象，单击“创建”命令面板上的“几何体”按钮，在“标准几何体”的下拉列表中选择“复合对象”，然后在复合对象类型按钮中单击“放样”按钮。

(5) 在“创建方法”卷展栏中选中“实例”单选按钮，单击“获取图形”按钮，然后在场景中的 Donut001 对象上单击一下，生成 Loft001 对象，如图 6-22 所示。

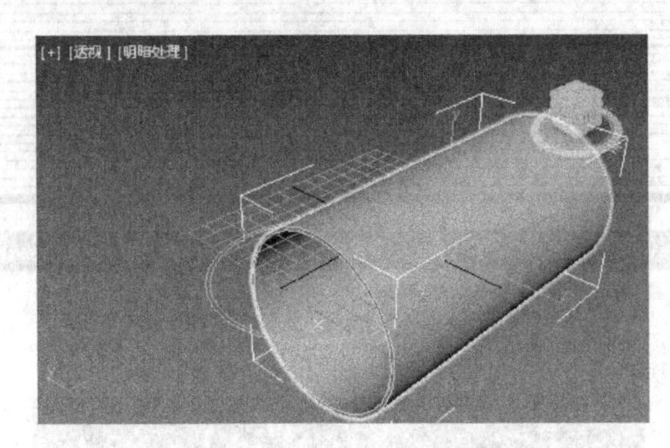

图 6-22 放样生成 Loft001 对象

(6) 单击“修改”按钮进入“修改命令”面板，在“蒙皮参数”卷展栏中设置“路径步数”为 10。

(7) 单击“变形”卷展栏上的“倾斜”按钮，弹出“倾斜变形”对话框，在该对话框中按照图 6-23 所示进行设置。

(8) 经过渲染后，场景中的 Loft001 对象如图 6-24 所示。

实例 6-7：倒角文字

操作步骤

(1) 启动 3ds Max 软件或使用“文件”|“重置”命令重置 3ds Max 系统。

(2) 在前视口中创建文本对象 Text001，文本内容为“3 DS MAX”。

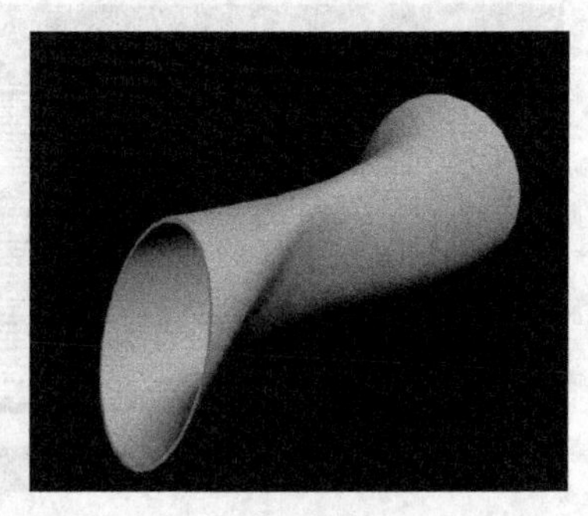

图 6-23 “倾斜变形”对话框　　图 6-24 压扁的管子

（3）在顶视口中创建一条垂直直线 Line001 作为放样路径。

（4）选择 Text001 对象，单击“创建”命令面板上的“几何体”按钮，在“标准几何体”的下拉列表中选择“复合对象”，然后在复合对象类型按钮中单击“放样”按钮。

（5）在“创建方法”卷展栏中选中“实例”单选按钮，单击“获取路径”按钮，然后在场景中的 Line001 对象上单击一下，生成 Loft001 对象，如图 6-25 所示。

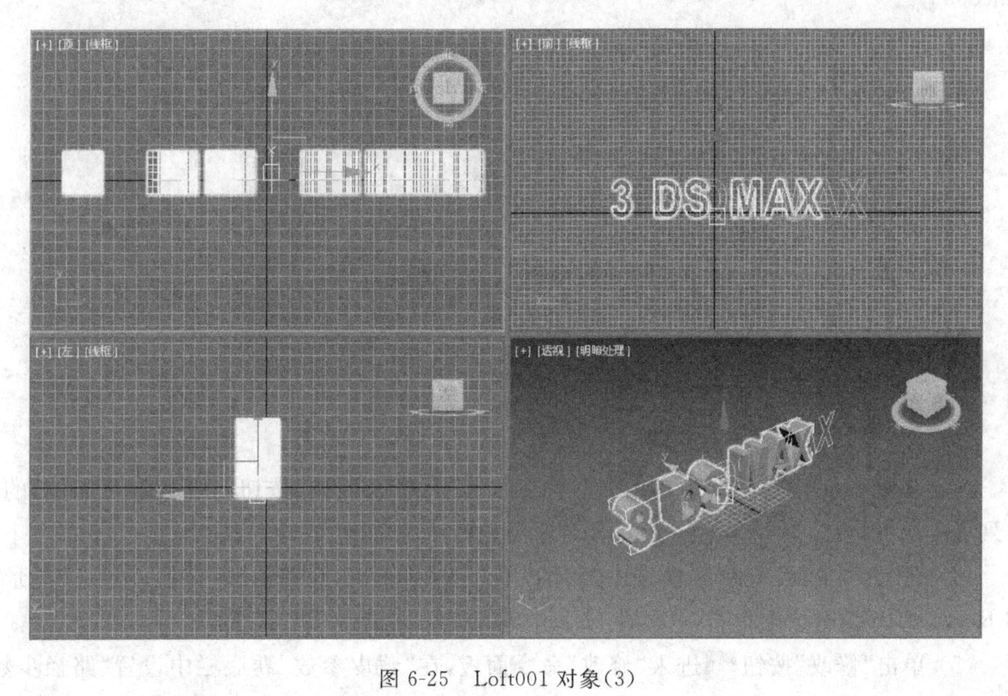

图 6-25 Loft001 对象(3)

（6）单击“修改”按钮进入“修改”命令面板，在“蒙皮参数”卷展栏中设置“路径步数”为 10。

（7）单击“变形”卷展栏上的“倒角”按钮，弹出“倒角变形”对话框，在该对话框中按照图 6-26 所示进行设置。

（8）经过渲染后，场景中的 Loft001 对象如图 6-27 所示。

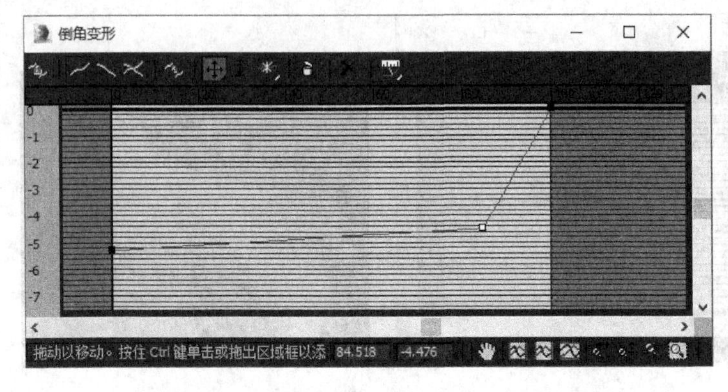

图 6-26 “倒角变形”对话框

图 6-27 文字倒角效果

实例 6-8：显示器

操作步骤

(1) 启动 3ds Max 软件或使用“文件”|“重置”命令重置 3ds Max 系统。

(2) 在顶视口中创建如图 6-28 所示的矩形，以及垂直线 Line001、图形 Line002 和图形 Line003。

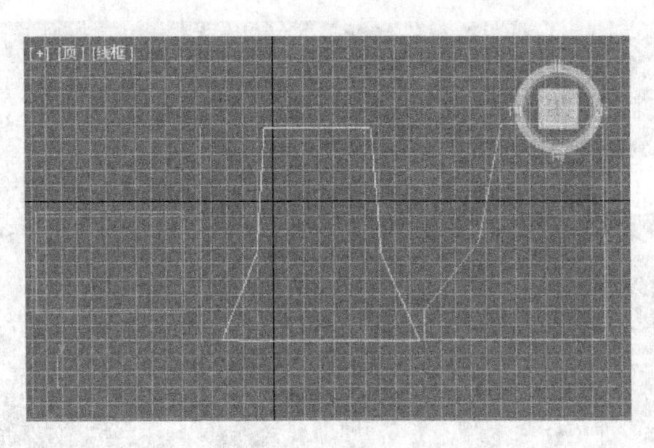

图 6-28 创建图形

(3) 选择 Line001 对象，单击“创建”命令面板上的“几何体”按钮，在“标准几何体”的下拉列表中选择“复合对象”，然后在复合对象类型按钮中单击“放样”按钮。

(4) 在“创建方法”卷展栏中选中“实例”单选按钮，单击“获取图形”按钮，然后在场景中的 Rectangle001 对象上单击一下，生成 Loft001 对象。

(5) 单击“修改”按钮进入“修改”命令面板，在“蒙皮参数”卷展栏中设置“路径步数”为 10。

(6) 单击“变形”卷展栏上的“拟合”按钮，弹出“拟合变形”对话框，在该对话框中单击“均衡”按钮，取消均衡锁定。

(7) 单击“显示 X 轴”按钮，然后单击“获取图形”按钮，在场景中拾取 Line002 对象，接着单击“水平镜像”按钮(或“垂直镜像”)和“逆时针旋转 90 度”按钮(或“顺时针旋转 90 度”按钮)调整造型，得到如图 6-29 所示的效果。

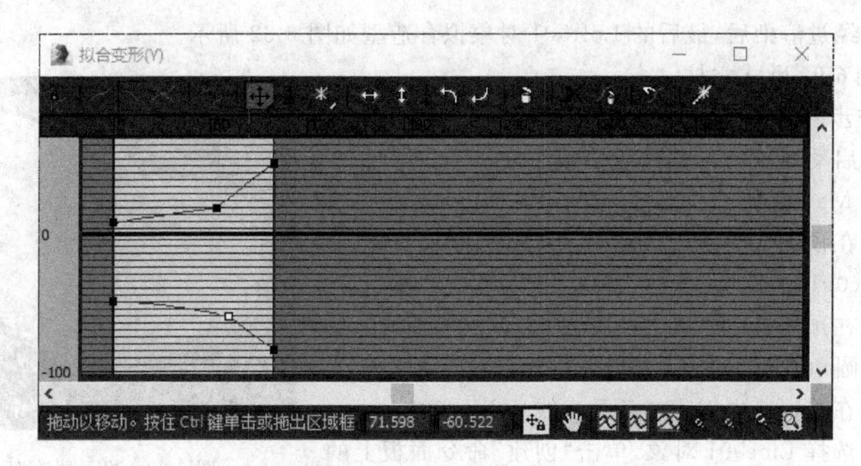

图 6-29　拾取 X 轴造型

此时场景中的 Loft001 的造型如图 6-30 所示。

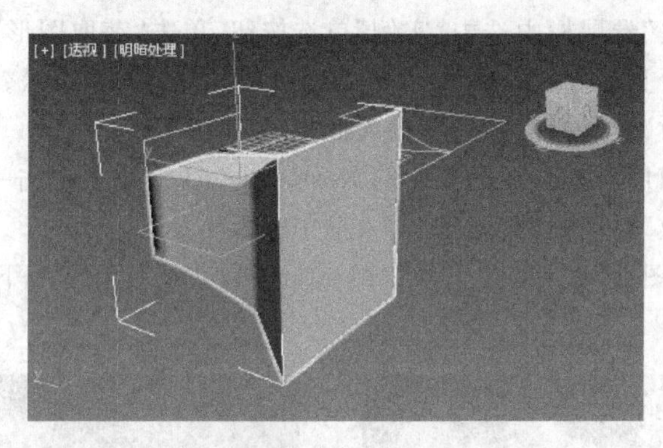

图 6-30　Loft001 对象(4)

(8) 参照第(5)步，拾取 Line003 作为 Y 轴造型，“拟合变形”对话框的设置如图 6-31 所示。

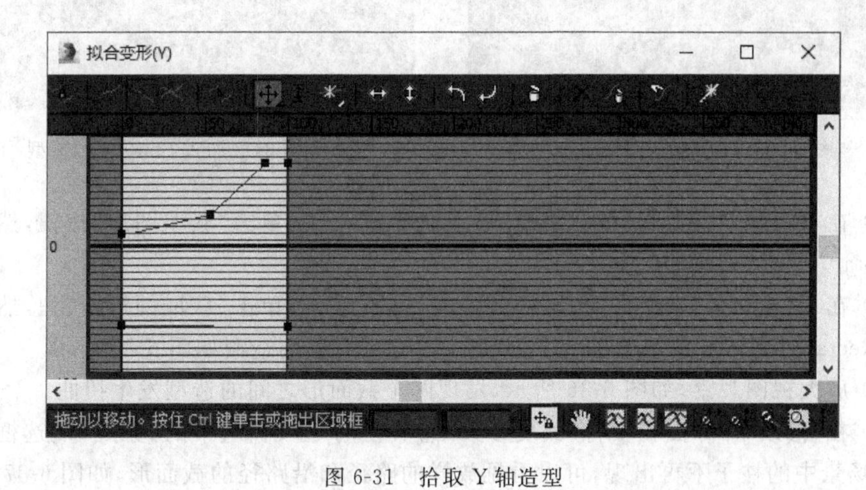

图 6-31　拾取 Y 轴造型

(9) 经过渲染后,最后的 Loft001 对象拟合造型如图 6-32 所示。

实例 6-9:欧式立柱

操作步骤

图 6-32　显示器造型

(1) 启动 3ds Max 软件或使用"文件"|"重置"命令重置 3ds Max 系统。

(2) 在顶视口中创建长度为 80、宽度为 80 的矩形 Rectangle001。

(3) 在顶视口中创建半径 1 为 38、半径 2 为 35、点数为 24、圆角半径 1 为 2 的星形 Star001。

(4) 在前视口中创建一条垂直线条 Line001。

(5) 选择 Line001 对象,单击"创建"命令面板上的"几何体"按钮,在"标准几何体"的下拉列表中选择"复合对象",然后在复合对象类型按钮中单击"放样"按钮。

(6) 在"创建方法"卷展栏中选中"实例"单选按钮,单击"获取图形"按钮,然后在场景中的 Rectangle001 对象上单击一下,生成 Loft001 对象,如图 6-33 所示。

(7) 在"路径参数"卷展栏的"路径"输入框中输入 10。

(8) 单击"获取图形"按钮,在场景中的 Rectangle001 对象上单击一下。

(9) 在"路径参数"卷展栏的"路径"输入框中输入 1。

(10) 单击"获取图形"按钮,在场景中的 Star001 对象上单击一下,此时对象的造型如图 6-34 所示。

图 6-33　Loft001 对象(5)

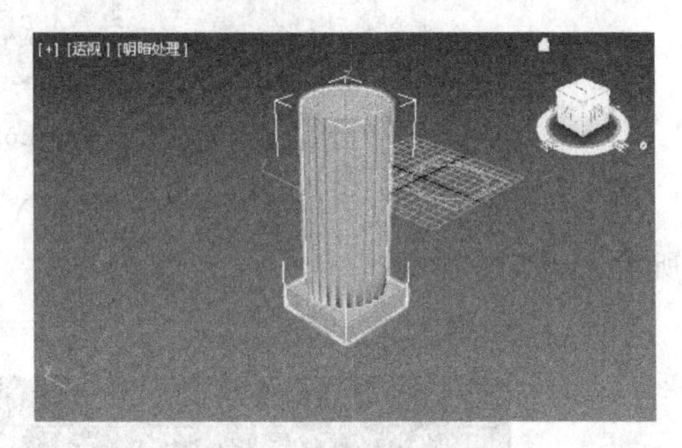

图 6-34　加入 Star001 的造型

(11) 在"路径参数"卷展栏的"路径"输入框中输入 89,单击"获取图形"按钮,然后在场景中的 Star001 对象上单击。

(12) 在"路径参数"卷展栏的"路径"输入框中输入 90,单击"获取图形"按钮,然后在场景中的 Rectangle001 对象上单击一下,此时 Loft001 对象的造型如图 6-35 所示。

(13) 放大视图观察,如图 6-36 所示,发现两个截面形之间的造型发生扭曲。

(14) 在"修改"命令面板中将"蒙皮参数"卷展栏的"显示"组中的"蒙皮"复选框取消选中,此时场景中的柱子不再出现,可以看见放样的路径和沿路径的截面形,如图 6-37 所示。

(15) 在"修改"命令面板的修改器堆栈中单击 Loft 前面的"+"号,弹出 Loft 的子对象,选择图形。此时命令面板上出现"图形命令"卷展栏,如图 6-38 所示。

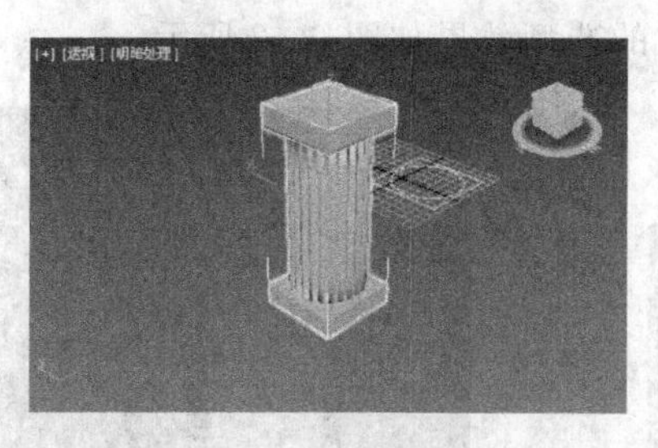

图 6-35　立柱造型

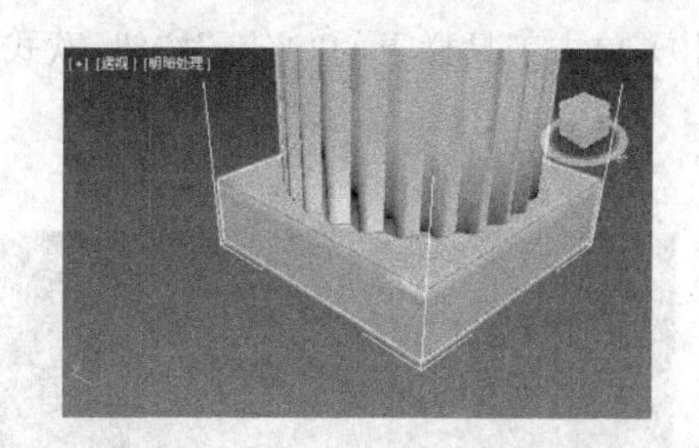

图 6-36　造型发生扭曲

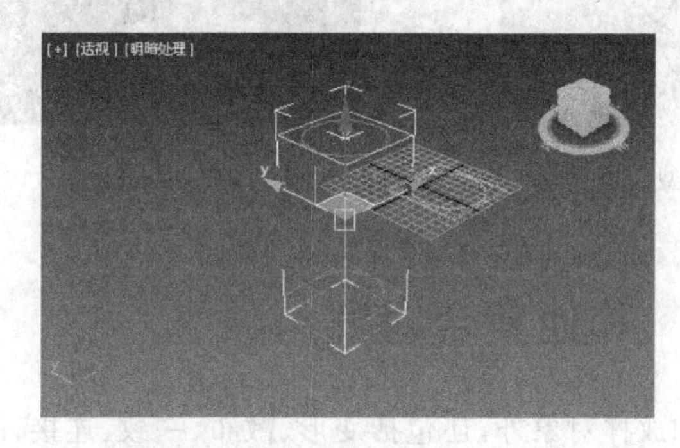

图 6-37　取消蒙皮显示

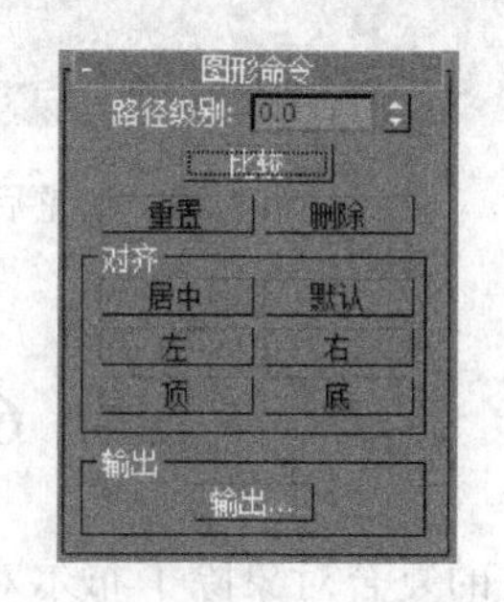

图 6-38　“图形命令”卷展栏

(16) 单击“比较”按钮，弹出“比较”对话框。然后单击该对话框上的“拾取”按钮，在场景中沿路径拾取截面形，相应的截面形出现在对话框的显示区域，如图 6-39 所示。

(17) 观察发现星形和矩形的起点位置不同，在场景中选中星形截面，使用旋转工具使星形截面绕 Z 轴旋转 45°(注意本造型中沿路径有两个星形截面)，让星形截面的起点位置和矩形的起点位置在同一个方向，如图 6-40 所示。

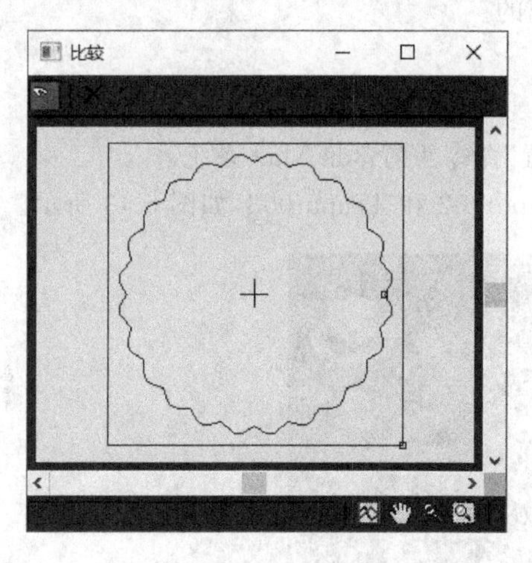

图 6-39　“比较”对话框

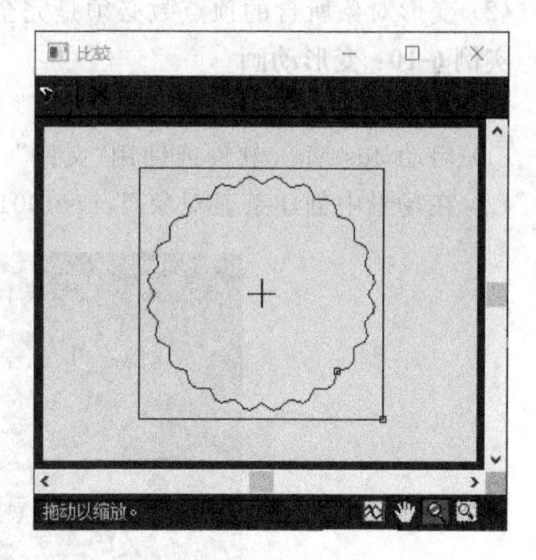

图 6-40　调整图形后

(18) 关闭“比较”对话框，在修改器堆栈中选择 Loft，在“修改”命令面板的“蒙皮参数”卷展栏中将“显示”组中的“蒙皮”复选框选中。此时可见两个截面之间的造型正常，没有出现扭曲现象，如图 6-41 所示。

(19) 单击工具栏上的"渲染"按钮,欧式立柱的造型效果如图 6-42 所示。

图 6-41 调整后的造型

图 6-42 欧式立柱

6.2 其他复合对象

常见的复合对象除了布尔对象和放样对象外,还包括变形、散布、一致、连接、图形合并以及地形等复合对象。

6.2.1 变形复合对象

变形物体可以在两个或两个以上的物体之间创建变形动画效果,通过将一个对象的顶点对应到另一个对象的顶点位置移动而产生变形效果,所以应用变形操作必须满足两个条件:

(1) 变形对象必须是网格对象、面片对象或多边形对象。

(2) 变形对象所含的顶点数必须是完全相同的。

实例 6-10:变形动画

操作步骤

(1) 启动 3ds Max 软件或使用"文件"|"重置"命令重置 3ds Max 系统。

(2) 在场景中创建茶壶对象 Teapot001、Teapot002 和 Teapot003,如图 6-43 所示。

图 6-43 3 个茶壶

(3) 选择 Teapot002 对象,在"修改"命令面板中为其添加一个"拉伸"修改器,设置拉伸值为 2。

(4) 选择 Teapot003 对象，在“修改”命令面板中为其添加一个“挤压”修改器，按图 6-44 所示进行设置。此时 3 个茶壶的造型如图 6-45 所示。

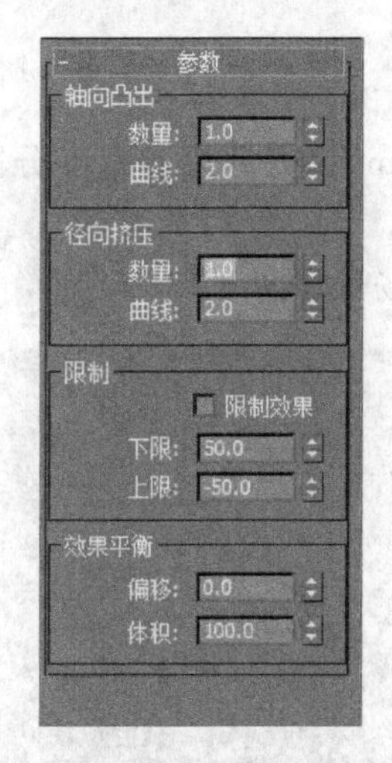

图 6-44　挤压命令面板

图 6-45　3 个茶壶的造型

(5) 选择 Teapot001 对象，单击“创建”命令面板上的“几何体”按钮，在“标准几何体”的下拉列表中选择“复合对象”，然后在复合对象类型按钮中单击“变形”按钮。

(6) 将时间滑块移动到第 20 帧的位置，单击“拾取目标”卷展栏上的“拾取目标”按钮，然后单击 Teapot002 对象，如图 6-46 所示。

(7) 将时间滑块移动到第 40 帧的位置，单击“拾取目标”卷展栏上的“拾取目标”按钮，然后单击 Teapot003 对象。

(8) 将时间滑块移动到第 0 帧的位置，单击“播放动画”按钮，观察 Teapot001 的变形动画。然后单击渲染按钮渲染动画，如图 6-47 所示。

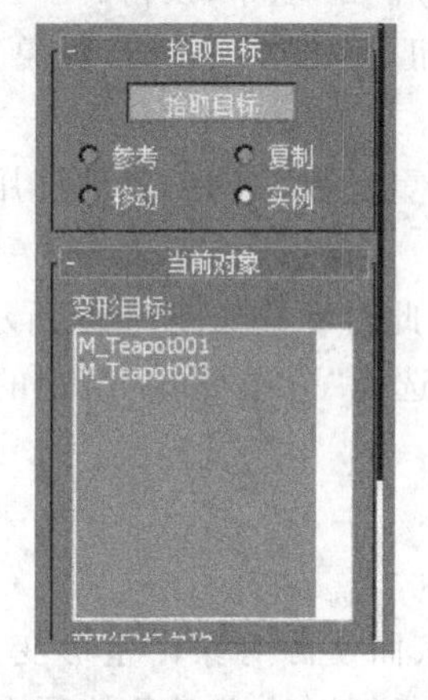

图 6-46　拾取 Teapot002 对象

图 6-47　茶壶变形动画

6.2.2　散布复合对象

散布是将原始对象随机分布到另一个对象的表面，它适合于模拟分布在物体表面上的杂乱无章的东西,如头发、胡须、草地等。

实例 6-11:散落地上的球

操作步骤

(1) 启动 3ds Max 软件或使用"文件"|"重置"命令重置 3ds Max 系统。

(2) 在顶视口中创建一个长度为 100mm、宽度为 100mm、长度分段和宽度分段为 4 的平面 Plan001。

(3) 在顶视口中创建一个半径为 3 的球体 Sphere001,场景如图 6-48 所示。

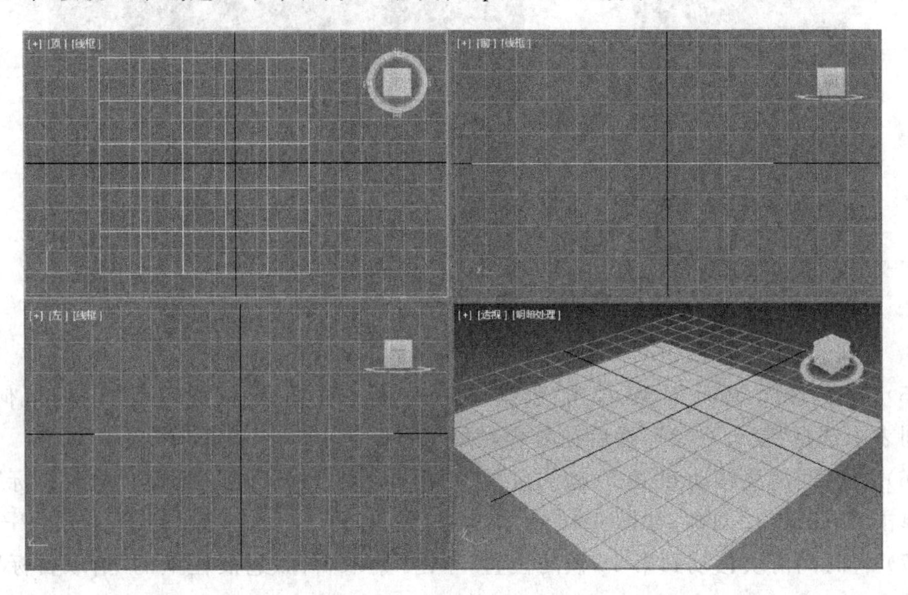

图 6-48　创建平面和球体

(4) 选中球体 Sphere001,单击"创建"命令面板上的"几何体"按钮,在"标准几何体"的下拉列表中选择"复合对象",然后在复合对象类型按钮中单击"散布"按钮。

(5) 在"拾取分布对象"卷展栏中选中"实例"单选按钮,单击"拾取分布对象"按钮,然后在场景中的平面 Plan001 上单击鼠标。

(6) 在"散布对象"卷展栏的"源对象参数"组中输入"重复数"为 10,其他使用默认值,此时场景如图 6-49 所示。

(7) 在"显示"卷展栏中选中"隐藏分布对象"复选框,此时场景如图 6-50 所示。

(8) 在"散布对象"的"分布对象参数"卷展栏中依次选择"分布方式"组中的单选按钮,观察其变化。

6.2.3　一致复合对象

一致就是将目标对象表面的顶点投影到源对象上,从而使源对象产生形变。它通常用来制作将商标贴到瓶子上等一类的动画效果。一致对象还可以改变对象的顶点数目,并同时保证对象的形状不变,以便进行变形操作。

实例 6-12:肥皂盒

操作步骤

(1) 启动 3ds Max 软件或使用"文件"|"重置"命令重置 3ds Max 系统。

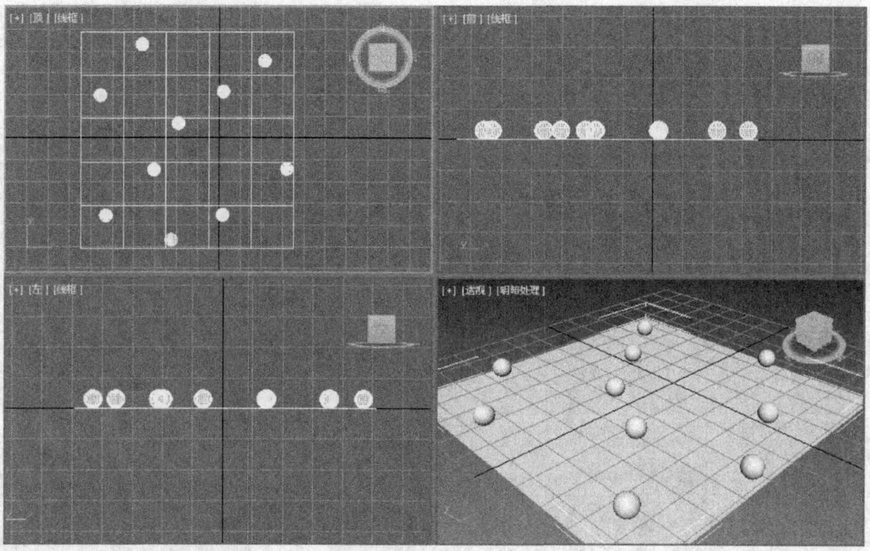

图 6-49　散布

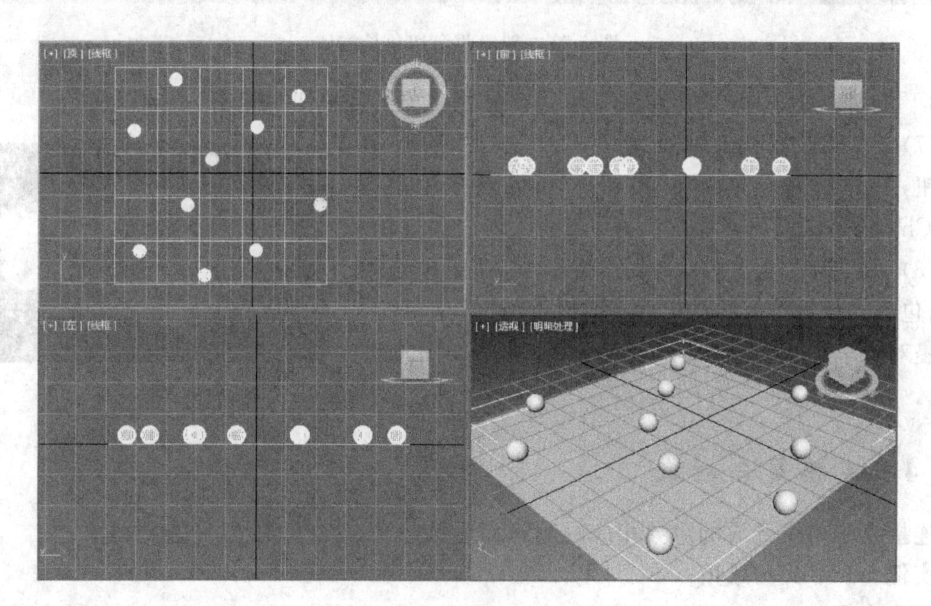

图 6-50　隐藏分布对象

(2) 在顶视口中创建一个长度为 50mm、宽度为 60mm、高度为 20mm、圆角为 5、圆角分段为 3 的切角长方体 ChamferBox001。

(3) 在顶视口中创建一个长度为 150mm、宽度为 180mm、高度为 1mm、圆角为 1、长度分段为 20、宽度分段为 20、圆角分段为 1 的切角长方体 ChamferBox002。

(4) 在透视口中使用"对齐"按钮将两个切角长方体中心对齐。

(5) 将 ChamferBox002 沿 Z 轴方向向上平移至 ChamferBox001 的上方，如图 6-51 所示。

(6) 选择 ChamferBox002 对象，单击"创建"命令面板上的"几何体"按钮，在"标准几何

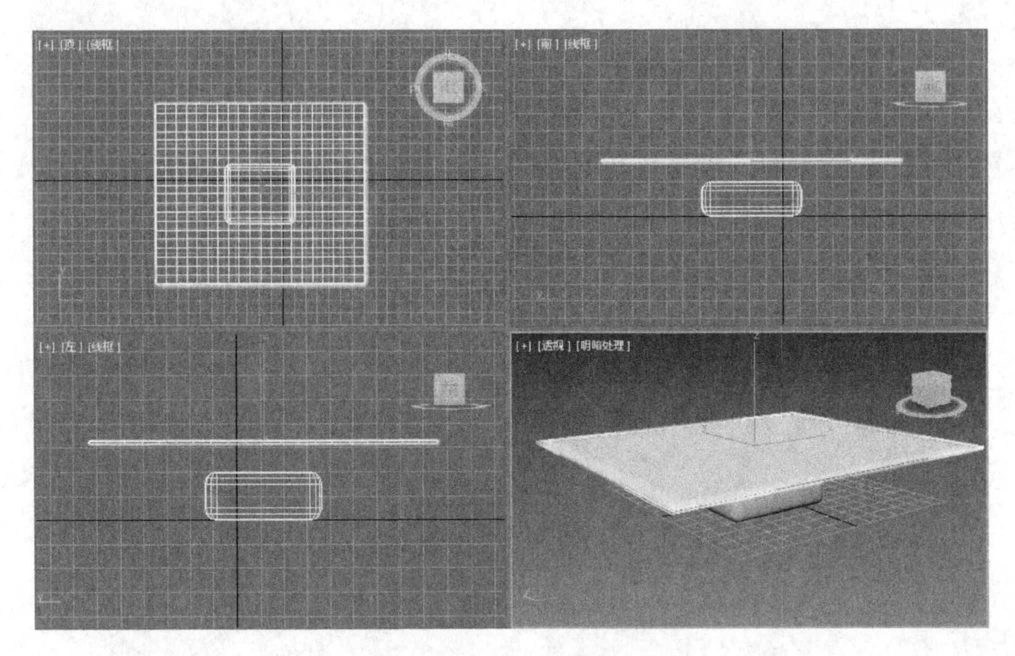

图 6-51　创建两个切角长方体

体”的下拉列表中选择“复合对象”,然后在复合对象类型按钮中单击“一致”按钮。

(7) 在“拾取包裹到对象”卷展栏中选中“实例”单选按钮,单击“拾取包裹对象”按钮,然后在场景中单击拾取 ChamferBox001 对象。

(8) 在“参数”卷展栏的“顶点投影方向”组中选中“指向包裹对象轴”单选按钮,并选中“更新”组中的“隐藏包裹对象”复选框,此时得到肥皂盒效果如图 6-52 所示。

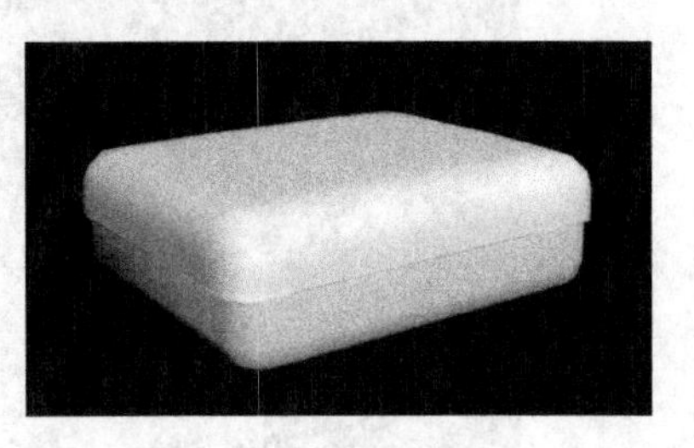

图 6-52　肥皂盒效果

6.2.4　连接复合对象

连接是把两个开放的对象相应的删除面连接起来,使它们成为一体。

实例 6-13: 乒乓球拍

操作步骤

(1) 启动 3ds Max 软件或使用“文件”|“重置”命令重置 3ds Max 系统。

(2) 在顶视口中创建一个半径为 50mm、高度为 5mm、端面分段为 20、边数为 32 的圆柱体,命名为球拍。

(3) 在前视口中创建一个半径为 10mm、高度为 45mm、端面分段为 1、边数为 16 的圆柱体,命名为手柄。

(4) 调整两个圆柱体到如图 6-53 所示的位置。

(5) 选择球拍对象,在“修改”命令面板的“修改器列表”中选择“编辑网格”修改器。在“选择”卷展栏中单击“顶点”按钮 ,在顶视口中选择中间的三层节点,按下 Del 键删除选中的书点,结果如图 6-54 所示。

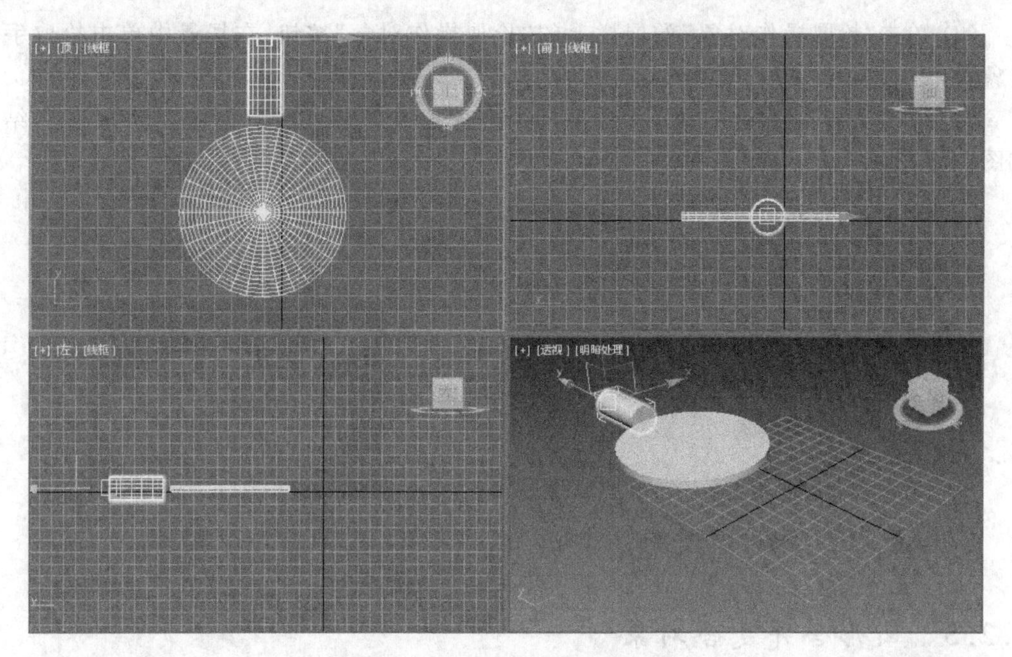

图 6-53　调整两个圆柱体的位置

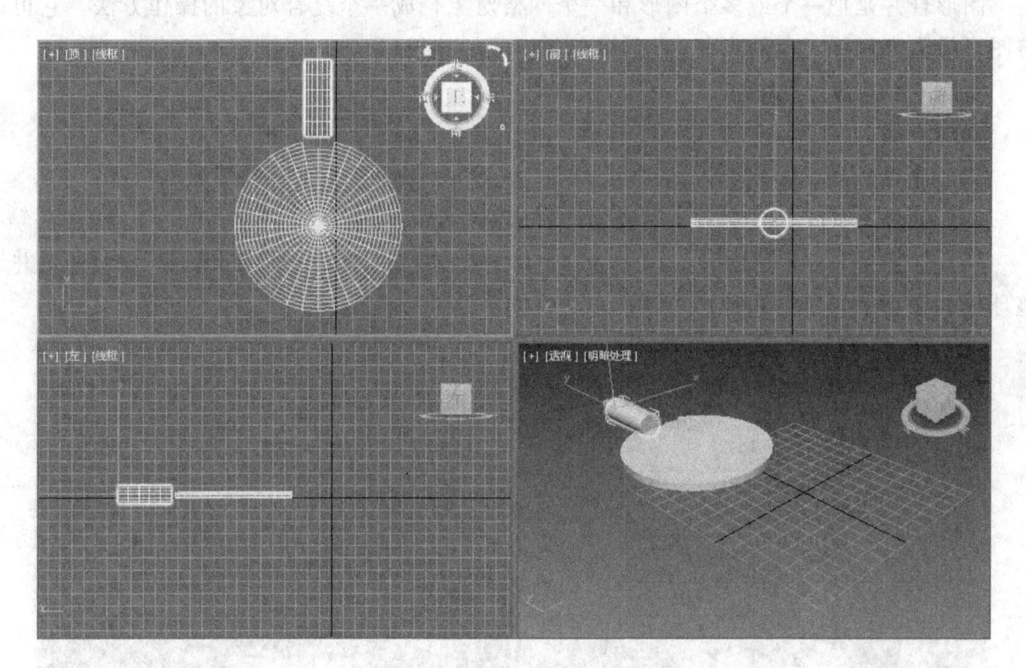

图 6-54　删除球拍上的三层节点

(6) 选择手柄对象,使用工具栏上的“选择并非均匀缩放”按钮 调整把柄如图 6-55 所示。

(7) 在“修改”命令面板的“修改器列表”中选择“编辑网格”修改器。在“选择”卷展栏中单击“多边形”按钮,在前视口中选中手柄的端面,按 Del 键删除。

(8) 选择球拍,单击“创建”命令面板上的“几何体”按钮,在“标准几何体”的下拉列表中选择“复合对象”,然后在复合对象类型按钮中单击“连接”按钮。

(9) 单击“拾取操作对象”卷展栏上的“拾取操作对象”按钮,在场景中单击拾取手柄对象。

(10) 在“平滑”组中选中“桥”复选框,在“插值”组中设置“分段”为 1、“张力”为 1,结果如图 6-56 所示。

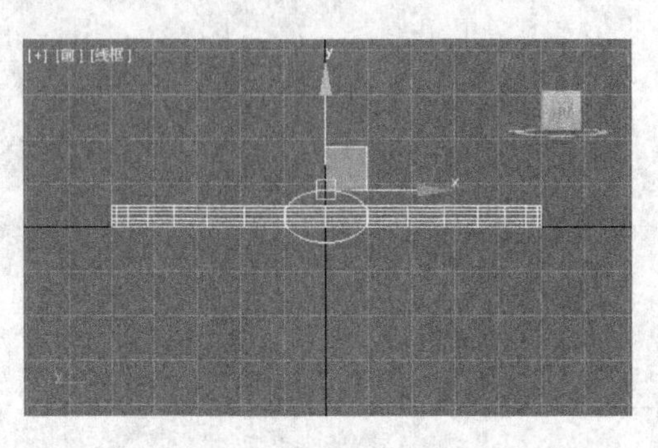

图 6-55　调整后手柄在前视口中的效果

图 6-56　乒乓球拍

6.2.5　图形合并复合对象

图形合并是把一个或多个图形和一个网格对象合成一个复合对象的操作方法。它可以将图形投影到网格对象的表面,产生相交或相减的效果。

实例 6-14:球上的文字

操作步骤

(1) 启动 3ds Max 软件或使用“文件”|“重置”命令重置 3ds Max 系统。

(2) 在透视视口中创建一个半径为 50 的球体 Sphere001。

(3) 在前视口中创建内容为“MAX”、字体为黑体、字号为 50 的文本对象 Text001,并调整球体和文本的位置如图 6-57 所示。

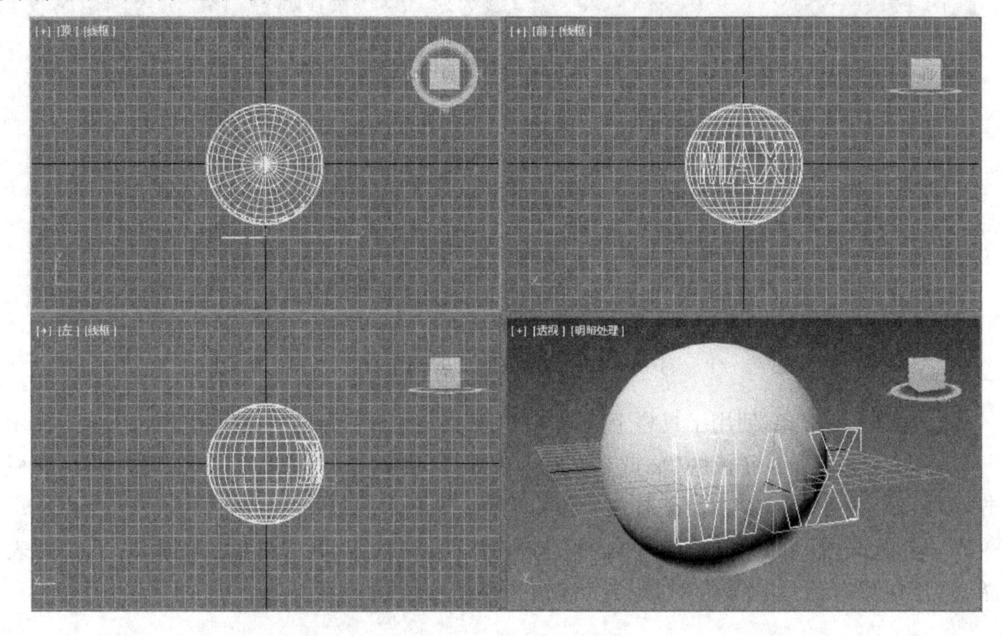

图 6-57　球体和文字

(4) 选中球体 Sphere001,单击“创建”命令面板上的“几何体”按钮,在“标准几何体”的下拉列表中选择“复合对象”,然后在复合对象类型按钮中单击“图形合并”按钮。

(5) 单击“拾取操作对象”卷展栏上的“拾取图形”按钮,在场景中单击拾取 Text001 对象。

(6) 选择“修改”命令面板的“修改器列表”中的“编辑网格”修改器,在“选择”卷展栏中单击“多边形”按钮,这时球体上的 MAX 部分突出显示,如图 6-58 所示。

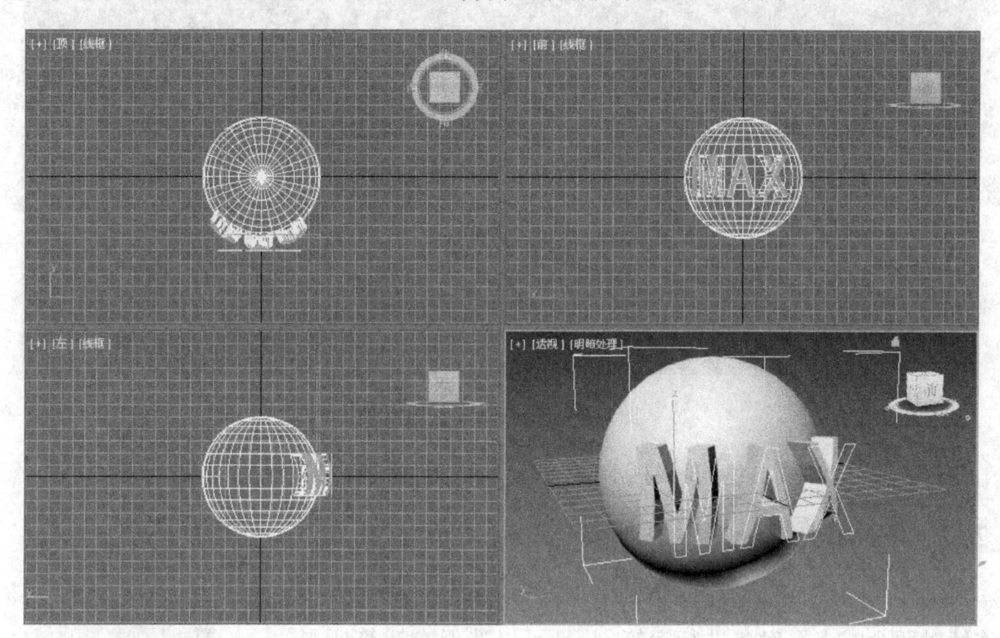

图 6-58　球体上的 MAX

(7) 在“编辑几何体”卷展栏的“挤出”输入框中输入 10,结果如图 6-59 所示。

6.2.6　地形复合对象

地形命令通过绘制并且连接等高线的方法来创建三维地形。

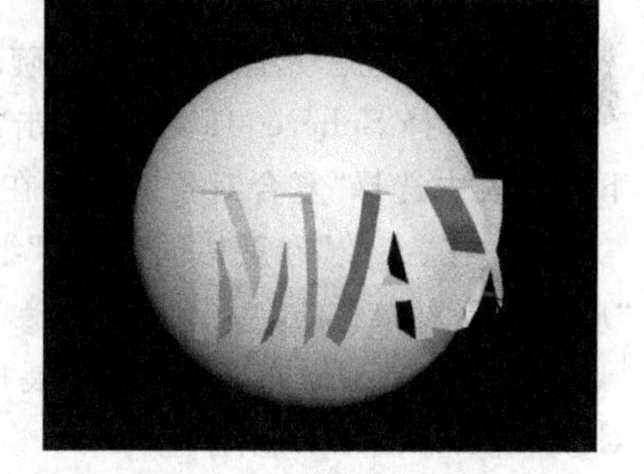

图 6-59　球体上的文字

实例 6-15:地形

操作步骤

(1) 启动 3ds Max 软件或使用“文件”|“重置”命令重置 3ds Max 系统。

(2) 在顶视口中绘制几个封闭的图形。

(3) 调整各图形的高度到适合位置,如图 6-60 所示。

(4) 选中最下面的一个图形,单击“创建”命令面板上的“几何体”按钮,在“标准几何体”的下拉列表中选择“复合对象”,然后在复合对象类型按钮中单击“连接”按钮。

(5) 单击“拾取操作对象”卷展栏上的“拾取操作对象”按钮,在场景中依次单击绘制的图形。

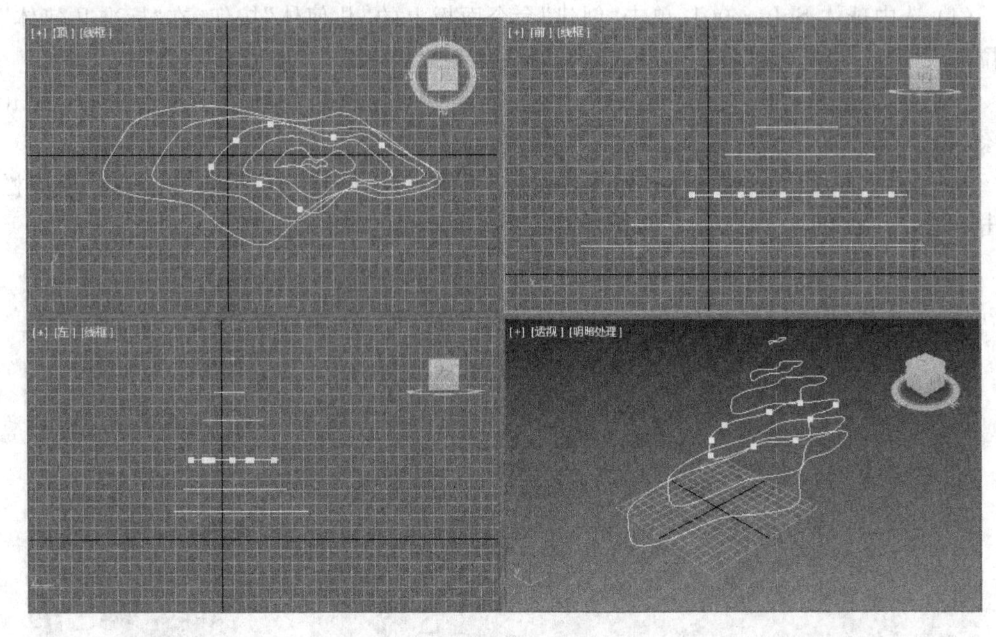

图 6-60　绘制并调整等高线

(6) 单击“按海拔上色”卷展栏上的“创建默认值”按钮,结果如图 6-61 所示。

6.2.7　ProBoolean 复合对象

ProBoolean 是 3ds Max 9 中新增加的复合对象命令,它可以连续对两个或多个对象进行运算,并且可以选择在运算所得到的面上使用原始材质还是运算对象的材质。

图 6-61　地形命令产生的山体

实例 6-16:双色碗

操作步骤

(1) 打开配套光盘上的“双色碗.max”文件(文件路径:素材和源文件\part6\)。

(2) 选择 Sphere001 对象,单击“创建”命令面板上的“几何体”按钮,在“标准几何体”的下拉列表中选择“复合对象”,然后在复合对象类型按钮中单击 ProBoolean 按钮。

(3) 在“参数”卷展栏的“运算”组中选中“差集”单选按钮,在“运用材质”卷展栏中选中“应用运算对象材质”单选按钮。

(4) 单击“拾取布尔对象”卷展栏上的“开始拾取”按钮,在场景中单击拾取 Sphere002 对象,结果如图 6-62 所示。

(5) 在“参数”卷展栏的“运算”组中选中“并集”单选按钮,在“运用材质”卷展栏中选中“保留原始材质”单选按钮。

(6) 单击“拾取布尔对象”卷展栏上的“开始拾取”按钮,在场景中单击拾取 Tube001 对象,结果如图 6-63 所示。

(7) 渲染场景,最终效果如图 6-64 所示。

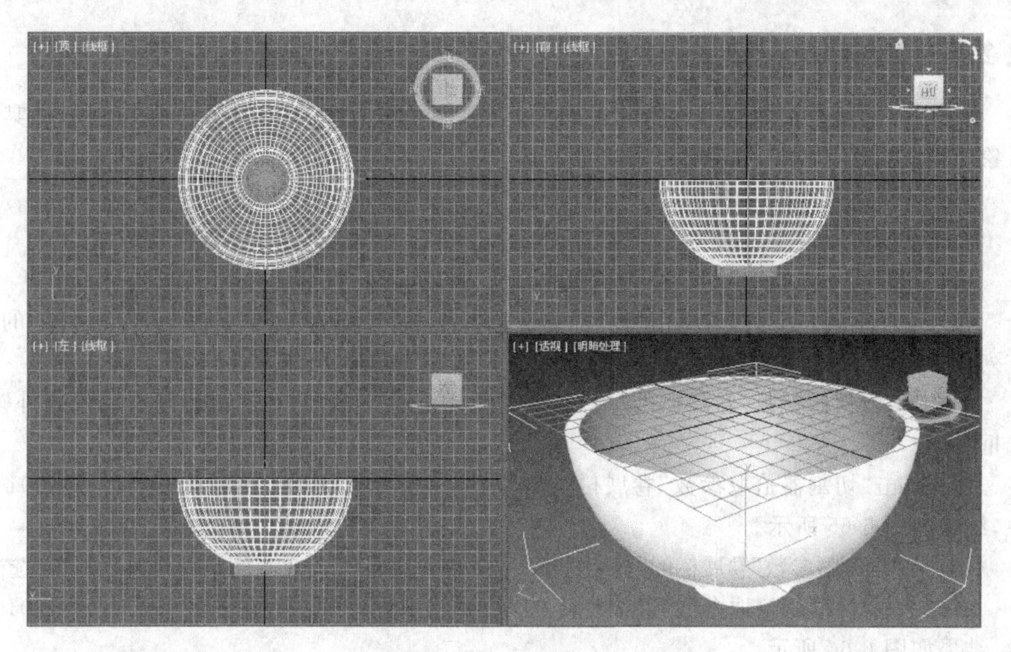

图 6-62　差集运算

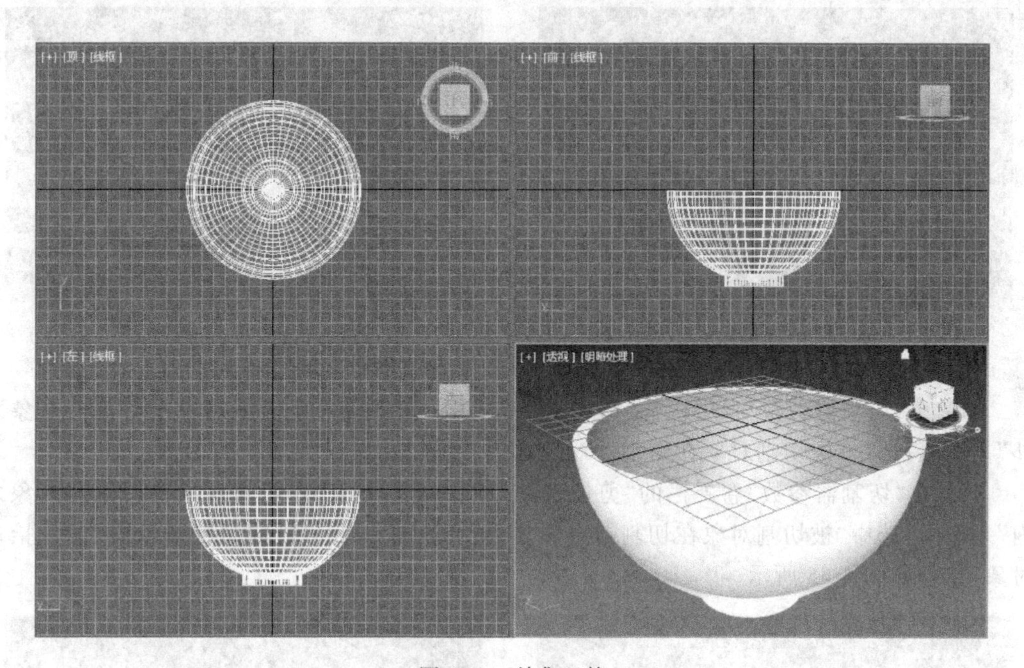

图 6-63　并集运算

图 6-64　双色碗

6.2.8 ProCutter 复合对象

ProCutter 复合对象是一种特殊的布尔运算，它可以使用一个对象作为切割器将某个对象切割成可编辑网格元素或独立的对象。

实例 6-17：镂空的木板

操作步骤

(1) 打开配套光盘上的“镂空的木板.max”文件(文件路径：素材和源文件\part6\)。

(2) 选择 Line001 对象，单击“创建”命令面板上的“几何体”按钮，在“标准几何体”的下拉列表中选择“复合对象”，然后在复合对象类型按钮中单击 ProCutter 按钮。

(3) 在“切割器参数”卷展栏的“剪切选项”组中选中“被切割对象在切割器对象之外”复选框。

(4) 单击“切割器拾取参数”卷展栏上的“拾取原料对象”按钮，在场景中单击 Box001 对象，结果如图 6-65 所示。

(5) 在“切割器参数”卷展栏的“剪切选项”组中选中“被切割对象在切割器对象之外”复选框。

(6) 单击“切割器拾取参数”卷展栏上的“拾取切割对象”按钮，在场景中单击 Star001 对象，结果如图 6-66 所示。

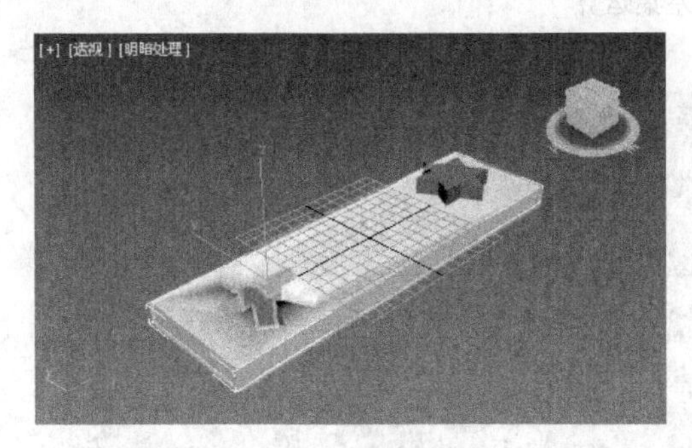

图 6-65　切割原料 1

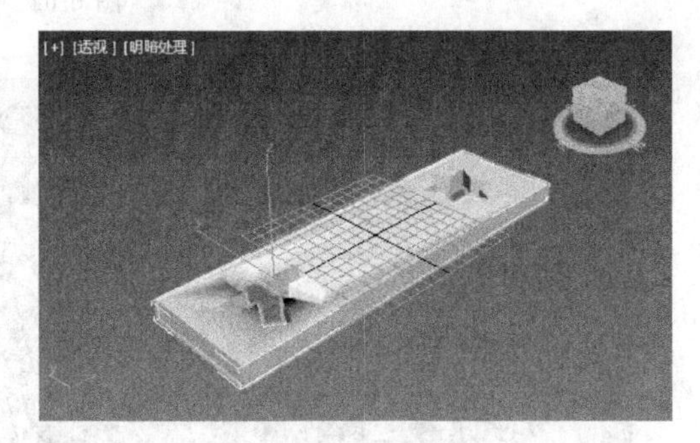

图 6-66　切割原料 2

(7) 在“切割器参数”卷展栏的“剪切选项”组中取消选中“被切割对象在切割器对象之外”复选框，选中“被切割对象在切割器对象之内”复选框，结果如图 6-67 所示。

(8) 在“切割器参数”卷展栏的“剪切选项”组中取消选中“被切割对象在切割器对象之内”复选框，选中“被切割对象在切割器对象之外”复选框，单击“拾取原料对象”按钮后拾取对象，结果如图 6-68 所示。

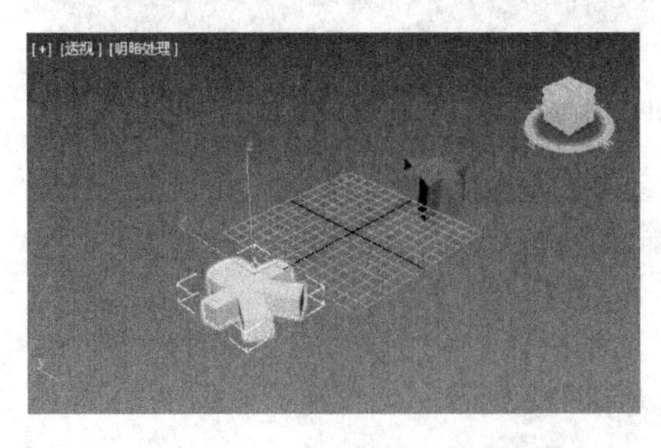

图 6-67　选中切割器内的原料

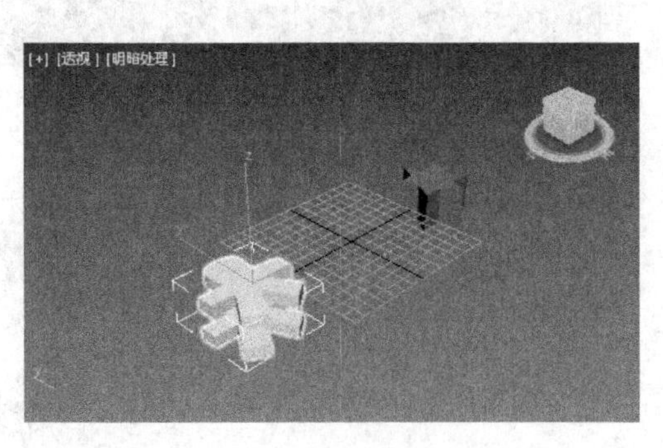

图 6-68　选中原料外的切割器

6.3 上机练习与指导

6.3.1 笛子

视频讲解

1. 练习目标

(1) 熟悉模型的建立方法。

(2) 布尔运算的使用练习。

2. 练习指导

(1) 打开 3ds Max,在左视口中创建一个圆管,按照图 6-69 所示设置参数,得到图 6-70 所示的效果。

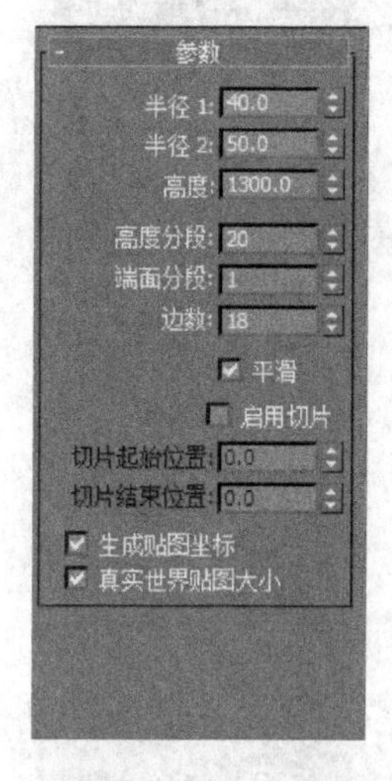

图 6-69 参数设置

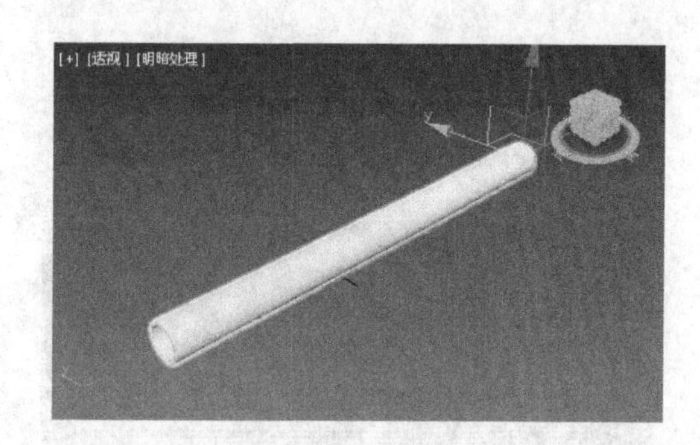

图 6-70 圆管

(2) 在顶视口中创建一个半径为 30mm、高度为 100mm 的圆柱体,并移动到如图 6-71 所示的位置。

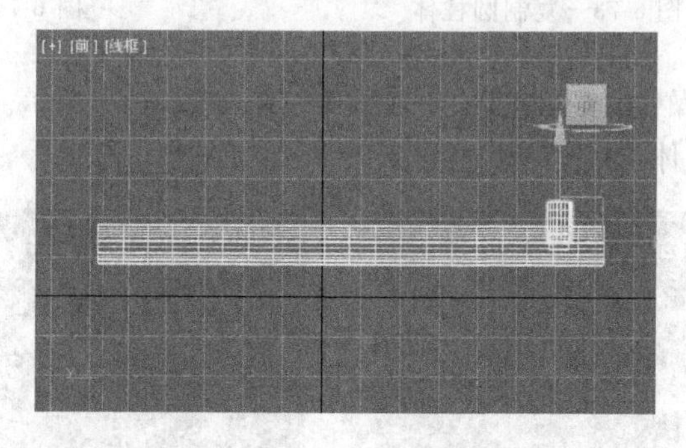

图 6-71 圆柱体

(3) 选择上面创建的圆柱体设置阵列,参数如图 6-72 所示。

(4) 利用移动复制方法再复制两个圆柱体,如图 6-73 所示。

(5) 选择圆管为当前对象,进行布尔运算,参数如图 6-74 所示。

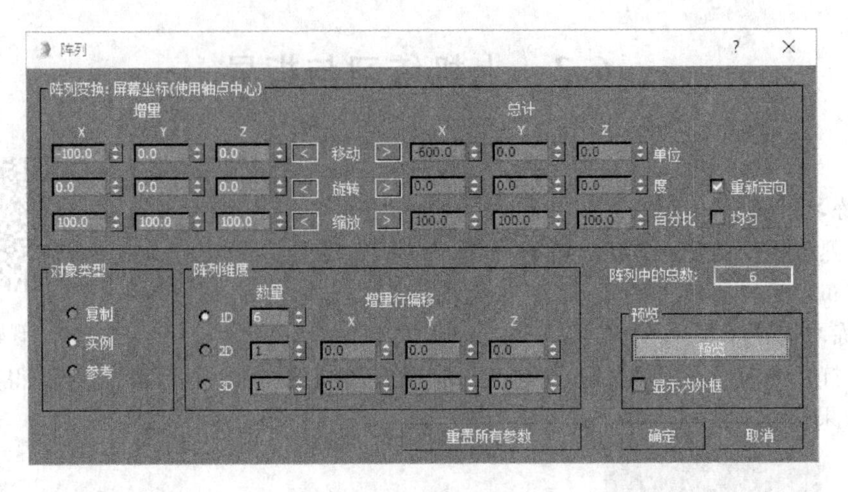

图 6-72　阵列设置

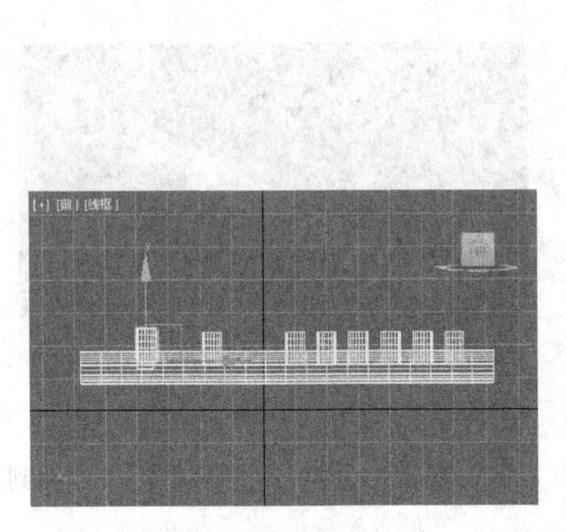

图 6-73　复制圆柱体

图 6-74　布尔运算

(6) 重复第(5)步操作,修剪出笛子的洞口,结果如图 6-75 所示。

(7) 创建两个圆柱体,如图 6-76 所示。

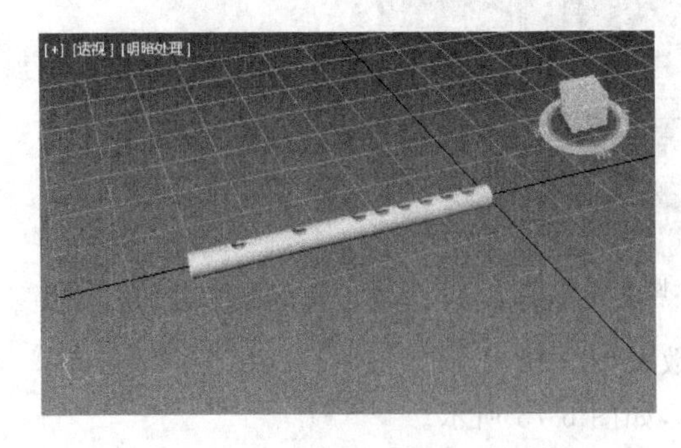

图 6-75　布尔运算结果

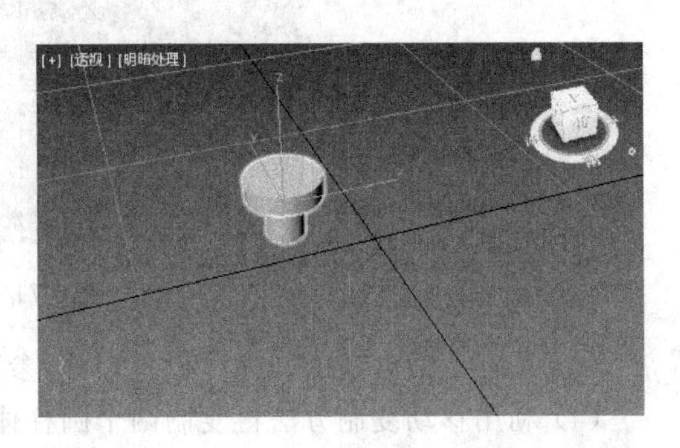

图 6-76　两个圆柱体

(8) 利用阵列的方法将圆柱体复制出 5 个,效果如图 6-77 所示。

(9) 渲染存盘,最终效果如图 6-78 所示。本实例的源文件为配套光盘上的 ch06_1.max 文件(文件路径:素材和源文件\part6\上机练习\)。

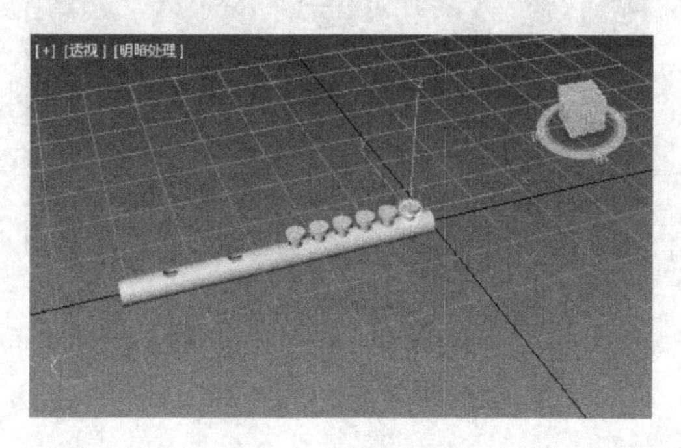

图 6-77 阵列结果

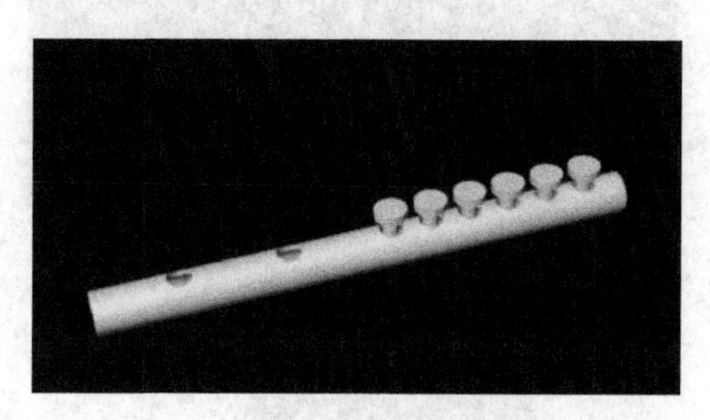

图 6-78 最终效果

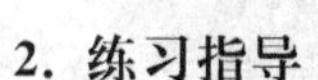

6.3.2 水龙头

视频讲解

1. 练习目标

(1) 熟练放样的使用。

(2) 多种工具的综合使用。

2. 练习指导

(1) 打开 3ds Max,在顶视口中创建一个圆环,参数如图 6-79 所示,结果如图 6-80 所示。

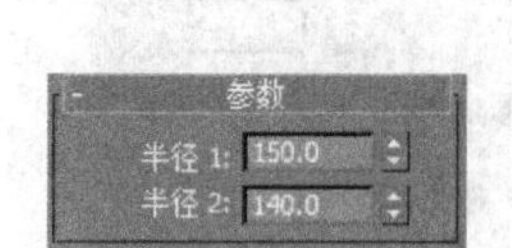

图 6-79 参数设置

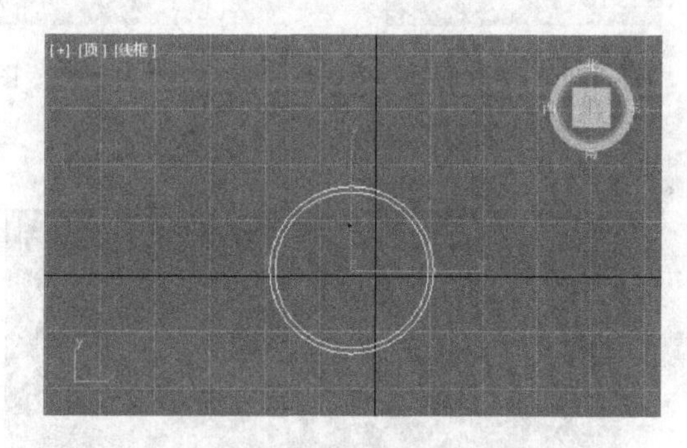

图 6-80 圆环

(2) 在前视口中创建一条圆弧,如图 6-81 所示。

(3) 选择圆弧,单击放样,结果如图 6-82 所示。

(4) 在顶视口中创建一个球体,参数如图 6-83 所示,结果如图 6-84 所示。

(5) 在前视口中使用非均匀比例缩放工具将球体沿 X 方向放大 110%,结果如图 6-85 所示。

(6) 在顶视口中按图 6-86 所示设置参数,建立如图 6-87 所示的八棱柱。

(7) 在顶视口中创建图 6-88 所示的闭合折线,使用车削修改器,然后创建圆柱体,结果如图 6-89 所示。

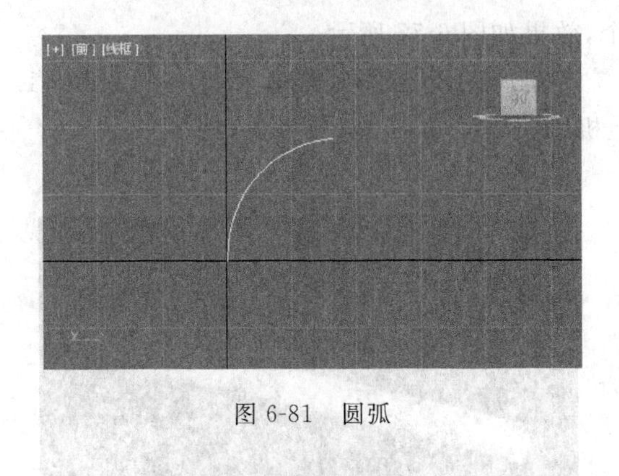

图 6-81　圆弧

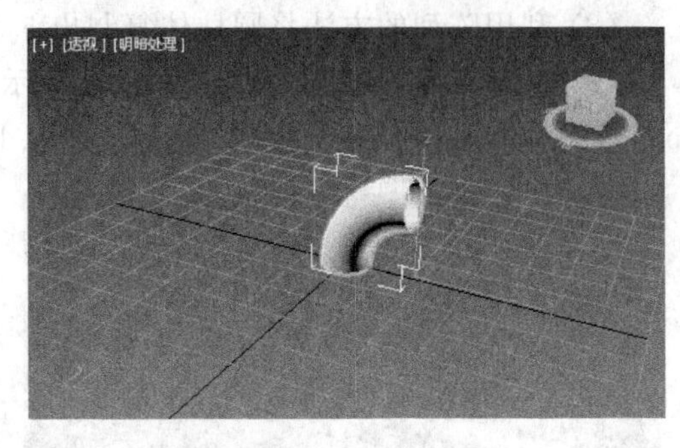

图 6-82　放样结果

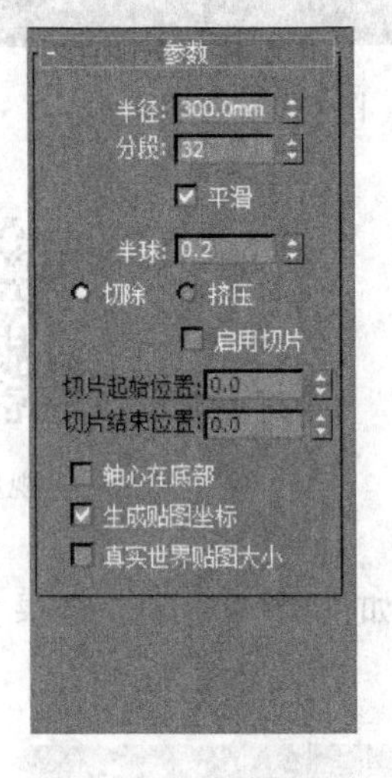

图 6-83　参数设置

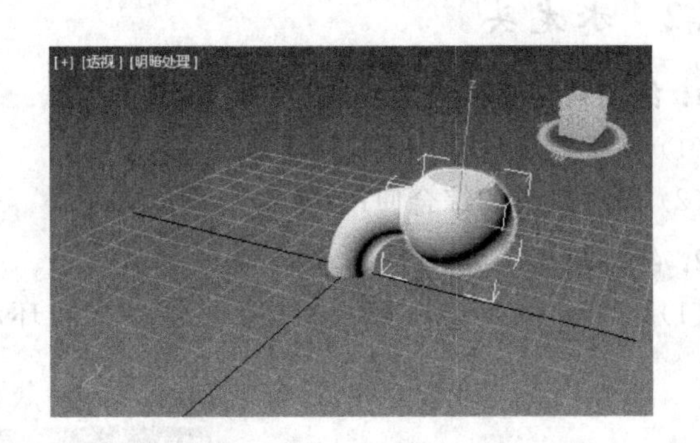

图 6-84　球体结果

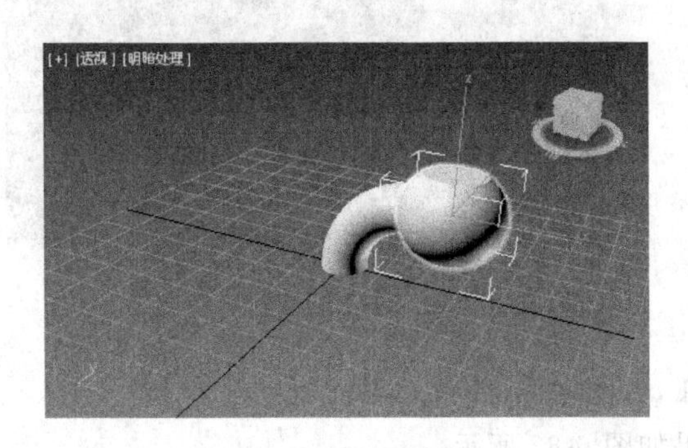

图 6-85　缩放结果

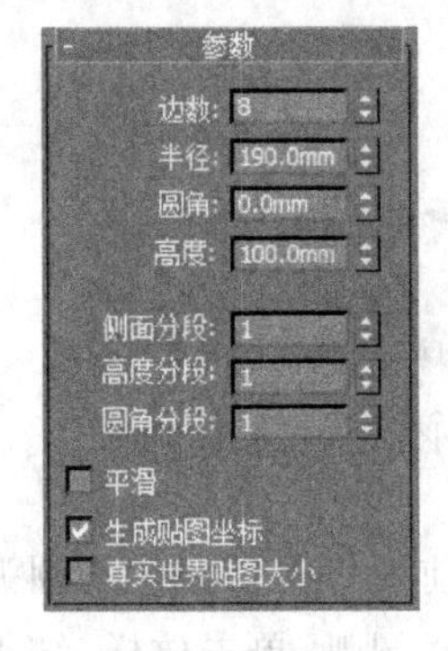

图 6-86　参数设置

(8) 在左视口中创建一个八棱柱和一个圆柱体,通过布尔运算把八棱柱掏空,结果如图 6-90 所示。

(9) 调整各部件的位置,完成建模,结果如图 6-91 所示。

(10) 渲染存盘。本实例的源文件为配套光盘上的 ch06_2.max 文件(文件路径:素材和源文件\part6\上机练习\),最终效果如图 6-92 所示。

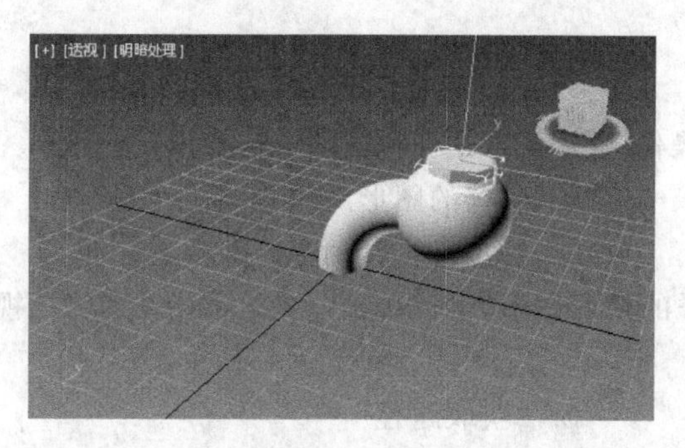

图 6-87　八棱柱

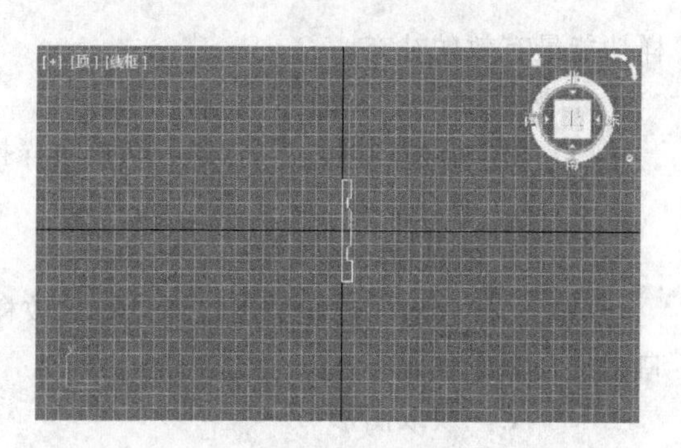

图 6-88　闭合折线

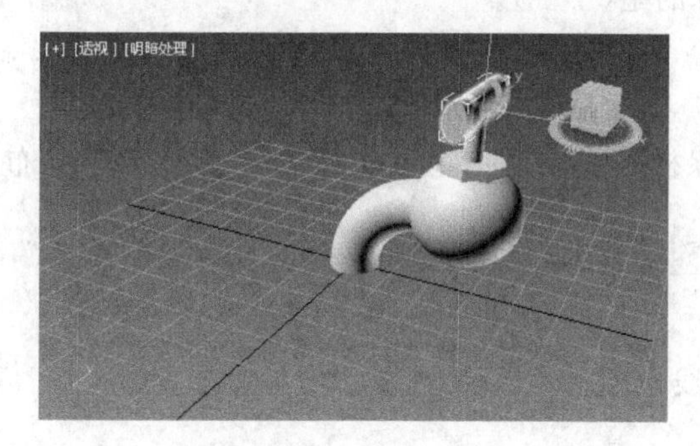

图 6-89　车削和圆柱体

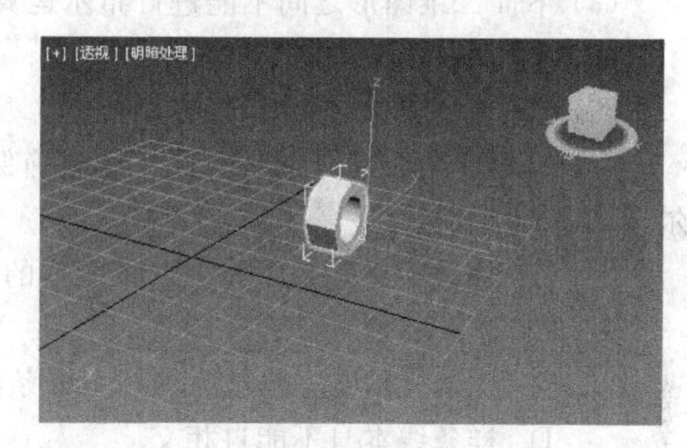

图 6-90　布尔运算结果

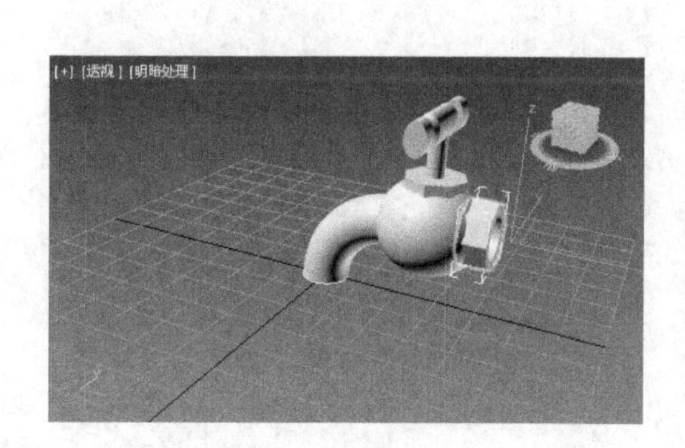

图 6-91　调整位置

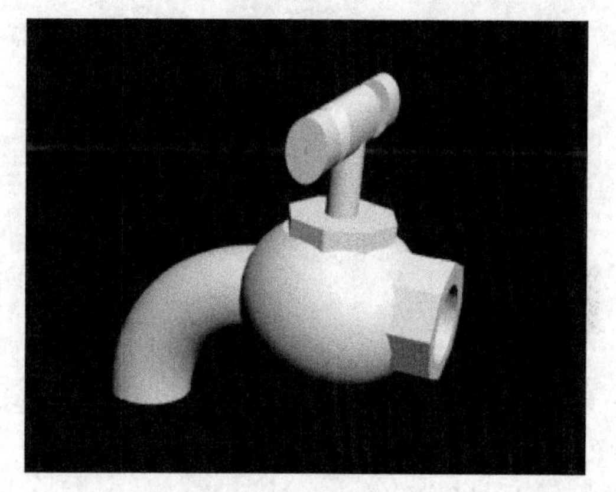

图 6-92　最终效果

6.4　本 章 习 题

1. 填空题

(1) 放样建模的方法有按________和________两种。

(2) 放样物体的变化工具有________、________、________、________和________。

(3) 布尔运算的 4 种形式为________、________、________和________。

(4) “拟合”编辑器用于在路径的________和________轴上进行拟合放样操作，它是放样功能最有效的补充。

2. 选择题

(1) 在 3ds Max 中(　　)都可用于放样操作。

A. 所有对象　　B. 所有的图形对象

C. 扩展基本体对象　　D. 标准基本体对象

(2) 在放样建模过程中用户可以增加放样的截面图形，可以单击(　　)按钮，然后在视口中选择添加的图形。

A. “获取图形”　　B. “获取路径”

C. “获取对象”　　D. “获取法线”

(3) 下面二维图形之间不能进行布尔运算的是(　　)。

A. 两个相交的圆　　B. 一个圆和一个螺旋线(有相交)

C. 一个圆和一个矩形(有相交)　　D. 一个圆和一个多边形(有相交)

(4) 在对样条线进行布尔运算之前应确保样条线满足一些要求，下面(　　)要求是布尔运算中所不需要的。

A. 样条线必须是同一个二维图形的一部分

B. 样条线必须封闭

C. 样条线需要完全被另外一个样条线包围

D. 样条线本身不能自相交

第7章 材质编辑器

材质描述对象如何反射或透射灯光，在材质中通过贴图可以模拟纹理、应用设计、反射、折射和其他效果。材质编辑器是 3ds Max 中功能强大的模块，是制作材质、赋予贴图及生成多种特技的地方。本章从介绍材质编辑器入手，由浅入深、逐步讲解基本材质的运用。

本章的主要内容：

- 材质编辑器的使用；
- 材质编辑器的基本参数；
- 基本材质类型。

7.1 材质编辑器基础

材质描述对象反射或透射灯光的方式，材质属性与灯光属性相辅相成；着色或渲染将两者合并，用于模拟对象在真实世界设置下的情况。用户可以将材质应用到单个的对象或选择集；一个场景可以包含许多不同的材质，材质可以使场景看起来更真实。

指定到材质上的图形称为贴图(Maps)。在 3ds Max 中材质与贴图的建立和编辑都是通过材质编辑器来完成的，并且通过最后的渲染把它们表现出来，使物体表面显示出不同的质地、色彩和纹理。

7.1.1 “材质编辑器”对话框

“材质编辑器”对话框是用于创建、改变和应用场景中的材质的对话框，提供创建和编辑材质以及贴图的功能。该对话框是浮动的，可以将其拖曳到屏幕的任意位置，这样便于用户观看场景中材质赋予对象的结果。打开“材质编辑器”对话框有以下 3 种方法。

(1) 单击工具栏上的“材质编辑器”按钮。

(2) 选择“渲染”|“材质编辑器”命令。

(3) 按 M 键。

3ds Max 2016 的材质编辑器有两种模式，它们是“Slate 材质编辑器”模式和“精简材质编辑器”模式，如图 7-1 所示。在“Slate 材质编辑器”模式下，选择“模式”|“精简材质编辑器”命令可以切换到“精简材质编辑器”模式。本章将主要介绍“精简材质编辑器”的使用。

通过“精简材质编辑器”模式下的“材质编辑器”对话框可以查看材质预览的样本窗，第一次查看“材质编辑器”时材质预览具有统一的默认颜色。

“精简材质编辑器”对话框分为两个部分。上半部分为固定不变区，包括示例显示、材质

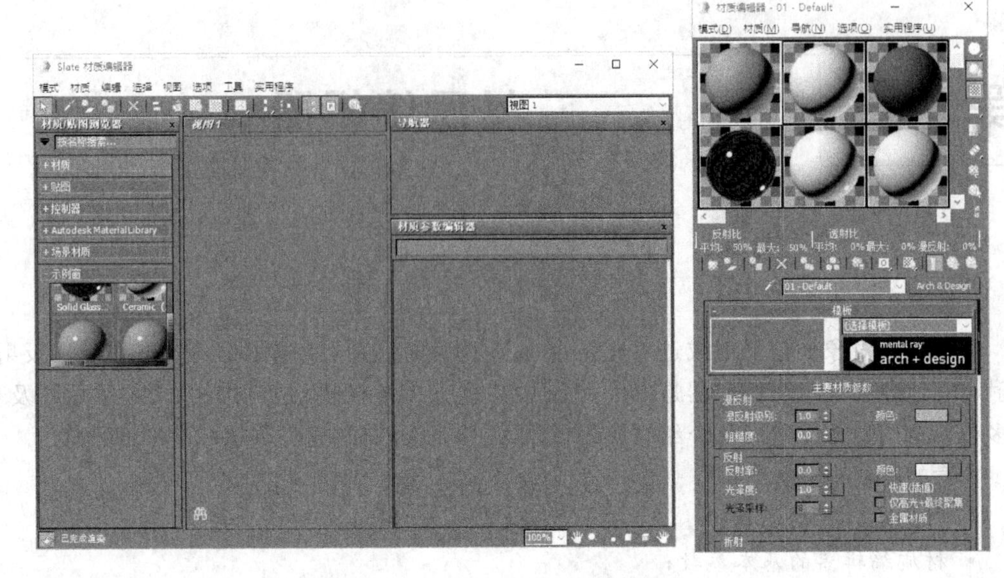

图 7-1　材质编辑器的两种模式

效果以及垂直的工具列与水平的工具行等一系列功能按钮；名称栏中显示当前材质的名称。下半部分为可变区，根据不同的设置会出现不同的卷展栏。

7.1.2　材质样本窗

材质样本窗是预览材质的地方，使用材质样本窗可以保持和预览材质及贴图，图 7-2 所示就是在样本窗中显示了一个应用了材质后并渲染的样本球。

图 7-2　材质样本窗

样本窗中当前正在编辑的材质叫"激活材质"，在材质样本窗中以白色边框显示。当将一个样本窗中的材质赋予了场景中的某个对象时，这个材质便成为"同步材质"，在其样本窗的 4 个角上有 4 个小三角形的标记，在材质编辑器中对"同步材质"的改变将影响场景中应用了该材质的对象。当标记为白色时说明材质被赋予当前选择的对象，当标记为灰色时说明材质被赋予场景。

实例 7-1：调整样本窗

操作步骤

(1) 启动 3ds Max 软件或使用"文件"|"重置"命令重置 3ds Max 系统。

(2) 打开配套光盘上的"样本窗.max"文件(文件路径：素材和源文件\part7\)。

(3) 单击工具栏上的"材质编辑器"按钮，弹出"材质编辑器"对话框，如图 7-3 所示。

(4) 选择第一个材质球，按住鼠标左键向下拖动到第二行左边的第一个材质球上，鼠标指针变为如图 7-4 所示的标识后释放鼠标，此时可见这个材质复制了第一个材质球的材质，如图 7-5 所示，但是并未赋予场景中的对象，这种情况叫"非同步材质"。

(5) 单击选中第一行右边的材质球，在样本窗上右击，弹出如图 7-6 所示的快捷菜单，选择"拖动/旋转"命令，此时鼠标指针在这个材质球上变为的样式。

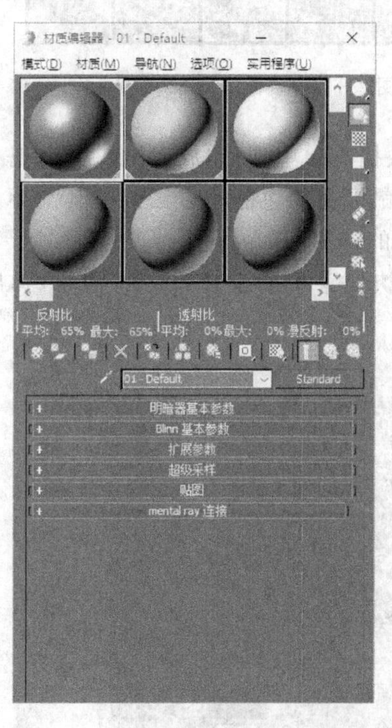

图 7-3 "材质编辑器"对话框

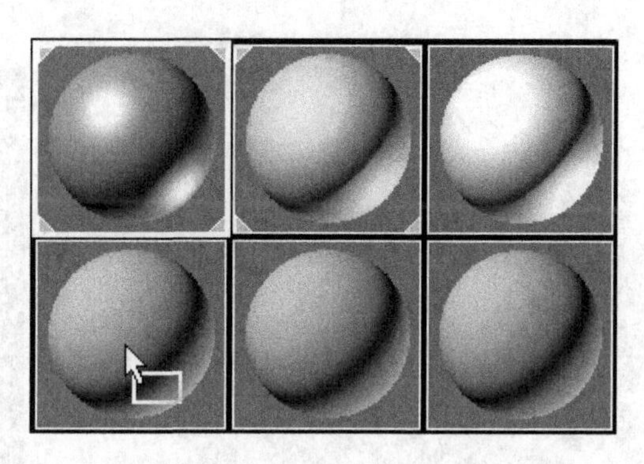

图 7-4 拖动鼠标复制材质

图 7-5 复制第一个材质球

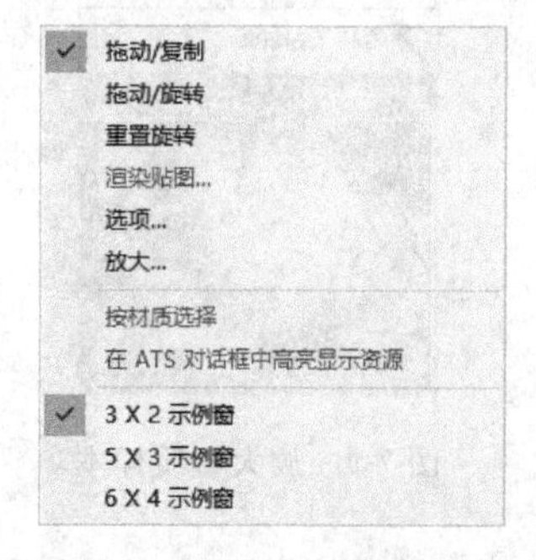

图 7-6 材质样本窗的快捷菜单

(6) 拖动鼠标,此时材质球会随着鼠标的拖动而旋转,如图 7-7 所示。再次右击,在弹出的快捷菜单中选择"重置旋转"命令,材质球恢复到最初未旋转的状态。

(7) 在第一行的第三个材质球上右击,在弹出的快捷菜单中选择"5×3"命令,此时样本窗如图 7-8 所示。

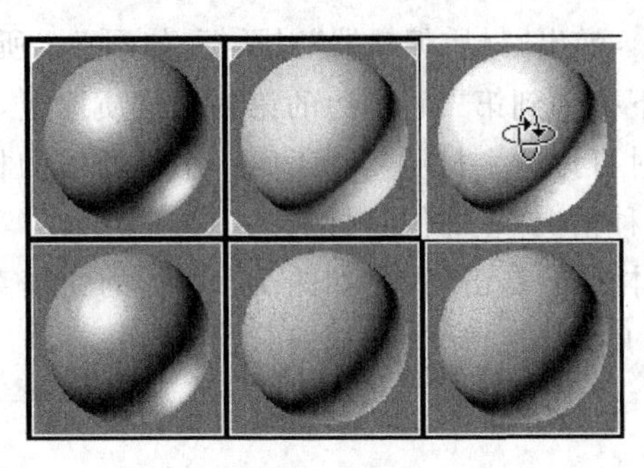

图 7-7　拖动材质球

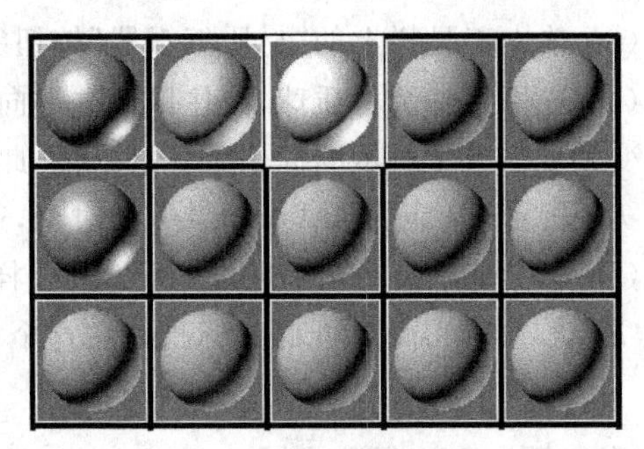

图 7-8　材质样本窗 5×3 显示

(8) 在第一行的第三个材质球上右击,在弹出的快捷菜单中选择"放大"命令,出现一个放大了的材质样本窗口,如图 7-9 所示,用户可以通过鼠标拖动边框的方法调整其大小。关闭该窗口,双击该样本球,可以产生与刚才的操作相同的作用。

(9) 在第一行的第三个材质球上右击,在弹出的快捷菜单中选择"选项"命令,弹出如图 7-10 所示的"材质编辑器选项"对话框。

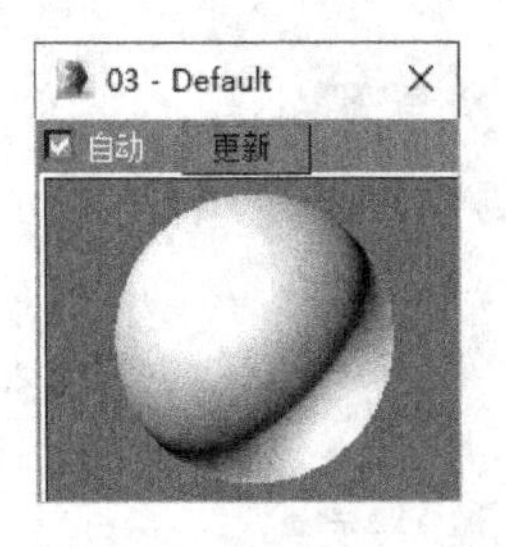

图 7-9　放大材质样本

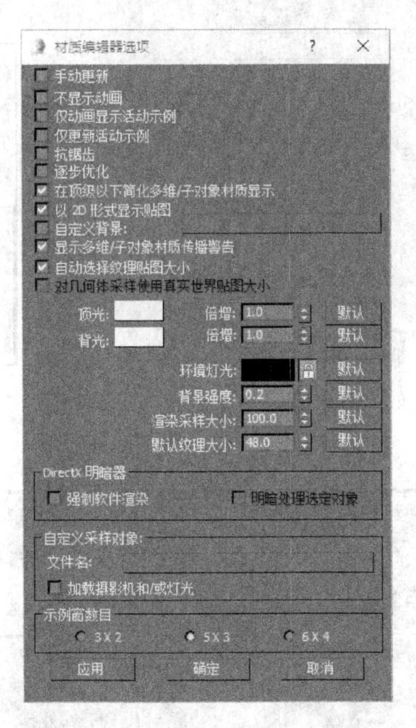

图 7-10　"材质编辑器选项"对话框

(10) 在"材质编辑器选项"对话框中单击"环境灯光"选项后面的色块,弹出"颜色选择器:环境光"对话框,按照图 7-11 所示进行设置后关闭该对话框。

(11) 在“材质编辑器选项”对话框中单击“确定”按钮，此时的样本窗如图 7-12 所示。

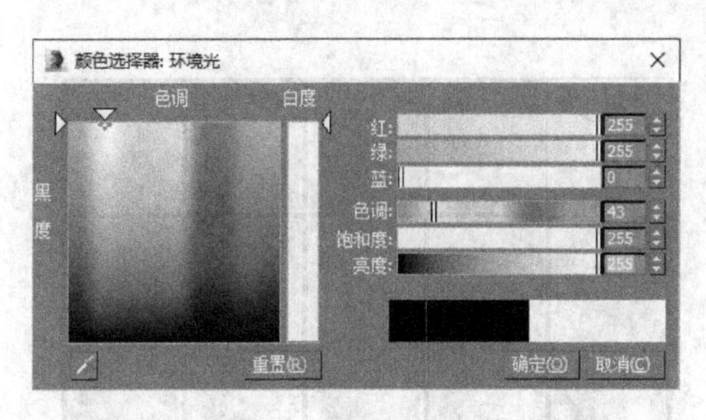

图 7-11 “颜色选择器：环境光”对话框

图 7-12 改变环境光后的材质样本窗

7.1.3 材质编辑器工具

材质编辑器工具位于样本窗的右侧和下面，下面分别进行介绍。

1. 右侧工具栏

材质编辑器右侧的工具栏多为对样本窗的显示进行控制的工具，各工具按钮的功能如下。

“采样类型”按钮：该按钮可以选择要显示在活动样本窗中的几何体。按下该按钮时，会弹出 3 个按钮，即球体、圆柱和立方体。

“背光”按钮：该按钮可在样品的背后设置一个光源，按下即可启用或关闭背光光源。在默认情况下此按钮处于启用状态。

“背景”按钮：在样品的背后显示方格底纹。

“采样 UV 平铺”按钮：单击后，在弹出的几个按钮中可以选择 2×2、3×3、4×4 的平铺方式。

“视频颜色检查”按钮：可检查样品上材质的颜色是否超出 NTSC 或 PAL 制式的颜色范围。

“生成预览”按钮：主要是观看材质的动画效果。单击后，弹出“创建材质预览”对话框。

“选项”按钮：用来设置材质编辑器的各个选项，单击后，弹出“材质编辑器选项”对话框。

“按材质选取”按钮：当将材质赋予第一个对象后此按钮被激活，单击此按钮，会弹出选择对话框，然后选取对象名称逐个赋予材质。

“材质/贴图导航器”按钮：单击后，弹出如图 7-13 所示的对话框。该对话框中显示的是当前材质的贴图层次，在对话框顶部选取不同的按钮可以用不同的方式显示。

实例 7-2：右侧工具栏的使用

操作步骤

(1) 启动 3ds Max 软件或使用“文件”|“重置”命令重置 3ds Max 系统。

(2) 打开配套光盘上的“右侧工具栏. max”文件(文件路径：素材和源文件\part7\)。

(3) 按 M 键弹出材质编辑器。单击选择第一行的第一个材质球，按住右侧工具栏上的

“采样类型”按钮，在弹出的扩展按钮中选择“立方体”按钮，此时第一个材质球变成了一个立方体模型，如图 7-14 所示。

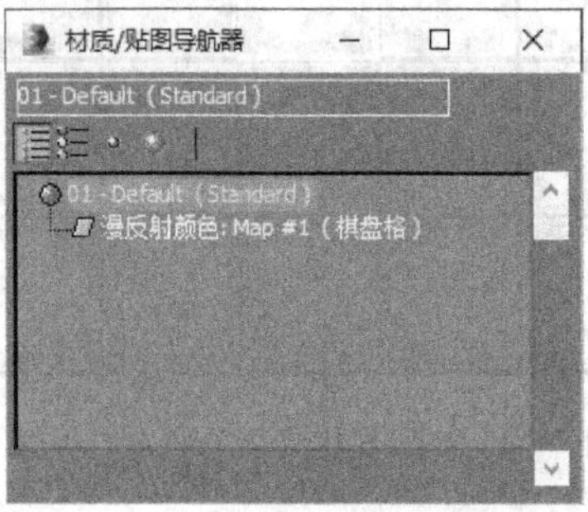

图 7-13 “材质/贴图导航器”对话框

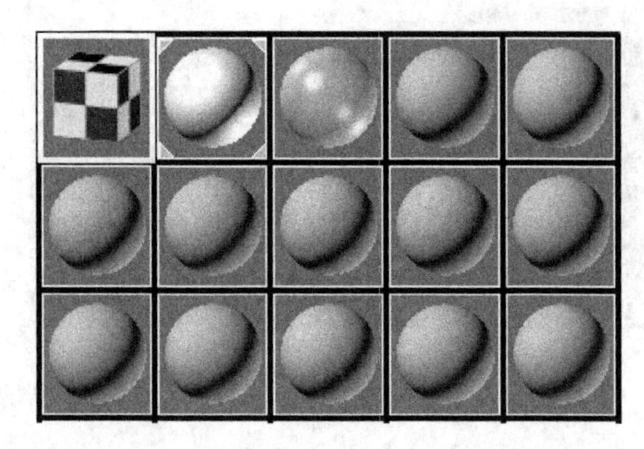

图 7-14 更改材质球的显示类型

(4) 单击右侧工具栏上的“背光”按钮，此时第一个材质样本的背光被关掉，如图 7-15 所示。再次单击这个按钮打开背光。

(5) 单击右侧工具栏上的“采样 UV 平铺”按钮，在弹出的扩展按钮中选择 4×4 的按钮，此时第一个材质的显示如图 7-16 所示。

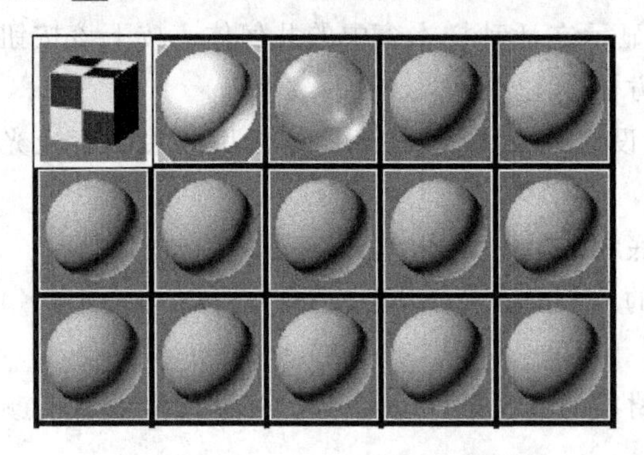

图 7-15 关闭第一个材质的背光

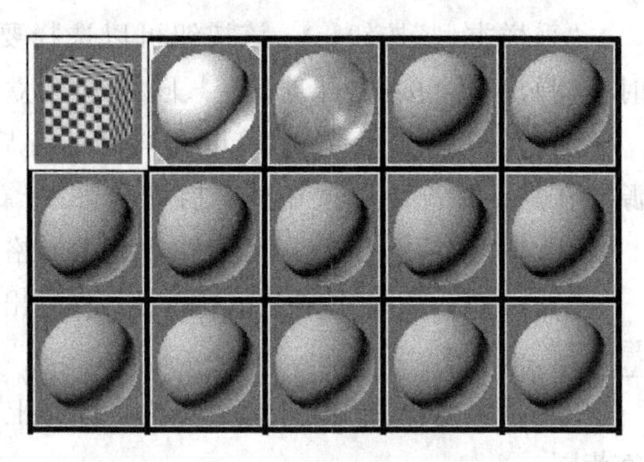

图 7-16 更改采样 UV 平铺

(6) 选择第一行的第三个材质球，单击右侧工具栏上的“背景”按钮，在这个材质球后面出现了如图 7-17 所示的方格底纹。

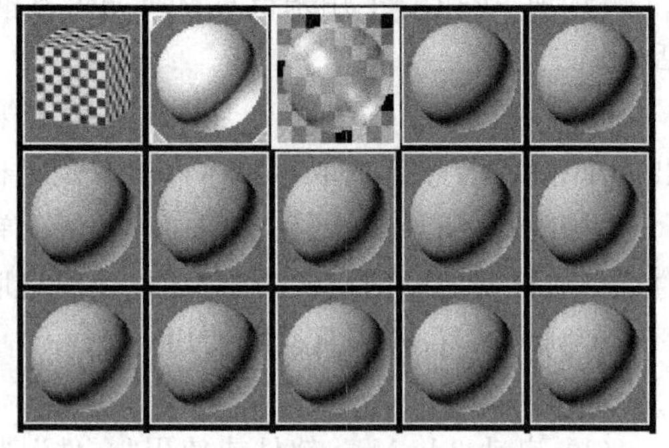

图 7-17 为材质添加背景

2. 下侧工具栏

材质编辑器示例窗下侧的水平工具栏按钮大多具有指定、保存材质和在材质的不同层级之间跳转的作用，各工具按钮的功能如下。

“获取材质”按钮：单击这个按钮，会弹出“材质/贴图浏览器”对话框，如图 7-18 所示，可以从中选取材质或生成新的材质。

专家点拨：在“材质/贴图浏览器”对话框中材质以球体表示，贴图由平行四边形表示。

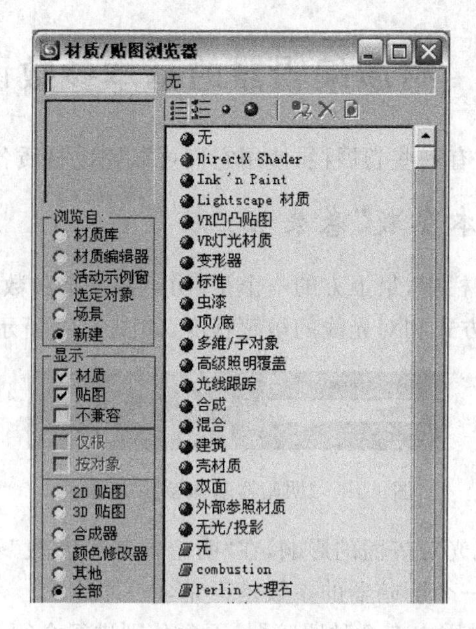

图 7-18 “材质/贴图浏览器”对话框

“将材质放入场景”按钮：这个按钮在使用“复制材质”按钮后才有用，其作用是用样本球中编辑好的材质替换场景中的对象材质。

“将材质指定给选定对象”按钮：把当前材质赋予场景中所选择的对象。

“重置贴图/材质为默认设置”按钮：将当前样本窗口的设置全部改回默认设置。

“生成材质副本”按钮：生成一个当前材质的副本，这个备份就放在当前的样本窗口中。“同步材质”复制后会变为“非同步材质”，如果依然要使用这个材质，可以在调整好后单击“将材质放入场景”按钮将材质放回场景中。

“使唯一”按钮：这个按钮可以使贴图实例成为唯一的副本，还可以使一个实例化的子材质成为唯一的独立子材质。

“放入库”按钮：可以将当前材质存入材质库。

“材质 ID 通道”按钮：为后期的视频特效处理设置好特效通道。

“视口中显示明暗处理材质”按钮：按下这个按钮，可以在当前场景的以平滑＋高光显示的视口中显示材质使用的当前贴图。

“显示最终结果”按钮：按下该按钮，总是在样本窗口中显示最终合成的效果，关掉这个按钮则可以看到当前使用的子材质的效果。

“转到父对象”按钮：单击这个按钮，可以在处理多级材质时进入上级材质。

“转到下一个同级项”按钮：单击这个按钮，可以进入最近的同级材质。

“从对象拾取材质”按钮：单击后，可以从场景中的对象上单击拾取材质。

“材质名称”输入列表框：可以在输入框中输入当前材质的名称，为材质命名，也可以在列表中找到当前材质的元素。

“材质类型”按钮：说明当前所使用的材质类型，单击该按钮，会弹出“材质/贴图浏览器”对话框，在其中可以选择不同的材质类型。

7.2 材质编辑器的基本参数设置

在样本示例窗的下方有一些卷展栏,使用它们可以完成材质各项参数的设定工作。

7.2.1 “明暗器基本参数”卷展栏

在材质编辑器的卷展栏中,最上方的一个是“明暗器基本参数”卷展栏,这个卷展栏的参数可以控制渲染的精度、方式和对光线的敏感程度,如图 7-19 所示。

图 7-19 “明暗器基本参数”卷展栏

材质最重要的是表现光对表面的影响,在“明暗器基本参数”卷展栏的左侧可以指定渲染使用的基本明暗器,每一个明暗器的参数是不完全一样的。

在 3ds Max 的标准材质中有 8 种明暗器,下面分别进行介绍。

1. Blinn

这是标准材质的默认明暗器,以光滑的方式进行渲染,背光处发光点的形状似圆形,用途比较广泛。

2. 各向异性

它用于产生磨砂金属或头发的效果,可创建拉伸并成角的高光,而不是标准的圆形高光。

3. 金属

它可以提供金属所需要的强烈反光,适合创建有光泽的金属效果。

4. 多层

它拥有两个高光区域控制,通过高光区域的分层创建比各向异性更复杂的高光效果。

5. Oren-Nayar-Blinn

它常用于表现织物、陶瓷等不光滑表面的效果。

6. Phong

这是早期 3ds Max 版本留下来的一个类型,与 Blinn 类似,以光滑的方式进行表面渲染,但其背面高光点为菱形,且高光有些松散。

7. Strauss

它用于创建简洁的金属表面效果。

8. 半透明明暗器

它与 Blinn 相似,但可以指定半透明效果,常用来模拟玉石、蜡烛等。

在“明暗器基本参数”卷展栏的右侧还有 4 个复选框。

- “线框”复选框:将对象作为线框对象进行渲染。
- “双面”复选框:不管法线的方向,强制对对象的两面都进行渲染,常用于模拟透明对象。
- “面贴图”复选框:把材质的贴图坐标设定在对象的每一个面上。

• “面状”复选框：使对象产生不平滑的表面效果。

实例 7-3：使用“明暗器基本参数”卷展栏的选项

操作步骤

(1) 启动 3ds Max 软件或使用“文件”|“重置”命令重置 3ds Max 系统。

(2) 打开配套光盘上的“线框和双面. max”文件(文件路径：素材和源文件\part7\)。

(3) 按 M 键打开材质编辑器，选择第一个材质球，把它拖到场景中的球体上释放，此时材质 01 被赋予球体。

(4) 选中“明暗器基本参数”卷展栏上的“线框”复选框，渲染球体，结果如图 7-20 所示。

(5) 选中“明暗器基本参数”卷展栏上的“双面”复选框，渲染球体，结果如图 7-21 所示。

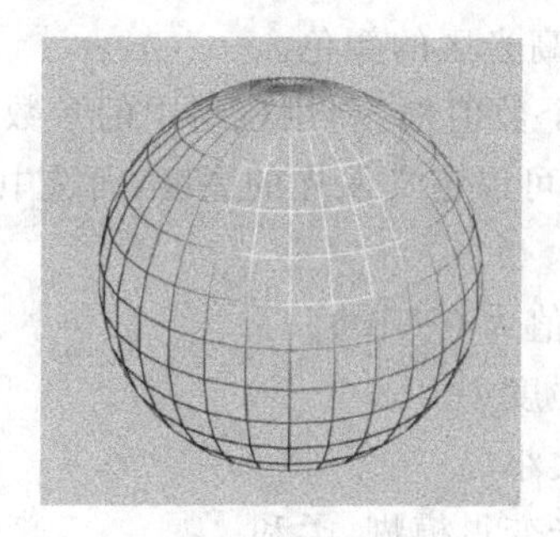

图 7-20 线框渲染

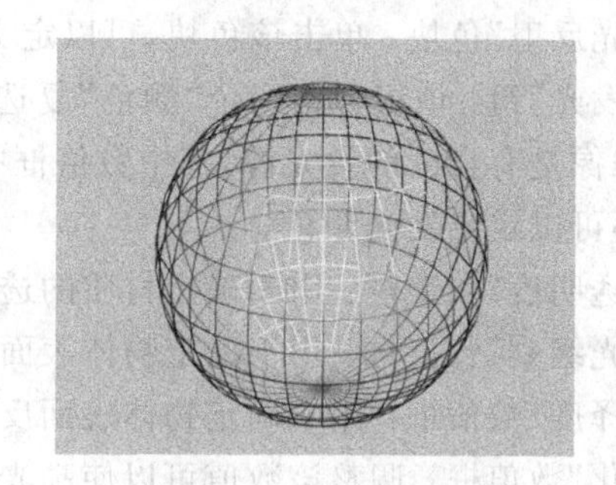

图 7-21 双面渲染

(6) 在场景中选中球体，在材质编辑器中选中 02 材质，单击“将材质指定给选定对象”按钮把材质 02 指定给球体。渲染球体，结果如图 7-22 所示。

(7) 选中“明暗器基本参数”卷展栏上的“面状”复选框，渲染球体，结果如图 7-23 所示。

图 7-22 材质 02

图 7-23 面状渲染

(8) 选中“明暗器基本参数”卷展栏上的“面贴图”复选框，渲染球体，结果如图 7-24 所示。

7.2.2 “基本参数”卷展栏

根据“明暗器基本参数”卷展栏上的明暗器选择不同，“基本参数”卷展栏上的参数也会有所不同。在此仅以“Blinn 基本参数”卷展栏为例进行介绍，该卷展栏如图 7-25 所示。

图 7-24　面贴图渲染

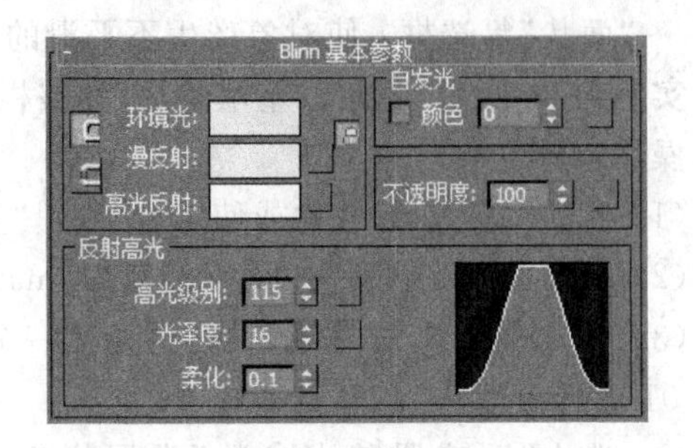

图 7-25　"Blinn 基本参数"卷展栏

"环境光"色块：单击该色块，可以在材质阴影或影子上定义颜色，也叫"阴影色"。

"漫反射"色块：单击该色块，可以定义材质的总体颜色。

"高光反射"色块：单击该色块，可以定义材质上高光区的颜色。

"自发光"组：该组包括一个"颜色"复选框和一个数值框，利用该组中的参数可以使材质看起来像是有自己的发光源，其中数值框中的数值可以定义发光的亮度，而选中"颜色"复选框后还可以定义发光颜色。

"不透明度"数值框：用于确定材质的透明度，取值为 0～100。

"高光级别"数值框：用于确定物体表面反光的强度。

"光泽度"数值框：用于确定物体表面反光面的大小。

"柔化"数值框：调整该数值可以使高光区的反光变得模糊、柔和。

另外，在以上某些参数的右侧有一个小按钮，单击这个小按钮可以为这些选项添加贴图。

7.2.3 "扩展参数"卷展栏

"扩展参数"卷展栏对于"标准"材质的所有着色类型来说都是相同的，它具有与透明度和反射相关的控件，其中大部分参数用于设置高级透明，还有"线框"模式的选项，用于设置线框的细节，如图 7-26 所示。

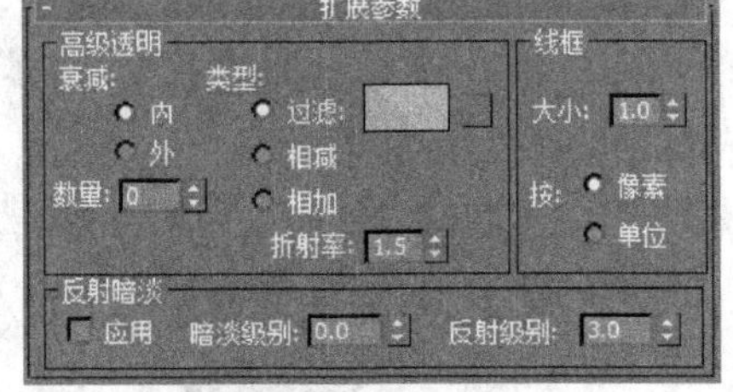

图 7-26　"扩展参数"卷展栏

1. "高级透明"组

"衰减"方式包括"内"方式和"外"方式，"内"方式即由边缘向内部增加透明度，接近中心的透明程度高，就像在玻璃瓶中一样，如图 7-27(a)所示。"外"方式即由内部向外部增加透明度，从而产生边缘虚化的效果，就像在烟雾、云中一样，如图 7-27(b)所示。

在透明类型中"过滤色"是将后面色块的颜色作为过滤色来确定透明的颜色，如图 7-28(a)所示；"相减"是用材质的颜色减去背景的颜色来确定透明的颜色，使用后的效果变深，如图 7-28(b)所示；"相加"是用材质的颜色加上背景的颜色来确定透明的颜色，使用后会产生透明且自发光的效果，如图 7-28(c)所示。

"折射率"数值框用于设置折射贴图和光线跟踪的折射率，用来控制材质对透射灯光的折射程度，默认设置为 1.0。在现实世界中，折射率是由光线穿过眼睛或摄影机所在的透明

(a) 内衰减方式

(b) 外衰减方式

图 7-27　衰减方式

(a) 过滤

(b) 相减

(c) 相加

图 7-28　透明类型

材质和媒介时的相对速度所产生的，通常它与对象的密度有关、折射率越高，对象的密度就越高。

空气的折射率稍大于 1.0，透明对象后面的对象将不发生扭曲。若折射率为 1.5，后面的对象就会发生严重扭曲，就像玻璃球一样。若折射率稍低于 1.0，对象就会沿着它的边进行反射，就像从水底下看到的气泡一样。不同的对象其折射率的取值不同，在一般情况下水的折射率是 1.333，冰的折射率是 1.309，玻璃的折射率是 1.5～1.7，水晶的折射率是 2.0，钻石的折射率是 2.417。

2. "线框"组

"大小"数值框：用于设置线框模式中的线框大小，可以按像素或当前单位进行设置。

"按"选项：用于选择测量线框的方式。

- "像素"方式：这是系统的默认设置，表示以像素为单位进行测量，此时线框保持相同的外观厚度，不考虑几何体的比例或对象的远近。
- "单位"方式：以 3ds Max 单位进行测量，此时在远处线框会显得细一些，在近处的范围就会显得厚一些，就像它们在几何体中进行建模一样。

3. "反射暗淡"组

该组中的参数会使阴影中的反射贴图显得暗淡。图 7-29(a)所示为无反射暗淡的图像，图 7.29(b)所示为 100％的暗淡状态。

"应用"复选框：用于设置是否使用反射暗淡。启用该复选框后，若物体表面有其他物体投影，投影部分会变得暗淡；禁用后，反射贴图材质就不会因为直接灯光的存在或不存在而受到影响。其默认设置为禁用状态。

"暗淡级别"数值框：设置阴影的暗淡量，当该值为 0.0 时，反射贴图在阴影中为全黑，

(a) 无反射暗淡图像

(b) 100%暗淡状态

图 7-29 反射暗淡对比

即没有反射；当该值为0.5时，反射贴图为半暗淡。当该值为1.0时，反射贴图没有经过暗淡处理，材质看起来好像禁用了“应用”一样，即全反射。其默认值为0.0。

“反射级别”数值框：设置物体表面没有投影的区域的反射强度。在大多数情况下取默认值3.0，这会使明亮区域的反射保持在与禁用反射暗淡时相同的级别上。

7.3 常用材质介绍

在3ds Max中有许多的材质类型，合理地利用这些材质能够创建出逼真的渲染效果。下面介绍几种常用的材质类型。

7.3.1 混合材质

混合材质是上、下两层使用两种不同的材质，并使用遮罩和混合量设置进行混合的一种材质。

实例7-4：金镶玉牌

操作步骤

(1) 启动3ds Max软件或使用“文件”|“重置”命令重置3ds Max系统。

(2) 打开配套光盘上的“金镶玉混合材质.max”文件(文件路径：素材和源文件\part7\)。

(3) 在前视口中选择切角圆柱体，按M键打开材质编辑器。

(4) 单击“获取材质”按钮，在弹出的“材质/贴图浏览器”对话框中双击“材质”|“标准”|“混合”选项，材质编辑器出现“混合基本参数”卷展栏，如图7-30所示。

(5) 单击“材质1”后的按钮，进入子材质的设置界面，对其基本参数进行如图7-31所示的设置，其中“环境光”与“漫反射”的颜色值均为“红204，绿153，蓝14”。

(6) 打开“贴图”卷展栏，如图7-32所示。选中其中的“反射”复选框，设置反射值为70。

(7) 单击“反射”行右侧的“无”按钮，打开“材质/贴图浏览器”对话框，如图7-33所示。

(8) 在“材质/贴图浏览器”对话框中双击“标准”|“位图”选项，打开“选择位图图像文件”对话框，如图7-34所示。选择配套光盘上的Lakerem2.jpg文件(文件路径：素材和源文件\part7\)。

(9) 确认图像后回到“混合基本参数”卷展栏中单击“材质2”后面的按钮，进入子材质设置，基本参数按图7-35所示进行设置，其中“漫反射”的颜色值为“红0，绿208，蓝44”，“半透明颜色”的取值为“红140，绿250，蓝22”。

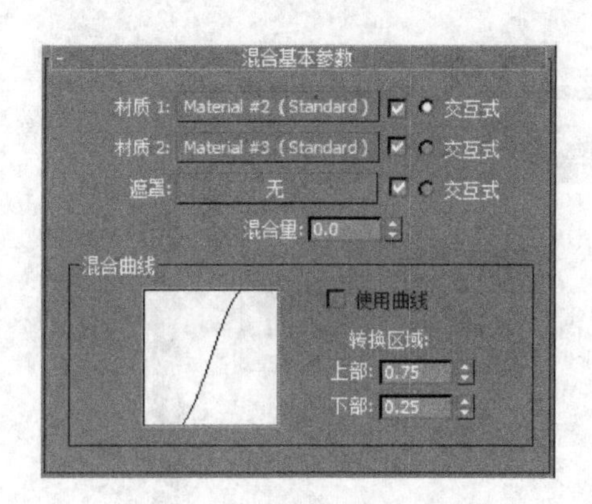

图 7-30　混合基本参数

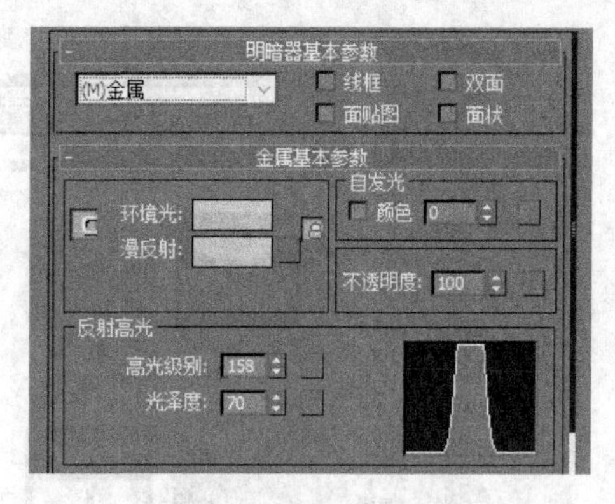

图 7-31　设置基本参数

贴图	数量	贴图类型
环境光颜色	100	无
漫反射颜色	100	无
高光颜色	100	无
高光级别	100	无
光泽度	100	无
自发光	100	无
不透明度	100	无
过滤色	100	无
凹凸	30	无
✓ 反射	70	无
折射	100	无
置换	100	无
	100	无

图 7-32　“贴图”卷展栏

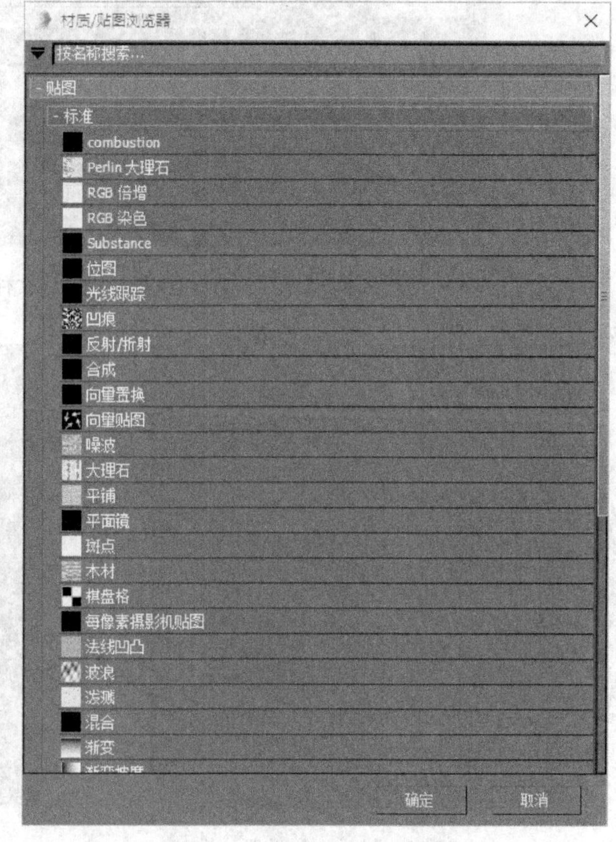

图 7-33　“材质/贴图浏览器”对话框

(10) 单击“不透明度”后面的小按钮，打开“材质/贴图浏览器”对话框，在其中双击“噪波”选项，然后在展开的“噪波参数”卷展栏中按图 7-36 所示进行参数设置，其中“颜色＃1”的亮度为 125。单击“转到父对象”按钮 回到材质 2 的设置。

图 7-34 “选择位图图像文件”对话框

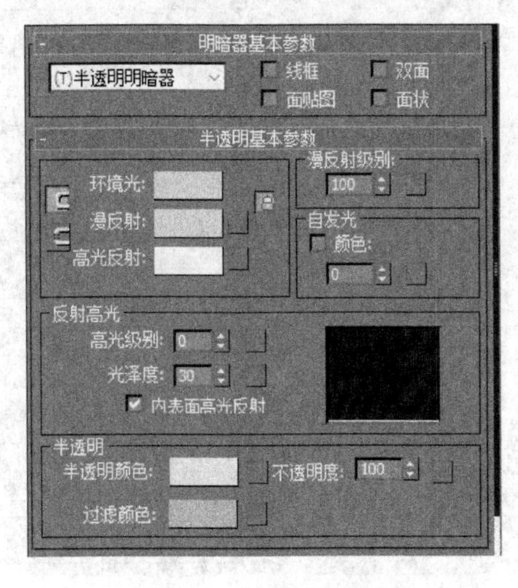

图 7-35 材质 2 的设置

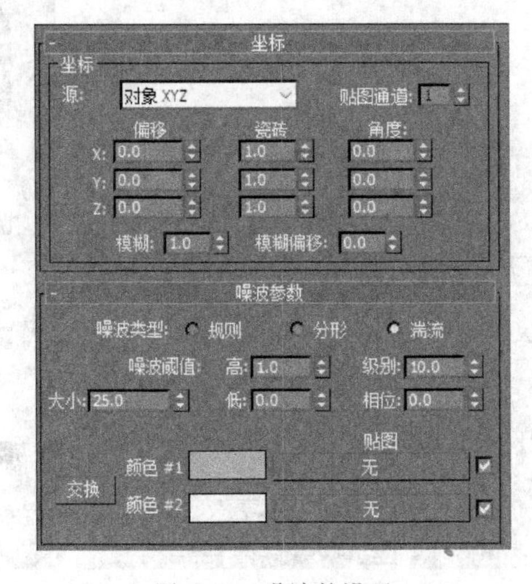

图 7-36 噪波的设置

(11) 单击“过滤色”后面的小按钮,弹出“材质/贴图浏览器”对话框,在其中双击“烟雾”选项,其中的参数使用默认设置。

(12) 连续两次单击“转到父对象”按钮 回到“混合基本参数”卷展栏,单击“遮罩”后面的按钮,弹出“材质/贴图浏览器”对话框,双击其中的“位图”选项,在弹出的“选择位图图像文件”对话框中选择配套光盘上的 04.jpg 文件(文件路径: 素材和源文件\part7\)。

(13) 单击“将材质指定给选定对象”按钮，把调整好的材质赋予切角圆柱体。

(14) 渲染场景，最后的渲染结果如图 7-37 所示。

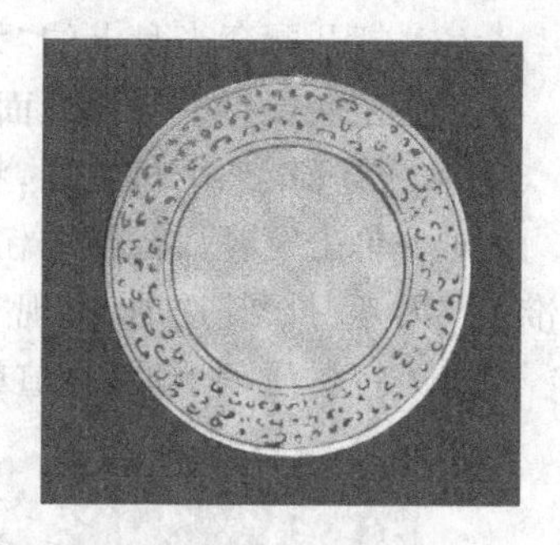

图 7-37 金镶玉

7.3.2 双面材质

使用双面材质可以向对象的前面和后面指定两个不同的材质。

实例 7-5：帽子

操作步骤

(1) 启动 3ds Max 软件或使用“文件”|“重置”命令重置 3ds Max 系统。

(2) 打开配套光盘上的“双面材质.max”文件(文件路径：素材和源文件\part7\)。

(3) 在前视口中选择帽子，按 M 键打开“材质编辑器”对话框。

(4) 单击“获取材质”按钮，在弹出的“材质/贴图浏览器”对话框中双击“材质”|“标准”|“双面”选项，出现“双面基本参数”卷展栏，如图 7-38 所示。

(5) 单击“正面材质”后面的按钮，进入正面材质的设置。

(6) 单击“漫反射”右侧的小按钮，在弹出的“材质/贴图浏览器”对话框中双击“位图”选项，并加载本书配套光盘上的 cloth1.jpg 文件(文件路径：素材和源文件\part7\)。

(7) 单击“转到父级”按钮，回到正面材质的设置，再单击“转到下一个同级项”按钮进入背面材质的设置。

(8) 单击“漫反射”右侧的小按钮，在弹出的“材质/贴图浏览器”对话框中双击“位图”选项，并加载本书配套光盘上的 cloth2.jpg 文件(文件路径：素材和源文件\part7\)。

(9) 两次单击“转到父级”按钮，回到“双面基本参数”卷展栏中设置双面材质，将调整好的材质赋予场景中的帽子对象。

(10) 渲染视图，结果如图 7-39 所示。

图 7-38 双面基本参数设置

图 7-39 帽子

7.3.3 无光/投影材质

被赋予无光/投影材质的物体在场景中无法被渲染出来，但是可以表现投影或接收投影的效果。

实例 7-6：阳光下的休闲椅

操作步骤

(1) 启动 3ds Max 软件或使用“文件”|“重置”命令重置 3ds Max 系统。

(2) 打开配套光盘上的“无光投影.max”文件(文件路径：素材和源文件\part7\)。

(3) 在前视口中选择地面对象,按 M 键打开“材质编辑器”对话框。

(4) 选择第二个材质球,将其命名为“地面”。

(5) 单击“获取材质”按钮 ,在弹出的“材质/贴图浏览器”对话框中双击“材质”|“标准”| “无光/投影”选项,出现“无光/投影基本参数”卷展栏,如图 7-40 所示。

(6) 将材质赋予地面,渲染结果如图 7-41 所示。

图 7-40 “无光/投影基本参数”卷展栏

图 7-41 阳光下的躺椅

7.3.4 多维/子对象材质

使用多维/子对象材质可以为几何体的子对象级别分配不同的材质。

实例 7-7：足球

操作步骤

(1) 启动 3ds Max 软件或使用“文件”|“重置”命令重置 3ds Max 系统。

(2) 打开配套光盘上的“足球多维子对象.max”文件(文件路径：素材和源文件\part7\)。

(3) 按 M 键打开“材质编辑器”对话框。

(4) 单击“获取材质”按钮 ,在弹出的“材质/贴图浏览器”对话框中双击“材质”|“标准”|“多为/子对象”选项,出现“多维/子对象基本参数”卷展栏,如图 7-42 所示。

(5) 单击“设置数量”按钮,设置材质数量为 2,将 1 号材质设置为黑色、2 号材质设置为白色,将材质赋予场景中的足球。渲染结果如图 7-43 所示。

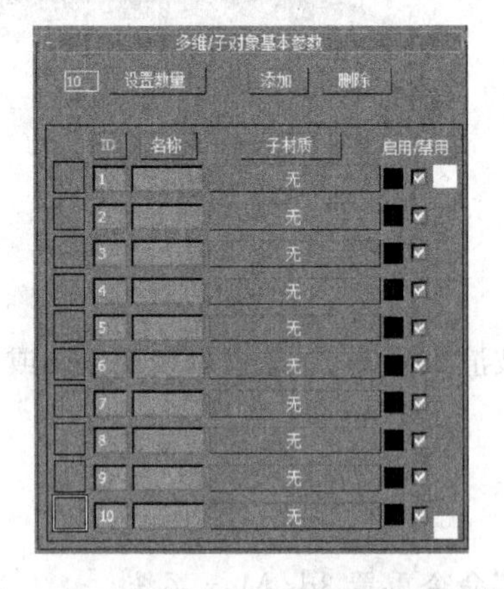

图 7-42 “多维/子对象基本参数”卷展栏

图 7-43 足球

7.3.5 光线跟踪材质

光线跟踪材质是一种可以产生精确反射/折射的光学效果，使物体表面具有逼真的光泽效果的材质。它需要更多的渲染时间。

实例 7-8：反射空间

操作步骤

(1) 启动 3ds Max 软件或使用“文件”|“重置”命令重置 3ds Max 系统。

(2) 打开配套光盘上的“光线跟踪. max”文件（文件路径：素材和源文件\part7\）。

(3) 按 M 键打开“材质编辑器”对话框。

(4) 选择第一个材质球，将其命名为“方块”。

(5) 单击“获取材质”按钮，在弹出的“材质/贴图浏览器”对话框中双击“材质”|“标准”|“光线跟踪”选项，在打开的“光线跟踪基本参数”卷展栏中按图 7-44 所示进行参数设置，其中“漫反射”的颜色值为“红 242，绿 7，蓝 90”。

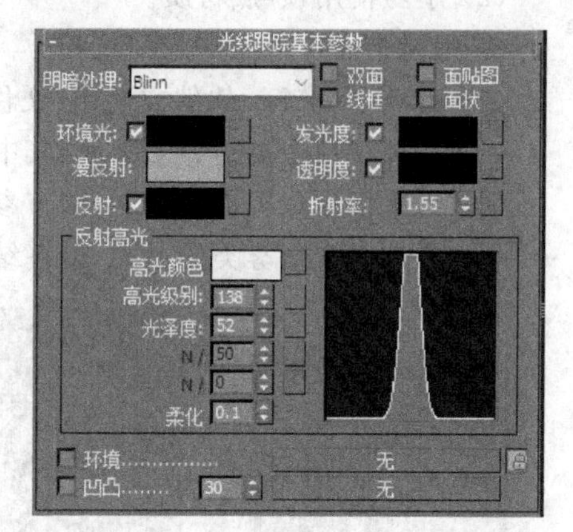

图 7-44 “光线跟踪基本参数”卷展栏

(6) 将这个材质赋予其中的一面方块组成的面。单击“材质编辑器”对话框右侧的“按材质选择”按钮，在“选择对象”对话框中选择“组 01”“组 02”和“组 03”，赋予材质。

(7) 选择第二个材质球，将其命名为“球 1”。

(8) 单击“获取材质”按钮，在弹出的“材质/贴图浏览器”对话框中双击“光线跟踪”选项，在打开的“光线跟踪基本参数”卷展栏中按图 7-45 所示进行参数设置，其中“环境光”设置为白色。

(9) 拖动复制 4 个材质球 1，分别命名为“球 2”“球 3”“球 4”和“球 5”。将它们的“漫反射”颜色改为其他颜色，其他参数不变。

(10) 将材质球 1、球 2、球 3、球 4 和球 5 分别赋予场景中的 5 个球体。渲染结果如图 7-46 所示。

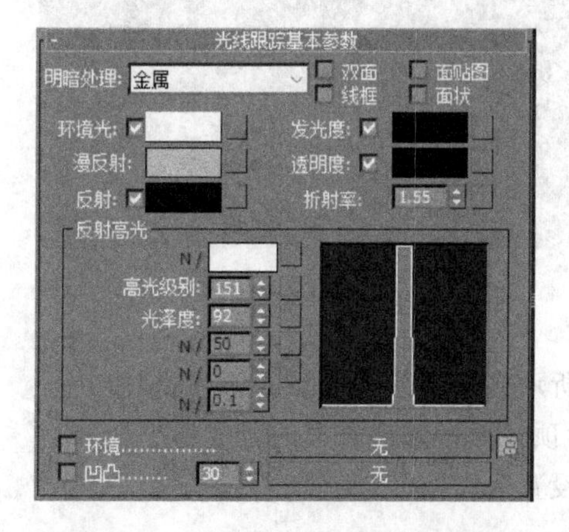

图 7-45 光线跟踪基本参数设置

图 7-46 反射空间

7.4 上机练习与指导

7.4.1 山地

1. 练习目标

(1) 熟悉材质编辑器的使用。

(2) 学习使用顶/底材质。

2. 练习指导

视频讲解

(1) 启动 3ds Max 软件或使用"文件"|"重置"命令重置 3ds Max 系统。

(2) 在顶视口中创建一个平面,其中参数按照图 7-47 所示进行设置。

(3) 为平面添加置换修改器,调节参数如图 7-48 所示。

(4) 添加一个烟雾类的贴图,最终结果如图 7-49 所示。

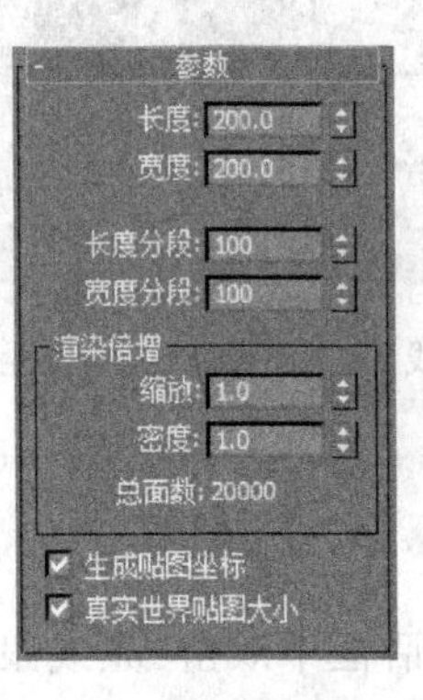

图 7-47 参数设置

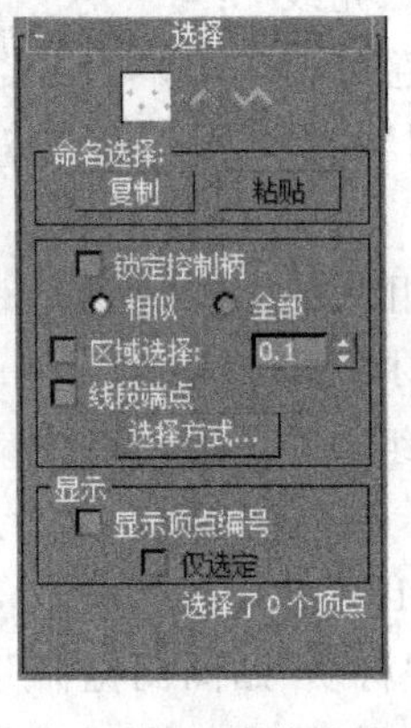

图 7-48 置换修改器

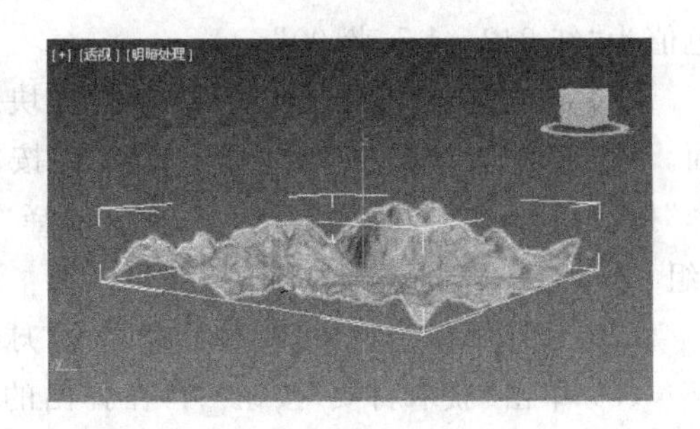

图 7-49 添加烟雾贴图后的结果

(5) 打开材质编辑器,将当前的烟雾贴图拖到材质编辑器的材质球窗口中进行实例的复制。改变烟雾的参数,按图 7-50 所示进行设置,得到如图 7-51 所示的效果。

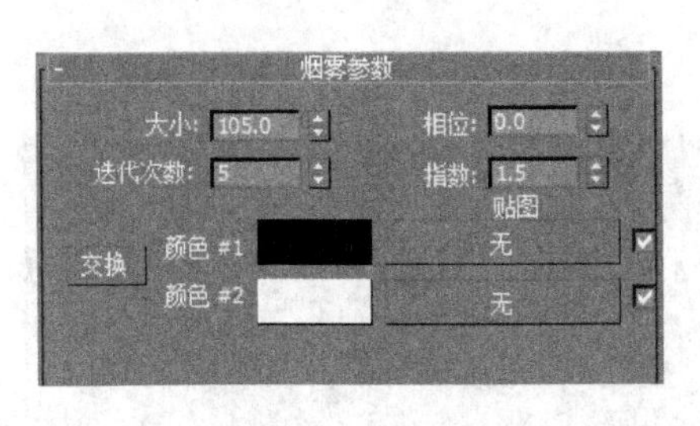

图 7-50 更改参数

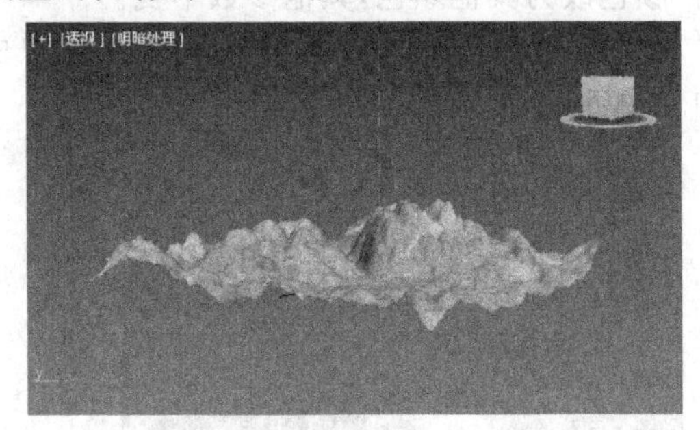

图 7-51 效果

(6) 展开"顶/底基本参数"卷展栏,按图 7-52 所示选择材质编辑器的顶/底材质。

(7) 展开"混合参数"卷展栏,按图 7-53 所示对顶材质设置混合类的合成器。

(8) 按图 7-54 所示对混合的顶材质进行贴图设置。

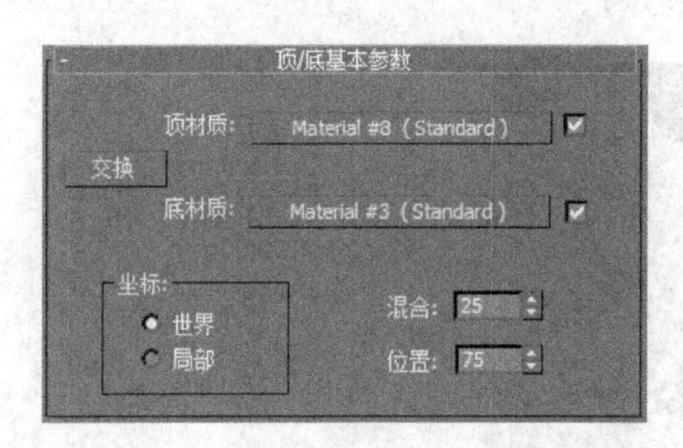

图 7-52 “顶/底基本参数”卷展栏

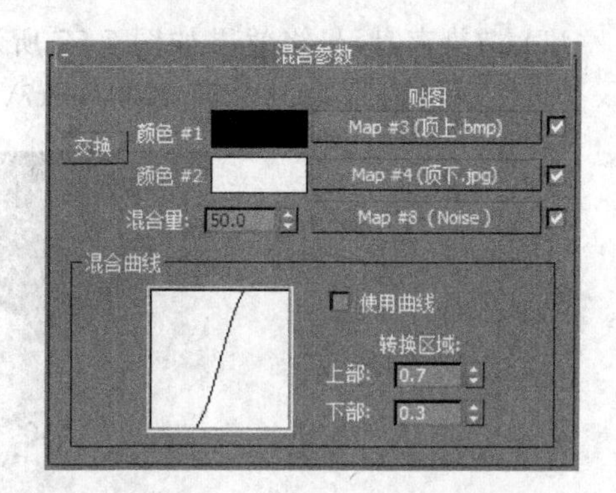

图 7-53 “混合参数”卷展栏

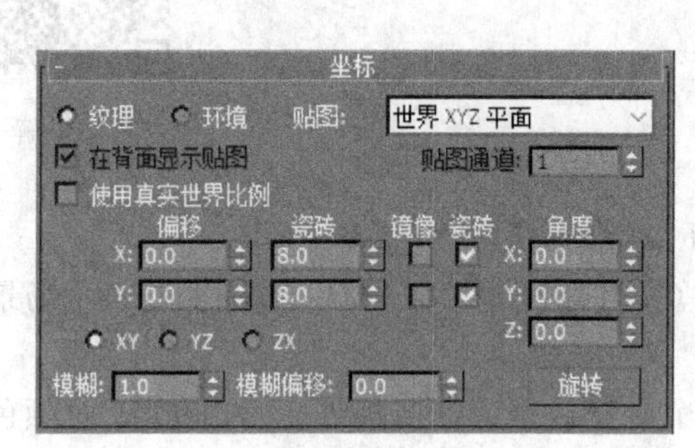

图 7-54 贴图设置

(9) 对混合器进行调整,可以使用参数混合或添加贴图类型,这里使用添加噪波贴图的方式。其混合参数设置如图 7-55 所示。

(10) 同理对材质进行贴图设置,之后查看材质导航器,了解材质之间的关系,如图 7-56 所示。

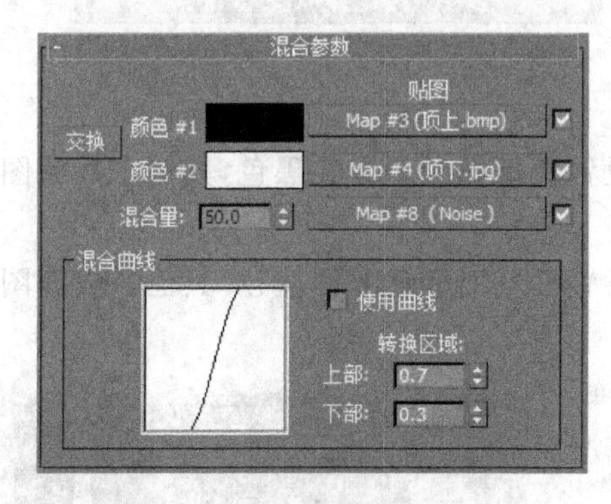

图 7-55 设置混合参数

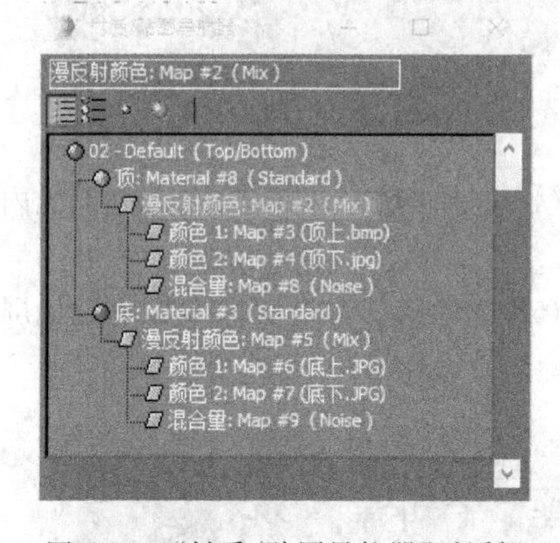

图 7-56 “材质/贴图导航器”对话框

(11) 渲染存盘,最终效果如图 7-57 所示。本实例的源文件为配套光盘上的 ch07_1.max 文件(文件路径:素材和源文件\part7\上机练习\)。

图 7-57　最终效果

7.4.2　等离子电视

视频讲解

1. 练习目标

(1) 材质编辑器的使用。

(2) 多种材质的综合使用。

2. 练习指导

(1) 启动 3ds Max 软件或使用"文件"|"重置"命令重置 3ds Max 系统。

(2) 打开配套光盘上的 ch07_2.max 文件(文件路径:素材和源文件\part7\)。场景中为等离子电视的模型,效果如图 7-58 所示。

(3) 打开"材质编辑器"对话框,选择第一个材质球作为电视机外壳,设置漫反射颜色为浅灰色,其他参数如图 7-59 所示。

图 7-58　打开文件

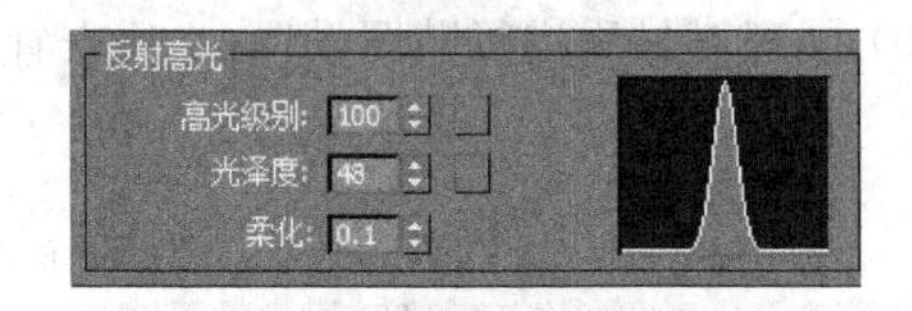

图 7-59　外壳漫反射参数设置

(4) 选择第二个材质球作为电视机内框,设置漫反射颜色为浅黑色,其他参数如图 7-60 所示。

(5) 选择第三个材质球作为电视机屏幕,设置漫反射颜色为深蓝色,其他参数如图 7-61 所示。

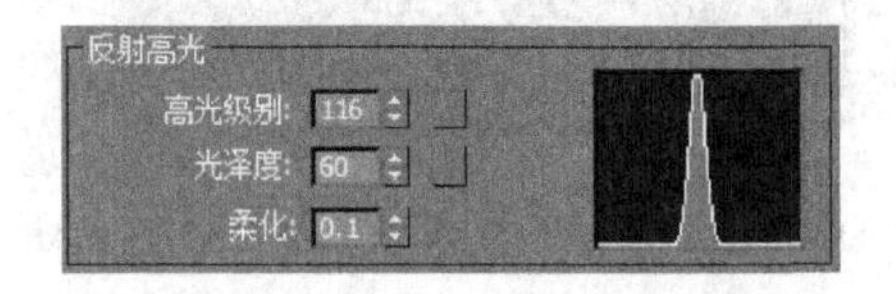

图 7-60　内框漫反射参数设置

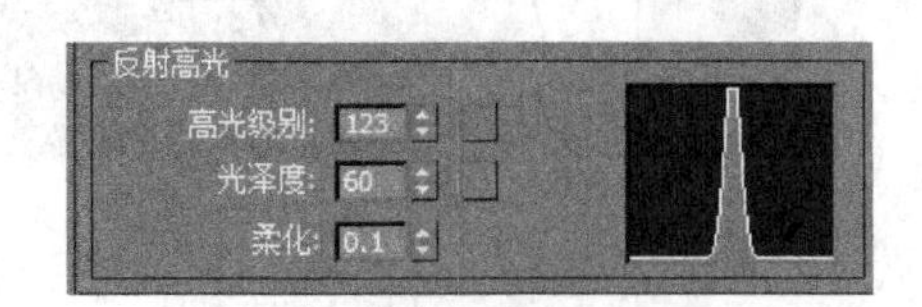

图 7-61　屏幕漫反射参数设置

(6) 选择第四个材质球，在“材质/贴图浏览器”对话框中选择“棋盘格”贴图类型，设置该贴图层级的颜色为黑色和浅灰色，其他参数如图 7-62 所示。

(7) 分别对各个部分赋予材质。

(8) 渲染存盘，最终效果如图 7-63 所示。本实例的源文件为配套光盘上的 ch07_2.max 文件(文件路径：素材和源文件\part7\上机练习\)。

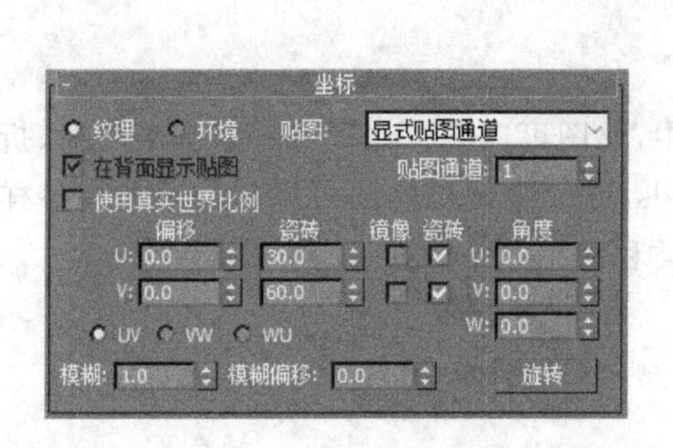

图 7-62 棋盘格参数设置

图 7-63 最终效果

7.5 本章习题

1. 填空题

(1) 3ds Max 中的材质与贴图主要是通过________窗口来实现的。

(2) 在“材质编辑器”对话框中最多可以显示________个样本视图。

(3) 打开材质编辑器的快捷键是________。

2. 选择题

(1) 3ds Max 默认的完整的样本视图区是(　　)的窗口。

A. 3×2　　B. 5×3　　C. 6×4　　D. 4×2

(2) 打开“材质编辑器”对话框的快捷键是(　　)。

A. M　　B. C　　C. S　　D. A

(3) 在材质基本参数中通过 3 个颜色块来控制物体的颜色，下面不属于材质基本参数中的颜色块的是(　　)。

A. 高光色　　B. 漫反射　　C. 环境色　　D. 反射色

(4) 材质编辑器样本视图中的样本类型最多可以有(　　)种。

A. 2　　B. 3　　C. 4　　D. 5

第 8 章　材质和贴图

材质描述对象如何反射或透射灯光。在材质中，贴图可以模拟纹理、应用设计、反射、折射和其他效果，还可以用作环境和投射灯光。在 3ds Max 中使用贴图可以创造出各种各样的纹理效果。本章以标准材质为主介绍贴图的分类和常用的贴图通道。

本章的主要内容：

- 材质的贴图分类；
- 贴图通道；
- 贴图坐标。

8.1　材质的贴图分类

在 3ds Max 中材质表面的各种纹理效果都是通过贴图产生的，使用时不仅可以像贴图图案一样进行简单的纹理涂绘，还可以按各种不同的材质属性进行贴图。3ds Max 不仅在贴图项目中提供了多种类型的贴图方式，还提供了大量的程序贴图用于图案的产生，例如噪波、大理石、棋盘格等，这是几乎所有的三维软件都具备的。

在 3ds Max 材质编辑器中包括两类贴图，即位图和程序贴图。位图是二维图像，由像素组成。若使用小的或中等大小的位图作用于对象上，当离摄影机太近的时候会显示出块状像素，这种现象称为像素化，如图 8-1 所示。使用大的位图可以减少像素化的现象，但同时也会使渲染使用的时间更长。

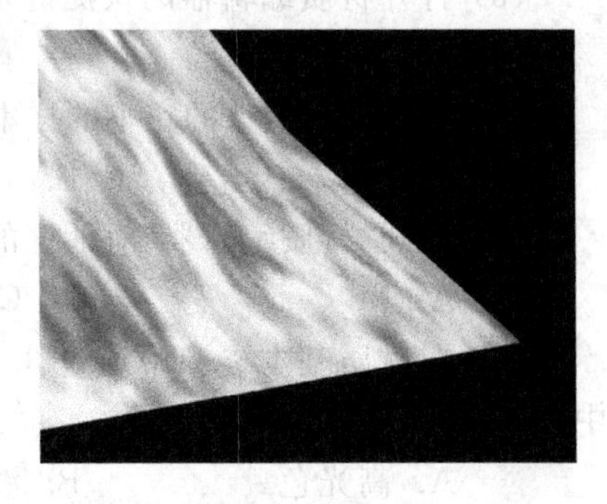

图 8-1　像素化

程序贴图是利用数学方程进行计算形成贴图。在对程序贴图进行放大时不会降低分辨率，可以显示更多的细节。

另一种分类方法是将 3ds Max 中的材质贴图分为以下 5 类。

- 2D(二维)贴图：在二维平面上进行贴图控制，可以在对象的表面贴图，也可以用于环境贴图。
- 3D(三维)贴图：三维程序贴图是指通过各种参数的控制由计算机随机生成的三维空间图案的程序贴图。
- 合成贴图：将不同颜色和贴图按指定的方式结合在一起产生的贴图。

- 颜色修改器贴图：改变对象表面材质的色彩。
- 反射或折射贴图：创建反射或折射的效果。

8.1.1 2D 贴图

二维贴图可以包裹到一个对象的表面或作为场景背景图像的环境贴图。二维贴图包括位图、渐变、渐变色坡度、砖墙、平铺、棋盘格、Combustion 贴图、漩涡等类型。除位图外，其他的二维贴图类型都属于程序贴图。

1. 位图贴图

位图贴图是使用一张位图图像作为材质进行贴图，它是最常用的贴图方式，支持多种位图格式，甚至一些常见的动画文件也可以作为位图。

实例 8-1：桌布

操作步骤

(1) 启动 3ds Max 软件或使用“文件”|“重置”命令，重置 3ds Max 系统。

(2) 打开配套光盘上的“桌布位图.max”文件(文件路径：素材和源文件\part8\)。

(3) 选择场景中的桌布对象，单击工具栏上的“材质编辑器”按钮，弹出“材质编辑器”对话框，如图 8-2 所示。

(4) 选择第二个材质球，将其命名为“桌布”。

(5) 单击“漫反射”右侧的小按钮，弹出如图 8-3 所示的“材质/贴图浏览器”对话框，在

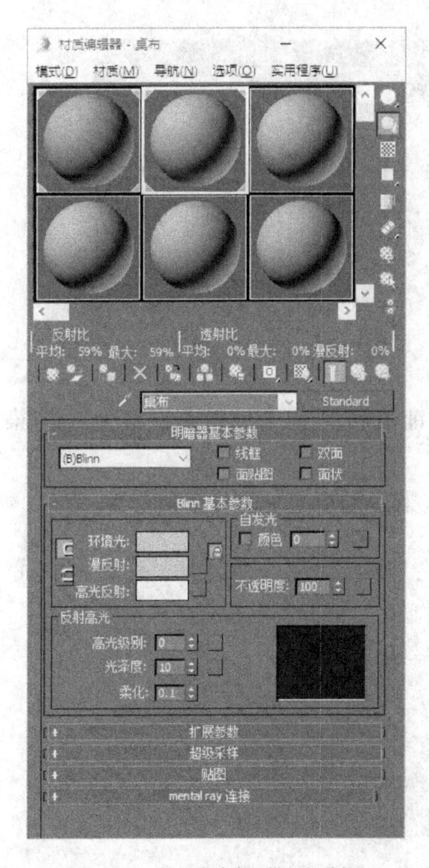

图 8-2 “材质编辑器”对话框

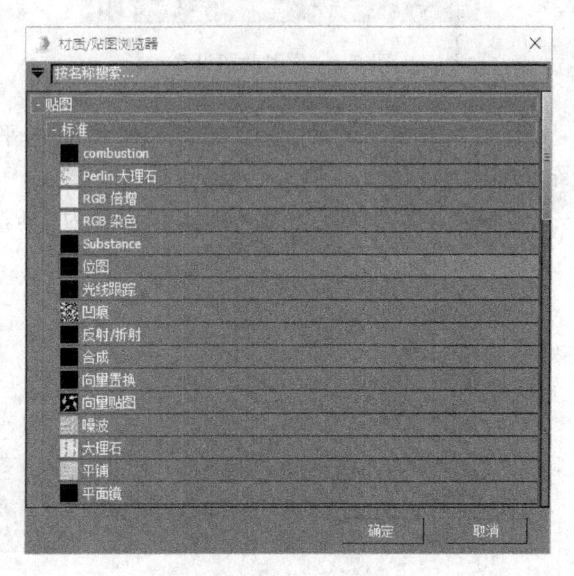

图 8-3 “材质/贴图浏览器”对话框

该对话框中双击"贴图"|"标准"|"位图"选项，在弹出的"选择位图图像文件"对话框中选择配套光盘上的"桌布.jpg"文件（文件路径：素材和源文件\part8\）。

（6）此时材质编辑器的子材质位图贴图的设置如图 8-4 所示。

（7）将材质赋予"桌布"对象，渲染场景结果如图 8-5 所示。

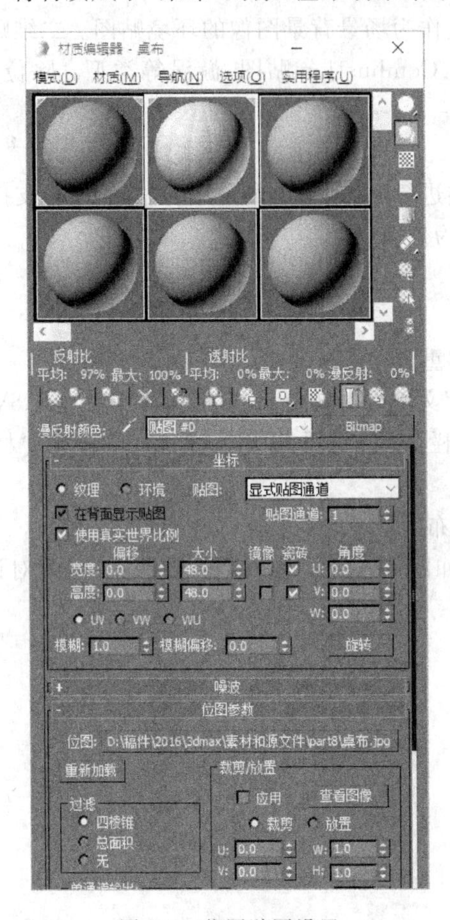

图 8-4　位图贴图设置

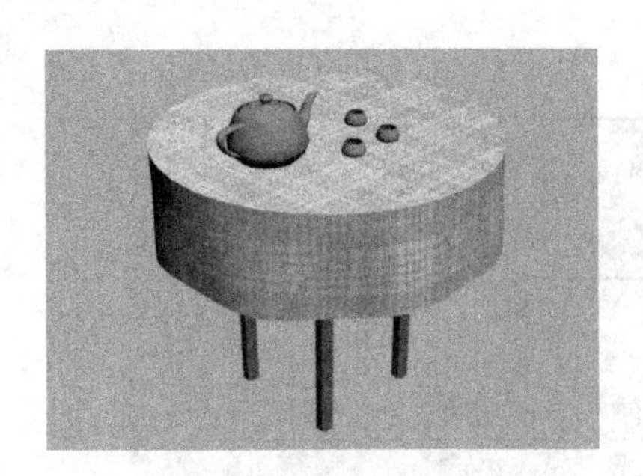

图 8-5　桌布渲染效果

（8）在材质编辑器的"坐标"卷展栏中将 U 向平铺值和 V 向平铺值都设置为 3，渲染场景结果如图 8-6 所示。

（9）在"坐标"卷展栏中将"模糊"值设置为 10，渲染后的结果如图 8-7 所示。

图 8-6　更改平铺值后的效果

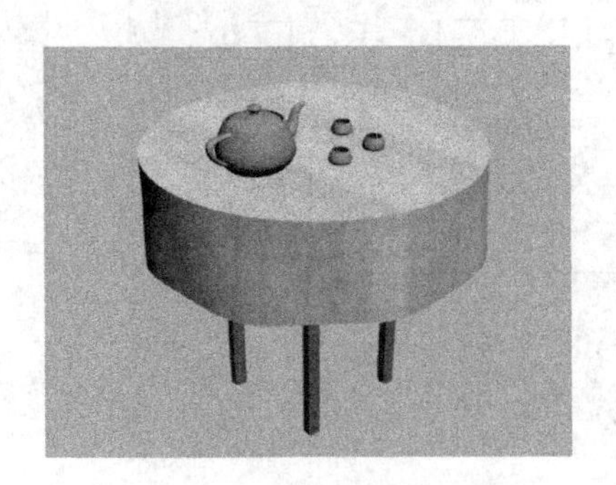

图 8-7　使用模糊值后的结果

(10) 将 U 向和 V 向平铺值都设置为 1，将“模糊”值设置为 1。在“噪波”卷展栏中按图 8-8 所示进行设置，渲染结果如图 8-9 所示。

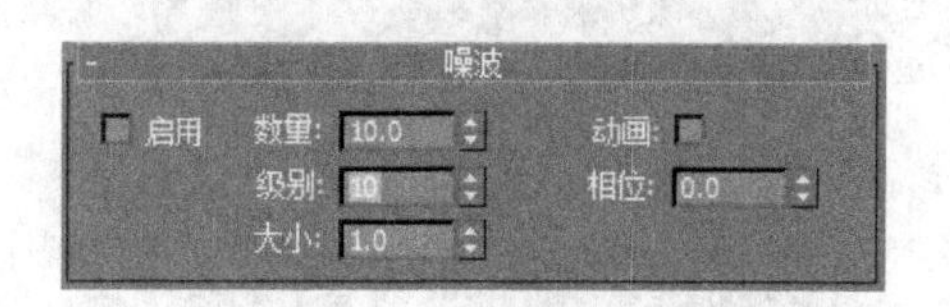

图 8-8 “噪波”卷展栏

图 8-9 使用噪波后的渲染效果

2. 渐变贴图

渐变贴图可以产生 3 色或 3 个贴图的渐变过渡效果，可扩展性非常强，有线性渐变和放射渐变两种类型，3 个色彩可以随意调节，相互区域比例的大小也可调节，通过贴图可以产生无限级别的渐变和图像嵌套效果。另外，自身还有噪波参数可调，用于控制相互区域之间融合时产生的杂乱效果。渐变材质在实际制作中非常有用，但是调节起来要看使用者的色彩感觉。用户可以用它来实现晴空万里的效果、面包表面的纹理、水蜜桃表面的颜色过渡效果等。

实例 8-2：水蜜桃

操作步骤

(1) 启动 3ds Max 软件或使用“文件”|“重置”命令，重置 3ds Max 系统。

(2) 打开配套光盘上的“水蜜桃. max”文件(文件路径：素材和源文件\part8\)。

(3) 选择场景中的水蜜桃对象，单击工具栏上的“材质编辑器”按钮，弹出“材质编辑器”对话框，单击“漫反射”选项右侧的小按钮，在弹出的“材质/贴图浏览器”对话框中双击“贴图”|“标准”|“渐变”选项。在材质编辑器中找到如图 8-10 所示的渐变贴图的“渐变参数”卷展栏，其中颜色＃1 的设置为“红 248，绿 143，蓝 105”；颜色＃2 的设置为“红 255，绿 251，蓝 235”；颜色＃3 的设置为“红 249，绿 117，蓝 118”。

(4) 将材质赋予水蜜桃对象，渲染结果如图 8-11 所示。

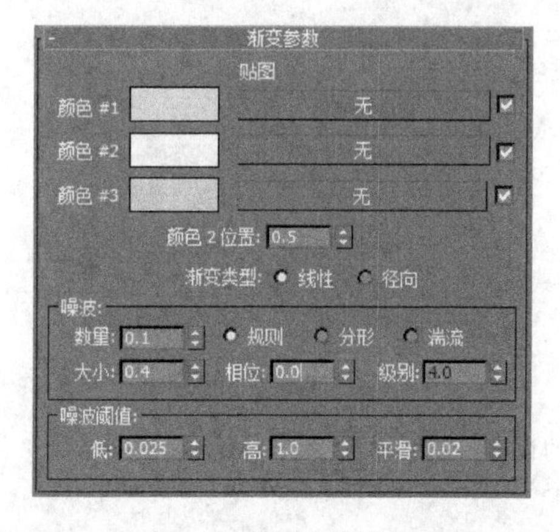

图 8-10 渐变贴图设置

图 8-11 水蜜桃渲染效果

3. 渐变坡度贴图

渐变坡度贴图与渐变贴图相似,但它可以使用任意数量的颜色或贴图和多种渐变类型。渐变坡度的设置和效果如图 8-12 所示。

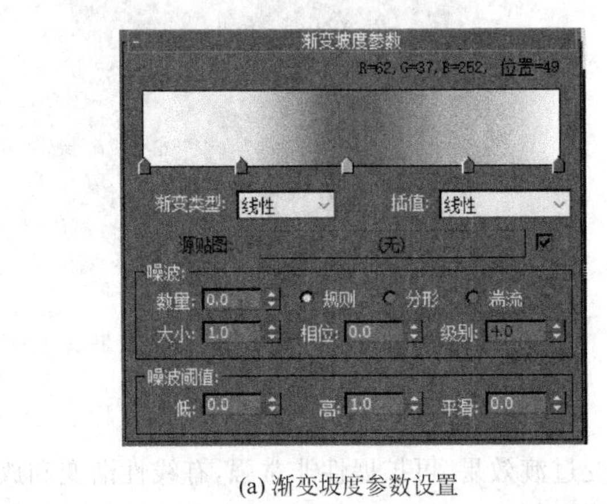

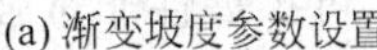

(a) 渐变坡度参数设置　　(b) 渐变坡度贴图效果

图 8-12　渐变坡度的设置和效果

本实例的源文件为配套光盘上的"渐变坡度贴图.jpg"文件(文件路径:素材和源文件\part8\2D 贴图\)。

4. 平铺贴图

平铺贴图可以生成地板或墙砖的效果。平铺贴图的设置和效果如图 8-13 所示。图案设置用于控制生成的平铺图形的堆砌方式。平铺设置和砖缝设置用于设置砖块和砖缝的颜色与效果。本实例的源文件为配套光盘上的"平铺贴图.jpg"(文件路径:素材和源文件\part8\2D 贴图\)。

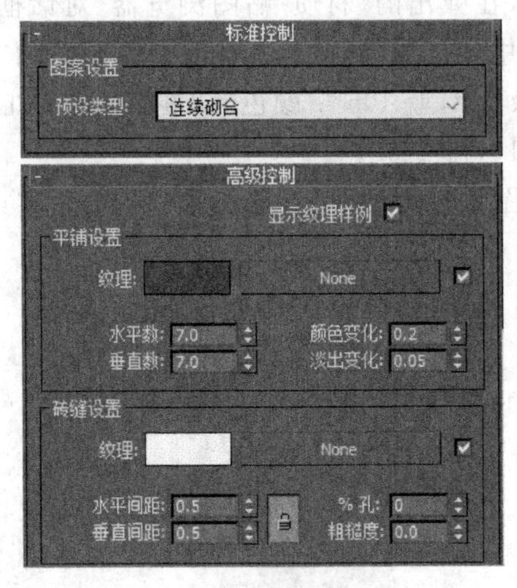

(a) 平铺贴图参数设置　　(b) 平铺贴图效果

图 8-13　平铺贴图的设置和效果

5. 棋盘格贴图

棋盘格贴图可以生成两色方格交错的棋盘图案，也可以使用两种不同的材质生成棋盘，经常用于制作地板、墙砖等格状纹理。棋盘格贴图的设置和效果如图 8-14 所示。颜色＃1 和颜色＃2 分别用于设置两个区域的颜色贴图。交换用于对两个区域的设置进行交换。柔化可以使两个区域之间的交界变得模糊。本实例的源文件为配套光盘上的“棋盘格贴图.jpg(文件路径：素材和源文件\part8\2D 贴图\)。

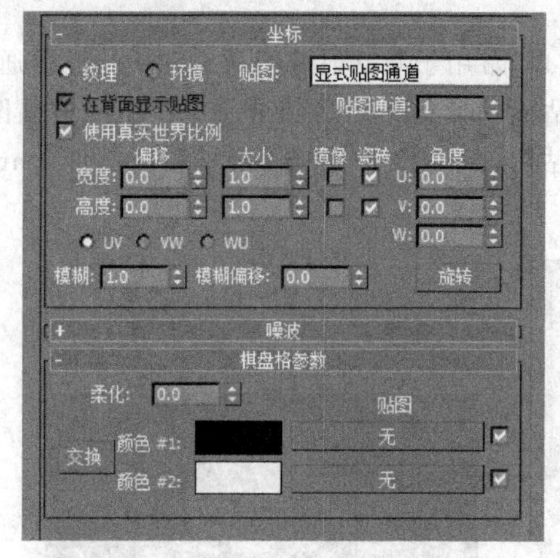

(a) 棋盘格贴图参数设置

(b) 棋盘格贴图效果

图 8-14　棋盘格贴图的设置和效果

6. 漩涡贴图

漩涡贴图可以生成由两种颜色组成的漩涡状贴图效果，每种颜色都可以进行设置。漩涡贴图的设置和效果如图 8-15 所示。本实例的源文件为配套光盘上的“漩涡贴图.jpg”(文件路径：素材和源文件\part8\2D 贴图\)。

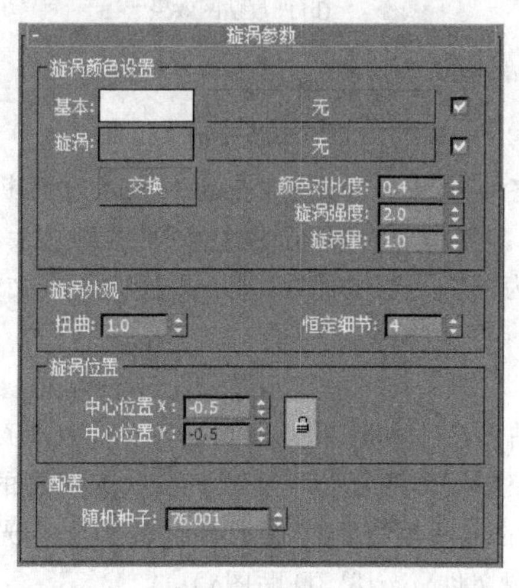

(a) 漩涡贴图参数设置

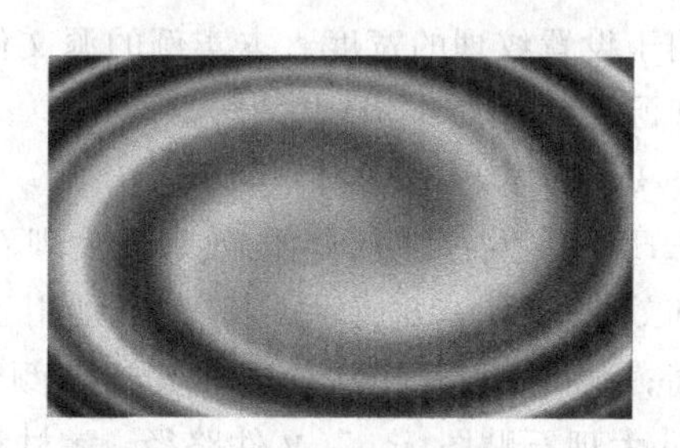

(b) 漩涡贴图效果

图 8-15　漩涡贴图的设置和效果

8.1.2 3D 贴图

3D 贴图是根据程序以三维方式生成的图案。例如,“大理石”拥有通过指定几何体生成的纹理。如果将指定纹理的大理石对象切除一部分,那么切除部分的纹理与对象其他部分的纹理相一致。3D 贴图包括细胞、凹痕、波浪、噪波等 15 种。下面介绍其中一些常用的贴图类型。

1. 凹痕贴图

凹痕贴图由两种颜色或贴图产生杂斑纹理,常用于漫反射贴图通道和凹凸贴图通道,生成类似于岩石的效果。图 8-16 所示为凹痕贴图的设置和凹凸贴图通道使用凹痕贴图的效果。本实例的源文件为配套光盘上的“凹痕贴图.jpg”(文件路径:素材和源文件\part8\3D 贴图\)。

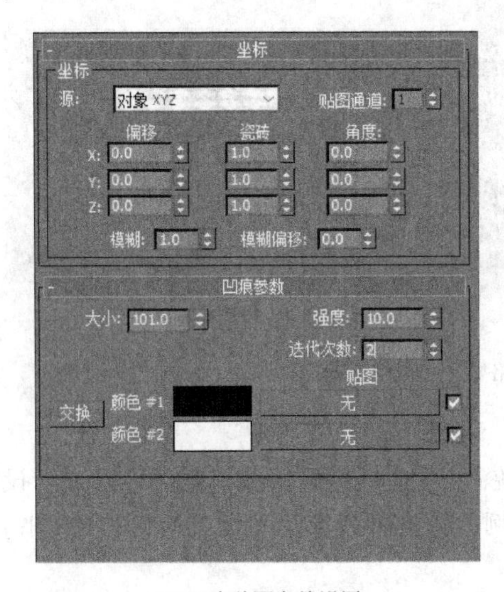

(a) 凹痕贴图参数设置

(b) 凹痕贴图效果

图 8-16 凹痕贴图设置和效果

2. 大理石贴图

大理石贴图用于制作大理石效果,不过它的效果不太真实,看起来像是岩石断层的效果。大理石贴图的设置和效果如图 8-17 所示。其中,尺寸用于控制纹理间隙的大小,纹理宽度用于设置纹理的宽度。本实例的源文件为配套光盘上的“大理石贴图.jpg”(文件路径:素材和源文件\part8\3D 贴图\)。

3. Perlin 大理石贴图

Perlin 大理石贴图产生的效果比大理石贴图产生的效果更逼真。Perlin 大理石贴图的设置和效果如图 8-18 所示。其中,级别用于控制纹理的复杂程度,其值越大,纹理的复杂程度越高;饱和度用于控制纹理和其间隙颜色的饱和度。本实例的源文件为配套光盘上的“Perlin 大理石贴图.jpg”(文件路径:素材和源文件\part8\3D 贴图\)。

4. 波浪贴图

波浪贴图可以产生水波效果,常与漫反射贴图通道和凹凸贴图通道一起使用。图 8-19

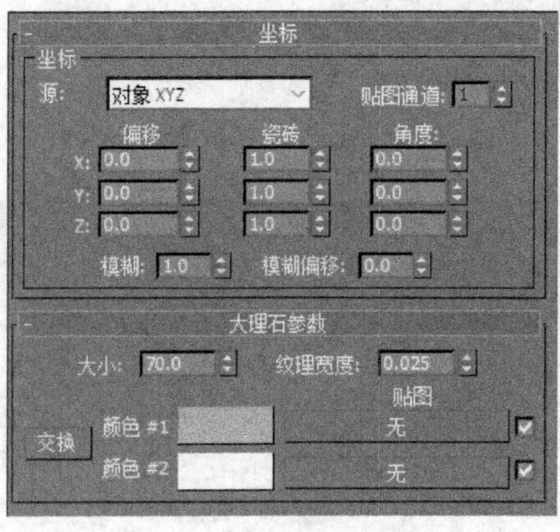

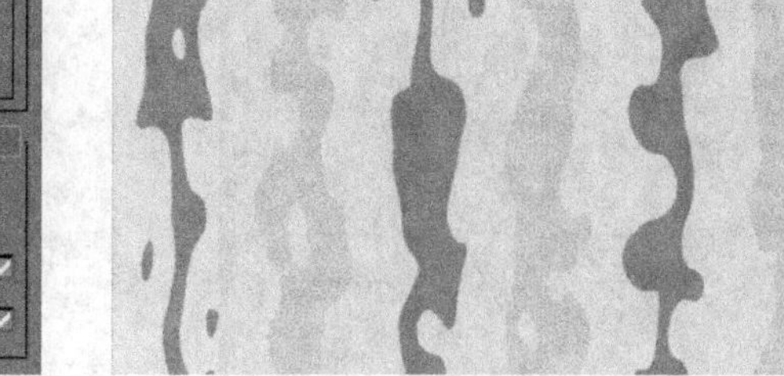

(a) 大理石贴图参数设置　　(b) 大理石贴图效果

图 8-17　大理石贴图的设置和效果

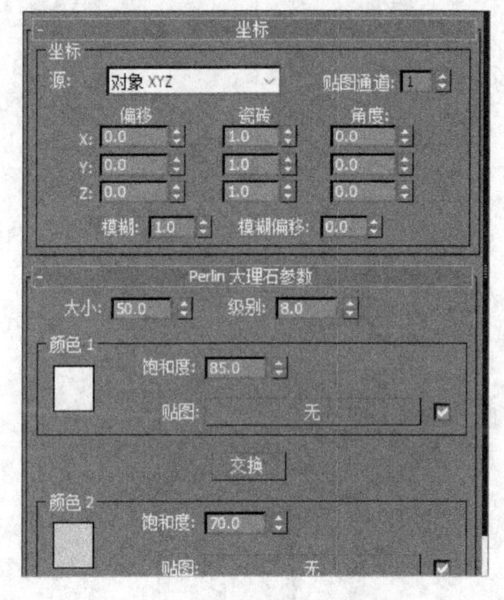

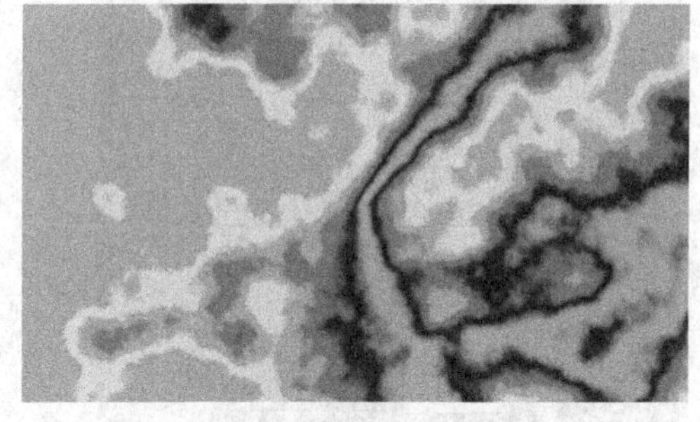

(a) Perlin大理石贴图参数设置　　(b) Perlin大理石贴图效果

图 8-18　Perlin 大理石贴图的设置和效果

所示为在凹凸贴图通道上使用波浪贴图生成的海面效果和相关设置。本实例的源文件为配套光盘上的“波浪贴图. jpg”(文件路径：素材和源文件\part8\3D 贴图\)。

5. 木材贴图

木材贴图可以产生类似于木材的纹理效果,其设置和效果如图 8-20 所示。其中,“颗粒密度”用于设置木纹纹理的宽度；“径向噪波”和“轴向噪波”用于使木纹产生沿中心放射方向和垂直方向的噪波影响,使纹理更加自然。本实例的源文件为配套光盘上的“木材贴图. jpg”(文件路径：素材和源文件\part8\3D 贴图\)。

6. 衰减贴图

衰减贴图通常在不透明贴图通道上使用,产生透明的衰减效果。其设置和在不透明贴图通道上使用衰减贴图的效果如图 8-21 所示。本实例的源文件为配套光盘上的“衰减贴图. jpg”(文件路径：素材和源文件\part8\3D 贴图\)。

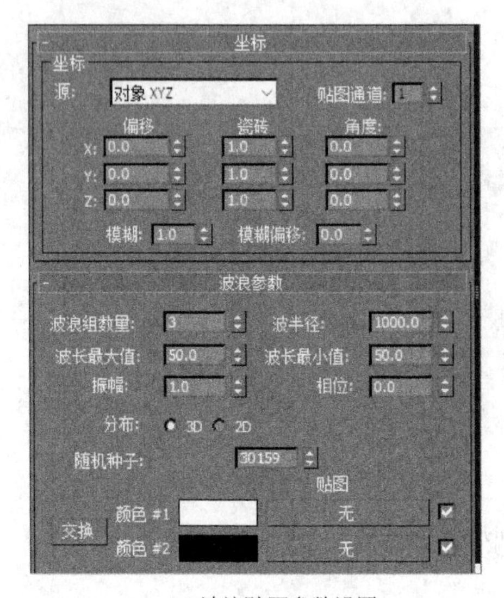

(a) 波浪贴图参数设置

(b) 波浪贴图效果

图 8-19　波浪贴图的设置和效果

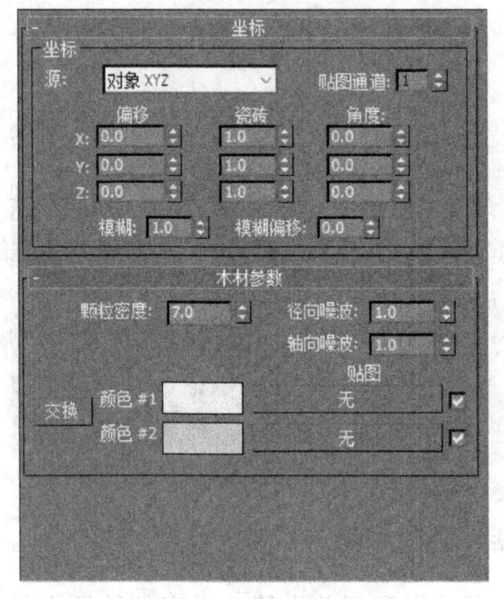

(a) 木材贴图参数设置

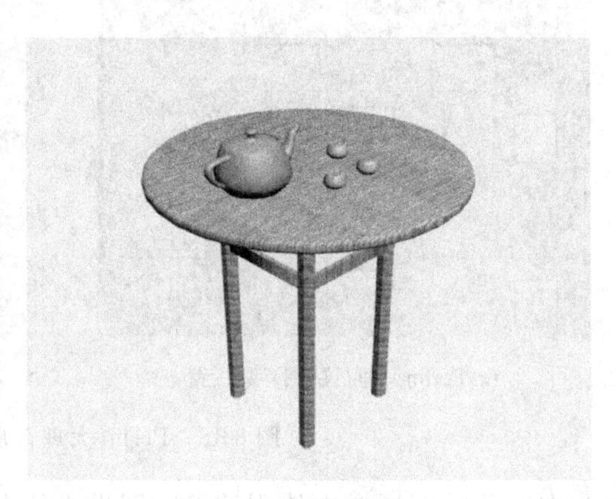

(b) 木材贴图效果

图 8-20　木材贴图的设置和效果

7. 细胞贴图

细胞贴图常用于模拟细胞壁、马赛克和鹅卵石等效果。图 8-22 所示为细胞贴图的设置和细胞贴图应用于漫反射贴图通道和凹凸贴图通道的效果。其中,“细胞颜色”用于设置细胞的颜色,“分界颜色”用于设置细胞壁的颜色,“细胞特性”用于设置细胞的形状、大小等属性。本实例的源文件为配套光盘上的“细胞贴图.jpg”(文件路径:素材和源文件\part8\3D贴图\)。

8. 烟雾贴图

烟雾贴图生成类似于烟雾的图案,常在体积光或体积雾的投影贴图通道上使用,模拟云雾

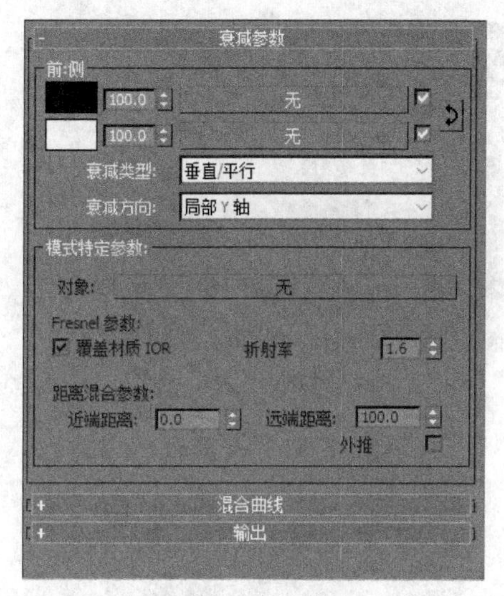

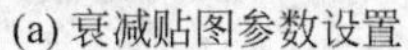

(a) 衰减贴图参数设置　　(b) 衰减贴图效果

图 8-21　衰减贴图的设置和效果

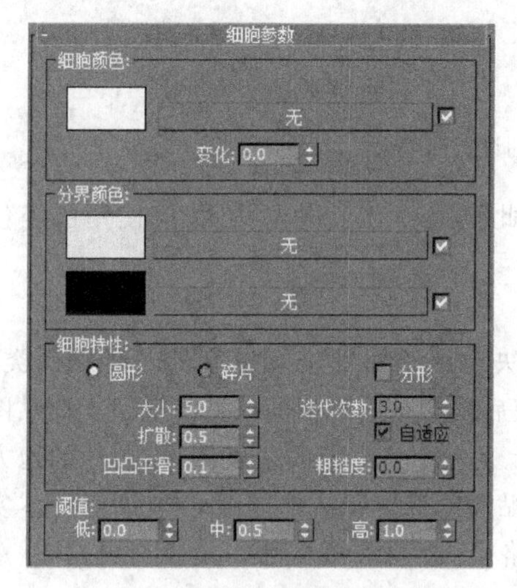

(a) 细胞贴图参数设置　　(b) 细胞贴图效果

图 8-22　细胞贴图的设置和效果

等效果。图 8-23 所示为烟雾贴图的设置和烟雾作为体积光的投影贴图使用的效果。本实例的源文件为配套光盘上的“烟雾贴图.jpg”(文件路径：素材和源文件\part8\3D 贴图\)。

9. 噪波贴图

噪波贴图将两种颜色或贴图随机混合生成一种噪波效果，可以用于制作天空的云彩等无序的效果。图 8-24 所示为噪波贴图的设置和生成的天空效果。本实例的源文件为配套光盘上的“噪波贴图.jpg”(文件路径：素材和源文件\part8\3D 贴图\)。

8.1.3　合成贴图

合成贴图是将不同颜色和贴图按指定的方式结合在一起产生的贴图，包括合成、遮罩、

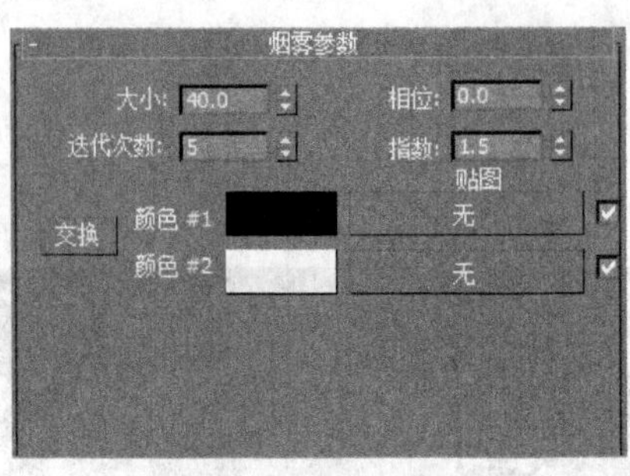

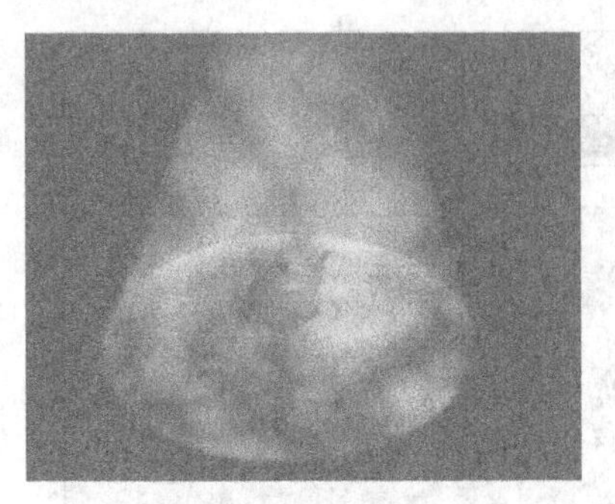

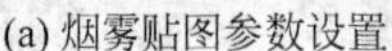
(a) 烟雾贴图参数设置　　(b) 烟雾贴图效果

图 8-23　烟雾贴图的设置和效果

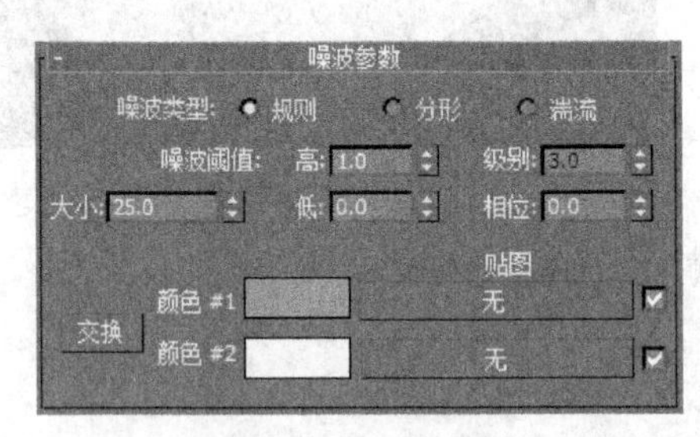

(a) 噪波贴图参数设置　　(b) 噪波贴图效果

图 8-24　噪波贴图的设置和效果

混合和 RGB 倍增,这些贴图使用 Alpha 通道彼此覆盖。对于这类贴图,应使用已经包含 Alpha 通道的叠加图像。

1. 简单合成贴图

合成贴图是将多个贴图通过 Alpha 通道值决定其透明度进行组合的一种贴图类型。合成贴图的贴图数量默认为 2,最大值为 1000,最后效果是由最下面的贴图透过上面贴图的 Alpha Channel 显示出来。Alpha Channel 实际上是一个 256 级的灰度图像,白色的地方表示完全不透明,黑色的地方表示完全透明。合成贴图的设置和效果如图 8-25 所示。本实例的源文件为配套光盘上的“合成贴图. jpg”(文件路径: 素材和源文件\part8\合成贴图\)。

2. 遮罩贴图

使用一张贴图作为遮罩,透过它来观看上面的贴图效果,遮罩图本身的明暗强度决定透明的程度。在默认状态下,遮罩贴图的纯白色区域是完全不透明的,越暗的区域透明度越高,显示出下面材质的效果,纯黑色的区域是完全透明的。通过反转遮罩选项可以得到遮罩的效果,如图 8-26 所示。本实例的源文件为配套光盘上的“遮罩贴图. jpg”(文件路径: 素材和源文件\part8\合成贴图\)。

3. 混合贴图

将两种贴图混合在一起,通过混合数量值可以调节混合的程度,以此作为动画可以产生贴图变形效果,与混合材质类型相似。它还可以通过一个贴图来控制混合效果,这就和遮罩贴图的效果类似了,如图 8-27 所示。本实例的源文件为配套光盘上的“混合贴图. jpg”(文件路径: 素材和源文件\part8\合成贴图\)。

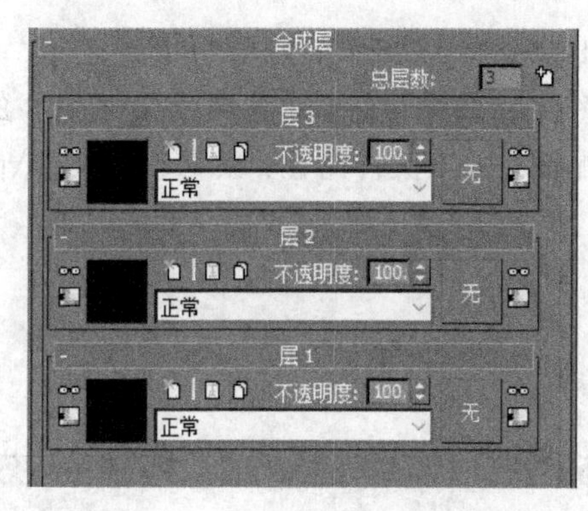

(a) 合成贴图参数设置　　(b) 合成贴图效果

图 8-25　合成贴图的设置和效果

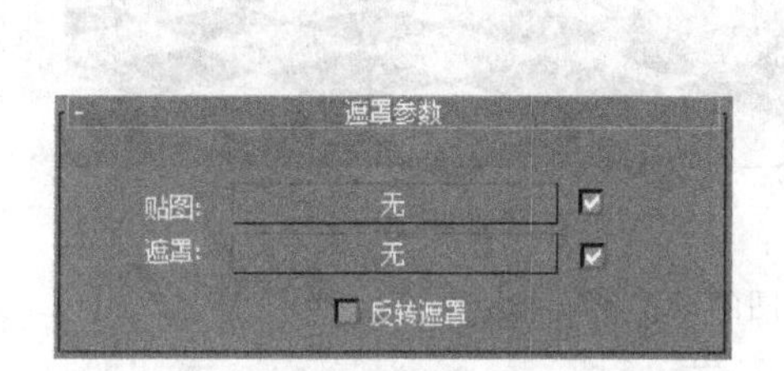

(a) 遮罩贴图参数设置　　(b) 遮罩贴图效果

图 8-26　遮罩贴图的设置和效果

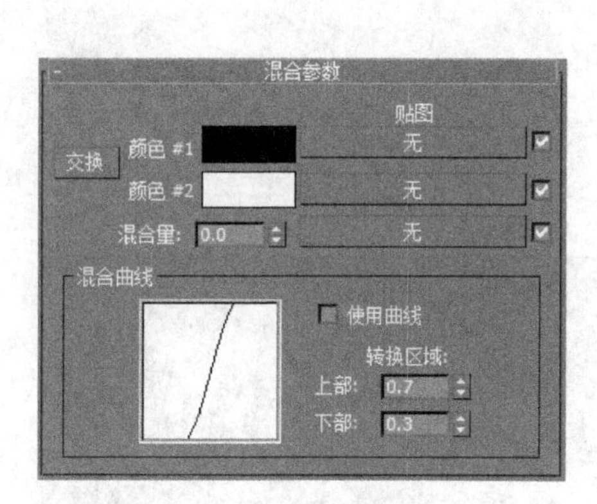

(a) 混合贴图参数设置　　(b) 混合贴图效果

图 8-27　混合贴图设置和效果

8.1.4　反射和折射贴图

反射和折射贴图用于创建反射、折射效果，包括薄壁折射、反射/折射、光线跟踪和平面镜。

1. 反射/折射贴图

反射/折射贴图只能用于反射和折射贴图通道,生成相应的反射与折射效果。反射/折射贴图产生的贴图计算不是很精确,生成的图像比较模糊,其设置和效果如图 8-28 所示。本实例的源文件为配套光盘上的"反射/折射贴图.jpg"(文件路径:素材和源文件\part8\反射和折射贴图\)。

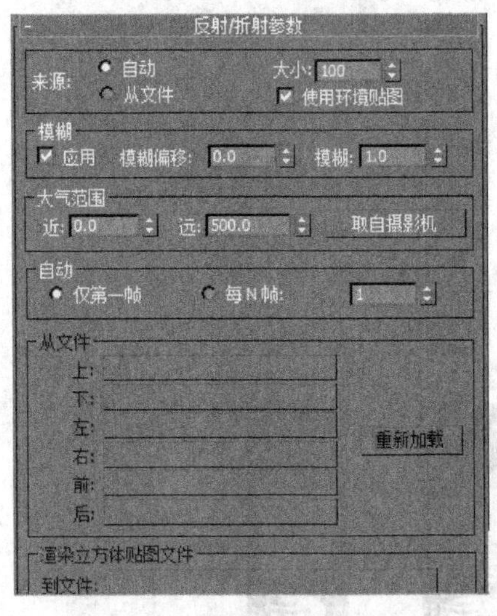

(a) 反射/折射贴图参数设置

(b) 反射/折射贴图效果

图 8-28　反射/折射贴图的设置和效果

2. 光线跟踪贴图

光线跟踪贴图可以产生一种接近真实的反射与折射效果,但是渲染所花的时间更多,其设置与效果如图 8-29 所示。本实例的源文件为配套光盘上的"光线跟踪贴图.jpg"(文件路径:素材和源文件\part8\反射和折射贴图\)。

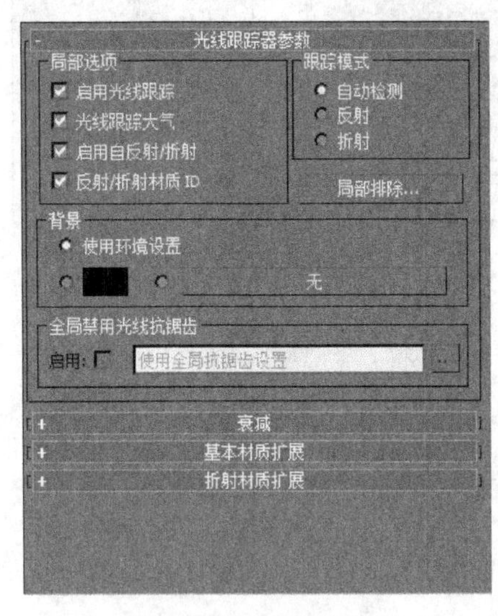

(a) 光线跟踪贴图参数设置

(b) 光线跟踪贴图效果

图 8-29　光线跟踪贴图的设置和效果

3. 薄壁折射贴图

薄壁折射贴图只能用于折射贴图通道，可以产生一种透过薄的透明物体看景象变形的效果。这种贴图的渲染速度比光线跟踪贴图要快得多。其参数设置和效果如图 8-30 所示。本实例的源文件为配套光盘上的“薄壁折射贴图.jpg”(文件路径：素材和源文件\part8\反射和折射贴图\)。

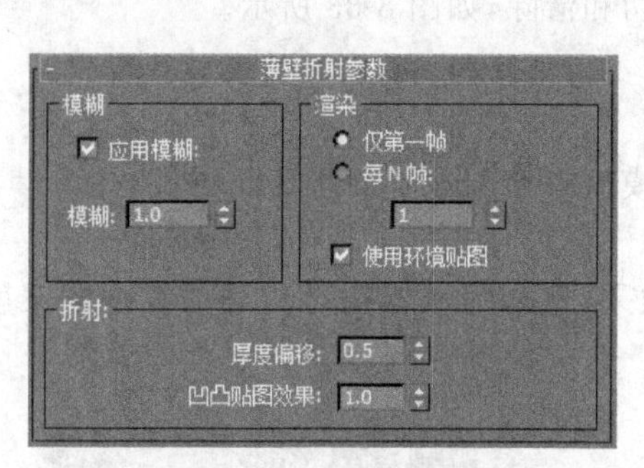

(a) 薄壁折射贴图参数设置

(b) 薄壁折射贴图效果

图 8-30 薄壁折射贴图的设置和效果

8.2 贴图通道

如果要制作逼真的渲染效果就要使用贴图，而根据模型类型的不同贴图的方式也有差异。这项技术也是三维角色动画制作的难点。在 3ds Max 中结合材质编辑器和修改命令来完成这项工作，在标准材质的“贴图”卷展栏中可以设置 12 种贴图方式，在物体不同的区域产生不同的贴图效果，这些不同的贴图方式称为“贴图通道”，如图 8-31 所示。贴图通道值的范围为 1～99。

单击每种方式右侧的长按钮会弹出“材质/贴图浏览器”对话框，如图 8-32 所示。但是在这里只显示贴图，不显示材质。

贴图

	数量	贴图类型
环境光颜色	100	无
漫反射颜色	100	无
高光颜色	100	无
高光级别	100	无
光泽度	100	无
自发光	100	无
不透明度	100	无
过滤色	100	无
凹凸	30	无
反射	100	无
折射	100	无
置换	100	无

图 8-31 “贴图”卷展栏

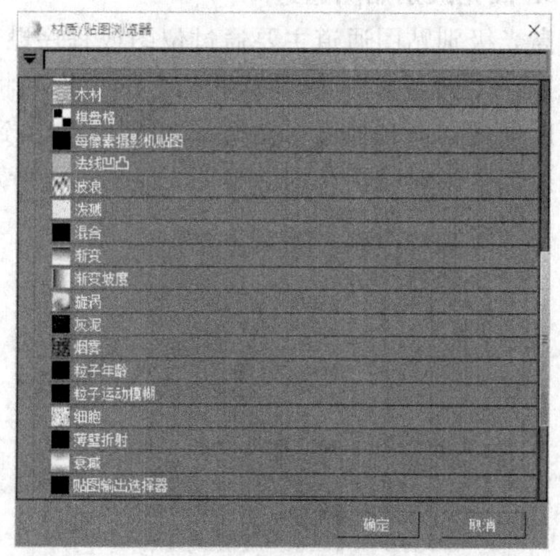

图 8-32 “材质/贴图浏览器”对话框

双击一种贴图类型后会自动进入其贴图设置层级中,以便进行相应的参数设置。单击“转到父级”按钮便可以返回贴图方式设置层级,这时贴图通道左侧的复选框被选中,贴图通道按钮上会显示出贴图类型的名称,表示当前该贴图通道处于活动状态。如果关闭复选框,会关闭该贴图通道的影响,渲染时不会出现它的影响,但内部的设置并不会丢失。数量下面的数值控制贴图的程度。

用户可以通过拖动操作在各贴图通道之间交换或复制贴图的功能,或右击某个通道,通过弹出的快捷菜单实现贴图通道之间的复制、剪切和清除,如图8-33所示。

8.2.1 材质的贴图通道

贴图通道通常与混合材质配合使用,用于在模型表面创建复杂的复合贴图坐标。

1. 漫反射颜色贴图通道

漫反射颜色贴图通道用于表现材质的纹理效果,例如为墙壁指定砖墙的纹理图案就可以产生砖墙的效果,如图8-34所示。

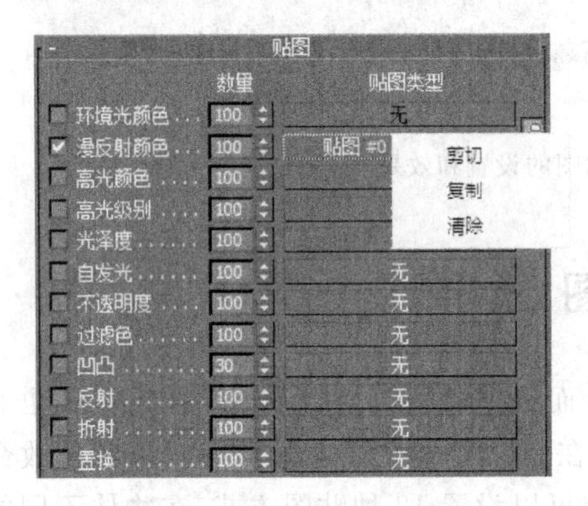

图 8-33 贴图通道之间的复制

图 8-34 漫反射颜色贴图通道

2. 高光颜色贴图通道

高光颜色贴图通道的贴图在物体的高光处显示出贴图效果,如图8-35所示。

3. 高光级别贴图通道

高光级别贴图通道主要通过位图或程序贴图来改变物体高光部分的强度,贴图中白色的像素产生完全的高光区域,而黑色的像素则将高光部分彻底移除,处于两者之间的颜色不同程度地削弱高光强度。在通常情况下,为达到最佳的效果,高光级别贴图通道与光泽度贴图通道经常同时使用相同的贴图,如图8-36所示。

图 8-35 高光颜色贴图通道

图 8-36 高光级别贴图通道

4. 光泽度贴图通道

光泽度贴图通道主要通过位图或程序贴图来影响高光出现的位置。根据贴图颜色的强度决定整个表面上哪个部分更有光泽，哪个部分光泽度低一些。贴图中黑色的像素产生完全的光泽，白色像素则将光泽度彻底移除，两者之间的颜色不同程度地减少高光区域的面积，如图 8-37 所示。

5. 自发光贴图通道

自发光贴图通道将贴图以一种自发光的形式贴在物体表面，图像中纯黑色的区域不会对材质产生任何影响，其他的区域会根据自身的灰度值产生不同的发光效果，如图 8-38 所示。

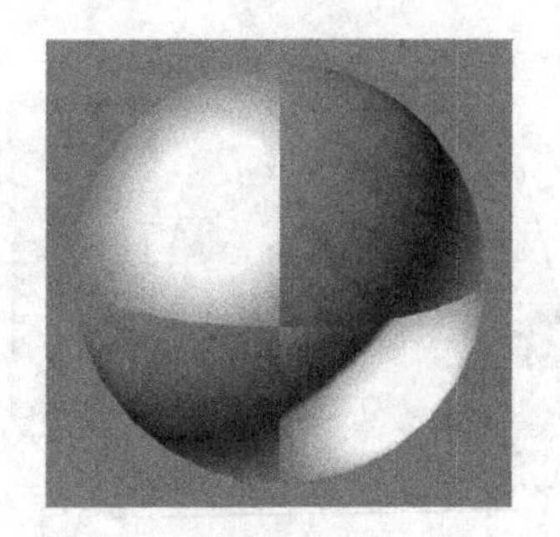

图 8-37　光泽度贴图通道

图 8-38　自发光贴图通道

6. 过滤色贴图通道

过滤色贴图通道的贴图基于贴图像素的强度应用透明颜色效果，可以将贴图过滤色与体积照明结合起来创建像有色光线穿过脏玻璃窗口的效果，透明对象投射的光线跟踪阴影由过滤色进行染色，如图 8-39 所示。

7. 各向异性贴图通道

各向异性贴图通道中的贴图用于控制各向异性高光的形状，大致位于光泽度参数指定的区域内，黑色值和白色值具有一定的影响，具有大量灰度值的贴图(如噪波或衰减)可能非常有效。各向异性贴图的效果并不十分明显，除非高光度非常高，而光泽度非常低。减少各向异性贴图的“数量”会降低该贴图的效果，同时提高“基本参数”卷展栏上“各向异性”值的效果。当“数量”是 0%时根本不使用贴图，效果如图 8-40 所示。

图 8-39　过滤色贴图通道

图 8-40　各向异性贴图通道

8. 不透明度贴图通道

不透明度贴图通道就是利用贴图图像的明暗度在物体表面产生透明效果,纯黑色的区域完全透明,纯白色的区域完全不透明,这是一种非常重要的贴图方式,可以为玻璃杯添加花纹图案,如果配合漫反射颜色贴图,则可以产生镂空的纹理,这种技巧常用于制作一些遮挡物体,如图 8-41 所示。

9. 方向贴图通道

所谓的方向就是控制各向异性高光的位置,设置方向贴图可以更改高光的位置、黑色值和白色值,对大量灰度值的贴图(如噪波或衰减)非常有效。对方向贴图和凹凸贴图使用相同的贴图也可以获得很好的效果,效果如图 8-42 所示。

图 8-41　不透明度贴图通道

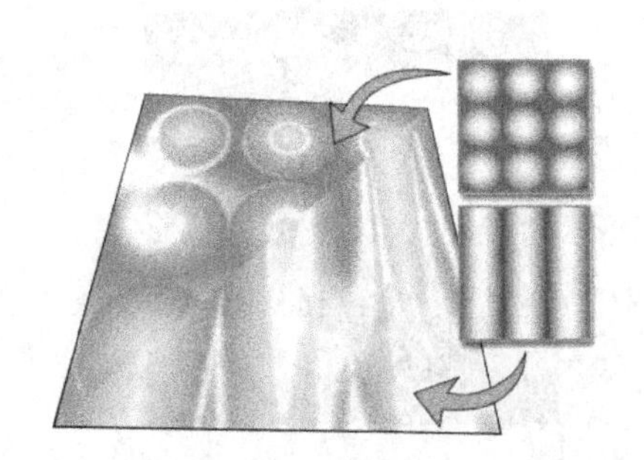

图 8-42　方向贴图通道

10. 凹凸贴图通道

在凹凸贴图通道中通过图像的明暗强度来影响材质表面的平滑程度,从而产生凹凸的表面效果。图像中的白色部分产生凸起,图像中的黑色部分产生凹陷,中间色产生过渡,这是一个模拟凹凸质感的好方法。其优点是渲染速度很快,不过它也有缺陷,这种凹凸材质的凹凸部分不会产生阴影投影,在物体边界上也看不到真正的凹凸。对于一般的砖墙、石板路面,它可以产生真实的效果,但是如果凹凸对象离镜头很近,并且要表现出明显的投影效果,应该使用置换贴图通道,利用图像的明暗度真实地改变物体造型,但会花费大量的渲染时间。凹凸贴图通道的效果如图 8-43 所示。

11. 反射贴图通道

反射贴图是很重要的一种贴图方式,效果如图 8-44 所示。

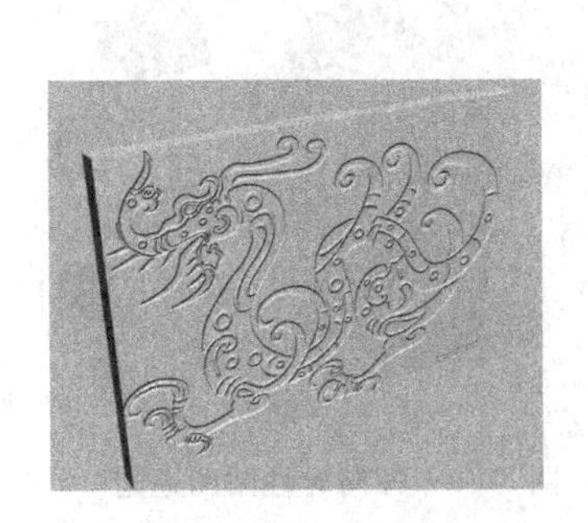

图 8-43　凹凸贴图通道

图 8-44　反射贴图通道

如果想制作出光洁亮丽的质感，必须熟练掌握反射贴图的使用方法。在 3ds Max 中可以用 3 种不同的方式制作反射效果。

（1）基础贴图反射：指定一张位图或程序贴图作为反射贴图，这种方式是最快的一种运算方式，但也是最不真实的一种方式。渲染静态图像，选择好的贴图或许可以蒙混过去，但是对于动态图像，一看就能知道是假的。这也不是说它没有价值，对于模拟金属材质来说还是不错的，它最大的优点是渲染速度很快。

（2）自动反射：自动反射方式根本不使用贴图，它的工作原理是由物体的中央向周围观察，并将看到的部分贴到表面上。光线跟踪是模拟真实反射形成的贴图方式，计算结果最接近真实，也是花费时间的一种方式，目前一直在随版本升级进行速度优化和提升。

（3）平面镜反射：使用平面镜贴图类型作为反射贴图，这是一种专门模拟镜面反射效果的贴图类型，就像现实中的镜子一样。

12. 折射贴图通道

折射贴图通道用于模拟空气和水等介质的折射效果，也使对象表面产生对周围景物的映像，如图 8-45 所示。

与反射贴图不同的是，它所表现的是透过对象所看到的效果。折射贴图效果不会受到影响，具体的折射效果还受折射率的控制，在扩展参数面板中折射率参数专门用于调节物体的折射率，当值为 1 时代表真空（空气）折射率，不产生折射效果；当值大于 1 时为凸起的折射效果，多用于表现玻璃；当值小于 1 时为凹陷的折射效果，对象沿其边界进行反射。其默认设置为 1.5。

13. 置换贴图通道

置换贴图通道是根据贴图图案的灰度分布情况对几何表面进行置换，较浅的颜色比较深的颜色向外突出，效果与凹凸修改器很相似，如图 8-46 所示。与凹凸贴图通道不同，置换贴图实际上是通过改变几何表面或面片上多边形的分布在每个表面上创建很多三角面来实现的。因此置换贴图的计算量很大，有时甚至在表面上产生的面超过 100 万个，所以使用它可能要牺牲大量的内存和时间，并且在计算量巨大的情况下还经常会造成机器假死机，故要慎用。

图 8-45　折射贴图通道

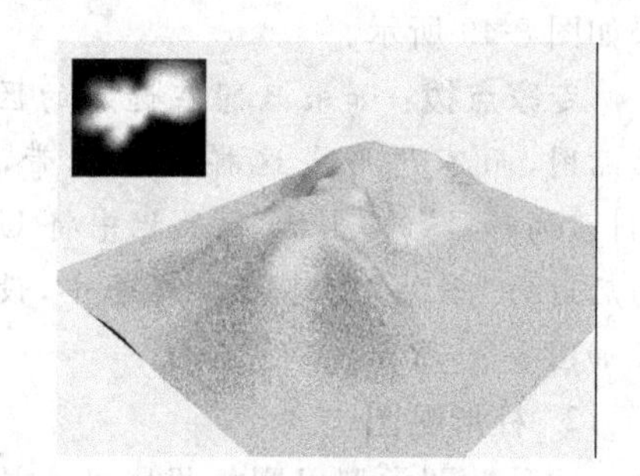

图 8-46　置换贴图通道

8.2.2　材质的贴图坐标

在用 3ds Max 为场景中的对象进行贴图的时候经常使用到贴图坐标，这是一种在渲染时在物体的表面建立的坐标系。它采用 UVW 作为坐标轴,在一般情况下,U、V 坐标分别表示对象位图的宽和高,它的交点是旋转贴图的基点。W 坐标轴与 U、V 坐标平面垂直,并通过 U、V 坐标轴的交点,效果如图 8-47 所示。

在 3ds Max 中常用 UVW 贴图、贴图缩放器、UVW 展开和曲面贴图等修改器对几何体的贴图信息进行设置。下面介绍一下最常用的"UVW 贴图"修改器。

"UVW 贴图"修改器的"参数"卷展栏如图 8-48 所示。

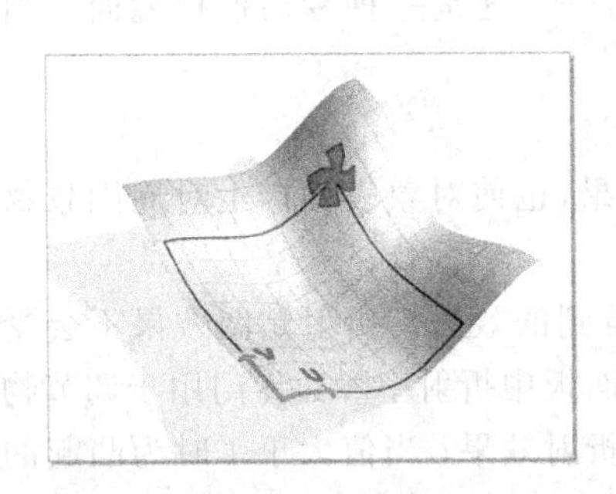

图 8-47 曲面上显示的局部 UV 坐标

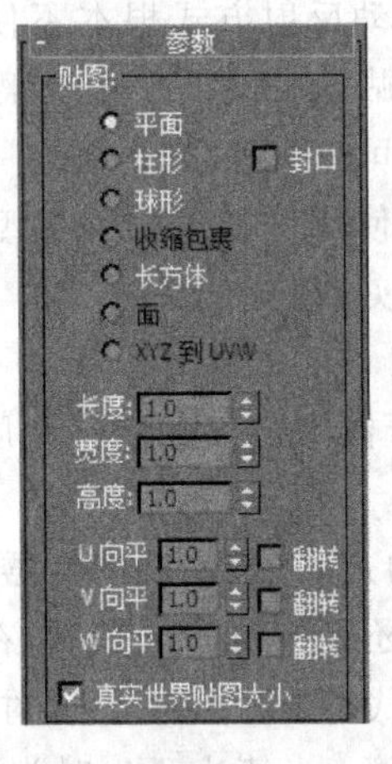

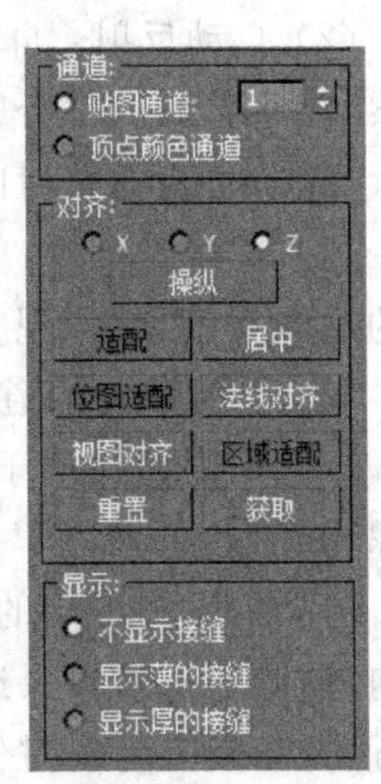

图 8-48 "UVW 贴图"修改器的"参数"卷展栏

从"UVW 贴图"修改器的"参数"卷展栏的"贴图"组中可以看到,有 7 种给对象应用 UVW 坐标的选项,其中的平面、柱形、球形、收缩包裹和长方体 5 种方式可以使用贴图子物体 Gizmo 进行操作。

下面分别讲解这 7 种方式的使用。

1. 平面贴图

这种贴图类型以平面投影的方式向对象上贴图。在对对象投影时贴图可以投影到无限远处,对于和 Gizmo 平行的面,位图会准确地贴到目标对象上;对于和 Gizmo 成一定角度的平面,位图的像素将被拉伸;对于和 Gizmo 垂直的表面,贴图被拉伸成一条条颜色带,效果如图 8-49 所示。

专家点拨:如果只想在选定的区域内显示贴图,而不想形成这样的颜色带,可以在"材质编辑器"的"坐标"卷展栏中将 U 向和 V 向后边的"平铺"复选框取消选中,设置和效果如图 8-50 所示。

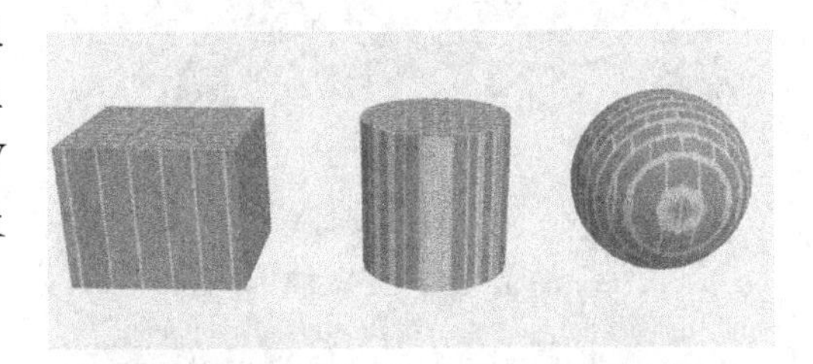

图 8-49 平面贴图类型的贴图效果

2. 柱形贴图

这种贴图类型以圆柱投影的方式向对象上贴图。当目标对象表面与柱面中心线垂直且该表面在内部时,贴图可以在表面上正确显示。如果该表面不在柱体范围之内,就不会贴上贴图,效果如图 8-51 所示。

专家点拨:在柱形贴图类型中还有一个"封口"复选框,它可以在圆柱的顶面和底面以

(a) 设置　　(b) 效果图

图 8-50　取消选中“平铺”复选框的效果

平面方式进行投影，如图 8-52 所示。

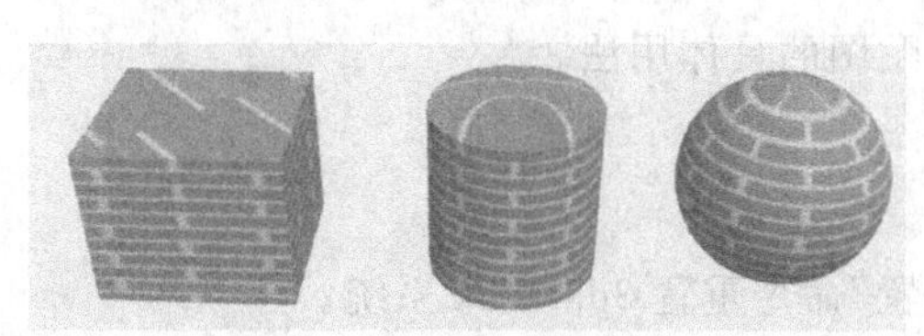

图 8-51　柱形贴图类型的贴图效果

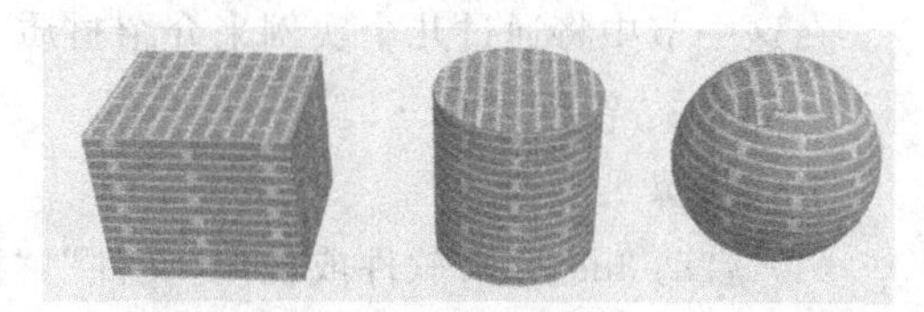

图 8-52　选中柱形贴图类型的“封口”复选框时的效果

3. 球形贴图

这种贴图类型以球形投影的方式对对象进行贴图，在顶和底有两个接点，并会产生接缝，如图 8-53 所示。

4. 收缩包裹贴图

这种贴图类型是球面贴图的一种变形，它将表面的贴图向底部拉伸，最终汇集为一条线，然后从球体的中心向目标对象进行投影，效果如图 8-54 所示。

图 8-53　球形贴图类型的贴图效果

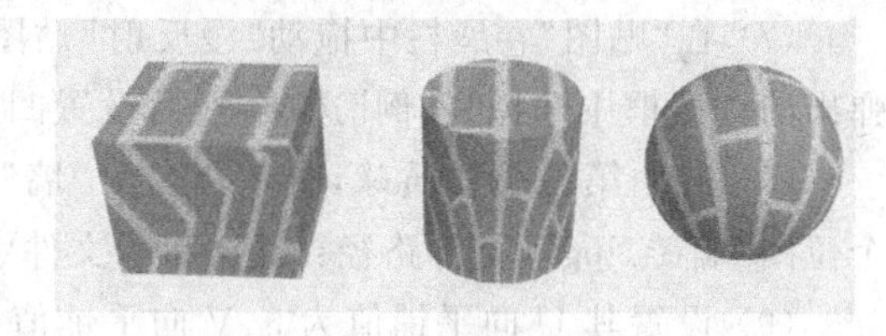

图 8-54　收缩包裹贴图类型的贴图效果

5. 长方体贴图

这种贴图类型是把长方体的 6 个表面都贴上贴图，每个面都是一个平面贴图，效果如图 8-55 所示。

6. 面贴图

该贴图类型为对象的每一个面应用一个平面贴图。其效果与对象有多少个面有很大的关系，效果如图 8-56 所示。

7. XYZ 到 UVW 贴图

这类贴图类型可以将 3D 程序坐标贴图

图 8-55　长方体贴图类型的贴图效果

到 UVW 坐标,这会将程序纹理贴到表面,效果如图 8-57 所示。

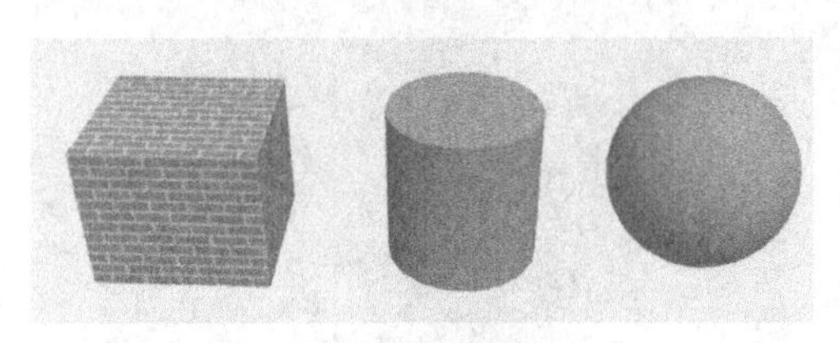

图 8-56　面贴图类型的贴图效果

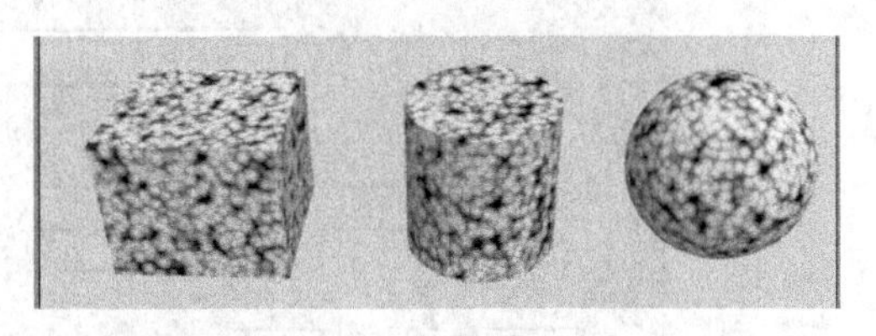

图 8-57　XYZ 到 UVW 贴图类型的贴图效果

对于上述 7 种贴图类型在不同的场合灵活地选取应用,可以产生丰富的贴图效果。

8.2.3　材质的贴图实例

在这一节中将通过几个实例来介绍材质与贴图的具体用法。

实例 8-3:铁栅栏

操作步骤

(1) 启动 3ds Max 软件或使用“文件”|“重置”命令重置 3ds Max 系统。

(2) 打开配套光盘上的“铁栅栏.max”文件(文件路径:素材和源文件\part8\)。

(3) 选择场景中的地面对象。单击工具栏上的“材质编辑器”按钮,弹出“材质编辑器”对话框,选择第一个材质球将其命名为“地面”。

(4) 单击“贴图”卷展栏上的“漫反射”贴图通道右侧的长按钮,打开“材质/贴图浏览器”对话框,在其中选择“位图”,打开配套光盘上的“地面.jpg”文件(文件路径:素材和源文件\part8\)。

(5) 在贴图设置的“坐标”卷展栏中将 U 向和 V 向平铺都设置为 10。

(6) 单击“转到父对象”按钮回到上一级材质的设置。

(7) 在“贴图”卷展栏中拖动“漫反射”贴图通道右侧的长按钮到“凹凸”贴图通道上,在弹出的对话框中选择“实例”选项,然后设置凹凸的数值为 80,将材质赋予“地面”对象。

(8) 选中第二个材质球,将其命名为“墙”,与第 4 步的操作类似,为漫反射通道添加一个位图“墙砖.jpg”(文件路径:素材和源文件\part8\)。

(9) 设置其 U 向平铺值为 3、V 向平铺值为 1。

(10) 单击“转到父对象”按钮回到上一级材质的设置。

(11) 在“贴图”卷展栏中拖动“漫反射”贴图通道右侧的长按钮到“凹凸”贴图通道上,在弹出的对话框中选择“实例”选项,然后设置凹凸的数值为 150。

(12) 将材质赋予“墙”对象。渲染场景后发现墙体的贴图不正确,如图 8-58 所示。

(13) 选择“墙”对象,在“修改”命令面板中为其添加一个“UVW 贴图”修改器。在“参数”卷展栏的“贴图”组中选择“长方体”选项,再次渲染场景,可见墙体的贴图已经正确,如图 8-59 所示。

(14) 打开“材质编辑器”,选择第三个材质球,命名为“栅栏”,然后为其“漫反射”贴图通道添加一个位图“栅栏.jpg”(文件路径:素材和源文件\part8\)。

(15) 单击“转到父对象”按钮回到上一级材质的设置。

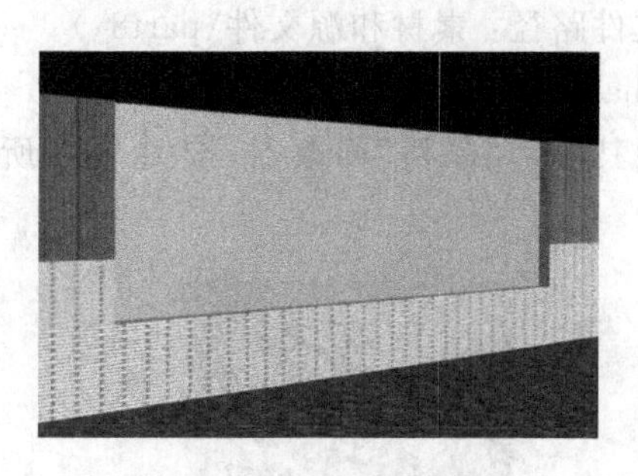

图 8-58　错误的墙体贴图

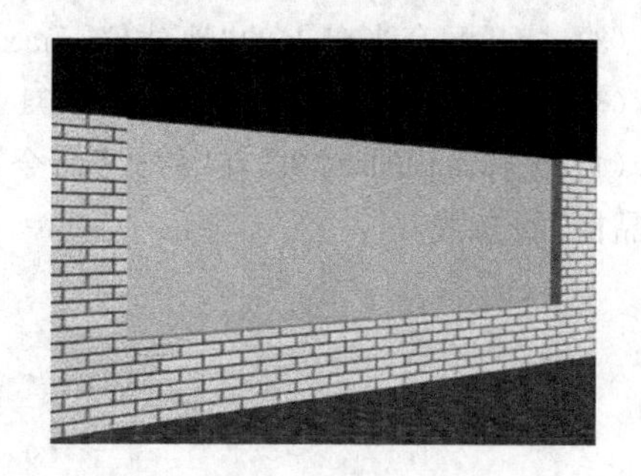

图 8-59　正确的墙体贴图

（16）在“贴图”卷展栏中拖动“漫反射”贴图通道右侧的长按钮到“不透明度”贴图通道上，在弹出的对话框中选择“输出”选项。

（17）单击“不透明度”贴图通道右侧的长按钮，进入子贴图设置，在“输出”卷展栏中选中“反转”复选框，如图 8-60 所示，把材质赋予“栅栏”对象。

（18）选择“渲染”|“环境”命令，弹出“环境和效果”对话框，如图 8-61 所示，单击“公用参数”卷展栏的“背景”组中的“环境贴图”按钮，在弹出的“材质/贴图浏览器”对话框中选择“位图”，打开配套光盘上的“风景.jpg”文件（文件路径：素材和源文件\part8\）。

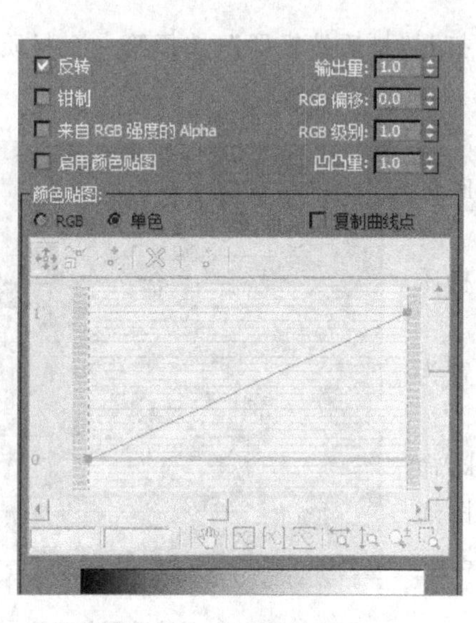

图 8-60　设置输出反转

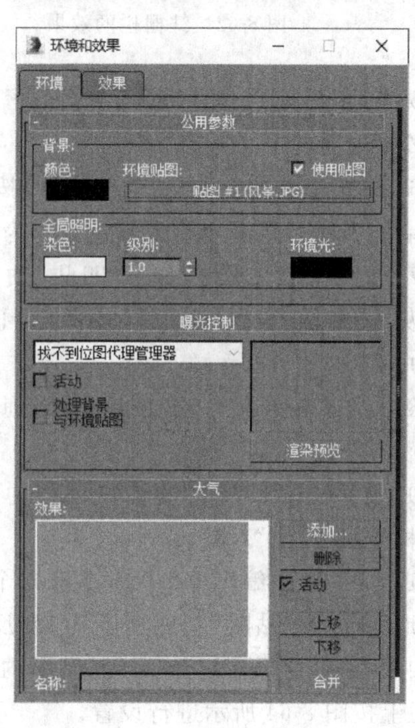

图 8-61　“环境和效果”对话框

（19）渲染场景中的摄影机视图，结果如图 8-62 所示。

实例 8-4：镂空的地球仪

操作步骤

（1）启动 3ds Max 软件或使用“文件”|“重置”命令重置 3ds Max 系统。

(2) 打开配套光盘上的“地球仪.max”文件(文件路径：素材和源文件\part8\)。

(3) 选择 ball 对象,复制得到 ball01 对象,将 ball01 对象的半径设置为 100。

(4) 选择 ball01 对象,在“修改”命令面板中为其添加“晶格”修改器,按图 8-63 所示设置“晶格”的参数。

图 8-62 铁栅栏的效果

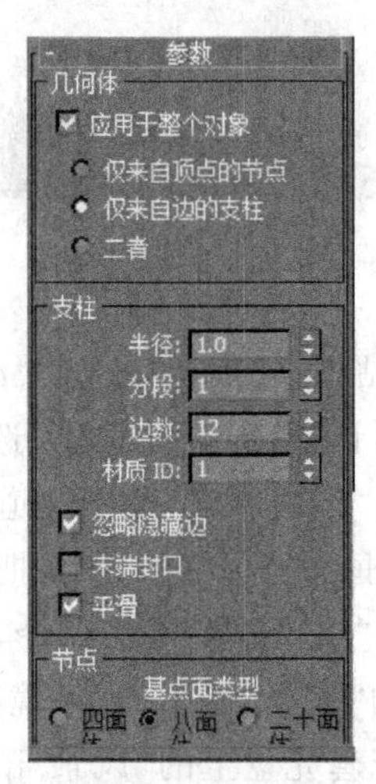

图 8-63 设置“晶格”修改器的参数

(5) 单击工具栏上的“对齐”按钮,在弹出的对话框中将 ball01 对象向 ball 对象的 X、Y、Z 轴 3 向的中心对齐。

(6) 单击工具栏上的“材质编辑器”按钮,打开“材质编辑器”,选择第一个材质球,命名为“墙面”,然后将漫反射的颜色设置为“红 195,绿 195,蓝 195”。

(7) 在“贴图”卷展栏上为“凹凸”贴图通道添加一个“灰泥”贴图,设置“灰泥”贴图的 X 向和 Y 向平铺都为 4。

(8) 单击“转到父对象”按钮回到上一级材质的设置。

(9) 在“贴图”卷展栏上将“凹凸”的数值设置为 20,将材质赋予“墙”对象。

(10) 在“材质编辑器”中选择第二个材质球,命名为“地面”。在“贴图”卷展栏上为“漫反射”贴图通道添加一个“平铺”贴图,在“平铺”贴图的“高级控制”卷展栏上按图 8-64 所示进行设置。

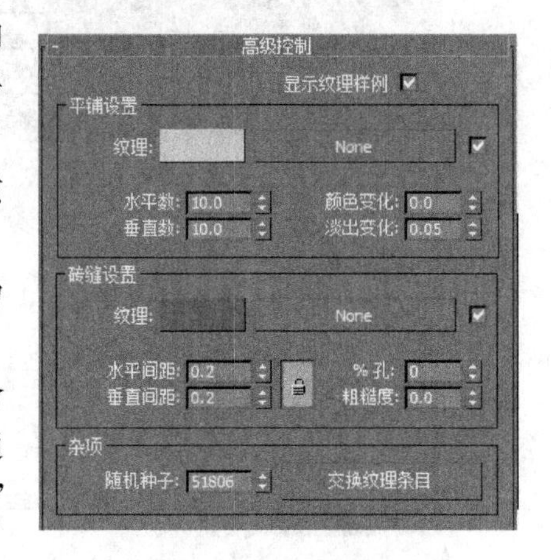

图 8-64 平铺贴图的设置

(11) 单击“转到父对象”按钮回到上一级材质的设置。

(12) 在“贴图”卷展栏上将“反射”贴图通道的值设置为 20,并为“反射”贴图通道添加一个“平面镜”贴图,材质球如图 8-65 所示,将材质赋予地面。

(13) 选择第三个材质球,命名为“框架”。将明暗器设置为“金属”,设置“漫反射”颜色为“红 191,绿 173,蓝 111”,将“高光级别”设置为 160,将“光泽度”设置为 60。

(14) 在“贴图”卷展栏中将“漫反射”数值设置为 40，并为其添加一个位图贴图文件 Laketem2.jpg(文件路径：素材和源文件\part8\)。

(15) 复制“漫反射”贴图通道的文件到“反射”贴图通道上，并设置“反射”贴图通道的数值为 40。

(16) 将“凹凸”贴图通道的值设置为 20，并为其添加一个“斑点”贴图，材质球如图 8-66 所示，将材质赋予 ball01 对象。

图 8-65 地面材质球

图 8-66 框架材质球

(17) 选择第四个材质球，将其命名为“地球”。在“明暗器基本参数”卷展栏中选中“双面”复选框。

(18) 在其“漫反射”贴图通道上添加一个位图贴图文件 earth.jpg(文件路径：素材和源文件\part8\)。

(19) 将该贴图复制到“高光颜色”通道，在“不透明度”贴图通道上添加一个位图贴图文件 earth(1).jpg(文件路径：素材和源文件\part8\)。

(20) 在 earth(1).jpg 贴图的“输出”卷展栏中选中“反转”复选框，材质球如图 8-67 所示，将材质赋予 ball 对象。

(21) 渲染场景中的摄影机视图，最终效果如图 8-68 所示。

图 8-67 地球材质球

图 8-68 镂空的地球仪

实例 8-5：灯箱效果

操作步骤

(1) 启动 3ds Max 软件或使用“文件”|“重置”命令重置 3ds Max 系统。

(2) 打开配套光盘上的“灯箱.max”文件(文件路径：素材和源文件\part8\)。

(3) 打开“材质编辑器”，选择一个材质球命名为“边框”。设置其“高光级别”为 50、“光泽度”为 20，在“漫反射”贴图通道上添加一个“木材”贴图。

(4) 设置“木材”贴图的 X 和 Y 向平铺值都为 10。

(5) 将“漫反射”贴图通道上的贴图以“实例”的方式复制到“高光颜色”贴图通道上，此时材质球如图 8-69 所示，将材质赋予“边框”对象。

(6) 选择一个新的材质球，命名为“茶壶”。在“明暗器基本参数”卷展栏中选中“双面”复选框，设置其漫反射颜色为“红 140，绿 110，蓝 80”。

(7) 设置其“凹凸”贴图通道的数值为 10，为其“凹凸”贴图通道添加一个“斑点”贴图，材质球效果如图 8-70 所示，将材质赋予“茶壶”对象。

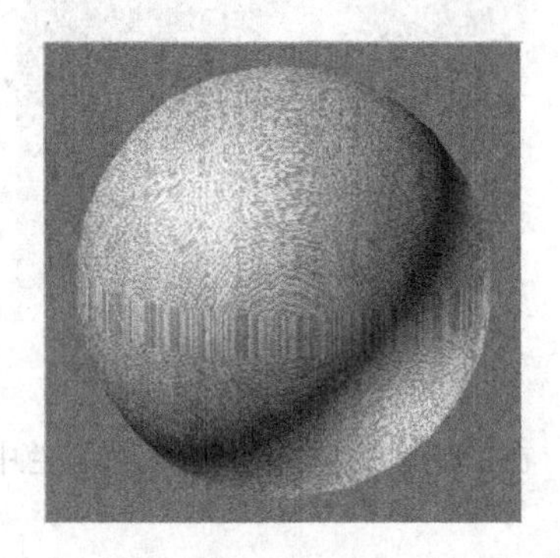

图 8-69　边框材质球

图 8-70　茶壶材质球

(8) 选择一个新的材质球，命名为“灯箱”。在“明暗器基本参数”卷展栏中设置其明暗器为“半透明明暗器”并选中“双面”复选框，设置其“不透明度”为 40。

(9) 在“过滤色”贴图通道上添加一个位图贴图文件“菊花.jpg”(文件路径：素材和源文件\part8\)。

(10) 将“过滤色”贴图通道上的贴图以复制的方式复制给“半透明颜色”贴图通道，材质球效果如图 8-71 所示，将材质赋予“灯箱”对象。

(11) 渲染透视图，最终效果如图 8-72 所示。

图 8-71　灯箱甄选球

图 8-72　灯箱

实例 8-6：皮革效果

操作步骤

(1) 启动 3ds Max 软件或使用“文件”|“重置”命令重置 3ds Max 系统。

(2) 打开配套光盘上的"皮革.max"文件(文件路径：素材和源文件\part8\)。

(3) 打开"材质编辑器",选择一个材质球,命名为"地面"。为其在"漫反射"贴图通道上添加一个"平铺"贴图,设置"平铺"贴图的U向和V向平铺均为10,材质球如图8-73所示,将材质赋予"地面"对象。

(4) 选择一个新的材质球,命名为"支架",将该材质球的明暗器设置为"金属"、"高光级别"设置为200、"光泽度"设置为90。

(5) 在其"反射"贴图通道上添加一个位图贴图文件Lakerem.jpg(文件路径：素材和源文件\part8\),材质球效果如图8-74所示,将材质赋予"支架"对象。

图8-73　地面材质球

图8-74　支架材质球

(6) 选择一个新的材质球,命名为"椅面",设置其"漫反射"颜色为"红36,绿36,蓝36"、"高光级别"为65、"光泽度"为10。

(7) 在其"凹凸"贴图通道上添加一个"细胞"贴图。设置"细胞"贴图的"细胞特性"卷展栏上的"大小"为1.5,材质球效果如图8-75所示,将材质赋予"椅面"对象。

(8) 渲染透视图,结果如图8-76所示。

图8-75　椅面材质球

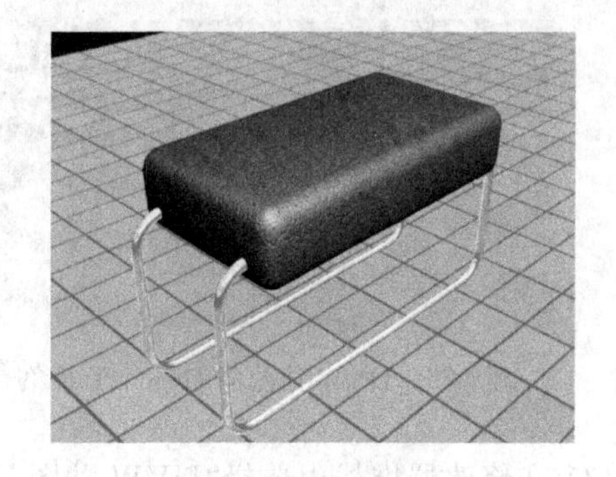

图8-76　皮椅

实例8-7：贴画瓷瓶

操作步骤

(1) 启动3ds Max软件或使用"文件"|"重置"命令重置3ds Max系统。

(2) 打开配套光盘上的"瓷瓶.max"文件(文件路径：素材和源文件\part8\)。

(3) 打开"材质编辑器",选择一个材质球命名为"瓷瓶",设置"高光级别"为160、"光泽度"为60、漫反射颜色为白色、高光颜色为白色。

(4) 在“漫反射”贴图通道上添加一个“遮罩”贴图,设置其参数如图 8-77 所示。

(5) 单击“贴图”选项右侧的按钮,为其添加一个位图贴图文件“龙.jpg”(文件路径:素材和源文件\part8\),将位图贴图设置中的 U 向和 V 向的“平铺”复选框的选择取消。

(6) 将“龙.jpg”文件拖动复制到“遮罩”按钮上,选中“反转遮罩”复选框。

(7) 单击“转到父级”按钮 回到“瓷瓶”材质设置的顶层。

(8) 设置该材质的“反射”贴图通道数值为 10,并添加“光线跟踪”贴图,在“跟踪模式”中选择“反射”选项。

(9) 渲染透视图,结果如图 8-78 所示。注意,此时贴图未能正确地贴在瓷瓶上。

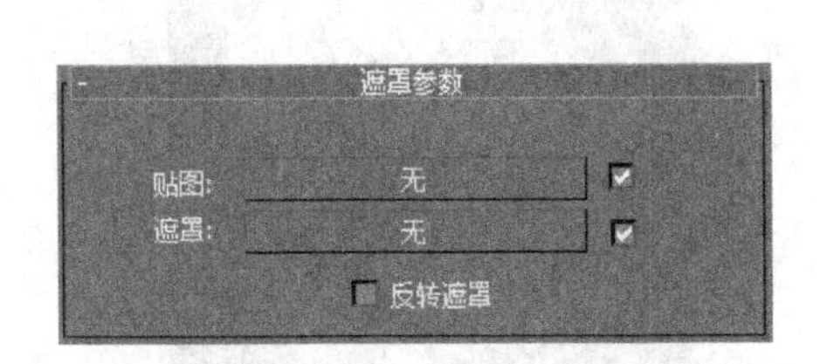

图 8-77 遮罩贴图参数

图 8-78 不正确的贴图

(10) 选择场景中的“瓷瓶”对象,在“修改”命令面板中为其添加一个“UVW 贴图”修改器。

(11) 在“参数”卷展栏的“贴图”组中选择“柱形”贴图类型,此时在场景中可见 Gizmo 子对象在瓷瓶的四周,如图 8-79 所示。

(12) 渲染透视图,效果如图 8-80 所示。注意,现在贴图虽然正确了,但是贴图所占的位置太大,应将其调小一些。

图 8-79 UVW 贴图的 Gizmo 子对象

图 8-80 正确的贴图效果

(13) 在修改器堆栈中选择“UVW 贴图”的子对象 Gizmo,在透视图中将 Gizmo 对象沿 Z 轴缩放并移动到合适的位置,如图 8-81 所示。

(14) 渲染透视图,结果如图 8-82 所示,可以看到此时贴图符合标准了。

实例 8-8:水杯

操作步骤

(1) 启动 3ds Max 软件或使用“文件”|“重置”命令置 3ds Max 系统。

(2) 打开配套光盘上的“水杯.max”文件(文件路径:素材和源文件\part8\)。

(3) 打开“材质编辑器”,选择一个材质球,命名为“地面”,为其“漫反射”贴图通道添加

图 8-81　调整 Gizmo 子对象

图 8-82　瓷瓶

“平铺”贴图，设置“平铺”贴图的 U 向和 V 向平铺值为 10，材质球如图 8-83 所示，将材质赋予“地面”对象。

(4) 选择一个新的材质球，命名为“吸管”，为其“漫反射”贴图通道添加“棋盘格”贴图，将棋盘格贴图的“颜色 #1”设置为红色，材质球如图 8-84 所示，将材质赋予“管”对象。

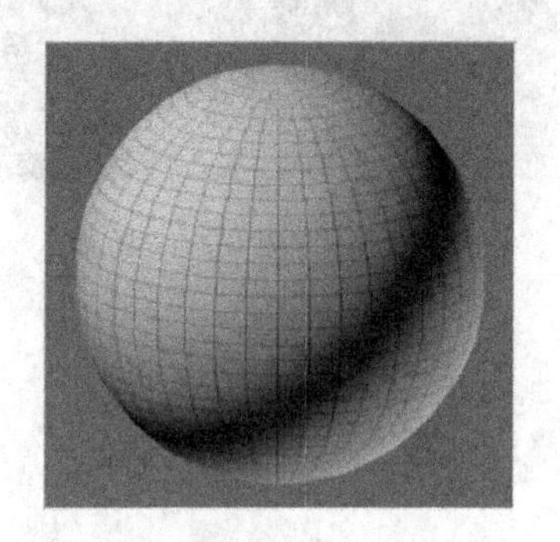

图 8-83　地面材质球

图 8-84　吸管材质球

(5) 选择一个新的材质球，命名为“水杯”，在“明暗器基本参数”卷展栏中选中“双面”复选框。

(6) 设置其“漫反射”颜色为较淡的色彩，将其“高光级别”设置为 40、“光泽度”设置为 20、“自发光”设置为 20、“不透明度”设置为 50。

(7) 把该材质的“折射”贴图通道数值设置为 90 并为其添加“光线跟踪”贴图。

(8) 在“光线跟踪”贴图设置的“跟踪模式”中选择“折射”，材质球的效果如图 8-85 所示，将材质赋予场景中的“杯”和“水”材质。

(9) 渲染透视图，结果如图 8-86 所示。

图 8-85　水杯材质球

图 8-86　水杯

8.3 上机练习与指导

8.3.1 橘子

视频讲解

1. 练习目标

(1) 材质编辑器的使用。

(2) 多种材质的混合使用。

2. 练习指导

(1) 打开配套光盘上的 ch08_1.max 文件(文件路径：素材和源文件\part8\上机练习\)，如图 8-87 所示，场景中包含一个创建好的橘子对象。

图 8-87 场景

(2) 打开材质编辑器，选择一个样本示例球，设置参数如图 8-88 所示。展开“贴图”卷展栏，在“漫反射”贴图通道上设置一张“混合贴图”，用来将两种贴图混合，如图 8-89 所示。

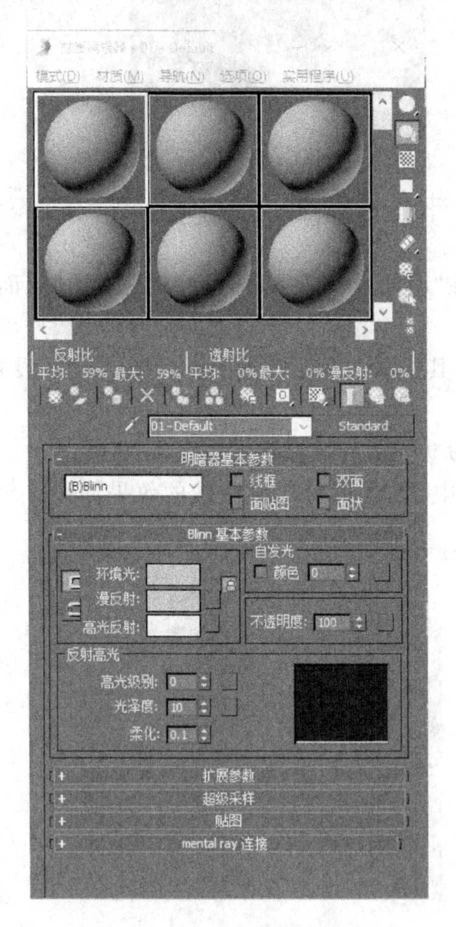

图 8-88 参数设置

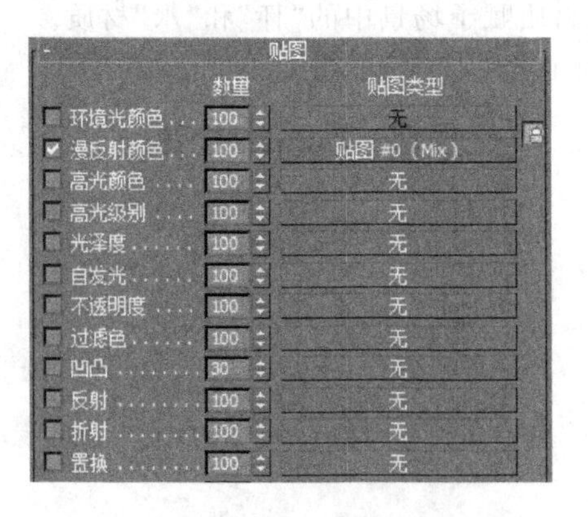

	贴图	
	数量	贴图类型
环境光颜色	100	无
✓ 漫反射颜色	100	贴图 #0 (Mix)
高光颜色	100	无
高光级别	100	无
光泽度	100	无
自发光	100	无
不透明度	100	无
过滤色	100	无
凹凸	30	无
反射	100	无
折射	100	无
置换	100	无

图 8-89 设置漫反射

（3）进入混合贴图层级后为混合贴图的“颜色 1”贴图槽指定一张“噪波”贴图，如图 8-90 所示。

（4）修改噪波的平铺次数，并在“噪波参数”卷展栏中将“颜色 1”的 RGB 分别设置为 255、75、0，将“颜色 2”的 RGB 分别设置为 255、120、0，效果如图 8-91 所示。

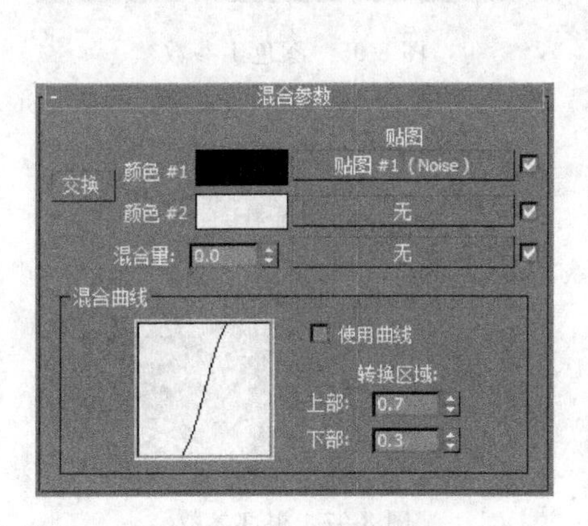

图 8-90　混合贴图设置

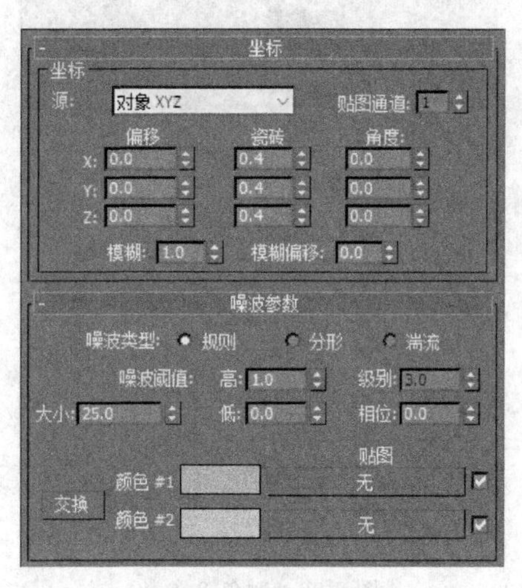

图 8-91　噪波参数设置

（5）返回混合贴图层级，在混合贴图层级中用鼠标拖动复制的方法将“颜色 1”的贴图复制到“颜色 2”贴图槽上，如图 8-92 所示。

（6）将混合贴图的“混合量”设置为 50，然后进入“颜色 2”的噪波贴图子层级，在“噪波参数”卷展栏中将“颜色 1”的 RGB 值设置修改为 255、156、0，效果如图 8-93 所示。

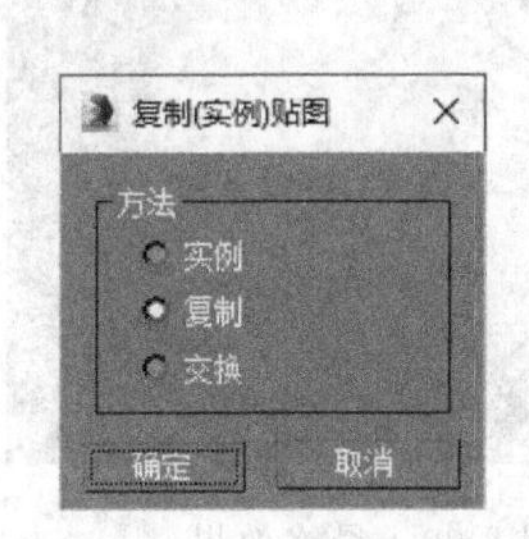

图 8-92　复制混合参数

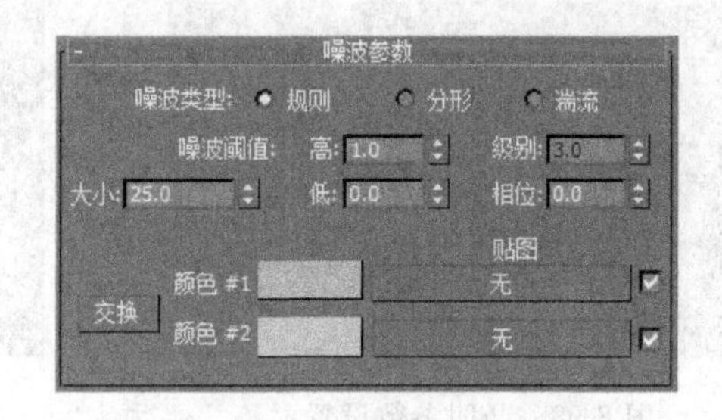

图 8-93　颜色 2 噪波设置

（7）单击向上按钮两次返回最顶层级，为“高光级别”通道指定一张“噪波”贴图，并修改参数如图 8-94 所示。

（8）将“漫反射”贴图通道的材质复制到“凹凸”贴图通道中，并分别进入“颜色 1”贴图槽和“颜色 2”贴图槽的噪波贴图子层级修改相关参数，参数按照图 8-95 和图 8-96 所示进行设置。

（9）制作橘子根部材质。选择第二个样本示例球，设置材质的漫反射颜色的 RGB 分别为 27、111、31，如图 8-97 所示，然后将其赋予橘子的根部。

（10）展开“贴图”卷展栏，为“凹凸”贴图通道设置一张“噪波”类型贴图，并修改噪波参数如图 8-98 所示。

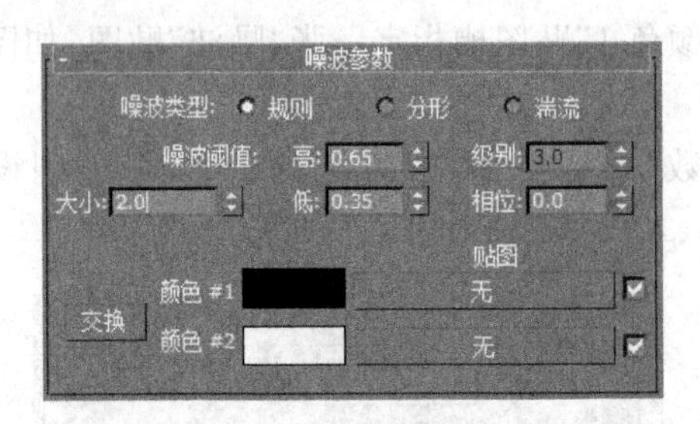

图 8-94　高光级别参数设置

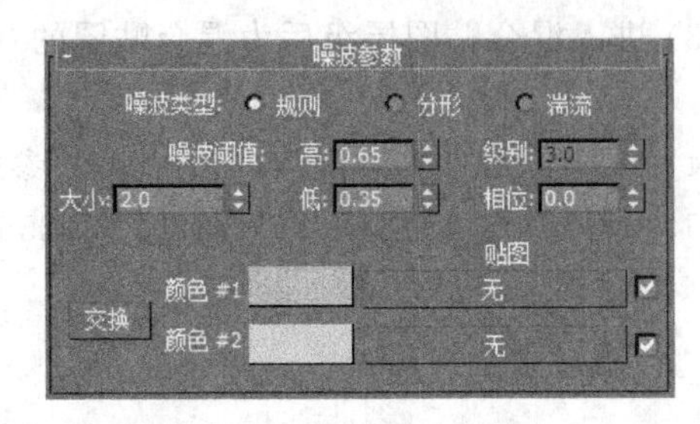

图 8-95　颜色 1 参数

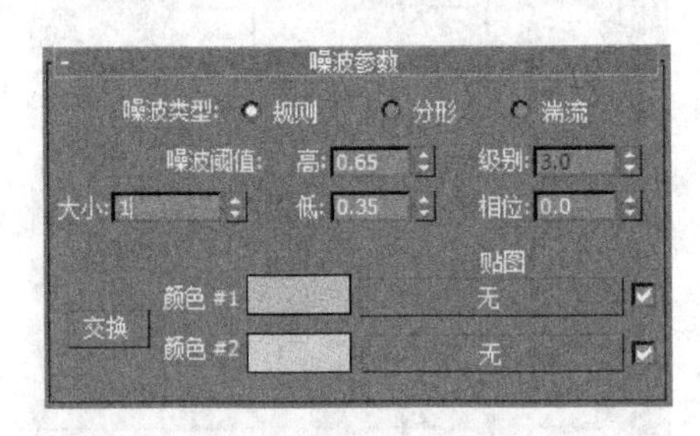

图 8-96　颜色 2 参数

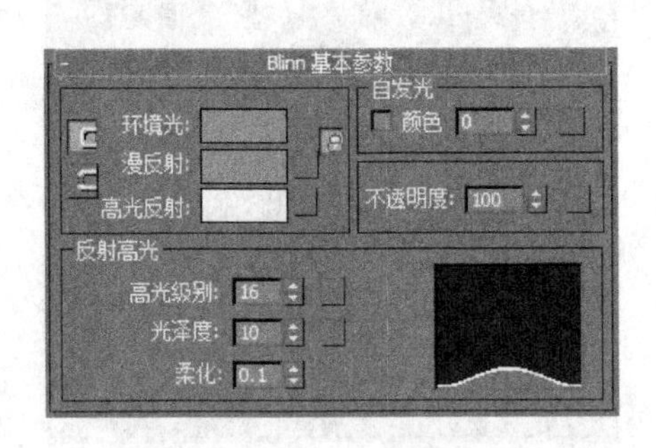

图 8-97　根部参数

(11) 渲染存盘。本实例的源文件为配套光盘上的 ch08_1. max(文件路径：素材和源文件\part8\上机练习\),最终效果如图 8-99 所示。

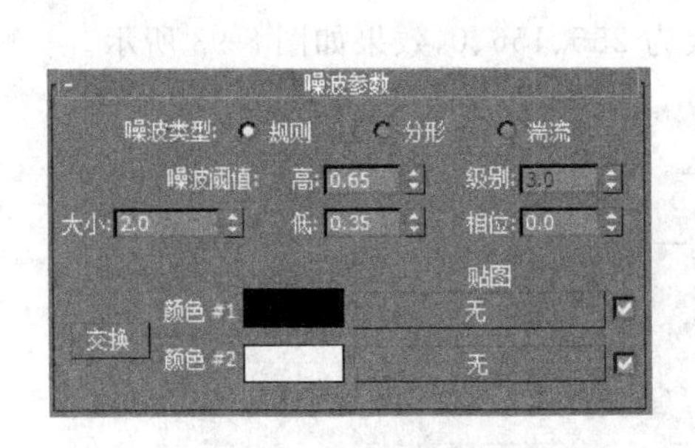

图 8-98　凸凹参数设置

图 8-99　最终效果

8.3.2　座钟

视频讲解

1. 练习目标

(1) 材质编辑器的使用。

(2) 多种贴图的使用方法。

2. 练习指导

(1) 打开配套光盘上的 ch08_2. max 文件(文件路径：素材和源文件\part8\上机练习\),如图 8-100 所示,场景中包含一个座钟和地面对象。

图 8-100　座钟场景

(2) 打开材质编辑器，选择一个材质球，打开“贴图”卷展栏，为场景中的表身设置漫反射材质。添加一个位图 euroak. tif 作为材质(文件路径：素材和源文件\part8\上机练习\)，其参数设置如图 8-101 所示，确认参数后可得到如图 8-102 所示的效果。

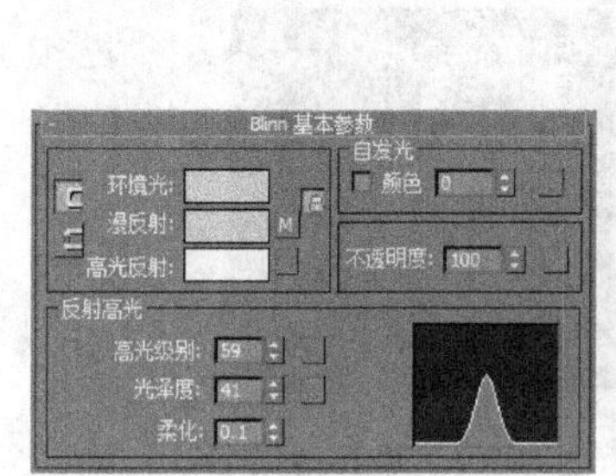

贴图	数量	贴图类型
环境光颜色	100	无
✓ 漫反射颜色	100	贴图 #0 (euroak.tif)
高光颜色	100	无
高光级别	100	无
光泽度	100	无
自发光	100	无
不透明度	100	无
过滤色	100	无
凹凸	30	无
反射	100	无
折射	100	无
置换	100	无

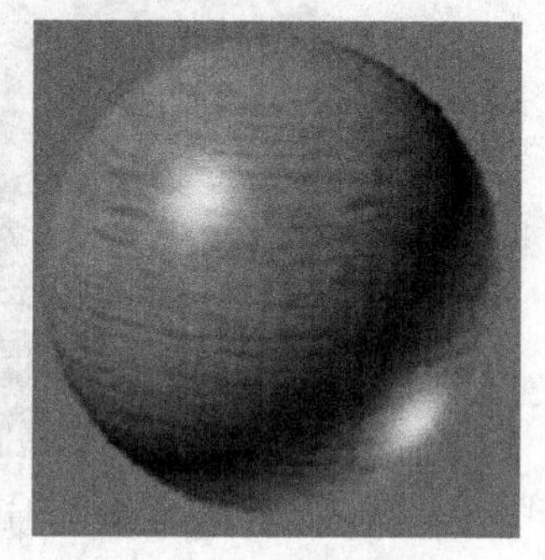

图 8-101　表身参数设置　　　　图 8-102　表身材质效果

(3) 选择第二个材质球，打开“贴图”卷展栏，为场景中的“把手”设置凹凸材质。添加一个位图 handlbmp. tif 作为材质(文件路径：素材和源文件\part8\上机练习\)，其参数设置如图 8-103 所示，确认参数后得到如图 8-104 所示的效果。

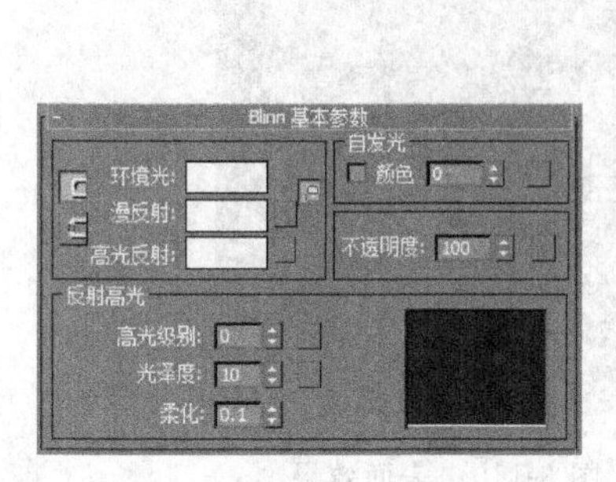

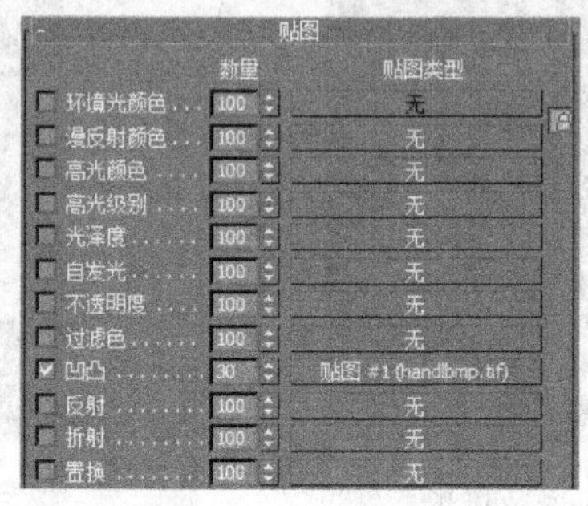

图 8-103　把手参数设置　　　　图 8-104　把手材质效果

(4) 选择第三个材质球，打开“贴图”卷展栏，为场景中的“表盘外框”设置材质参数，其参数按图 8-105 所示设置，效果如图 8-106 所示。

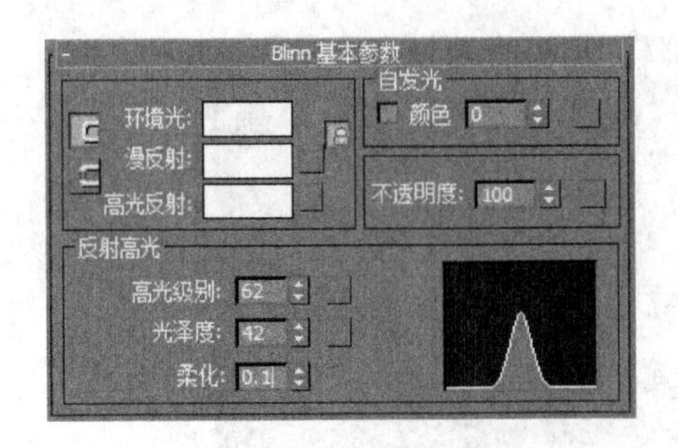

图 8-105　表盘外框参数设置

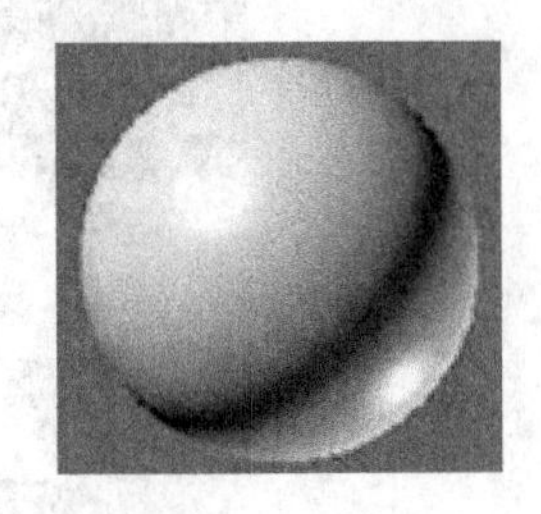

图 8-106　表盘外框效果

(5) 选择第四个材质球，打开“贴图”卷展栏，为场景中的“桌布”设置漫反射材质。添加一个位图“桌布.jpg”作为材质(文件路径：素材和源文件\part8\上机练习\)，其参数设置如图 8-107 所示，确认参数后得到如图 8-108 所示的效果。

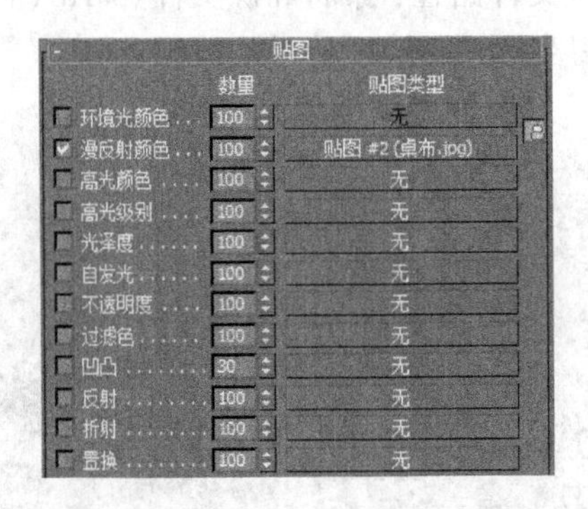

图 8-107　桌布参数设置

图 8-108　桌布效果

(6) 选择第五个材质球，打开“贴图”卷展栏，为场景中的“表面”设置漫反射材质。添加一个位图 clockfce.jpg 作为材质(文件路径：素材和源文件\part8\上机练习\)，其参数设置如图 8-109 所示，确认参数后得到如图 8-110 所示的效果。

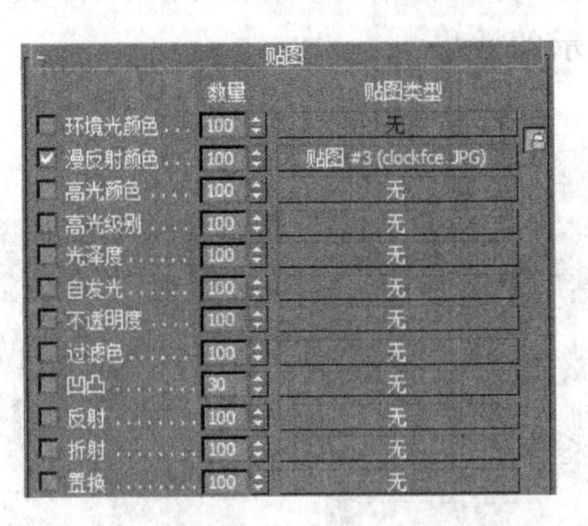

图 8-109　表面参数设置

图 8-110　表面效果

(7) 将设置好的材质分别赋予相应的对象。

(8) 渲染存盘。本实例的源文件为配套光盘上的 ch08_2.max(文件路径：素材和源文件\part8\上机练习\)，最终效果如图 8-111 所示。

图 8-111　最终效果

8.4　本章习题

1. 填空题

(1) 3ds Max 支持多种格式的图像作为贴图来源，其中常用的图像格式有________、________、________和________。

(2) 渲染场景时，在________或________情况下必须给对象以正确的贴图坐标。

(3) 渐变色贴图的类型有________、________。

2. 选择题

(1) 在 3ds Max 中使用材质和贴图技术可以模拟物体的(　　)特性。

A. 颜色　　B. 高光　　C. 自发光　　D. 不透明度

(2) 纹理坐标系用在(　　)上。

A. 自发光贴图　　B. 反射贴图　　C. 折射贴图　　D. 环境贴图

(3) 在默认状态下，渐变色贴图的颜色有(　　)种。

A. 1　　B. 2　　C. 3　　D. 4

(4) 单击视图标签后会弹出一个快捷菜单，从该菜单中选择(　　)命令可以改进交互视图中贴图的显示效果。

A. 视口剪切　　B. 纹理校正　　C. 禁用视图　　D. 显示安全框

第9章 灯光与摄影机

在 3ds Max 中，灯光和摄影机都是模拟真实世界中等同于它们的场景对象。灯光的设置直接关系到最后作品的效果，正确的灯光照明对于一个场景的整体效果的表现起着十分重要的作用，可以恰当地烘托场景的气氛。摄影机对象能够模拟现实世界中的静止图像、运动图片或视频摄影机，与现实世界中的摄影机类似，三维动画中的摄影机是用来观察场景中对象的“眼睛”，从特定的观察点来表现场景。本章主要介绍 3ds Max 中的灯光及摄影机的常用设置。

本章的主要内容：

- 灯光的类型与运用；
- 阴影的类型；
- 摄影机的运用。

9.1 灯光的类型

灯光是模拟真实灯光的对象，例如家用或办公室灯、舞台和电影工作室使用的灯光设备以及太阳光，不同种类的灯光对象用不同的方法投射灯光，模拟真实世界中不同种类的光源。在 3ds Max 的场景中一般提供两种类型的灯光，即自然光和人造光。自然光类似太阳光，由时间、气候、环境等因素影响。在 3ds Max 中可以使用平行光来创建自然光，并且 3ds Max 中还有“太阳光”和“日光”系统可以用于模拟这种光照效果。人造光指的是一些光亮度较低的灯光，例如一些室内照明灯光。

在 3ds Max 系统中提供的可以使用的灯光类型有两种，即标准灯光和光度学灯光。它们拥有相同的参数和阴影生成器。

9.1.1 默认灯光

在 3ds Max 中的默认光源是放置在场景中对角线两侧的两盏泛光灯，其中一盏位于场景的左上方，另一盏位于场景的右下方。一旦在场景中添加了任意的灯光，默认的光源就会被关闭，显示所创建的灯光的照明效果。所以在添加一盏灯光后一般场景会变暗，因为此时的灯光比默认的灯光少了一盏。当将场景中的灯光都删除后，默认灯光自动打开，照亮场景。用户可以通过选择“视图”|“视口配置”命令打开“视口配置”对话框，在“视觉样式和外观”选项卡中设置“默认照明”为“1 盏灯”还是“2 盏灯”，如图 9-1 所示。

专家点拨：在操作过程中可按 Ctrl+L 快捷键打开默认灯光代替场景中设置的灯光。

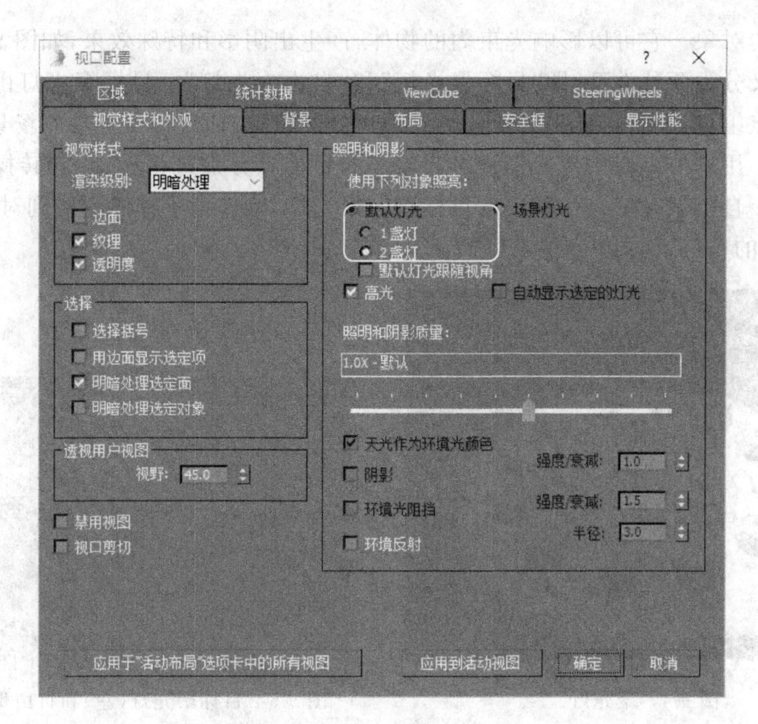

图 9-1 “视口配置”对话框

9.1.2 标准灯光

在 3ds Max 中灯光类型分为标准灯光和光度学灯光,标准灯光是基于早期的 3ds Max 的模拟类灯光,共有泛光灯、聚光灯、平行光灯、天光灯和 MR 灯光 5 种类型,其“对象类型”卷展栏如图 9-2 所示。

1. 泛光灯

泛光灯就像是用一个裸露的灯泡去照射对象,它是一种可以对所有方向都均匀照射的点光源,其光照效果如图 9-3 所示。泛光灯可用于模拟灯泡、台灯等点光源物体的发光效果,也常当作辅助光来照明场景。

图 9-2 标准灯光

图 9-3 泛光灯

2. 聚光灯

聚光灯是一种类似于剧院中舞台灯光的具有方向性和范围性的灯光,不会影响照射区域范围以外的对象。它可以影响光束内的物体,产生出阴影和特殊效果,如图 9-4 所示。

聚光灯又分为两种类型,即"目标聚光灯"和"自由聚光灯"。目标聚光灯由一个起始点和一个目标点组成,起始点标志灯光在场景中所处的位置,而目标点则指向场景中希望得到照明的物体。用户可以使用变换工具对起始点和目标点分别进行移动、旋转操作,如图 9-5 的左图所示。自由聚光灯是一种没有目标点的聚光灯,常作为子物体链接到对象上,生成动画,比如汽车的车灯,如图 9-5 的右图所示。

图 9-4 聚光灯

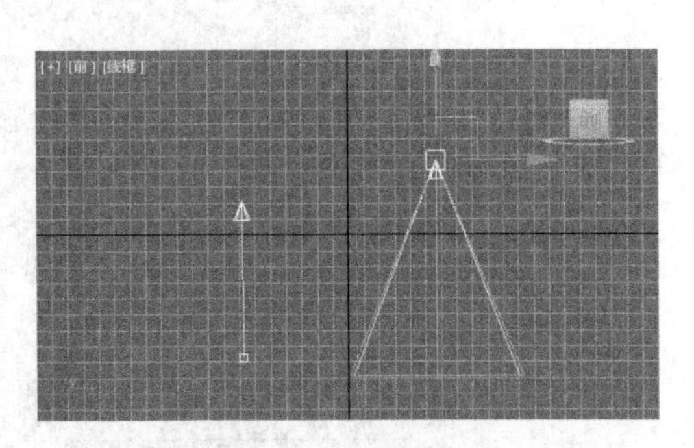

图 9-5 目标聚光灯(左)和自由聚光灯(右)

3. 平行光灯

平行光灯类似于阳光,它是沿着一个方向投射平行光线的灯光,它的照射区域不是聚光灯的锥形,而是圆柱形。平行光灯会从相同的角度照射范围以内的所有物体,而不受物体位置的影响,如图 9-6 所示。

平行光灯也分为两种类型,即"目标平行光"和"自由平行光"。目标平行光灯类似于目标聚光灯,由一个起始点和一个目标点组成,如图 9-7 的左图所示。自由平行光灯则是一种发出平行光束的灯光,常用于模拟太阳光这种自然光的照射,如图 9-7 的右图所示。

图 9-6 平行光

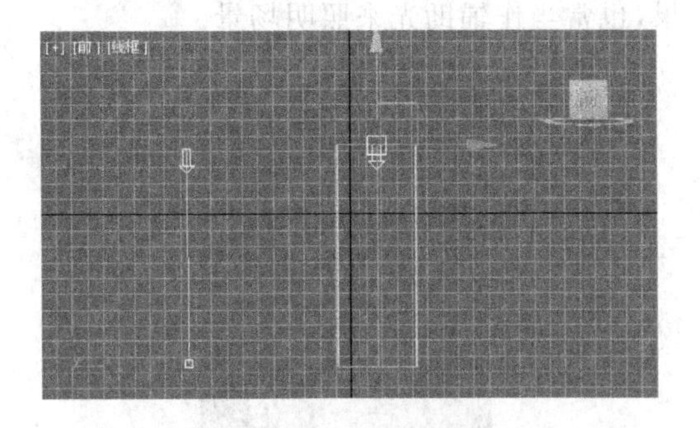

图 9-7 目标平行光(左)和自由平行光(右)

4. 天光灯

天光灯是一种用于模拟日光照射效果的灯光,它可以从四面八方同时对物体投射光线。天光灯比较适合使用在开放的室外场景照明。天光灯只有与光跟踪渲染器配合才能得到理想的照明效果。

5. MR 灯光

在 3ds Max 中有“MR 区域泛光灯”和“MR 区域聚光灯”两种 MR 灯光。MR 灯光可以模拟各种面积光源的照明效果，只有使用 mental ray 渲染器才可以对 MR 灯光进行渲染，若使用 3ds Max 默认的渲染器，其效果和标准灯光是一样的。

9.1.3 光度学灯光

光度学灯光是一种使用光度学数值进行计算的灯光，它可以通过控制光度值、灯光颜色等设置模拟出真实的灯光效果。为了达到较好的灯光照明效果，一般都需要与“光能传递”渲染一起使用。光度学灯光的“对象类型”卷展栏如图 9-8 所示。

1. 点光源

点光源是从一个点向四周发射光源，发光效果类似于白炽灯泡。点光源有“目标点光源”和“自由点光源”两种类型。

目标点光源像标准的泛光灯一样从几何体点发射光线，使用目标对象指向灯光，此灯光有 3 种类型的分布，分别为“等向分布”“聚光灯分布”和“Web 分布”，各类型都对以相应的图标，如图 9-9 所示。

图 9-8 光度学灯光

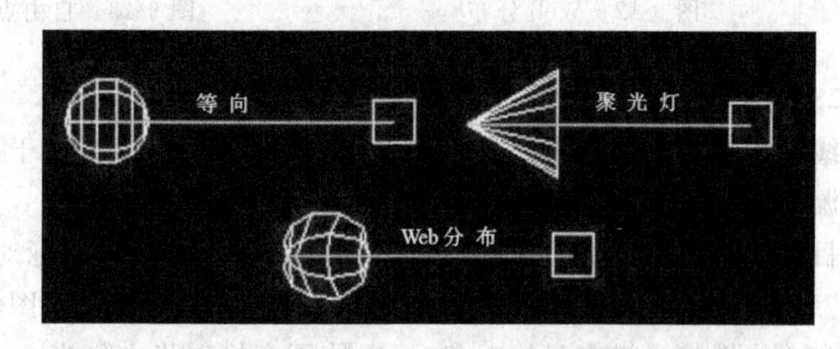

图 9-9 使用等向、聚光灯和 Web 分布的“目标点”灯光的图标

等向分布：指灯光在各个方向上均等地分布，如图 9-10 所示。

聚光灯分布：指像闪光灯一样投射集中的光束，如在剧院中或桅灯下投射的聚光，如图 9-11 所示。

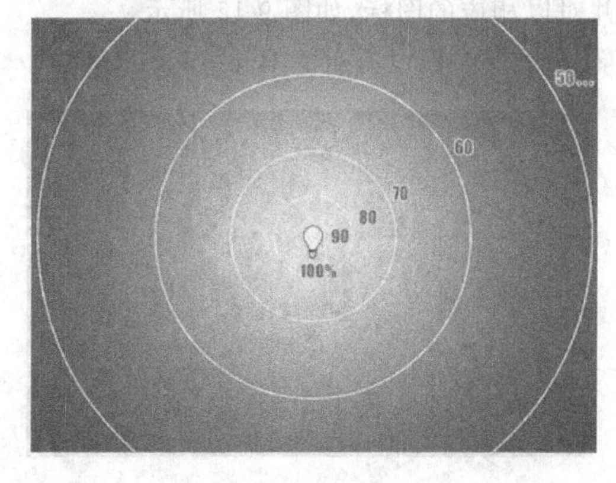

图 9-10 等向分布

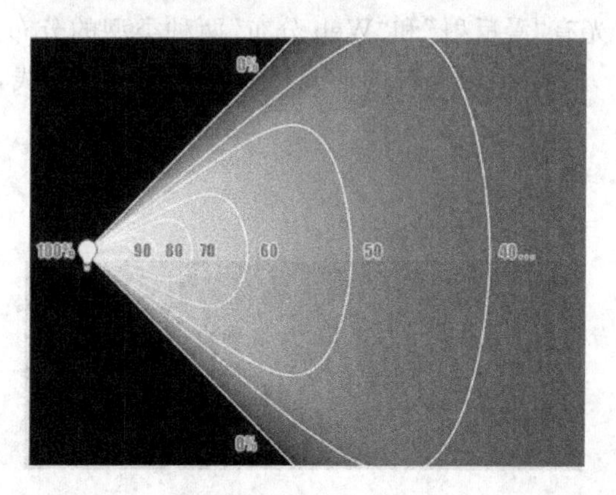

图 9-11 聚光灯分布

Web 分布:使用光域网定义分布灯光。光域网是光源的灯光强度分布的 3D 表示,如图 9-12 所示。Web 定义存储在文件中,许多照明制造商可以提供为其产品建模 Web 文件,这些文件通常在 Internet 上可用。

自由点光源和目标点光源类似,像标准的泛光灯一样从几何体点发射光线,但自由点灯光没有目标对象,可以使用变换以指向灯光。它和目标点光源一样有"等向""聚光灯"和"Web"3 种类型的分布,并对以相应的图标,如图 9-13 所示。

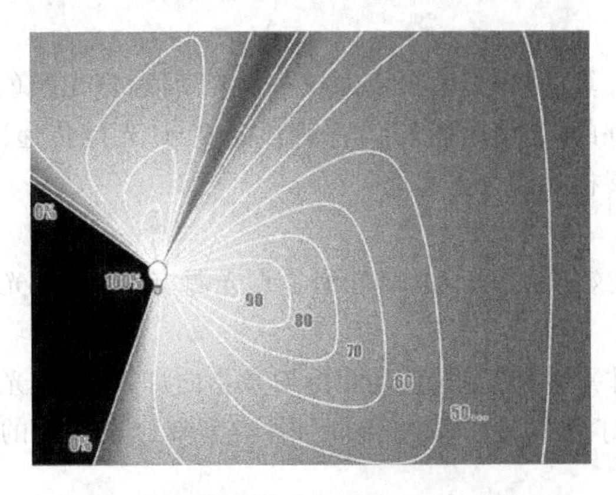

图 9-12　Web 分布

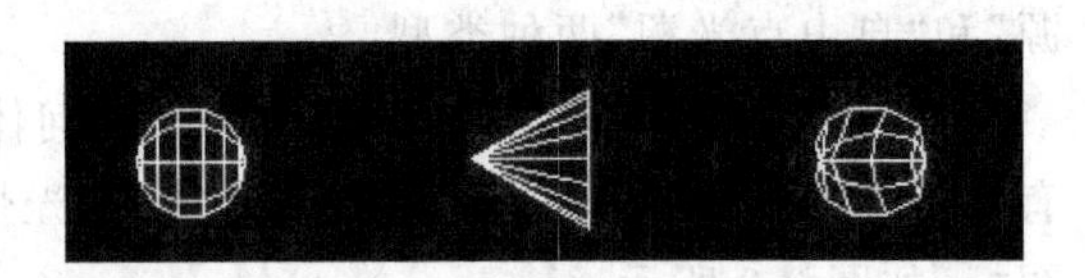

图 9-13　自由点光源的 3 种类型分布的图标

2. 线光源

线光源是从一条线段向四周发射的光源,发光效果类似于日光灯管。线光源也有目标线光源和自由线光源两种类型。

目标线光源以直线发射光线,像荧光灯管一样,使用目标对象指向灯光。此灯光有"漫反射"和"Web 分布"两种类型的分布,并对以相应的图标,如图 9-14 所示。

自由线性灯光没有目标对象,可以使用变换以指向灯光。

3. 面光源

面光源是从一个矩形的区域向四周发射的光源,发光效果类似于吸顶灯。面光源同样也具有目标面光源和自由面光源两种类型。

目标面光源的灯光就像天光一样从矩形区域发射光线,使用目标对象指向灯光。此灯光有"漫反射"和"Web 分布"两种类型的分布,并对以相应的图标,如图 9-15 所示。

自由面光源的灯光从矩形区域发射光线,像天光一样,但没有目标对象。

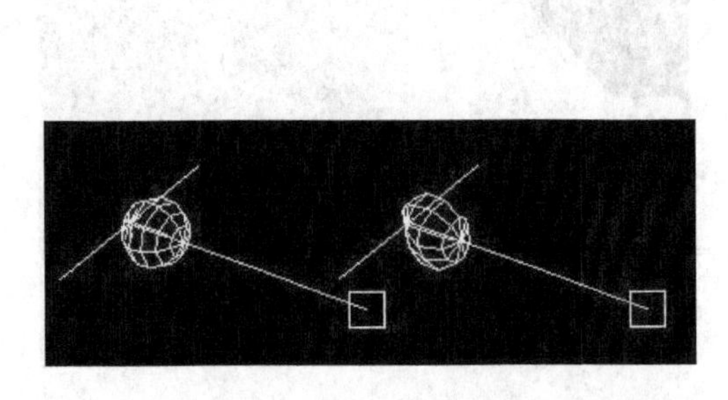

图 9-14　漫反射和 Web 分布的目标线光源的图标

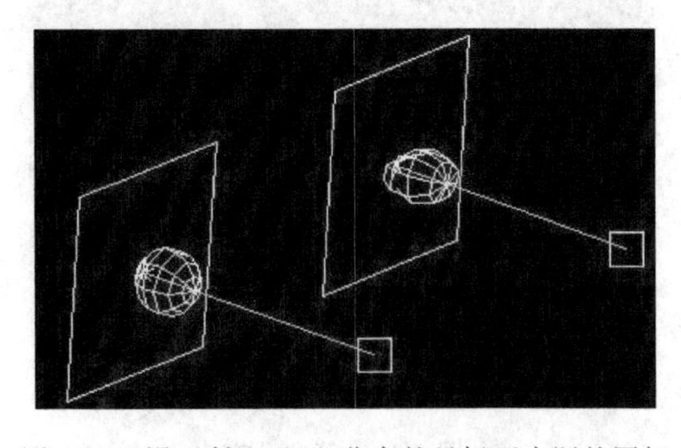

图 9-15　漫反射和 Web 分布的目标面光源的图标

4. IES 太阳光

图 9-16 室外场景由 IES 太阳光照明

IES 太阳光可以模拟较强的日光照射效果。由于 IES 太阳光默认的亮度非常高，为了不产生曝光过度，通常需要在“环境和效果”对话框的“曝光控制”组中选择“对数曝光控制”方式，从而产生正确的渲染结果。图 9-16 所示为 IES 太阳光照明下的室外场景效果。

5. IES 天光

IES 天光可以模拟出大气中自然的光线效果，例如阴天的光线等。

9.2 灯光的参数设置

在 3ds Max 中标准灯光和光度学灯光的参数设置选项基本上是相似的，这里仅以标准灯光为例介绍灯光的参数设置。

9.2.1 常规照明参数

对于所有类型的灯光都会显示“常规参数”卷展栏。这些参数可用于启用和禁用灯光，并且排除或包含场景中的对象。“常规参数”卷展栏如图 9-17 所示。

1. “灯光类型”组

“启用”复选框：用于控制当前灯光的开关，选中该复选框时灯光被打开，取消时关闭。

“灯光类型”下拉列表：可以设置当前使用的灯光的类型。

“目标”复选框：用于控制聚光灯和平行光灯是否有目标点，选中该复选框时灯光类型为目标聚光灯或目标平行光灯，取消对该复选框的选中则为自由聚光灯或自由平行光灯。

2. “阴影”组

“启用”复选框：用于控制当前的灯光是否能够产生阴影，选中该复选框会产生阴影，取消则不产生阴影，如图 9-18 所示。

图 9-17 “常规参数”卷展栏

(a) 取消阴影效果

(b) 启用阴影效果

图 9-18 取消阴影和启用阴影的效果

“使用全局设置”复选框：选中该复选框，会把阴影参数应用到场景中全部的投影灯上。

“阴影方式”下拉列表：单击下拉按钮，可以在弹出的下拉列表中选择生成阴影的方式。在 3ds Max 中默认有 4 种生成阴影的方式，即阴影贴图、光线跟踪阴影、高级光线跟踪阴影和面阴影。选择不同的阴影生成方式在下面会有不同的阴影设置的卷展栏出现，相关卷展栏将在后面详细讲解。

“排除”按钮：单击该按钮，会弹出如图 9-19 所示的“排除/包含”对话框，该对话框将一个组视为一个对象，通过选择“场景对象”列表中的组名称来排除或包含组中的所有对象，在其中可以指定场景中的对象是否接受灯光的照明和产生阴影。“排除/包含”对话框包括以下几个参数。

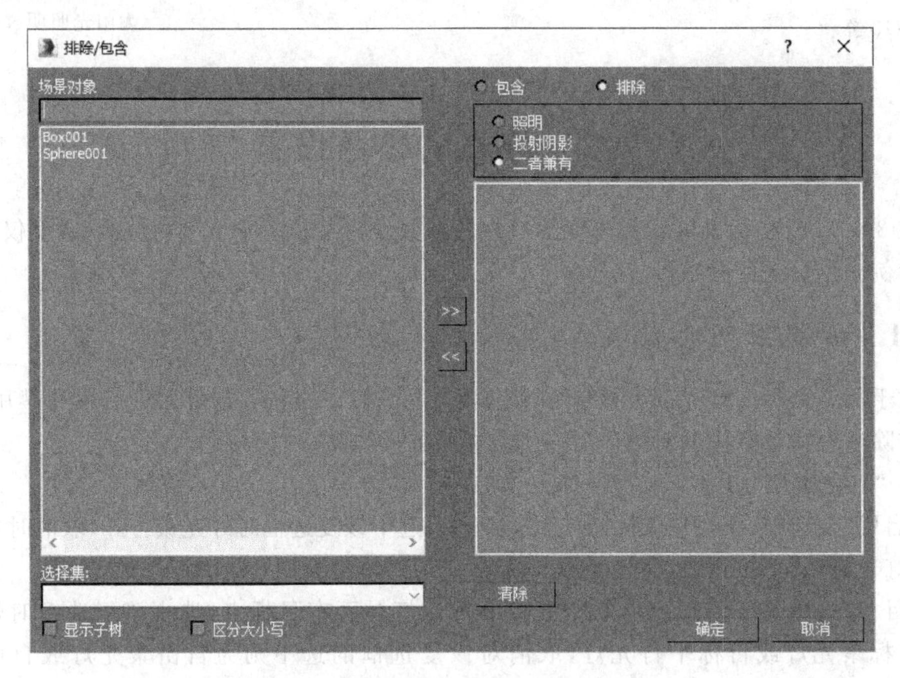

图 9-19 “排除/包含”对话框

- “排除”和“包含”单选按钮：决定灯光(或无光渲染元素)是否排除或包含右侧列表中已命名的对象。
- “照明”单选按钮：排除或包含对象表面的照明。
- “阴影投射”单选按钮：排除或包含对象阴影的创建。
- “二者兼有”单选按钮：排除或包含上述两者。
- “场景对象”列表：从左侧的“场景对象”列表中选择对象，然后使用箭头按钮将这些对象添加到右侧的排除列表中。
- “搜索字段”编辑框：“场景对象”列表上方的编辑框用于按名称搜索对象，可以输入使用通配符的名称。
- “选择集”下拉列表：显示命名选择集列表。从该列表中选择一个选择集可以选中“场景对象”列表中相对应的对象。
- “显示子树”复选框：选中该复选框后，可根据对象层次缩进“场景对象”列表。

• “区分大小写”复选框：选中该复选框后，搜索对象名称时区分大小写。

• “清除”按钮：单击该按钮，可清除右侧列表中的所有条目。

9.2.2 强度/颜色/衰减参数

图 9-20 所示为“强度/颜色/衰减”卷展栏，使用该卷展栏可以设置灯光的亮度、颜色和衰减情况。

1. “倍增”数值框

该数值用于控制灯光照射的强度，默认值为 1。它也可以为负值，当为负值的时候会产生吸收光线的效果。其右侧有一个颜色块，单击该颜色块可以设置灯光的颜色。

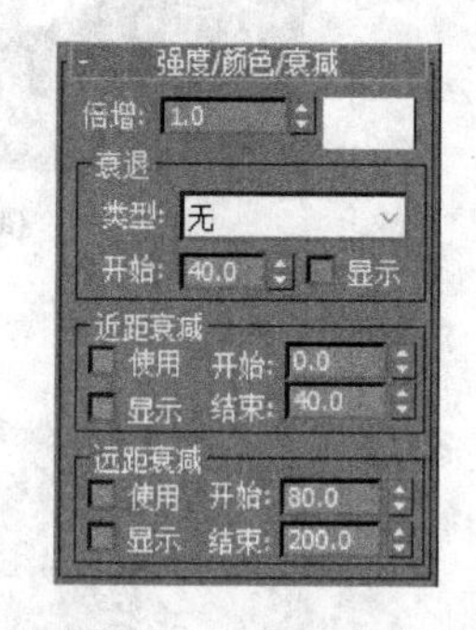

图 9-20 “强度/颜色/衰减”卷展栏

2. “衰退”组

“类型”下拉列表：在该下拉列表中提供了“无”“倒数”和“平方反比”3 种衰减方式。其中，“倒数”方式是按照灯光的距离进行衰减；“平方反比”方式则按照距离的指数进行衰减。“平方反比”方式是光度学灯光的衰减方式，也是现实中的灯光衰减计算公式。

“开始”数值框：用于设置开始发生衰减的位置。

“显示”复选框：选中该复选框时，在视口中显示衰退的距离设置。

3. “近距衰减”组

“使用”复选框：选中该复选框，可以使用近距衰减。

“开始”数值框：用于设置近距衰减开始位置到光源位置之间的距离，即设置灯光开始淡入的距离。

“显示”复选框：选中该复选框后，将在视口中显示近距衰减范围的设置。

“结束”数值框：用于设置近距衰减结束位置到光源位置之间的距离，即设置灯光达到其全值的距离。

4. “远距衰减”组

“使用”复选框：选中该复选框后，可以使用远距衰减。

“开始”数值框：用于设置远距衰减开始位置到光源位置之间的距离，即设置灯光开始淡出的距离。

“显示”复选框：选中该复选框后，将在视口中显示远距衰减范围设置。

“结束”数值框：用于设置远距衰减结束位置到光源位置之间的距离，即设置灯光变为 0 的距离。

近距衰减和远距衰减的效果如图 9-21 所示。

9.2.3 聚光灯和平行光灯参数

当创建或者选择一个目标聚光灯、自由聚光灯或带有聚光灯分布的光度学灯光时会显示“聚光灯参数”卷展栏，如图 9-22 所示。

当创建或选择目标平行光或自由平行光时，则显示“平行光参数”卷展栏，如图 9-23 所示。

(a) 效果

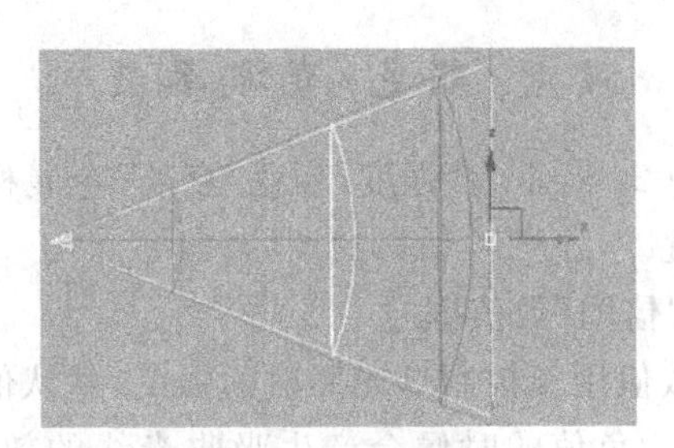

(b) 范围示意

图 9-21　近距衰减和远距衰减的范围示意

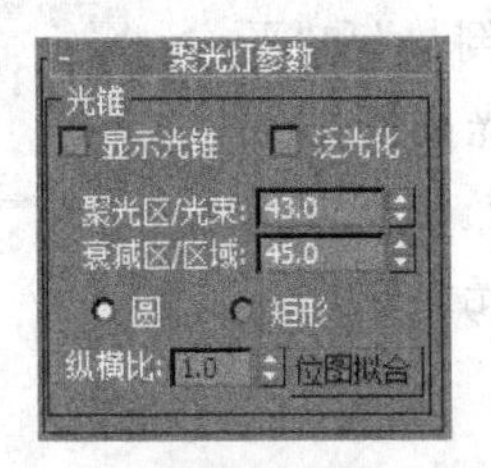

图 9-22　“聚光灯参数”卷展栏

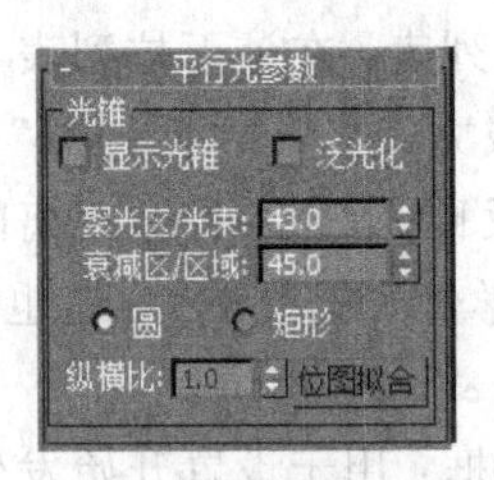

图 9-23　“平行光参数”卷展栏

仔细观察可以发现“聚光灯参数”和“平行光参数”卷展栏的参数选项是一样的,这里以“聚光灯参数”卷展栏为例进行介绍。在“聚光灯参数”卷展栏中只有“光锥”一个参数组,其具体参数功能如下所述。

“显示光锥”复选框:该复选框可以控制是否在视口中显示聚光灯的光锥标识。

“泛光化”复选框:当选中该复选框时,灯光会像泛光灯一样在各个方向投射灯光,但是投影和阴影只发生在其光锥内。

“聚光区/光束”数值框:用于调整灯光圆锥体的角度。

“衰减区/区域”数值框:用于调整灯光衰减区的角度。

聚光区和衰减区的效果如图 9-24 所示。

(a) 聚光区

(b) 衰减区

图 9-24　聚光区和衰减区的效果

“圆”和“矩形”单选按钮:确定聚光区和衰减区的形状为圆形还是矩形。图 9-25 所示为矩形的形状。

“纵横比”数值框：用于设置矩形光束的纵横比。使用“位图适配”按钮可以使纵横比匹配特定的位图，默认设置为 1.0。

“位图拟合”按钮：如果灯光的投影纵横比为矩形，单击该按钮会弹出“选择图像文件以适配”对话框，选择一个图像文件的纵横比作为矩形的纵横比。尤其当灯光用作投影灯时该按钮非常有用。

9.2.4 阴影参数

所有灯光类型(除了“天光”和“IES 天光”)和所有阴影类型都具有“阴影参数”卷展栏，使用“阴影参数”卷展栏可以设置阴影颜色和其他常规阴影属性，如图 9-26 所示。在这个卷展栏中有“对象阴影”和“大气阴影”两个参数组。

图 9-25　矩形光锥

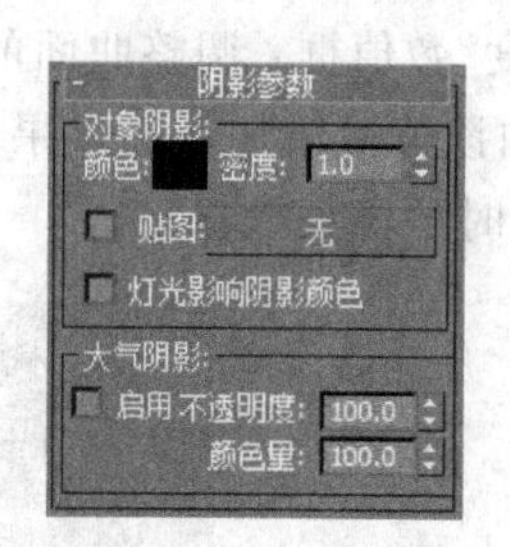

图 9-26　“阴影参数”卷展栏

1. “对象阴影”组

“颜色”色块：单击可以设置阴影的颜色。

“密度”数值框：用于调整阴影的密度，数值越大阴影越清晰。图 9-27 所示分别为阴影密度为 1.0 和 0.3 时的效果。

(a) 阴影密度为1.0

(b) 阴影密度为0.3

图 9-27　阴影密度改变的效果

“贴图”复选框：启用该复选框，可以使用“贴图”按钮指定的贴图。默认设置为禁用状态。

“贴图”按钮：将贴图指定给阴影，贴图颜色与阴影颜色混合起来。默认设置为“否”。

“灯光影响阴影颜色”复选框：启用该复选框后，将灯光颜色与阴影颜色(如果阴影已设置贴图)混合起来。默认设置为禁用状态。

2.“大气阴影”组

“启用”复选框：启用该复选框后，大气效果如灯光穿过一样投射阴影。默认设置为禁用状态。

“不透明度”数值框：用于调整阴影的不透明度。此值为百分比，默认设置为 100.0。

“颜色量”数值框：用于调整大气颜色与阴影颜色混合的量。此值为百分比，默认设置为 100.0。

9.2.5 高级效果

“高级效果”卷展栏提供了影响灯光曲面方式的控件，如图 9-28 所示，包括了“影响曲面”和“投影贴图”两组参数选项。

1.“影响曲面”组

“对比度”数值框：调整曲面的漫反射区域和环境光区域之间的对比度。普通对比度设置为 0，增加该值可增加特殊效果的对比度。图 9-29 所示分别为对比度设置为 0 和对比度设置为 100 时的渲染效果。

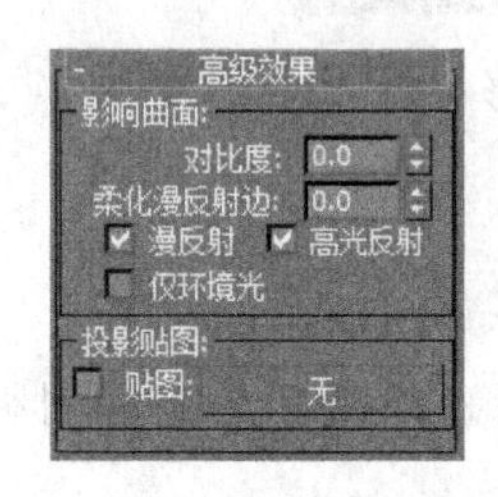

图 9-28 “高级效果”卷展栏

(a) 对比度值为0

(b) 对比度值为100

图 9-29 对比度值设置为 0 和 100 时的渲染效果

“柔化漫反射边”数值框：增加“柔化漫反射边”的值可以柔化曲面的漫反射部分与环境光部分之间的边缘，默认值为 50。图 9-30 所示为该值设置为 100 时的渲染效果。

图 9-30 柔化漫反射边设置为 100 时的渲染效果

“漫反射”复选框：选中该复选框，灯光可以照亮对象的漫反射部分；取消这个复选框的选中，则对象上所有的漫反射部分都不能被照亮。

“高光反射”复选框：选中该复选框，灯光可以对物体的高光部分产生效果；取消这个复选框的选中，则灯光在对象的表面上不产生高光区域。

"仅环境光"复选框：选中该复选框，灯光仅影响照明的环境光组件。启用"仅环境光"后，"对比度""柔化漫反射边""漫反射"和"高光反射"均不可用。默认设置为禁用状态。

图 9-31 所示分别表示了默认的对象渲染状态、取消选中"漫反射"复选框和"高光反射"复选框以及选中了"仅环境光"复选框时的渲染效果。

(a) 默认渲染　(b) 取消"漫反射"

(c) 取消"高光反射"　(d) 选中"仅环境光"复选框

图 9-31　"影响曲面"组中的 3 个复选框的使用

2. "投影贴图"组

选中"贴图"复选框，可以通过"贴图"按钮投射选定的贴图。取消选中该复选框可以禁用投影，其效果如图 9-32 所示。

图 9-32　投影贴图

9.2.6　大气和效果参数

"大气和效果"卷展栏用于为场景中的灯光添加大气效果，如图 9-33 所示。

单击“添加”按钮，会弹出如图 9-34 所示的“添加大气或效果”对话框。

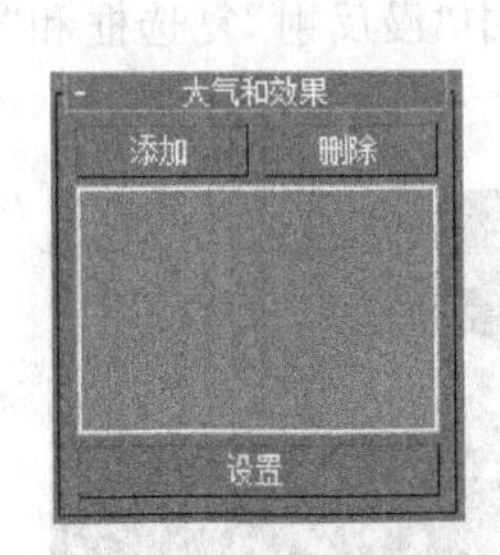

图 9-33 “大气和效果”卷展栏

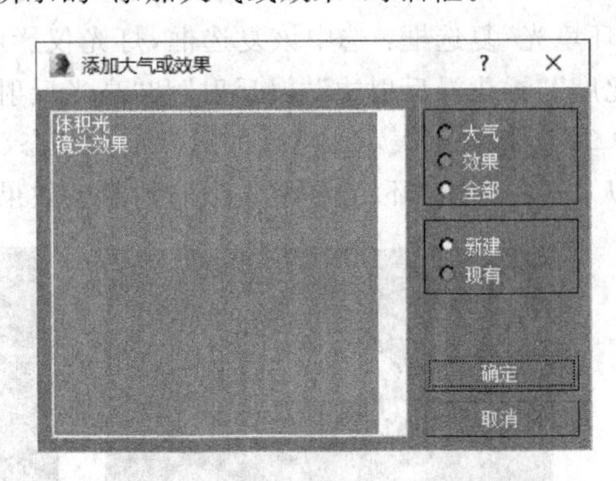

图 9-34 “添加大气或效果”对话框

在“添加大气或效果”对话框中选择相应的效果后，可以在“大气和效果”卷展栏的列表中选择相应选项，单击“设置”按钮后，会打开“环境和效果”对话框，如图 9-35 所示。在这个对话框中可以对大气和效果进行详细的设置。

(a) 体积光的设置

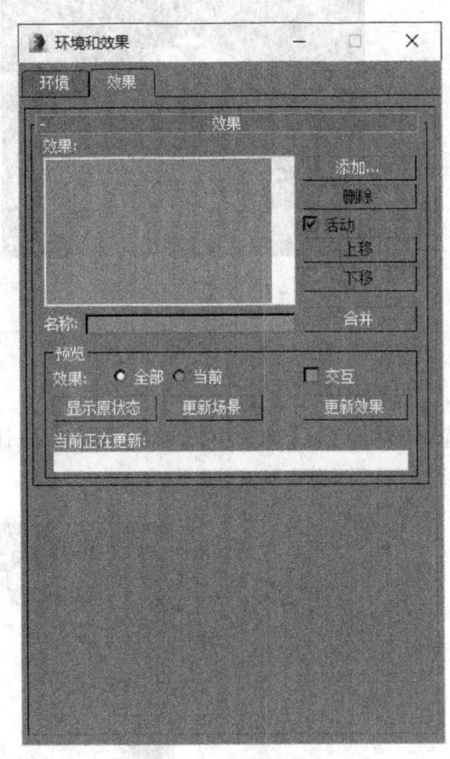

(b) 镜头效果的设置

图 9-35 “环境和效果”对话框

关于大气和效果的具体使用将在第 11 章中详细介绍。

实例 9-1：太空中的地球

操作步骤

(1) 启动 3ds Max 软件或使用“文件”|“重置”命令重置 3ds Max 系统。

（2）打开配套光盘上的“宇宙太空.max”文件（文件路径：素材和源文件\part9\）。

（3）在图 9-36 所示的位置上创建一个泛光灯对象 Omni01。

（4）在图 9-37 所示的位置上创建一个泛光灯对象 Omni02。

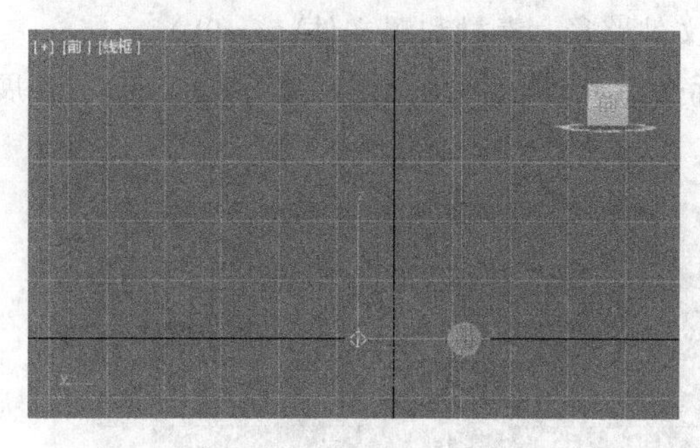

图 9-36　创建 Omni01

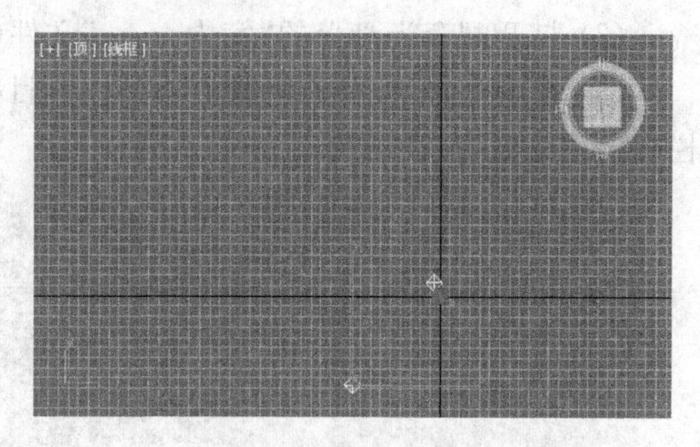

图 9-37　创建 Omni02

（5）选择 Omni01 对象，在“修改”命令面板的“大气和效果”卷展栏中单击“添加”按钮，在弹出的对话框中添加一个“镜头光晕”效果。

（6）在“大气和效果”卷展栏的列表中选择 Lens Effects，单击“设置”按钮，弹出“环境和效果”对话框。在“镜头效果参数”卷展栏和“镜头效果全局”卷展栏中按照图 9-38 所示进行设置。

（7）渲染透视图，效果如图 9-39 所示。

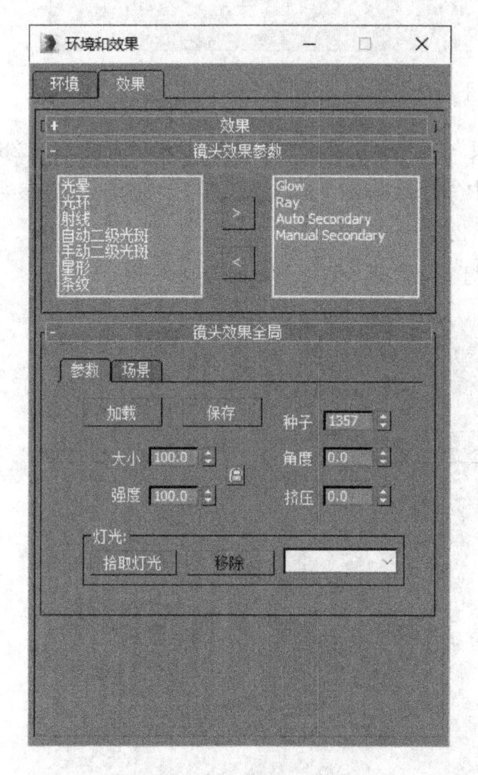

图 9-38　设置镜头光晕

图 9-39　宇宙太空

实例 9-2：照进室内的阳光

操作步骤

(1) 启动 3ds Max 软件或使用“文件”|“重置”命令重置 3ds Max 系统。

(2) 打开配套光盘上的“室内.max”文件(文件路径：素材和源文件\part9\)。

(3) 在图 9-40 所示的位置上添加一盏目标平行光灯,然后展开“强度/颜色/衰减”卷展栏,将其“倍增”值设置为 2。

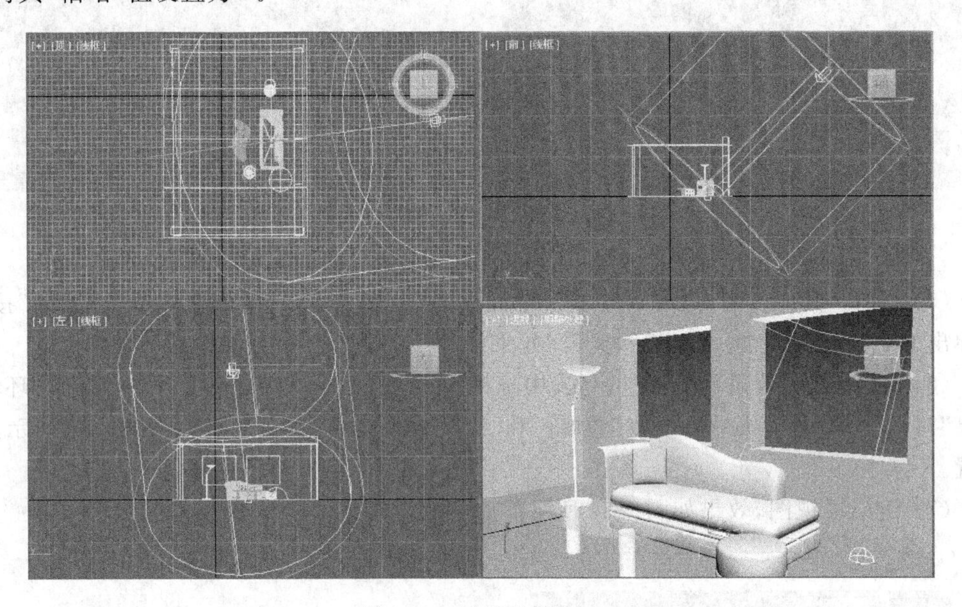

图 9-40　目标平行光灯

(4) 将“平行光参数”卷展栏上的“聚光区/光束”值设置为 250、“衰减区/区域”值设置为 280。

(5) 在“常规参数”卷展栏的“阴影”组中选中“阴影贴图”复选框,展开“阴影贴图参数”卷展栏,将阴影贴图参数中的“采样范围”设置为 2.0。

(6) 在图 9-41 所示的位置上添加一盏泛光灯,设置其“倍增”值为 0.3。

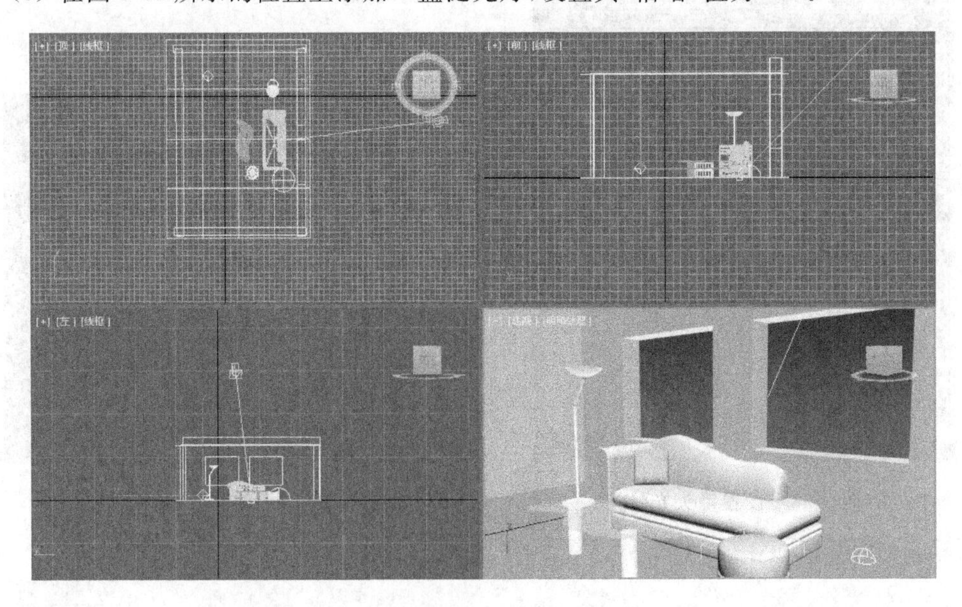

图 9-41　泛光灯 1

(7) 在图 9-42 所示的位置上再添加一盏泛光灯，设置其“倍增”值为 0.3。

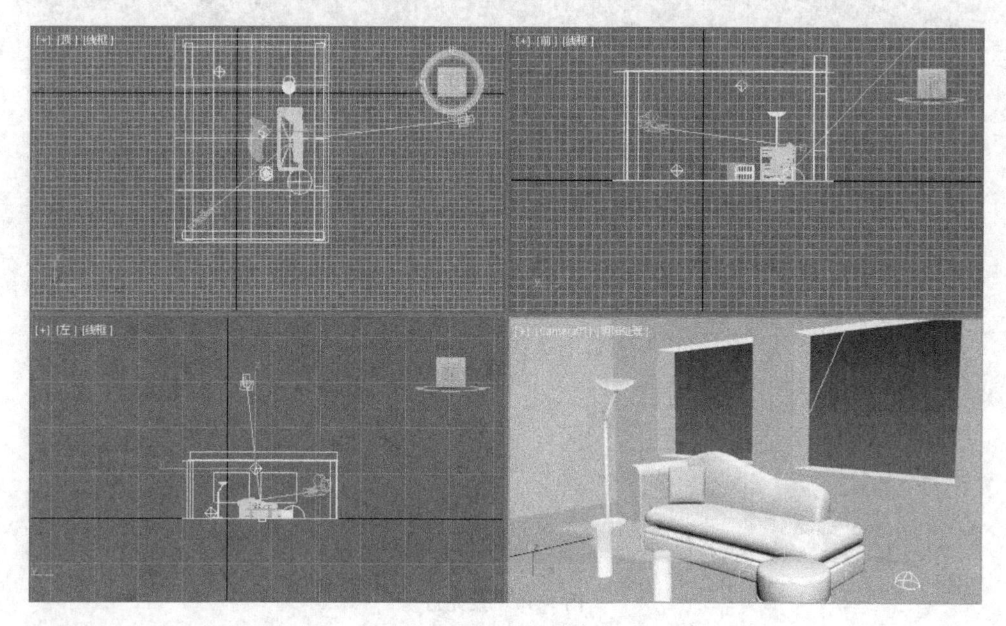

图 9-42　泛光灯 2

(8) 渲染摄影机视图，效果如图 9-43 所示，此时室内的光线仍然太暗。

(9) 在室内的任意位置添加一盏“天光灯”，设置其“倍增”值为 0.5。

(10) 单击“渲染”按钮渲染视图，效果如图 9-44 所示。

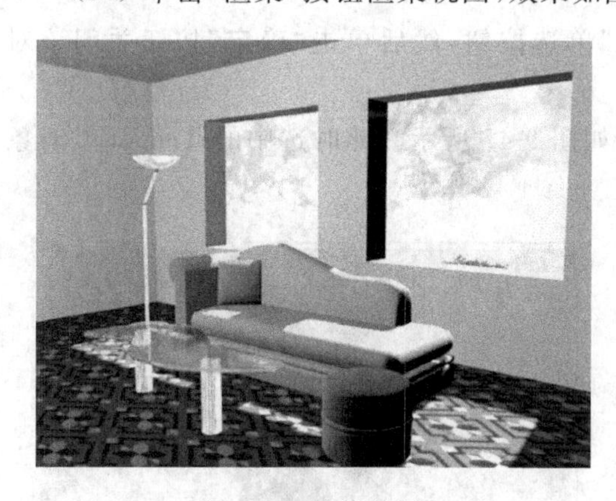

图 9-43　渲染效果

图 9-44　添加天光后的渲染效果

实例 9-3：灯光的排除

操作步骤

(1) 启动 3ds Max 软件或使用“文件”|“重置”命令重置 3ds Max 系统。

(2) 打开配套光盘上的“灯光的排除.max”文件（文件路径：素材和源文件\part9\）。

(3) 在图 9-45 所示的位置添加一盏聚光灯。

(4) 单击“渲染”按钮渲染透视视图，效果如图 9-46 所示。此时所有对象均在灯光下显示。

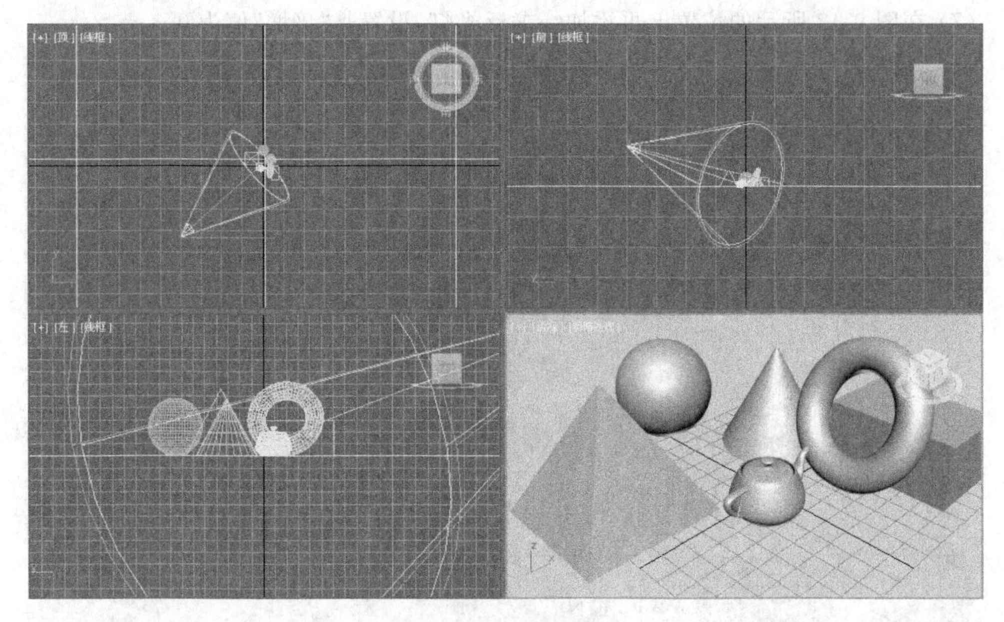

图 9-45　聚光灯

(5) 在任一视口中选择 Spot01 对象,在“修改”命令面板中展开“常规参数”卷展栏,在该卷展栏中单击“排除”按钮,打开“排除/包含”对话框。

(6) 在“排除/包含”对话框左边的列表框中选择 Teapot01 对象,单击“向右”按钮 » 将其添加到右边的排除列表框中。

(7) 在“排除/包含”对话框中选中“照明”单选按钮,然后单击“确定”按钮关闭该对话框。

(8) 单击“渲染”按钮渲染透视视图,效果如图 9-47 所示。此时选中的 Teapot01 对象被排除在照明范围之外,但有阴影。

图 9-46　渲染效果

图 9-47　Teapot01 被排除在照明外

(9) 再次打开“排除/包含”对话框,选中“投射阴影”单选按钮后渲染视图,得到如图 9-48 所示的效果,此时 Teapot01 对象没有投射的阴影。

(10) 在“排除/包含”对话框中选中“二者兼有”单选按钮后渲染视图,得到如图 9-49 所示的效果。此时 Teapot01 对象既被排除在照明范围之外，也没有投射阴影。

图 9-48　Teapot01 被排除在投射阴影外

图 9-49　Teapot01 被排除在照明和投射阴影外

(11) 打开"排除/包含"对话框，在左侧列表框中选择 Plane01 对象并将其添加到右侧的排除列表框中。

(12) 在"排除/包含"对话框中选中"包含"单选按钮后渲染视图，得到如图 9-50 所示的效果。此时 Teapot01 和 Plane01 对象都被包含在照明和投影阴影中。

图 9-50　Teapot01 和 Plane01 包含在照明和投影阴影中

9.3　特定阴影类型

在 3ds Max 中，灯光对象最主要的作用是通过模拟现实世界中的各种光源和投影来照明场景，有光就会有阴影，阴影是灯光设置中非常重要的组成部分，且每一种阴影方式都有自身的优点和不足，用户在选择阴影方式时应该根据场景的不同灵活地选择。

9.3.1　阴影贴图

阴影贴图的原理就是从光源的方向投射出贴图来遮挡应该照射在阴影位置的光源，如图 9-51 所示。其优点是渲染时所需的时间短，是最快的阴影方式，而且阴影边缘也比较柔和；其缺点是阴影不够精确，不支持透明贴图，如果要得到比较清晰的阴影需要占用大量的内存。

图 9-51　阴影贴图

当在“常规参数”卷展栏中选择了“阴影贴图”作为灯光的阴影生成技术时将显示“阴影贴图参数”卷展栏，如图 9-52 所示。该卷展栏主要用于对阴影贴图进行设置。

“偏移”数值框：其数值用于调节阴影与阴影投射物体之间的距离，此值取决于是启用还是禁用“绝对贴图偏移”。如图 9-53 所示，左边为默认阴影，右边为增加“偏移”值后阴影从对象中分离开来的效果。

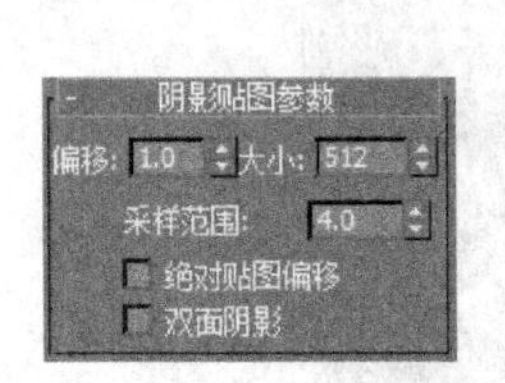

图9-52　“阴影贴图参数”卷展栏

图 9-53　阴影偏移

专家点拨：如果“偏移”值太小，阴影可能在无法到达的地方“泄露”，从而生成叠纹图案或在网格上生成不合适的黑色区域；如果“偏移”值太大，阴影可能从对象中“分离”。

“大小”数值框：用于设置贴图的分辨率(以像素平方为单位)。值越大，对贴图的描述就越细致，如图 9-54 所示，图 9-54(a)的大小取值为 32，图 9-54(b)的大小取值为 256。

“采样范围”数值框：用于设置阴影边缘的柔和程度，范围为 0.01～50.0。用户可通过增加“采样范围”来混合阴影边缘并创建平滑的效果，隐藏贴图的粒度。图 9-55 所示为取值为 0、2、6 时的效果。

(a) 分辨率为32

(b) 分辨率为256

图 9-54　阴影大小的不同

图 9-55　不同采样范围的效果

"绝对贴图偏移"复选框：当禁用该复选框时(默认情况)，偏移是在场景范围的基础上进行计算，然后标准化为1。这将提供相似的默认阴影结果，而不论其场景大小如何。用户通常将"偏移"调整为接近1.0的较小数值(例如1.2)。

当启用该复选框时，"偏移"是3ds Max单位的值。用户根据场景的大小调整"偏移"，值的范围接近于0～100。

专家点拨：*在大多数情况下，保持"绝对贴图偏移"为禁用状态都会获得极佳效果，这是因为偏移与场景大小实现了内部平衡。*

"双面阴影"复选框：启用该复选框后，计算阴影时背面将不被忽略从而产生阴影，从内部看到的对象不由外部的灯光照亮。禁用该复选框后忽略背面，这样可使外部灯光照明室内对象。其默认设置为启用，如图9-56所示。

图9-56　双面阴影的效果

9.3.2　光线跟踪阴影

光线跟踪阴影是通过跟踪从光源采样出来的光线路径来产生阴影。与阴影贴图相比，光线跟踪阴影方式所产生的阴影更精确，并且支持透明和半透明物体；其缺点是渲染速度比较慢，而且产生的阴影边缘十分生硬。光线跟踪阴影常用于模拟日光和强光的投影效果，如图9-57所示。

在"常规参数"卷展栏中选择"光线跟踪阴影"类型时会出现"光线跟踪阴影参数"卷展栏，如图9-58所示。

图9-57　光线跟踪阴影

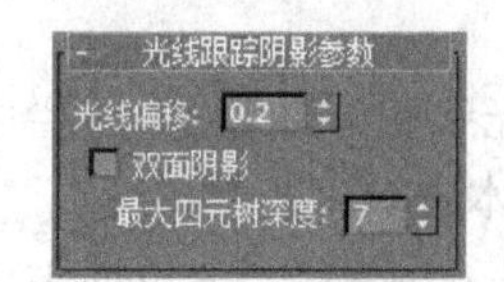

图9-58　"光线跟踪阴影参数"卷展栏

"光线偏移"数值框：用于设置阴影和产生阴影的对象之间的距离。

"最大四元树深度"数值框：用于调整四元树的深度，默认设置为7。增大四元树深度值可以缩短光线跟踪时间但却占用更多的内存。

9.3.3　高级光线跟踪阴影

高级光线跟踪阴影是光线跟踪阴影的增强，在拥有光线跟踪阴影所有特性的同时还提供了更多的参数控制。高级光线跟踪阴影的优点很多,它既可以像阴影贴图那样得到边缘柔和的投影效果,又可以具有光线跟踪阴影的准确性。它占用的内存比光线跟踪阴影少,但渲染速度要慢一些。

高级光线跟踪阴影更加主要的作用是可以与光度学灯光中的区域灯光配合使用,在得到区域阴影大致相同效果的同时还具有更快的渲染速度,如图 9-59 所示。

图 9-59　高级光线跟踪阴影

当在"常规参数"卷展栏中选择"高级光线跟踪阴影"时,会出现"高级光线跟踪参数"卷展栏,如图 9-60 所示。高级光线跟踪阴影与光线跟踪阴影相似,但其拥有更多的控制参数,并且可以使用如图 9-61 所示的"优化"卷展栏上的其他参数来设置对象。

图 9-60　"高级光线跟踪参数"卷展栏

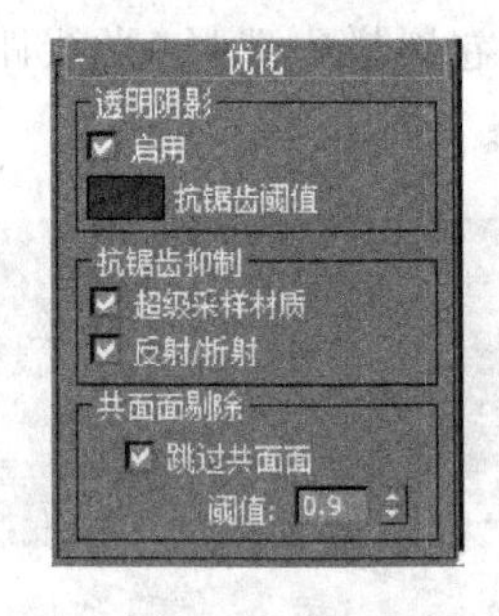

图 9-61　"优化"卷展栏

"高级光线跟踪参数"卷展栏中有两个参数组,其参数的作用如下所述。

1. "基本选项"组

在"阴影生成模式"下拉列表中有 3 个选项,分别为"简单""单过程抗锯齿"和"双过程抗锯齿"。

- 简单:向曲面投射单条光线,不执行抗锯齿。
- 单过程抗锯齿:投射光线束,从每一个照亮的曲面中投射的光线数量都相同,使用第一周期质量微调器设置光线数。
- 双过程抗锯齿:投射两个光线束,第一束光线确定是否完全照亮出现问题的点,是否向其投射阴影或是否位于阴影的半影(柔化区域)中。如果点在半影中,则第二束光线将被投射以便进一步细化边缘。使用第一周期质量微调器指定初始光线数,使用第二周期质量微调器指定二级光线数。

2. “抗锯齿选项”组

“阴影完整性”数值框：从照亮的曲面中投射的光线数。

“阴影质量”数值框：从照亮的曲面中投射的二级光线数量。

“阴影扩散”数值框：要模糊抗锯齿边缘的半径(以像素为单位)。

“阴影偏移”数值框：与着色点的最小距离，对象必须在这个距离内投射阴影。

“抖动量”数值框：把阴影的模糊部分显示为噪波，向光线位置添加随机性。

“优化”卷展栏中有 3 个参数组，其参数的作用如下所述。

1)“透明阴影”组

“启用”复选框：选中该复选框，透明表面将投射彩色阴影，否则所有的阴影为黑色。

“抗锯齿阈值”色块：在抗锯齿被触发前允许在透明对象示例间的最大颜色区别。

2)“抗锯齿抑制”组

“超级采样材质”复选框：选中该复选框，当着色超级采样材质时只有在双过程抗锯齿期间才能使用第一周期质量微调器设置光线数。

“反射/折射”复选框：启用该复选框后，当着色反射/折射时只有在两次抗锯齿期间才能使用第一周期质量微调器设置光线数。

3)“共面面剔除”组

“跳过共面面”复选框：避免相邻面互相生成阴影。特别要注意曲面上的终结器，如球体。

“阈值”数值框：设置相邻面之间的角度，范围为 0.0(垂直)~1.0(平行)。

9.3.4 区域阴影

现实中的阴影随着距离的增加边缘会越来越模糊，利用区域投影可以得到这种效果。区域阴影可以模拟一盏面光源所投射的阴影效果，通过调整虚拟面积光源的尺寸来控制投影的模糊程度。区域投影的好处是在使用标准灯光或一个点光源的场景中，也可以得到使用高级光线跟踪阴影加面积光才能投射出的真实阴影效果。它的唯一缺点就是渲染速度慢，在动画中每一帧都需要重新处理，所以会大大增加渲染时间，如图 9-62 所示。

“区域阴影”卷展栏可应用于任何灯光类型来实现区域阴影的效果。当在“常规参数”卷展栏中选择了“区域阴影”时，可在出现的“区域阴影”卷展栏中对产生阴影的虚拟灯光和阴影的生成进行设置，如图 9-63 所示。这个卷展栏有 3 组参数。

图 9-62 区域阴影

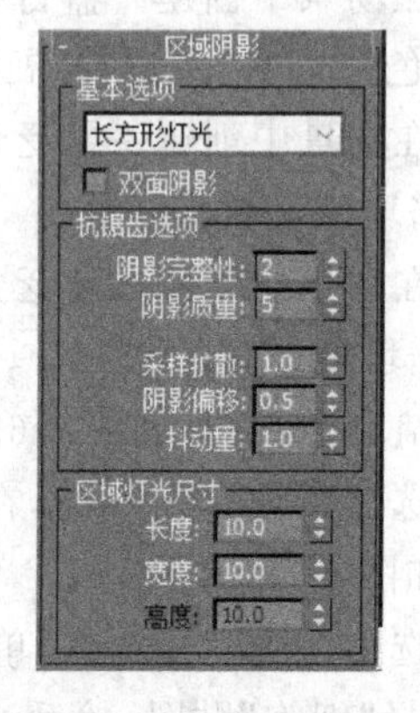

图 9-63 “区域阴影”卷展栏

1. “基本选项”组

在“虚拟灯光模式”下拉列表中选择生成区域阴影虚拟灯光的类型,有简单、长方形灯光、圆形灯光、长方体形灯光和球形灯光几种可选类型。

2. “抗锯齿选项”组

“阴影完整性”数值框:设置在初始光线束投射中的光线数。1 表示 4 束光线,2 表示 5 束光线,3 表示 N=N×N 束光线。图 9-64 所示为选择“长方形灯光”并将“阴影完整性”设置为 1 时生成的投影效果。

“阴影质量”数值框:设置阴影边缘的平滑效果。图 9-65 所示为选择“长方形灯光”并将“阴影完整性”设置为 4、“阴影质量”设置为 5 时的效果。

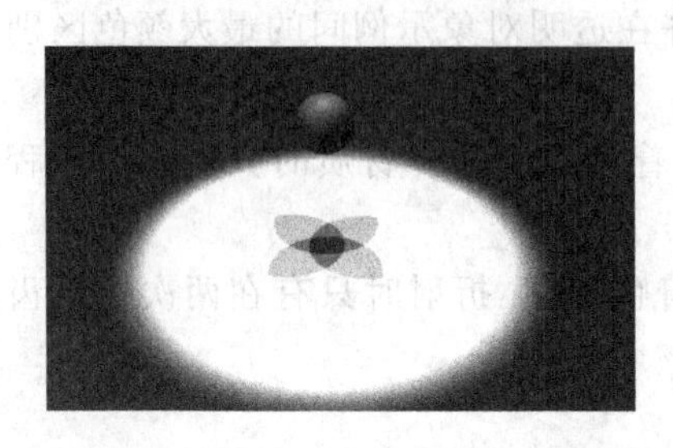

图 9-64 区域阴影中阴影完整性的设置效果

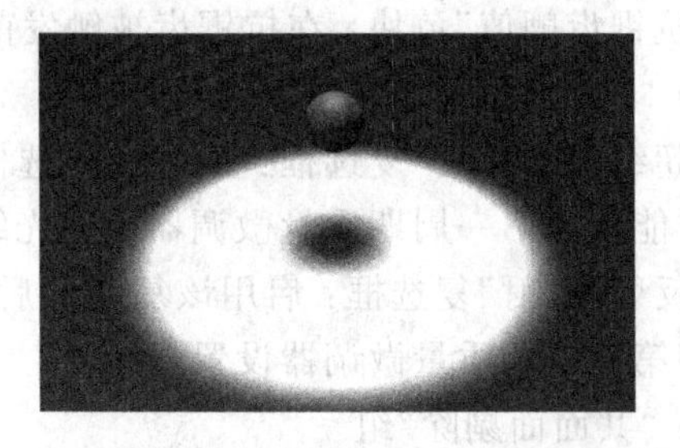

图 9-65 阴影质量的设置效果

“采样扩散”数值框:要模糊抗锯齿边缘的半径(以像素为单位)。

“阴影偏移”数值框:与着色点的最小距离,对象必须在这个距离内投射阴影。

“抖动量”数值框:把阴影的模糊部分显示为噪波。

3. “区域灯光尺寸”组

“长度”数值框:设置虚拟灯光的长度。

“宽度”数值框:设置虚拟灯光的宽度。

“高度”数值框:设置虚拟灯光的高度。

实例 9-4:小玩偶的阴影

操作步骤

(1) 启动 3ds Max 软件或使用“文件”|“重置”命令重置 3ds Max 系统。

(2) 打开配套光盘上的“小玩偶.max”文件(文件路径:素材和源文件\part9\)。

(3) 在场景中创建一盏目标聚光灯 Spot01,其位置设置如图 9-66 所示,然后将其颜色设置为黄色并选中“阴影”卷展栏上的“启用”复选框启用阴影。

(4) 在场景中创建一盏泛光灯 Omni01,其位置设置如图 9-67 所示,然后将其颜色设置为红色、倍增值设置为 0.8。

(5) 在场景中创建一盏泛光灯 Omni02,其位置设置如图 9-68 所示,然后将其颜色设置为蓝色、倍增值设置为 0.8。

(6) 渲染透视图,如图 9-69 所示。

(7) 选择聚光灯 Spot01,在“阴影参数”卷展栏中将“密度”设置为 0.5,然后渲染透视图,结果如图 9-70 所示。

(8) 选中“贴图”复选框,单击“贴图”选项右侧的按钮,在弹出的“材质/贴图浏览器”对话框中选择“细胞”贴图,然后渲染透视图,结果如图 9-71 所示。

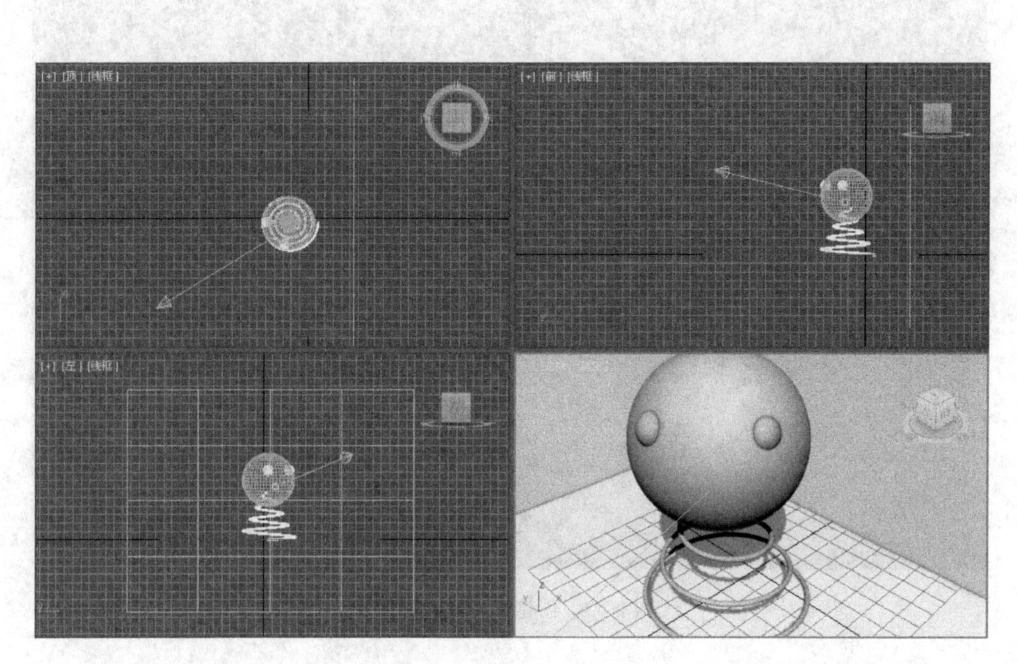

图 9-66　聚光灯 Spot01 的位置

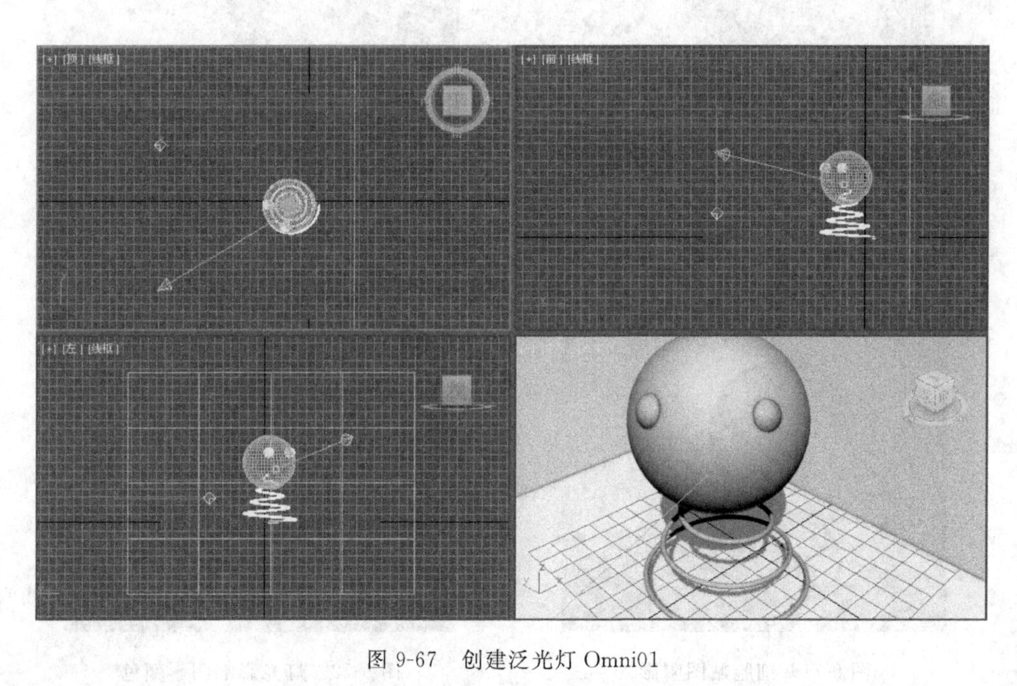

图 9-67　创建泛光灯 Omni01

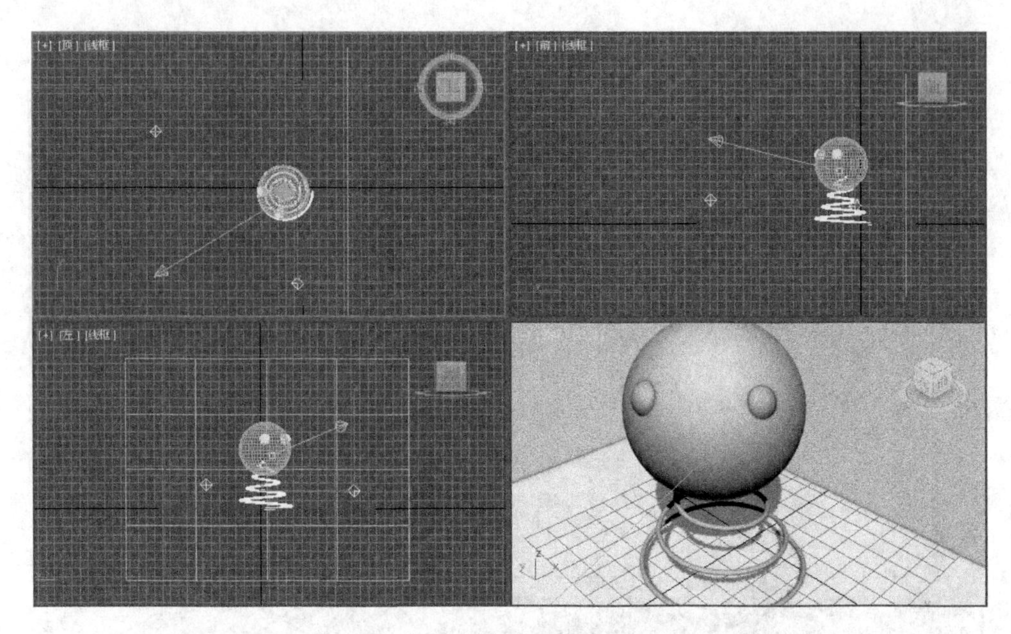

图 9-68　创建泛光灯 Omni02

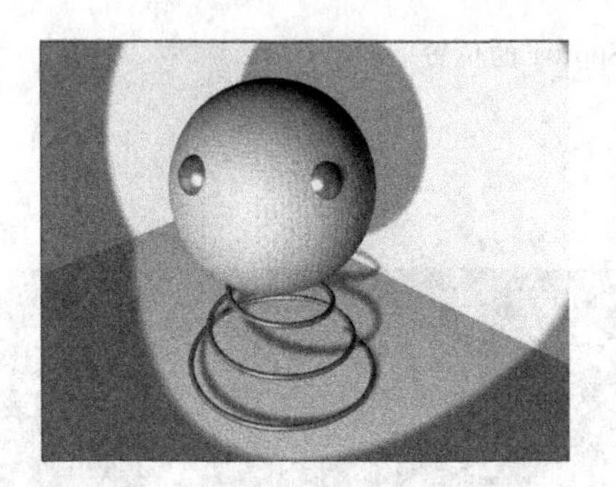

图 9-69　渲染阴影效果

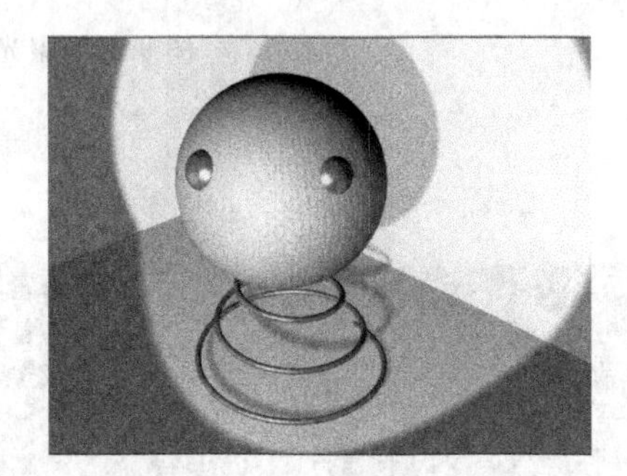

图 9-70　阴影密度设置为 0.5

(9) 选中“灯光影响阴影颜色”复选框,然后渲染透视图,结果如图 9-72 所示。

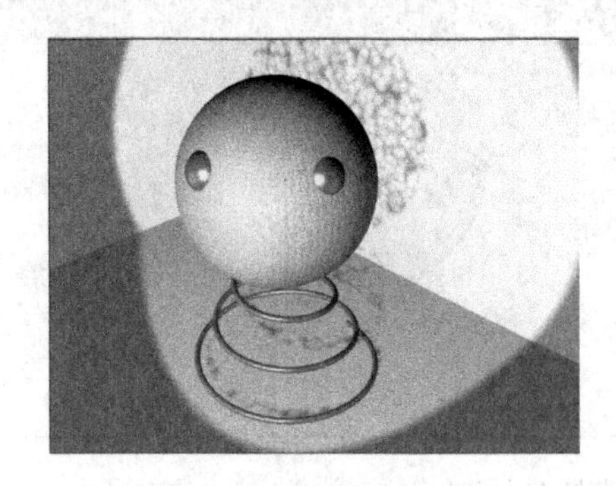

图 9-71　细胞贴图阴影

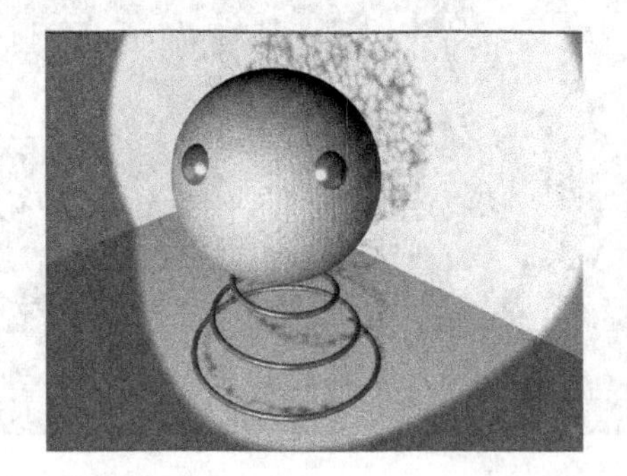

图 9-72　灯光影响阴影颜色

(10) 取消选中“贴图”复选框,在“阴影贴图参数”卷展栏中将“采样范围”值设置为 50,然后渲染透视图,结果如图 9-73 所示。

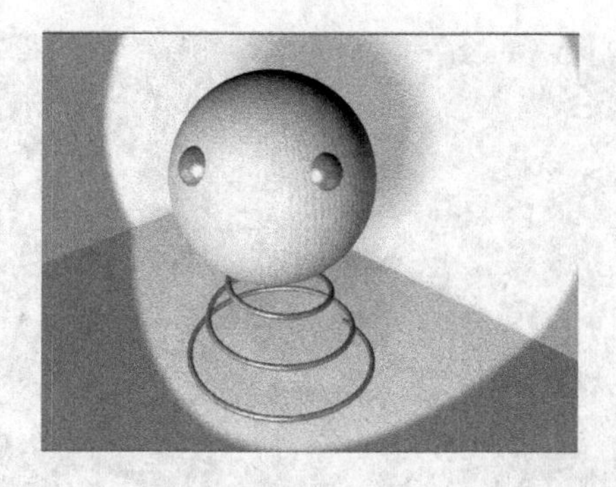

图 9-73　阴影贴图采样范围设置为 50 时的效果

9.4　摄　影　机

一幅渲染出来的图像其实就是一幅画面。在模型定位之后，光源和材质决定了画面的色调，而摄影机决定了画面的构图。

9.4.1　创建摄影机

当一个场景搭建好后就需要从各个方向来观察和渲染它。3ds Max 提供了两种观察场景的方式，即透视视口和摄影机视口。创建摄影机视口的方法有以下几种。

(1) 选择“创建”|“摄影机”命令。

(2) 在“创建”命令面板上单击“摄影机”按钮。

(3) 如果没有架设摄像机，按 Ctrl+C 快捷键直接在合适的视口中架设摄影机，同时将这个视口转换为摄影机视口。

(4) 若在场景中添加了摄影机，按 C 键就可以将当前视口切换为摄影机视口。

使用摄影机视口可以调整摄影机，就好像正在通过其镜头进行观看。摄影机视口对于编辑几何体和设置渲染的场景非常有用，多个摄影机可以提供相同场景的不同视图。

9.4.2　摄影机的分类

在 3ds Max 2016 中能创建的摄影机如图 9-74 所示。

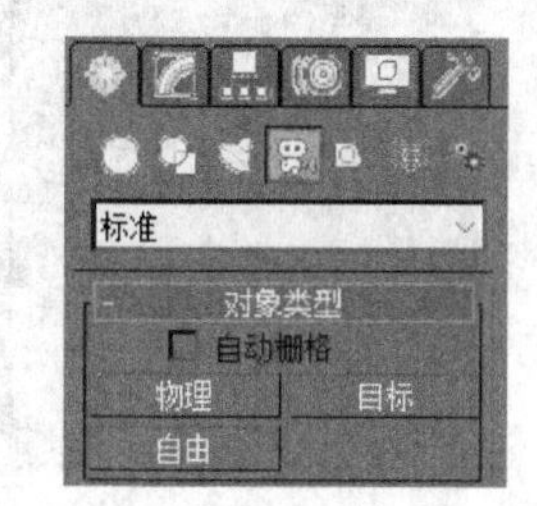

图 9-74　可创建的摄影机

1. 目标摄影机

单击“创建”命令面板上的“摄影机”按钮，然后单击“对象类型”卷展栏上的“目标”按钮，此时就选择了“目标摄影机”。与目标聚光灯相似，目标摄影机包括“摄影机”和“摄影机目标”两个部分，两个部分都可以移动，但摄影机的视线总是锁定在目标点上，如图 9-75 所示。

2. 自由摄影机

选择自由摄影机的方法和选择目标摄影机的方法相同，只是在“对象类型”卷展栏中单击“自由”按钮。自由摄影机在摄影机指向的方向查看区域，可以不受限制地移动和定向，通常用于在动画制作中将摄影机与其运动轨迹连接起来，从而模拟真实的摄影机的运动效果，

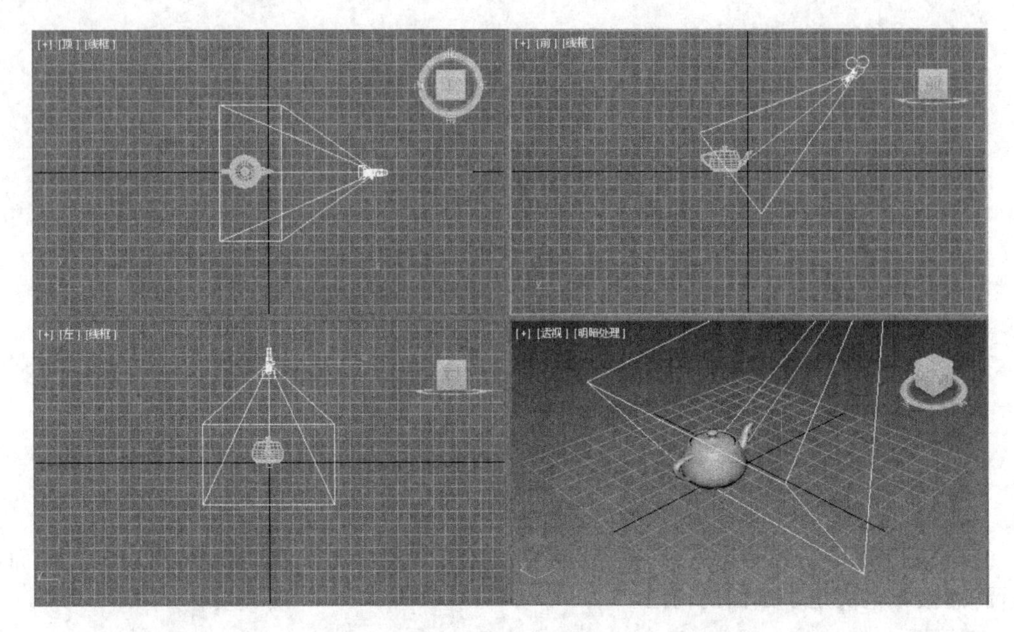

图 9-75　目标摄影机

如图 9-76 所示。

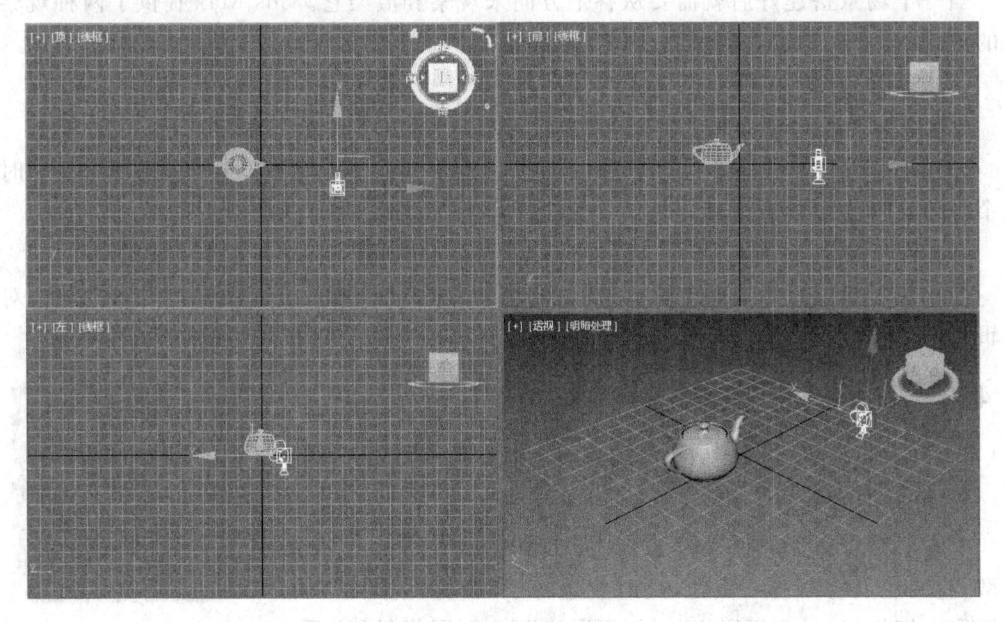

图 9-76　自由摄影机

与目标摄影机不同的是,自由摄影机有两个用于目标和摄影机的独立图标,自由摄影机由单个图标表示,为的是更轻松地设置动画。当摄影机位置沿着轨迹设置动画时可以使用自由摄影机,与穿行建筑物或将摄影机连接到行驶中的汽车上一样。当自由摄影机沿着路径移动时可以将其倾斜。如果将摄影机直接置于场景顶部,则使用自由摄影机可以避免旋转。

3. 物理摄像机

3ds Max 2016 提供了一个名为“物理”的摄像机,该摄像机可以模拟真实摄像机的设置,如调整快门速度、光圈和胶片感光度等,也可以方便地获得相机的景深效果、动态模糊和散景等特效,如图 9-77 所示。

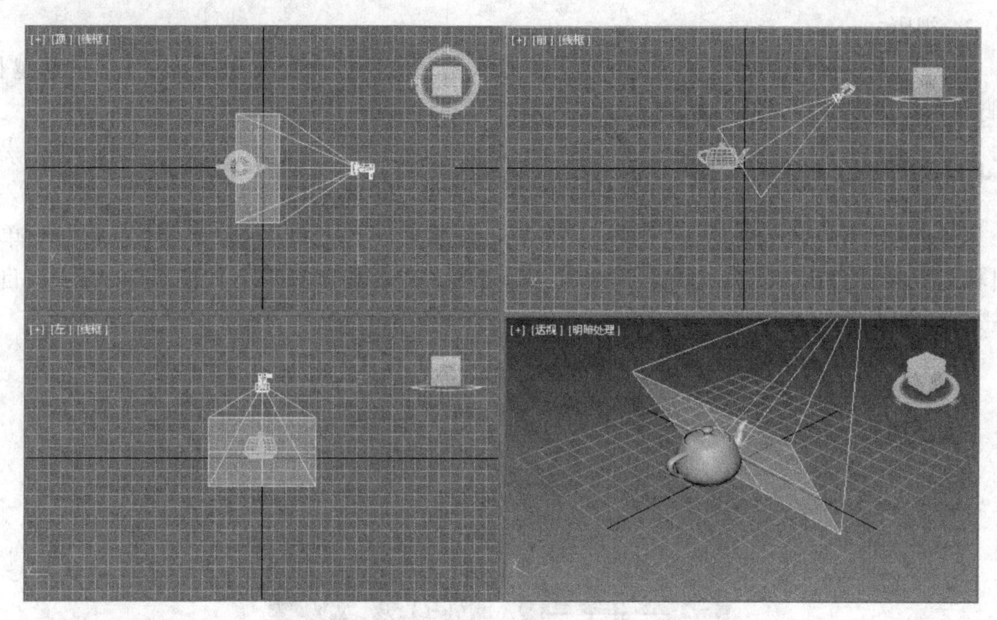

图 9-77　物理摄像机

9.4.3　摄影机的特征

在真实世界中,摄影机使用镜头将场景反射的灯光聚焦到具有灯光敏感性曲面的焦点平面,从而产生了“焦距”(如图 9-78 所示的 A)和“视野”(如图 9-78 所示的 B)的概念,这两个概念也是在 3ds Max 中使用摄影机时应该掌握的特征。

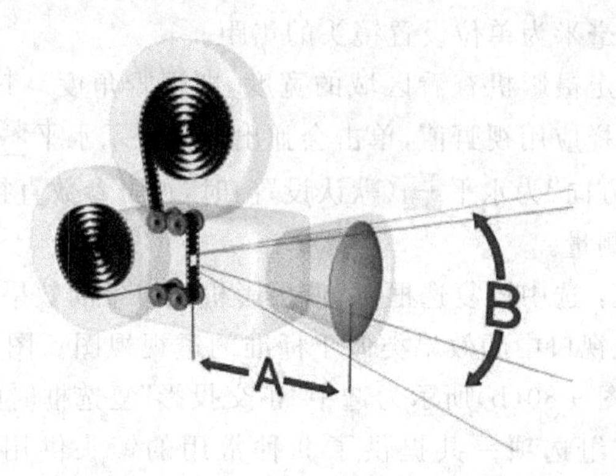

图 9-78　焦距(A)和视野(B)

1. 焦距

焦距指的是摄影机的镜头到感光元件之间的距离。焦距越短,在摄影机视口中所能看见的场景范围就越大;焦距越长,在摄影机视口中可以看见的场景范围越小,但可见的场景中的对象会更远。

焦距使用的单位一般是毫米(mm),标准的镜头焦距是 50mm,焦距小于 50mm 的镜头叫“广角镜头”,也称为短焦镜头;焦距大于 50mm 的叫“长焦镜头”。一般人眼的焦距是 48mm。

2. 视野

视野用来控制场景中可见范围的大小,其单位为角度。视野与焦距成反比,焦距越长,视野越窄;焦距越短,视野越宽。

9.4.4 摄影机的参数

在“创建”命令面板上单击“摄影机”按钮,然后在打开的“对象类型”卷展栏中单击“目标”按钮或“自由”按钮,此时会出现关于摄影机的“参数”卷展栏,如图 9-79 所示。目标摄影机和自由摄影机的参数基本相同。

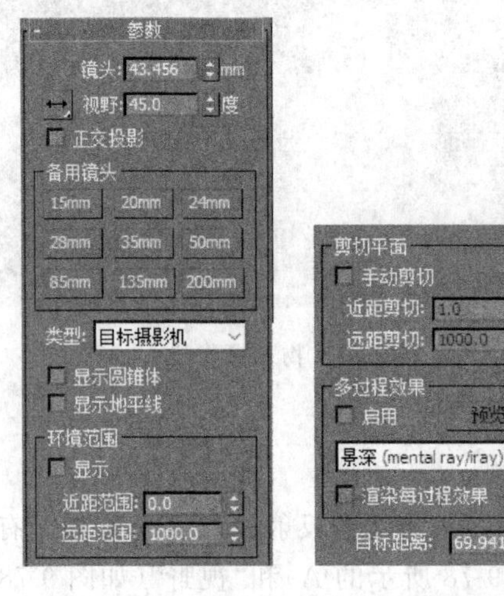

图 9-79 摄影机的“参数”卷展栏

“镜头”数值框:以毫米为单位设置镜头的焦距。

“视野”数值框:决定摄影机查看区域的宽度,即视野角度。其左边有个“视野方向”弹出按钮,用于选择怎样应用视野值,单击会弹出分别表示水平、垂直和对角 3 个方向的按钮。当“视野方向”为水平(默认设置)时,视野参数直接设置摄影机的地平线的弧形,以度为单位进行测量。

“正交投影”复选框:选中该复选框,会使摄影机视口中的效果类似于用户视图,取消该复选框的选中则摄影机视口中的效果类似于标准的透视视图。图 9-80(a)所示为取消该复选框时的摄影机视图,图 9-80(b)所示为选中“正交投影”复选框时的摄影机视图效果。

“备用镜头”组:这组选项一共提供了 9 种常用的镜头供用户快速选择摄影机的焦距值。

“类型”下拉列表:选择当前使用的摄影机的类型。

“显示圆锥体”复选框:用于控制是否在视图中显示代表摄影范围的锥形框,实际上是一个四棱锥。

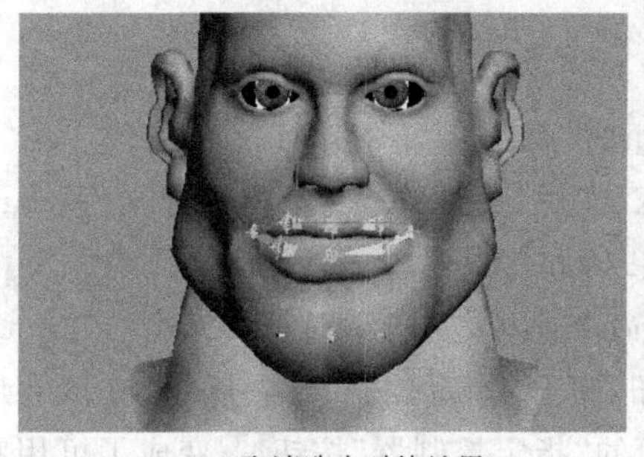
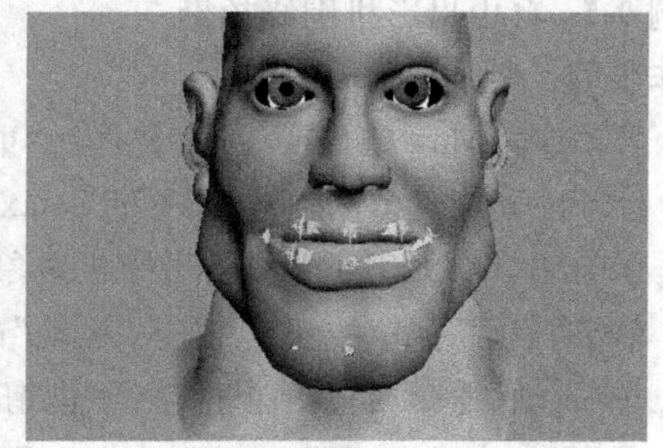
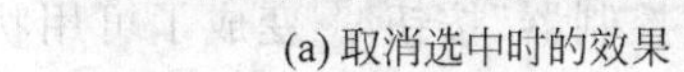

(a) 取消选中时的效果　　(b) 选中时的选项效果

图 9-80　取消和选中“正交投影”复选框时的摄影机视图效果

“显示地平线”复选框：用于控制在摄影机视图中是否显示地平线。选中该复选框后，在摄影机视口中的地平线层级会显示一条深灰色的线条。

“环境范围”组：这组参数用于设置大气环境影响的范围。

- “显示”复选框：控制是否在视图中显示近距范围和远距范围。
- “近距范围”数值框：设置大气环境影响的近距范围。
- “远距范围”数值框：设置大气环境影响的远距范围。

“剪切平面”组：这组参数用于设置在 3ds Max 中渲染对象的范围。范围设置好后，在此范围以外的对象都不会被渲染。在视口中，剪切平面在摄影机锥形光线内显示为红色的矩形，并带有对角线。

- “手动剪切”复选框：选中该复选框，可以在视图中显示裁剪平面。禁用“手动剪切”后，不显示与摄影机的距离小于 3 个单位的几何体。
- “近距剪切”数值框：设置近距剪切平面到摄影机的距离。
- “远距剪切”数值框：设置远距剪切平面到摄影机的距离。

专家点拨：对于摄影机，比近距剪切平面近或比远距剪切平面远的对象是不可见的。“远距剪切”值的限制为 10～32 的幂之间。启用“手动剪切”复选框后，近距剪切平面可以接近摄影机 0.1 个单位。

“多过程效果”组：这组参数可以设置对同一帧进行多重渲染，使用该组中的控件可以指定摄影机的景深或运动模糊效果，但它们会增加渲染时间。

- “启用”复选框：选中该复选框，可以在场景中生成景深或运动模糊特效。
- “预览”按钮：单击该按钮，可以在摄影机视口中即时预览多过程效果。
- “特效”下拉列表：使用该选项可以选择生成哪种多过程效果，例如“景深”或“运动模糊”。这些效果相互排斥，默认设置为“景深”。
- “渲染每过程效果”复选框：选中该复选框，多过程效果运算过程中的每一次运算都要计算渲染特效，这样虽然会增加渲染的时间，但渲染的效果却更好。禁用该复选框后，在生成多过程效果的通道之后只应用渲染效果，同时缩短多过程效果的渲染时间。其默认设置为禁用。

“目标距离”数值框：在使用自由摄影机时，该项可以为自由摄影机设置一个虚拟的目标点，以便可以围绕该点旋转摄影机；若使用目标摄影机，则该项表示摄影机和其目标之间的距离。

实例 9-5：自由摄影机围绕拍摄

操作步骤

(1) 启动 3ds Max 软件或使用“文件”|“重置”命令重置 3ds Max 系统。

(2) 打开配套光盘上的“自由摄影机.max”文件(文件路径：素材和源文件\part9\)。

(3) 在前视口中创建一个自由摄影机对象 Camera001。

(4) 单击“运动”命令按钮进入“运动”命令面板，如图 9-81 所示。

(5) 在“运动”命令面板中单击“参数”按钮，打开“指定控制器”卷展栏，在该卷展栏的列表中单击“位置：位置 XYZ”，这时列表框上面的“指定控制器”按钮变成了可用状态。

(6) 单击“指定控制器”按钮，弹出“指定位置控制器”对话框，在该对话框的列表中选择“路径约束”控制器，如图 9-82 所示，然后单击“确定”按钮关闭该对话框回到“运动”命令面板。

(7) 展开“运动”命令面板的“路径参数”卷展栏，如图 9-83 所示，单击“添加路径”按钮，然后在场景中选择 Circle001 对象，并在该卷展栏中选中“跟随”复选框。

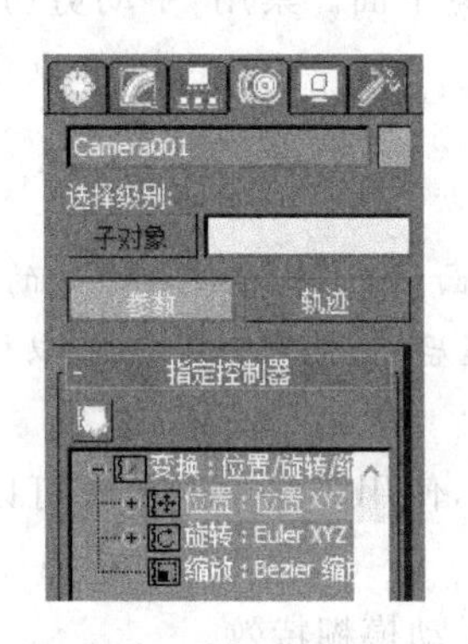

图 9-81 “运动”命令面板

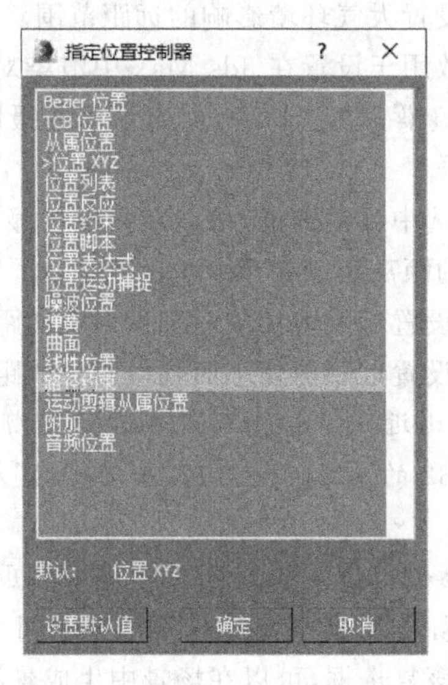

图 9-82 “指定位置控制器”对话框

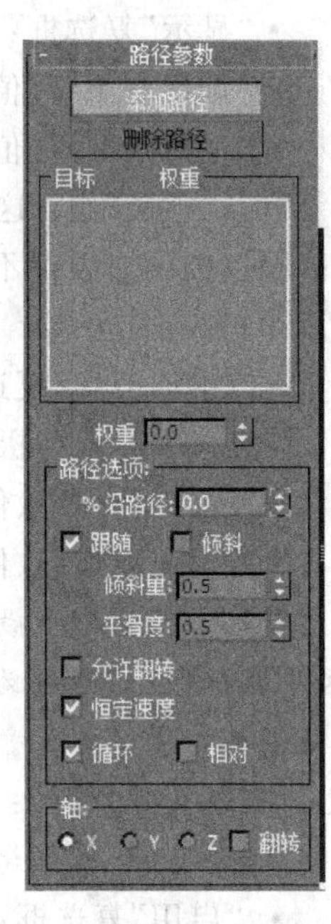

图 9-83 “路径参数”卷展栏

(8) 单击主工具栏上的“渲染设置”按钮，弹出如图 9-84 所示的“渲染设置”对话框。

(9) 选中“公用”选项卡中的“活动时间段”单选按钮，在“渲染输出”组中单击“文件”按钮，如图 9-85 所示。在弹出的“渲染输出文件”对话框中设置好文件的输出路径，保存后该路径会显示在“保存文件”复选框下面的标签框内。

(10) 完成后设置后单击“渲染产品”按钮进行渲染。

本例的渲染动画文件为“自由摄影机.avi”(文件路径：素材和源文件\part9\)。图 9-86 所示为该动画中一帧的截图。

图 9-84 “渲染设置”对话框

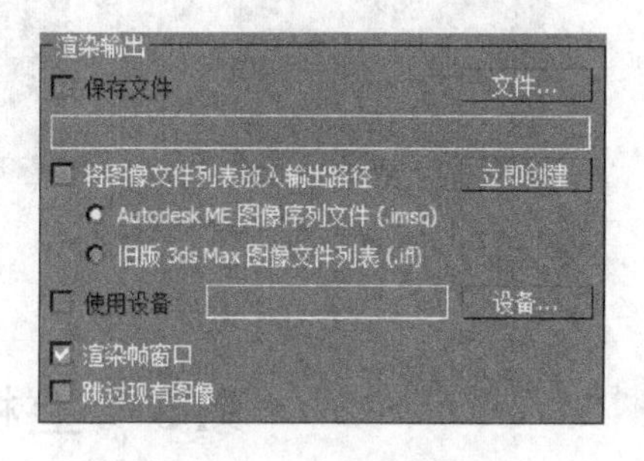

图 9-85 “渲染输出”组

实例 9-6：景深效果

操作步骤

(1) 启动 3ds Max 软件或使用“文件”|“重置”命令重置 3ds Max 系统。

(2) 打开配套光盘上的“景深效果.max”文件(文件路径：素材和源文件\part9\)。

(3) 单击“快速渲染”按钮 渲染摄影机视图，如图 9-87 所示。

图 9-86 渲染动画文件中的一帧

图 9-87 没有景深效果的渲染图

(4) 选择 Camera01 对象,打开"修改"命令面板的"参数"卷展栏,在该卷展栏的"多过程效果"组中选中"启用"复选框,并在下拉列表中选择"景深"效果。

(5) 打开"景深参数"卷展栏,将该卷展栏上的参数按照图 9-88 所示进行设置。

(6) 渲染摄影机视图,最终效果如图 9-89 所示。

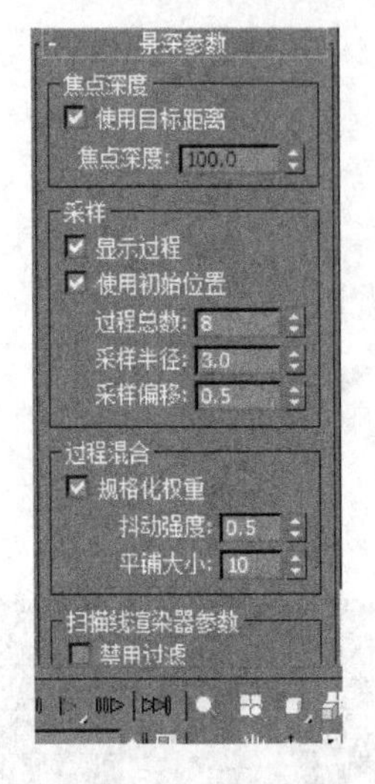

图 9-88 设置景深参数

图 9-89 景深效果

9.5 上机练习与指导

9.5.1 台灯下

视频讲解

1. 练习目标

(1) 熟悉聚光灯的使用。

(2) 熟悉泛光灯的使用。

(3) 几种灯光的综合使用。

2. 练习指导

(1) 打开本书配套光盘上的 ch09_1. max 文件(文件路径: 素材和源文件\part9\上机练习\),场景中包含桌面的场景。

(2) 单击"渲染"按钮,效果如图 9-90 所示。

(3) 在"创建"命令面板的"对象类型"卷展栏中选择泛光灯,为场景添加一个泛光灯,位置放置如图 9-91 所示。

(4) 在"修改"命令面板中打开"强度/颜色/衰减"卷展栏,按图 9-92 所示设置参数。

(5) 再添加一个目标聚光灯,将其放在台灯灯罩里,如图 9-93 所示。

图 9-90 场景文件

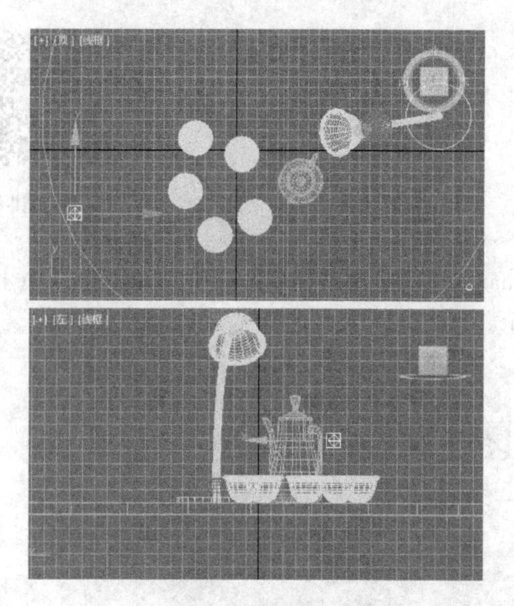

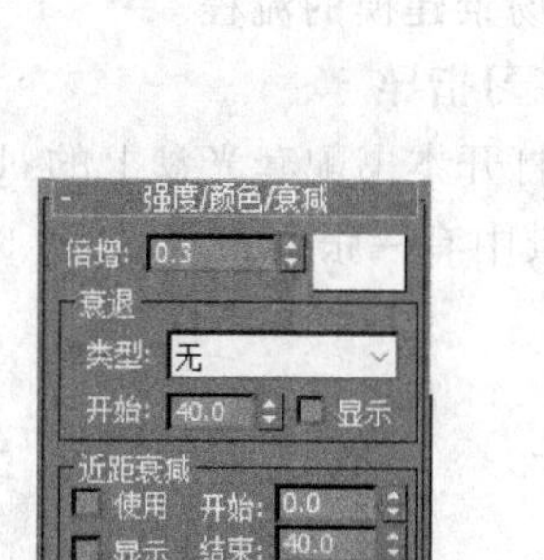

图 9-91 添加泛光灯

图 9-92 泛光灯参数设置

(6) 在"修改"命令面板中按图 9-94 所示设置相关的"衰减"参数。

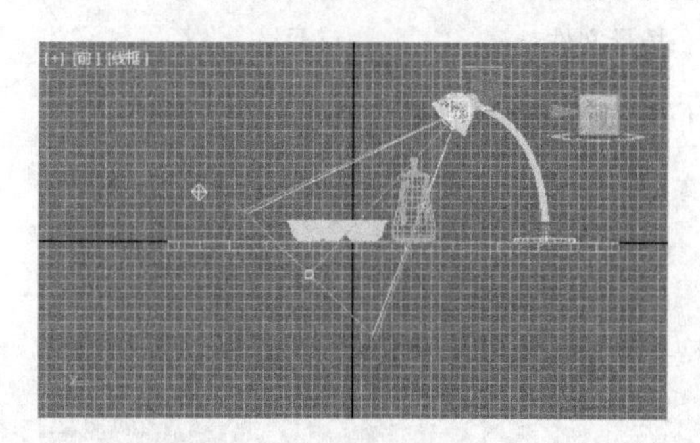

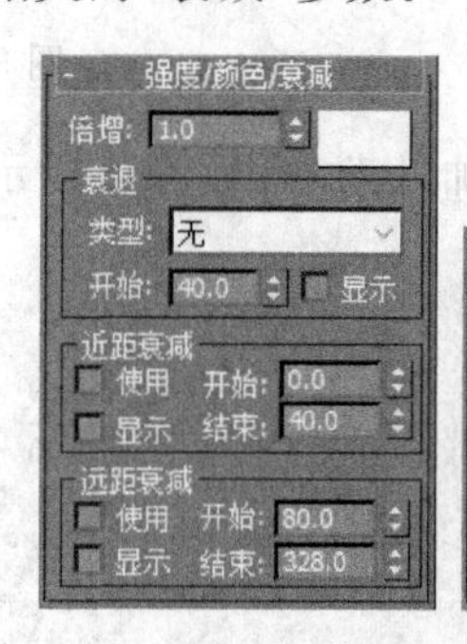

图 9-93 添加目标聚光灯

图 9-94 聚光灯衰减参数设置

(7) 展开"阴影参数"卷展栏,单击"贴图"按钮添加树影贴图"树影.jpg"(文件路径:素材和源文件\part9\上机练习\),其他参数按图 9-95 所示设置。

(8) 渲染存盘,最终效果如图 9-96 所示。

图 9-95 "阴影参数"卷展栏

图 9-96 渲染效果

9.5.2 办公椅

视频讲解

1. 练习目标

(1) 练习摄影机的设置方法。

(2) 场景建模的流程。

2. 练习指导

(1) 打开本书配套光盘上的 ch09_2.max 文件(文件路径：素材和源文件\part9\上机练习\),场景中有一张办公椅,如图 9-97 所示。

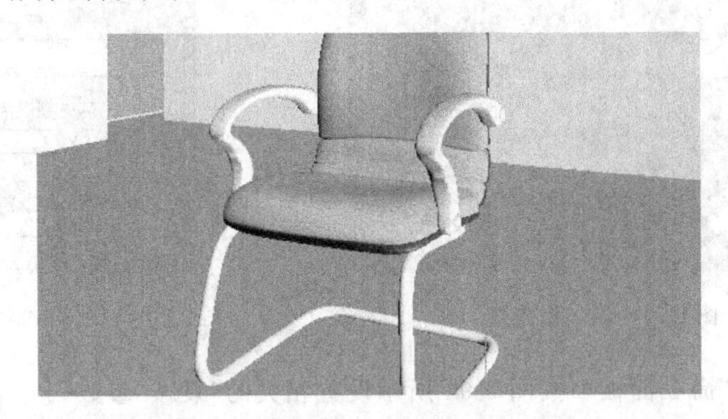

图 9-97 场景文件

(2) 为场景添加灯光,按图 9-98 所示的位置放置,在场景中添加 24 个泛光灯。

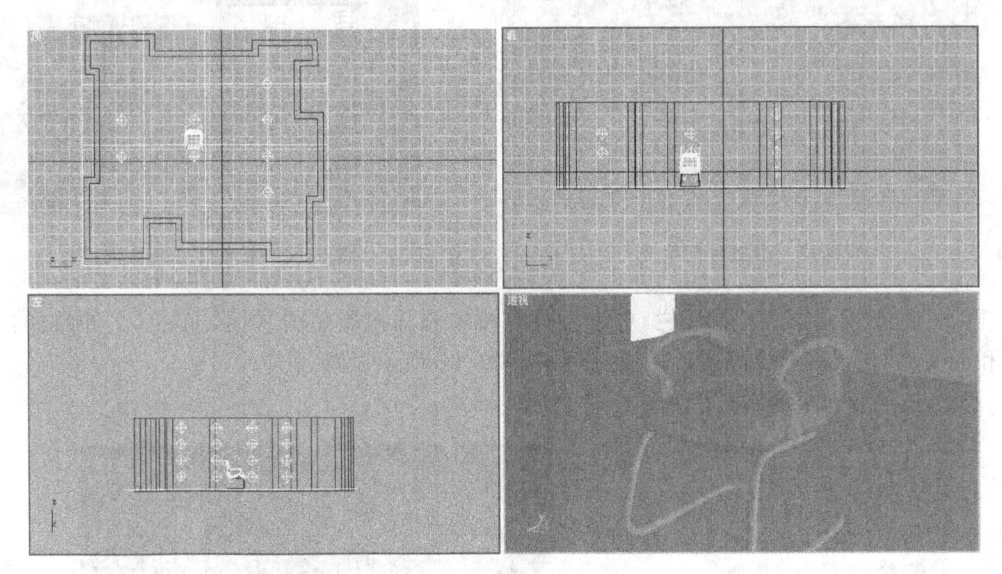

图 9-98 添加泛光灯

(3) 添加一个“目标平行光”,位置如图 9-99 所示。

(4) 添加一台摄影机,位置如图 9-100 所示。

(5) 添加摄影机修正修改器,将 2 点透视校正的“数量”设置为 10,将“方向”设置为 90。单击“渲染产品”按钮,选择渲染窗口为 Camera001,渲染效果如图 9-101 所示。

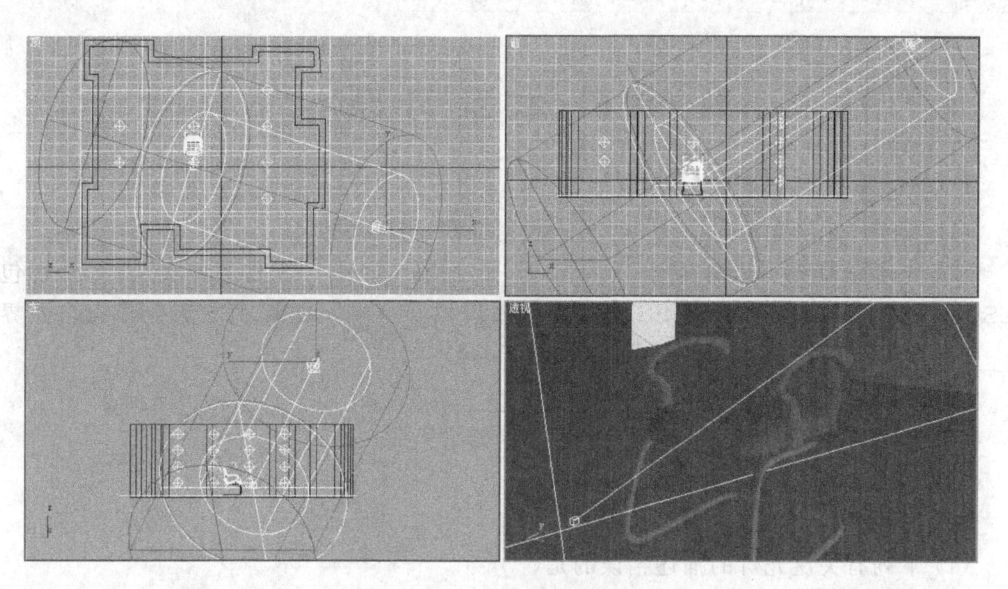

图 9-99　添加目标平行光

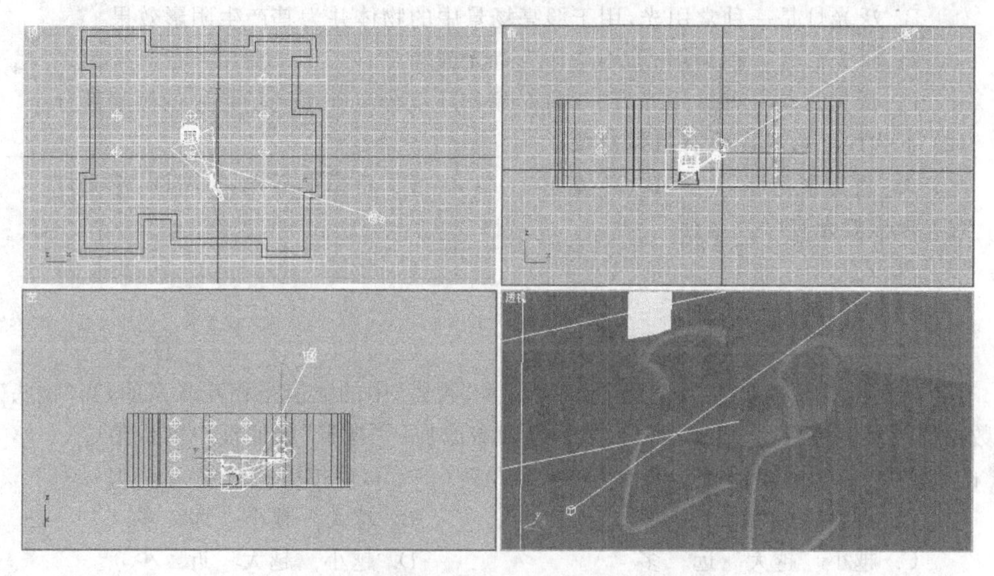

图 9-100　添加摄影机

图 9-101　渲染效果

9.6 本章习题

1. 填空题

（1）泛光灯是从光源向________方向投射光线，可以模拟________、________等。

（2）光度学灯光可以分为________、________和________3种基本类型，另外还包括IES太阳光和IES天光，其中IES太阳光用来模拟________效果，IES天光模拟自然界的________效果。

（3）摄影机有________、________和________3类。

（4）目标摄影机由________和________两部分组成。

（5）切换到摄影机视图的快捷键为________。

2. 选择题

（1）下列有关泛光灯的描述错误的是（　　）。

A. 泛光灯是一种常用光，通常它只能作为一种辅助光来使用

B. 泛光灯是一种常用光，用于照亮场景中的物体并为其产生阴影效果

C. 泛光灯是一种常用光，用来作为背光或辅光

D. 泛光灯是一种常用光，用于将对象和环境分离并照亮场景中的黑暗部分

（2）下列（　　）光源没有目标对象。

A. 目标聚光灯　　B. 环境光　　C. 目标平行光　　D. 泛光灯

（3）标准灯光有（　　）种。

A. 2　　B. 4　　C. 6　　D. 8

（4）标准灯光的阴影有（　　）种类型。

A. 2　　B. 3　　C. 4　　D. 5

（5）在目标摄影机的参数设置中，“镜头”和“视野”中的数值是相互联系的，当“镜头”中的数值修改后，“视野”数值框中的数值也会随着改变。“视野”数值框中的数值（　　），“镜头”的数值（　　），则表示摄影机拍摄的对象距离（　　），但拍摄的对象（　　）。

A. 越大　越大　远　多　　B. 越大　越小　远　多

C. 越小　越大　远　多　　D. 越小　越大　近　少

第10章　渲　染

创建三维模型并为它们编辑仿真的材质,其实最终的目的就是要创建出静态或动态的三维动画效果,而通过渲染可以达到这个目的。所谓渲染就是依据所指定的材质、灯光以及诸如背景与大气等环境的设置在场景中以实体化的形式显示出来,也就是将三维场景转化为二维图像。更形象地说,渲染就是为创建的三维场景拍摄照片或录制动画。本章主要介绍 3ds Max 中渲染的运用。

本章的主要内容:

- 渲染的设置;
- 渲染器的使用;
- 场景的渲染。

10.1　渲染设置

渲染是 3ds Max 制作中的一个重要的环节,通常也是三维动画制作的最后一个步骤。用于渲染的命令位于主工具栏上,主要有"渲染产品"按钮、"渲染帧窗口"按钮和"渲染设置"按钮。

10.1.1　"渲染设置"对话框

选择"渲染"|"渲染设置"命令或单击主工具栏上的"渲染设置"按钮,可以打开"渲染设置"对话框,如图 10-1 所示。

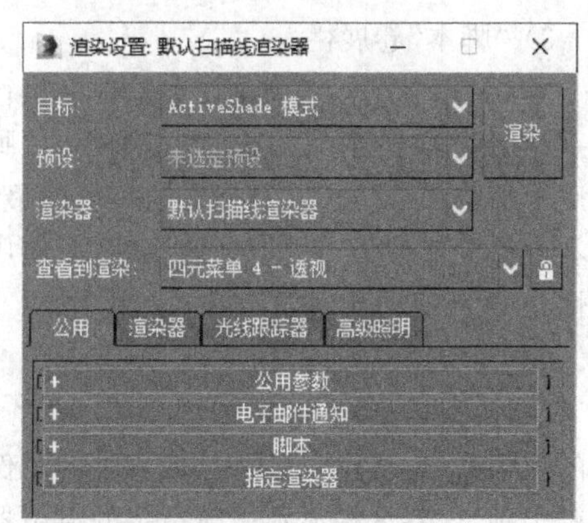

图 10-1　"渲染设置"对话框

专家点拨:在 3ds Max 中提供了一种扫描线渲染器,这是系统内部固化的默认渲染器。

"渲染设置"对话框中包含 5 个选项卡,这 5 个选项卡中的内容会根据所使用渲染器的不同而有所变化,这 5 个选项卡的主要作用如下所述。

1. "公用"选项卡

该选项卡中的参数对于所有的渲染器都适用,它包含了任何渲染器的主要控件,例如要渲染静态图像还是要渲染动画,设置渲染输出的分辨率等。其内含有 4 个卷展栏。

1)“公用参数”卷展栏

“公用参数”卷展栏如图 10-2 所示。该卷展栏用来设置所有渲染器的公用参数。例如设置图像的大小、将渲染的静态图像保存在文件中、改变像素纵横比以及加快测试渲染的渲染时间等。

2)“电子邮件通知”卷展栏

“电子邮件通知”卷展栏如图 10-3 所示。该卷展栏可以使渲染作业发送电子邮件通知,如网络渲染一样。如果启动冗长的渲染(如动画),并且不需要在系统上花费所有时间,这种通知是非常有用的。

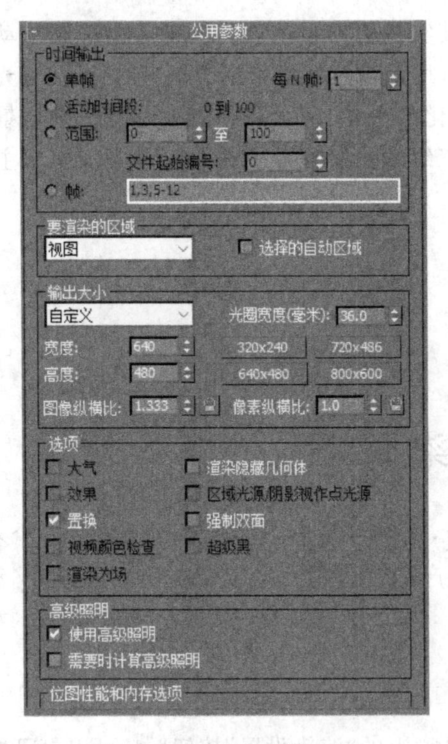

图 10-2 “公用参数”卷展栏

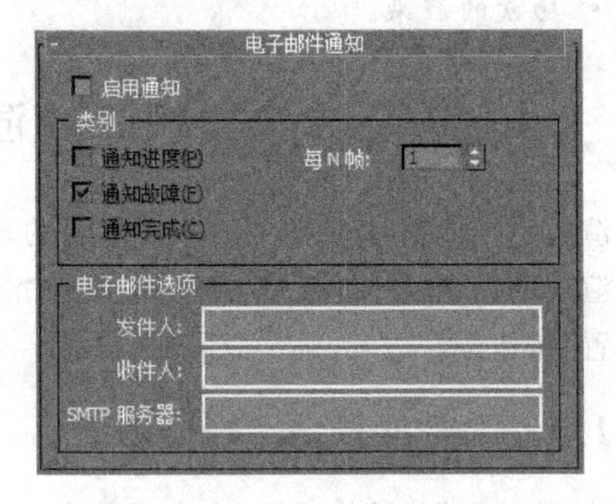

图 10-3 “电子邮件通知”卷展栏

3)“脚本”卷展栏

“脚本”主要应用于动画,它是顺序执行模拟角色动作的剪辑列表。在群组动画中既可以手动创建脚本也可以自动创建脚本。“脚本”卷展栏如图 10-4 所示,该卷展栏可以将脚本应用于每个积分步长以及查看的每帧的最后一个积分步长处的粒子系统。使用“每步更新”脚本可设置依赖于历史记录的属性,而使用“最后一步更新”脚本可设置独立于历史记录的属性。

4)“指定渲染器”卷展栏

“指定渲染器”卷展栏如图 10-5 所示。该卷展栏显示指定给产品级和 ActiveShade 类别的渲染器,也显示“材质编辑器”中的示例窗。在该卷展栏中还可以指定渲染器,对于每个渲染类别,该卷展栏显示当前指定的渲染器名称和可以更改该指定的按钮。

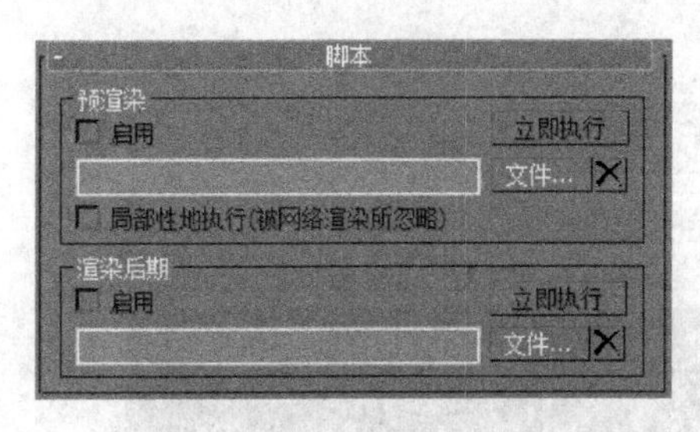

图 10-4 “脚本”卷展栏

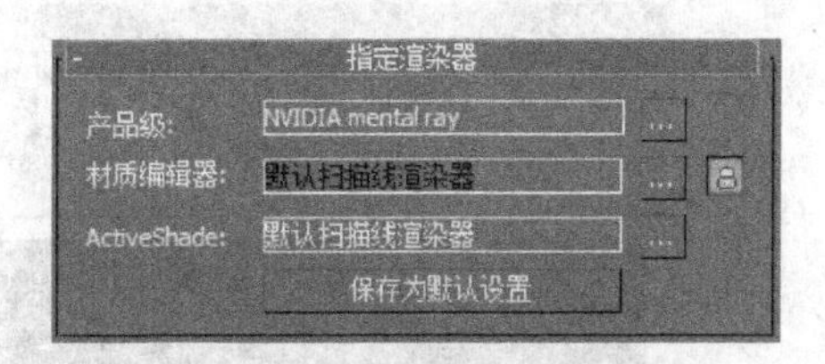

图 10-5 “指定渲染器”卷展栏

2. “渲染器”选项卡

该选项卡中包含了当前所使用渲染器的主要控件，根据所指定渲染器的不同，该选项卡可以对不同的渲染器参数进行设置。在此不仅可以设置 3ds Max 自带的扫描线渲染器和 mental ray 渲染器，还可以对外挂渲染器的参数进行设置。

3. Render Elements 选项卡

Render Elements 选项卡也叫“渲染元素”选项卡，该选项卡中包含了用于将各种图像信息渲染到单个图像文件的控件，用户可以根据不同类型的元素将其渲染为单独的图像文件，在使用合成、图像处理或特殊效果软件时该功能非常有用。

4. “光线跟踪器”选项卡

该选项卡的参数用于对 3ds Max 的光线跟踪器进行设置，包括是否应用抗锯齿、反射或折射的次数等，为明亮场景(比如室外场景)提供柔和边缘的阴影和映色。

5. “高级照明”选项卡

该选项卡用于选择一个高级照明选项，可以自定义对象在高级照明(光线跟踪器或光能传递)下的行为方式。

10.1.2 “渲染帧”窗口

单击主工具栏上的“渲染产品”按钮出现“渲染帧”窗口，如图 10-6 所示。

该窗口的标题栏下方有两排工具按钮，现在将常用的工具按钮的具体功能介绍如下。

“要渲染的区域”列表：该列表中提供了各类要渲染的区域选项，用于选择需要渲染的区域。

“编辑区域”按钮：用于启动对区域窗口的操作。

“自动选定对象区域”按钮：按下该按钮，可以指定自动区域。指定的自动区域会在渲染时进行计算，不会覆盖用户的可编辑区域。

“子集像素”按钮：按下该按钮，在渲染场景时将只会应用到指定对象。

“视口”列表：用于选择所有的可视视口，指定需要渲染的视口。

“锁定到视口”按钮：按下该按钮后，将只渲染“视口”列表中选择的视口。

“渲染预设”列表：在列表中选择预设渲染选项。

“渲染预设”按钮：单击该按钮，打开“渲染设置”对话框。

“环境和效果对话框(曝光控制)”按钮：单击该按钮，将打开“环境和效果”对话框。

“保存位图”按钮：单击该按钮，会弹出“保存位图”对话框，允许保存在“渲染帧”。

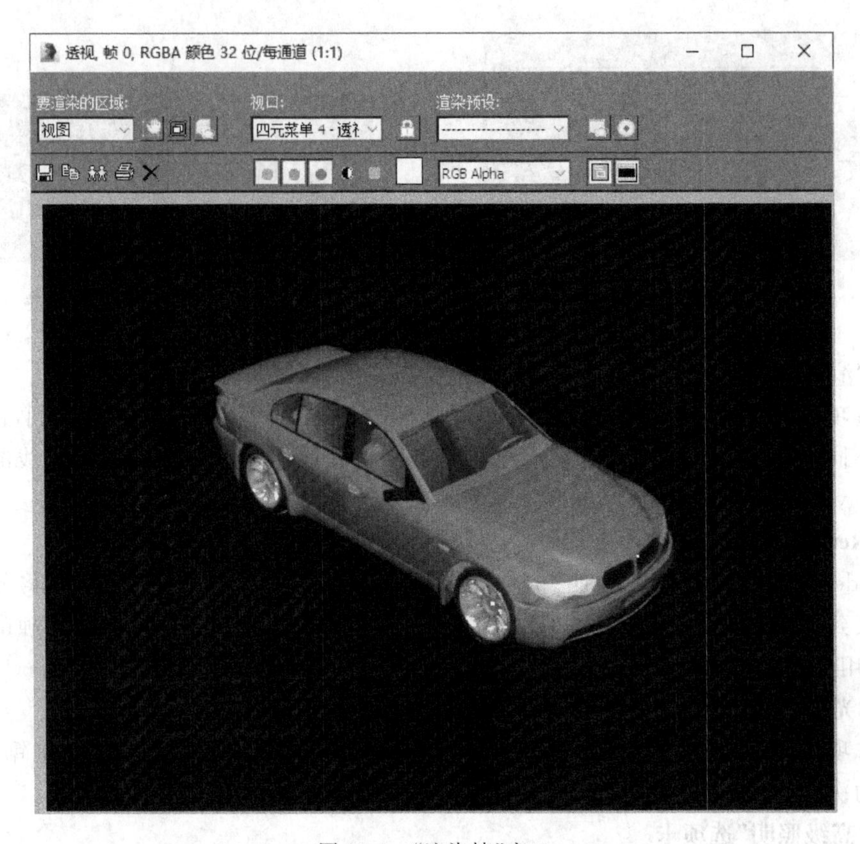

图 10-6 “渲染帧”窗口

“复制图像”按钮：单击该按钮，将渲染图像置于 Windows 剪贴板，即实现渲染图像的复制。

“克隆渲染帧窗口”按钮：单击该按钮，会创建另一个包含显示图像的“渲染帧”窗口。这就允许将另一个图像渲染到“渲染帧”窗口，然后将其与上一个克隆的图像进行比较。用户可以多次克隆“渲染帧”窗口。

“打印图像”按钮：单击该按钮，打印渲染完成后的图像。

“清除”按钮：从“渲染帧”窗口中清除图像。

“启用红色通道”按钮：显示渲染图像的红色通道。

“启用绿色通道”按钮：显示渲染图像的绿色通道。

“启用蓝色通道”按钮：显示渲染图像的蓝色通道。

专家点拨：这 3 个通道按钮可以同时使用，禁用任何一个按钮，其相应的通道将不会显示。

“显示 Alpha 通道”按钮：显示 Alpha 通道。

“单色”按钮：显示渲染图像的 8 位灰度图像。

“色样”按钮：存储上次右击像素的颜色值。在“渲染帧”窗口的图像显示区域右击，会出现鼠标当前所在位置像素的像素数据显示面板，如图 10-7 所示，并且这个色样会变成鼠标当前所在位置的像素颜色。

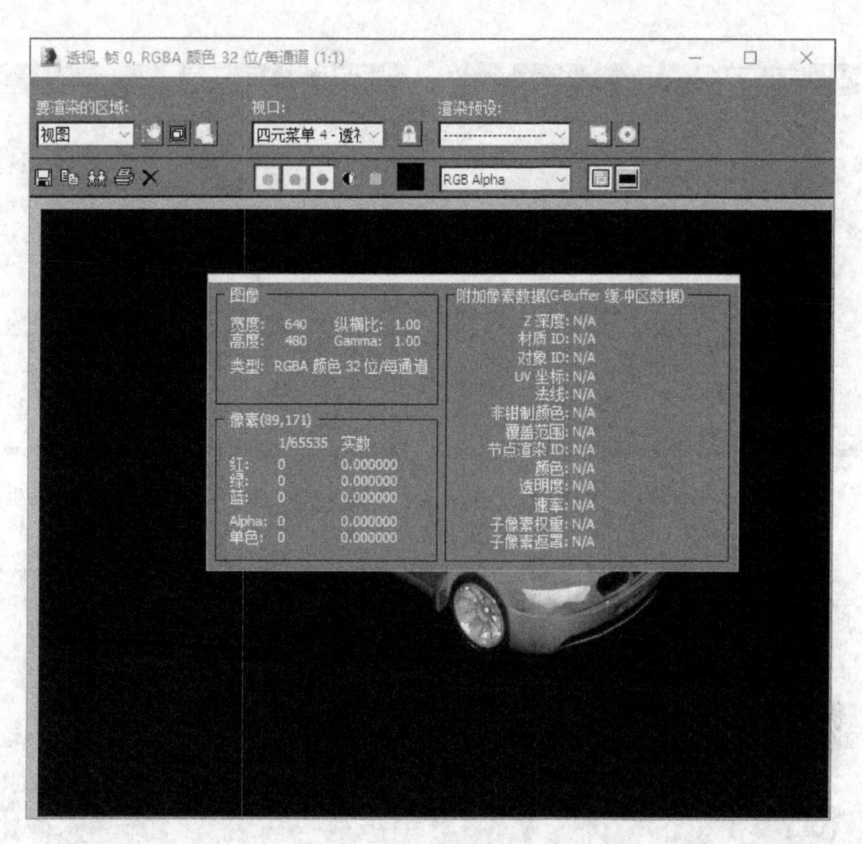

图 10-7　像素数据面板

“通道显示”列表：列出用图像进行渲染的通道，在从该列表中选择通道后，它会在“渲染帧”窗口中显示出来。

“切换 UI 叠加”按钮：如果在“要渲染的区域”列表中选择的是“区域”“裁剪”或“放大”选项，按下该按钮将会显示表示相应区域的帧。如果需要禁止该帧显示，则应使该按钮处于非按下状态。

“切换 UI”按钮：按下该按钮可以简化对话框界面，使界面占据较小的空间。

实例 10-1：ActiveShade 渲染窗口的使用

操作步骤

(1) 启动 3ds Max 软件或使用“文件”|“重置”命令重置 3ds Max 系统。

(2) 打开配套光盘上的 active shade. max 文件(文件路径：素材和源文件\part10\)。

(3) 单击工具栏上的 ActiveShade 按钮，出现 ActiveShade 渲染窗口，如图 10-8 所示。

(4) 打开“材质编辑器”对话框，选择第一个材质球，为其漫反射贴图通道添加“平铺”贴图。此时 ActiveShade 渲染窗口即时反映出材质的变化，如图 10-9 所示。

(5) 在如图 10-10 所示的位置创建一盏泛光灯，ActiveShade 窗口中的灯光会实时地发生变化，如图 10-11 所示。

图 10-8　ActiveShade 窗口

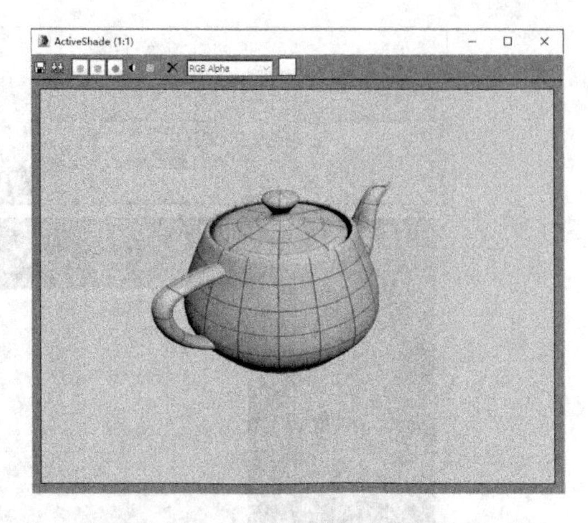

图 10-9　ActiveShade 中的材质发生变化

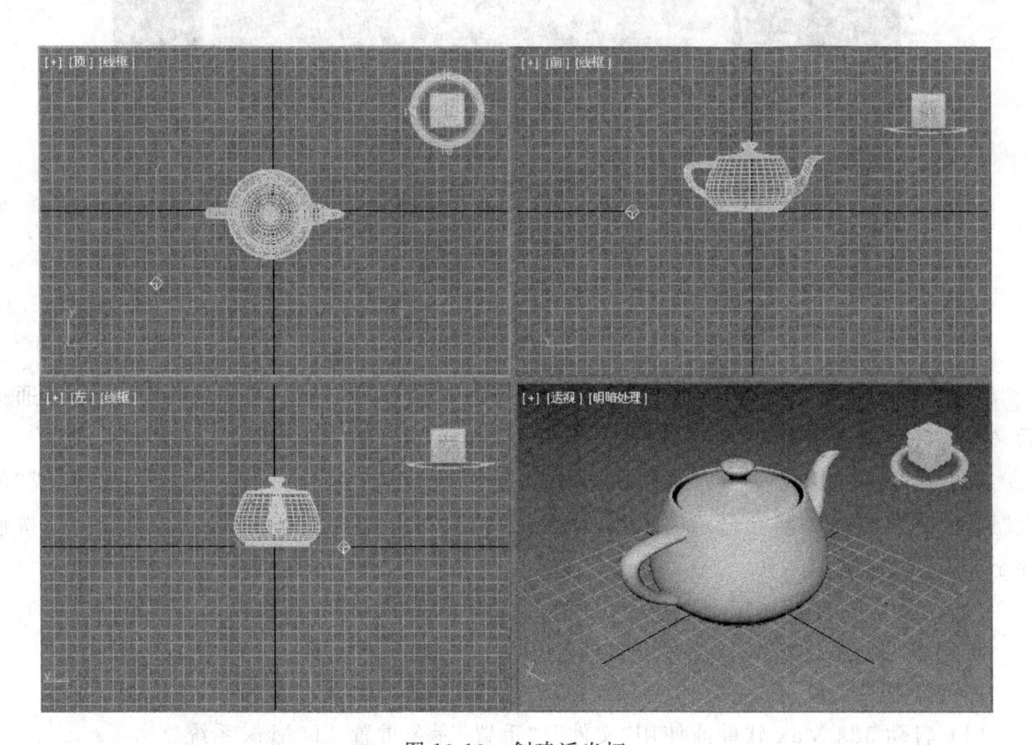

图 10-10　创建泛光灯

10.1.3　渲染常用设置

渲染就是给场景着色,将场景中的灯光及对象的材质处理成图像的形式,但不同的渲染参数设置会对场景产生不同的效果。这里介绍一些渲染参数的常用设置。

1. 渲染器的指定

从前一节的学习中可知,通过"指定渲染器"卷展栏上的参数可以进行渲染器的更换,在"渲染场景"对话框的"公用"选项卡中展开"指定渲染器"卷展栏,单击第一行的"产品级"按钮 ,弹出如图 10-12 所示的"选择渲染器"对话框。

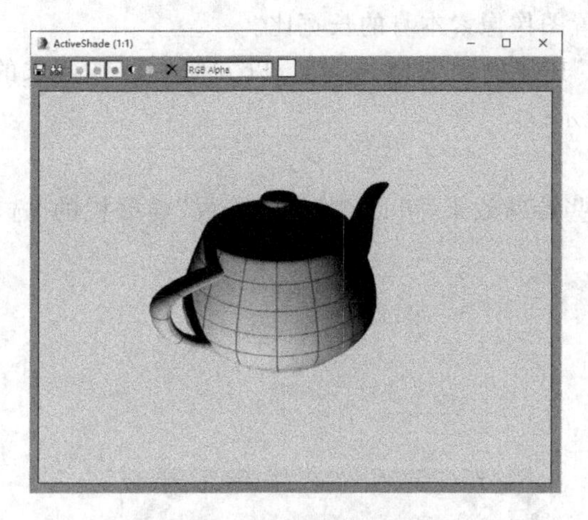

图 10-11　ActiveShade 窗口中的灯光发生改变

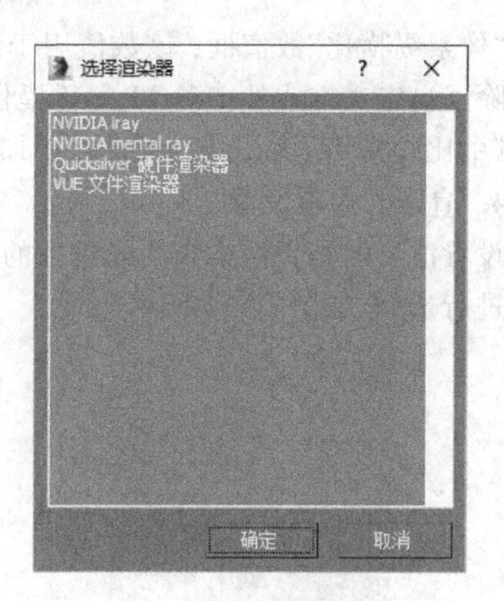

图 10-12　“选择渲染器”对话框

在“选择渲染器”对话框的列表中显示当前可以使用的渲染器，但不包括当前已经使用的渲染器，在该对话框中选择了需要的渲染器后即可改变当前正在使用的渲染器。

2. 时间输出的设置

“公用参数”卷展栏上的“时间输出”组如图 10-13 所示，该组中的参数可设置当前场景渲染输出文件的时间范围。

“单帧”单选按钮：只渲染当前帧。

“活动时间段”单选按钮：渲染轨迹栏中指定的帧范围。

“范围”单选按钮：渲染指定起始帧和结束帧之间的动画。

“帧”单选按钮：指定渲染一些不连续的帧，帧与帧之间用逗号隔开。

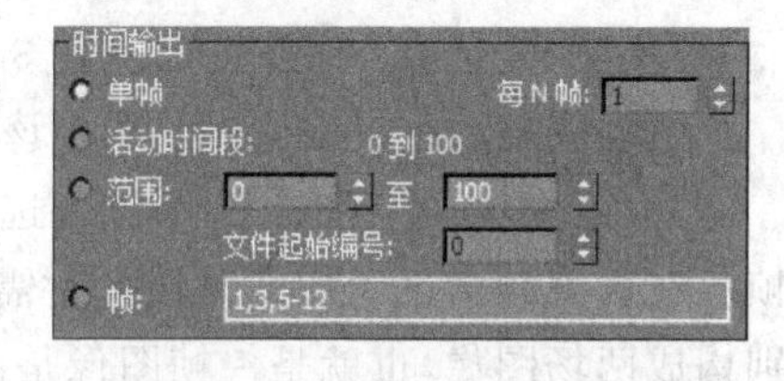

图 10-13　“时间输出”组

“每 N 帧”数值框：使渲染器按设定的间隔渲染帧。

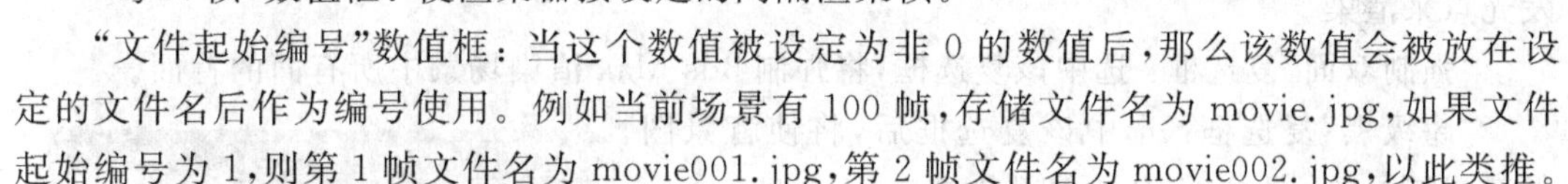

“文件起始编号”数值框：当这个数值被设定为非 0 的数值后，那么该数值会被放在设定的文件名后作为编号使用。例如当前场景有 100 帧，存储文件名为 movie. jpg，如果文件起始编号为 1，则第 1 帧文件名为 movie001. jpg，第 2 帧文件名为 movie002. jpg，以此类推。

3. 设置输出分辨率

渲染输出的分辨率可以通过“公用参数”卷展栏上的“输出大小”组进行设置，如图 10-14 所示，该组中的参数会影响输出图像的纵横比。

“宽度”和“高度”数值框：分别设置图像的宽度和高度，以像素为单位。

“光圈宽度(毫米)”：只有在激活自定义并且摄影机的镜头被设置为 FOV(视野)的时候才可以使用这个选项，它不改变视口中的图像。

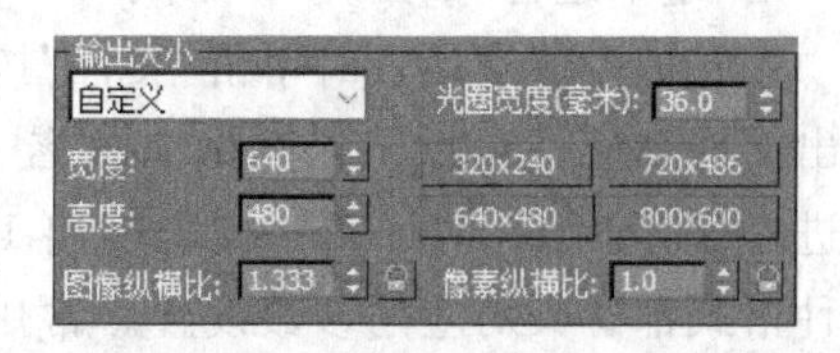

图 10-14　“输出大小”组

“图像纵横比”数值框：设置图像长度和宽度的比例，当长宽值指定后它的值会自动计算出来，图像纵横比＝长度/宽度。

"像素纵横比"数值框：该数值用于设置图像像素本身的长宽比。

除了自定义方式外，3ds Max 还提供了其他的固定尺寸类型，以方便有特殊要求的用户，其中比较常用的输出尺寸如图 10-15 所示。

4. 渲染的选项设置

设置渲染时是否渲染当前场景中的一些特殊效果，可以在"公用参数"卷展栏的"选项"组中进行选择，如图 10-16 所示。

图 10-15 输出分辨率的预设

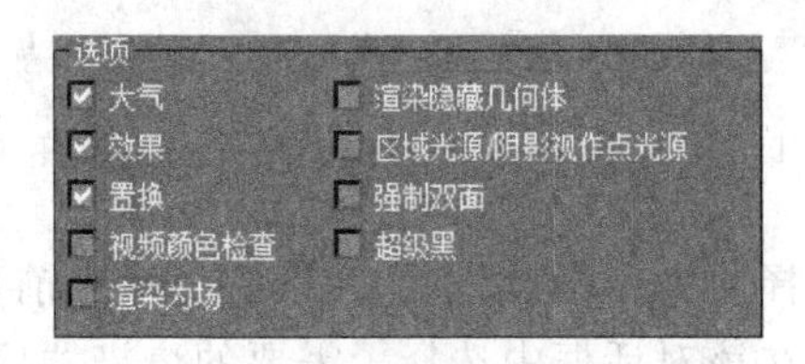

图 10-16 "选项"组

"大气"复选框：该复选框决定 3ds Max 是否渲染任何可应用的雾和体积光等大气效果。

"效果"复选框：该复选框决定 3ds Max 是否渲染任何可应用的渲染效果，如模糊效果。

"置换"复选框：该复选框决定 3ds Max 是否渲染任何可应用的置换贴图。

"视频颜色检查"复选框：选中该复选框，会扫描渲染图像，寻找视频颜色之外的颜色。

"渲染为场"复选框：选中该复选框，会使 3ds Max 中的动画渲染为视频场，而不是视频帧。在为视频渲染图像的时候经常需要使用这个复选框。一帧图像中的奇数行和偶数行分别构成两场图像，也就是一帧图像是由两场构成的。

"渲染隐藏几何体"复选框：选中该复选框后，将渲染场景中隐藏的对象。

"区域光源/阴影视作点光源"复选框：选中该复选框后，会将所有区域光或阴影都当作发光点来渲染。

"强制双面"复选框：选中该复选框，将强制 3ds Max 渲染场景中所有面的背面。

"超级黑"复选框：选中该复选框后，将使背景图像变成纯黑色，即 R、G、B 数值都为 0。

5. 输出文件类型

输出文件类型设置在"公用参数"卷展栏的"渲染输出"组中进行，如图 10-17 所示。

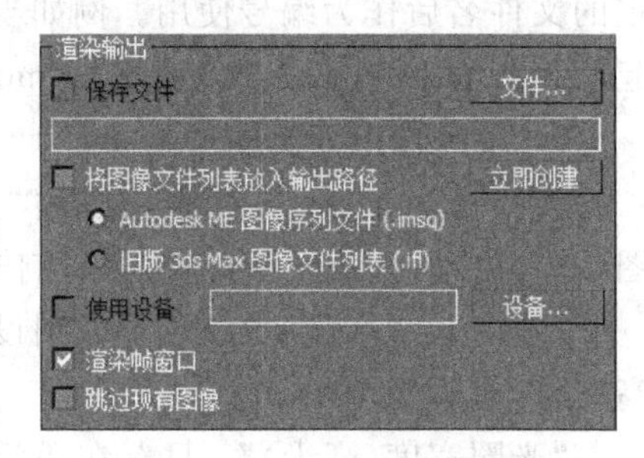

图 10-17 "渲染输出"组

在进行渲染设置时单击"文件"按钮，打开"渲染输出文件"对话框，指定好输出文件名、格式以及路径后进行保存。3ds Max 可以渲染输出 13 种文件格式，每种格式都有其对应的参数设置。常用的输出格式有以下几种。

1）AVI 动画格式

AVI(音频-视频隔行插入)格式是电影文件的 Windows 标准格式，当生成动画预览时

3ds Max 创建一个 AVI，也可以将最终输出渲染到 AVI 文件。尽管 3ds Max 通过渲染单帧 TGA 文件或直接渲染到数字磁盘录制器生成最高质量的输出，但是通过渲染 AVI 文件仍然可以获得很好的效果。

AVI 文件可以采用几种方式输入到 3ds Max，例如作为“材质编辑器”中的动画材质、作为对位的视口背景、作为在 Video Post 中进行合成的图像等。

2) JPEG 图像文件

JPEG 图像文件遵循图像专家组设置的标准。由于在提高压缩比率时会损失图像质量，因此这些文件要使用称为有损压缩的变量压缩方法。不过，JPEG 压缩方案非常好，在不严重损失图像质量的情况下可将文件压缩高达 200：1。因此，JPEG 是一种用于在 Internet 上张贴文件的普遍使用的格式，可以使文件大小和下载时间降至最低。

3) PNG 图像文件

PNG（可移植网络图形）是针对 Internet 和万维网开发的静态图像格式。

4) RPF 图像文件

RPF（Rich Pixel 格式）是一种支持包含任意图像通道能力的格式。在设置用于输出的文件时，如果从列表中选择“RPF 图像文件”，会进入 RPF 设置对话框，可在该对话框中指定输出到文件中所使用的通道类型。

6. 抗锯齿设置

为了使最终的渲染效果更好，经常打开渲染器中的抗锯齿选项。3ds Max 默认的扫描线渲染器的抗锯齿选项设置位于“渲染器”选项卡中的“默认扫描线渲染器”卷展栏，如图 10-18 所示。

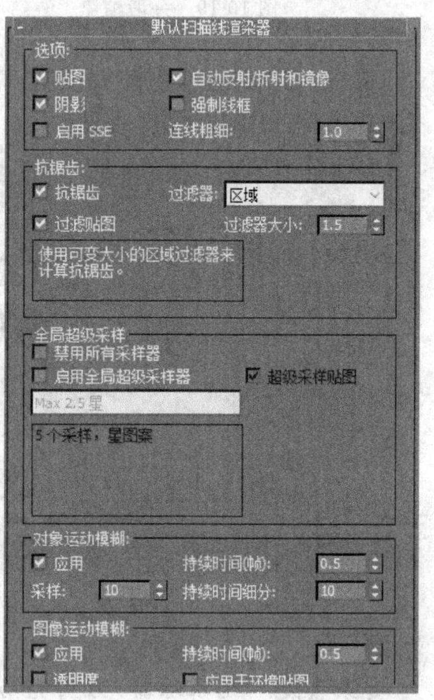

图 10-18 “默认扫描线渲染器”卷展栏

“抗锯齿”复选框：选中该复选框，能够平滑渲染时斜线或曲线上所出现的锯齿边缘。

“过滤器”下拉列表：可在该下拉列表中指定抗锯齿滤镜的类型。

“全局超级采样”组：启用此参数组中的选项可以对全局采样进行控制，而忽略各材质自身的采样设置。

“启用全局超级采样器”复选框：选中该复选框后，将对所有的材质应用相同的超级采样器。

实例 10-2：光线跟踪器的使用

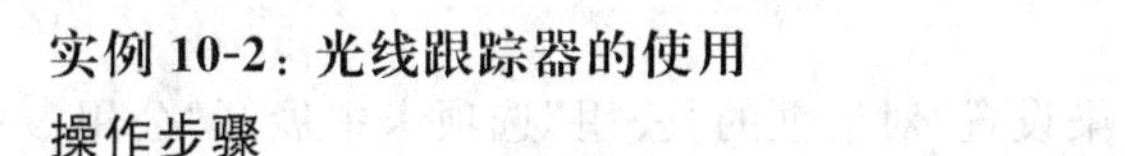

操作步骤

（1）启动 3ds Max 软件或使用“文件”|“重置”命令重置 3ds Max 系统。

（2）打开配套光盘上的“光跟踪器.max”文件（文件路径：素材和源文件\part10\）。

（3）单击“渲染产品”按钮 渲染透视视口，效果如图 10-19 所示。

（4）单击“渲染设置”按钮 ，在“渲染设置”对话框的“公用”选项卡中展开“公用参数”卷展栏，在“渲染输出”组中单击“文件”按钮，出现“渲染输出文件”对话框，设置输出文件名为“光跟踪”、文件类型为位图文件(. bmp)。

(5) 选择“高级照明”选项卡,如图 10-20 所示。

图 10-19 一般渲染

图 10-20 “高级照明”选项卡

(6) 在下拉列表中选择“光跟踪器”,打开“参数”卷展栏,按照图 10-21 所示设置参数。

(7) 渲染摄影机视图,效果如图 10-22 所示。

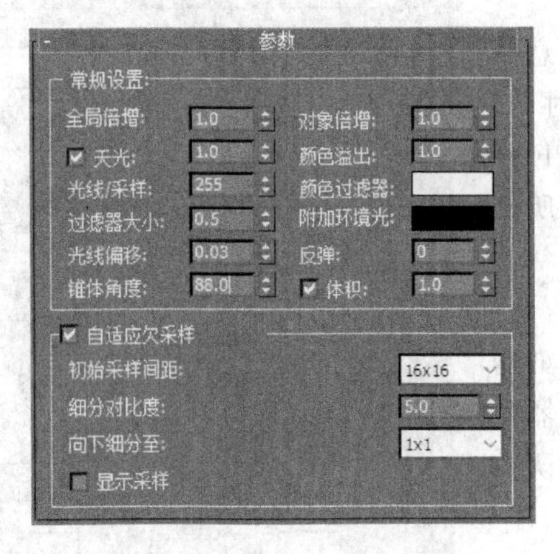

图 10-21 光跟踪器参数设置

图 10-22 光跟踪器效果

专家点拨:“光跟踪器”为明亮场景提供柔和边缘的阴影和映色,它通常与天光结合使用。

实例 10-3:光能传递的使用

操作步骤

(1) 启动 3ds Max 软件或使用“文件”|“重置”命令重置 3ds Max 系统。

(2) 打开配套光盘上的“光能传递. max”文件(文件路径:素材和源文件\part10\)。

(3) 渲染场景,如图 10-23 所示。

(4) 单击“渲染设置”按钮,在“渲染设置”对话框的“公用”选项卡中展开“公用参数”卷展栏,在“渲染输出”参数组中单击“文件”按钮,在出现的“渲染输出文件”对话框中设置输出文件名为“光能传递”、文件类型为. bmp。

(5) 选择“高级照明”选项卡,然后在下拉列表中选择“光能传递”,打开“光能传递处理参数”卷展栏,按照图 10-24 所示设置参数后单击“开始”按钮,计算光能传递方案。

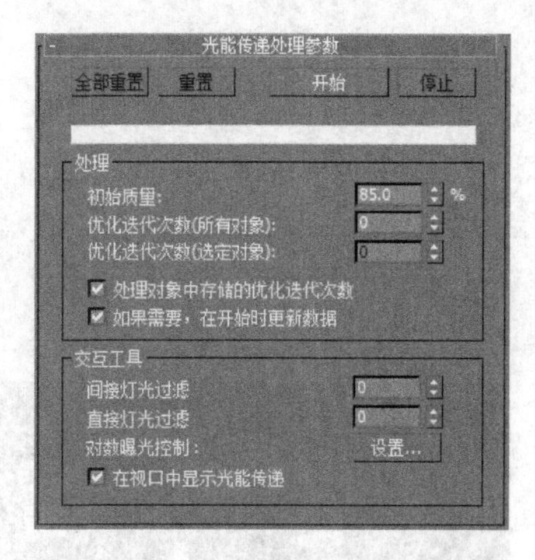

图 10-23　原场景渲染效果　　　　图 10-24　“光能传递处理参数”卷展栏

(6) 渲染摄影机视图，效果如图 10-25 所示。

(7) 选择“渲染”|“环境”命令，打开“环境和效果”对话框，如图 10-26 所示。在“曝光控制”卷展栏的下拉列表中选择“对数曝光控制”。

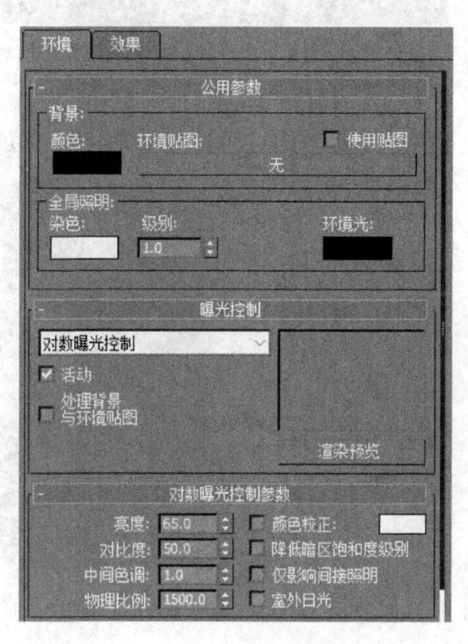

图 10-25　光能传递效果　　　　图 10-26　打开对数曝光控制

(8) 单击“渲染产品”按钮，按 F9 键，渲染场景如图 10-27 所示。

(9) 选择“渲染设置”对话框中的 Render Elements 选项卡，展开“渲染元素”卷展栏，如图 10-28 所示。

(10) 在该卷展栏中单击“添加”按钮，弹出 Render Elements 对话框，在该对话框中选择“自发光”选项后单击“确定”按钮关闭对话框。

(11) 单击“选定元素参数”组中的“浏览”按钮 ... ，保存输出文件为“自发光. bmp”。

图 10-27　光能传递渲染效果

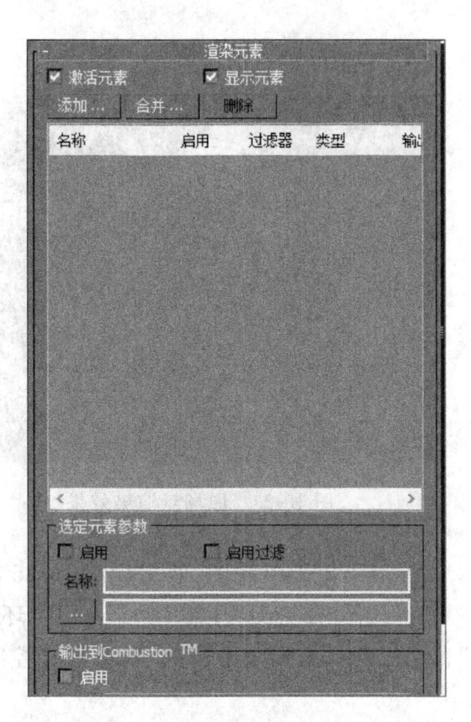

图 10-28　“渲染元素”卷展栏

(12) 单击“渲染设置”对话框上的“渲染”按钮,渲染结果如图 10-29 所示。

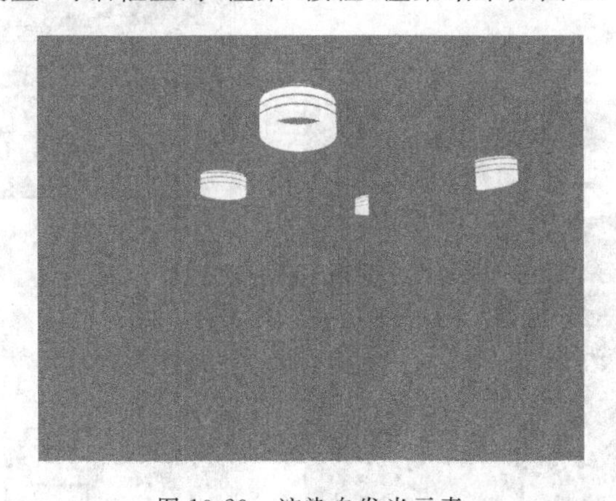

图 10-29　渲染自发光元素

专家点拨:光能传递主要与光度学灯光配合使用,用于产生逼真的灯光效果。一般光能传递要与曝光控制一起使用,在曝光控制中“线性曝光控制”与距离有关,而“对数曝光控制”常用于模拟现实中的灯光效果。

10.2　mental ray 渲染

不同的场景可以使用不同的渲染器进行渲染,在 3ds Max 中有一种扫描线渲染器,这是系统内部固化的默认渲染器。除了扫描线渲染器外,3ds Max 中还提供了更专业的

mental ray 渲染器,可以渲染制作更加真实的场景效果。

10.2.1 mental ray 渲染器

mental ray 是一个专业的 3D 渲染引擎,可以生成令人难以置信的高质量的真实感图像。利用这一渲染器可以实现反射、折射、焦散、全局光照明等其他渲染器很难实现的效果。

默认 3ds Max 扫描线渲染器的渲染效果与 mental ray 渲染器的渲染效果的差别如图 10-30 所示。

(a) 默认扫描线渲染器

(b) mental ray渲染器

图 10-30 默认扫描线渲染器与 mental ray 渲染器的差别

10.2.2 mental ray 渲染器的使用

3ds Max 中的默认渲染器是扫描线渲染器,如果要使用 mental ray 渲染器,需要在"渲染设置"对话框的"公用"选项卡的"指定渲染器"卷展栏中单击"选择渲染器"按钮,在弹出的"选择渲染器"对话框中选择 mental ray 渲染器。

实例 10-4: mental ray 的全局照明和焦散效果

操作步骤

(1) 启动 3ds Max 软件或使用"文件"|"重置"命令重置 3ds Max 系统。

(2) 打开配套光盘上的"mr 全局照明.max"文件(文件路径: 素材和源文件\part10\)。

(3) 在"渲染设置"对话框的"公用"选项卡中展开"指定渲染器"卷展栏,将 3ds Max 的渲染器设置为 mental ray 渲染器。

(4) 直接渲染场景,渲染效果如图 10-31 所示。

图 10-31 没有全局照明的渲染效果

(5) 在 Box01 对象上右击,然后在弹出的快捷菜单中选择"对象属性"命令,弹出"对象属性"对话框,如图 10-32 所示。

(6) 打开 mental ray 选项卡,选中"接收焦散""生成全局照明"和"接收全局照明"3 个复选框,单击"确定"按钮完成设置。

(7) 打开"渲染设置"对话框,在"间接照明"选项卡中展开"焦散和全局照明"卷展栏,在"全局照明"组中选中"启用"复选框,如图 10-33 所示。

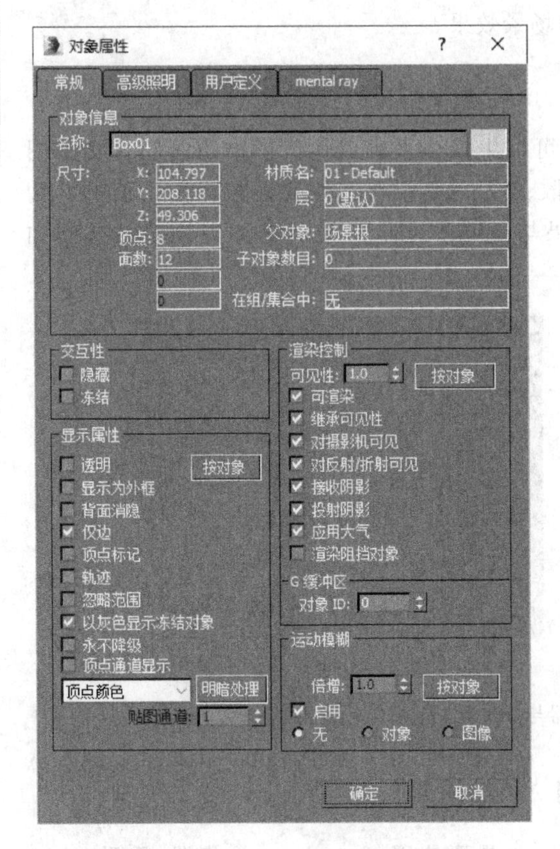

图 10-32　设置 Box01 对象的属性　　　　图 10-33　启用全局照明

(8) 渲染场景,效果如图 10-34 所示。

(9) 在“全局照明”组中选中“最大采样半径”复选框,再次渲染场景,效果如图 10-35 所示。此时可以清楚地观察到每个光子。

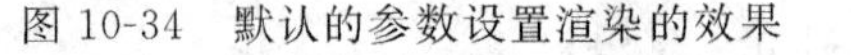

图 10-34　默认的参数设置渲染的效果　　　图 10-35　设置最大采样半径为默认值 1 时的渲染效果

(10) 在“间接照明”选项卡中展开“最终聚集”卷展栏,如图 10-36 所示。

(11) 在“最终聚集”组中选中“启用最终聚集”复选框,渲染场景,效果如图 10-37 所示。

(12) 选择场景中的 Hedra01 对象并右击,在弹出的快捷菜单中选择“对象属性”命令,打开“对象属性”对话框。选择 mental ray 选项卡,选中“生成焦散”“生成全局照明”和“接收全局照明”3 个复选框。

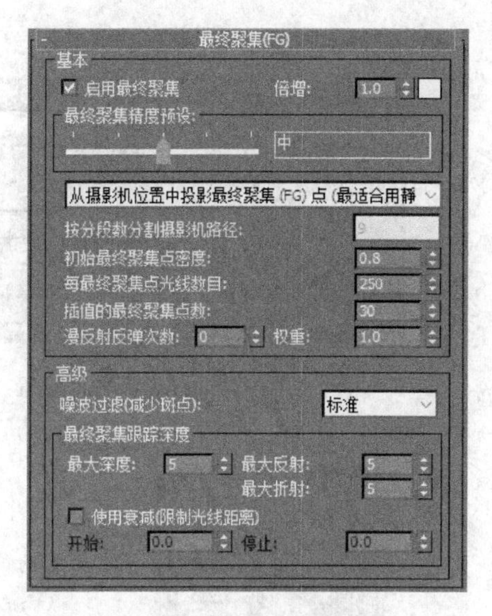

图 10-36 “最终聚集”卷展栏

图 10-37 全局照明的最终聚集效果

(13) 打开“渲染设置”对话框，在“间接照明”选项卡中展开“焦散和全局照明”卷展栏，在“焦散”组中选中“启用”复选框，将“倍增”值设置为 4。

(14) 渲染场景，效果如图 10-38 所示。

专家点拨：在使用 mental ray 渲染器的全局照明和焦散功能的时候，需要在“对象属性”对话框的 mental ray 选项卡中对物体的生成与接收全局照明和焦散的能力进行设置后才能进行渲染，否则会报错。

图 10-38 星体生成焦散效果

10.3 上机练习与指导

10.3.1 车

1. 练习目标

(1) 学习 mental ray 渲染器的使用。

(2) 学习 mental ray 材质的制作。

2. 练习指导

视频讲解

(1) 打开本书配套光盘上的 ch10_1.max 文件(文件路径：素材和源文件\part10\上机练习\)，在场景中添加天光，如图 10-39 所示。

(2) 打开材质编辑器，为某个材质球添加贴图，在“坐标”卷展栏的“贴图”列表中选择“球形环境”选项，如图 10-40 所示。进入“天光参数”卷展栏，对参数进行设置。然后将刚才制作完成的贴图拖到“天空颜色”按钮上释放进行复制，将复制方式设置为“实例”，如图 10-41 所示。“天光参数”卷展栏如图 10-42 所示。

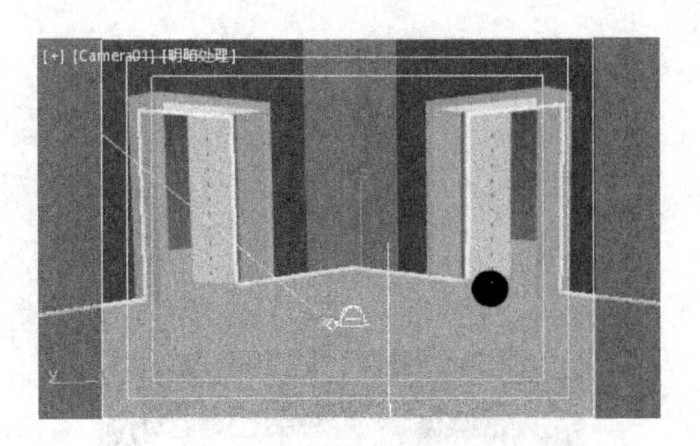

图 10-39　在场景中添加天光

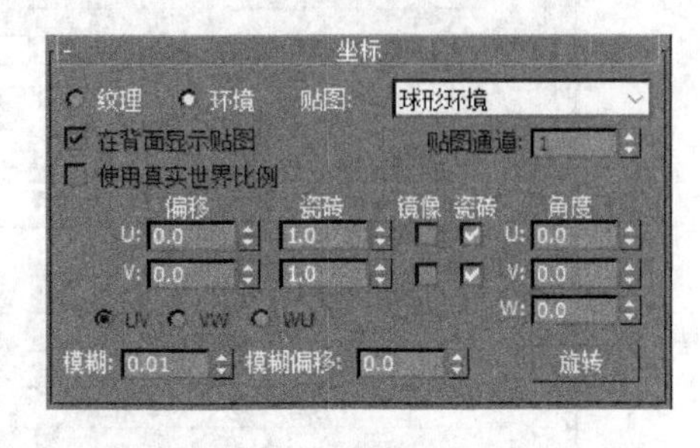

图 10-40　“坐标”卷展栏的设置

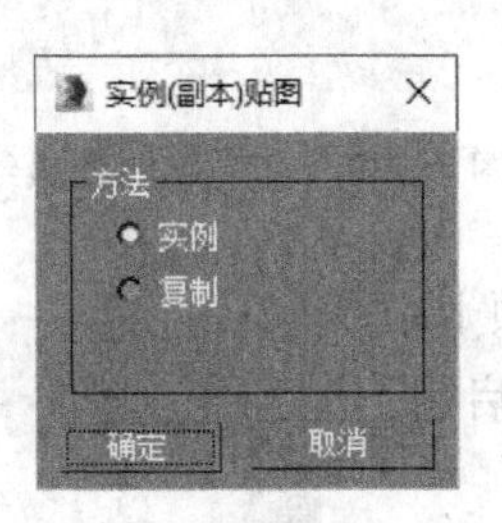

图 10-41　复制为实例

图 10-42　“天光参数”卷展栏

(3) 在“指定渲染器”卷展栏中指定渲染器为 NVIDIA mental ray 渲染器，如图 10-43 所示。在“渲染设置”对话框的“全局照明”选项卡中对“焦散和光子贴图”卷展栏上的参数进行设置，如图 10-44 所示。在“最终聚集(FG)”卷展栏中对参数进行设置，如图 10-45 所示。

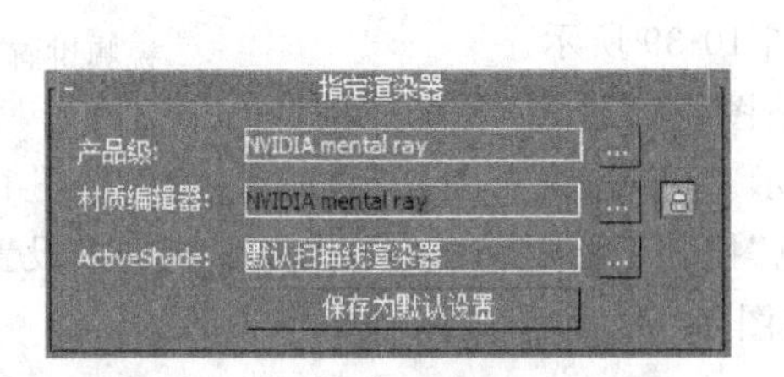

图 10-43　“指定渲染器”卷展栏

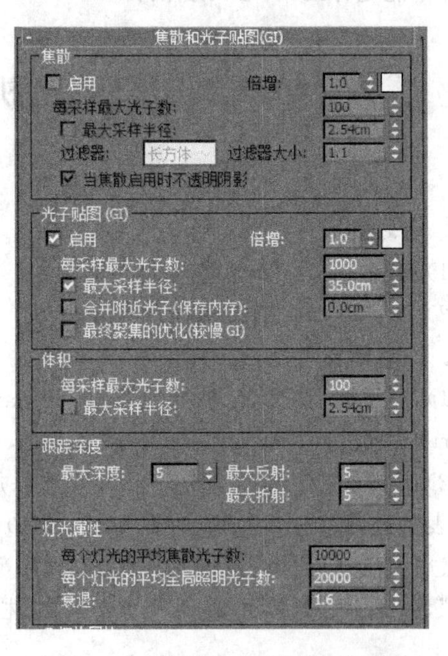

图 10-44　“焦散和光子贴图”卷展栏

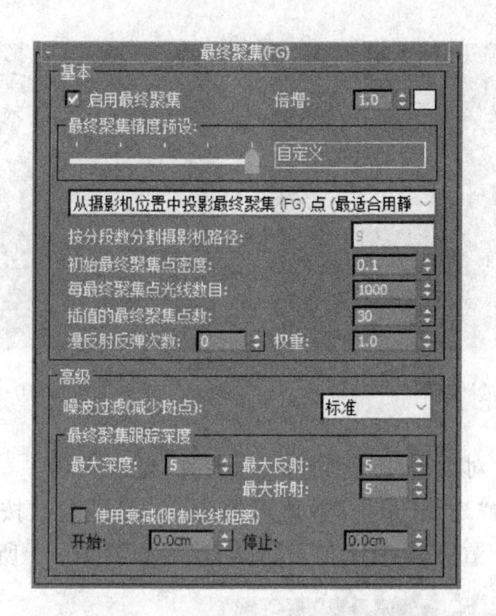

图 10-45 “最终聚集(FG)”卷展栏的设置

(4) 打开“渲染器”选项卡，在“采样质量”卷展栏中对相关参数进行设置，如图 10-46 所示。完成设置后渲染场景，最终渲染效果如图 10-47 所示。

图 10-46 “采样质量”卷展栏的设置

图 10-47 最终效果

10.3.2 白模——枪

视频讲解

1. 练习目标

(1) 学习 mental ray 渲染器的设置。

(2) 学习白模的创建过程。

专家点拨：白模是使用天光渲染的模型，不加任何贴图。

2. 练习指导

(1) 打开本书配套光盘上的 ch10_2. max 文件(文件路径：素材和源文件\part10\上机练习\)，场景中包含一个平面和一把枪的模型，如图 10-48 所示。

(2) 为场景添加一个天光，位置可任意设置，因为光线会平衡分布在场景中，如图 10-49 所示。

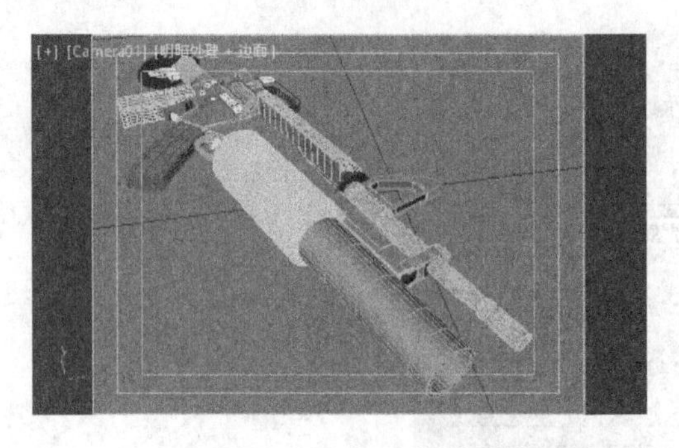

图 10-48　场景文件

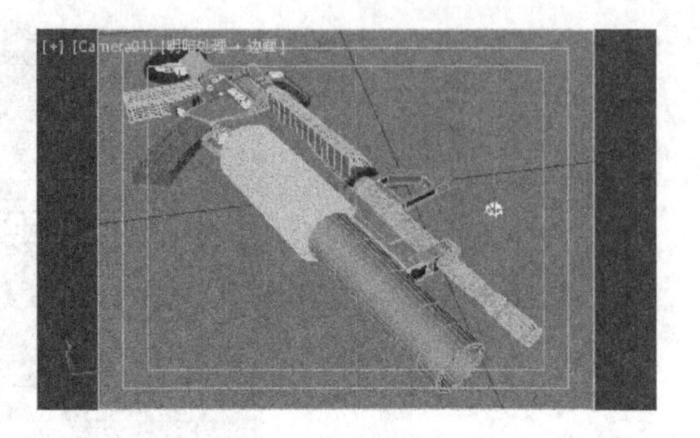

图 10-49　添加天光

(3) 在“环境和效果”对话框中把背景颜色更改为白色。

(4) 将光跟踪器里的“光线/采样”数值设置为 90,其他参数按图 10-50 所示设置。

(5) 选择 mental ray 渲染器进行渲染,渲染效果如图 10-51 所示。

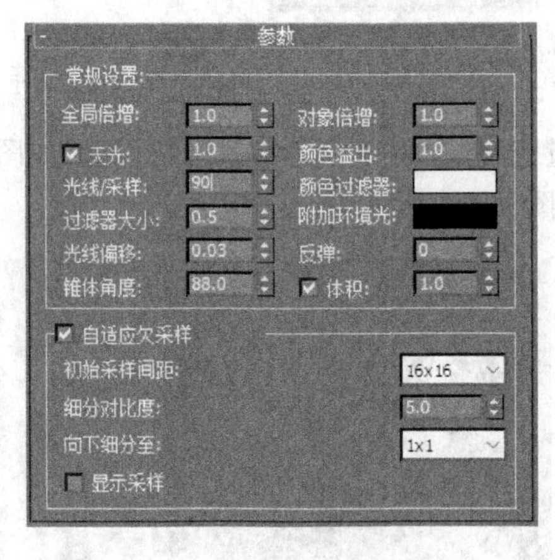

图 10-50　“光线/采集”参数

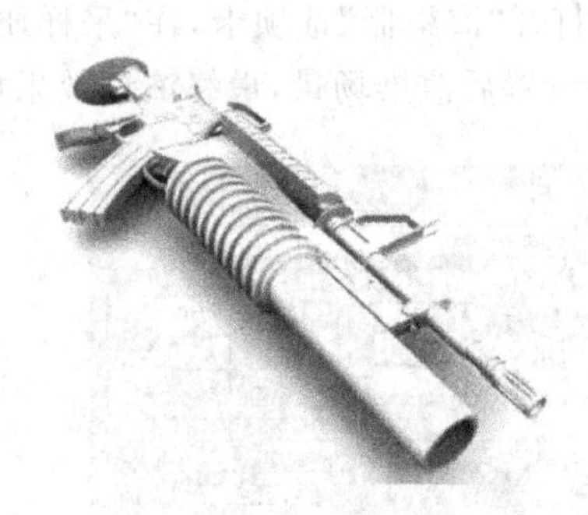

图 10-51　渲染效果

(6) 为了更好地达到天光的效果,更改天光参数的天空颜色,相关参数按图 10-52 所示进行设置。

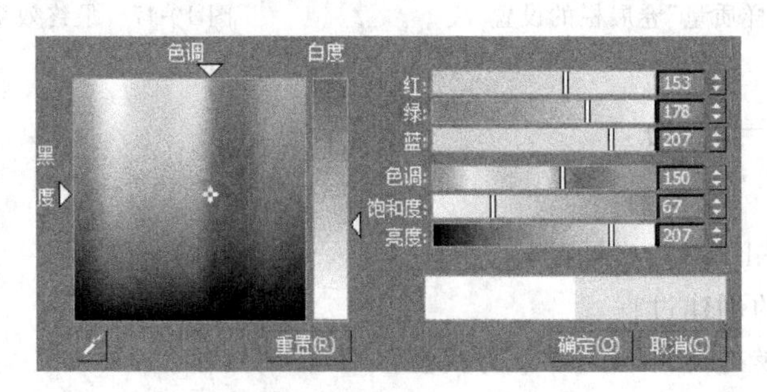

图 10-52　更改天光颜色

(7) 更改 mental ray 渲染器的“间接照明”选项卡的“最终聚集(FG)”卷展栏上的参数,如图 10-53 所示。

(8) 单击“渲染”按钮渲染场景,效果如图 10-54 所示,完成白模的制作。

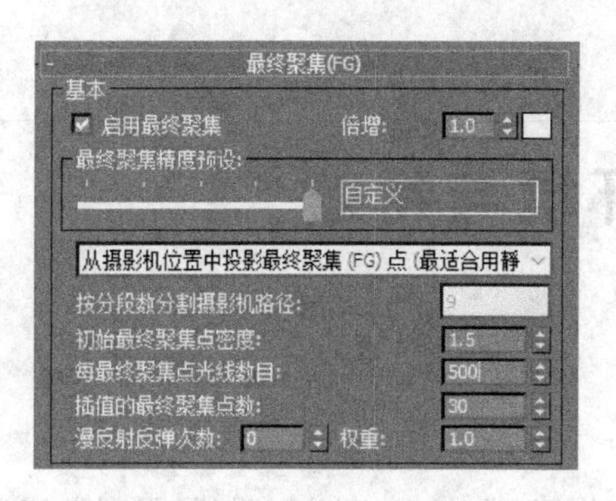

图 10-53 间接照明参数

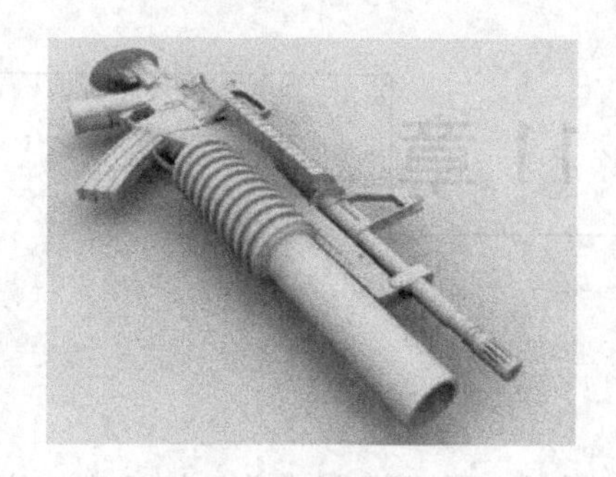

图 10-54 最终渲染效果

10.4 本章习题

1. 填空题

(1) 在 3ds Max 中默认的渲染类型是________。

(2) 打开“渲染设置”对话框的快捷键是________。

(3) 使用 mental ray 渲染器要得到焦散效果,必须有一个对象的属性为________焦散,还必须有一个对象________焦散。

2. 选择题

(1) 关于渲染,下列描述正确的是( )。

A. 只能渲染透视图

B. 渲染时必须打开“渲染”对话框

C. 渲染可以只对选择的对象进行处理

D. 以上答案均不正确

(2) 关于隐藏对象的渲染结果,下列描述正确的是( )。

A. 隐藏的对象能被选择

B. 渲染结果与对象是否隐藏无关

C. 可以通过参数选项设置是否对场景中隐藏的对象进行渲染

D. 以上答案均不正确

(3) 关于材质贴图的渲染结果,下列描述正确的是( )。

A. 贴图效果可以不被渲染

B. 如果对材质设置了反射效果,那么场景就一定进行反射计算

C. 材质贴图不需要进行抗锯齿设置

D. 以上答案均不正确

第 11 章 环境与特效

本章主要介绍如何充分发挥环境与特效的作用，让来源于生活的场景得到淋漓尽致的体现，将技术与艺术完美地融合在一起，构成和谐统一的整体，创作出美轮美奂的作品。

本章的主要内容：

- 环境参数的设置；
- 大气特效的制作；
- 特效的制作。

11.1 环境的设置

人们在现实生活环境中经常会看到各种各样的自然特效，如雾、光、烟、火等。若没有这些自然特效，所模拟的现实世界是不完整的。在 3ds Max 中，“渲染”菜单下的“环境”和“效果”命令给用户提供了非常强大的环境特效制作系统。

“环境和效果”对话框如图 11-1 所示。该对话框有两个选项卡，分别应用于环境效果和渲染效果的设置。打开“环境和效果”对话框可以采用以下 3 种方法中的任意一种。

- 选择“渲染”|“环境”命令。
- 选择“渲染”|“效果”命令。
- 按数字键“8”打开。

“环境”选项卡的功能十分强大，能够创建各种增加场景真实感的气氛，例如向场景中增加标准雾、分层雾、体积雾以及燃烧效果等，还可以设置背景贴图。众多的选择对象为用户提供了丰富多彩的环境效果，剩下的只是如何发挥想象力的问题了。

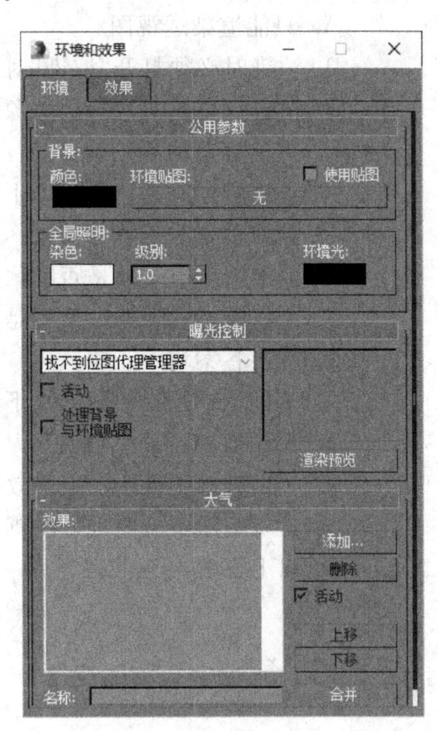

图 11-1 “环境和效果”对话框

11.1.1 设置背景环境

在默认状态下，对视图进行渲染后，背景颜色都是黑色的，场景中的光源是白色的，整个环境的颜色也是黑色。利用“环境”选项卡可以为场景指定背景，背景可以是单一的颜色，也可以是一张贴图甚至是一个材质。

背景环境的参数设置位于"环境"选项卡的"公用参数"卷展栏内,如图 11-2 所示。

"颜色"色块:"颜色"色块用于设置渲染场景时显示的背景颜色。单击这个色块,会弹出"颜色选择器:背景色"对话框,如图 11-3 所示,用户可以在该对话框中选择任何单一颜色作为场景渲染的背景色。

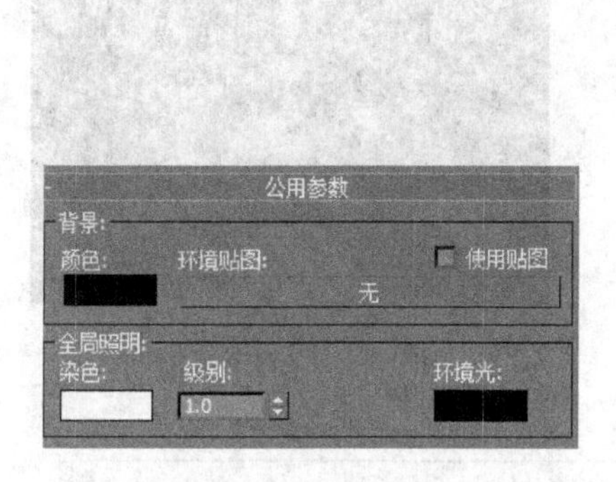

图 11-2 "背景"组

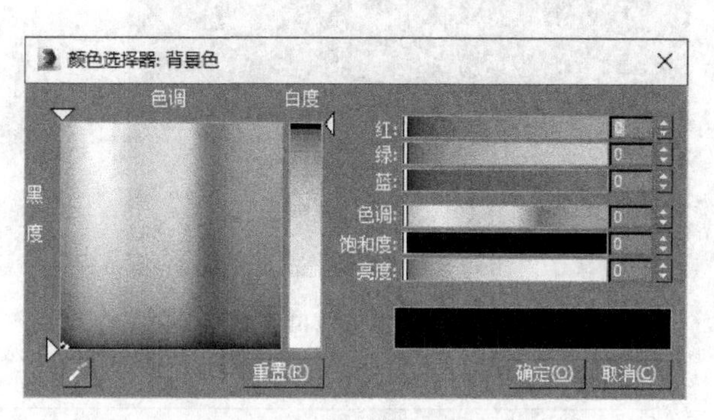

图 11-3 "颜色选择器:背景色"对话框

"环境贴图"按钮:"环境贴图"按钮用于显示贴图的名称,如果尚未指定名称,则显示"无"。单击该按钮,会调出"材质/贴图浏览器"对话框,用户可从中选择合适的贴图文件来渲染场景。

"使用贴图"复选框:当选择了"环境贴图"之后,该复选框会自动处于选中状态,使选定的贴图作为场景渲染的背景。若取消该复选框,可测试渲染没有贴图背景的场景。

1. 改变背景颜色

改变背景颜色的操作比较简单,选择"渲染"|"环境"命令或按数字键 8,打开"环境和效果"对话框,进入"环境"选项卡,单击"颜色"色块,会弹出如图 11-3 所示的"颜色选择器:背景色"对话框,在该对话框中任意选择一种颜色,确认后单击"快速渲染"按钮,此时场景的背景色就由默认的黑色变成了刚才所选择的颜色。

2. 为背景设置贴图

在"环境和效果"对话框中除了可以改变场景的背景色外,还可以为背景设置贴图,指定背景图像与给光使用投影贴图是类似的。单击"环境贴图"按钮,调出"材质/贴图浏览器"对话框,在该对话框中确定所选的贴图后再渲染视图,此时场景的背景就换成了刚才选择的贴图。

专家点拨:只要材质能够接受的类型都可以用来做背景,包括 AVI 格式的动画文件。

实例 11-1:更改背景贴图

操作步骤

(1) 启动 3ds Max 软件或选择"文件"|"重置"命令重置 3ds Max 系统。

(2) 打开配套光盘上的"背景.max"文件(文件路径:素材和源文件\part11\),场景中包含一架飞机和两个小球对象,如图 11-4 所示。

(3) 按 F9 键快速渲染查看效果,此时渲染场景的背景色为默认的黑色,没有贴图,如图 11-5 所示。

(4) 选择"渲染"|"环境"命令,打开"环境和效果"对话框,单击"环境贴图"按钮,在打开的"材质/贴图浏览器"对话框中选择"位图"贴图形式,弹出"选择位图图像文件"对话框,如

图 11-6 所示。

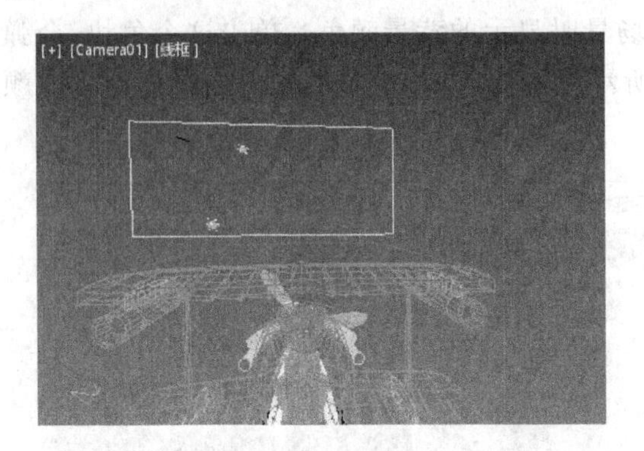

图 11-4　摄像机视口

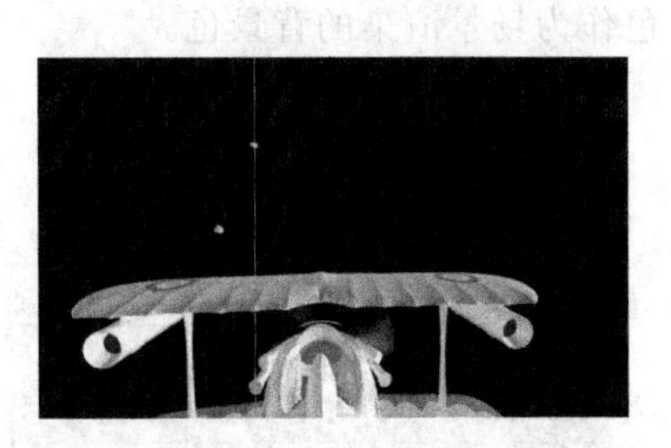

图 11-5　渲染效果

图 11-6　选择位图

(5) 在“选择位图图像文件”对话框中选择一张 3ds Max 自带的图片文件作为背景贴图,例如选择“SKY. jpg”文件,单击“打开”按钮关闭该对话框。

(6) 单击“快速渲染”按钮渲染场景,得到如图 11-7 所示的效果。

实例 11-2：编辑背景贴图

操作步骤

(1) 选择“文件”|“重置”命令重置 3ds Max 系统。

(2) 打开配套光盘上的“背景.max”文件(文件路径：素材和源文件\part11\)。

(3) 在“环境和效果”对话框的“环境”选项卡中单击“环境贴图”按钮，在打开的“材质/贴图浏览器”对话框中选择“渐变坡度”贴图，确认后“环境贴图”按钮上就显示出了所选贴图的名称，如图 11-8 所示。

图 11-7　更改背景贴图

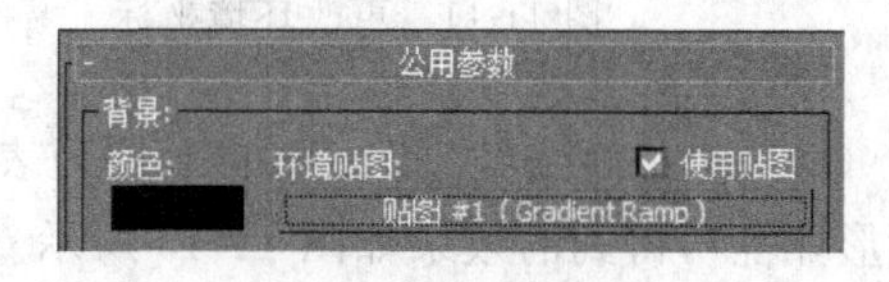

图 11-8　设置环境贴图

(4) 单击“渲染产品”按钮渲染场景，效果如图 11-9 所示。

(5) 单击工具栏上的“材质编辑器”按钮，打开“材质编辑器”对话框，从“环境和效果”对话框中将在上面步骤中选定的贴图直接拖曳到材质编辑器的示例框中，同时这一贴图的参数出现在材质编辑器的“渐变坡度参数”卷展栏中，如图 11-10 所示。

图 11-9　渐变坡度背景

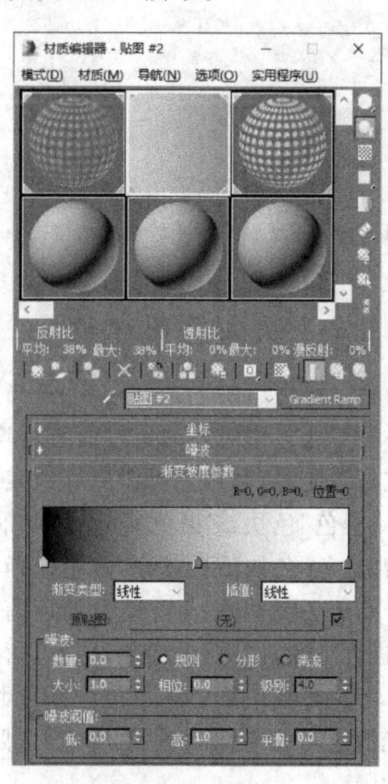

图 11-10　编辑贴图参数

(6) 在“坐标”卷展栏中环境贴图选项自动激活,在“贴图”下拉列表中选择“球形环境”,如图 11-11 所示。

(7) 为了模拟天空的效果,打开“渐变坡度参数”卷展栏,设置天空颜色如图 11-12 所示。

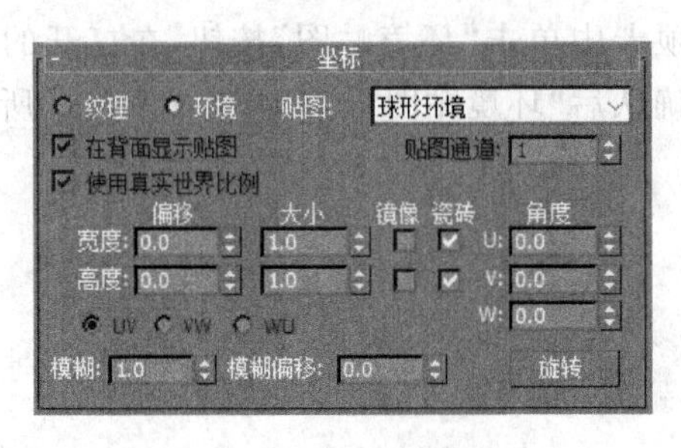

图 11-11　更改环境坐标

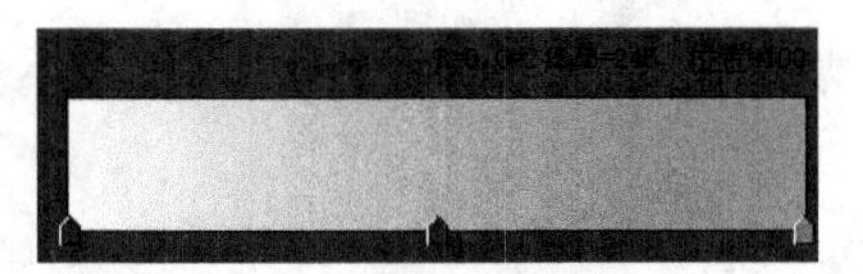

图 11-12　颜色模块

(8) 单击“渐变类型”右边的下拉列表,将渐变类型改为“径向”,使环境贴图清单改成“球形环境”,得到的效果如图 11-13 所示。

(9) 调节噪波的参数取值,值的大小可以根据自己的感觉设定,对色彩坡度的位置进行一点点偏移,得到如图 11-14 所示的效果。

(10) 渲染场景,更改后的效果如图 11-15 所示。

图11-13　更改后的渐变坡度

图 11-14　噪波调节

图 11-15　渲染效果

11.1.2　设置照明环境

在“背景”组的下方有一个“全局照明”组,如图 11-16 所示。该组选项是 3ds Max 提供的一种对场景中对象的所有面进行均匀照明的光源,可用来模拟现实中的太阳光、日光灯、霓虹灯等光源,利用它可以更好地表现造型和材质以及某些阴影、光线等特殊效果。

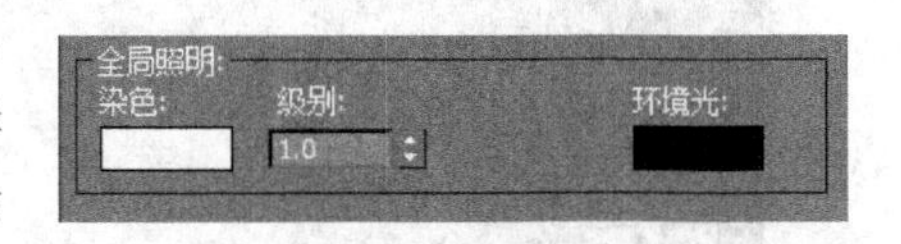

图 11-16　“全局照明”组

“染色”色块:“染色”色块与背景中的颜色一样,单击“染色”色块后会打开“颜色选择器”对话框,选择一个颜色后就可以为场景中的所有灯光(环境光除外)进行染色。默认为白色,即不进行染色处理。

“级别”数值框:该数值框用于增强场景中所有灯光的照明效果,级别的取值越大,照明效果越强,默认设置为 1.0。该数值框还可用来设置动画。

"环境光"色块:"环境光"色块用于设置"环境光"的颜色,单击该色块后可在"颜色选择器"中选择所需的颜色,一般情况下不需要进行调整。

图 11-17 所示为原场景的效果以及将"染色"和"环境光"分别设置为红色的效果。

(a) 原场景

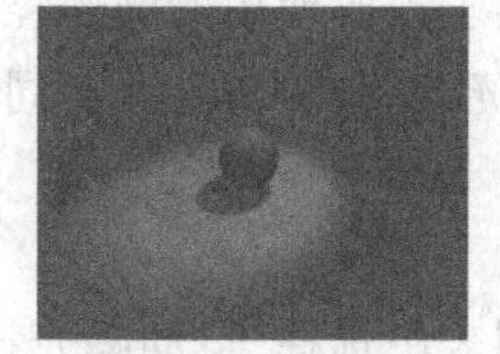
(b) "染色"为红色

(c) "环境光"为红色

图 11-17 环境光的设置效果

实例 11-3:更改全局照明的颜色和染色

操作步骤

(1) 启动 3ds Max 或选择"文件"|"重置"命令重置 3ds Max 系统。

(2) 打开配套光盘上的"背景. max"文件(文件路径:素材和源文件\part11\),渲染后的效果如图 11-18 所示。

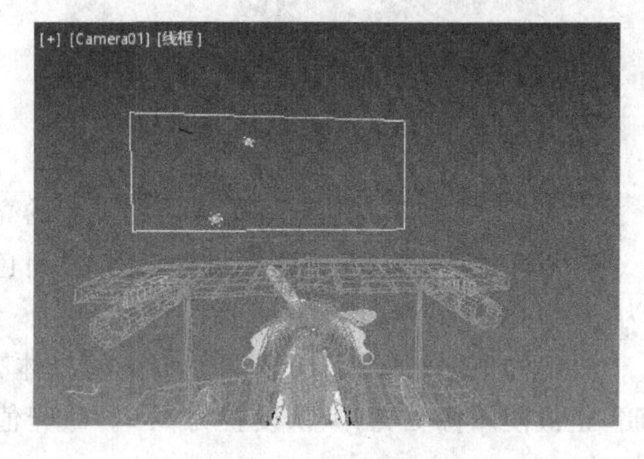

图 11-18 场景文件

(3) 打开"环境和效果"对话框,在"环境"选项卡中单击标记为"染色"的色块,弹出"颜色选择器"对话框,将颜色选择器设置应用于除环境光以外的所有照明的染色。

(4) 在"颜色选择器"对话框中选择"红色"后对场景进行渲染,效果如图 11-19 所示。

(5) 改变"级别"微调器中的数值,以增加场景的总体照明。注意,数值越高,对象的明度越高。这里将"级别"设置为 5,渲染后的效果如图 11-20 所示。

图 11-19 调节染色

图 11-20 调节级别

11.1.3 设置曝光控制

"曝光控制"是用于调整渲染的输出级别和颜色范围的插件组件,就像调整胶片曝光一样。如果渲染使用光能传递,曝光控制尤其有用。使用"曝光控制"会影响渲染图像以及视口显示的亮度和对比度,但不会影响场景中的实际照明级别,只是影响这些级别与有效显示范围的映射关系。

“曝光控制”卷展栏位于“环境”选项卡中“公用参数”卷展栏的下方,如图11-21所示。

在“曝光控制”下拉列表中提供了需要使用的曝光控制类型,包括自动曝光控制、线性曝光控制、伪彩色曝光控制、对数曝光控制等。选择不同的曝光控制类型会打开相应的卷展栏。

1. 自动曝光控制

在“曝光控制”卷展栏的下拉列表中选择“自动曝光控制参数”选项,出现“自动曝光控制参数”卷展栏,如图11-22所示。

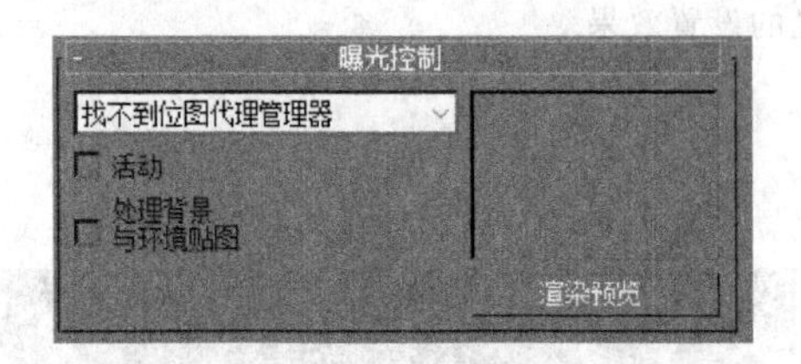

图 11-21 “曝光控制”卷展栏

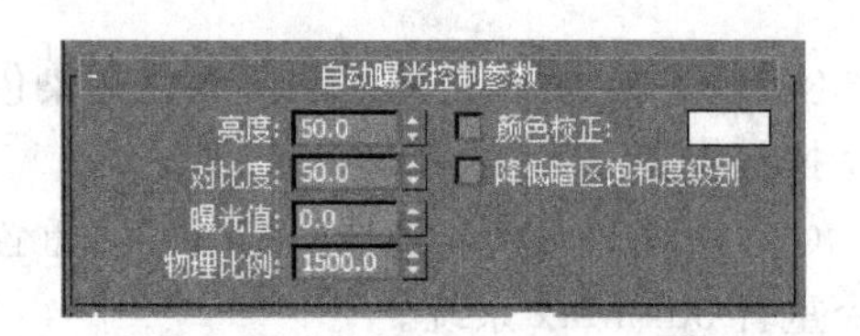

图 11-22 “自动曝光控制参数”卷展栏

“亮度”数值框:用于调整转换的颜色的亮度。取值范围为0～200,默认设置为50。

“对比度”数值框:用于调整转换的颜色的对比度。取值范围为0～100,默认设置为50。

“曝光值”数值框:用于调整渲染的总体亮度。取值范围为-5.0～5.0,负值使图像更暗,正值使图像更亮,默认设置为0.0。曝光值相当于具有自动曝光功能的摄影机中的曝光补偿。

“物理比例”数值框:设置曝光控制的物理比例,用于非物理灯光。结果是调整渲染,使其与眼睛对场景的反应相同。

“颜色校正”复选框:如果选中该复选框,颜色校正会改变所有颜色,使右边的色块显示为白色。其默认设置为禁用状态。单击色块将显示“颜色选择器”对话框,用于选择适合的颜色。用户可以使用此控件模拟眼睛对不同照明的调节方式。

“降低暗区饱和度级别”复选框:启用时渲染器会使颜色变暗淡,好像灯光过于暗淡,眼睛无法辨别颜色。其默认设置为禁用状态。

2. 线性曝光控制

在“曝光控制”卷展栏的下拉列表中选择“线性曝光控制”选项,出现“线性曝光控制参数”卷展栏,如图11-23所示。

3. 伪彩色曝光控制

在“曝光控制”卷展栏的下拉列表中选择“伪彩色曝光控制”选项,出现“伪彩色曝光控制”卷展栏,如图11-24所示。

1)“显示类型”组

“数量”下拉列表:选择所测量的值。“照度”(默认设置)显示曲面上的入射光的值,“亮度”显示曲面上的反射光的值。

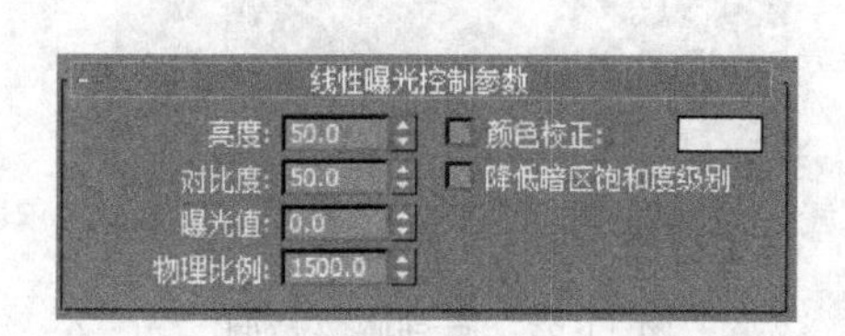

图 11-23 “线性曝光控制参数”卷展栏

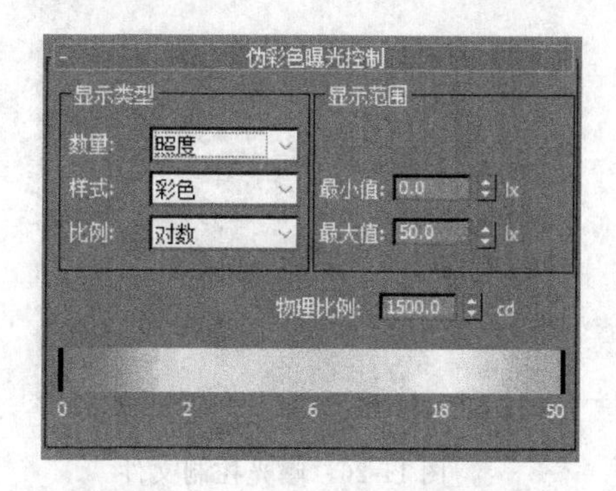

图 11-24 “伪彩色曝光控制”卷展栏

“样式”下拉列表：选择显示值的方式。“彩色”(默认设置)显示光谱,“灰度”显示从白色到黑色范围的灰色色调。

“比例”下拉列表：选择用于映射值的方法。“对数”(默认设置)使用对数比例,“线性”使用线性比例。

2）“显示范围”组

“最小值”数值框：设置在渲染中要测量和表示的最低值。此数量或低于此数量的值将全部映射为最左端的显示颜色(或灰度级别)。

“最大值”数值框：设置在渲染中要测量和表示的最高值。此数量或高于此数量的值将全部映射为最右端的显示颜色(或灰度值)。

4. 对数曝光控制

在“曝光控制”卷展栏的下拉列表中选择“对数曝光控制”选项,出现“对数曝光控制参数”卷展栏,如图 11-25 所示。

“中间色调”数值框：用于调整转换的颜色的中间色调值,范围为 0.01～20.0。默认设置为 1.0。

“仅影响间接照明”复选框：若启用该复选框,曝光控制仅应用于间接照明的区域。其默认设置为禁用状态。通常,如果场景的主照明从光度学灯光发出,不需要启用该复选框。

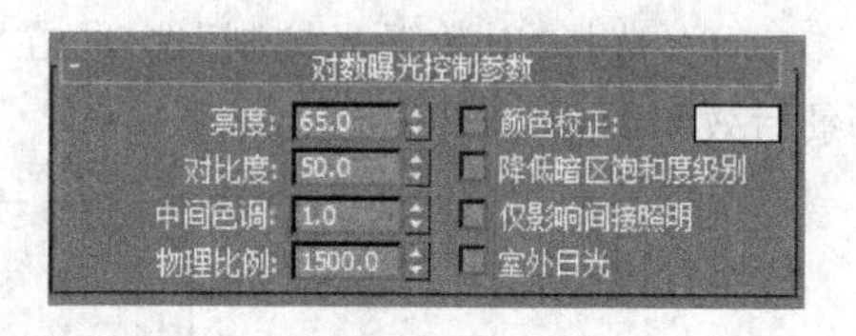

图 11-25 “对数曝光控制参数”卷展栏

“室外日光”复选框：启用该复选框时,转换适合室外场景的颜色。其默认设置为禁用状态。

实例 11-4：使用曝光控制

操作步骤

(1) 打开配套光盘上的“曝光控制.max”文件(文件路径：素材和源文件\part11\),场景中包含一个掌上电脑。

(2) 对场景进行渲染,效果如图 11-26 所示。

(3) 在“环境”选项卡中展开“曝光控制”卷展栏,从下拉列表中选择“自动曝光控制”选项,在“自动曝光控制参数”卷展栏中调节相应参数的取值,渲染场景后效果如图 11-27 所示。

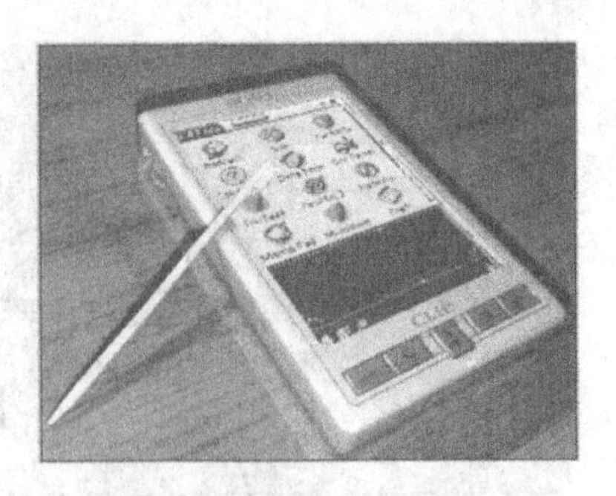

图 11-26　曝光控制文件

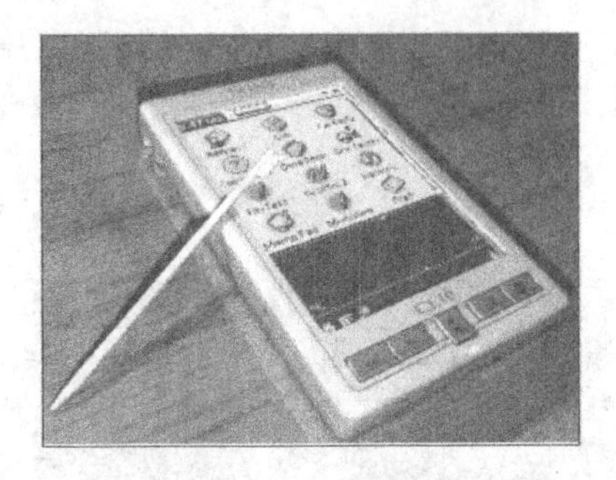

图 11-27　自动曝光控制

(4) 选择“线性曝光控制”选项，在“线性曝光控制参数”卷展栏中调节相应参数，渲染场景后效果如图 11-28 所示。

(5) 选择“伪彩色曝光控制”选项，在“伪彩色曝光控制参数”卷展栏中调节相应参数，渲染场景后效果如图 11-29 所示。

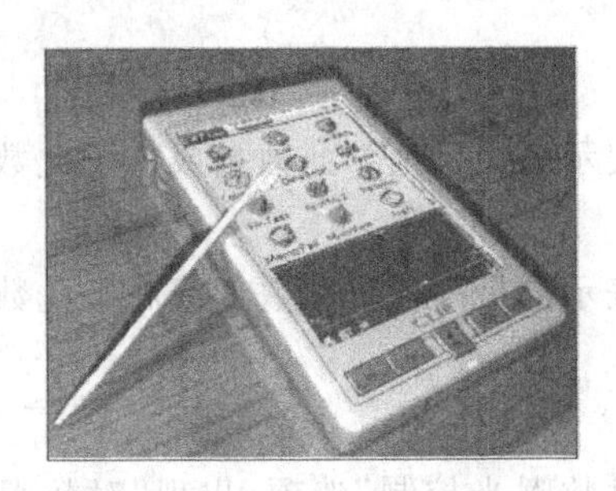

图 11-28　线性曝光控制

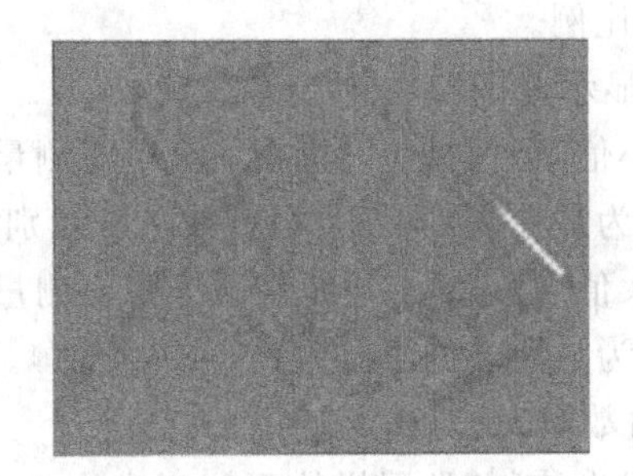

图 11-29　伪彩色曝光控制

(6) 选择“对数曝光控制”选项，在“对数曝光控制参数”卷展栏中调节相应参数，渲染场景后效果如图 11-30 所示。

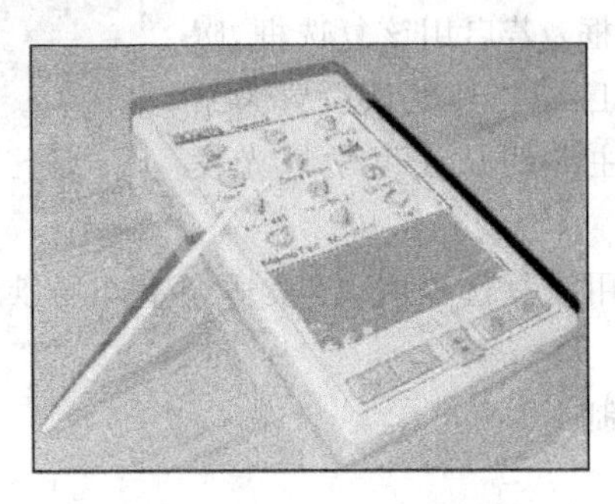

图 11-30　对数曝光控制

11.1.4　设置大气环境

“大气”可用来创建体积雾、火焰等效果。“大气”卷展栏位于“曝光控制”卷展栏的下方，如图 11-31 所示。

“效果”列表框：用于显示已添加的效果。

“名称”文本框：用于为列表中的效果自定义名称。不同类型的火焰可以使用不同的自定义设置，可以命名为“火花”和“火球”。

“添加”按钮：单击该按钮，会打开“添加大气效果”对话框，如图11-32所示。该对话框中列举了所有当前安装的大气效果。

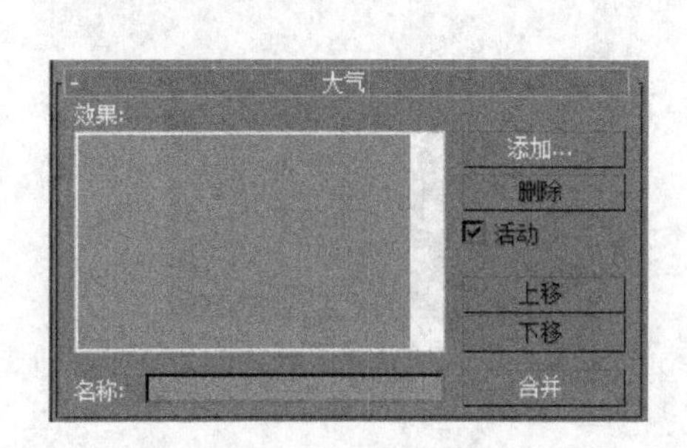

图 11-31 “大气”卷展栏

图 11-32 “添加大气效果”对话框

“删除”按钮：选中“效果”列表框中的某一大气效果后再单击该按钮，则可将所选的大气效果从列表中删除。

“活动”复选框：该复选框可以为列表中的各个效果设置启用或者禁用状态。利用该复选框可以方便地独立查看复杂的大气功能列表中的各种效果。

“上移”和“下移”按钮：单击这两个按钮，可将“大气”效果的选项在列表中上移或下移，更改大气效果的应用顺序。

“合并”按钮：单击该按钮，可合并其他3ds Max场景文件中的大气效果。

在场景中创建体积雾、火焰、爆炸等大气效果时，必须先创建环境辅助对象，以确定环境设置影响的范围。环境辅助对象在渲染时不可见，但可以对其进行移动、缩放、旋转等操作。如果要创建环境辅助对象，先单击“创建”按钮，打开“创建”面板，再单击“辅助物体”按钮，在打开的下拉列表框中选择“大气装置”选项，显示“对象类型”卷展栏，如图11-33所示。

“长方体 Gizmo”按钮：用于在场景中创建长方体的线框。单击该按钮，将显示“长方体 Gizmo 参数”卷展栏，如图11-34所示。

图 11-33 “对象类型”卷展栏

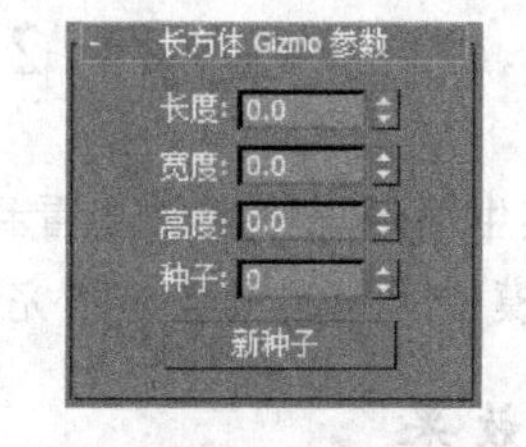

图 11-34 “长方体 Gizmo 参数”卷展栏

- “长度”“宽度”和“高度”数值框：用于设置长方体 Gizmo 的尺寸。
- “种子”数值框：用于设置生成大气效果的基值。场景中的每个装置应具有不同的种子。
- “新种子”按钮：用于生成“体积雾”状态的随机种子数，以产生随机的体积雾效果，如图 11-35 所示。单击该按钮，即可生成一个随机种子数，并自动将其填入“种子”数值框中。

“球体 Gizmo”按钮：用于在场景中创建球形或半球形的线框。单击该按钮，将打开“球体 Gizmo 参数”卷展栏，如图 11-36 所示。在这个卷展栏中选中“半球”复选框，即可创建一个半球形的线框。

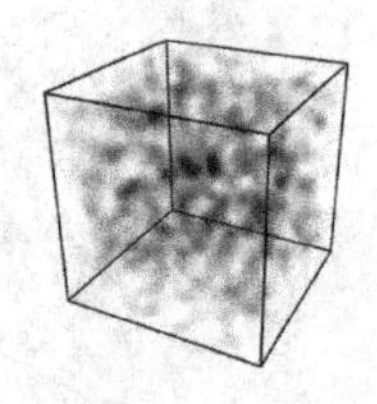

图 11-35　包含体积雾的长方体 Gizmo

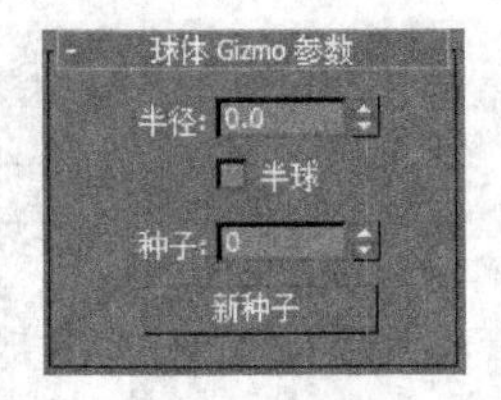

图 11-36　“球体 Gizmo 参数”卷展栏

- “半径”数值框：用于设置默认球体的半径。
- “半球”复选框：启用该复选框时，将丢弃球体 Gizmo 底部的一半，创建一个半球。

在该卷展栏中单击“新种子”按钮产生的随机体积雾效果如图 11-37 所示。

“圆柱体 Gizmo”按钮：用于在视图中创建圆柱形的线框。单击该按钮，将打开“圆柱体 Gizmo 参数”卷展栏，如图 11-38 所示。

“半径”和“高度”数值框用于设置圆柱体 Gizmo 的尺寸。

在该卷展栏中单击“新种子”按钮，产生的随机体积雾效果如图 11-39 所示。

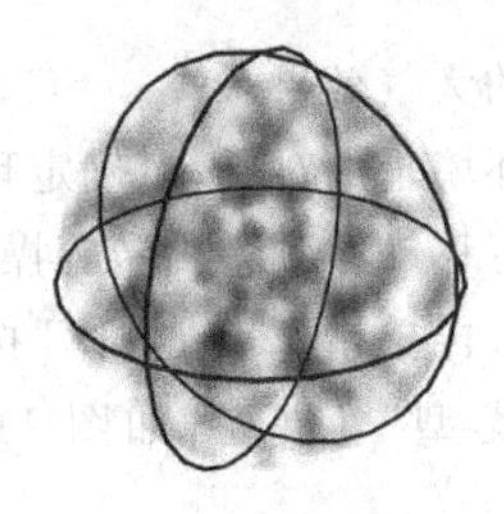

图 11-37　包含体积雾的球体 Gizmo

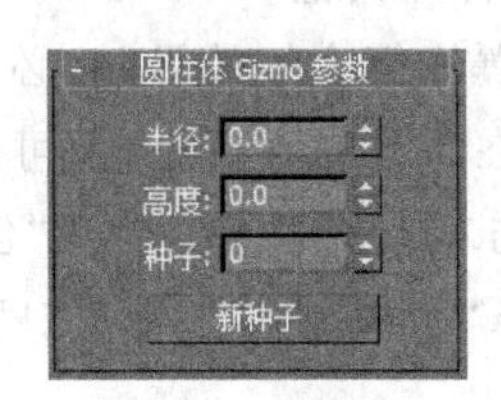

图 11-38　“圆柱体 Gizmo 参数”卷展栏

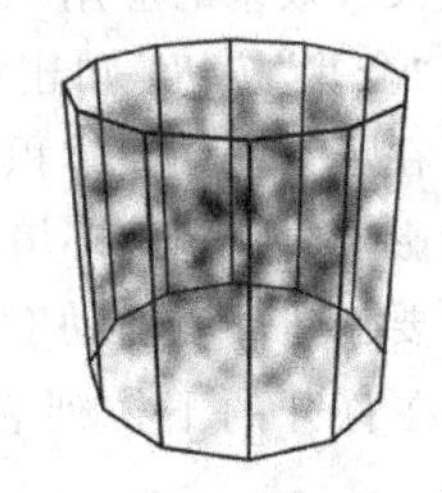

图 11-39　包含体积雾的圆柱体 Gizmo

11.2　大气特效

人们在现实生活环境中经常会看到各种各样的自然特效，如雾、光、烟、火等。若没有这些自然特效，所模拟的现实世界是不完整的。

11.2.1　火效果

使用“火效果”可以在场景中产生火焰、烟火及爆炸效果，可以制作火球、火把、篝火、云团和星云等。因为火焰没有具体的形状，所以不能单纯地应用建模去模拟火焰，而是使用辅助对象才能有效，并通过辅助对象限制火焰的范围。

选择“渲染”|“环境”命令，打开“环境和效果”对话框，在该对话框的“大气”卷展栏中单击“添加”按钮，打开如图 11-32 所示的“添加大气效果”对话框，选择“火效果”并确定之后，就会显示“火效果参数”卷展栏，如图 11-40 所示。

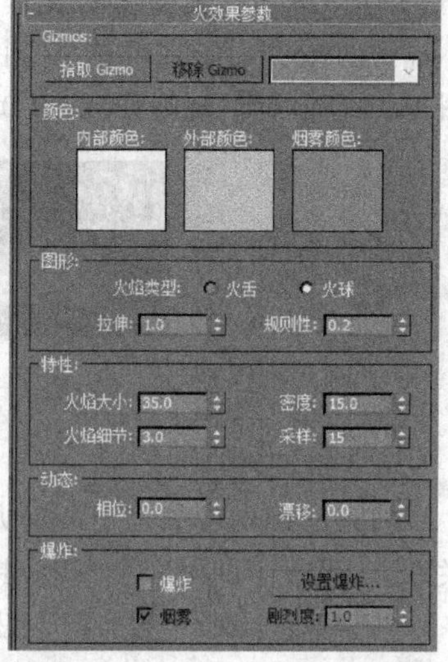

图 11-40 “火效果参数”卷展栏

1. Gizmos 组

“拾取 Gizmo”按钮：单击该按钮进入拾取模式，即在场景中单击某个大气装置，渲染时该装置就会显示火焰效果，并且该装置的名称将添加到最右边的“装置列表”中。若有多个装置对象，则会显示相同的火焰效果。例如墙上的火炬可以全部使用相同的效果。

“移除 Gizmo”按钮：用于移除 Gizmo 列表中所选的 Gizmo，Gizmo 仍在场景中，但是不再显示火焰效果。

Gizmo 下拉列表：列出为火焰效果所指定的所有装置对象。

2. “颜色”组

内部颜色：用于设置火焰中最密集部分的颜色。对于典型的火焰，此颜色代表火焰中最热的部分。

外部颜色：用于设置火焰中最稀薄部分的颜色。对于典型的火焰，此颜色代表火焰中较冷的散热边缘。

烟雾颜色：用于设置有“爆炸”选项的烟雾颜色。

专家点拨：若启用了“爆炸”和“烟雾”效果，则内部颜色和外部颜色将对烟雾颜色设置动画。若禁用了“爆炸”和“烟雾”，将忽略烟雾颜色。

3. “图形”组

火焰类型有两个单选按钮可以设置火焰的方向和常规形状。

- “火舌”单选按钮：沿着中心使用纹理创建带方向的火焰，“火舌”效果类似于篝火的火焰。
- “火球”单选按钮：用于创建圆形的爆炸火焰。

“拉伸”数值框：将火焰沿着装置的 Z 轴进行缩放，默认值为 1.0。若值小于 1.0，将压缩火焰，使火焰更短、更粗；若值大于 1.0，将拉伸火焰，使火焰更长、更细。图 11-41 所示为拉伸值取 0.5、1.0、3.0 时的火焰效果。

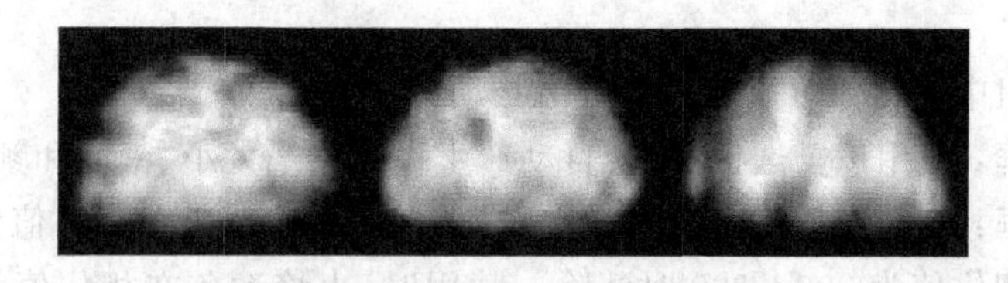

图 11-41 取不同拉伸值时的火焰效果

专家点拨：拉伸最适合“火舌”火焰，但也可以为“火球”火焰提供椭圆形状。

“规则性”数值框：用于修改火焰填充装置的方式，范围为0.0～1.0。若值为1.0，则填满装置，效果在装置边缘附近衰减，但是总体形状仍然非常明显。如果值为0.0，则生成很不规则的效果，有时可能会到达装置的边界，但通常会被修剪，显示效果会小一些。图11-42所示为“规则性”值取0.2、0.5、1.0时的火焰效果。

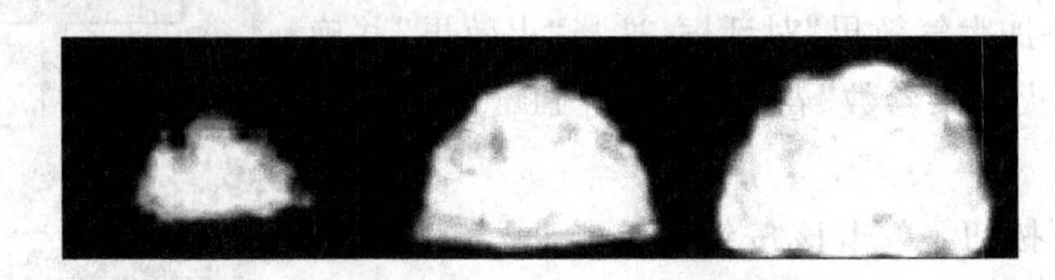

图11-42　取不同“规则性”值时的火焰效果

4. “特性”组

“特性”组的参数用于设置火焰的大小和外观。所有参数取决于装置的大小，彼此相互关联，若更改了其中一个参数，其他3个参数的行为会受其影响。

“火焰大小”数值框：用于设置装置中各个火焰的大小。装置大小会影响火焰的大小，装置越大，需要的火焰也越大。在一般情况下，使用15.0～30.0范围内的值可以获得最佳效果。较大的值最适合火球效果，较小的值最适合火舌效果。如果火焰很小，则需要增大“采样”才能看到各个火焰。

“火焰细节”数值框：用于控制每个火焰中显示的颜色更改量和边缘尖锐度，范围为0.0～10.0。较低的值可以生成平滑、模糊的火焰，渲染速度较快，较高的值可以生成带图案的清晰火焰，渲染速度较慢。一般对大火焰使用较高的细节值，如果细节值大于4，则需要通过增大“采样”才能捕获细节。

“密度”数值框：用于设置火焰效果的不透明度和亮度。装置大小会影响密度，较低的值会降低效果的不透明度，更多地使用外部颜色；较高的值则会提高效果的不透明度，并通过逐渐使用白色替换内部颜色，加亮效果，值越高，效果的中心越白。

专家点拨：如果启用了“爆炸”复选框，则“密度”值会从爆炸起始值0.0开始变化到所设置的爆炸峰值的密度值。

“采样”数值框：用于设置效果的采样率，其值越高，生成的结果越准确，但渲染所需的时间也越长。

5. “动态”组

使用“动态”组中的参数可以设置火焰的涡流和上升的动画。

“相位”数值框：用于控制更改火焰效果的速率。

“漂移”数值框：设置火焰沿着火焰装置的Z轴的渲染方式。

6. “爆炸”组

使用“爆炸”组中的参数可以自动设置爆炸动画。

“爆炸”复选框：启用该复选框后，会自动产生设置火焰大小、密度和颜色的动画。

“烟雾”复选框：控制爆炸是否产生烟雾。启用时，火焰颜色在相位值为100～200时变为烟雾。烟雾在相位值为200～300时清除。禁用时，火焰颜色在相位值为100～200时始终为全密度。火焰在相位值为200～300时逐渐衰减。

“设置爆炸”按钮：单击该按钮，将会显示“设置爆炸相位曲线”对话框。在该对话框中输入开始时间和结束时间，确定后相位值自动为典型的爆炸效果设置动画，如图 11-43 所示。

“剧烈度”数值框：改变相位参数的涡流效果。如果值大于 1.0，会加快涡流速度；如果值小于 1.0，会减慢涡流速度。

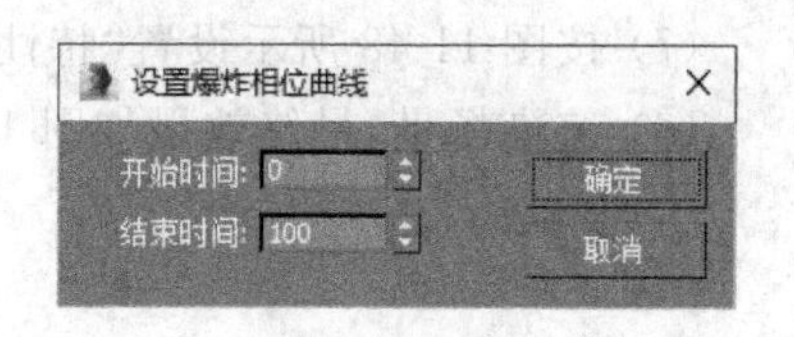

图 11-43 “设置爆炸相位曲线”对话框

实例 11-5：火堆

操作步骤

(1) 启动 3ds Max 软件或使用“文件”|“重置”命令重置 3ds Max 系统。

(2) 打开配套光盘上的“火.max”文件(文件路径：素材和源文件\part11\)，如图 11-44 所示。场景中包含了几个添加了木纹材质的长方体，构成火堆的木柴。

(3) 进入“创建”命令面板，单击“辅助对象”按钮，选择“大气环境”类型，然后单击“球体 Gizmo”按钮并在参数卷展栏中选中“半球”复选框，接着在前视图中拖动鼠标创建一个 Gizmo 线框，如图 11-45 所示。

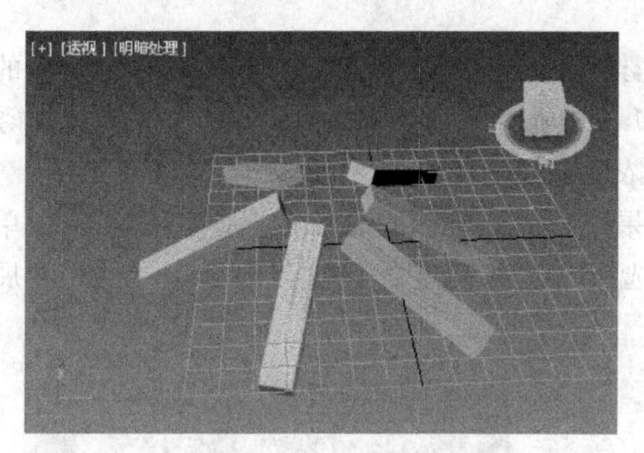

图 11-44 木柴场景

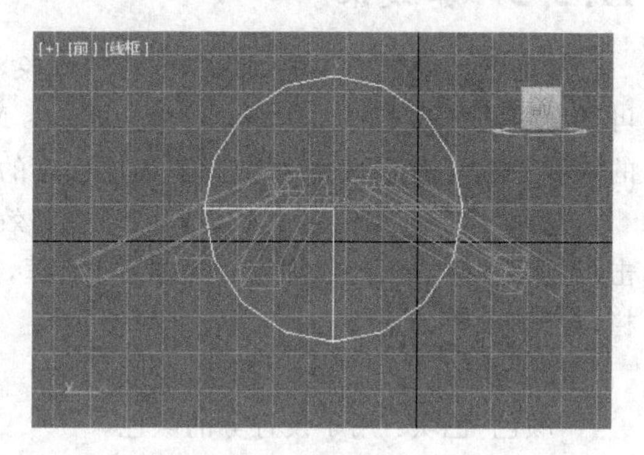

图 11-45 创建球体 Gizmo

(4) 单击主工具栏上的“选择并缩放”按钮，然后沿 Y 轴将 Gizmo 线框拉长，将其作为火焰的容器，如图 11-46 所示。

(5) 选择“渲染”|“环境”命令，打开“环境和效果”对话框，在“大气”卷展栏中单击“添加”按钮，在弹出的“添加大气效果”对话框中选择“火效果”，把“火效果”添加到大气效果列表中，出现“火效果参数”卷展栏。

(6) 在“火效果参数”卷展栏中单击“拾取 Gizmo”按钮，然后返回视图中选择刚才创建的 Gizmo 线框，“图形”组参数按图 11-47 所示进行设置。

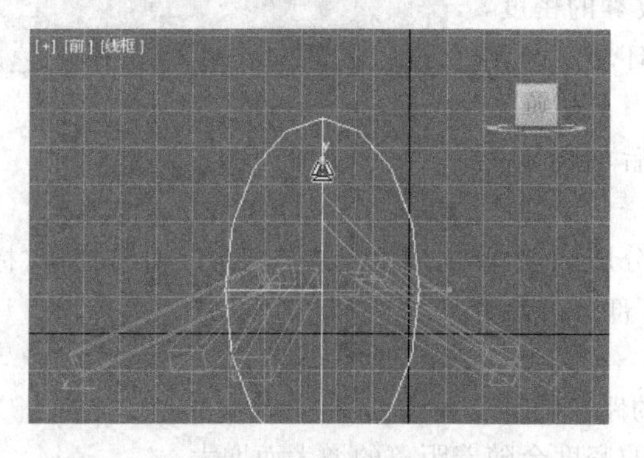

图 11-46 拉长 Gizmo

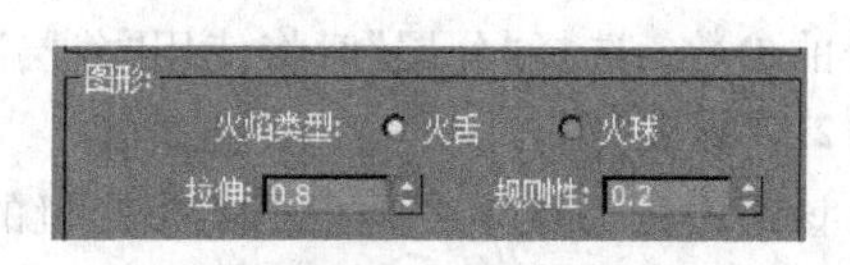

图 11-47 设置图形参数

(7) 按图11-48所示设置"特性"组参数。

(8) 渲染场景,最终效果如图11-49所示。

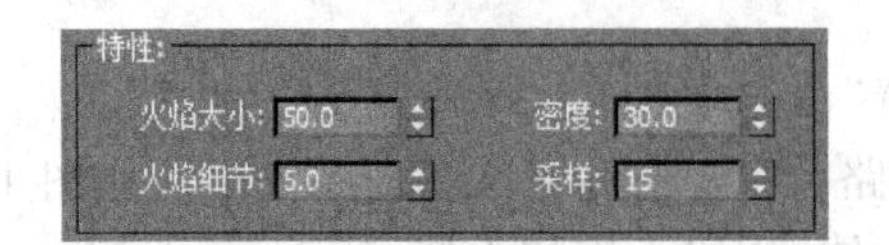

图11-48 设置特性参数

图11-49 火焰效果

11.2.2 雾效果

雾是室外场景中一种最常见的自然现象,雾效果,顾名思义就是用来模拟场景中物体的可见度随位置改变的大气雾的效果。在3ds Max中有两种雾,即标准雾与层次雾。标准雾的浓度随距离远近的变化而变化,而层次雾的浓度随视图的纵向变化。

选择"渲染"|"环境"命令,打开"环境和效果"对话框,在该对话框的"大气"卷展栏中单击"添加"按钮,打开"添加大气效果"对话框,选择"雾"并确定之后就会显示"雾参数"卷展栏,如图11-50所示。

1. "雾"组

"颜色"色块:用于设置雾的颜色。

"环境颜色贴图"按钮:单击该按钮,将显示"材质/贴图浏览器"对话框,从列表中选择贴图类型,可以为背景和雾颜色添加贴图,还可以在"轨迹视图"或"材质编辑器"中设置贴图参数。若指定了贴图,该按钮上会显示颜色贴图的名称,如果没有指定贴图,则显示"无"。

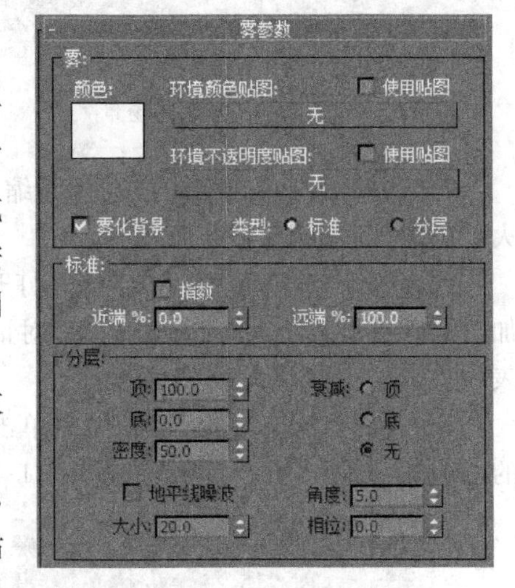

图11-50 "雾参数"卷展栏

"使用贴图"复选框:用于切换所设置的贴图效果是否启用。

"环境不透明度贴图"按钮:用于更改雾的密度,可指定不透明度贴图并进行编辑,按照"环境颜色贴图"按钮的使用方法切换其效果。

"雾化背景"复选框:启用该复选框后可将雾功能应用于场景的背景。

"类型"选项:该选项包括"标准"和"分层"两个单选按钮。选择"标准"时将使用"标准"部分的参数;选择"分层"时将使用"分层"部分的参数。

2. "标准"组

该组中的参数主要是根据与摄影机的距离使雾变薄或变厚。

"指数"复选框:启用该复选框后,雾的密度会随着距离的增大而增大。

“近端%”数值框：用于设置雾在近距离范围内的密度。

“远端%”数值框：用于设置雾在远距离范围内的密度。

3. “分层”组

该组中的参数可使雾在上限和下限之间变薄或变厚。

“顶”数值框：用于设置雾层的上限。

“底”数值框：用于设置雾层的下限。

“密度”数值框：用于设置雾的总体密度。

“衰减”选项：包括“顶”“底”和“无”3个单选按钮，使雾的密度在“顶”或“底”产生衰减效果。

“地平线噪波”复选框：用于启用地平线噪波系统。该复选框仅影响雾层的地平线，可增加真实感。

“大小”数值框：该数值应用于噪波的缩放系数。缩放系数值越大，雾卷越大。其默认设置为20。

“角度”数值框：该数值确定受影响的雾效果与地平线的角度。如角度设置为5(合理值)，从地平线以下5度开始雾开始散开。

“相位”数值框：该数值用于设置噪波的动画。如果相位沿着正向移动，雾卷将向上漂移，同时变形。如果雾高于地平线，可能需要沿着负向设置相位的动画，使雾卷下落。

实例11-6：清晨薄雾

操作步骤

(1) 启动3ds Max软件或使用“文件”|“重置”命令重置3ds Max系统。

(2) 打开配套光盘上的“雾.max”文件(文件路径：素材和源文件\part11\)，如图11-51所示。场景中包含一条设置好了灯光及摄影机的街道模型。

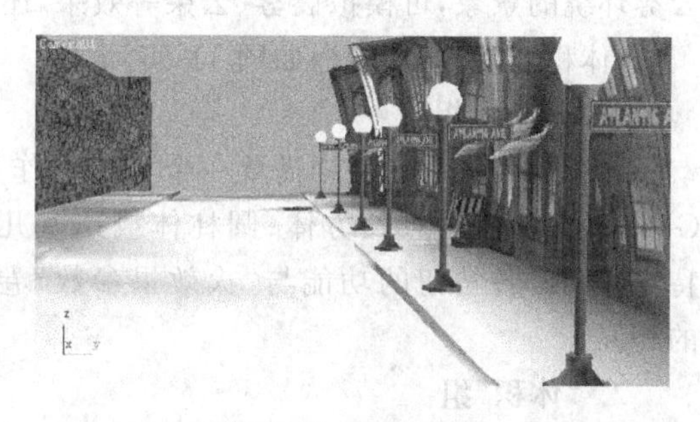

图11-51 场景文件

(3) 打开“雾参数”卷展栏，在“雾”组中更改雾的颜色，参数按图11-52所示进行设置。

(4) 渲染场景，此时雾的效果如图11-53所示。

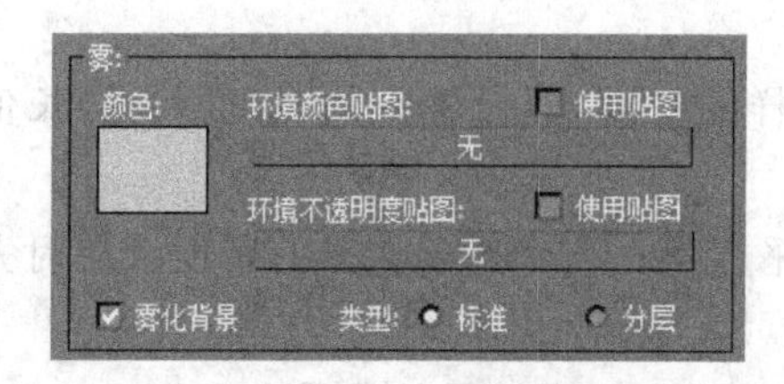

图11-52 雾参数设置

图11-53 标准雾效果

(5) 把雾化背景的类型改为"分层",相关参数按图 11-54 所示进行设置。

(6) 渲染场景,此时雾的效果如图 11-55 所示。

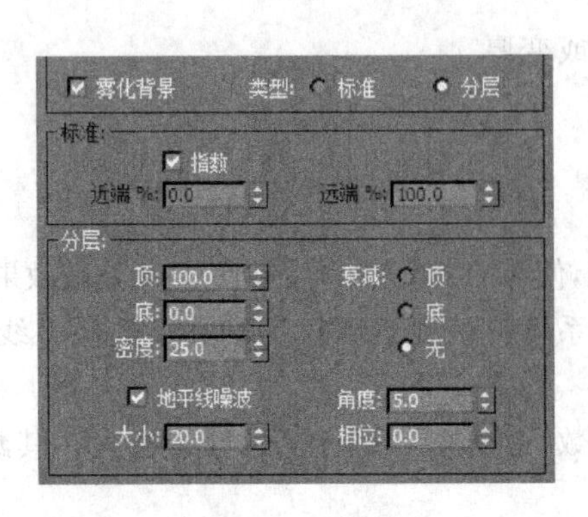

图 11-54 分层雾设置

图 11-55 分层雾效果

11.2.3 体积雾效果

体积雾是一种拥有一定作用范围而密度不均匀的雾,它和火焰一样需要一个 Gizmo 作为容器。雾是对整体环境的影响,而体积雾产生的是与 Gizmo 物体形状相同的雾,如山中云雾环绕的景象,可模拟晨雾、云朵等效果,还可将其制作成动画效果。

"体积雾参数"卷展栏如图 11-56 所示。

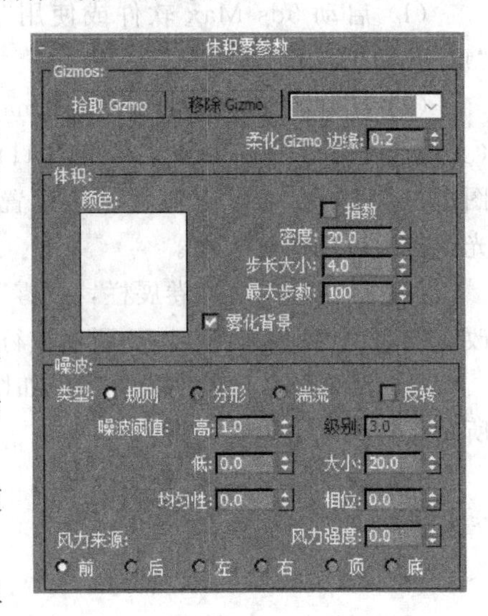

图 11-56 "体积雾参数"卷展栏

1. Gizmos 组

体积雾和火效果一样需要一个 Gizmo 作为载体。Gizmo 可以是球体、长方体、圆柱体或这些几何体的特定组合。各按钮的功能与"火效果参数"卷展栏上的相同。

2. "体积"组

"颜色"色块:在"颜色"下方有个矩形色块,用于设置雾的颜色。单击色块会打开"颜色选择器"对话框,可以在该对话框中选择所需的颜色。

"指数"复选框:启用该复选框后,使雾的密度随距离的增大而增大。

"密度"数值框:该项数值用于控制雾的密度,取值范围为 0~20,超过该值可能会由于雾的密度过大而看不到场景。

"步长大小"数值框:该项数值用于确定雾采样的粒度,即设置雾的"细度"。步长值越大,雾的效果越粗糙。

"最大步数"数值框:该项数值用来限制雾的采样量。这个选项在雾的密度较小时尤其有用。

"雾化背景"复选框:启用该复选框后,可将雾功能应用于场景的背景。

3. “噪波”组

体积雾的噪波选项相当于材质的噪波选项。

“类型”选项：在类型中有 3 种噪波，用户可以从这 3 种噪波类型中选择一种应用。

- 规则：显示标准的噪波图案，如图 11-57(a)所示。
- 分形：显示分形噪波图案，如图 11-57(b)所示。
- 湍流：显示湍流噪波图案，如图 11-57(c)所示。

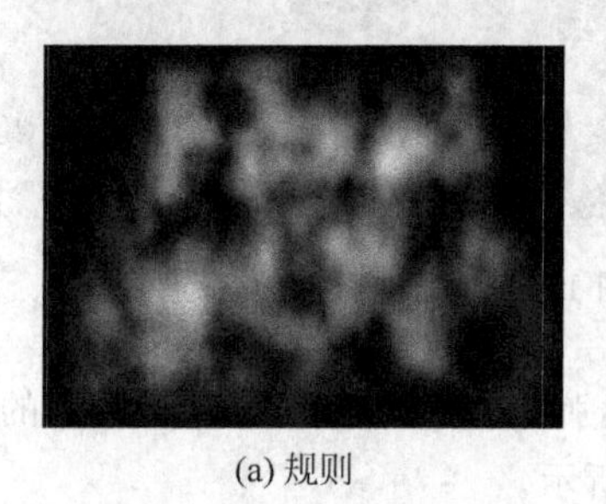

(a) 规则

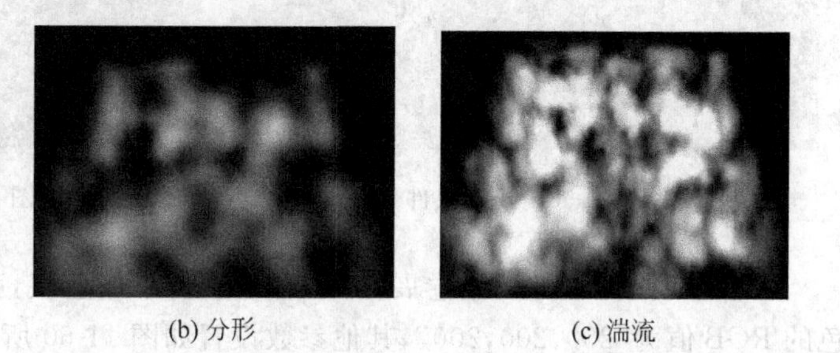

(b) 分形　　(c) 湍流

图 11-57　噪波类型

“反转”复选框：启用该复选框时会反转噪波效果，如设置的浓雾将变为半透明的雾，反之亦然。

“噪波阈值”选项：该选项通过“高”“低”和“均匀性”3 个数值来限制噪波的效果，取值范围均为 0～1.0。如果噪波值高于“低”阈值而低于“高”阈值，动态范围会拉伸到填满，这样在阈值转换时会补偿较小的不连续，因此会减少可能产生的锯齿。

- 高：设置高阈值。
- 低：设置低阈值。
- 均匀性：范围为－1～1，作用与高通过滤器类似。值越小，体积越透明，包含分散的烟雾泡。如果在－0.3 左右，图像开始看起来像灰斑。因为此参数越小雾越薄，所以可能需要增大密度，否则体积雾将开始消失。

“级别”数值框：该项数值用于设置噪波激烈的程度，取值范围为 1.0～6.0。只有选择了“分形”或“湍流”噪波类型时该项才被启用。

“大小”数值框：该项数值用于确定雾卷的大小，取值越小，卷越小。

“相位”数值框：该项数值用于控制风的强度对雾造成的影响。如果“风力强度”的设置也大于 0，雾体积会根据风向产生动画。

“风力强度”数值框：该项数值用于控制烟雾远离风向（相对于相位）的速度。如上所述，如果相位没有设置动画，无论风力强度有多大，烟雾都不会移动。通过使相位随着大的风力强度慢慢变化，雾的移动速度将大于其涡流速度。

“风力来源”选项：该选项定义“风”来自于哪个方向，包括前、后、左、右、顶、底。

实例 11-7：云海

操作步骤

(1) 启动 3ds Max 软件或使用“文件”|“重置”命令重置 3ds Max 系统。

(2) 打开配套光盘上的“体积雾.max”文件（文件路径：素材和源文件\part11\），如图 11-58 所示。

(3) 进入“创建”命令面板,单击“辅助对象”按钮 ,选择“大气环境”类型,再单击“圆柱体 Gizmo”按钮,然后在顶视图中拖动鼠标创建一个 Gizmo 线框,如图 11-59 所示。

图 11-58 场景文件

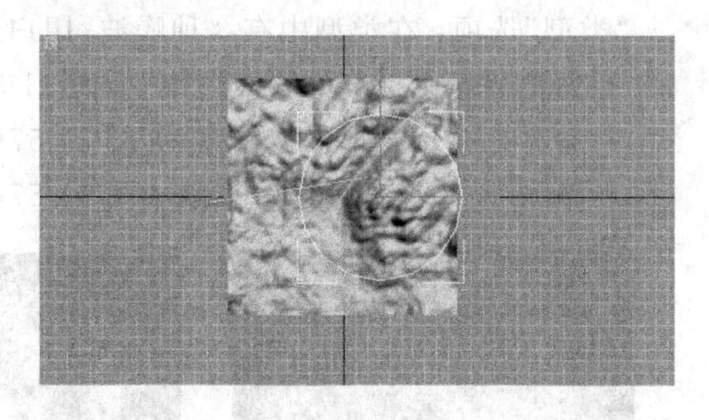

图 11-59 辅助对象的创建

(4) 打开“体积雾参数”卷展栏,单击“颜色”下的色块,弹出颜色控制面板,设置雾的颜色的 RGB 值为“250,200,200”,其他参数设置如图 11-60 所示。

(5) 渲染场景,体积雾的渲染效果如图 11-61 所示。

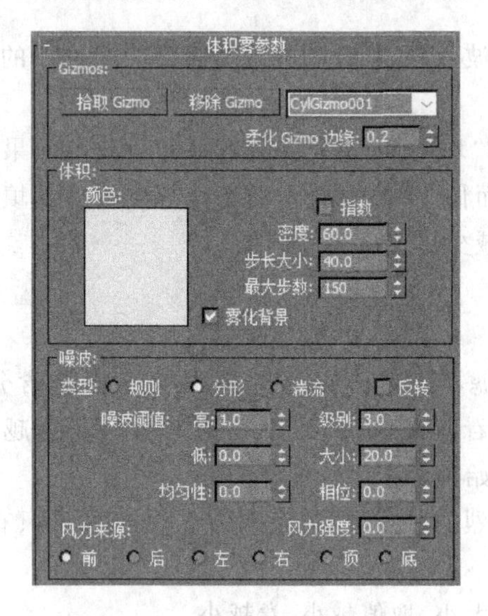

图 11-60 体积雾参数设置

图 11-61 渲染效果

11.2.4 体积光效果

“体积光”是光源与大气环境相互作用后产生的效果,利用体积光可以模拟光线照射或光晕的效果。例如可以模拟光线透过玻璃窗照射的效果、大雾中汽车大灯照射路面的效果等。

“体积光参数”卷展栏如图 11-62 所示。

1. “灯光”组

“拾取灯光”按钮:可在任意视口中单击选择灯光作为载体。

“移除灯光”按钮:将灯光从列表中移除。

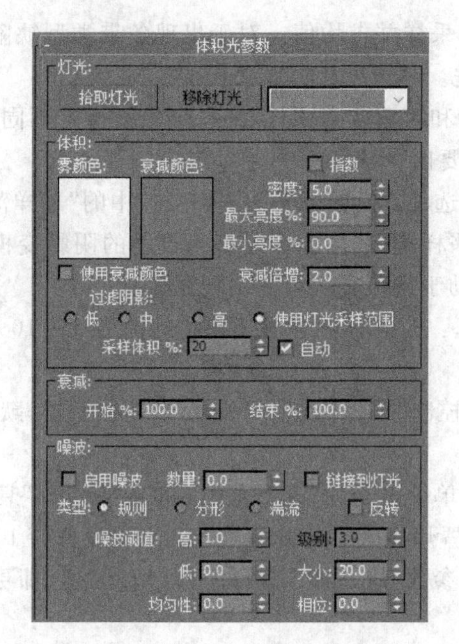

图 11-62 “体积光参数”卷展栏

2. “体积”组

“雾颜色”色块：用于设置组成体积光的雾的颜色。

专家点拨：与其他雾效果不同，此雾的颜色需要与灯光的颜色组合使用。最佳的效果是使用白雾，然后再使用彩色灯光着色。

“衰减颜色”色块：体积光会随着距离的拉大而逐渐衰减，衰减的效果是从“雾颜色”渐变到“衰减颜色”。单击“衰减颜色”色块可以更改衰减颜色。

专家点拨：“衰减颜色”与“雾颜色”会相互作用。例如，如果雾颜色是红色，衰减颜色是绿色，在渲染时雾将衰减为紫色。通常，衰减颜色应很暗，中黑色是一个比较好的选择。

“使用衰减颜色”复选框：启用该复选框可激活衰减颜色。

“指数”复选框：随距离增大密度也越大。

“密度”数值框：设置雾的密度。雾越密，从体积雾反射的灯光就越多。密度为 2%～6%可能会获得最具真实感的雾体积。

“最大亮度%”数值框：表示可以达到的最大光晕效果(默认设置为 90%)。如果减小此值，可以限制光晕的亮度，以便使光晕不会随距离灯越来越远而越来越浓，从而出现“一片全白”。

专家点拨：如果场景的体积光内包含透明对象，应将“最大亮度”设置为 100%。

“最小亮度%”数值框：与环境光设置类似。如果“最小亮度%”大于 0，光体积外面的区域也会发光。

“衰减倍增”数值框：调整衰减颜色的效果。

“过滤阴影”选项：用于通过提高采样率(以增加渲染时间为代价)获得更高质量的体积光渲染，其中包括以下单选按钮。

- 低：不过滤图像缓冲区，而是直接采样。其适合 8 位图像、AVI 文件等。

- 中：对相邻的像素采样并求均值。对于出现条带类型缺陷的情况，这可以使质量得到非常明显的改进。其速度比“低”要慢。
- 高：对相邻的像素和对角像素采样，为每个像素指定不同的权重。这种方法的速度最慢，提供的质量要比“中”好一些。

“使用灯光采样范围”选项：根据灯光的阴影参数中的“采样范围”值使体积光中投射的阴影变模糊。因为增大“采样范围”的值会使灯光投射的阴影变模糊，这样使雾中的阴影与投射的阴影更加匹配，有助于避免雾阴影中出现锯齿。

“采样体积%”数值框：控制体积的采样率，范围为 1～10 000(其中 1 是最低质量，10 000 是最高质量)。

“自动”复选框：自动控制“采样体积%”参数，禁用微调器(默认设置)。

3. “衰减”组

该组中的控件取决于单个灯光的“开始范围”和“结束范围”衰减参数的设置。

“开始%”数值框：设置灯光效果的开始衰减。默认设置为 100%，意味着在“开始范围”点开始衰减。如果减小此参数，灯光将以实际“开始范围”值(即更接近灯光本身的值)的减小的百分比开始衰减。

“结束%”数值框：设置照明效果的结束衰减。通过设置此值低于 100% 可以获得光晕衰减的灯光，此灯光投射的光比实际发光的范围要远得多。其默认值为 100。

专家点拨：以某些角度渲染体积光可能会出现锯齿问题。如果要消除锯齿问题，应在应用体积光的灯光对象中激活“近距衰减”和“远距衰减”设置。

4. “噪波”组

“启用噪波”复选框：启用或禁用噪波，启用噪波时渲染时间会稍有增加。

“数量”数值框：应用于雾的噪波的百分比。如果数量为 0，则没有噪波；如果数量为 1，雾将变为纯噪波。

“链接到灯光”数值框：将噪波效果链接到其灯光对象，而不是世界坐标。

实例 11-8：室内一角

操作步骤

(1) 启动 3ds Max 软件或使用“文件”|“重置”命令重置 3ds Max 系统。

(2) 打开配套光盘上的“体积光. max”文件(文件路径：素材和源文件\part11\)，如图 11-63 所示。场景中包含室内一角对象，并设置了场景内灯光。

图 11-63　场景文件

(3) 为了达到光束的效果，在图 11-64 所示的位置建立一个“目标平行光”。

(4) 渲染场景，得到图 11-65 所示的效果，可以看到此时桌面和地面上都出现了阴影。

(5) 展开“大气和效果”卷展栏，单击“添加”按钮，在弹出的对话框中选择“体积光”选项，如图 11-66 所示。

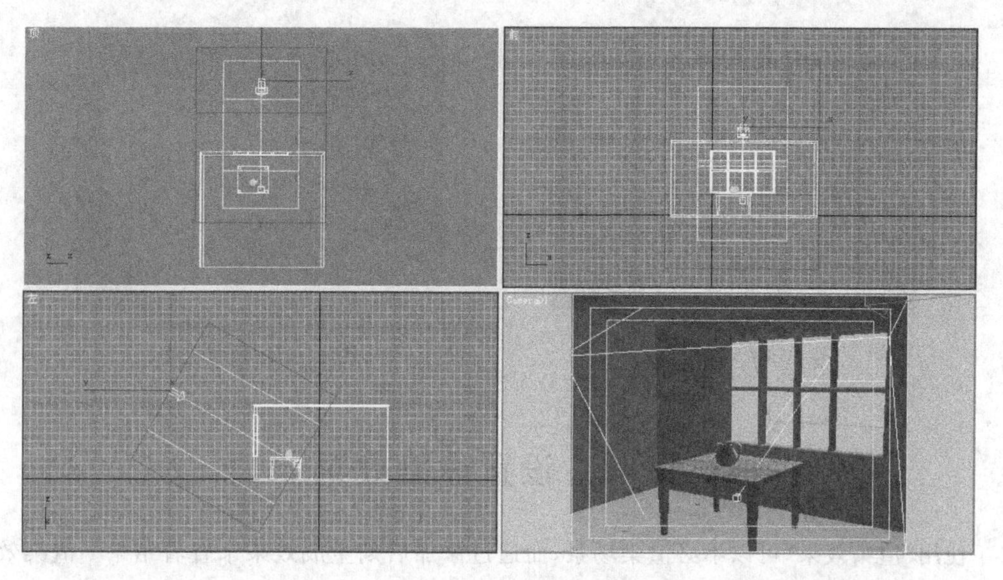

图 11-64　创建平行光

图 11-65　渲染效果

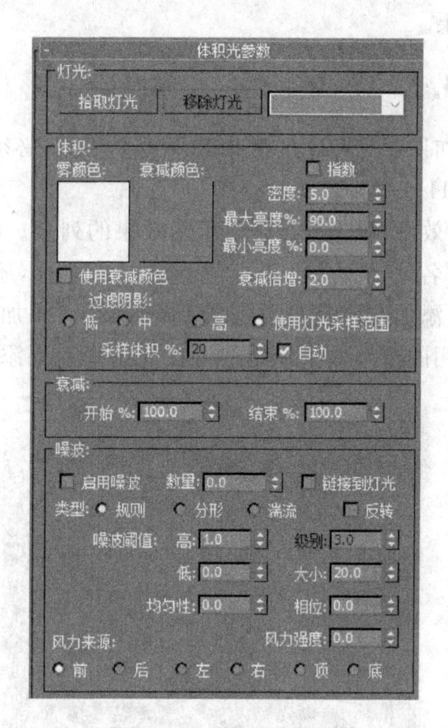

图 11-66　体积光参数

(6) 在打开的"体积光参数"卷展栏中单击"拾取灯光"按钮,并选择添加的灯光。渲染场景,可以看到光线有了体积的效果,如图 11-67 所示。

(7) 进一步修改体积光的参数,将"体积"组中的密度值增大为 10,其余参数保持不变。渲染场景后得到图 11-68 所示的效果,可以看到此时光的浓度增加了。

图 11-67　渲染效果

图 11-68　调整密度

11.3　设置渲染效果

使用“渲染效果”可以不必渲染场景，而通过添加后期生成效果来查看结果。渲染效果的优点是可以在最终渲染图像或动画之前添加各种效果并进行查看，也可以交互调整和查看效果。

11.3.1　界面

如果要为后期的渲染效果设置参数，必须通过“环境和效果”对话框中的“效果”选项卡，如图 11-69 所示。

“效果”列表框：显示所选效果的列表。

“名称”文本框：显示所选效果的名称，还可以为所选效果重命名。

“添加”按钮：单击该按钮，会显示“添加效果”对话框，如图 11-70 所示，其中列出了所有可用的渲染效果。用户可在此选择需要添加到“效果”列表框中的效果。

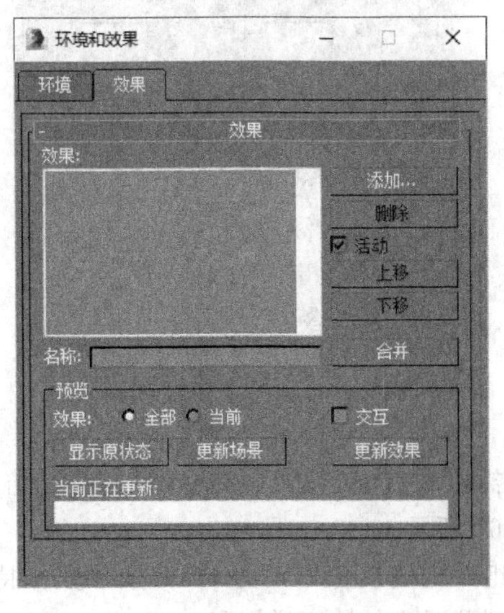

图 11-69　“环境和效果”对话框

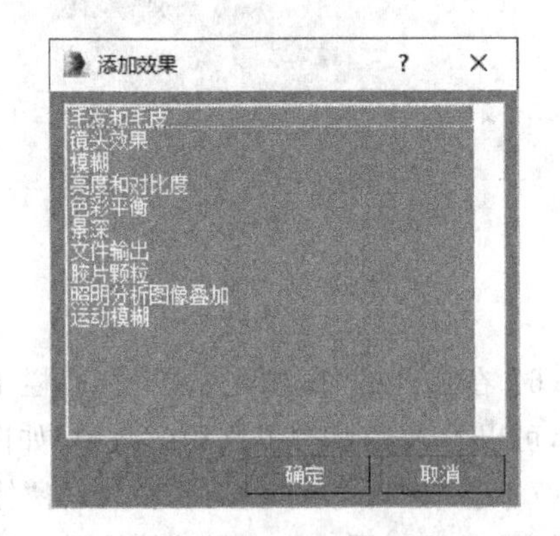

图 11-70　“添加效果”对话框

"删除"按钮：单击该按钮，将所选的效果从窗口和场景中移除。

"活动"复选框：用于指定在场景中是否激活所选效果，默认设置为启用。

"上移"和"下移"按钮：将高亮显示的效果在"效果"列表中上移或下移。

"合并"按钮：单击该按钮，将合并场景文件中的所有渲染效果。

"效果"类型：有"全部"和"当前"两个单选按钮，选中"全部"时，所有活动效果均将应用于预览；选中"当前"时，只有高亮显示的效果将应用于预览。

"交互"复选框：启用该复选框后，在调整效果的参数时效果的更改会在"渲染帧"窗口中交互进行。若没有选中"交互"复选框，效果的更改不会交互进行，但可以通过单击"更新效果"按钮来预览效果。

"显示原状态"和"显示效果"按钮：单击"显示原状态"按钮，会显示未应用任何效果的原渲染图像，按钮名称切换为"显示效果"。单击"显示效果"按钮，则显示应用了效果的渲染图像，而按钮名称切换为"显示原状态"。

"更新场景"按钮：单击该按钮，会用在渲染效果中所做的所有更改以及对场景本身所做的所有更改来更新"渲染帧"窗口。

"更新效果"按钮：在未启用"交互"复选框时，单击可手动更新"渲染帧"窗口。

专家点拨："渲染帧"窗口中只显示在渲染效果中所做的所有更改的更新，对场景本身所做的所有更改不会被渲染。

11.3.2 常用的渲染效果

在 3ds Max 中可供使用的渲染效果有很多，这里介绍一些常用的渲染效果。

1. 镜头效果

"镜头效果"是用于创建真实效果（通常与摄影机关联）的系统。它是由不同的参数来模拟镜头的光线效果，这些效果包含光晕、光环、射线、自动二级光斑、手动二级光斑、星形和条纹共 7 种不同的特效。

1）光晕镜头效果

"光晕"可以用于在指定对象的周围添加光晕，如图 11-71 所示。

图 11-71 向灯光中添加光晕

实例 11-9：光晕效果

操作步骤

(1) 启动 3ds Max 软件或选择“文件”|“重置”命令重置 3ds Max 系统。

(2) 打开配套光盘上的“镜头效果.max”文件(文件路径：素材和源文件\part11\)，场景中包含一个设置好灯光摄影机的场景，渲染后如图 11-72 所示。

(3) 选择“渲染”|“效果”命令，打开“环境和效果”对话框，在“效果”选项卡中单击“添加”按钮，在弹出的对话框中选择“镜头效果”，把“镜头效果”添加到效果列表中，显示镜头效果的相关卷展栏，如图 11-73 所示。

图 11-72　场景文件

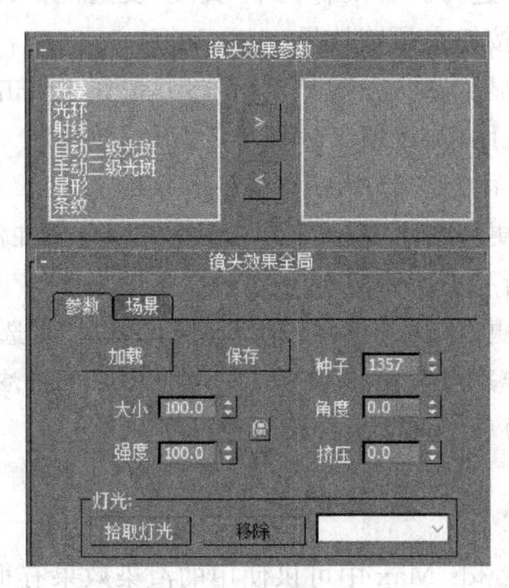

图 11-73　镜头效果参数

(4) 在“镜头效果参数”卷展栏左边的列表框中选择“光晕”选项，单击“向右”按钮 ，将其放到右边的列表框中，如图 11-74 所示，此时已经添加了一个光晕效果。

(5) 单击“渲染”按钮查看效果，可以看到此时的效果和打开时一样没有变化，要达到镜头光晕的效果还需要对灯光进行拾取。

(6) 在“镜头效果全局”卷展栏的“灯光”组中单击“拾取灯光”按钮，然后在场景中单击光源。

(7) 再次单击“渲染”按钮，此时可以看到渲染效果有了变化，如图 11-75 所示。

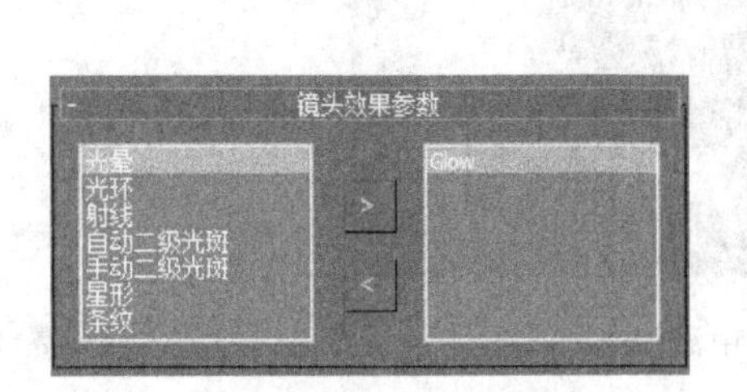

图 11-74　添加镜头效果

图 11-75　光晕效果

2）光环镜头效果

“光环”是环绕在源对象中心的环形彩色条带，如图 11-76 所示。

图 11-76　向灯光中添加光环

实例 11-10：光环效果

操作步骤

(1) 启动 3ds Max 软件或选择“文件”|“重置”命令重置 3ds Max 系统。

(2) 打开配套光盘上的“镜头效果.max”文件（文件路径：素材和源文件\part11\），场景中包含一个设置好灯光摄影机的场景，渲染后效果如图 11-77 所示。

(3) 选择“渲染”|“效果”命令，打开“环境和效果”对话框，按上例的步骤把“光环镜头效果”添加到效果列表中。

(4) 单击“拾取灯光”按钮，再单击场景中的光源。

(5) 渲染场景，可以看到此时场景中添加了一个光环效果，如图 11-78 所示。

图 11-77　场景文件

图 11-78　光环效果

3）射线镜头效果

“射线”是从源对象中心发出的明亮的直线，为对象提供亮度很高的效果，如图 11-79 所示。使用射线可以模拟摄影机镜头元件的划痕。

图 11-79　向灯光中添加射线

实例 11-11：射线效果

操作步骤

(1) 启动 3ds Max 软件或选择“文件”|“重置”命令重置 3ds Max 系统。

(2) 打开配套光盘上的“镜头效果. max”文件(文件路径：素材和源文件\part11\)。

(3) 选择“渲染”|“效果”命令，把“光晕镜头效果”添加到效果列表中。

(4) 单击“拾取灯光”按钮，再单击场景中的光源，此时添加了一个光晕效果，如图 11-80 所示。

(5) 再按相同的方法添加射线效果，得到如图 11-81 所示的效果。

图 11-80　光晕效果

图 11-81　射线效果

4) 二级光斑镜头效果

“二级光斑”是可以正常看到的一些小圆，沿着与摄影机位置相对的轴从镜头光斑源中发出，如图 11-82 所示。这些光斑由灯光从摄影机中不同的镜头元素折射而产生，随着摄影机的位置相对于源对象更改，二级光斑也随之移动。

手动二级光斑是单独添加到镜头光斑中的附加二级光斑，这些二级光斑可以附加也可以取代自动二级光斑。如果要添加不希望重复使用的唯一光斑，应使用手动二级光斑。

图 11-82　向灯光中添加二级光斑

实例 11-12：光斑效果

操作步骤

(1) 启动 3ds Max 软件或选择“文件”|“重置”命令重置 3ds Max 系统。

(2) 打开配套光盘上的“镜头效果. max”文件(文件路径：素材和源文件\part11\)。

(3) 按前例的步骤在场景中添加一个光晕效果，如图 11-83 所示。

(4) 按相同的方法在场景中添加自动二级光斑效果，在打开的“自动二级光斑元素”卷展栏中选择“参数”选项卡，将其中的“强度”值更改为 80，渲染后效果如图 11-84 所示。

图 11-83　光晕效果

图 11-84　自动二级光斑效果

(5) 取消自动二级光斑，添加手动二级光斑，可得到如图 11-85 所示的效果。

5) 星形镜头效果

“星形”比射线效果要大，由 0～30 个辐射线组成，不像射线由数百个辐射线组成，如图 11-86 所示。

实例 11-13：星形效果

操作步骤

(1) 启动 3ds Max 软件或选择“文件”|“重置”命令重置 3ds Max 系统。

(2) 打开配套光盘上的“镜头效果. max”文件(文件路径：素材和源文件\part11\)。

(3) 在场景中添加一个光晕效果。

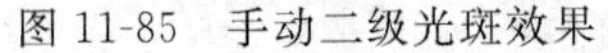

图 11-85　手动二级光斑效果

图 11-86　向灯光中添加星形

(4) 添加星形效果,渲染后效果如图 11-87 所示。

6) 条纹镜头效果

“条纹”是穿过源对象中心的条带,如图 11-88 所示。在实际使用摄影机时,使用失真镜头拍摄场景会产生条纹。

图 11-87　星形效果

图 11-88　向灯光中添加条纹

2. 模糊渲染效果

模糊效果是在场景中产生模糊的效果。模糊有 3 种类型,即均匀型、方向型和径向型。

实例 11-14:模糊效果

操作步骤

(1) 启动 3ds Max 软件或选择“文件”|“重置”命令重置 3ds Max 系统。

(2) 打开配套光盘上的“模糊效果. max”文件(文件路径:素材和源文件\part11\),渲染后效果如图 11-89 所示。

(3) 选择“渲染”|“效果”命令,把“模糊效果”添加到效果列表中。选中预览里的“交互”复选框,效果如图 11-90 所示,可以看到产生了模糊的效果。

图 11-89　场景文件

图 11-90　模糊效果

(4) 展开“模糊参数”卷展栏，将模糊类型更改为“方向型”，其他参数设置如图 11-91 所示。

(5) 此时渲染窗口中的模糊效果发生了改变，只对 V 向进行了模糊，如图 11-92 所示。

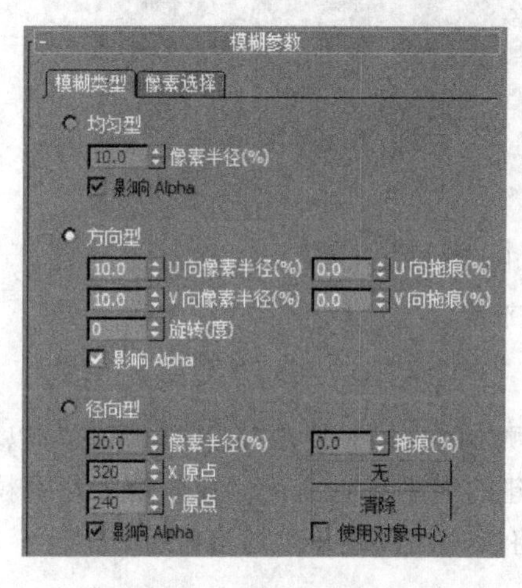

图 11-91　更改模糊类型

图 11-92　更改后的模糊效果

(6) 将模糊类型更改为“径向型”，相关参数按图 11-93 所示进行设置。

(7) 如图 11-94 所示，此时模糊的效果改变了，产生了一种类似放射状的模糊效果。

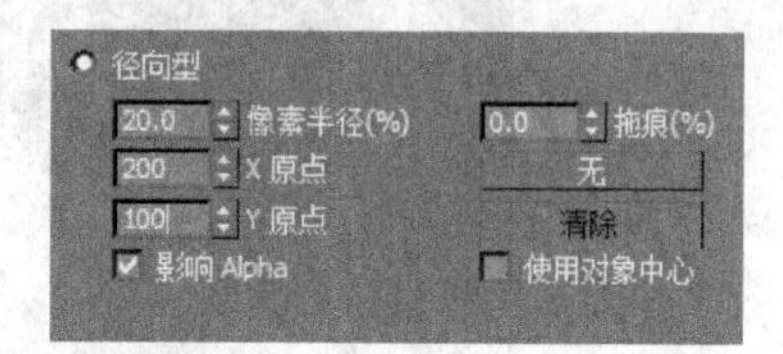

图 11-93　径向型模糊参数

3. 亮度和对比度渲染效果

使用“亮度和对比度”可以调整图像的对比度和亮度，一般用于将渲染场景对象与背景图像或动画进行匹配，如图 11-95 所示。

4. 色彩平衡渲染效果

“色彩平衡”通过独立控制 RGB 通道操纵相加或相减颜色，以调节图像的颜色分布，使图像整体达到色彩平衡的效果。图 11-96 所示为原渲染包含的颜色投影(见图 11-96(a))和使用颜色平衡效果修正颜色投影(见图 11-96(b))。

图 11-94 径向模糊效果

图 11-95 亮度对比度比较

(a) 原渲染包含的颜色投影

(b) 使用颜色平衡效果修正颜色投影

图 11-96 色彩平衡

5. 胶片颗粒渲染效果

"胶片颗粒"用于在渲染场景中重新创建胶片颗粒的效果。使用"胶片颗粒"还可以将作为背景使用的源材质中的胶片颗粒与在软件中创建的渲染场景匹配。在应用胶片颗粒时，将自动随机创建移动帧的效果。图 11-97 所示为将胶片颗粒应用于场景前后的比较。

(a) 胶片颗粒应用于场景前

(b) 胶片颗粒应用于场景后

图 11-97 胶片颗粒应用前后比较

实例 11-15：添加渲染效果

操作步骤

(1) 启动 3ds Max 软件或选择"文件"|"重置"命令重置 3ds Max 系统。

(2) 打开配套光盘上的“调节.max”文件(文件路径：素材和源文件\part11\)，渲染后效果如图 11-98 所示。

(3) 选择“渲染”|“效果”命令，把“亮度和对比度”添加到效果列表中，并选中预览里的“交互”复选框。

(4) 展开“亮度和对比度参数”卷展栏，按图 11-99 所示设置参数。

图 11-98　场景文件

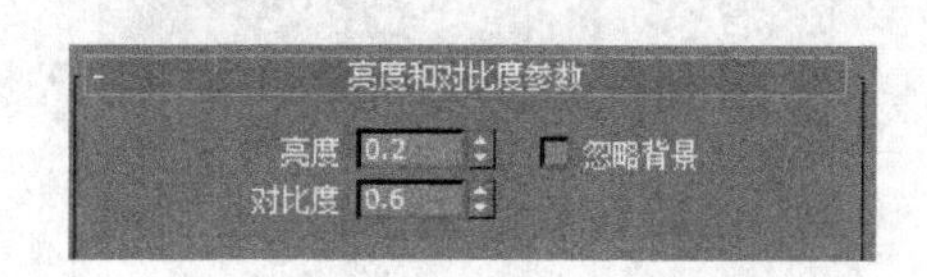

图 11-99　“亮度和对比度参数”卷展栏

(5) 渲染场景，此时图像的亮度和对比度都有所改变，效果如图 11-100 所示。

(6) 将“色彩平衡”添加到效果列表中，展开“色彩平衡参数”卷展栏，按图 11-101 所示设置参数。

图 11-100　亮度和对比度效果

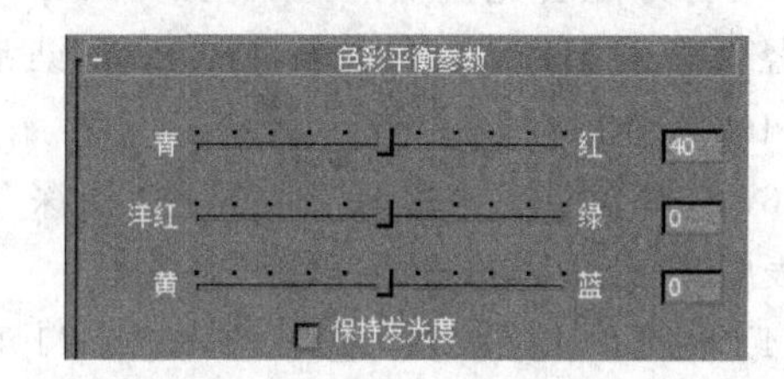

图 11-101　“色彩平衡参数”卷展栏

(7) 渲染场景，此时图像的色彩发生了改变，效果如图 11-102 所示。

(8) 将“胶片颗粒”添加到效果列表中，展开“胶片颗粒参数”卷展栏，输入颗粒值 0.5，如图 11-103 所示。

图 11-102　色彩平衡

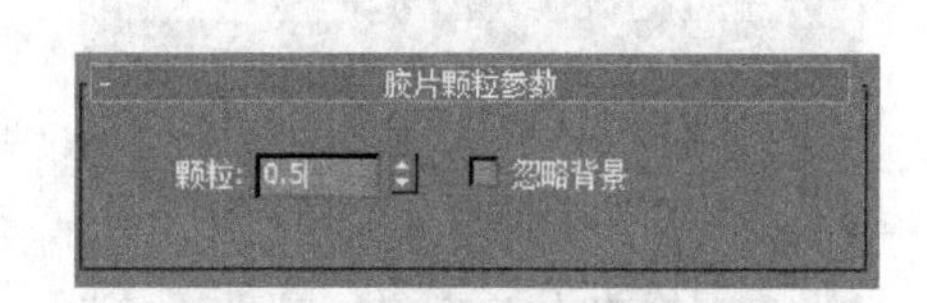

图 11-103　“胶片颗粒参数”卷展栏

专家点拨：颗粒值用于设置添加到图像中的颗粒数，范围为 0～1.0。颗粒值越大，颗粒效果越明显。

(9) 渲染场景，此时图像上产生了颗粒效果，如图 11-104 所示。

6. 景深渲染效果

景深效果模拟在通过摄影机镜头观看时，前景和背景的场景元素的自然模糊，如

图 11-105 所示。景深的工作原理是将场景沿 Z 轴次序分为前景、背景和焦点图像,然后根据在景深效果参数中设置的值使前景和背景图像模糊,最终的图像由经过处理的原始图像合成。

图 11-104　胶片颗粒效果

图 11-105　景深突出踏板车

实例 11-16:景深效果的应用

操作步骤

(1) 启动 3ds Max 软件或选择“文件”|“重置”命令重置 3ds Max 系统。

(2) 打开配套光盘上的“景深效果. max”文件(文件路径:素材和源文件\part11\),渲染后效果如图 11-106 所示。

图 11-106　场景文件

(3) 选择“渲染”|“效果”命令,把“景深”添加到效果列表中,并选中预览里的“交互”复选框。

(4) 展开“景深参数”卷展栏,如图 11-107 所示。单击“拾取摄影机”按钮,拾取场景中的摄影机。

(5) 在“焦点参数”组中选中“使用摄影机”单选按钮,渲染场景后的效果如图 11-108 所示。此时图像中的第一盏灯清晰,其他都变得模糊。

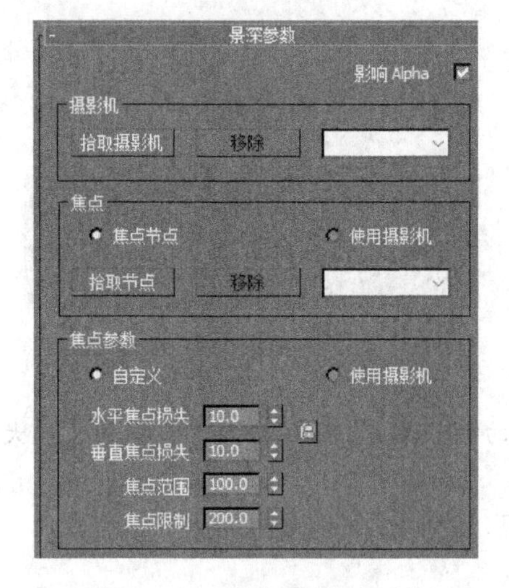

图 11-107　“景深参数”卷展栏

图 11-108　景深效果

(6) 更改景深的焦点设置,在“焦点参数”组中选中“焦点节点”单选按钮,渲染后效果如图 11-109 所示。此时图像中清晰的焦点灯光发生了更改。

7. 文件输出渲染效果

“文件输出”可以根据文件输出在渲染效果堆栈中的位置,在应用部分或所有其他渲染效果之前获取渲染的“快照”。在渲染动画时,可以将不同的通道(如亮度、深度或 Alpha)保存到独立的文件中,也可以使用“文件输出”将 RGB 图像转换为不同的通道,并将该图像通道发送回“渲染效果”堆栈,然后再将其他效果应用于该通道。

8. 运动模糊渲染效果

“运动模糊”是使移动的对象或整个场景变模糊,它模拟实际摄影机的工作方式,增强了渲染动画的真实感,如图 11-110 所示。

图 11-109　更改景深模式

图 11-110　运动模糊效果

11.4　上机练习与指导

11.4.1　雾中烛台

视频讲解

1. 练习目标

(1) 练习火效果、雾效果的使用。

(2) 练习几种大气效果的综合使用。

2. 练习指导

(1) 启动 3ds Max 软件或使用“文件”|“重置”命令重置 3ds Max 系统。

(2) 打开本书配套光盘上的 ch11_1. max 文件(文件路径:素材和源文件\part11\上机练习\),如图 11-111 所示,场景中包含了一个烛台。

(3) 进入“创建”命令面板,单击“辅助对象”按钮,选择“大气环境”类型,然后单击“球体 Gizmo”按钮,并在参数卷展栏中选中“半球”复选框,接着在前视图中拖动鼠标创建一个 Gizmo 线框,如图 11-112 所示。

(4) 单击主工具栏上的“选择并缩放”按钮,然后沿 Y 轴将 Gizmo 线框拉长,将其作为火焰的容器,如图 11-113 所示。

图 11-111　场景文件

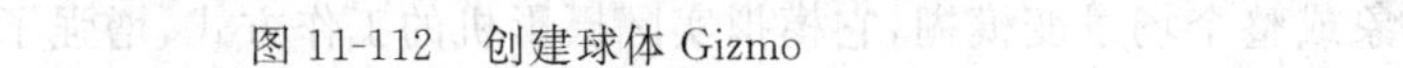

图 11-112 创建球体 Gizmo　　图 11-113 缩放

(5) 再次创建 3 个球形 Gizmo，环绕在烛台周围，如图 11-114 所示。

(6) 选择“渲染”|“环境”命令，打开“环境和效果”对话框，在“大气”卷展栏中单击“添加”按钮，在弹出的“添加大气效果”对话框中选择“火效果”，按图 11-115 所示设置参数。

图 11-114 再次创建球形 Gizmo

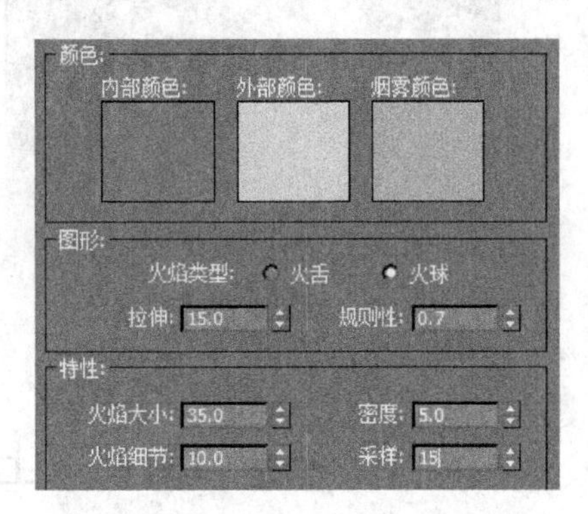

图 11-115 设置参数

(7) 在“火效果参数”卷展栏中单击“拾取 Gizmo”按钮，然后返回视图中选择前面创建的 Gizmo 线框，效果如图 11-116 所示。

(8) 创建圆柱体 Gizmo 作为体积雾的容器，如图 11-117 所示。

图 11-116 火效果

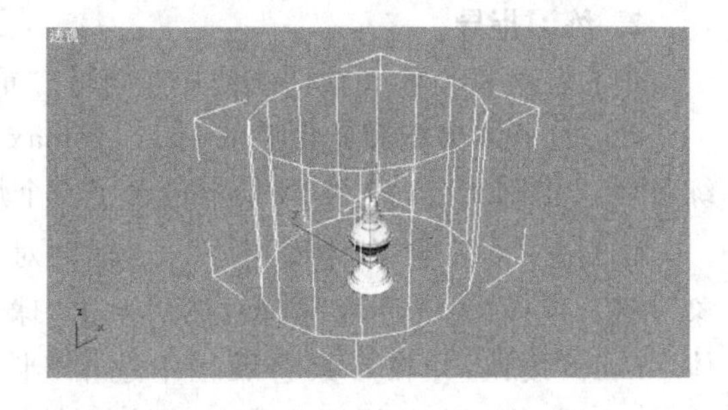

图 11-117 圆柱体 Gizmo

(9) 添加体积雾效果，按图 11-118 所示设置参数，并拾取圆柱体 Gizmo。

(10) 渲染存盘，最终效果如图 11-119 所示。

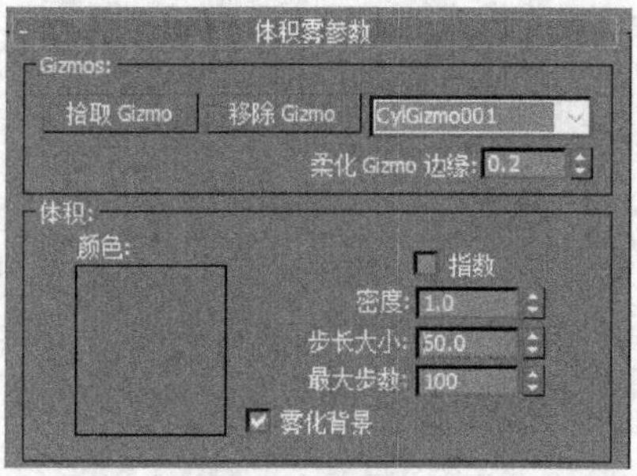

图 11-118 “体积雾参数”卷展栏

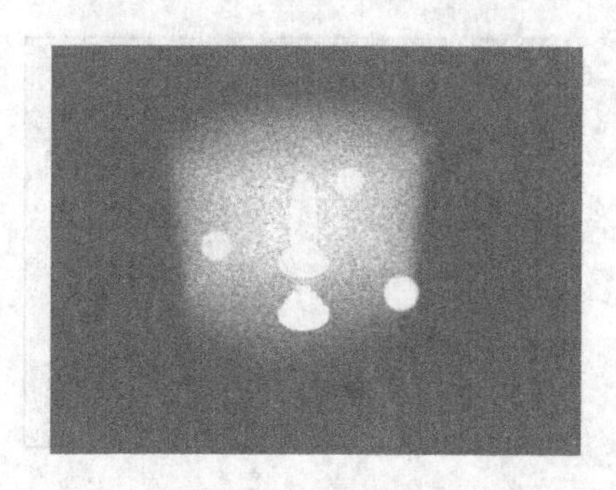

图 11-119 渲染效果

11.4.2 阳光灿烂

视频讲解

1. 练习目标

(1) 练习效果的使用。

(2) 练习多种镜头效果的综合使用。

2. 练习指导

(1) 启动 3ds Max 软件或使用“文件”|“重置”命令重置 3ds Max 系统。

(2) 打开本书配套光盘上的 ch11_2.max 文件(文件路径：素材和源文件\part11\上机练习\),如图 11-120 所示。

图 11-120 场景文件

(3) 选择“渲染”|“效果”命令,把“镜头效果”添加到效果列表中,然后单击灯光下的“拾取灯光”按钮,再单击场景中的光源,为场景添加一个光晕效果,如图 11-121 所示。

(4) 用同样的方法添加光环效果,效果如图 11-122 所示。

图 11-121 添加光晕

图 11-122 添加光环

(5) 添加射线效果,如图 11-123 所示。

(6) 添加自动二级光斑效果,调节其“强度”值为 80,效果如图 11-124 所示。

(7) 渲染存盘。

图 11-123　添加射线

图 11-124　添加自动二级光斑

11.5　本章习题

1. 填空题

(1) 打开“环境和效果”对话框的命令是________,对应的快捷键是________。

(2) 3ds Max中提供了________、________、________3种雾化效果。

2. 思考题

(1) 如何制作爆炸?

(2) 体积雾如何模仿云彩?

第 12 章　基本动画技术

在 3ds Max 中，动画制作可以将场景中任何对象和参数变化的过程记录为动画，并将其处理为自然、真实的效果。本章主要介绍 3ds Max 的基本动画技术。

本章的主要内容：

- 动画的基本原理；
- 关键帧动画；
- 动画曲线编辑器；
- 动画控制器；
- 渲染动画。

12.1　动画概念

所谓动画，就是连续播放的一系列画面(给视觉造成连续变化的图画)，如图 12-1 所示。它的基本原理与电影、电视一样，都是视觉原理。医学已证明，人类具有“视觉暂留”的特性，也就是说人的眼睛看到一幅画或一个物体后在 1/24 秒内不会消失。利用这一原理，在一幅画还没有消失前播放出下一幅画，就会给人造成一种流畅的视觉变化效果，而在这个“动画”中每一幅单独的图像称为“帧”。

动画的分类没有严格的规定。从制作技术和手段看，动画可分为以手工绘制为主的传统动画和以计算机为主的电脑动画。按动作的表现形式来区分，动画大致分为接近自然动作的“完善动画”(如动画电视)和采用简化、夸张的“局限动画”(如幻灯片动画)。从空间的视觉效果上看，又可分为平面动画和三维动画。从播放效果上看，还可以分为顺序动画(连续动作)和交互式动画(反复动作)。从每秒播放的幅数来讲，还有全动画(每秒 24 幅)和半动画(少于 24 幅)之分，中国的动画公司为了节省资金往往用半动画做电视片。

图 12-1　动画由一系列静态图像组成

12.1.1 传统动画

对于不同的人,动画的创作过程和方法可能有所不同,但其基本规律是一致的。传统动画是由美术动画电影传统的制作方法移植而来的。它利用了电影原理,即人眼的视觉暂留现象,将一张张逐渐变化的并能清楚反映一个连续动态过程的静止画面,经过摄像机逐张逐帧地拍摄编辑,再通过电视的播放系统使之在屏幕上活动起来。因此,电影采用了每秒 24 幅画面的速度拍摄播放,电视采用了每秒 25 幅(PAL 制,中央电视台的动画就是 PAL 制)或每秒 30 幅(NSTC 制)画面的速度拍摄播放,如图 12-2 所示。如果以每秒低于 24 幅画面的速度拍摄播放就会出现停顿现象。

传统动画有着一系列的制作工序,它首先要将动画镜头中每一个动作的关键及转折部分先设计出来,也就是要先画出原画,再根据原画画出中间画,即动画,然后还需要经过一张张地描线、上色,逐张逐帧地拍摄录制等过程。传统动画最大的优点是它的表现力较强,在电视教材动画的制作中常用于表现一些质地柔软、动作复杂,又无规律,形态发生变化的物体动态。

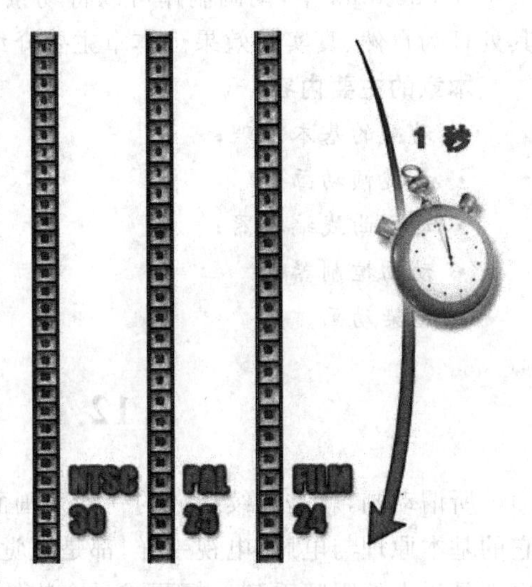

图 12-2 动画的时间格式

传统动画片是用画笔画出一张张不动的,但又是逐渐变化着的连续画面,经过摄影机、摄像机或计算机的逐格拍摄或扫描,然后以每秒钟 24 格或 25 帧的速度连续放映或播映,这时,不动的画面就在银幕上或荧屏里活动起来,这就是传统动画片。

传统动画主要应用于电视电影制作,作为政府管理部门的通信交流工具,作为科研和教育的手段,作为工业部门的培训工具等。

12.1.2 3ds Max 动画

传统动画以及早期的计算机动画都是僵化地逐帧生成动画。如今动画有很多格式,而且随着动画在日常生活的各个方面变得越来越普遍,更需要基于时间的动画和基于帧动画之间的准确对应关系。

3ds Max 动画是一个基于时间的动画程序。它测量时间,并存储动画值,内部精度为 1/4800 秒。用户可以配置程序让它显示最符合作品的时间格式,包括传统帧格式。

3ds Max 几乎可以为场景中的任意参数创建动画,可以设置修改器参数的动画(如"弯曲"角度或"锥化"量)、材质参数的动画(如对象的颜色或透明度)等。在指定动画参数之后,渲染器承担着色和渲染每个关键帧的工作,结果是生成高质量的动画。

因此,在 3ds Max 中创建动画,只需创建并记录动画序列中的起始帧、结束帧和关键帧的场景画面,通过 3ds Max 系统自动进行插值计算并渲染出关键帧之间的其他帧即可生成动画。这样可以减轻动画制作的工作量,提高制作动画的工作效率。

12.2 关键帧和关键帧动画

通常,创建动画的主要难点在于动画师必须生成大量帧。在一般情况下,一分钟的动画需要720～1800个单独图像,这取决于动画的质量。如果这些单独的图像全部用手来绘制,那将是一项艰巨的任务,因此出现了一种称为“关键帧”的技术。

12.2.1 关键帧

由于动画中的帧数很多,因此手工定义每一帧的位置和形状是很困难的。在3ds Max中可以为时间线上的几个关键点定义对象的位置,这样3ds Max将自动计算中间帧的位置,从而得到一个流畅的动画。在3ds Max中需要手工定位的帧称为“关键帧”。

专家点拨:关键帧就是用于描述场景中物体对象的位移变化、旋转方式、缩放比例、材质贴图情况和灯光摄像机状态等信息的关键画面图像。关键帧之间的帧称为中间帧。

在3ds Max中制作场景动画时,主要工作就是创建及设置场景的关键帧画面,在确定好关键帧需要的画面后,中间帧通过插值计算自动生成。关键帧的数量可根据动画效果的需要进行设置,既不能设置得太少,也不能设置得太多,设置得太少,会使动画效果失真;设置得太多会,增加渲染处理的时间。

在动画制作中,利用关键帧生成动画的方法称为“关键帧方法”。在3ds Max中可以改变的任何参数(包括位置、旋转、比例、参数变化和材质特征等)都是可以设置动画的,因此3ds Max中的关键帧只是在时间的某个特定位置指定了一个特定数值的标记。

根据关键帧计算中间帧的过程称为“插值”。3ds Max使用控制器进行插值。3ds Max的控制器很多,因此插值方法也有很多。

12.2.2 时间配置

动画是根据时间来改变场景而创建的。3ds Max中最小的时间单位是“点”(TICK),一个点相当于1/4800秒。在用户界面中默认的时间单位是“帧”。在创建动画时,动画的长短、播放动画的速度及方式等参数都与时间相关,并通过时间进行控制。在3ds Max中要完成动画的创建先要在“时间配置”对话框中完成这些相关时间参数的设置操作。

单击状态栏上的“时间配置”按钮可打开“时间配置”对话框,如图12-3所示。

专家点拨:帧并不是严格的时间单位。同样是25帧的图像,对于NTSC制式电视来讲,时间长度不够1秒;对于PAL制式电视来讲,时间长度正好1秒;对于电影来讲,时间长度大于1秒。由于3ds Max记录与时间相关的所有数值,因此在制作完动画后再改变帧速率和输入格式,系统将自动进行调整以适应所做的改变。

“帧速率”组:该组用来确定播放速度,可以在预设置的NTSC、电影或PAL之间进行选择,也可以使用自定义设置。不同动画时间格式的帧速率如图12-2所示。

“时间显示”组:用于指定时间的显示方式,各选项的含义如下。

- “帧”:完全使用帧显示时间,这是默认的显示模式。单个帧代表的时间长度取决于所选择的当前帧速率。例如在NTSC视频中每帧代表1/30秒。
- “SMPTE”:使用电影电视工程师协会格式显示时间。这是一种标准的时间显示格

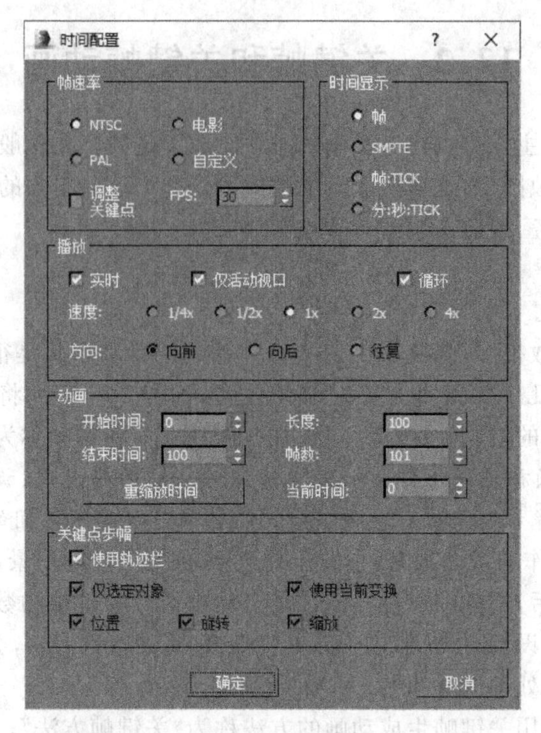

图 12-3 “时间配置”对话框

式，适用于大多数专业的动画制作。SMPTE 格式从左到右依次显示分钟、秒和帧，其间用冒号分隔开来。例如“2:16:14”表示 2 分钟 16 秒和 14 帧。

- “帧:TICK”：使用帧和程序的内部时间增量显示时间。每秒包含 4800 点，因此实际上可以访问最小为 1/4800 秒的时间间隔。
- “分：秒：TICK”：以分钟、秒钟和 TICK（点）显示时间，其间用冒号分隔。例如“02:16:2240”表示 2 分钟 16 秒和 2240 点。

“播放”组：用于控制如何在视口中播放动画，可以使用实时播放，也可以指定帧速率，同时能选择播放方向。该组只影响在交互式渲染器中的播放，并不适用于渲染到任何图像输出文件的情况。各选项的含义如下。

- “实时”复选框：可以使视口播放跳过帧，以便与当前“帧速率”设置保持一致。它有 5 种播放速度，1x 是正常速度，1/2x 是半速等。速度设置只影响在视口中的播放。这些速度设置还可以用于运动捕捉工具。如果未选中“实时”复选框，视口播放时会显示所有的帧。
- “仅活动视口”复选框：可以使播放只在活动视口中进行。取消选中该复选框后，所有视口都将显示动画。
- “循环”复选框：控制动画只播放一次还是反复播放。在启用“循环”之前必须禁用“实时”。启用“循环”之后，播放将遵照循环的方向设置。同时禁用“实时”和“循环”之后，动画“播放”一次之后即可停止。单击“播放一次”将倒回第一帧，然后重新播放。
- “方向”选项：将动画设置为向前播放、反转播放或往复播放。该选项只影响在交互式渲染器中的播放，其并不适用于渲染到任何图像输出文件的情况。只有在禁用“实时”后才可以使用这些选项。

“动画”组：用于指定激活的时间段，激活的时间段是可以使用时间滑动块直接访问的帧数，可以在这个区域缩放总帧数。例如，如果当前的动画有 300 帧，现在需要将动画变成 500 帧，而且保留原来的关键帧不变，那么就需要缩放时间。

- “开始时间”数值框：用于设置动画开始的时间或位置。
- “结束时间”数值框：用于设置动画结束的时间或位置。
- “长度”数值框：用于设置动画的时间长度。
- “帧数”数值框：用于设置动画帧的数目。
- “重缩放时间”按钮：用于重新设置动画的时间参数。单击该按钮，可以在弹出的“重缩放时间”对话框中重新设置动画时间。
- “当前时间”文本框：用于设置动画的当前时间或位置。

“关键点步幅”组：该组中的参数控制如何在关键帧之间移动时间滑动块。

- “使用轨迹栏”复选框：使关键帧模式能够遵循轨迹栏中的所有关键帧。其中包括除变换动画之外的任何参数动画。
- “仅选定对象”复选框：在使用“关键点步幅”模式时只考虑选定对象的变换。如果禁用此复选框，则将考虑场景中所有(未隐藏)对象的变换。其默认设置为启用。
- “使用当前变换”复选框：禁用“位置”“旋转”和“缩放”，并在“关键帧模式”中使用当前变换。例如，如果在工具栏中选中“旋转”按钮，则将在每个旋转关键帧处停止。如果这 3 个变换按钮均为启用，则“关键帧模式”将考虑所有变换。

专家点拨：要使以上两个控件可用，必须取消选中“使用轨迹栏”复选框。

- “位置”“旋转”和“缩放”复选框：指定“关键帧模式”所使用的变换。这些复选框在取消选中“使用当前变换”复选框后才可用。

12.2.3 关键帧动画

关键帧动画是指将场景中物体对象的运动极限位置、特征的表达效果或重要内容等作为关键帧，利用关键帧方法创建的动画。它描述了场景中物体对象的移动位置、旋转角度、缩放的大小和变形，以及材质贴图、灯光、摄像机的效果等。

1. 创建关键帧

如果要在 3ds Max 中创建关键帧，就必须在打开动画按钮的情况下在非第 0 帧改变某些对象。一旦进行了某些改变，原始数值被记录在第 0 帧，新的数值或关键帧数值被记录在当前帧。这时第 0 帧和当前帧都是关键帧。这些改变可以是变换的改变，也可以是参数的改变。例如，如果创建了一个球，然后打开动画按钮，到非第 0 帧改变球的半径参数，这样 3ds Max 将创建一个关键帧。只要动画和时间控件栏中的“自动关键点”按钮 自动关键点 处于打开状态就一直处于记录模式，3ds Max 将记录在非第 0 帧所做的任何改变。

动画和时间控件栏中各按钮的作用如下。

“设置关键点”按钮：可以为对象创建关键帧。

“自动关键点”按钮 自动关键点：可以自动记录动画的关键帧信息。

“设置关键点”按钮 设置关键点：可以开启关键帧手动设置模式，此模式需要与按钮配合进行动画设置。

"关键点过滤器"按钮关键点过滤器...:单击该按钮后,可打开"设置关键点"对话框,如图 12-4 所示。在该对话框中有 10 个复选框,只有当某个复选框被选中后,有关该复选框的参数才可以被定义为关键帧。该对话框中被选中的复选框是默认选项。

专家点拨:"设置关键点"对话框只有在设置关键帧模式下才有效,在自动关键帧动画模式下是无效的。

2. 控制动画

通常在创建了关键帧后就要观察动画,可以通过拖曳时间滑动块来观察动画,还可以使用时间控制区域中的回放按钮播放动画。时间控制区如图 12-5 所示。

图 12-4 "设置关键点"对话框

图 12-5 时间控制区域

3. 编辑关键帧

关键帧由时间和数值两项内容组成,编辑关键帧常常涉及改变时间和数值。3ds Max 提供了几种访问和编辑关键帧的方法。

(1) 在视口中:常用的设置当前时间的方法是拖曳时间滑动块,当将时间滑动块放在关键帧之上的时候,对象就被一个白色方框环绕。如果当前时间与关键帧一致,就可以打开动画按钮来改变动画数值。

(2) 轨迹栏:轨迹栏位于时间滑动块的下面,当一个动画对象被选择后,关键帧按矩形的方式显示在轨迹栏中。通过轨迹栏可以方便地访问和改变关键帧的数值。

(3) "运动"命令面板:"运动"命令面板是 3ds Max 的 6 个面板之一,可以在"运动"命令面板中改变关键帧的数值。

(4) 轨迹视图:轨迹视图是制作动画的主要工作区域,基本上在 3ds Max 中的任何动画都可以通过轨迹视图进行编辑。

专家点拨:不管使用哪种方法编辑关键帧,其结果都是一样的。

实例 12-1:飞镖

操作步骤

(1) 选择"文件"|"打开"命令,打开本书配套光盘上的"飞镖.max"文件(文件路径:素材和源文件\part12\),如图 12-6 所示。

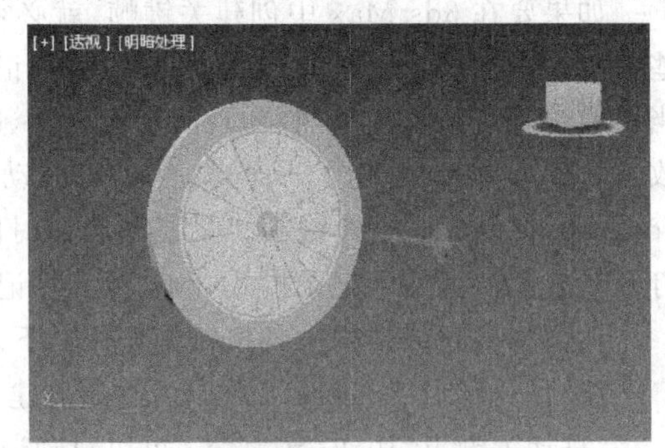

图 12-6 飞镖模型

(2) 拖曳时间滑动块,检查飞镖是否已经设置了动画。

(3) 单击“自动关键点”按钮,以便创建关键帧。

(4) 在透视视口中单击飞镖,然后单击主工具栏上的“选择并放置”按钮 ,将飞镖移动一段距离。

(5) 将时间滑动块移动到第 50 帧,如图 12-7 所示。再将飞镖移动到标靶上。

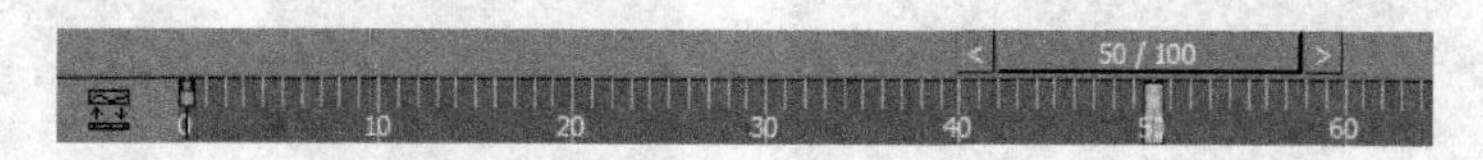

图 12-7 时间轴设置

(6) 再次单击“自动关键点”按钮关闭关键点。

(7) 在动画控制区域中单击“播放动画”按钮 播放动画。

(8) 在动画控制区域中单击“转至开头”按钮 停止播放动画,并把时间滑动块移动到第 0 帧。

专家点拨:如果没有选择对象,轨迹栏将不显示对象的关键帧。

(9) 将时间滑动块移动到第 0 帧,注意观察透视视口中的飞镖。飞镖周围环绕着一个白框,如图 12-8 所示,表明这是对象的关键帧。

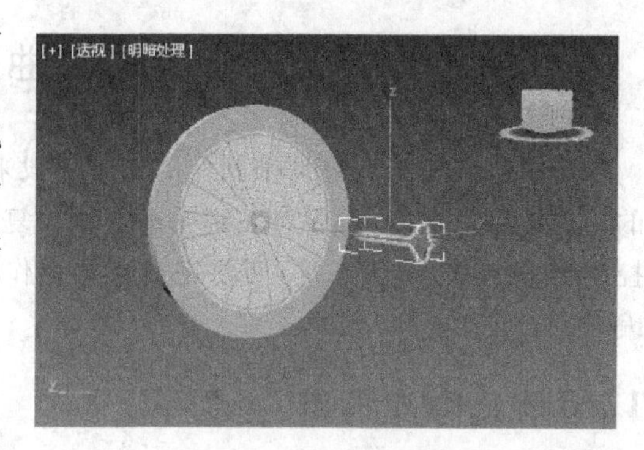

图 12-8 关键帧对象

实例 12-2:小球运动

操作步骤

(1) 选择“文件”|“打开”命令,打开本书配套光盘上的“小球.max”文件(文件路径:素材和源文件\part12\),如图 12-9 所示。

(2) 用自动关键帧方式为小球添加跳动动画。拖动轨迹栏到第 20 帧的位置,调整小球的 Z 轴,使小球接触平面,如图 12-10 所示。

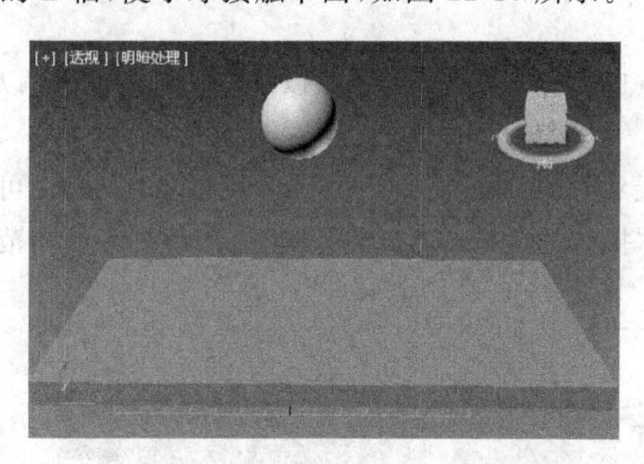

图 12-9 小球

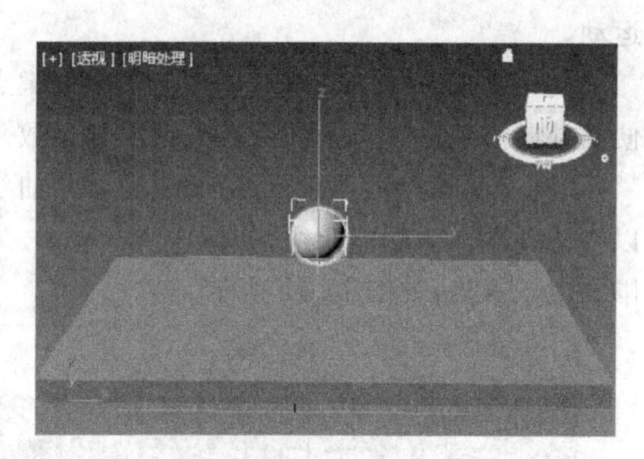

图 12-10 调整第 20 帧中小球的位置

(3) 在第 40 帧的位置把小球的 Z 轴位置调整到第 0 帧的位置,如图 12-11 所示。

(4) 为了更加逼真地模拟软质小球,在第 20 帧的位置对小球的形状进行压缩变化,如图 12-12 所示。

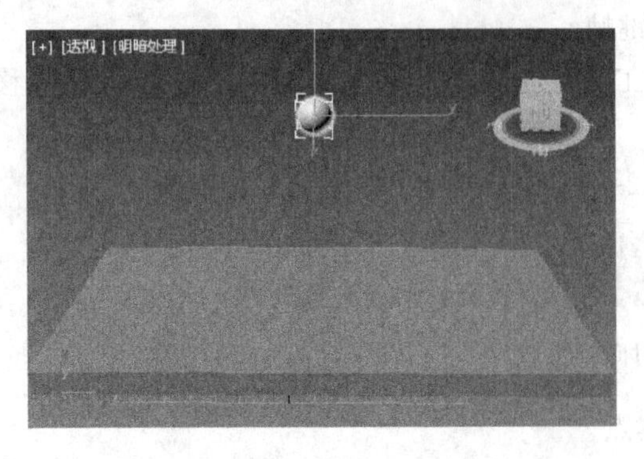

图 12-11　第 40 帧中小球的位置

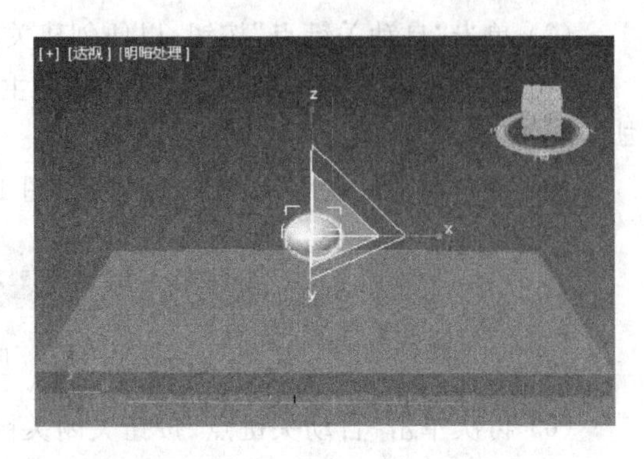

图 12-12　压缩第 20 帧中的小球

(5) 播放动画进行预览。

12.3　曲线编辑器

使用轨迹栏编辑关键帧制作的动画一般来说是比较简单的动画,如果要实现比较复杂的动画效果及功能,需要对关键帧进行比较复杂的编辑,如复制或粘贴运动轨迹、添加运动控制器、改变运动状态等,而要完成这些操作需要在动画曲线编辑器窗口中对关键帧进行编辑。

12.3.1　轨迹视图

在"轨迹视图"中显示了场景中的所有对象以及它们的参数列表和相应的动画关键帧。轨迹视图不仅允许单独地改变关键帧的数值和它们的时间,还可以同时编辑多个关键帧。使用轨迹视图可以改变被设置了动画参数的控制器,从而改变 3ds Max 在两个关键帧之间的插值方法。用户还可以利用轨迹视图改变对象关键帧范围之外的运动特征来产生重复运动。

使用"轨迹视图"可以对创建的所有关键点进行查看和编辑,还可以指定动画控制器,以便插补或控制场景对象的所有关键点和参数。

"轨迹视图"使用两种不同的模式,即"曲线编辑器"和"摄影表"。"曲线编辑器"模式可以将动画显示为功能曲线,如图 12-13 所示。"摄影表"模式可以将动画显示为关键点和范围的电子表格,如图 12-14 所示。

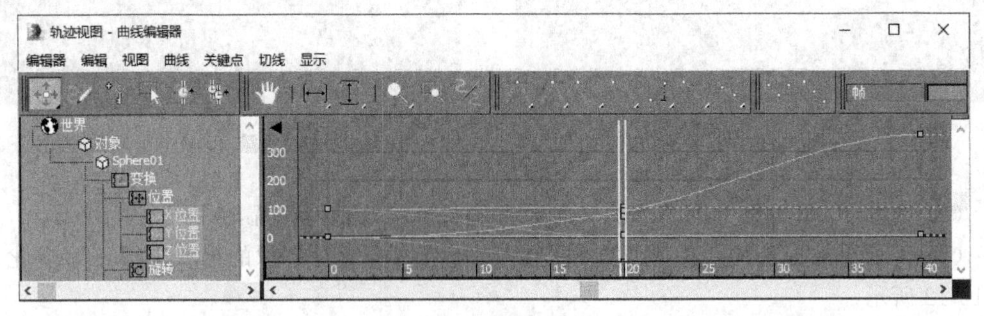

图 12-13　轨迹视图-曲线编辑器

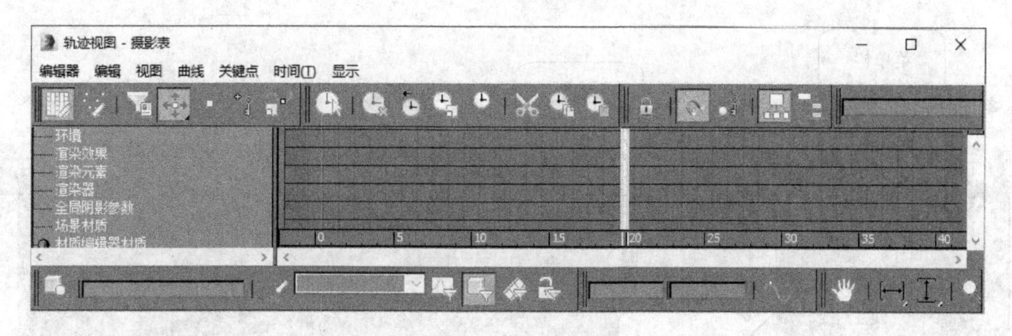

图 12-14 轨迹视图-摄影表

在曲线编辑器模式下，关键帧动画显示为轨迹曲线。在 X、Y、Z 坐标轴方向上的轨迹曲线分别用红、绿、蓝颜色显示。在轨迹曲线上用小方点表示关键点。利用工具栏或菜单命令可以增加、删除、移动、缩放关键点，调整曲线的形状等。

在摄影表模式下，关键帧动画显示为时间范围及时间块。在编辑范围方式中，关键帧动画的时间范围用直线段表示，用户可以缩放直线段调整动画时间的长短，滑动直线段对动画的时间范围进行移动。

用户可以从图表编辑器菜单、四元组菜单或主工具栏来访问轨迹视图，但它们所包含的信息量有所不同。使用四元组菜单可以打开选择对象的轨迹视图，这意味着在轨迹视图中只显示选择对象的信息，这样可以清楚地调整当前对象的动画。轨迹视图也可以被另外命名，这样就可以使用菜单栏快速地访问已经命名的轨迹视图。打开轨迹视图的具体操作如下。

(1) 单击主工具栏上的“曲线编辑器”按钮，显示“轨迹视图-曲线编辑器”对话框。

(2) 选择“编辑器”|“图-曲线编辑器”或“摄影表”。

此外，用户还可以直接从动画实例上打开，这里以上例中的小球动画为例，具体操作如下所述。

(1) 选择“文件”|“打开”命令，打开本书配套光盘上的“小球动画.max”文件(文件路径：素材和源文件\part12\)。这个文件中包含了前面练习中使用的动画球。

(2) 在透视视口中单击球，将其选中。

(3) 在该球上右击，弹出四元组菜单，如图 12-15 所示。选取曲线编辑器或摄影表，显示对应的对话框。

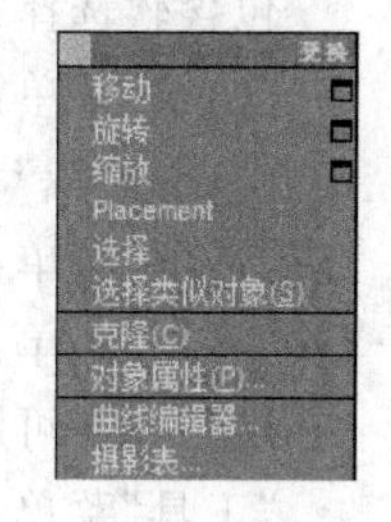

图 12-15 四元组菜单

12.3.2 曲线编辑器的使用

虽然轨迹视图有两种编辑模式，且有各自的适用范围，但是这两种模式都用于对动画的修改，除编辑区及对应的一些工具按钮外，它们的组成结构是基本相同的。这里仅以曲线编辑器为例做详细介绍。

曲线编辑器的界面共有 4 个主要部分，即层级列表、编辑窗口、菜单栏和工具栏，如图 12-16 所示。

轨迹视图的层级提供了一个包含场景中的所有对象、材质和其他可动画项目的层级列

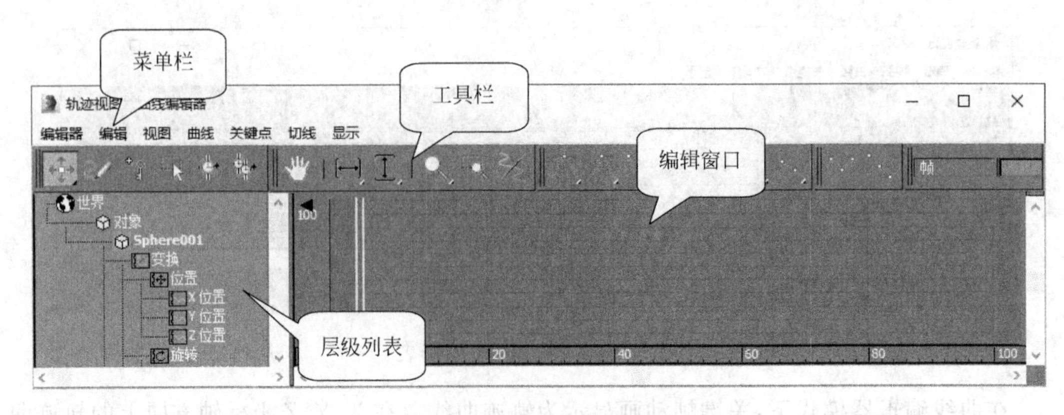

图 12-16　曲线编辑器界面

表。单击列表中的加号(+)将访问层级的下一个层次,层级中的每个对象都在编辑窗口中有相应的轨迹。

1. 菜单栏

菜单栏显示在"曲线编辑器""摄影表"和展开的轨迹栏布局的顶部。使用这些菜单更易于查找工具,并且通过它们也可以访问一些功能,各菜单的功能如下所述。

- "模式"菜单:用于在"曲线编辑器"和"摄影表"之间进行选择。
- "控制器"菜单:可以在使用"曲线编辑器"或者"摄影表"时为对象或轨迹指定控制器,并对控制器进行多种操作,如指定、复制和粘贴控制器,并使它们唯一,还可以添加循环。
- "轨迹"菜单:用于添加注释轨迹和可见性轨迹。
- "关键点"菜单:用于对关键帧进行编辑操作,可添加、移动、滑动和缩放关键点,还包含软选择、对齐到光标和捕捉帧。
- "曲线"菜单:只有当处于"曲线编辑器"模式时才可以使用该菜单,用于应用或移除"减缓曲线"和"增强曲线"的操作,可加快曲线调整。
- "选项"菜单:用于对控制器区域中"层级列表"的更新选项等内容进行控制。
- "显示"菜单:只有在"曲线编辑器"模式下"显示"菜单才可用,使用该菜单中的"切换"功能,可影响曲线、图标和切线显示方式。
- "工具"菜单:使用"工具"菜单可以访问"轨迹视图工具"对话框,该对话框显示了在处理关键点时可以使用的工具列表,并提供了轨迹视图程序,用于选择关键帧等操作。
- "视图"菜单:用于对视图进行缩放和移动等操作。
- "时间"菜单:只有在"摄影表"模式下"时间"菜单才可用,该菜单用于设置与时间有关的编辑操作,可进行选择、插入、复制和粘贴时间块。

2. 工具栏

工具栏中显示了在使用"轨迹视图"菜单栏时的一些常用工具。工具栏由多个子工具栏组成,可以浮动、位于右侧或根据需要重新排列。工具栏包括"关键点"工具栏、"关键点切线"工具栏和"曲线"工具栏,在默认情况下它们都显示。此外,用户也可以显示出其他隐藏的工具栏来快速获得其他工具,要显示出隐藏的工具栏,右击工具栏的空白部分,选择"显示工具栏”命令，然后选择想要显示的工具栏即可。

- “过滤器”按钮：单击该按钮，会弹出“过滤器”对话框，如图 12-17 所示，可以使用该对话框选择在“轨迹视图”中需要显示或隐藏的对象。

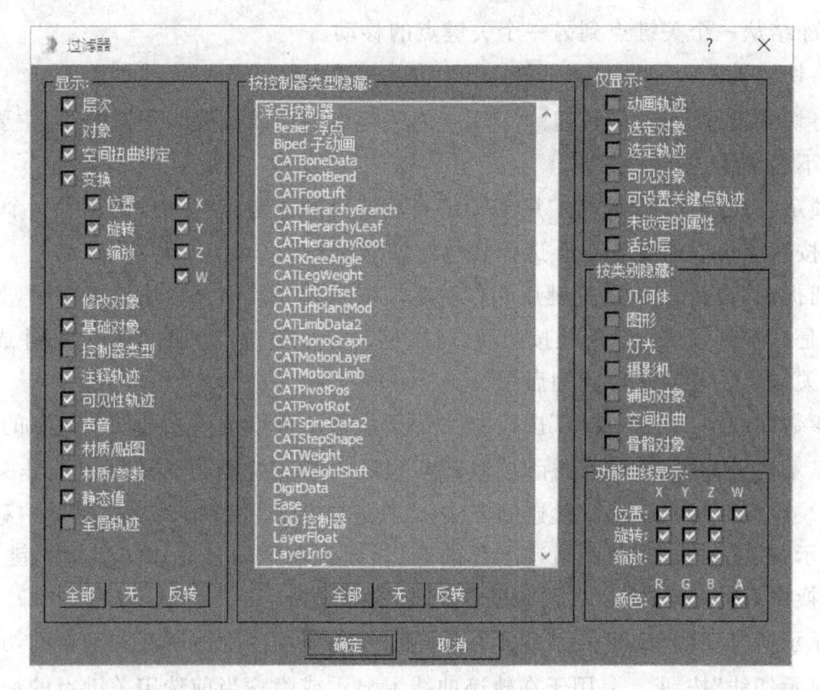

图 12-17 “过滤器”对话框

- “移动关键帧”按钮：用于在关键帧编辑区的函数曲线图上水平或垂直的自由移动选定的关键点。在默认情况下此按钮处于启用状态。

专家点拨：按住 Shift 键移动关键点可以复制出选定的关键点。

- “滑动关键点”按钮：用来移动一组关键帧，并根据移动来滑动相邻的关键帧。在移动时关键帧之间的间隔保持不变。
- “缩放关键点”按钮：以当前帧为基准沿时间轴缩放选定的关键点。
- “缩放值”按钮：使用此按钮可在两个关键帧之间压缩或扩大时间量，即改变关键点的数值。
- “添加关键点”按钮：用于在关键帧编辑区中添加关键点。单击该按钮，然后在关键帧编辑区中的曲线上单击即可添加一个关键点。
- “绘制曲线”按钮：用于在关键帧编辑区中绘制新的曲线，或通过直接在函数曲线上绘制草图来更改已存在的曲线。
- “简化曲线”按钮：用于在动画时间范围内减少轨迹中的关键点总量。
- “将切线设置为自动”按钮：用于将关键点的切线设置为自动切线。选择关键点，然后单击此按钮可将切线设置为自动切线，也可用弹出按钮单独设置内切线和外切线为自动。
- “将切线设置为快速”按钮：用于将关键点的切线设置为快速变化的曲线，可根据弹出的按钮来选择将关键点切线设置为快速内切线、快速外切线或二者均有。

- “将切线设置为慢速”按钮：用于将关键点的切线设置为变化缓慢的曲线，可根据弹出的按钮来选择将关键点切线设置为慢速内切线、慢速外切线或二者均有。
- “将切线设置为阶梯式”按钮：用于将关键点的切线设置为阶梯形的曲线，还可用于冻结从一个关键点到另一个关键点的移动。
- “将切线设置为线性”按钮：用于将关键点的切线设置为线性曲线。
- “将切线设置为平滑”按钮：用于将关键点的切线设置为平滑曲线，主要用它来处理不能继续进行的移动。
- “锁定当前选择”按钮：用于锁定当前选择的关键点。一旦创建了一个选择，使用此按钮就可以避免不小心选择其他对象的现象。
- “捕捉帧”按钮：将关键点的移动范围限制到“帧”中。启用该按钮后，关键点移动总是捕捉到帧中；禁用该按钮后，可以移动一个关键点到两个帧之间并成为一个子帧关键点。其默认设置为启用。
- “参数曲线超出范围类型”按钮：用于设置关键点范围之外的关键点的移动。
- “显示可设置关键点的图标”按钮：显示一个定义轨迹为关键点或非关键点的图标。该按钮提供了标记轨迹的方法，以使它能接收关键帧或从关键帧中移除。图标显示在“控制器”窗口中轨迹名称的旁边，以表明该轨迹是否可设置关键点，可通过切换图标的状态来定义“可设置关键点”的属性。
- “显示所有切线”按钮：用于在轨迹曲线上显示或隐藏所有关键点的切线控制柄。
- “显示切线”按钮：用于在轨迹曲线上显示或隐藏当前选定关键点的切线控制柄。
- “锁定切线”按钮：用于在轨迹曲线上将选定的多个关键点的切线控制柄锁定在一起，当拖曳其中一个关键点的控制柄时，被锁定在一起的其他关键点的控制柄也将一起移动。
- “显示 Biped 位置曲线”按钮：用于在轨迹曲线上显示关键点 Biped 的位置变化。
- “显示 Biped 旋转曲线”按钮：用于在轨迹曲线上显示关键点 Biped 的方向变化。
- “显示 Biped X 曲线”按钮：用于在轨迹曲线上显示关键点 Biped 的 X 轴变化。
- “显示 Biped Y 曲线”按钮：用于在轨迹曲线上显示关键点 Biped 的 Y 轴变化。
- “显示 Biped Z 曲线”按钮：用于在轨迹曲线上显示关键点 Biped 的 Z 轴变化。
- “关键点状态”工具栏：提供用于显示和输入关键点变换值的工具。
- “平移”按钮：用于在关键帧编辑区中平移轨迹曲线或时间块。
- “框显水平范围”按钮：用于在关键帧编辑区中的水平方向上以最大化的方式显示轨迹曲线。
- “框显值范围”按钮：用于在关键帧编辑区中的垂直方向上以最大化的方式显示轨迹曲线。
- “缩放”按钮：用于对关键帧编辑区进行整体缩放。
- “缩放区域”按钮：用于在关键帧编辑区中缩放选定的区域。

3. “摄影表”模式下的工具栏

“摄影表”模式下的工具栏有一部分和“曲线编辑器”模式一样，这里仅对“摄影表”模式中特有的按钮进行介绍。

- “编辑关键点”按钮：将轨迹视图设置为以“时间块”作为关键帧来编辑关键点的方式，它将关键点在图形上显示为长方体，使用这个模式可插入、剪切和粘贴时间。
- “编辑范围”按钮：用于将轨迹视图设置为编辑范围方式。
- “选择时间”按钮：用来选择时间范围。在当前关键帧选项的动画范围内拖曳鼠标可以选择一个时间段。时间选择包含时间范围内的任意关键点。
- “删除时间”按钮：将选中的时间从选中的轨迹中删除。此操作会删除关键点，但会留下一个“空白”帧。
- “反转时间”按钮：用于将选定的时间段做“反转”操作，即在该时间段内使动画产生颠倒的效果。
- “缩放时间”按钮：用于将选定的时间段进行“缩放”操作，即在该时间段可以将动画延长或缩短时间。
- “插入时间”按钮：用于在当前动画的时间范围内插入“空时间段”。单击该按钮，在需要增加的时间点位置拖曳鼠标即可插入一个时间段。
- “剪切时间”按钮：用于删除选定的时间段并将其放入剪贴板中。
- “复制时间”按钮：用于将选定的时间段放入剪贴板中。
- “粘贴时间”按钮：用于将剪贴板中的时间段粘贴到当前的时间点。
- “修改子树”按钮：用于编辑子树结构的一组关键点。启用该按钮后，在父对象轨迹上操作关键点可将轨迹放到层次底部。
- “修改子对象关键点”按钮：用于编辑对象的子关键点。

专家点拨：*如果在没有启用“修改子树”时修改父对象，单击“修改子关键点”时会将更改应用到子关键点上。类似地，若在启用“修改子树”时修改了父对象，“修改子关键点”会禁用这些更改。*

实例 12-3：曲线编辑器的使用

操作步骤

(1) 选择“文件”|“打开”命令，打开本书配套光盘上的“小球 2.max”文件(文件路径：素材和源文件\part12\)，如图 12-18 所示。

(2) 单击主工具栏上的“曲线编辑器”按钮，打开“曲线编辑器”对话框，由于球是场景中唯一的对象，因此层级列表中只显示了球。

(3) 在层级列表中单击 Sphere01 左边的加号(+)，层级列表中显示出可以进行动画的参数，如图 12-19 所示。

(4) 在层级列表中单击“位置”，此时右边的编辑窗口上就有了 3 个关键帧。在层级列表中选择“Z 位置”选项，如图 12-20 所示。

(5) 在编辑窗口的第 2 个关键帧上右击，出现“Sphere01\Z 位置”对话框，如图 12-21 所示，该对话框与通过轨迹栏得到的对话框相同，可以通过调节位置来制作动画。

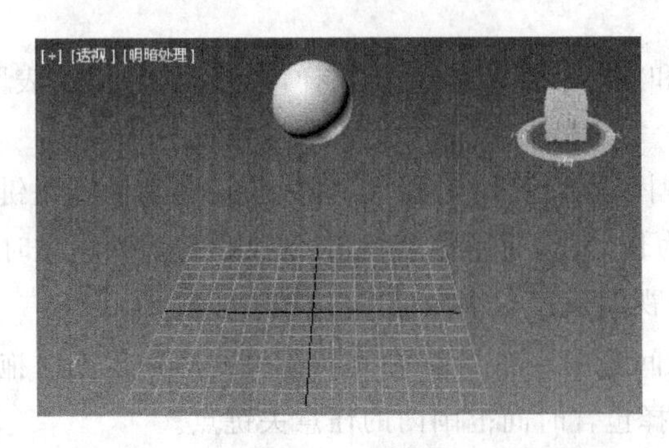

图 12-18　小球 2

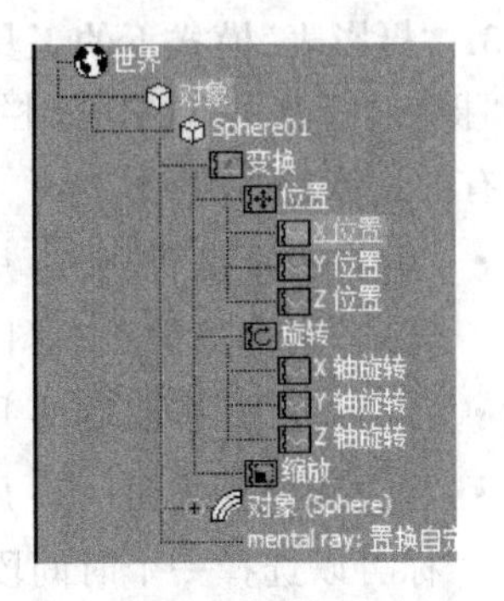

图 12-19　小球的层级列表

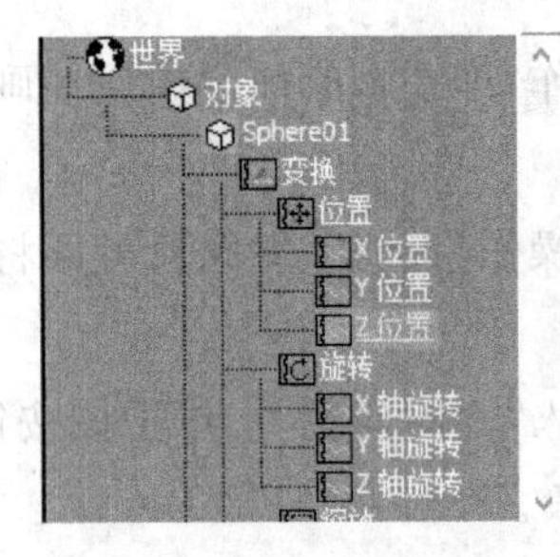

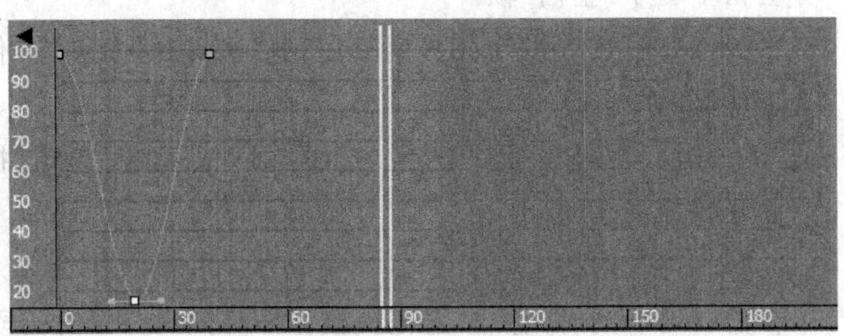

图 12-20　编辑窗口

4. 移动和复制关键帧

在编辑窗口中将鼠标光标放在第 0 帧上，然后将第 0 帧拖曳到第 40 帧的位置，这就是关键帧的移动。按住 Shift 键将第 0 帧处的关键帧拖曳到第 40 帧，这样就复制了关键帧。

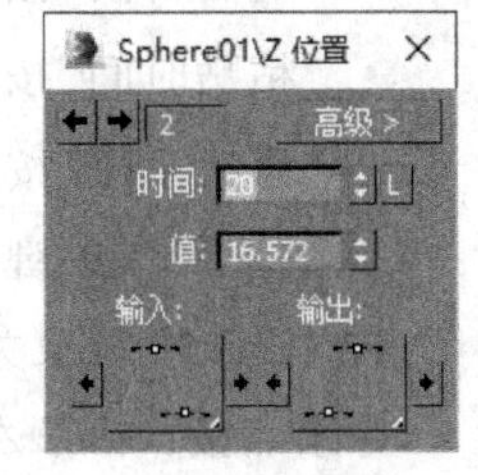

图 12-21　位置对话框

5. 使用曲线编辑器

如果要观察两个关键帧之间的运动情况，需要使用曲线编辑。在曲线模式下也可以移动、复制和删除关键帧。

在曲线模式下，查看 Sphere01 的编辑区域的水平方向代表时间，垂直方向代表关键帧的数值。对象沿着 X 轴的变化用红色曲线表示，沿着 Y 轴的变化用绿色曲线表示，沿着 Z 轴的变化用蓝色曲线表示。由于球在 X、Y 轴方向没有变化，因此红色、绿色曲线与水平轴重合。

在编辑区域中选择代表 Z 轴变化的蓝色曲线上第 40 帧处的关键帧，代表关键帧的点变成白色的，表明该关键帧被选择了，被选择关键帧所在的时间(帧数)和关键帧的值显示在底部的时间区域和数值区域，如图 12-22 所示。

在时间区域输入 60，此时第 40 帧处的所有关键帧(X、Y 和 Z 轴向)都被移到了第 60 帧。对于现在使用的默认控制器来讲，3 个轴向的关键帧必须在同一位置，但是关键帧的数值可以不同。按住工具栏上的“移动关键点”按钮 ，从弹出的按钮中选择“水平移动”按钮 。在编辑区域中将 X 轴的关键帧从第 60 帧移动到第 80 帧。由于使用了水平移动工具，因此只能沿着水平方向移动。

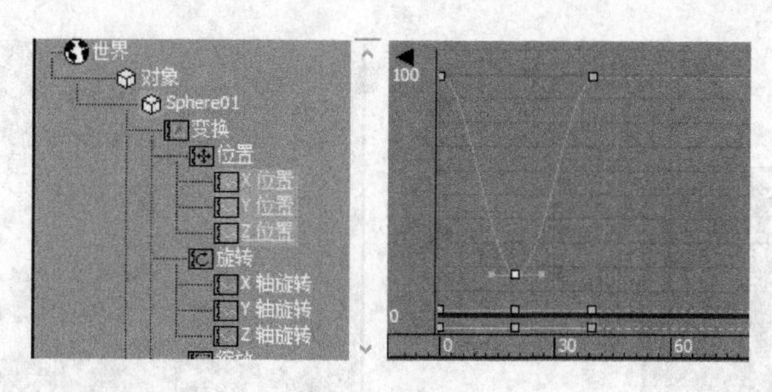

图 12-22　曲线编辑

实例 12-4：跳动的小球

操作步骤

（1）重置 3ds Max，单击“环形阵列”按钮，在透视视口中通过拖曳创建一个环形阵列，按图 12-23 所示进行参数设置，得到如图 12-24 所示的效果。

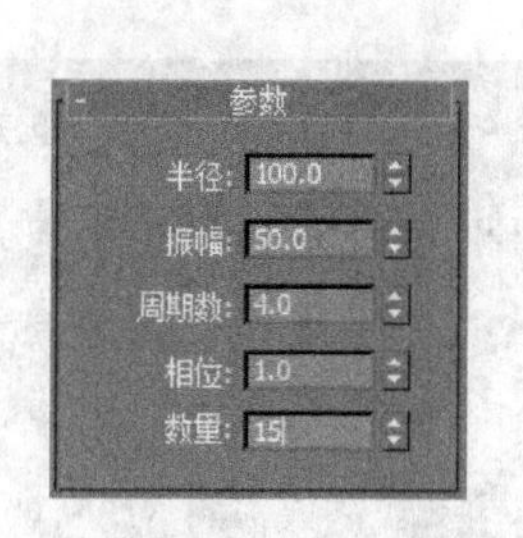

图 12-23　参数设置

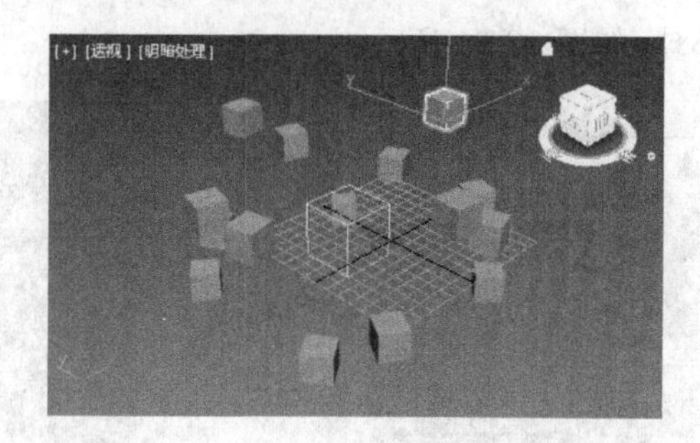

图 12-24　环形阵列

（2）按 N 键，打开“自动关键点”按钮。将时间滑动块移动到第 100 帧，将相位设置为 5。

（3）单击“播放动画”按钮 播放动画，可以看到方块在不停地跳动。

（4）停止播放动画，再次按下 N 键，关闭动画按钮。在透视视口中创建一个半径为 10 的球体，球体的位置任意，如图 12-25 所示。

（5）打开轨迹视图，逐级打开层级列表，选择“对象”，如图 12-26 所示。

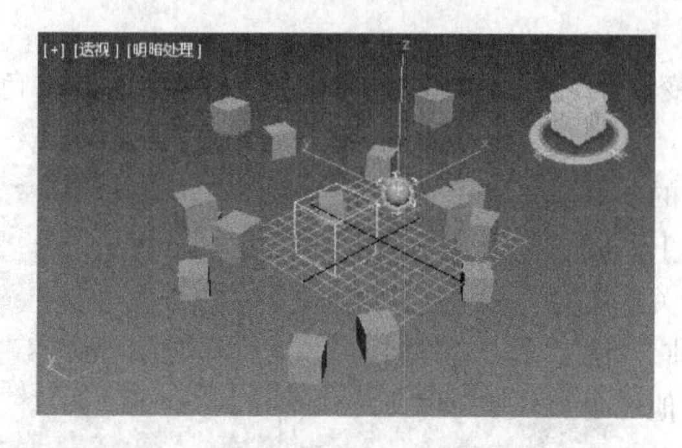

图 12-25　创建小球

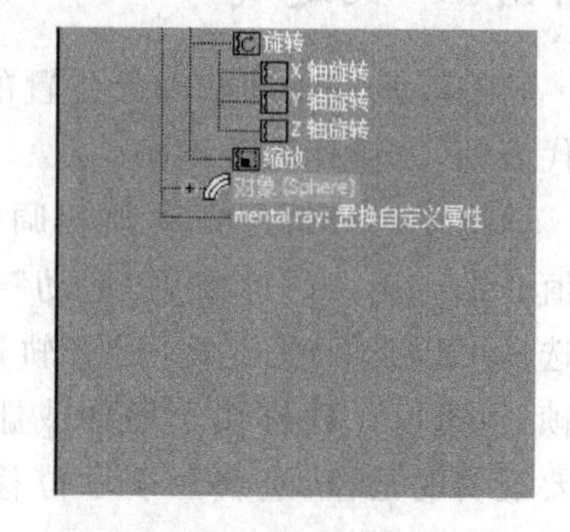

图 12-26　选择对象

（6）在选择的“对象”上右击，弹出快捷菜单，如图 12-27 所示，选择“复制”命令。

（7）打开层级列表，选择“对象”，如图 12-28 所示。

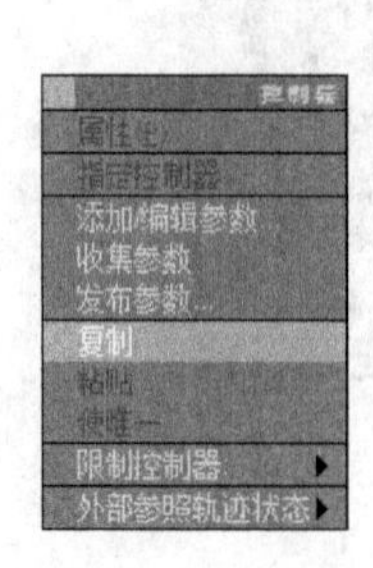

图 12-27　复制对象

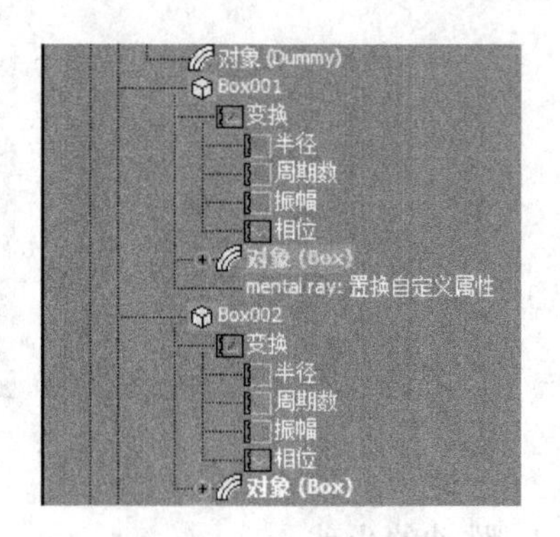

图 12-28　选择对象

(8) 在选择的“对象”上右击，在弹出的快捷菜单中选择“粘贴”命令，出现“粘贴”对话框，如图 12-29 所示。选中“替换所有实例”复选框，单击“确定”按钮，这时场景中的 Box 都变成了小球，如图 12-30 所示。

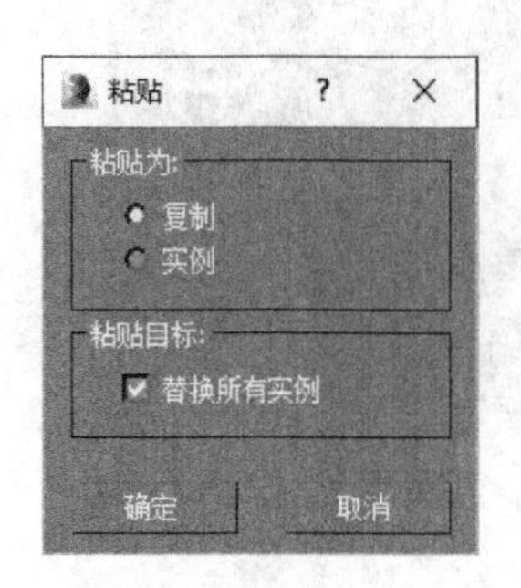

图 12-29　“粘贴”对话框

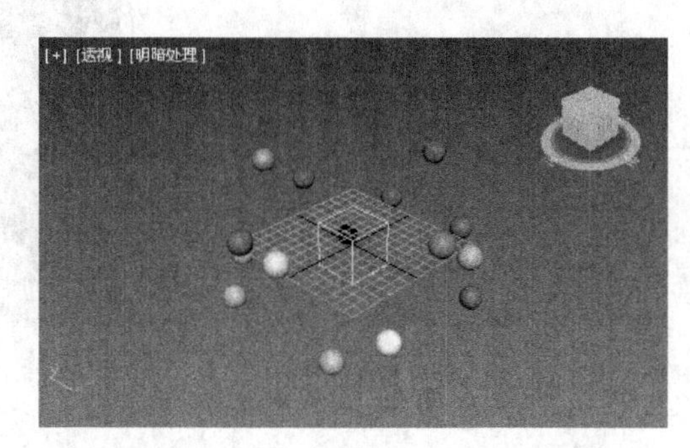

图 12-30　转换成小球

(9) 选择最初创建的小球，删除它。

(10) 单击“播放动画”按钮 ，播放动画，可以看到小球在不停地跳动。最终效果可查看本书配套光盘上的“跳动的小球. max”文件(文件路径：素材和源文件\part12\)。

12.3.3　轨迹线

轨迹线是一条随着对象位置的改变而变化的曲线，如图 12-31 所示。曲线上的白色标记代表帧，方框代表关键帧。

轨迹线对分析位置动画和调整关键帧的数值非常有用。通过使用“运动”命令面板上的选项可以访问关键帧，沿着轨迹线移动关键帧，也可以在轨迹线上增加或删除关键帧。需要说明的是，轨迹线只表示位移动画，其他动画类型没有轨迹线。

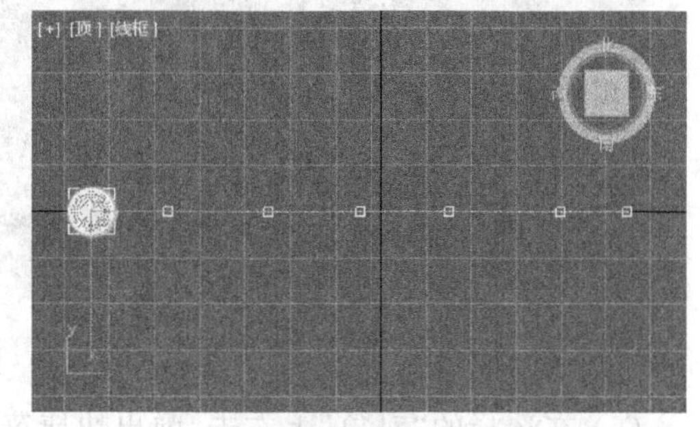

图 12-31　轨迹线

实例 12-5：显示轨迹线

操作步骤

(1) 打开本书配套光盘上的“轨迹线.

max"文件(文件路径：素材和源文件\part12\)。

(2) 在动画控制区域中单击"播放动画"按钮，球弹跳了3次。

(3) 在动画控制区域中单击"停止播放动画"按钮。

(4) 在透视视口中选择球。

(5) 在命令面板中单击"显示"按钮，进入"显示"命令面板，在"显示属性"卷展栏中选中"轨迹"复选框，如图12-32所示。此时在透视视口中就显示了小球运动的轨迹线，如图12-33所示。

图12-32 "显示属性"卷展栏

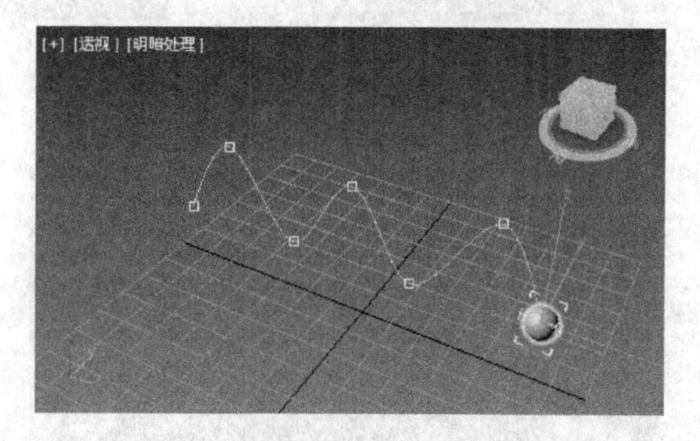

图12-33 效果

(6) 拖曳时间滑动块，使小球沿着轨迹线运动。

(7) 选择"视图"|"显示关键点时间"命令，视口中显示了关键帧的帧号，如图12-34所示，这就是关键帧的时间。

在视口中也可以编辑轨迹线，从而改变对象的运动。轨迹线上的关键帧用白色方框表示，通过处理这些方框可以改变关键帧的数值。注意，只有在"运动"命令面板的次对象层次才能访问关键帧。

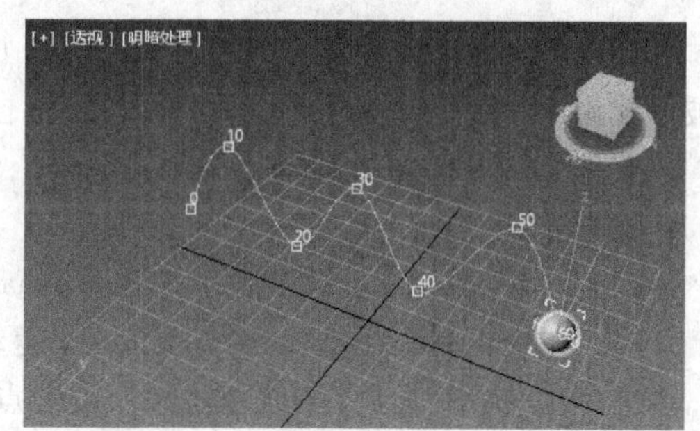

图12-34 显示关键帧

实例12-6：编辑轨迹线

操作步骤

(1) 继续打开小球实例，确认小球处于选中状态，并且在视口中显示了它的轨迹线。

(2) 按照图12-35所示的方式在"运动"命令面板中单击"子对象"按钮。

(3) 在前视口中使用窗口的选择方法选择顶部的3个关键帧，如图12-36所示。

(4) 单击主工具栏上的"选择并移动"按钮，在透视视口中将所选择的关键帧沿着Z轴向下移动约10个单位，移动后在前视口中显示的效果如图12-37所示。在移动时可以观察状态行中的数值来确定移动的距离。

(5) 在动画控制区域中单击"播放动画"按钮，此时可以看到小球沿着调整后的轨迹线运动。

(6) 在动画控制区域中单击"停止动画"按钮将动画停止。

(7) 定位在轨迹栏的第50帧处，在曲线编辑器中右击，显示"Sphere01\Z位置"对话框，如图12-38所示。

图 12-35 "运动"命令面板

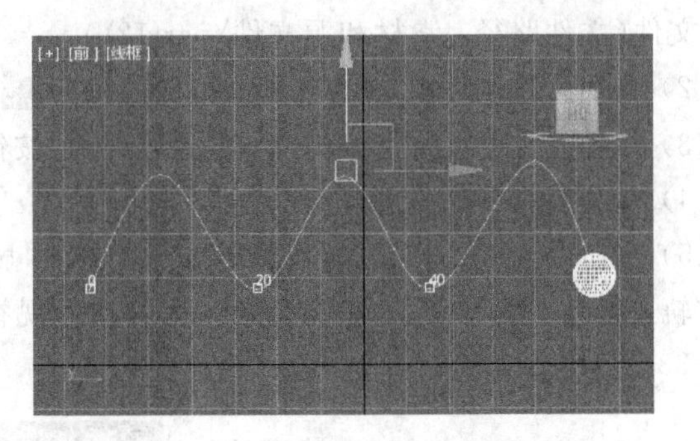

图 12-36 选择关键帧

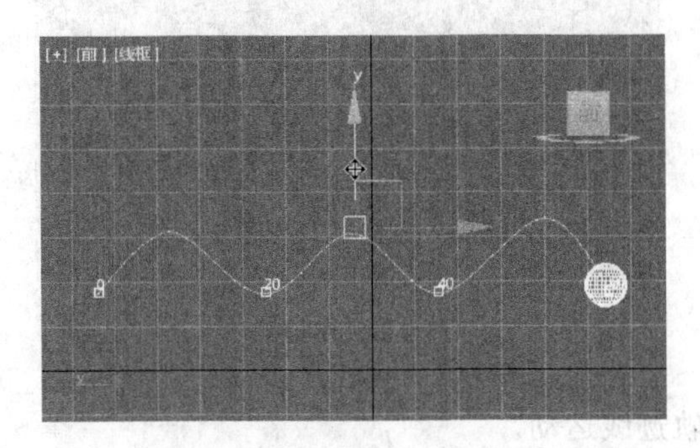

图 12-37 移动后的结果

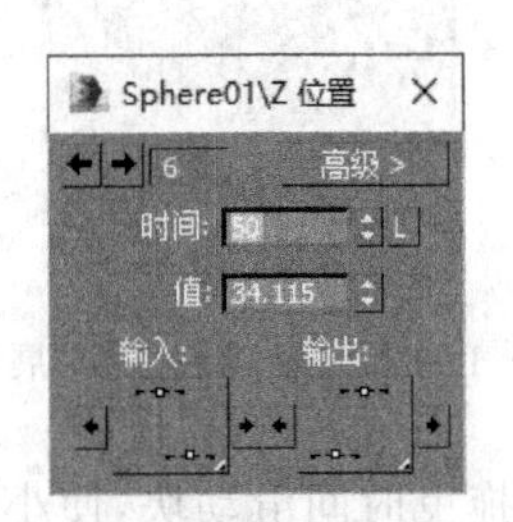

图 12-38 位置对话框

(8) 在该对话框中将位置设置为 20,第 6 个关键帧,也就是第 50 帧处的关键帧的位置被设置为 20,改变轨迹线。

实例 12-7:增加关键帧和删除关键帧

操作步骤

(1) 打开本书配套光盘上的"轨迹线.max"文件(文件路径:素材和源文件\part12\)。

(2) 在透视视口中选择小球,然后在"运动"命令面板中单击"子对象"按钮。

(3) 在"轨迹"卷展栏上单击"添加关键点"按钮,打开关键点。

(4) 在透视视口中的最后两个关键帧之间单击,这样就增加了一个关键帧,如图 12-39 所示。

(5) 在"轨迹"卷展栏上再次单击"添加关键点"按钮,关闭关键点。

(6) 单击主工具栏上的"选择并移动"按钮,在透视视口中选择新的关键帧,然后将它沿着 X 轴移动一段距离。

(7) 在动画控制区域中单击"播放动画"按钮,可以看到该球按调整后的轨迹线进行运动。

(8) 在动画控制区域中单击"停止播放动画"按钮停止动画。

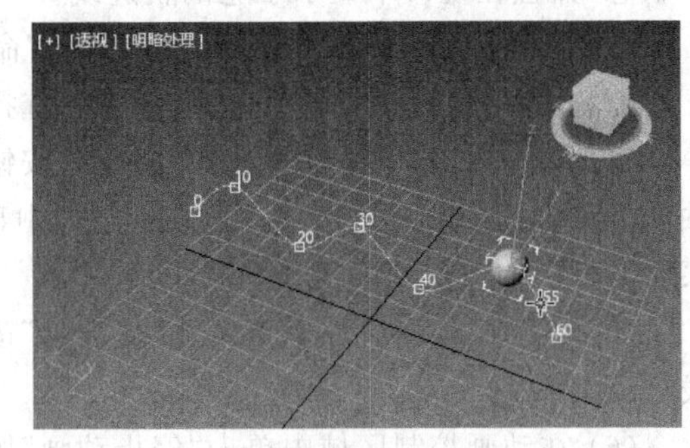

图 12-39 添加关键帧

(9) 确认新的关键帧仍然被选择，单击“轨迹”卷展栏上的“删除关键点”按钮，则选择的关键帧被删除，恢复了初始的状态。

实例 12-8：使用轨迹线创建文字运动的动画

本实例实现“3DS MAX”几个英文字按照一定的顺序从地球后飞出的效果。在对“文字动画.avi”（文件路径：素材和源文件\part12\）设置动画时，除了使用了基本的关键帧动画外，还使用了轨迹线编辑。

操作步骤

(1) 打开本书配套光盘上的“文字动画.max”文件（文件路径：素材和源文件\part12\），场景中包含一个球体，为它赋予“地球.jpg”材质，如图 12-40 所示。

(2) 在顶视口中选择文字 3DS MAX，移动到球体的后面，并使其在透视视口中不可见。

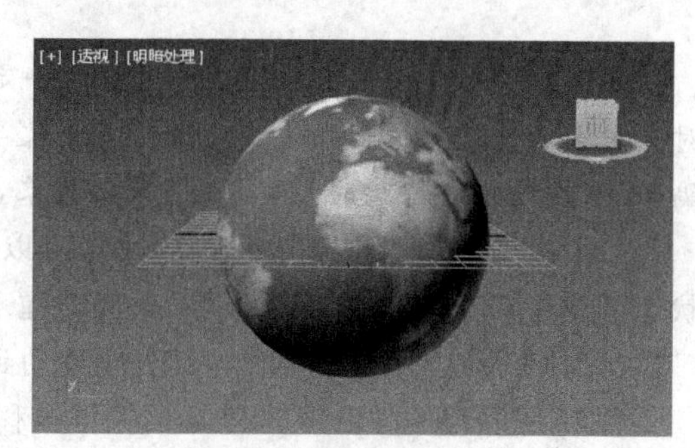

图 12-40　赋予地球材质

(3) 将时间滑块拖到第 20 帧，打开“自动关键点”按钮，也可按 N 键打开动画记录。

(4) 将文字从球体后移动到球体前，调整其位置。再次单击“自动关键帧”按钮，关闭动画记录。

(5) 这时单击“播放动画”按钮 ，播放动画，可以看到随着时间滑动块的移动字体从地球后出现并移到了地球的前方。

(6) 单击“显示”按钮 ，在“显示属性”卷展栏中选中“轨迹”复选框，如图 12-41 所示，则在视口中会显示文字的运动轨迹，图 12-42 所示为顶视口中的效果。

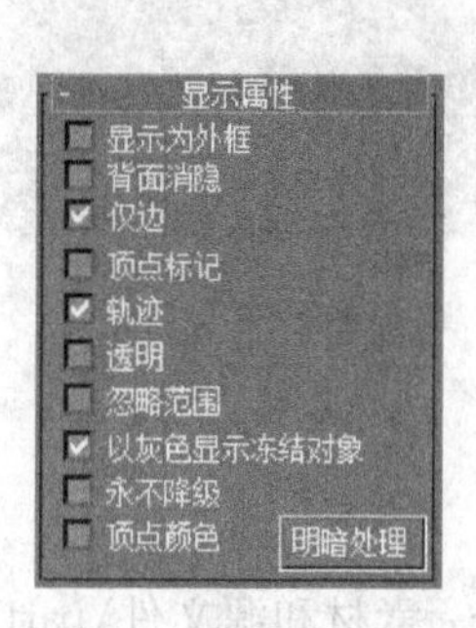

图 12-41　选中“轨迹”复选框

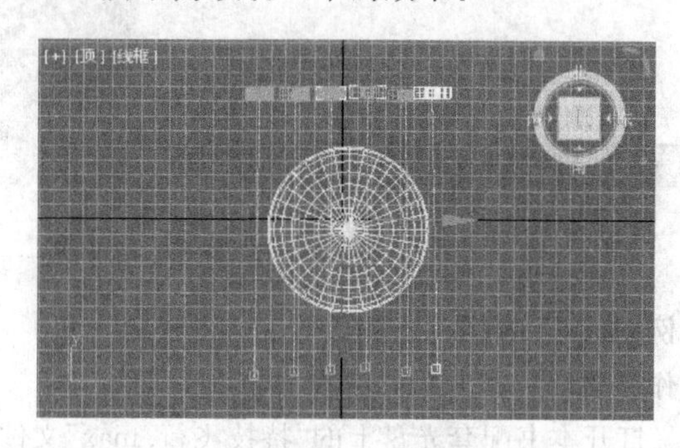

图 12-42　文字轨迹

(7) 选择其中一个文字，单击“运动”按钮 ，打开“运动”命令面板，在该面板中单击“轨迹”按钮，然后单击“子对象”按钮，进入子对象编辑。

(8) 单击“添加关键点”按钮，然后在选中文字的轨迹线中间单击添加一个关键帧，如图 12-43 所示。

(9) 单击“选择并移动”按钮 ，移动新添加的关键帧的位置并调整文字的轨迹，如图 12-44 所示。

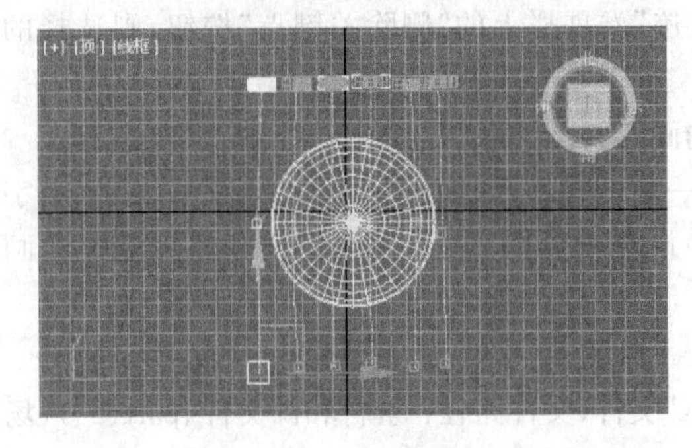

图 12-43　添加关键点

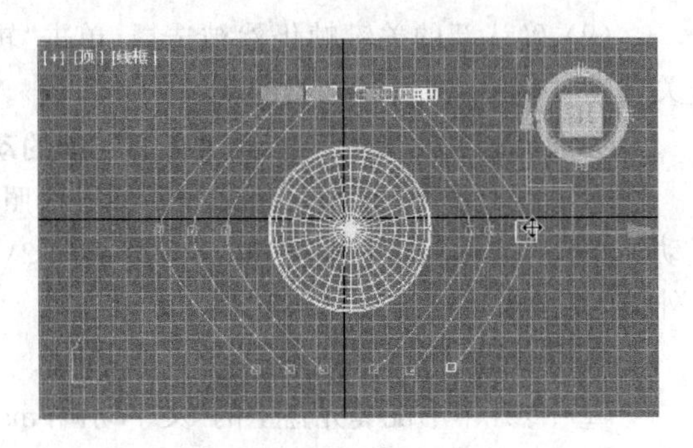

图 12-44　调整轨迹

专家点拨：在这一步骤的操作过程中一定要先选中文字，再进入子对象，因为只能在子对象中添加并修改关键帧。在修改另一个文字时先要再次单击“子对象”按钮，退出子对象编辑，然后选中要修改的文字，再进入子对象，添加关键帧。

(10) 单击“播放”按钮，播放动画，可以看到所有的文字同时显示。在轨迹曲线编辑状态下按住 Ctrl 键选择字母 D 和 A，此时在下面的关键帧编辑栏中出现了 3 个关键帧。

(11) 选择这 3 个关键帧，将其分别移动到第 10 帧、20 帧、30 帧处，如图 12-45 所示。

(12) 用同样的方法将 3 和 X 的关键帧移动到第 40 帧、50 帧处，这时文字“3DS MAX”从球的两边依次出现，图 12-46 所示的是其中的一帧。

图 12-45　移动关键帧

图 12-46　动画的一帧

实例 12-9：飞机特技飞行

操作步骤

(1) 打开本书配套光盘上的“特技飞行. max”文件(文件路径：素材和源文件\part12\)，如图 12-47 所示。

(2) 单击“显示”按钮，在“显示属性”卷展栏中选中“轨迹”复选框，显示轨迹，并显示关键帧，调整时间长度为 150 帧。

(3) 打开“自动关键点”按钮，把时间滑动块拖到最后一帧，调整飞机的位置，如图 12-48 所示。

(4) 选中“飞机”对象，单击“运动”按钮，打开“运动”命令面板，然后单击“轨迹”按钮，再单击“子对象”按钮，进入子对象编辑。

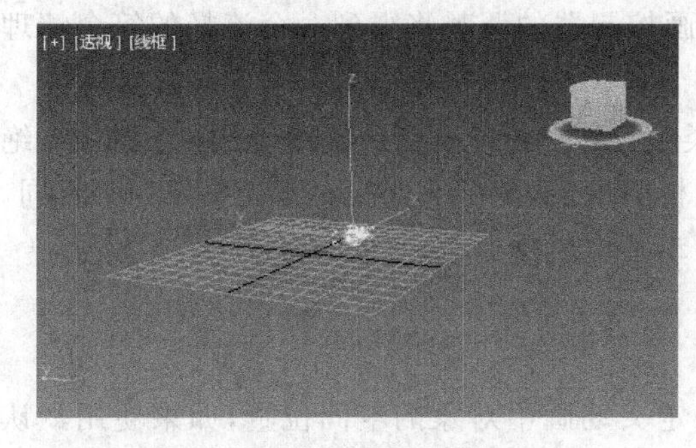

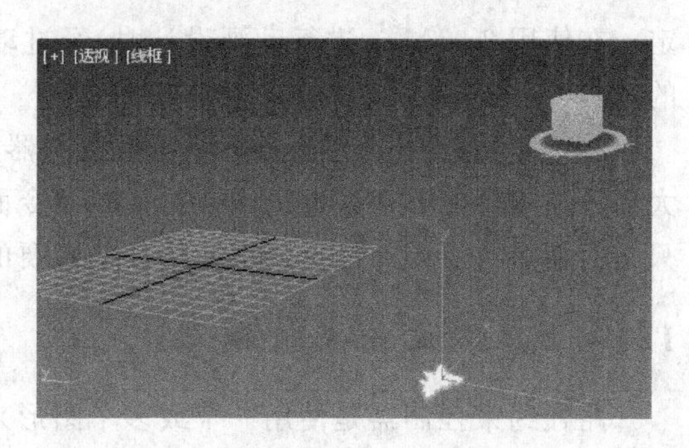

图 12-47　飞机素材　　　　图 12-48　最后一帧

(5) 单击“添加关键点”按钮，然后在飞机的轨迹线中间单击，添加一个关键帧。

(6) 重复第(4)步和第(5)步的操作，创建出图 12-49 所示的轨迹效果。用户也可以从“曲线编辑器”中查看运动的效果，如图 12-50 所示。

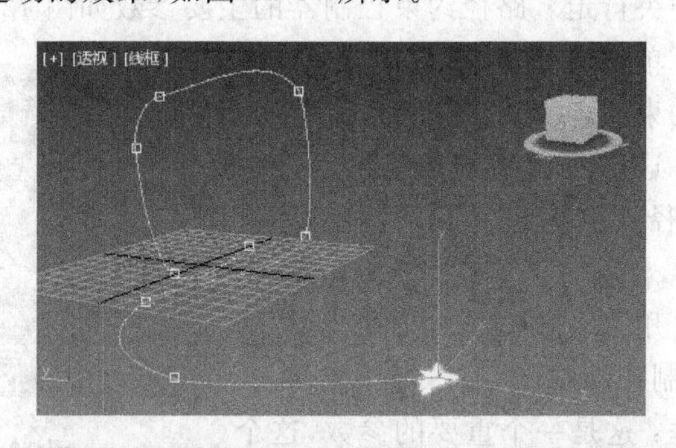

0 10 20 30 40 50 60 70 80 90 100 110 120 130 140 150

图 12-49　轨迹效果

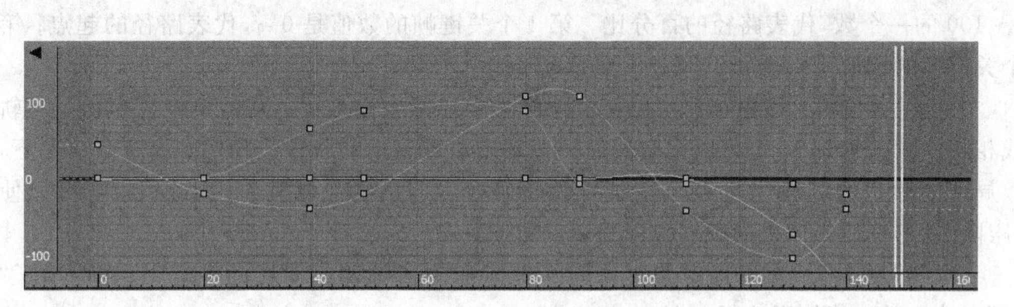

图 12-50　曲线编辑器中的运动效果

(7) 渲染输出“特技飞行.avi”文件。

专家点拨：飞机特技还能用其他方法制作，读者可以自己思考还有什么方法实现。

12.4　动画控制器

动画控制器实际上就是控制物体运动轨迹规律的事件，它决定动画参数如何在每一帧动画中形成规律，决定一个动画参数在每一帧的值，通常在轨迹视图或“运动”命令面板中指

定。在使用 3ds Max 进行动画设计时,经过动画控制器的调整将得到一个流畅的符合情理的动画。

在 3ds Max 中共有三四十种动画控制器类型,针对不同的项目使用不同的控制器,绝大部分控制器能够在轨迹视图或"运动"命令面板中指定,两个地方的内容及效果完全相同,只是面板形式不同而已。这里介绍一些主要的动画控制器。

12.4.1 路径约束控制器

路径约束控制器是使用一个或多个图形来定义动画中对象的空间位置,如果使用默认的控制器,需要打开运动按钮,然后在非第 0 帧的位置进行变换才可以设置动画。当应用了路径约束控制器后就取代了默认的控制器,对象的轨迹线变成了指定的路径。

路径约束控制器允许指定多个路径,这样对象运动的轨迹线是多个路径的加权混合。如有两个二维图形分别定义弯弯曲曲的河流的两岸,那么使用路径约束控制器可以使船沿着这个路径在河流的中央行走。路径约束控制器的主要参数如图 12-51 所示。

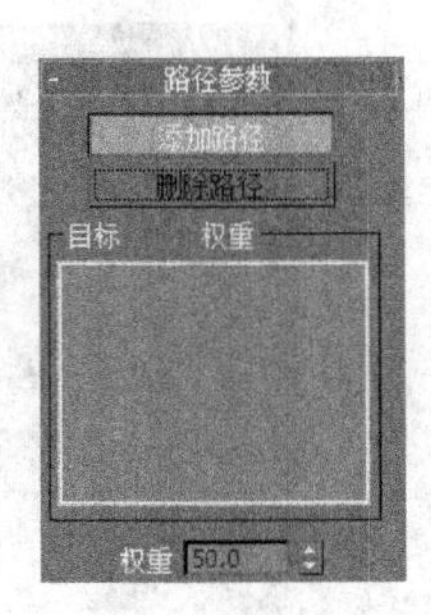

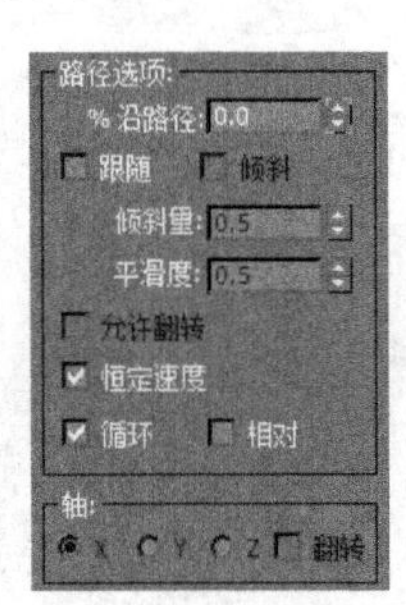

图 12-51 路径参数

"添加路径"按钮:单击这个按钮可以增加一个新的路径对物体施加约束。

"删除路径"按钮:这个按钮用来从路径列表中删除路径,一旦某个路径被删除,它将不再对物体有任何的约束作用。

"目标 权重"组:用来调整被选中路径对物体的约束程度,通常用来制作动画。

"%沿路径"数值框:这是一个重要的参数,这个参数用来设置物体在路径上的位置的百分比。当选择一个路径后,就在当前动画范围的百分比轨迹的两端创建了两个关键帧。关键帧的值是 0~100 的一个数,代表路径的百分比。第 1 个关键帧的数值是 0%,代表路径的起点;第二个关键帧的数值是 100%,代表路径的终点。

"跟随"复选框:该复选框可以使对象的某个局部坐标系与运动的轨迹线相切。与轨迹线相切的默认轴是 X,也可以指定任何一个轴与对象运动的轨迹线相切。在默认情况下,对象局部坐标系的 Z 轴与世界坐标系的 Z 轴平行。如果给摄像机应用了控制器,可以使用"跟随"复选框使摄像机的观察方向与运动方向一致。

"倾斜"复选框:该复选框使对象局部坐标系的 Z 轴朝向曲线的中心,只有选中了"跟随"复选框后才能使用该复选框。

"倾斜量"数值框:该数值框内的数值与倾斜的角度相关,该数值越大,倾斜角度越大。

专家点拨:同时倾斜角度也受路径曲线度的影响,曲线越弯曲,倾斜角度越大。倾斜选项可以用来模拟飞机飞行的效果。

"平滑度"数值框:只有当选中了"倾斜"复选框时,才能设置"平滑度"参数。该参数沿着路径均分倾斜角度,数值越大,倾斜角度越小。

实例 12-10:使用路径约束控制器控制沿路径的运动

操作步骤

(1) 打开本书配套光盘上的"路径约束.max"文件(文件路径:素材和源文件\part12\)。

场景中包含了一个茶壶和一个有圆角的矩形，如图 12-52 所示。

(2) 在透视视口中单击“茶壶”对象将其选中。

(3) 单击“运动”按钮，打开“运动”命令面板，然后单击“参数”按钮，在打开的“指定控制器”卷展栏中单击“位置：Bezier 位置”选项将其选中，如图 12-53 所示。

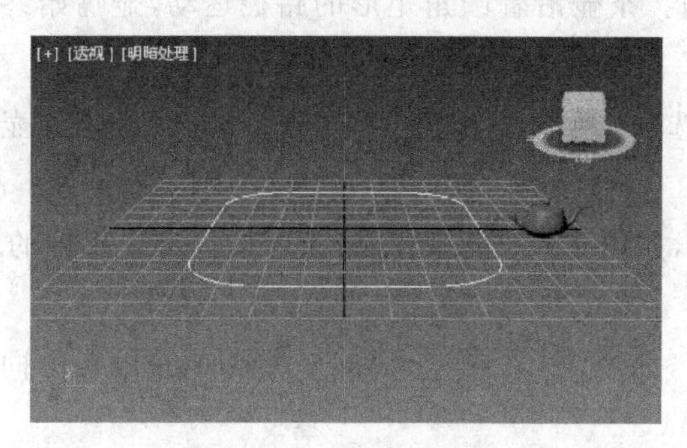

图 12-52　路径约束文件

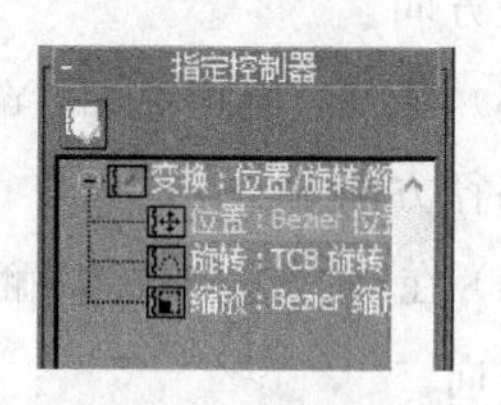

图 12-53　“指定控制器”卷展栏

(4) 在“指定控制器”卷展栏中单击“指定控制器”按钮，打开“指定位置控制器”对话框，如图 12-54 所示。在该对话框中选择“路径约束”选项，然后单击“确定”按钮。

(5) 在“运动”命令面板上出现“路径参数”卷展栏，在该卷展栏中单击“添加路径”按钮，然后在透视视口中单击矩形。

(6) 在透视视口中右击结束“添加路径”操作，此时“矩形”对象被添加到“目标　权重”组中，如图 12-55 所示。

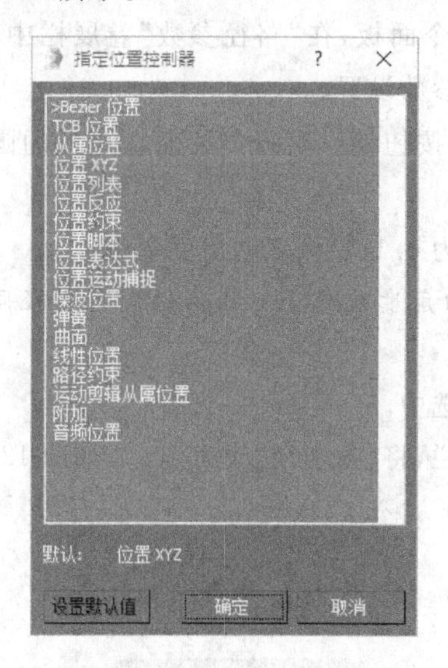

图 12-54　选择位置控制器

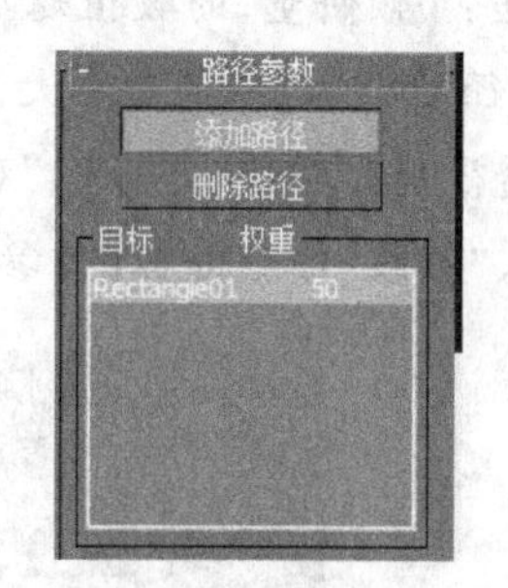

图 12-55　添加路径

(7) 反复拖曳时间滑动块，观察茶壶的运动，茶壶沿着路径运动。

本实例中茶壶沿着路径运动的时间是 100 帧。当拖曳时间滑动块的时候，“路径选项”区域的“%沿路径”数值跟着改变，该数值指明当前帧时完成运动的百分比。

实例 12-11：使用“跟随”选项

操作步骤

(1) 打开上例中的动画，单击动画控制区域中的“播放动画”按钮 ，注意此时是在没有选中“跟随”复选框时茶壶运动的方向。茶壶沿着圆角矩形的路径运动，壶嘴始终指向正X轴的方向。

(2) 在“路径参数”卷展栏的“路径选项”组中选中“跟随”复选框，这时茶壶的壶嘴指向了路径方向。

(3) 在“轴”组中选中“Y”单选按钮，如图 12-56 所示，此时茶壶的局部坐标轴的 Y 轴指向了路径方向。

(4) 在“轴”组中选中“翻转”复选框，如图 12-57 所示，局部坐标系 Y 轴的负方向指向运动的方向。

图 12-56 轴选择

图 12-57 翻转选择

实例 12-12：使用“倾斜”选项

操作步骤

(1) 再次打开实例 12-10 中的“路径约束. max”文件，在透视视口中单击“茶壶”对象。

(2) 单击“运动”按钮 ，打开“运动”命令面板，在“路径参数”卷展栏中选中“路径选项”组的“倾斜”复选框，按图 12-58 所示进行参数设置。

(3) 单击动画控制区域中的“播放动画”按钮 ，动画中茶壶在矩形的圆角处向里倾斜，倾斜度较大。

(4) 在“路径选项”组中将“倾斜量”设置为 0.1，使倾斜的角度变小。

专家点拨：“倾斜量”的数值越小，倾斜的角度就越小。矩形的圆角半径同样会影响对象的倾斜，半径越小，倾斜角度越大。

(5) 在透视视口中单击“矩形”对象将其选中。

(6) 进入“修改”命令面板的“参数”卷展栏，将“角半径”改为 10.0，如图 12-59 所示。

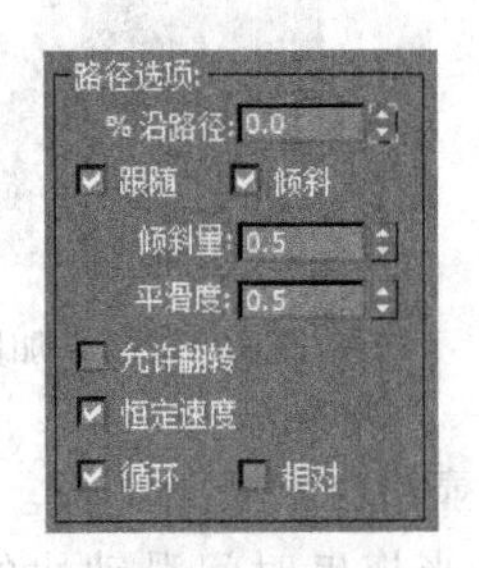

图 12-58 倾斜参数调整

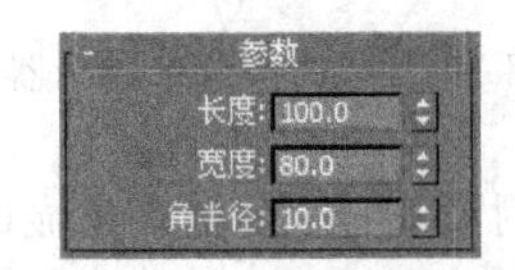

图 12-59 矩形参数调整

(7) 来回拖曳时间滑动块，观察动画效果，可以看到茶壶的倾斜角度变大了。

实例 12-13：使用“平滑度”选项

操作步骤

(1) 再次打开实例 12-10 中的“路径约束.max”文件，在透视视口中单击“茶壶”对象将其选定。

(2) 打开“运动”命令面板，将“路径参数”卷展栏的“路径选项”组中的“平滑度”设置为 0.1。

(3) 来回拖曳时间滑动块，观察动画效果，可以看到茶壶在圆角处会突然倾斜，如图 12-60 所示。

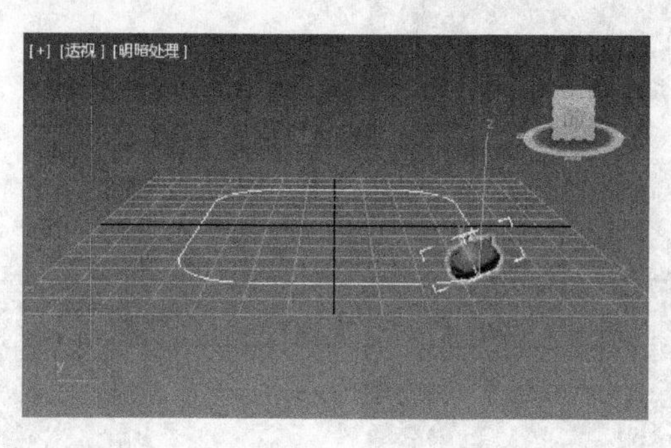

图 12-60　突然倾斜

12.4.2　注视约束控制器

注视约束控制器的作用是使一个对象的某个轴一直朝向另外一个对象。

实例 12-14：注视约束器的使用

操作步骤

(1) 打开本书配套光盘上的“注视约束.max”文件(文件路径：素材和源文件\part12\)。场景中有一个人物对象、一个文字对象和一条样条线对象，如图 12-61 所示。文字已经被指定为路径约束控制器。

(2) 来回拖曳时间滑动块，观察动画效果，可以看到文字沿着样条线的路径运动。

(3) 在透视视口中选择人物对象的眼球，打开“运动”命令面板，在“指定控制器”卷展栏中选择“旋转”选项，如图 12-62 所示。

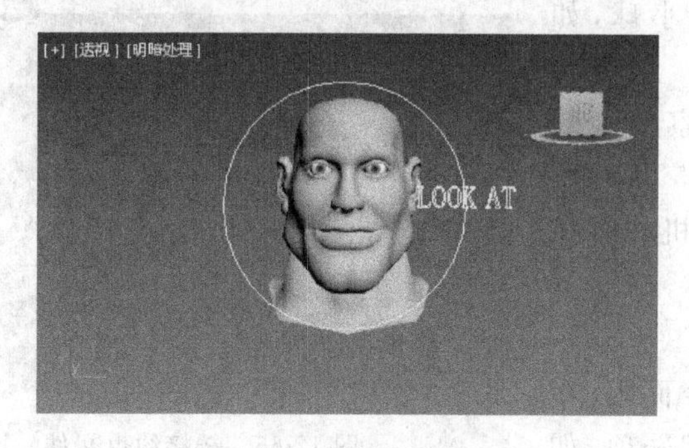

图 12-61　注视约束文件

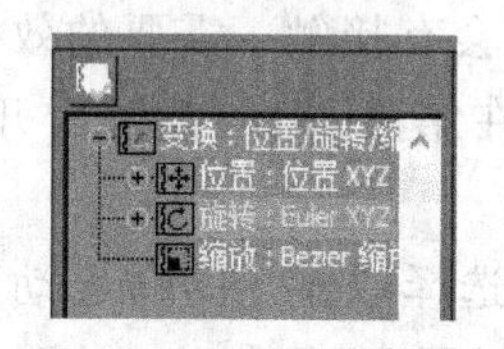

图 12-62　“指定控制器”卷展栏

(4) 在“指定控制器”卷展栏中单击“指定控制器”按钮，打开“指定旋转控制器”对话框，如图 12-63 所示。选择“注视约束”选项，然后单击“确定”按钮。

(5) 在“运动”命令面板中打开“注视约束”卷展栏，单击“添加注视目标”按钮，然后在透视视口中单击“文字”对象，则文字对象的名称出现在了“目标　权重”组中，如图 12-64 所示。

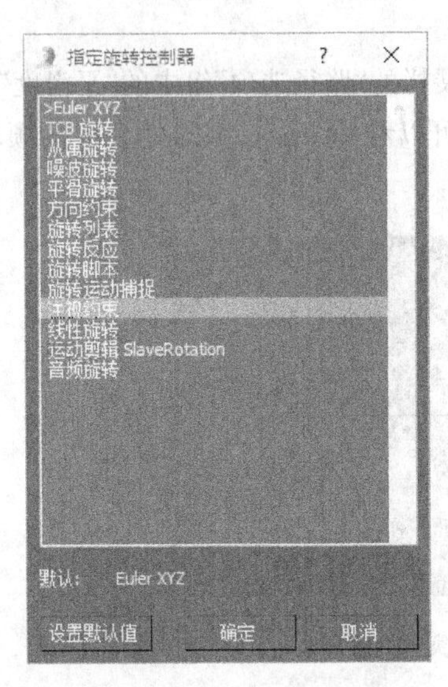

图 12-63　选择控制器

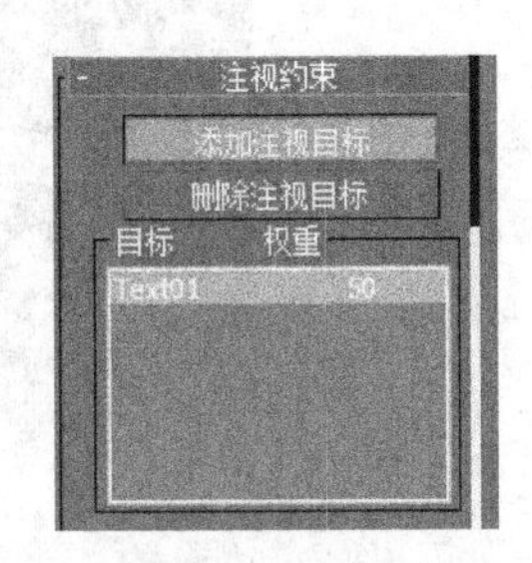

图 12-64 “注视约束”卷展栏

(6) 播放动画，可以看到眼球会随着文字对象位置的改变而改变，即眼球一直盯着运动的文字。

12.4.3　链接约束控制器

链接约束控制器是用来变换一个对象到另一个对象的层级链接的。有了这个控制器，3ds Max 的位置链接就不再是固定的了。

实例 12-15：链接约束控制器的使用

操作步骤

(1) 打开本书配套光盘上的“链接约束.max”文件(文件路径：素材和源文件\part12\)。场景中有设置好动画的机械臂和小球，如图 12-65 所示。

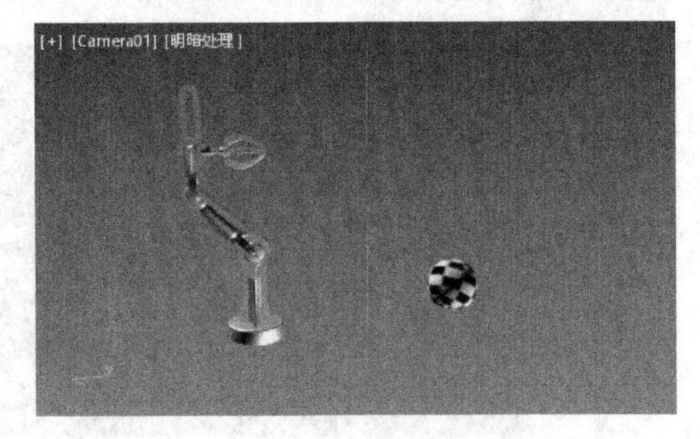

图 12-65　链接约束文件

(2) 来回拖曳时间滑动块，观察动画效果，可以看到机械臂的动画，在第 35 帧的位置与小球会有接触。需要的效果是机械臂抓起球体，在第 65 帧的位置放开球体，球体下落的动画。

(3) 选择球体，打开“运动”命令面板，在“指定控制器”卷展栏中选择“变换”选项，如图 12-66 所示。

(4) 在“指定控制器”卷展栏中单击“指定控制器”按钮，打开“指定变换控制器”对话框，单击“链接约束”后单击“确定”按钮。

(5) 展开“链接参数”卷展栏，将球体的链接约束关键点模式选择为“设置节点关键点”，然后单击“链接到世界”按钮，这样球体就与场景有了一个链接约束的关系，如图 12-67 所示。

(6) 在第 35 帧的位置设置球体添加链接，选择机械臂，如图 12-68 所示。拖动时间滑动块，可以看到机械臂拿起球体的动画。

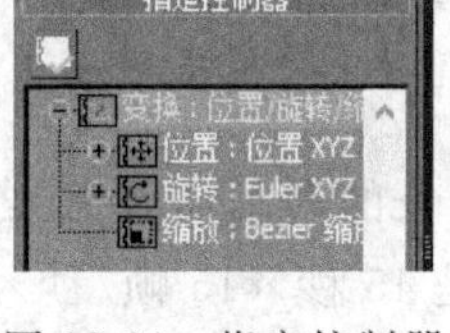

图 12-66　指定控制器

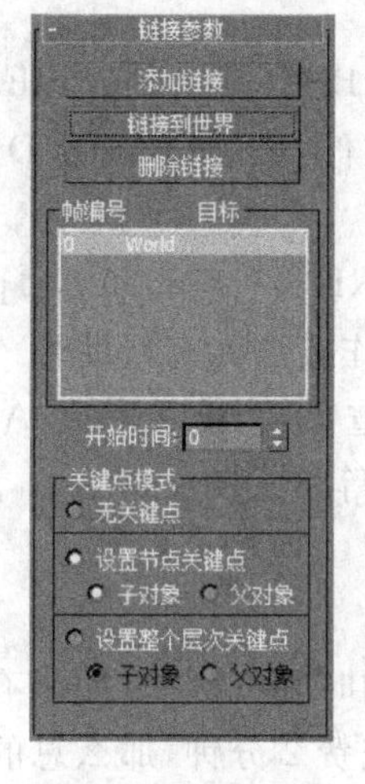

图 12-67　球体约束

图 12-68　添加机械臂约束

(7) 在第 65 帧的位置单击“链接到世界”按钮，解除球体与机械臂的约束关系，如图 12-69 所示。

(8) 在第 66 帧到第 75 帧的位置创建一个球体落下的动画。由于这个动画在前面讲过，此处不再赘述。

(9) 播放动画，渲染输出“链接约束．avi”文件(文件路径：素材和源文件\part12\)，图 12-70 所示为其中一帧。

图 12-69　解除机械臂约束

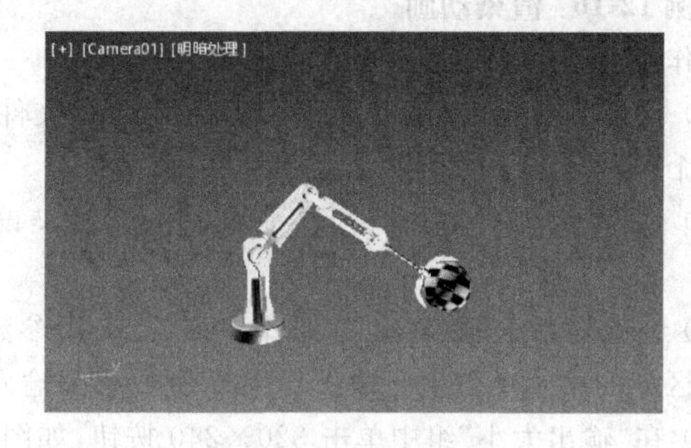

图 12-70　其中一帧

12.5　渲染动画

在动画制作完成后，为了能够更加真实地、质感地播放动画，需要进行渲染动画。为了更好地渲染整个动画，我们需要考虑图像的文件格式以及渲染的时间。

12.5.1 图像的文件格式

在 3ds Max 中可以采用多种方法来渲染动画,第一种方法是直接渲染某种格式的动画文件,例如 AVI、MOV 或 FLC。在渲染完成后就可以回放渲染的动画,回放的速度与文件大小和播放速率有关。

第二种方法是渲染诸如 TGA、BMP、TGA 或 TIF 一类的独立静态位图文件,然后使用非线性编辑软件编辑独立的位图文件,最后输出 DVD 和计算机能播放的格式等。注意,某些输出选项需要特别的硬件。

此外,高级动态范围图像(HDRI)文件(*.hdr,.pic)可以在 3ds Max 渲染器中调用或保存,对于实现高度真实效果的制作方法大有帮助。

在默认情况下,3ds Max 的渲染器可以生成 AVI、FLC、MovMP、CIN、JPG、PNG、RLA、RPF、EPS、RGB、TIF、TGA 等格式的文件。

12.5.2 渲染的时间

渲染动画可能需要花费很长的时间。例如,如果有一个 45 秒长的动画需要渲染,播放速率是每秒 15 帧,每帧渲染需要花费 2 分钟,那么总的渲染时间是 45 秒×15 帧/秒×2 分/帧=1350 分(或 22.5 小时)。

由于渲染的时间比较长,那么在操作过程中就要避免重复渲染。以下两种方法可以避免重复渲染。

(1) 测试渲染:从动画中选择几帧,然后将它渲染成静帧,以检查材质、灯光等效果和摄像机的位置。

(2) 预览动画:在“渲染”菜单中有一个“全景导出器”命令。该命令可以在较低的图像质量情况下渲染出 AVI 文件,以检查摄像机和对象的运动。

实例 12-16:渲染动画

操作步骤

(1) 打开本书配套光盘上的“小球动画.max”文件(文件路径:素材和源文件\part12\)。这是一个弹跳球的动画场景,如图 12-71 所示。

(2) 选择“渲染”|“渲染设置”命令,打开“渲染设置”对话框,或按 F10 键,如图 12-72 所示。

(3) 在该对话框的“公用”选项卡中展开“公用参数”卷展栏,选中“范围”单选按钮,并在“范围”区域的第 1 个数值区输入 0、第 2 个数值区输入 50,如图 12-73 所示。

(4) 在“输出大小”组中单击 320×240 按钮,如图 12-74 所示。

专家点拨:“图像纵横比”指的是图像的宽高比,这里 320/240=1.33。

(5) 在“渲染输出”组中单击“文件”按钮,出现“渲染输出文件”对话框,如图 12-75 所示。输入文件名“渲染动画”,在保存类型的下拉列表中选择 AVI 文件。

(6) 单击“保存”按钮,出现 AVI 压缩设置。压缩质量的数值越大,图像质量越高,文件也就越大,如图 12-76 所示。单击“确定”按钮完成渲染输出设置。

(7) 单击“渲染”按钮,出现进程对话框,显示渲染的进度。

(8) 完成动画渲染后关闭对话框。

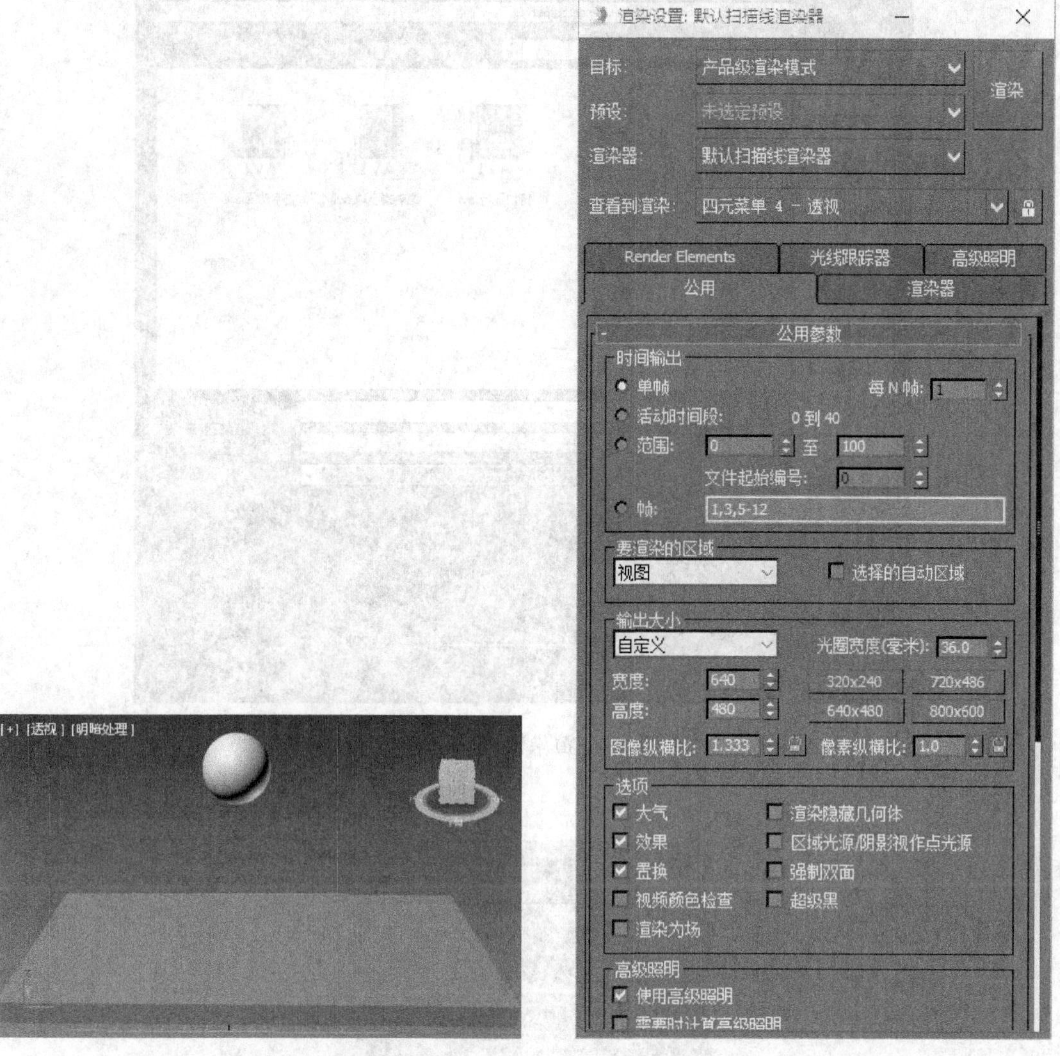

图 12-71　渲染动画文件

图 12-72　“渲染设置”对话框

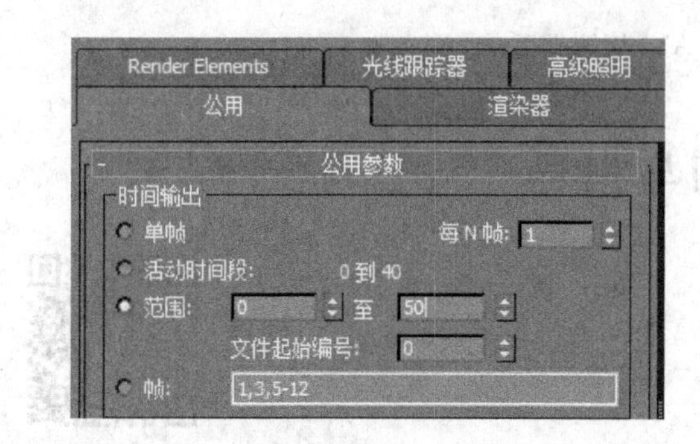

图 12-73　公用参数

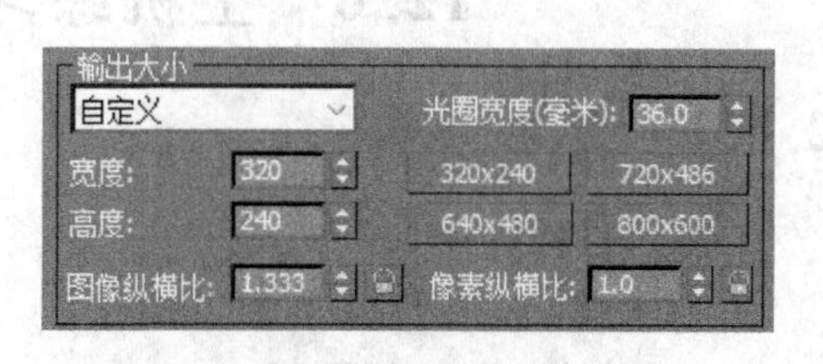

图 12-74　输出大小设置

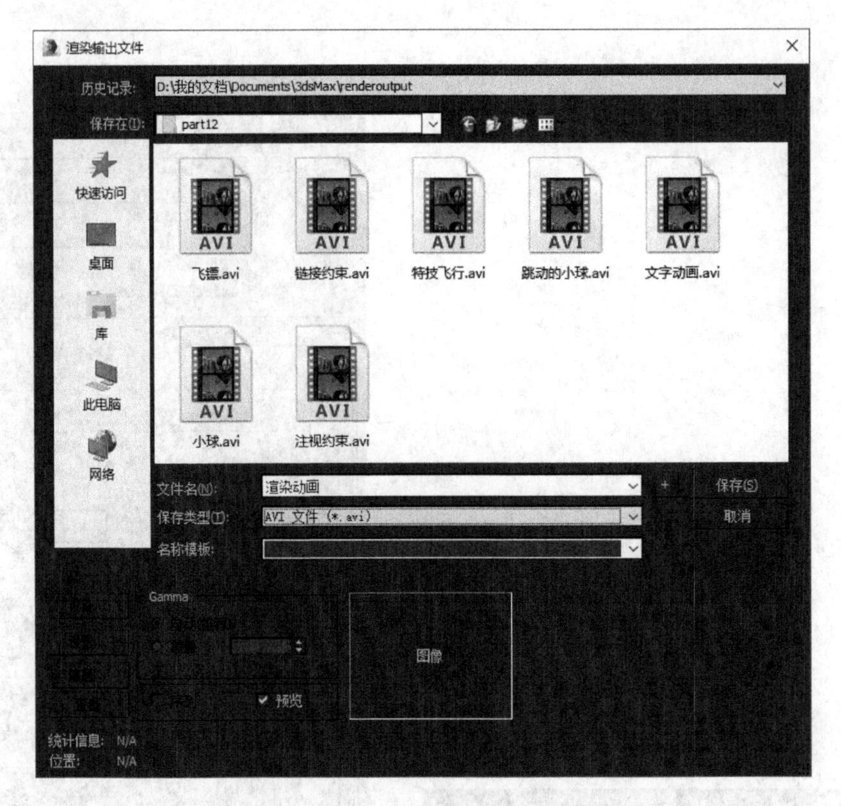

图 12-75 “渲染输出文件”对话框

图 12-76 AVI 压缩设置

12.6 上机练习与指导

12.6.1 文字字幕

视频讲解

1. 练习目标

(1) 练习轨迹视图窗口的使用方法。

(2) 关键帧动画的制作。

2. 练习指导

(1) 启动或重新设置 3ds Max。

(2) 在前视口中创建"谢谢观看!"的文字,如图 12-77 所示。

(3) 打开"自动关键点"按钮,在第 0 帧把文字向下移出屏幕,在第 20 帧移动文字到屏幕中间,复制这一帧到第 80 帧,在第 100 帧把文字向上移出屏幕。

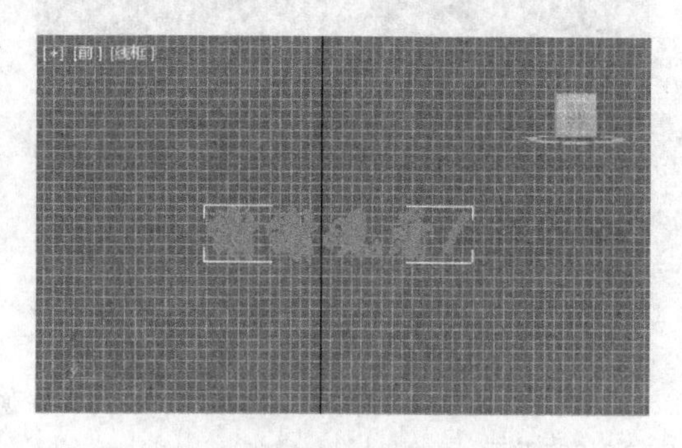

图 12-77 创建文字

(4) 打开曲线编辑器,调整 Z 轴的旋转,如图 12-78 所示。

(5) 单击播放按钮,观察动画效果。

(6) 渲染存盘。本实例的源文件为配套光盘上的 ch12_1.max 文件(文件路径:素材和源文件\part12\上机练习\)。

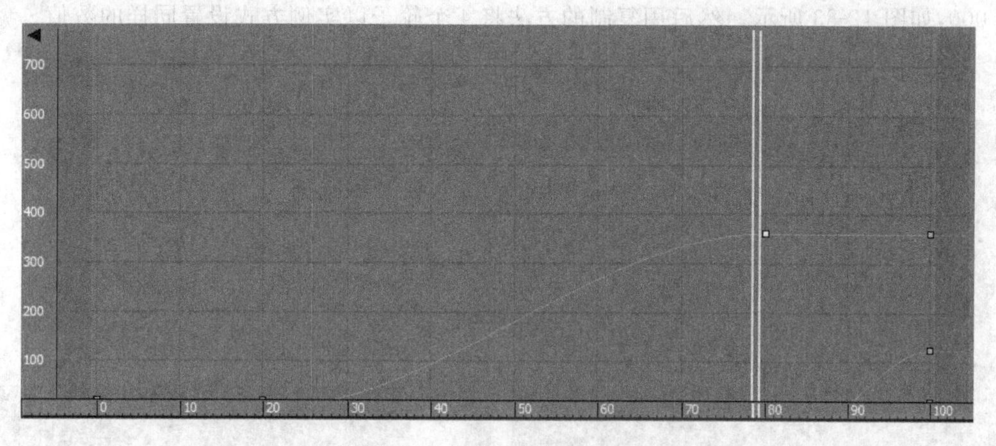

图 12-78 调整 Z 轴的旋转

(7) 输出"文字字幕.avi"。图 12-79 所示为其中一帧的效果。

12.6.2 奔驰的汽车

图 12-79 最终效果

1. 练习目标

(1) 练习曲线编辑器的使用方法。

(2) 练习约束的指定。

(3) 控制器的使用方法。

2. 练习指导

(1) 打开本书配套光盘上的 ch12_2.max 文件(文件路径:素材和源文件\part12\上机练习\)。场景中包含一辆汽车和两条路径,如图 12-80 所示。

视频讲解

(2) 选择汽车的一个轮子,打开"自动关键点"按钮,在第 200 帧随意将轮子旋转一定的角度,我们会在后期的曲线编辑器里做调整,如图 12-81 所示。

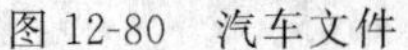
图 12-80　汽车文件

图 12-81　轮子动画

(3) 打开曲线编辑器,将旋转的"TCB 旋转"控制器更改为"Euler XYZ 控制器",如图 12-82 所示。

(4) 在曲线编辑器中调整轮子 X 轴的数值,在第 0 帧设置为 0,在第 200 帧设置为 15 000,如图 12-83 所示。然后用复制的方法将 4 个轮子以实例方式设置同样的数值。

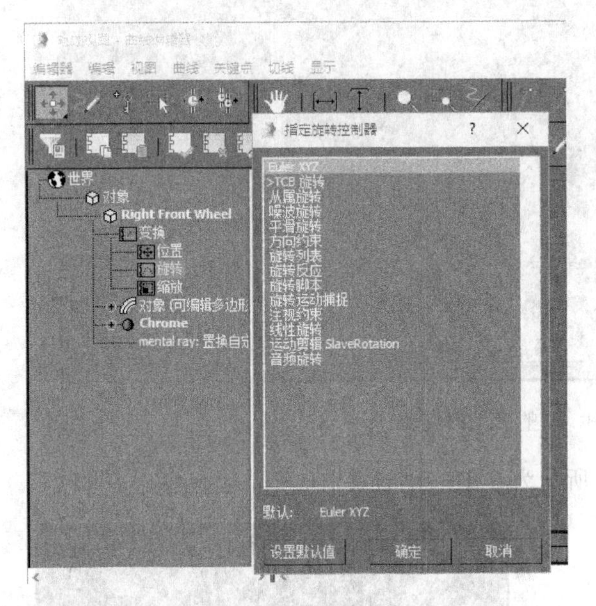

图 12-82　调整控制器

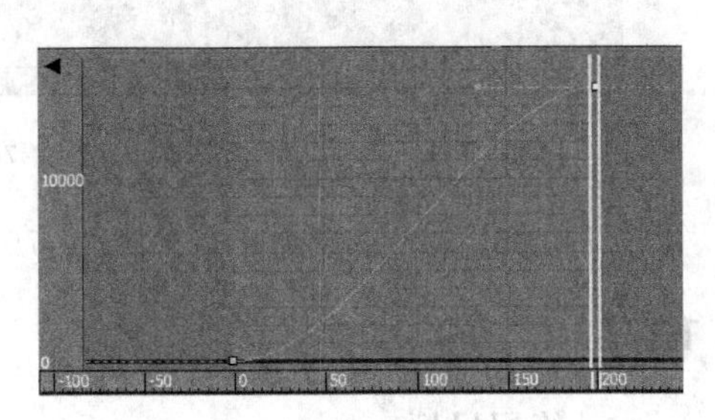

图 12-83　X 轴数值

(5) 将 4 个轮子选中,链接到车身上,这样车身的运动会带动轮子的运动。

(6) 为车子指定一个路径约束,将车子约束到左边的路径上,并调整路径约束的参数,如图 12-84 所示。

(7) 创建一台摄影机,将摄影机链接到车身上,这样摄影机会随着车的移动而转动,如图 12-85 所示。

(8) 对摄影机指定一个路径约束,指定另外一条路径,如图 12-86 所示。

(9) 把透视视口切换为摄影机视口,查看动画效果。

(10) 渲染存盘。本实例的源文件为配套光盘上的 ch12_2. max 文件(文件路径:素材和源文件\part12\上机练习\)。输出"奔驰的汽车. avi",图 12-87 所示为其中一帧的效果。

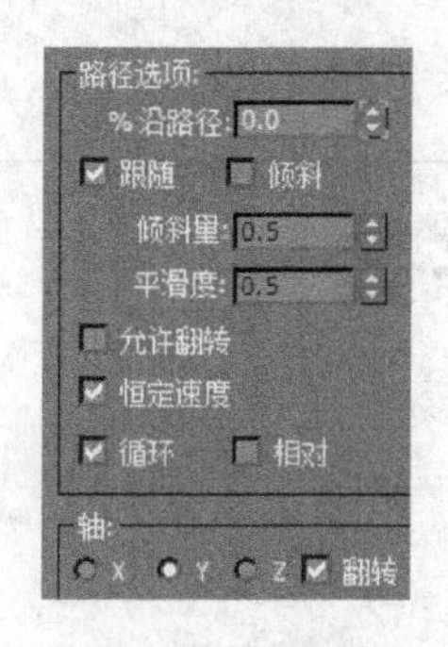

图 12-84 “路径选项”组

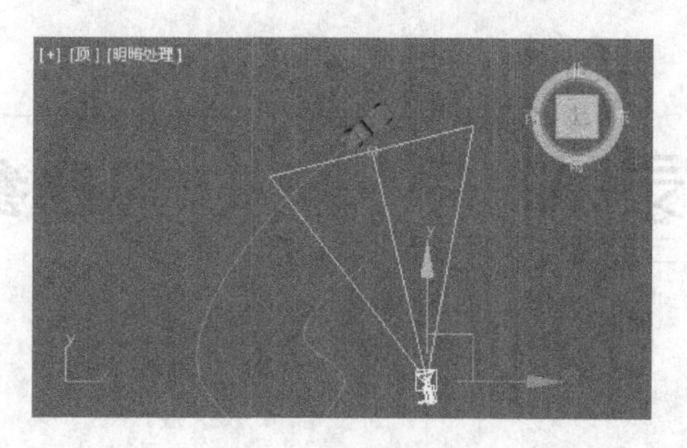

图 12-85 添加摄影机

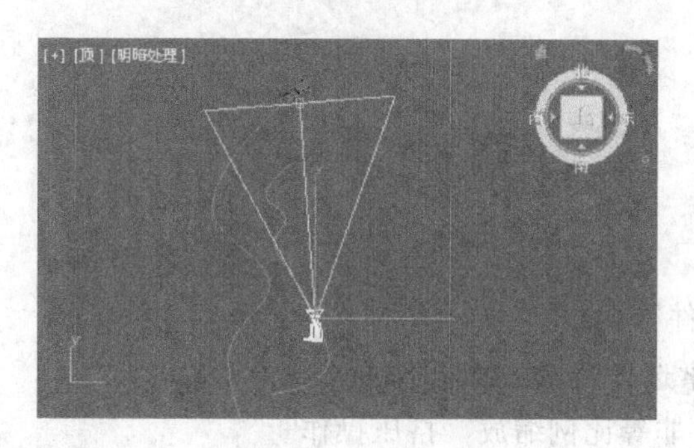

图 12-86 摄影机的路径

图 12-87 动画的一帧

12.7 本章习题

1. 选择题

(1) 动画的最小计量单位是(　　)。

A. 1 帧　　B. 1 秒　　C. 1/2400 秒　　D. 1/4800 秒

(2) 在轨迹视图的曲线编辑器中给动画添加声音的选项是(　　)。

A. 环境　　B. 渲染效果　　C. Audio Post　　D. 声音

(3) 3ds Max 可以使用的声音文件格式为(　　)。

A. MP3　　B. WMA　　C. MID　　D. RAW

(4) 要显示对象关键帧的时间,应选择的命令为(　　)。

A. “视图”|“显示关键帧”　　B. “视图”|“显示重影”

C. “视图”|“显示变换帧”　　D. “视图”|“显示从属关系”

2. 思考题

(1) 子对象和父对象的运动是否互相影响? 如何影响?

(2) 如何实现一个对象沿着某条曲线运动的动画?

附录A 习题参考答案

第1章习题答案

1. 选择题

(1) B (2) D (3) D (4) D (5) D

2. 思考题(略)

第2章习题答案

1. 填空题

(1) “文件”|“打开” Ctrl+O (2) “文件”|“合并” Ctrl+M

(3) 圆形选择区域 围栏选择区域 套索选择区域 绘制选择区域

(4) 名字 (5) 实例 (6) 等比例缩放 非等比例缩放 挤压操作

2. 选择题

(1) B (2) ABD (3) CA (4) A

3. 思考题(略)

第3章习题答案

1. 填空题

(1) 标准基本体 扩展基本体 (2) 球体 几何球体 四边面

(3) 完整 半球 圆面 (4) 长方体

2. 选择题

(1) C (2) C (3) D (4) D

第4章习题答案

1. 填空题

(1) 顶点 分段 (2) 角点 平滑 (3) 差集 相交 (4) 4 正方形

2. 选择题

(1) B (2) B (3) A (4) C

第5章习题答案

1. 填空题

(1) 长方体的分段数少 (2) 缩放 放大 缩小 (3) “网格平滑”

(4) 直接拖动修改器到合适的位置

2. 选择题

(1) B (2) C (3) C (4) D

第 6 章习题答案

1. 填空题

(1) 截面　路径　(2) 缩放　扭曲　倾斜　倒角　拟合

(3) 并集　差集　交集　切割　(4) X　Y

2. 选择题

(1) B　(2) A　(3) B　(4) D

第 7 章习题答案

1. 填空题

(1) 材质编辑器　(2) 24　(3) M

2. 选择题

(1) A　(2) A　(3) D　(4) C

第 8 章习题答案

1. 填空题

(1) BMP　TIF　JPG　TGA　(2) 缺少贴图坐标　贴图坐标不正确

(3) 线性　径向

2. 选择题

(1) ABCD　(2) B　(3) C　(4) B

第 9 章习题答案

1. 填空题

(1) 各个　灯泡　吊灯　(2) 点光源　线光源　面光源　太阳光　天光

(3) 自由摄影机　目标摄影机　物理摄影机　(4) 摄影机　摄影机目标　(5) C

2. 选择题

(1) A　(2) BD　(3) D　(4) D　(5) BD

第 10 章习题答案

1. 填空题

(1) 默认扫描线渲染器　(2) F10　(3) 生成接收

2. 选择题

(1) C　(2) C　(3) A

第 11 章习题答案

1. 填空题

(1) "渲染"|"环境"　8　(2) 标准雾　层状雾　体积雾

2. 思考题(略)

第 12 章习题答案

1. 选择题

(1) D　(2) D　(3) B　(4) A

2. 思考题(略)

图书资源支持

感谢您一直以来对清华版图书的支持和爱护。为了配合本书的使用，本书提供配套的资源，有需求的读者请扫描下方的“书圈”微信公众号二维码，在图书专区下载，也可以拨打电话或发送电子邮件咨询。

如果您在使用本书的过程中遇到了什么问题，或者有相关图书出版计划，也请您发邮件告诉我们，以便我们更好地为您服务。

我们的联系方式：

地　　址：北京海淀区双清路学研大厦 A 座 707

邮　　编：100084

电　　话：010－62770175－4604

资源下载：http://www.tup.com.cn

电子邮件：weijj@tup.tsinghua.edu.cn

QQ：883604(请写明您的单位和姓名)

资源下载、样书申请

书圈

用微信扫一扫右边的二维码，即可关注清华大学出版社公众号“书圈”。